巷道主动支护体系关键技术与应用

李明远　著

应急管理出版社

·北　京·

图书在版编目（CIP）数据

巷道主动支护体系关键技术与应用 / 李明远著. --北京：应急管理出版社，2022

ISBN 978-7-5020-9660-1

Ⅰ. ①巷…　Ⅱ. ①李…　Ⅲ. ①巷道支护—研究　Ⅳ. ①TD353

中国版本图书馆 CIP 数据核字（2022）第 236550 号

巷道主动支护体系关键技术与应用

著　　者　李明远
责任编辑　成联君　尹燕华
责任校对　张艳蕾
封面设计　于春颖

出版发行　应急管理出版社（北京市朝阳区芍药居 35 号　100029）
电　　话　010-84657898（总编室）　010-84657880（读者服务部）
网　　址　www.cciph.com.cn
印　　刷　三河市中晟雅豪印务有限公司
经　　销　全国新华书店

开　　本　787mm×1092mm $^{1}/_{16}$　**印张**　25 $^{3}/_{4}$　**字数**　626 千字
版　　次　2023 年 1 月第 1 版　2023 年 1 月第 1 次印刷
社内编号　20221007　　**定价**　128.00 元

序

煤炭，在我国国民经济发展中占有极其重要的地位。无论煤炭的需求程度和生产强度如何变化，保证安全生产都是第一要务。

在浅部开采阶段，采用传统支护方式，经过不断修复和加强就可以达到支护稳定。但进入深部开采后，由于开采环境的变化，各种复杂地应力开始显现，支护遭受破坏，仅运用传统支护方式有些欠妥。尤其是深井高应力区域的开采扰动带来巷道围岩支护的困难，一直是当今世界巷道支护中普遍面临的难题。因此，需要依靠科技进步与创新，不断变革和完善支护工艺与技术。

《巷道主动支护体系关键技术与应用》一书，是淮北矿业集团原副总工程师李明远对软岩支护工程现场研究与实践的工作总结。作者毕业于原淮南煤校（现安徽理工大学）建井专业，1968年分配到淮北矿务局工作，秉承老一辈煤矿技术员严谨、刻苦的业务钻研精神，几十年如一日，从井下一线到幕后，潜心钻研。

该书以丰富的实践和浅显的理论，总结出应对深井复杂应力、软弱岩煤层及恶劣环境下围岩稳定控制的“两个理论和十项关键技术”。

“两个理论”即“小区域高应力富含带”理论和锚注支护理论。“小区域高应力富含带”理论阐述了深井复杂应力的来源，方便人们有针对性地进行巷道支护设计、施工管理和工艺措施优选方案；锚注支护理论是主动支护关键技术的支撑，采用该技术有利于软弱岩煤体的固化，提升围岩强度，保证锚杆锚索锚固力的充分发挥和各支护单元工作阻力恢复。

“十项关键技术”强调，开挖掘进断面后立刻喷浆封堵裸露围岩，能保证围岩及时稳定控制和喷浆层密贴围岩，而采用多层次锚杆把松散非均质、不连续和各向异性的围岩组成均质同性的围岩支护圈体。

作者一生从事软岩支护工作，为我国矿山建设做出了显著贡献，并无私地把终身的研究和实践成果奉献出来。“两个理论和十项关键技术”是指导我们设计与施工的成熟技术，具有极高的推广应用价值，在此推荐给业界朋友。

2022.3.28

前　　言

我国煤矿井工开采占80%以上，随着开采深度的增加和开采范围的扩大，围岩的控制难度越来越大，而对于井工开采的巷道，保证其支护稳定是首先要解决的关键问题。这就要求支护技术要不断提升和发展。

经过我国矿山工程科技人员几十年的研究和实践，高应力软岩工程技术已能成功控制矿井深部开采巷道围岩，这使我国高应力软岩工程技术领先于世界。

20世纪70年代末期，国家经济建设进入快速发展轨道，煤矿建设和发展更是突飞猛进。以引进百套综采装备为契机，煤矿实现了跨越式发展，但相应的矿井支护困难问题，也逐渐引起工程技术人员的重视。技术上我们学习“新奥法”，提升了支护观念，使得光面爆破和锚杆锚索支护技术在我国迅速推广。老一辈工程技术人员结合“新奥法”提出了适合我国当时矿井建设的支、让、抗的联合支护形式，为我国的巷道围岩控制奠定了较好的基础。

进入21世纪，我国煤矿迎来新一轮大发展，煤炭产量从10亿t到20亿t、30亿t、40亿t，实现倍增式提升，同时诸多新井、深井面临地质条件复杂区域的围岩控制难度极大增加的问题。基于“新奥法”已无法满足高应力环境下围岩控制的现实，提升围岩自身强度、锚杆锚索的锚固力和各支护单元的密切协同的思路在我国工程技术人员的头脑中萌芽，以易恭猷和陆士良为首的技术团队（作者一直与这两个团队合作）开展了锚注支护的研究与应用，21世纪以来得到业界越来越多的认可，在我国各大矿区较广泛地应用，并且形成一整套锚注支护技术和相应的理论。

为进一步使锚注支护更加广泛地适应我国煤矿复杂地层的围岩控制，我们需要解决如注浆孔难以封闭、浆液压力留存、膨胀泥岩和致密软弱煤层内注浆浆液难以注进和扩散，以及复杂地质条件下锚注支护的提升发展等问题，这也是我们进一步研究与实践的技术问题。

近十几年来，随着开采深度的增加，地质环境不断恶化，以及高强度开采造成的高应力释放时间长、强烈的非对称性和突发性，给支护带来了巨大的危害，仅靠一两种好的支护形式是无法解决支护稳定性的问题。只有在积极主动地缓解及改变应力方向，动态地恢复各支护单元工作阻力和构建均质同性的围岩支护圈体等方面，深层次、立体、多方位地进行技术创新，才能够实现对软弱岩煤体和高应力区域围岩稳定性的有效控制。我们要在理念、技术、施工工艺上深入研发，取得在围岩控制技术上的全面跨越式提升，建立起主动动态的支护体系，以应对深井各种复杂叠加应力和提高极弱岩煤体的围岩支护体系的支护能力。

鉴于以上，本书主要对“两个理论，十项关键技术”，即：“锚注支护理论”和“小区域高应力富含带”理论，以及预控、置换、封闭、强韧封层、激隙卸压、稳压胶结、留压注浆、构建均质同性支护圈体、主动动态注浆增强提升支护单元工作阻力，优化集成各支护单元容错十项关键技术进行系统阐述。

需要特别说明的是，本书的锚注支护理论部分以1999年与山东科技大学王连国教授合作项目“高应力构造复杂区软岩巷道锚注支护技术研究与应用”(安徽省科技进步一等奖）的材料为编写基础。在这里要感谢王连国教授与作者的多年合作与帮助，同时也感谢韩立军教授在锚注支护理论上所做的工作。书中卸压槽模拟部分以作者与河南理工大学翟新建教授和河北理工大学刘建庄教授合作项目的资料为编写基础。

在本书编写期间，平顶山矿业集团的杜波、涂兴子、张建国、张经常、车云立、邰俊卿、黄庆显、李如波，开滦矿业集团的刘宝珠、郑庆学、张瑞喜、刘义生、霍忠峰、杨忠东、张国安、乔晓光、刘树第，兖矿集团的王振平、邓小琳、王宝利，淮北矿业集团的倪建民、周茂盛、朱本盛、凌东启、戴承燕，河北冀中能源的赵庆彪、赵彬文、赵计划、谢国强，湖南科技大学冯涛校长，晋煤技术中心郝海金等专家同仁，给予了中肯的指导意见和有力帮助，淮北市平远软岩支护工程技术有限公司李明波、胡长岭、张景玉参与编制、校验。本书得以成功出版，更离不开老一辈软岩支护工作者，以及现在仍然奋战在软岩支护第一线的学者、专家们的辛苦努力，这是中国软岩巷道支护技术发展的结晶。在此，谨对致力于帮助我们的软岩支护的专家、教授及现场工程技术人员表示真诚的感谢，更是对易恭猷教授、陆士良教授表达深深的敬意和怀念。

由于水平所限，书中难免存在瑕疵，敬请读者不吝赐教。

著　者

2022年6月

目　录

第一篇　绪　论

第二篇　主动支护体系基本理论及关键技术

第三篇 主动支护体系的成功案例

第一篇　绪　　论

煤炭是世界上储量最多、分布最广的常规能源，是重要的战略资源，更是一种不可再生的能源，广泛应用于钢铁、电力、化工等工业生产及居民生活领域。根据史料记载，人类发现和使用煤炭已有3000多年的历史，我国是世界上煤炭开采和使用最早的国家。到了18世纪，随着工业革命的到来，煤炭成为推动工业革命中的主要能量来源，世界上第一座真正意义上的煤矿便从此诞生。

18世纪末，英国发明了许多地下采煤的技术，由此采煤进入了大规模商业开采的时代。随着煤矿开采规模的扩大，开采深度也逐渐增加，对煤矿开采技术的要求也逐渐提高，深井开采的问题也随之显现，要实现井下作业空间的经济、有效维护，就必须探索和研究巷道围岩变形规律和巷道支护理论，它们是巷道支护选择与设计的基础和关键之一。

长期以来，巷道围岩变形规律和巷道支护理论一直是业界许多学者研究巷道支护的重点，随着煤矿开采技术的进步，巷道支护技术从理论到实践也在不断地提升和发展。但是，由于我国矿井向深部开采发展迅速，深部地层的地质构造和围岩应力环境越来越复杂，理论和技术研究相比之下发展比较缓慢，难以满足矿井向深部开拓时对围岩控制和支护稳定的需求，因此，必须研发出全新的、系统的和有利于指导现场施工的巷道支护理论和技术。

第一章　国内外巷道支护技术

第一节　国外巷道支护技术

软岩巷道（隧洞）的矿（地）压控制与巷道维护是矿业及岩石力学界的世界性难题。

人类开始利用地下空间和地下有用矿物的历史可以追溯到遥远的古埃及和古罗马时代。人们为充分开采和利用，不仅掌握了巷道（隧洞）等地下空间的开掘技术，而且初步掌握了一些简单的隧洞砌衬支护方法，但对地下空间及其支护的性质只有一定程度的认识和了解，总的来说还较为肤浅，发展进程也相当缓慢。

在很长一段时间内，人们都是按照地面建筑的观点来理解地下空间结构的，并按照设计地面结构的方法和原理来进行地下支护结构的设计。随着矿井开采深度的日益加深及各种巷道（隧洞）开挖条件的复杂多样化，按照这种思想设计的地下空间支护结构同实际需要的出入越来越大，这就促使人们不得不找寻新的思路来解决地下工程问题。

20 世纪初叶，俄国 M. M. Протодьяконов 提出的以散体地压理论为主体的自然平衡拱学说的出现，标志着人类对地下空间结构的认识出现了第一次质的飞跃。该学说的核心是在矿山任何深度的岩层中（除流沙层外）开挖巷道，巷道开掘后组成围岩的各个单元体在自重的作用下向巷道空间方向移动，在下移过程中，各单元体被迫相互挤压而出现一个压力拱（自然平衡拱），拱以上的岩石重量通过此压紧的拱圈传递到两帮的岩体上，使巷道支护处于减压状态，而无须支架承担，支架仅承担拱以下的由于单元体挤压程度不够而松脱的岩石，巷道支护上的最大载荷由拱内的岩石重量决定，从巷道到地表的全部岩石重量的作用力将转移到免压拱的拱脚处。虽然这一学说比较简单，也不尽完善，但它却使人们从按地面构筑物的思想来考虑地下支护结构的传统中解放出来，以一种全新的角度来重新审视和考虑地下空间结构及其支护问题。

与此同时，美国也在 20 世纪初创造了矿山巷道的锚杆支护方法，这种支护方法经过十几年的发展，于 1940 年先后在美国、欧洲以及其他世界各地普遍流行起来，广泛应用到隧道、边坡治理等岩土工程领域中。锚杆支护方法的出现及其广泛应用，为人类认识地下空间结构及其支护的第二次飞跃——新奥法的出现奠定了基础。

新奥法（NATM）是新奥地利隧道施工方法的简称，新奥法概念是以拉布西维兹（L. V. RABCEWICZ）、米勒（L. Muller）等人为代表的奥地利学者在总结前人经验的基础上，结合自己多年在隧道施工中的经验而提出的一套隧道施工步骤或理念，于 1963 年正式命名为新奥地利隧道施工方法。随后该方法在西欧、北欧、美国和日本等国家的许多地下工程中获得极为迅速的发展，已成为现代隧道工程新技术标志之一。20 世纪 60 年代新奥法被介绍到我国，70 年代末 80 年代初得到迅速发展。在所有重点、难点的地下工程的施工中都离不开新奥法，新奥法几乎成为在软弱破碎围岩地段修筑隧道的一种基本方法。

新奥法最核心的思想是保持和调动围岩的自身强度，使隧道周围形成一个能自承的土壤或岩土环，围岩本身为支护结构的重要组成部分。

新奥法的主要特点是在开挖面附近及时施作密贴于围岩的薄层柔性喷射混凝土和锚杆支护，以便控制围岩的变形和应力释放，从而在支护和围岩的共同变形过程中，调整围岩应力重新分布而达到新的平衡，以求最大限度地保持围岩的固有强度和利用其自承能力。因此，它也是一个具体应用岩体动态性质的完整力学方法，其目的在于促使围岩能够形成圆环状承载结构，故一般应及时修筑仰拱，使断面闭合成圆环。它适用于各种不同的地质条件，在软弱围岩中更为有效。新奥法的价值不仅在于它改变了支架只能被动受载的观点，而且在于它提倡用一种考虑周密的步骤来处理隧道施工中的问题，强调力学原理与深入了解地层的工程动态。

深部矿井高应力区域的开采扰动带来巷道围岩支护的困难，一直是当今世界巷道支护中普遍存在的难题。从 20 世纪 70 年代开始，美国、澳大利亚等国依据悬吊、组合、挤压拱理论推出了以锚杆为主体的支护体系，提升到采用高强、超长锚杆，全长锚固锚杆，组合锚杆，锚杆桁架，锚索，加长全长锚固锚索来进一步提高支护材料的强度和锚固着力点的深度来解决支护稳定问题。

英国、法国、德国等以“新奥法”的理论为基础，注重采用不同强度、不同断面形状的刚性或钢材支架结构的可移变性，设计可缩性大规格重型号高强度金属支架，并在支架和围岩间隙中充填可缩性材料，实现一定程度的让压来处理巷道支护困难的问题。多年的实践经验表明，锚杆支护是经济、有效的支护技术，与棚式支架支护相比，锚杆支护显著提高了巷道支护效果，降低了巷道支护成本，减轻了工人劳动强度。更重要的是锚杆支护大大简化了采煤工作面端头支护和超前支护工艺，保证了安全生产，为采煤工作面的快速推进和煤炭产量的大幅度提高创造了良好条件。目前，西欧大多数国家各类型的锚杆支护、锚索支护以及联合支护约占软岩巷道支护的 90%。

俄罗斯、波兰、土耳其等一些产煤大国采用不同类型的重型金属支架来处理巷道的支护问题，而煤矿巷道支护经历了木支护、砌碹支护、型钢支护到锚杆支护的漫长过程，但直到今天，上述国家（深部矿井高应力区域开采矿井远少于中国）所采取的办法仍然没有很好地解决支护稳定问题，特别是深部矿井中高地压、强流变的巷道围岩支护更是问题突出。

第二节　国内巷道支护技术

我国煤炭资源丰富，赋存条件十分复杂，煤矿绝大多数采用井工开采，巷道是井工煤矿开采的必要通道，畅通、稳定的巷道是煤矿安全、高效开采的保障。据不完全统计，我国国有煤矿每年新掘进的巷道总长达 12000 km，80% 以上是煤巷与半煤岩巷，巷道工程量规模巨大。由于开采深度大，地质构造和软弱岩煤体分布广，大多数巷道经常受到各种复杂应力的影响，所以煤矿巷道的围岩控制要比一般地下工程困难，而且巷道围岩控制直接影响井下生产和安全，因此，巷道支护一直是煤炭工业生产建设中的重大问题。

巷道围岩控制的基本目的和任务是提高巷道的稳定性。围岩应力、围岩性质和围岩支护是决定巷道稳定性的基本因素。巷道的布置、支护选择及卸压保护围岩，是围岩稳定控制的基本手段。巷道围岩控制随着煤炭生产的发展，科学技术的进步，理念上已逐步由被动支护向主动支护转变，支护技术经历了从低强度、高强度、高预应力、多支护单元等多个发展阶段，其发展过程可分为四个阶段。

一、刚性支护为特征的巷道围岩控制阶段（20世纪50年代）

新中国成立初期，限于对矿山压力规律的认识和技术水平，在巷道布置方面比较单一，主要巷道均采用煤柱护巷。在巷道支护方面多局限于刚性支架支护，矿井主要巷道大都使用料石砌碹，采准巷道通常使用梯形木材支架支护。对于煤层巷道，由于支架的承载能力小和支护性能差，仅能适应矿井的浅部开采，当开采逐步进入到深部，即使巷道断面比较小，巷道受采动影响后，支架仍可能遭到严重破坏，巷道维护困难，直接影响到矿井的安全生产。

二、以金属支架为特征的巷道围岩控制阶段（20世纪60—70年代）

从20世纪60年代中期，以矿用工字钢为主的刚性支架及逐步发展的U型钢可缩性支架，取代了木材支架。支架的承载能力和支护强度以及支护性能都得到了明显改善。巷道布置的改革以及金属支架的广泛使用，使煤矿巷道的维护状况发生了显著变化，围岩控制技术的进步，有效地促进了煤炭生产的快速发展。

三、利用围岩自稳能力和采用锚杆、预应力锚索支护技术为特征的巷道围岩控制阶段（20世纪80年代以来）

20世纪80年代，锚杆支护技术已在煤矿各类巷道广泛应用。1992年我国重点煤矿各类锚杆支护巷道长度已占到巷道总长的40%，锚喷支护已大量取代传统的碹体，成为煤矿开拓巷道支护的主要形式，在采准巷道中，锚杆支护经过试验也取得了很大进展。

四、以提高围岩自身强度和改变围岩的力学状态，采用锚注支护为特征的主动支护阶段（21世纪）

随着煤矿开采深度的增加，千米深的矿井已经常见，伴随而来的因复杂应力、高地压、软弱破碎围岩等因素引起的巷道支护稳定性问题越来越突出。在此背景下，以提高围岩自身强度和改变围岩的力学状态的主动支护技术应运而生。主动支护技术的核心思想是针对复杂应力下软岩巷道的特点，以提高围岩自身强度和调动围岩自承能力为核心，以改变围岩的力学状态为切入点，采取系列技术措施，达到封、让、支、卸和固的高度统一的主动支护体系。

主动动态支护技术着力主动动态提高软弱岩、煤体自身强度并与各支护单元融入一体使之成为支护结构组成部分。巷道主动支护体系的诞生，既是在深部矿井复杂应力条件下保持巷道稳定的客观要求，也是矿井巷道支护技术长期发展的必然结果，主动动态支护技术实现了支护技术的跨越式提升。

第二章　支护技术的演变和初期发展

第一节　支护技术的演变

我国煤矿主要是地下开采，地下岩层在巷道开掘前处于平衡状态，一旦开掘，岩石应力必将重新分布。岩体应力经调整后达到二次应力状态，二次应力主要呈塑性、弹性分布，岩体应力超出了岩体的屈服强度，使岩体塑性变形，巷道内的暴露位置就会出现不同的应力集中现象，在其他应力影响下，围岩将失去稳定，巷道受到破坏。

对围岩采取控制措施，即围岩控制，通常称为巷道支护。研究表明，围岩应力重新分布是一个渐进的过程，并且围岩的收敛由浅入深，收敛速度逐渐衰减。在矿井生产建设过程中，如何有效地支护与加固巷道围岩、保护巷道围岩的稳定性，一直是国内外岩土工程和采矿工程关注的重要课题。

支护技术体系是一系列理念、知识、技术原则和施工方法与工艺的综合，有着矿井地质条件和生产条件变化以及相关科技水平不断进步提高、不断发展变化的轨迹。因此，采用巷道支护新技术来保持巷道畅通和围岩稳定对煤矿建设与生产具有重要意义。

对围岩的控制技术，受社会生产力发展总体水平的制约。因不同的社会生产力发展阶段和状况，有着既有差别又相联系的持续性特点，又有着因不同国度、地区和岩石性质、断面大小、服务年限，特别是地应力对巷道的不同影响而在同一时空段呈现出的多样性特点。作为矿井与生俱有的巷道支护技术，有着从原始到文明，由低级到高级，从经验型向科学技术型转变发展的过程。

为提高支护强度，支护材质实现了由木质、石材→混凝土→钢材等金属制品的演变。

为改善支护受力状态，支架几何形状也逐渐由方形→半圆形→马蹄形向圆形（即局部开放式→半开放式→全封闭的）变化。

在支护的基本方式上则有着从直观→注重材料强度→注重科技含量的进步过程，即由木棚→石料砌碹拱→混凝土支架→不同类型和规格的钢材支架→再到锚喷、锚索→锚喷、锚索和重型钢支架联合支护的发展轨迹。

开采深度不断增加，施工条件趋于复杂化，巷道及硐室支护的难度和破坏程度不断增加，支护方式也随之变化，每一种支护方式也都有注重材料强度和针对围岩应力和受力状态进行支护结构的变革。

一、木材支护

在早期小型煤矿或矿井的浅部，巷道中常用的木材支架是指用木材做构件组成的支护结构，俗称木棚子。木材支护在早期小型煤矿或矿井的浅部曾经起到一定作用，它用来抵抗巷道顶板和两帮的地压，防止围岩过大的变形和破坏发生。现在作为正常巷道支护方式已经成为历史，但是作为矿井的巷道冒落处理和事故应急处理的备用材料，木材支护在现场上，还是能够起到快速便捷支护作用的。图 1-2-1 所示为木材支护巷道使用和破坏状况。

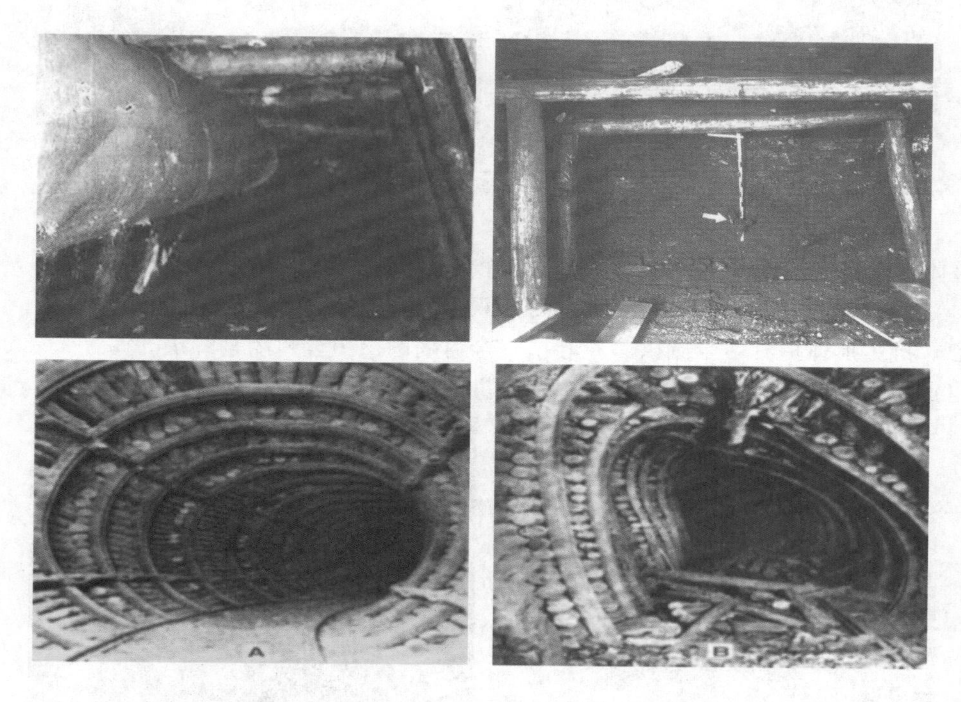

图 1-2-1　木材支护巷道使用和破坏状况

二、石材碹体支护

我国早期（20 世纪 70 年代以前）煤矿建设中的井筒、硐室和主要巷道，以碹石砌体结构为主经历了相当长的历史阶段。砌碹支护是软岩支护的传统方法。其一般用于巷道断面大、围岩非常破碎、矿压较大以及服务时间较长的永久巷道（图 1-2-2）。

图 1-2-2 碹体支护巷道

碹体支护性能的提升主要表现在以下几个方面：

（1）材料强度提升→小方石→大方石→双层方石。

（2）抗力形体提升→半圆拱、三心拱→全封闭圆拱→全封闭马蹄拱。

（3）受力状态提升→拱体内加软木垫→拱体外均匀充填。

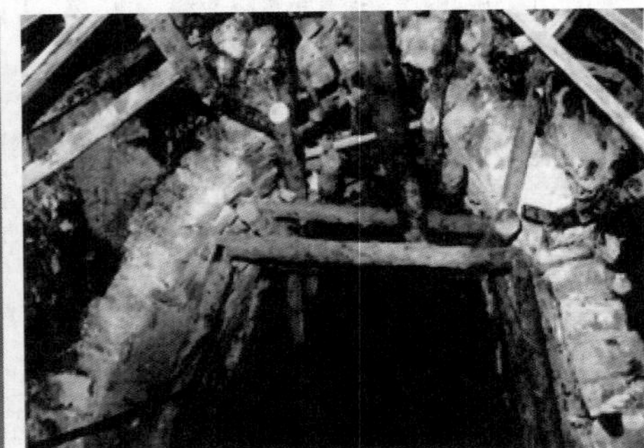

图 1-2-3 碹石砌体结构

碹石砌体结构（图 1-2-3）20 世纪在我国的煤矿中使用特别广泛，其优点是：这种支架支护强度大，坚固、耐久、阻水、抗压性好、一次成巷好，大多可就地取材。缺点是：这种支护结构可伸缩性差，特别是在深部矿井或松软岩层中，以及受采动影响的动压巷道中，这种支护结构极易发生变形破坏；而且碹石砌体施工过程中工人劳动强度大、平行作业空间小、施工速度慢，支护为刚体被动支护，在深部矿井高应力区域控制不了围岩和自身的稳定。

三、钢筋（或型钢）混凝土支架

钢材通常采用热轧圆形和螺纹（人字形螺纹）钢筋，预应力钢筋混凝土采用热处理钢筋。使用进口热轧变形钢筋时，使用前必须经过试验，在复杂地质条件下，有时将工字钢或矿用 U 型钢临时支架直接与混凝土浇灌在一起，构成型钢混凝土支架。

钢筋混凝土支架是用预制的钢筋混凝土构件或浇注的钢筋混凝土砌筑的支架（图 1-2-4），其优点是：承载力大，每架承载力达 2×10^{6} t，不易变形，返修率低，对围岩可起封闭和防止风化作用，这种支架紧固、防火、服务期限长。缺点是：钢筋混凝土支架是一种不可压缩的刚性支架，在受采动影响和深井复杂应力状态下的巷道中使用时，岩层整体移动而产生的底板沉降及巷帮侧压，容易扭曲折断而失去支护作用，而且重量大、架设困难、成本高、破坏后修复困难（图 1-2-5）。

图 1-2-4　钢筋混凝土浇灌巷道支护施工过程

图 1-2-5　钢筋混凝土浇灌巷道支护破坏状况

四、钢材支护

随着我国工业的整体高速发展以及加工设备的提升，新的支护材料也在不断出现，采用各种规格型号的钢材加工支架已成为煤矿巷道支护发展的重要组成部分。为此，当时的煤炭工业部出台了《关于解决煤矿支护钢材问题的报告》，矿井支护必须大力采用金属等非木材支护材料。

钢材支架结构比较简单，加工方便，承载能力较大，控制围岩变形效果较好。在我国巷道支护中使用得比较广泛。当巷道围岩变形量和压力较大时，使用架后充填和锚网喷联合支护有着一定的优越性。

重型 U 支架仍属于被动的支护方式（图 1-2-6），在高应力软岩巷道会引起较大的变形，而且支架一旦变形，支护的工作阻力不可恢复，就会崩解破坏（图 1-2-7）。

钢材支架结构比较简单，加工方便，承载能力较大，控制围岩变形效果较好。在我国巷道支护中使用得比较广泛。当巷道围岩变形量和压力较大时，使用架后充填和锚网喷联合支护有着一定的优越性。

图 1-2-6 各种 U 型钢材支架现场使用状况

图 1-2-7 U 型钢材支架使用破坏状况

采用重型钢材支架支护，运输和架设时工人劳动强度大；同时消耗大量的钢材，因此使用时应有一定控制。随着支护技术的发展，重型钢材支架支护会慢慢退出历史舞台。

第二节 锚杆支护技术

一、国外锚杆支护技术的发展

早在 1912 年，艾尔弗雷德·布希（Alfred Busch）在阿伯施莱辛（Aberschlesin）的弗里登（Friedens）煤矿开始使用锚杆支护顶板。1915—1920 年美国金属矿也开始使用锚杆，并得到迅速发展和推广。较长时期以来，美国、澳大利亚等国家由于煤层埋藏条件好，加之锚杆支护技术不断发展和日益成熟，锚杆支护使用十分普遍，煤矿巷道的锚杆支护比例几乎达到了100%。

二、国内锚杆技术的发展

我国锚杆支护始于20世纪50年代末期，虽然起步较晚，但是进步很快。煤矿从1956年开始研究与应用锚杆支护，至今已有60多年的历史。

在Ⅰ、Ⅱ、Ⅲ类围岩中已成熟应用锚杆支护，在Ⅳ、Ⅴ类围岩中应用锚网喷、锚网架支护也取得可喜成就。在“八五”“九五”期间，我国在煤巷中大力推广应用锚杆支护，并取得巨大成绩。进入21世纪，锚杆又获得进一步发展，出现高强超常锚杆及让压、预应力可拉伸等更优越锚杆。短短几十年间，锚杆支护从单一支护，逐步发展成锚喷、锚网喷及锚杆、锚索钢桁架等组合支护体系。

国内业界的学者提出的锚杆支护理论很多，根据作用原理可归纳为3个模式：悬吊破坏或潜在破坏范围的岩煤体（模式Ⅰ）；在锚固区内形成某种结构（梁、层、拱、壳等）（模式Ⅱ）；改善锚固区围岩力学性能与应力状态，特别是围岩屈服后的力学性能（模式Ⅲ）。

模式Ⅰ是最早的锚杆支护理论，它将锚杆支护与围岩分割开来，破坏的围岩只是一种载荷，锚杆被动地悬吊这种载荷，支护原理与传统支架没有区别，只不过支架的支撑点在巷道底板，而锚杆的支撑点在上部稳定的岩层，悬吊理论只考虑锚杆的抗拉作用，不考虑抗剪作用。

模式Ⅱ将锚杆与围岩有机结合起来，不再将围岩仅仅看作载荷，而是一种承载体，通过锚杆的作用，在锚固区形成承载结构，发挥围岩的自承能力。该模式中，不仅考虑锚杆的抗拉作用，更要重视锚杆的抗剪作用；不仅要考虑锚固体的强度，还需研究锚固体的刚度和稳定性。

模式Ⅲ将锚固体看作类似钢筋混凝土的复合材料，围岩中安装锚杆后可不同程度地提高其力学性能指标，同时，锚杆可给巷道表面提供一定的约束力，改善围岩应力状态。

我国学者提出了围岩松动圈支护理论，其中，中松动圈时采用悬吊理论设计锚杆支护参数，属于模式Ⅰ；大松动圈时采用加固拱理论，属于模式Ⅱ；侯朝炯等提出的围岩强度强化理论属于模式Ⅲ。

总之，锚杆支护与传统的棚式支架相比具有以下优点：①它对巷道围岩提供主动支护，明显地改善了巷道的维护状况，节省了维护费用；②有利于采煤工作面的快速推进；③巷道支护成本低，比棚式支架降低20%以上；④钢材用量少，大大减少支护材料的运输量，比棚式支架减少60%~70%。

三、锚杆种类

（一）普通高强锚杆

（1）按照锚杆杆体材料的不同分为木锚杆、竹锚杆、聚酯锚杆、（钢筋）混凝土锚杆、金属锚杆等。根据锚杆的组合方式区分出单体与组合锚杆。

（2）按锚固方式分为机械式、黏结式和摩擦式。机械锚固式锚杆包括胀壳式锚杆、倒楔式锚杆（图1-2-8）、楔缝式锚杆；黏结锚固式锚杆包括树脂锚杆（图1-2-9、图1-2-10）、快硬水泥卷锚杆、水泥砂浆锚杆；摩擦锚固式锚杆包括缝管式锚杆、水胀式管状锚杆等。

（3）按杆体锚固段长度分全长锚固、端头锚固和加长锚固；

（4）按杆体阻力特性分刚性和可缩性锚杆；可缩性锚杆又可分为增阻可缩性与恒阻可缩性锚杆等类型。

（5）按锚杆作用特点可分为主动式锚杆和被动式锚杆。

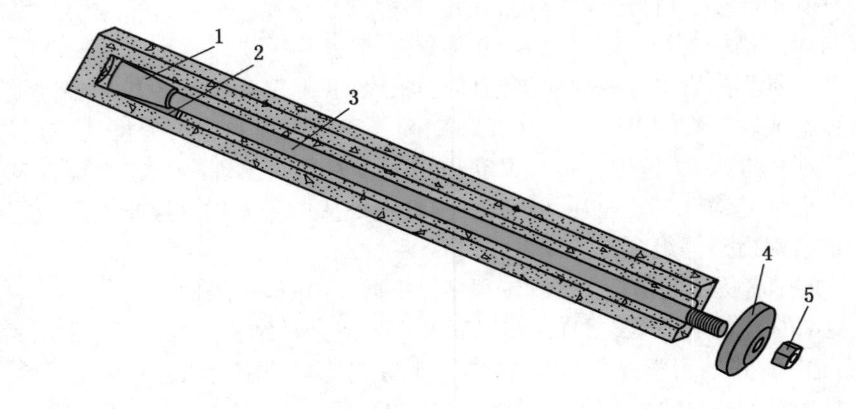

1—锚头；2—楔块；3—杆体；4—托板；5—螺母

图 1-2-8 金属倒楔式锚杆结构

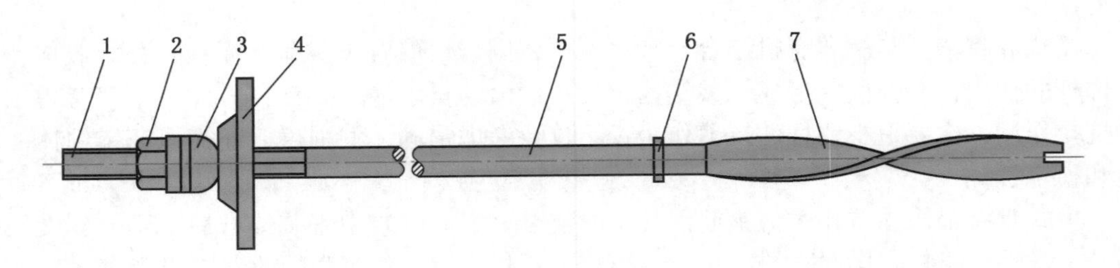

1—丝扣；2—螺母；3—垫圈；4 托盘；5—杆体；6—挡圈；7—锚头

图 1-2-9 树脂锚杆

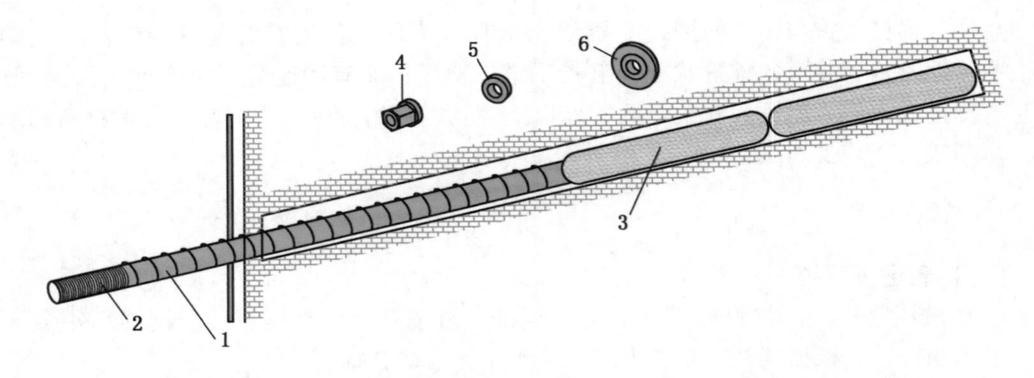

1—锚杆杆体；2—杆体外端带螺丝部分；3—树脂药卷；4—固定螺帽；5—垫片；6—锚杆盖板

图 1-2-10 树脂锚杆的组成

（二）主动式锚杆

1. 高强预应力让压锚杆

锚杆的反向载荷与约束使塑性破坏后易于松动的岩煤体形成具有一定承载能力并可适应围岩变形的组合支护圈层，从而提高顶板的整体性，阻止松动圈发展和顶板离层。高强预应力让压锚杆（图 1-2-11）是一种经过特殊加工工艺制成的锚杆，一般由加厚螺母、让压环（管）、托盘、高强杆体等组成。

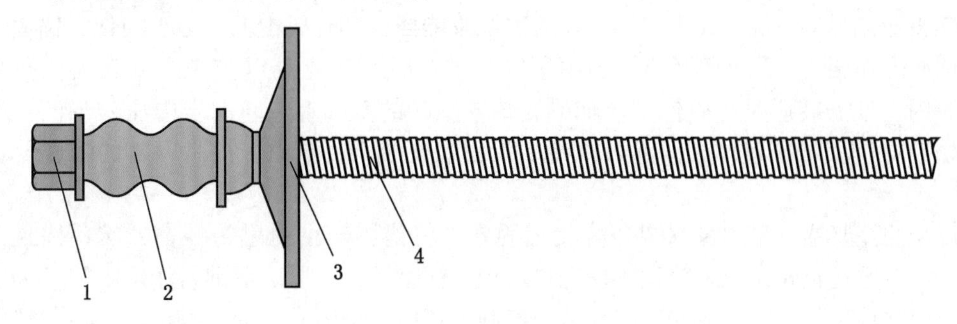

1—螺母；2—让压环（管）；3—托盘；4—高强杆体

图 1-2-11　高强预应力让压锚杆

高强预应力让压锚杆能提供较强的安装预紧力，特别是针对深井高应力巷道、复杂顶板巷道，高强预应力让压锚杆能够在围岩蠕变阶段提供近乎恒定的高工作阻力，并可被拉伸到一定长度以适应围岩的变形，使锚杆既能维护好围岩不致垮落，又具有良好的抗压性而不致损坏。

2. 恒阻大变形锚杆

随着开采深度的增加，矿井冲击地压和软岩大变形等灾害对煤矿的安全生产造成了巨大威胁，岩爆现象时有发生。应用变形量小的刚性锚杆支护的巷道远不能抵抗岩爆产生的瞬时大变形冲击载荷，从而造成锚杆的失效，巷道损坏变形。

进入 21 世纪，中国矿业大学北京校区何满潮院士在系统研究国内外能量吸收锚杆的基础上，针对其力学性能的增阻性和降阻性特点，研发出一种恒阻力大变形锚杆（图 1-2-12）。这种锚杆主要由螺母、托盘、恒阻装置、杆体组成，其中恒阻装置包括恒阻套管和恒阻体，恒阻套管的材料强度低于恒阻体的材料强度，这是为了防止恒阻体在恒阻套管内滑动时而发生摩擦破坏，产生降阻特征，影响锚杆的恒阻性。恒阻装置呈套筒状结构，套装于杆体的外部，托盘和螺母依次套装在恒阻装置的尾部。螺母螺纹连接于恒阻装置，恒阻装置的优选长度为 300～1000 mm。连接套起到连接恒阻装置与螺纹钢杆体的作用。

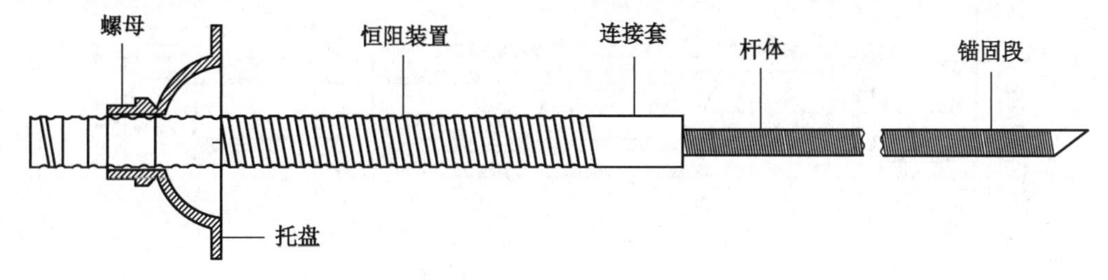

图 1-2-12　恒阻力大变形锚杆

恒阻力大变形锚杆用于高地压、高地应力、大变形的深部矿井巷道支护，当围岩发生缓慢或瞬间大变形破坏时，可以吸收岩体变形能，使围岩中的能量得到释放。从而能较好地实现巷道围岩的稳定，降低冒顶、塌方等安全隐患。但恒阻力大变形锚杆，制造复杂、成本高，在极松软岩煤体巷道中锚固作用有限。

3. 中空注浆锚杆

在破碎地层中，锚杆支护所能提高的围岩强度达不到支护所需的强度要求时，过分加大锚杆长度，既不经济，又不实用。普通的砂浆锚杆虽具有成本低、施工简便、锚固力较高、抗冲击和振动性能好等优点，但由于安装锚杆时水灰比难以控制，以及锚杆孔注不满等原因，使安装质量难以保证。如果在锚杆支护的基础上，向围岩中注入浆液，不仅能将松散岩体胶结成整体，而且可以将端头锚固变成全长锚固，提高围岩的强度及自撑能力。

以往的注浆锚杆采用特制圆环体状锚固卷，将锚固与密封融为一体，实现锚封一体化；利用专用逆止阀，视裂隙发育情况自动控制注浆压力，以确保围岩注浆质量。

使用这种注浆锚杆，在安装时，需用特制圆环体状锚固卷锚固，特制圆环体状锚固卷制作需要专业技术，制作工艺较为复杂，造价也高。目前只有中国矿业大学（徐州）生产这种锚固卷。现在锚注施工中大都采用快干水泥卷来替代特制圆环体状锚固卷。

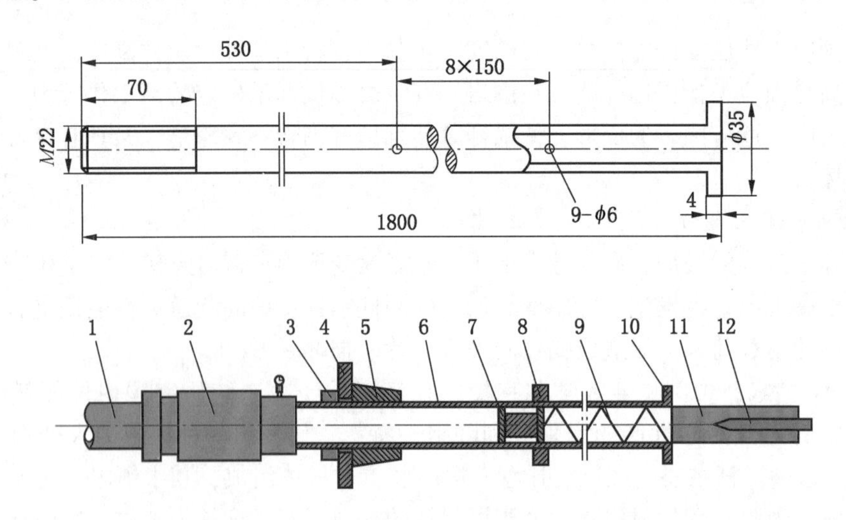

1—进浆管；2—逆止阀；3—锚杆螺母；4—托盘；5—止浆塞；6—锚杆体；
7—活塞；8—分浆塞；9—弹簧；10—水泥药卷挡板；11—锚杆尾；12—倒楔

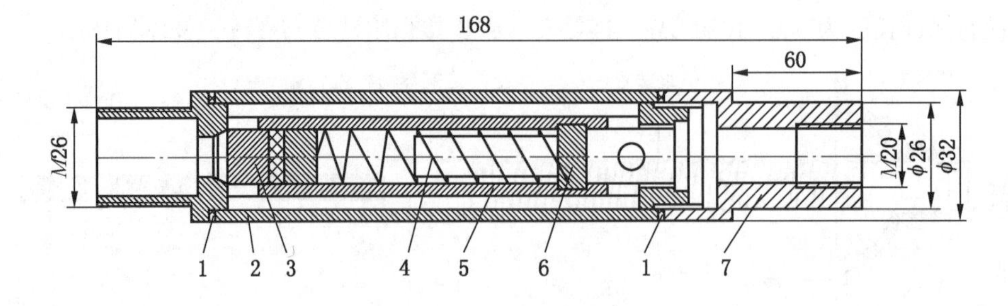

图 1-2-13 中空注浆锚杆

中空注浆锚杆（图1-2-13）具有的以下特点，可大大提高锚杆的可靠性和适应性：

（1）中空注浆锚杆采用先在围岩钻孔中插入中空杆体，后在中空杆体的孔腔中由内向外注入水泥浆，且锚孔外端有止浆塞和托板，能有效防止浆液外泄，保证杆体内和孔壁间浆液饱满，同时，还可施加压力注浆，使浆液向周边岩体的裂隙中渗透扩散，使锚固范围内的岩体得到进一步加固。

（2）注浆凝固后，可用扭力扳手拧紧螺母，从而可控制岩体开挖后的初期变形，阻止破碎岩块掉落。

（3）中空注浆锚杆不仅可保证杆体内和孔壁间浆液饱满，而且由于配置了锚头、止浆塞及连接套，可使锚杆杆体在锚孔内居中，从而获得均匀的保护层厚度，提高锚杆的耐久性。

总之，普通中空注浆锚杆向围岩中注入浆液，不仅能将松散岩体胶结成整体，而且可以将端头锚固变成全长锚固，提高围岩的强度及自承能力；但安装固定工艺复杂，容易造成浆液回流，减缓已注进岩体内的浆液压力，水泥浆液凝结干缩使得浆液形成的包络不密实而影响注浆效果。

锚杆支护比重型钢支架支护费用低，比碹体支护施工简易，它还能够与其他形式支护同时形成联合支护。锚杆支护还带来许多显著的优点：可以减少井下支架的贮存和运输量；由于消除了障碍，可以改善通风条件；可以减少掘进断面，保证规定的巷道净空；若用无轨车辆时可自由行动，不致撞坏支架，维修量极小，锚杆支护现已被公认是一种加强巷道围岩的技术。

第三节　锚索支护技术

一、锚索技术的形成与发展

在煤矿或其他矿山井巷，特别对于软弱破碎围岩，较厚的复合顶板，由于锚杆的长度局限，往往不能使其生根在坚硬岩体中，发挥不了锚杆的锚固作用，造成锚杆支护的整体垮塌，带来严重后果。而锚索的钢绞线长度不受限制，可以将锚圈段锚圈在坚硬的顶板上，其材质采用强度级别较高的钢绞线，可以提供较大的预应力，使锚圈段下部的复合顶板联合在一起，形成统一的刚性顶板，因而能起到较好的支护效果（图1-2-14）。

图1-2-14　锚索支护

二、预应力锚索

锚索按钢绞线的根数分为单根锚索和锚索束，按锚固材料分为树脂锚固锚索、水泥锚固锚索和树脂水泥联合锚固锚索，按锚固长度分为端部锚固锚索和全长锚固锚索，按预紧力分为预应力锚索和非预应力锚索。

预应力锚固技术在我国煤矿井巷工程中的应用，早在50年代中期，即全面推广锚喷支护时就已开始。

近年来，国内外在锚索支护技术方面发展迅速，应用范围也越来越广。在岩土边坡、交通隧洞、矿山井巷、深基坑、坝基及结构加固方面广泛采用了锚索技术。在英国、澳大利亚，锚索支护技术的应用十分普遍，尤其在煤巷的应用十分突出，利用轻型锚杆钻机即可施工。新材料、新机具的不断出现，充实和发展了岩土锚固技术。

预应力锚固技术是在预应力混凝土基础上发展起来的，端头锚固式锚杆通常都有一定预应力，但它们的杆体较短，承受预应力较低，杆体抗拉强度也较低。锚索支护作为一种主动支护，以其承载能力大、安全可靠等特点。在我国，一般情况下使用的是预应力锚索，锚索采用钢绞线、钢丝等线性材料作为杆体，并施加预应力。在煤矿软岩巷道采用预应力锚索，有以下两个优点：

（1）锚索长度可根据实际需要确定，使其能够锚入上部坚固稳定的基岩中，且能施加相当数量级的预应力，是一种有效的主动支护方式。

（2）锚索施工灵活，可与其他加固措施结合使用，且有不缩小巷道断面、工期短、安全可靠、支护成本低等优点，尤其是对破损巷道的加固有着其他方法无法比拟的优势。

三、锚索结构

预应力锚索主要由锚固段、自由段和张拉端3部分构成。

1. 锚固段

锚固段，是锚索锚固在岩体内提供预应力的根基。锚固段长度的确定，首先按钢绞线与水泥砂浆的黏结力计算，然后再以砂浆体与钻孔岩石的黏结力来校核。但在实际取值时考虑到各种影响因素，也可以按现场拉拔试验来确定。

在锚固段，每隔1.0 m一内一外交错放置一组对中支架与架线环，顶端装上导向帽，使整个锚固段呈现一组藕节状。导向帽可使锚索在钻孔中安装顺利。对中支架与架线环可使锚索在钻孔内居中，增加与砂浆黏结面积并保证形成一定厚度的砂浆保护层，对中支架上的倒刺状细筋可以临时固定锚索。

2. 自由段

自由段，是连接锚固段与张拉端的锚索体部分。通过对锚索的张拉，使自由段产生弹性伸长而实现预应力。自由段长度一般不小于3.0 m，也可按岩层最大破裂面的深度来选取，要求超过破裂面至少1.0 m。

自由段结构组成包括该段的钢绞线、防锈润滑油脂、聚乙烯（隔离套管）以及注孔水泥砂浆。钢绞线在套管中可自由伸缩，传递预应力。这部分结构是按无黏结设计的，类似于预应力混凝土中的无黏结筋结构。它的特点是自由段的钢绞线通过隔离套管包封而与注孔砂浆不黏结，张拉或锚索荷载变化时，这部分钢绞线能够自由伸缩。因此，这种结构能长久保存传递应力并可进行预应力调整。

套装聚乙烯软管，操作方便，柔韧耐用，有良好的隔离作用且成本低廉。全孔实现一次灌注，简化了工序。

3. 张拉端

张拉端，是锚索位于孔口外的外露部分，是锚索借以提供张拉预应力和锚固锁定的部位。张拉端包括钢垫墩、垫板、球铰垫片、锚具以及该段的钢绞线等。张拉端钢绞线长度一般取 0.6~1.0 m。

构成锚索的主要材料，通常是下列三种钢材之一：即高强预应力钢绞线、高强预应力钢丝和精轧螺纹钢筋。对钢材的特性要求主要是强度、延性和松弛值。锚索材料应选用强度高、韧性好和低松弛的钢材，尤其用于巷道中的锚索，如果采用既有一定刚度又有一定柔性的钢绞线制作，那么运输与安装就十分方便。目前广泛采用的 7 丝钢绞线断面面积较大，比较柔软，操作起来也方便。对于煤矿井巷工程，以实用方便而言，多采用钢绞线，常采用 MS7R. TT 强力注浆螺纹锁紧锚索（图 1-2-15）。

图 1-2-15　MS7R. TT 强力注浆螺纹锁紧锚索

四、注浆锚索

注浆锚索（图 1-2-16、图 1-2-17）是利用水泥浆液在围岩裂隙中充分扩散，把围岩和各种弱面充实，并把弱面和四周岩体重新胶结起来，实现全长锚固，然后将其锚固范围内的岩层用双股高强度笼形锚索加固并施加一定预应力。在锚索的压力作用下，其锚固范围内的岩层产生压缩，使其形成一整体，从而加强了围岩的整体稳定性及其力学性能。最初注浆锚索采用钢绞线加工，为了便于与注浆材料结合，在锁体上加工成笼形或加箍，注浆锚索的上部有倒刺。这种注浆锚索需要注浆管和排气管，施工钻孔较大。

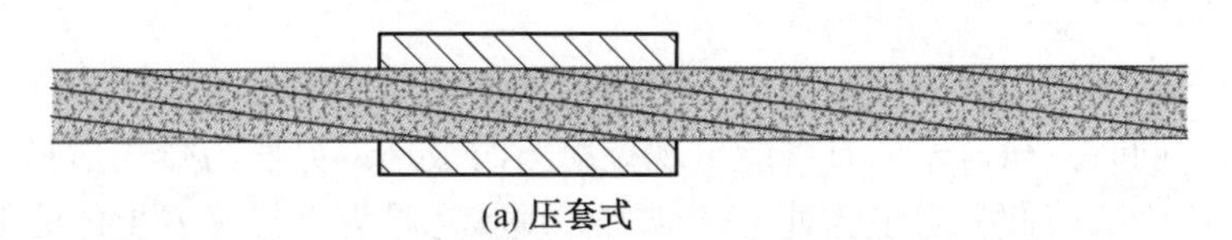

(a) 压套式

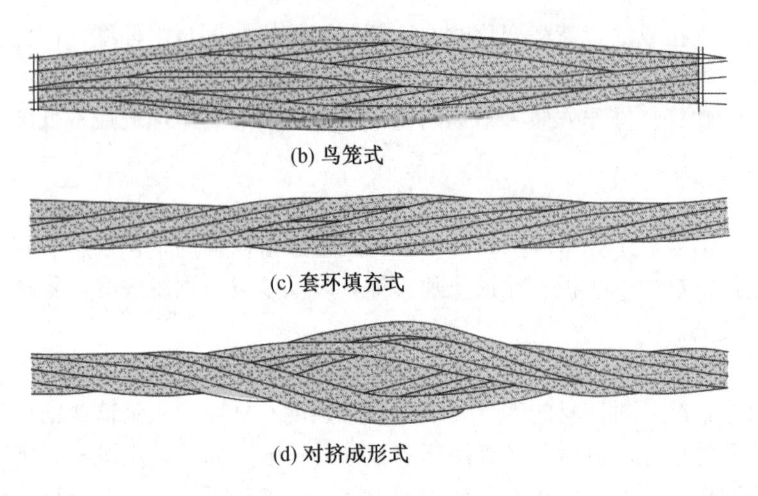

图 1-2-16 注浆锚索的笼形结构

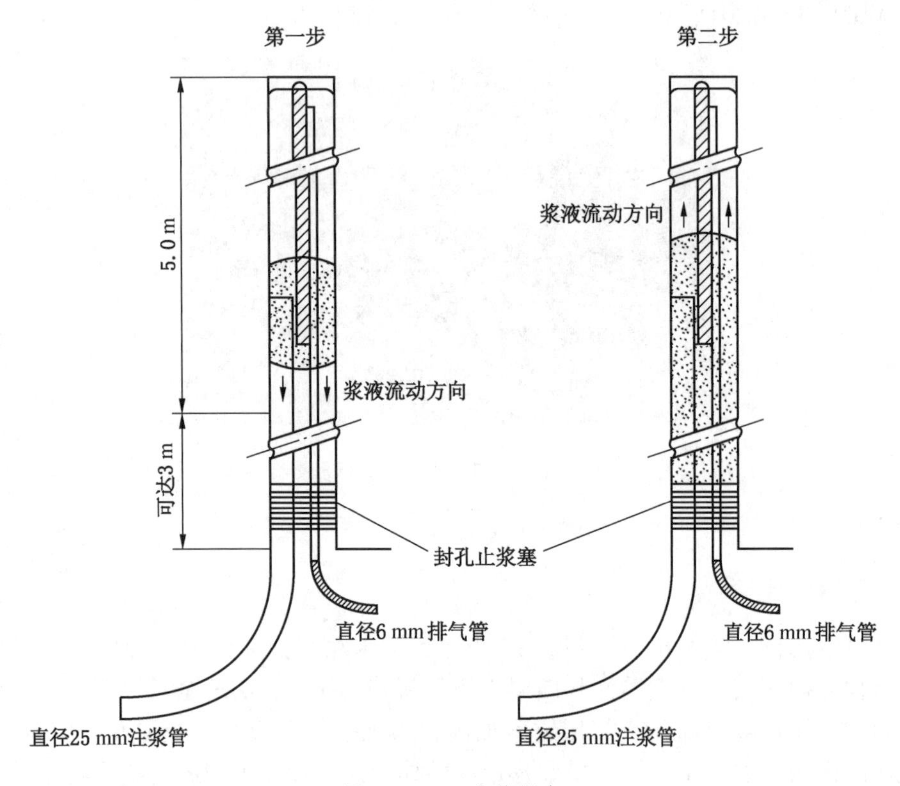

图 1-2-17 注浆锚索

五、锚索作用的基本原理

锚索作用的基本原理是通过对锚索体的张拉，形成对周围材料的压力作用以提高岩土体抗破坏能力；同时，当岩土体有可能出现拉应力时被这部分压力作用所抵消，可以减少岩土体内的拉应力。因此，岩土体处于预应力作用状态将大大提高岩土体的强度值。

锚索支护的基本原理是通过锚索使岩土体发挥出更高的承载能力。岩土体自身的强度和性态还是决定锚索支护与加固功能的根本因素，性质恶劣的顶层就难以实现锚索支护或不能取得更好的效果。因此锚索是一种通过岩土内部来实现加固岩土体的手段。

六、锚索在现场的使用

对于深井和复合顶板的围岩巷道中，一些矿区还采用了多根锚索集合成一组，组合成为强度更为强大的锚索，进行对于围岩的充分控制（图 1-2-18）。

图 1-2-18　锚索在现场使用情况

锚索支护在深井大断面和复杂应力环境下的巷道支护和控制围岩的稳定起到较大作用，我国工程技术人员在引进国外锚索支护技术的基础上，对锚索支护的材料、结构和设计及理论进行了全面研究与提升，使其在深井巷道中广泛应用。

锚索支护在破碎和泥化条件下的围岩中施工较深的锚索孔时，眼孔难以成形，孔内易掉碎块矸石，造成安装锚索时存在一定困难，同时在设计和技术上要考虑与哪些支护单元配合容错使用，才能充分发挥其支护效果。

第四节　复合、联合支护技术

在深部矿井高应力、松软破碎流变的围岩中，仅使用某种单一的支护方法往往不能达到预期的效果。因此近年来我国有些矿区采用了锚网喷、锚索加喷射混凝土联合支护；锚网喷、锚索、重型金属支架加喷射混凝土联合支护；锚网喷、锚索、凝土砌块或混凝土弧板+充填注浆等联合支护方法，同时还有锚网喷加桁架；锚网喷加管棚；锚网喷加网翘联合支护等，这些联合支护在深井困难支护环境中，取得了很好的支护效果。

一、锚网喷加锚索联合支护

通过锚喷支护手段，充分发挥锚杆的作用，以锚为主，获得所需要的足够大的支护抗力；消除围岩应力集中现象，使得围岩由二向受力状态变成三向受力状态，提高了围岩的强度；加入金属网（带）（图 1-2-19）防止锚杆间的松散岩石垮落，均衡围岩载荷分布，提高支护的整体性和柔韧性。

图 1-2-19 加入金属网（带）支护

锚索作为一种新的加强支护方式，由于锚固深度大，可将下部不稳定的岩层锚固在上部稳定岩层中，同时可施加预应力，主动支护围岩，能充分调动巷道深部围岩的强度。

锚网喷加锚索联合支护（图 1-2-20）能最大限度地利用深部围岩的自承能力，对锚杆支护形成的承载拱的薄弱部位进行结构性补偿，最大限度地发挥刚性锚杆的支护能力，充分转化围岩中膨胀性塑性能，适时支护，主动促稳而不是被动等稳。锚网喷加锚索联合支护能使各支护手段优势互补，能充分提高围岩的承载能力和支护的稳定性。

图 1-2-20 锚网喷加锚索联合支护

采用锚、网、喷联合支护，该支护变被动支护为主动支护，充分发挥围岩自身的支撑作用，通过锚杆群对围岩的挤压加固和挤压连接，抑制围岩的位移；加金属网喷碹增大了喷层的整体性和抗弯、抗拉、抗剪能力，提高了喷层的抗裂性能、柔性和封闭性；锚索加大了承载结构体的承载范围和深度，阻止围岩产生有害变形，并使破裂围岩体恢复强度，起到支承上覆岩层的作用，使围岩稳定性增强。

图 1-2-21　锚网喷加锚索联合支护现场状况

对于高应力极易碎胀围岩，锚网喷加锚索支护由于不能控制围岩碎胀，即围岩表层破碎后围岩开始互相松脱，锚杆锚索的紧固力就完全丧失，围岩破碎松脱后锚杆的着力点也完全丧失，所以造成锚网喷加锚索联合支护不能控制围岩保证支护稳定的状况（图 1-2-21）。

二、U 型钢和锚网喷注联合支护

软弱破碎围岩较为松散，锚杆索由于着力点不济，支护效果不明显，单一的金属支架等被动支护没有充分利用岩体自身的承载能力，面对动压巷道时，需要根据动压巷道围岩的压力特征来决定采用何种支护方式。支护方式不仅要具有足够的刚度，而且要有一定的柔性和可塑性。U 型钢棚架较其他刚性支架具有较好的稳定性和一定的塑性让压。

全封闭的 U 型钢棚架加上混凝土喷层更能有效和围岩形成一个支护整体，围岩和支护棚架之间的间隙被喷射混凝土填充从而提高围岩整体受力的效果。因此全封闭 U 型钢和锚网喷注联合支护为此类复杂围岩提供了一种新的支护方式。

设计采用直墙拱形，每棚 U 型钢架由 7 片 29U 型钢组成，全封闭断面 U 型钢架棚距 600 mm，棚节与节之间搭接长度为 500 mm，搭接处采用高阻双槽限位卡，每处使用上限位、中限位、下限位 3 个卡缆，卡缆扭矩大于 300 N · m。每棚钢架在两帮靠下方处用槽钢焊接。巷道棚架支护示意图如图 1-2-22 所示。

图 1-2-22 U 型钢和锚网、喷联合支护和破坏后现场图片

对于软弱破碎围岩、围岩含有膨胀性岩石等复杂围岩条件，全封闭 U 型钢和锚网注喷联合支护较其他单一支护更能适应围岩复杂的应力变化。

动压巷道的支护需要有足够的支护刚度，同时由于应力的重新分布及塑性流变等，支护需要一定的塑性和柔性。全封闭 U 型钢和锚网注喷联合支护综合了两种支护的优点，对动压巷道支护具有实际可行的意义，在我国许多高应力大断面岩煤体巷道较多地采用了这种联合支护形式。

三、锚网喷和弧板联合支护

我国许多煤矿煤系地层松软，遇水膨胀，地应力偏高。巷道采取常规支护形式时很快变形，断面缩小，以致被压垮，给安全生产带来严重威胁。为此，国家在“七五”期间设立“软岩支护”专项，组织科技攻关。在原淮南矿务局、高等学校和科研单位的共同努力下，试验成功了能适应各种复杂地层的“高强钢筋混凝土弧板支护系统”，并通过原煤炭工业部组织的鉴定。

试验表明，在同等地质条件下，弧板支护有以下特点：

（1）支撑力大，可达 5000~7000 MPa/m，是 36U 型钢的数倍。

（2）可在地面工厂化生产，质量可靠，混凝土标号可达 C60~C100，而井下现浇混凝土强度最高只能达到 C40。

（3）成本合理，节省钢材，巷道成型规整，可实现机械化施工。

锚喷和弧板联合支护（图 1-2-23）的主要做法就是采用二次支护，一次为锚网喷，经过锚网喷后，围岩具有较大的强度和柔韧性；二次支护为钢筋混凝土弧板。为缓冲围岩压力，保证来压均匀，在弧板与锚杆支护间充填灰砂类材料，或者充填素混凝土（混凝土充填工作在混凝土弧板安装后，通过弧板板块上的预留孔向内填注）。由于费用较高、需要专用设备，施工时间、条件等方面限制，在复杂的应力状态下支护的稳定难以得到保证，因而在实践中大弧板支护的使用却有很大局限。

四、锚网喷加双桁架钢梁联合支护强强支护联合形式

我国对大埋深、构造应力、采动压力和“软弱岩煤体”自身膨胀给巷道支护带来的困难问题，在汲取国外支护技术的基础上，许多矿井在锚网喷的基础上，采用混凝土喷层与

图 1-2-23　超强结构的弧板支护及破坏状况

双层钢梁桁架（图 1-2-24）、混凝土充填钢管的管棚支护，及特殊钢筋结构与混凝土浇灌形成的网翘支护等，在控制围岩和支护稳定方面取得了一定的效果。

图 1-2-24　锚网喷加双桁架钢梁联合支护与双桁架支护破坏图

五、锚网喷与管棚联合支护强强支护联合形式

软岩巷道——锚喷+ U 型钢复合支护——巷道变形严重。

U 型钢横断面为 U 形，其抗弯能力与方向有关，钢管行断面为圆形，其抗弯能力与方向无关；钢管内若充填混凝土，则其承压能力、抗弯能力将提高。

由于管棚支护仍然是被动支护，且与锚网喷支护的容错性还是存在一定的不匹配性，所以在复杂多变的高应力状况下仍然不能控制围岩变形，保证不了支护的稳定。

采用锚杆、锚索和混凝土喷层与混凝土大弧板、双层钢梁桁架、网翘支护等强强支护联合（图 1-2-25），是近年来一些深井高应力区域巷道支护探索的支护方式，在围岩控制和支护稳定方面取得了一定的效果。

图 1-2-25 锚杆、锚索、喷浆和管棚联合支护现场使用状况

这些联合支护方式，施工工序复杂，施工难度较大，成本高施工速度慢，整个支护体系，仍是强对抗的被动支护方式，在埋深大、应力复杂的软岩巷道中也不能够保证围岩的有效控制（图 1-2-26）。

图 1-2-26 锚杆、锚索、喷浆和管棚联合支护被破坏状况

第二篇　主动支护体系基本理论及关键技术

人们用智慧和实践去自觉和积极主观能动地改造客观世界，我们之为主动。

在复杂多变高应力的围岩条件下，各支护单元能够相互容错、不断提升和恢复整体支护工作阻力的支护体系，我们称之为主动支护体系。

“对立统一”是宇宙的根本规律，当然也必然支配着巷道支护技术的发展轨迹。多年来，我们从多方面对巷道支护的建设、运转与发展态势进行了深入研究，认识到煤炭开采对巷道支护的基本要求，是实现保证矿井正常生产所必须的条件，这就要求支护结构所能具有的抗力与其所受的各种压应力之间要在一定限度内保持平衡。

在浅部开采阶段，一般说来，采用传统支护方式并经过不断修复和加强就可以。但进入深部开采，由于工程环境的变化及各种复杂地应力的显现和交互作用，再运用这种传统支护方式，无论采取什么措施加固，想长时间保持巷道稳定已不再可能。遭受破坏的威胁和保持矿井正常安全生产的需要，把从根本上变革支护方式的任务尖锐地提了出来。

辩证唯物主义提示人们，自然界和社会中的任何一种新的变革任务被提出之时，其实现的客观条件也必然已经造成，深部矿井巷道支护技术革新任务的提出和实现也正是如此。如果说煤炭事业的蓬勃发展给矿井巷道主动支护新体系的诞生和发展提出了要求并造就了物质条件，那么，各自相对独立又相互联系的与巷道支护相关的各种现代力学、物理学、地质学及地质力学、岩体力学、矿山岩石力学、岩层力学、软岩力学等专门科技理论的发展，则为这一任务的完成提供了宽泛的科学技术背景。

随矿井开采规模的扩大和加深，不稳定、极不稳定的巷道必然会越来越多。国家为此高度重视，及时将软岩支护技术问题列入了国家“七·五”“八·五”重大科技攻关课题。其中，“七·五”攻关课题中提出的“可伸缩锚杆”和“高强度预应力大弧板”两类支护，均因不能达到预想目标而未能推广应用。

国家“八·五”重大科技攻关课题“极不稳定巷道（V类）合理支护技术研究”，提出的“锚注技术”和“可伸缩锚杆和金属支架联合支护，并辅以高水速凝材料注浆”的两种支护技术，经实践证明，效果良好。其中由山东矿业学院（现山东科技大学）易恭猷与中国矿业大学陆士良两位教授分别领军进行的锚注支护的先期研究与实践，对这一技术理论形态的形成和确立奠定了良好的基础。

该技术至今已在全国十几个省的几十个矿井中得到推广应用。实践证明，该技术在解决软弱围岩巷道支护中起到越来越明显的作用。当然这种技术的应用，也要考虑到矿井的具体条件和工程环境，关键是要充分挖掘和运用关于以提高围岩自身强度来增强支护功能的技术原理，使日趋成熟的锚注支护体系能更大限度地发挥主动性支护的功能，而这也正是主动性支护体系必须随客观需要和实践的发展向前推进和提升的原因，也是多年来我们着力研究并不断取得创新性成果的客观根据。

淮北市平远软岩支护工程技术有限公司（安徽省软岩支护工程研究中心），正是在这种背景下成立的，是一家致力于软岩巷道支护理论研究与工程实践的国家高新技术企业，在软岩巷道支护技术研发、设计、施工、技术服务领域居全国领先地位。近年来，我们与高等院校的专家学者合作，以创新锚注支护技术为切入点和载体，对软岩支护技术进行了更加深入、系统的专题研究和探索，使本已有所革新的锚注支护技术从理念到技术原则、施工规程和工艺都有了新的突破，尤其在变被动性支护为主动性支护方面有更加明显的创新和跨越。

20世纪70年代前，巷道支护主要还在传统支护方式的圈子里打转，到80年代，特别是90年代以后，随着矿井建设和煤炭开采的实践需要，我们开始对锚注支护技术进行完善和创新。以实践经验和初步的理论探索为基础，我们把“新奥法”提出的22条技术原则，归结为“一个理念”“三个方面”。“一个理念”，即由把围岩作为单纯受载体转变为承载和自强的统一主体。“三个方面”是：①在巷道掘进过程中要始终注意保护围岩（尽量减少围岩已有承载力的破坏）；②要尽力扩大主强支护体与围岩的接触面，使一次支护的让性与再次支护的拉性相结合，变单纯性承载为均匀承载；③在支护整个服务过程中，始终坚持对围岩监测监控，以利于精准设计，并在随时掌握施工进度和围岩移变的情况（时间和程度）下，不断为支护施工方案的具体贯彻和调整提供动态依据。

虽然“新奥法”因首先提出主动性支护理念和一些相应的技术原则，一度被认为是此前巷道支护技术发展的最高水平，但在20世纪下半叶后，面对矿井开采规模和采深不断加大，大埋深、构造应力以及采动不均匀叠加应力作用下的巷道范围越来越大，矿井建设施工中的各种不确定因素相应增加等情况，再套用和固守它的已有设计原则和施工方法，也会经常出现一些难以解决的问题。面对我国深部矿井巷道围岩越来越复杂的状态，要增强支护功能和推进矿井快速建设的发展，就必须沿着主动性支护的根本方向继续大胆探索和创新，努力走出软岩巷道支护的一条新路来。

我们在探索中经历了①重视锚、绳、喷与锚注相依；②强韧封层、稳压胶结、合理置换、缓释叠加应力不断提高围岩自身强度技术；③对地质构造和围岩环境更为复杂多变的巷道围岩又增加使用预控、置换、强韧封层、激隙卸压、构建均质同性和连续的高强度新型支护圈体等几个发展阶段，最终得出了“两个理论、十个关键技术”的主动支护体系。经过这样不断实践与总结升华，理念逐步清晰、技术快速升级、操作越发规范、工艺日益精当的深井、高应力和叠加应力下软弱岩煤体巷道主动支护新体系，便逐步形成完善和发展起来。

我们知道，传统的支护包括两个方面，一是支，就是顶住顶板，防止顶板出现大量的下沉；二是护，就是保持顶板的完整性，防止出现漏矸、漏顶、巷道掉碴等现象。支和护是一个有机统一的整体，在此基础上，我们增加了及时封闭，避免了软弱岩体的分化，同时做到了及时支护，为后续各支护单元提供安全施工的环境；让是指我们的支护体设计构架有柔让的性能，给强压力一个弹性缓释作用；卸则是让围岩初期强压力可以进行一定的释放，它们共同组成了主动动态的支护体系。

主动支护体系基本架构是：以单层或多层钢丝为筋骨的多喷浆层、高度密贴岩面的强韧封层结构为止浆垫和支护抗体；对部分软弱岩体，特别是关键部位的极软弱岩体进行卸压和合理置换；在全程监测监控及稳压状态下向岩体内预注浆、注浆、复注浆，将高强度水泥浆液反复注进围岩体内并将松散软弱的岩煤体胶结成整体，以不断调整压力的动态注浆手段在岩体内留置预应力、缓释叠加应力；达到“封、支、让、卸、固”支护功能的统一，使巷道围岩得到控制，支护长时间保持稳定。

为详细说明主动动态支护技术，我们总结了两个理论和十个方面技术来全面地阐述。本篇主要阐述锚注支护理论和小区域高应力富含带理论。

第一章　锚注支护机理

随着锚网喷支护在矿井岩煤巷道和硐室支护规模的日益扩大，许多矿区都在积极推广，但是锚网喷支护在遇到软弱破碎岩层时，其胶结程度差且具有膨胀、流变等特性，致使在这些围岩条件下的岩体常常发生离层、松动和破碎，使锚杆、锚索的锚固力受到极大的破坏，达不到控制围岩保证巷道支护稳定的效果。为攻克这一技术难题，我们对钻锚技术进行了深入的理论研究和现场实践。该技术在深井复杂高应力软弱岩煤体数万米新掘和修复岩煤巷道及硐室的推广应用中都取得了显著效果。

锚注支护实际上是将锚网喷支护技术和注浆加固技术有机结合，利用中空注浆锚杆、锚索兼做注浆管，通过给予一定的压力将注浆材料注入围岩中，充实固结岩体的离层和裂隙，提高围岩的强度和完整性，保持锚杆锚索锚固力的稳定，使锚杆锚索的支护能力得以充分发挥，同时与锚网喷结合形成新的支护体系。

第一节　锚注支护概述

一、锚注支护机理分析

锚注是在锚喷支护基础上对喷层里面的围岩体进行壁后注浆，达到增强围岩自身强度和固结岩体内的裂隙及弱面，来提升锚杆、锚索的锚固力、紧固力和支护结构的整体性及承载能力，同时通过注浆的固结使混凝土喷层、锚杆和注浆后的围岩形成联合支护体系，起到良好的组合拱结构的支护圈体，达到控制巷道围岩稳定的目的。锚注支护机理包括以下几个方面。

（1）采用注浆锚杆注浆，可以利用浆液封堵围岩的裂隙，隔绝空气，防止围岩风化，还能防止围岩因被水浸湿而降低自身强度。

（2）注浆锚杆注浆后将松散破碎的围岩胶结成整体，提高了岩体的内聚力、内摩擦角及弹性模量，从而提高了岩体强度，可以使围岩本身成为支护结构的一部分。

（3）注浆锚杆注浆后，喷层壁后充填密实，保证荷载均匀地作用在喷层和支架上，从而避免巷道围岩出现应力集中点而首先破坏。

（4）利用注浆锚杆注浆充填围岩裂隙，再配合锚喷支护，可以形成一个多层有效组合拱，即喷网组合拱、锚杆压缩区组合拱及浆液扩散加固拱，这些组合拱结构，扩大了支护结构的有效承载范围，提高了支护结构的整体性和承载能力（图 2-1-1、图 2-1-2）。

（5）注浆后，作用在拱顶上的压力能有效传递到两墙，通过对墙的加固，又能把荷载传递到底板。由于组合拱厚度的加大，又能减小作用在底板上的荷载集中度，从而减小底板岩石中的应力，减弱底板的塑性变形，减轻底鼓。

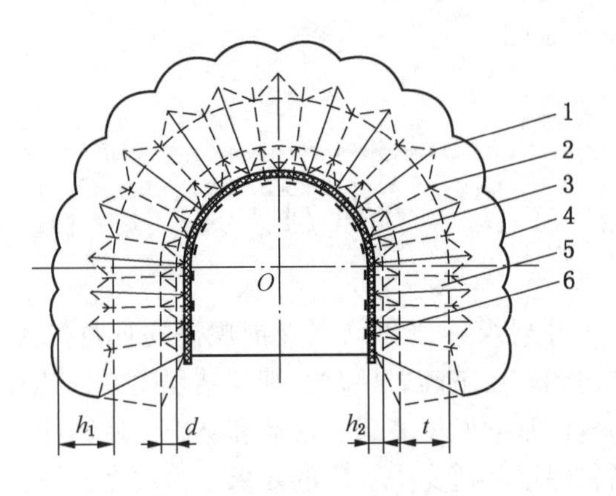

1—普通金属锚杆；2—注浆锚杆；3—金属网喷层；4—注浆扩散范围；
5—锚杆作用形成的锚岩拱；6—喷网层作用形成的组合拱

图 2-1-1 注浆加固支护机理图

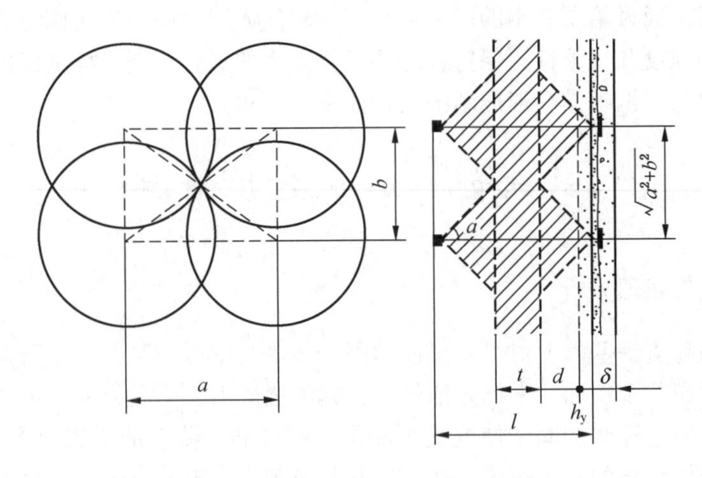

图 2-1-2 岩石均匀压缩带示意图

$$q = \frac{P}{A}$$

式中 q——荷载集中度，kN/m^2；

P——作用在底板岩石上的外荷载，kN；

A——底板受力面积，由 D、D'确定，m^2。

底板的稳定，有助于两墙的稳定，底板、两墙稳定有助于保持拱顶的稳定；由于顶板的稳定不仅仅取决于顶板荷载，在非破碎带中，关键还取决于底板和两墙的稳定，因此注浆支护的另一个重点就是保证两帮与底板的稳定，从而保证整个支护结构的稳定。

(6) 注浆锚杆本身为全长锚固的锚杆，通过注浆也使端锚的普通锚杆变成全长锚固锚杆，从而将多层组合拱联成一个整体，共同承载，提高了支护结构的整体性。

(7) 金属锚杆敷设在岩体中，要穿越不同性质的岩层，由于煤矿井下自身环境的原因，必然会被锈蚀。注浆水泥浆液凝固时产生的碱性，使金属表面生成一层氧化铁钝化膜，这层钝化膜能非常有效地阻止锈蚀的发展。注浆浆液充入锚杆杆体周围后，使杆体全长受到防锈蚀钝化膜的保护，杆体的全长处于同一性质的水泥浆液凝结体中，不但能改善电化学腐蚀条件，同时也能改善供氧环境。因此，锚杆的防锈蚀问题在锚注加固系统中得到了很好的解决，保证了锚杆的长期稳定，延长了使用寿命。

（8）注浆使得支护结构面尺寸加大，围岩作用在支护结构上的荷载所产生的弯矩减小，从而降低了支护结构中产生的拉应力和压应力，支护结构的承载能力和适应性都得以提高。

（9）注浆后的围岩整体性好，提升了围岩自身强度，同时提升了锚杆和注浆锚杆锚固力，并与原岩形成一个整体，从而能在大构造应力作用下保持稳定而不易产生破坏。

（10）在巷道长期服务过程中，围岩受到高强复杂应力破坏，围岩开始再次松动和离层，围岩强度衰减，锚杆锚固力丧失，此时通过复注浆后重新再次把围岩固结，同时锚杆全长锚固的效果重新恢复，其他各支护单元的工作阻力同样得到恢复和提升，从而提升了整个支护圈体的承载力，保证了支护结构的稳定性。

二、注浆加固机理分析

1. 网络骨架作用

在注浆加固过程中，浆液在泵压及微裂隙的毛吸作用下挤压或渗透到岩煤体的裂隙中，浆液固结后，以固体的形式充填在裂隙中并与岩煤体固结，这些充填的材料在岩煤体内形成了新的网络状的骨架结构（图2-1-3、图2-1-4）。注浆后的岩煤体增加了由加固材料形成的浆脉，现场观测到的浆脉厚度达0.1～15 mm。这些浆脉在岩煤体中呈薄厚不一的片状或条状，但均互相联系形成网络骨架。网络骨架内则是均匀密实的实体煤岩，形成网络骨架的充填材料具有较好的黏弹性和黏结强度。

图2-1-3　围岩网络状骨架结构图

图 2-1-4 取样岩心网络状骨架结构图

2. 黏结补强作用

岩煤体的强度，通常用莫尔强度理论来描述。为简化计算，强度曲线采用直线形包络线即

$$\tau = C + \sigma\tan\varphi$$

式中 τ——岩煤体抗剪强度，MPa；

σ——正应力，MPa；

C——岩煤体的内聚力，MPa；

φ——内摩擦角，(°)。

在实际应用过程中，由于经常采用统计分析的方法处理岩石力学的各类试验数据，为更灵活地应用库仑-莫尔直线形强度包络线（图 2-1-5），通常以最大主应力 σ_1 为纵坐标，以最小应力 σ_3 为横坐标的强度包络线形式：

$$\sigma_1 = \sigma_3\xi + \sigma_c$$

式中，σ_c 为理论上的单轴抗压强度值（MPa）。显然，在 $\sigma_1 - \sigma_3$ 坐标下，库仑-莫尔强度包络线是一条直线，且公式极其简单。若得到一组三轴试验结果，则可利用最小二乘法求出直线的斜率和截距，即 ξ 和 σ_c，并且通过 ξ 和 σ_c 的物理意义进一步推演求得岩石的内聚力和内摩擦角。因为利用统计方法求出了岩石的强度参数，所以可从统计意义上来分析认定试验结果的可靠性，这也正是 $\sigma_1 - \sigma_3$ 坐标下的库仑-莫尔强度公式成为常用公式的原因。

当井巷掘进后，巷道周边岩体首先破坏，产生裂隙，岩体原有的内聚力 C 及内摩擦角 φ 值下降，在巷道周围的一定范围内形成围岩破碎带，即所谓围岩松动圈。当井巷掘进后，原岩体中应力平衡状态受到破坏，围岩应力重新调整，表现为巷道周边径向应力消失，切向应力增大，而出现应力集中现象。注浆加固就是处理这一区域内的岩煤体，使其强度得到提高，从而使莫尔圆远离强度包络线，这有利于围岩的稳定。

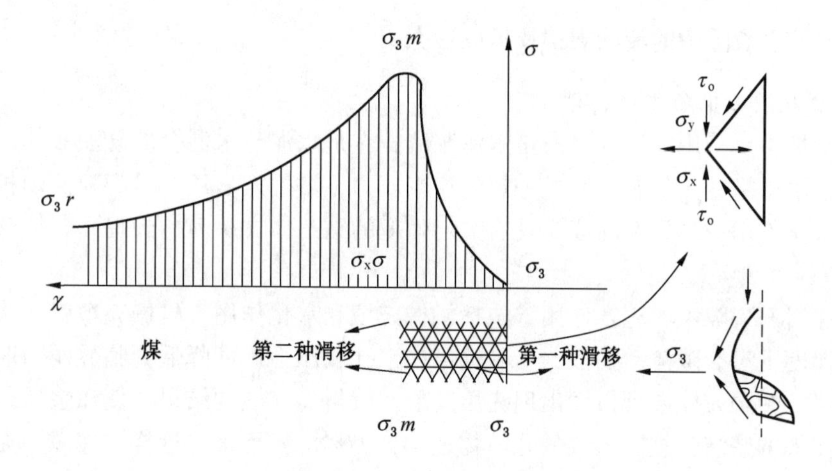

图 2-1-5 莫尔圆强度包络线

3. 充填密实作用

注浆浆液在泵压作用下，不但可以将相互连通的岩煤体裂隙充满，同时在压力的作用下，还可将充填不到的封闭裂隙和孔隙压缩，从而对岩煤体整体起压密作用。压密作用的结果是使岩煤体的弹性模量提高，强度也相应提高。

4. 转变破坏机制的作用

从断裂力学的观点出发认为，连续介质（如岩体）内有裂隙时，在承载过程中会形成严重的应力集中，而最大的应力集中在裂隙端部，如图 2-1-6 所示。应力集中的程度（系数）K 主要取决于裂隙长度 C 与裂隙端部半径 ρ 及岩体尺寸 W 之比，即：$K=f(c/W, c/\rho)$。

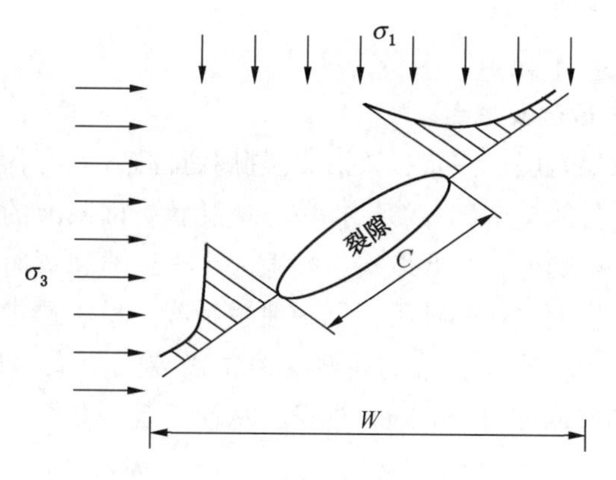

图 2-1-6 裂隙与应力集中关系示意图

介质发生破坏就是在一定的应力条件下裂隙出现失稳扩展的结果。经过加固后，裂隙内将充满加固材料，而且由于加固材料对裂隙面的黏结作用，就会使裂隙端部的应力集中大大削弱或消失，从而可使岩煤体的破坏机制发生转变。例如，由原来的裂隙扩展破坏转变为在最大剪应力作用下的剪切破坏，或在垂直于最小主应力方向上发生拉伸破坏等。

三、浆液在裂隙中的流动规律及扩散形态

1. 浆液在裂隙中的流动规律

锚注支护主要采用的注浆浆液是水泥浆液，它是水泥与水混合的悬浊液体。水泥颗粒由于搅动在水中呈悬浮状态，通过一定的注浆压力，被推入岩层，沿裂隙流动扩散。由于其充填和水化作用，在裂隙内成为具有一定强度的结石体，从而达到提高岩体整体性和强度的目的。

浆液在岩石裂隙中的充塞作用，包括机械充填和水化作用。机械充填就是浆液在一定注浆压力梯度下沿裂隙流动扩散，当其远离注浆孔，压力梯度降低到临界压力时，浆液流速减小，浆液中颗粒就会沉析而出现充填现象。沉析、充填的结果，使注浆压力呈上升趋势，继续注入的浆液，被所形成的充填物过滤，仍然沉析下来。这样，裂隙中充填层逐渐加厚，直到封闭裂隙，脱水而结石。

裂隙的大小及裂隙的粗糙程度对压力梯度的降低影响很大。裂隙面凹凸不平时，浆液流动阻力大。靠近裂隙面的，其阻力大，流速慢；在中间的，阻力小，流速快。因此，靠近裂隙面的浆液比中间的沉析要快。水化作用是水泥中的熟料与水起物理化学作用，使水泥浆液凝固、硬化，产生充填。水化作用在浆液的沉析、滞流阶段进行得尤为显著。注浆过程中，浆液在岩石裂隙中的扩散、充填过程，一般可以分为4个阶段。

（1）注浆压力克服静水压力和流动阻力，推进浆液进入裂隙。

（2）浆液在裂隙内流动扩散和沉析、充塞，大裂隙逐渐缩小，小裂隙开始进浆充填，此时注浆压力徐徐上升。

（3）在注浆压力的持续推动下，浆液冲开或部分冲开充填体，压力又有所下降。由于浆液重新产生沉析而充填，又逐渐加厚了充填体. 此时压力又开始上升。该阶段注浆压力是高高低低，呈波浪式上升趋势。

（4）浆液在注浆终压下充填、压实，封闭裂隙。

2. 浆液在煤岩层中的扩散形态

一般说来，在裂隙煤岩层中注浆，浆液多呈脉状扩散，只有在溶洞充填物、断层破碎带和某些软弱夹层中才可能会有部分渗透扩散。呈脉状扩散浆液的流动阻力较小，扩散距离除受浆液本身的性质影响外，主要取决于裂隙大小、连通和弯曲情况以及孔壁粗糙程度等因素，扩散距离一般较大。在各种沉积层中注浆浆液多呈渗透扩散，由于扩散的流动阻力较大，扩散的距离较小；要作有效的注浆，通常需要用更大一些的压力，然而压力一大，会将一部分岩煤体向抵抗力小的地方推挤，从而引起一些劈裂裂隙，使渗透扩散转变成脉状扩散。

虽然锚注支护注浆浆液在扩散中其表面是不规则的，但在理论计算上仍按均匀扩散考虑。扩散的形状为柱—半球面状，即在注浆锚杆长度范围内浆液按柱面扩散，在注浆锚杆尾部按半球面扩散。

四、锚注支护和围岩共同作用的分析

锚注支护的一般过程为：巷道开挖→普通锚网喷支护→锚注支护。

从支护时间上看，普通锚网喷支护一般在巷道开挖后较短的时间内进行（一般4~10 h），锚注支护则要滞后10~20天甚至更长时间进行。因为过早注浆，围岩正处于变形破裂的发展阶段，此时注浆，一是可能较难注入，二是浆液尚未凝固起支承作用之前，即被较大的围岩应力所破坏，因此将掘进工作面向前推进一段后，再进行注浆。

理论和实践证明，在围岩局部进入岩体的残余强度时，在该处注浆可以起到较好的作用，但也不应过迟注浆，过迟注浆时，此时的残余应力已很小，可能造成支护变形量过大，使支护提供的支护抗力相应变小，支护体不能发挥应有的作用。

为了对比锚注支护与无锚注支护的效果，我们采用一般岩石的全应力—应变曲线作为围岩的力学模型，为便于计算将其分段直线化（图2-1-7）。假定巷道为圆形巷道，侧应力系数$\lambda=1$，普通锚网喷支护在开挖后接着进行，不考虑这段时间的变形和应力重分布。锚注支护选在巷道围岩局部进入塑性软化段与残余强度段临界时，计算锚注前围岩的应力应变和位移，此时围岩分为3个区，分别对应图2-1-8所示的残余强度段，塑性软化段和峰前弹性段。支护体为喷混凝土和网的混合体可视为弹性。普通锚杆提供支护力p_1，锚杆的初锚力为p_2，二者可视为$p_0=p_1+p_2$均布在巷道周围。

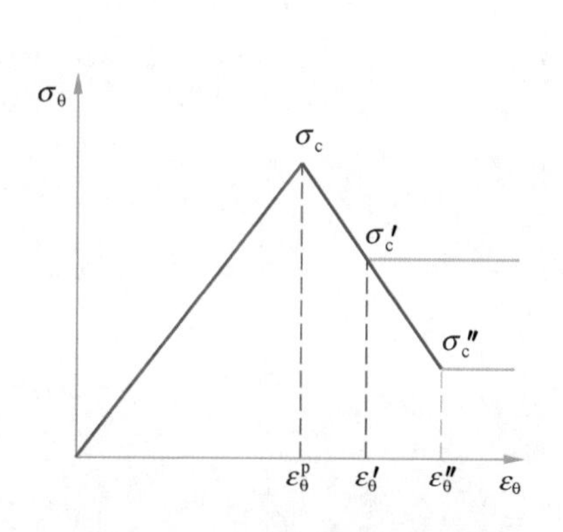

图2-1-7　岩石强度力学模型图

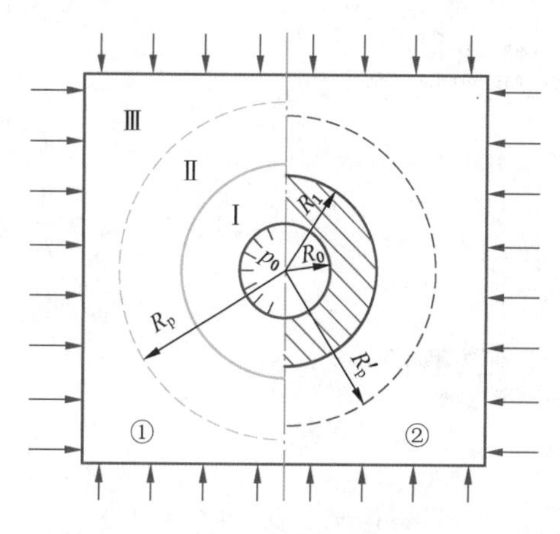

①一般支护时；②注浆加固后；

Ⅰ—残余强度区；Ⅱ—软化区；Ⅲ—弹性区

图2-1-8　围岩计算模型示意图

（一）弹性区的应力及位移

1. 边界条件

外边界为$r\to\infty$时，$\sigma_{r,\theta}=q_0$，内边界为弹塑性边界设为$r=R_p$，此处应力处于库仑强度准则极限状态：$\sigma_\theta=k\sigma_r+\sigma_c$且有$\sigma_r+\sigma_\theta=2q_0$（弹性轴对称条件），弹塑性边界处的切向应力为

$$\sigma^p_{R_p}=\sigma^e_{R_p}=(2q_0-\sigma_c)/(K+1)$$
$$\sigma^p_\theta=\sigma^e_\theta=(2kq_0+\sigma_c)/(K+1)$$

式中 K——系数，$K=\dfrac{1+\sin\varphi}{1-\sin\varphi}$；

φ——岩体内摩擦角；

$\sigma_{R_p}^{p}$、$\sigma_{R_p}^{e}$——弹塑性边界处的切向应力，二者相等；

σ_{θ}^{p}、σ_{θ}^{e}——弹塑性边界处的切向应力，二者相等；

q_0——原岩应力；

σ_c——岩石的单轴抗压强度，$\sigma_c=2C\cos\varphi(1-\sin\varphi)$；

C——岩石内聚力。

2. 基本条件

（1）假定体力 $k_r=k_\theta=0$；

（2）根据其完全轴对称性，应力应变和位移仅为半径 r 的函数（除去 U_θ）与 θ 无关，且$\tau_{r\theta}=\tau_{\theta r}=0$。

3. 弹性力学的3个方程

由基本条件略去零值项得到以下3个方程：

平衡微分方程：

$$\frac{d\sigma_r}{dr}+\frac{\sigma_r-\sigma_\theta}{r}=0 \tag{2-1-1}$$

物理方程：

$$\left.\begin{aligned}\varepsilon_r&=\frac{1}{E}(\sigma_r-\mu\sigma_\theta)\\ \varepsilon_\theta&=\frac{1}{E}(\sigma_\theta-\mu\sigma_r)\\ \gamma_{r\theta}&=0\end{aligned}\right\} \tag{2-1-2}$$

几何方程：

$$\left.\begin{aligned}\varepsilon_r&=\frac{du_r}{dr}\\ \varepsilon_\theta&=\frac{u_r}{r}\end{aligned}\right\} \tag{2-1-3}$$

4. 求解应力

由式（2-1-2）得

$$\varepsilon_r-\varepsilon_\theta=\frac{1+\mu}{E}(\sigma_r-\sigma_\theta) \tag{2-1-4}$$

$$\frac{d\varepsilon_\theta}{dr}=\frac{1}{E}\left(\frac{d\sigma_\theta}{dr}-\mu\frac{d\sigma_r}{dr}\right) \tag{2-1-5}$$

由式（2-1-3）得：

$$\frac{d\varepsilon_\theta}{dr}=\frac{d\left(\dfrac{u_r}{r}\right)}{dr}=\frac{1}{r}\left(\frac{du_r}{dr}-\frac{u_r}{r}\right)=\frac{1}{r}(\varepsilon_r-\varepsilon_\theta) \tag{2-1-6}$$

结合式（2-1-4）~式（2-1-6）得

$$\frac{d\sigma_\theta}{dr} - \mu\frac{d\sigma_r}{dr} = \frac{1+\mu}{r}(\sigma_r - \sigma_\theta) \tag{2-1-7}$$

由式（2-1-1）和式（2-1-7）得

$$\frac{d\sigma_\theta}{dr} = -\frac{d\sigma_r}{dr} \text{ 即 } \sigma_\theta = -\sigma_r + A \tag{2-1-8}$$

将式（2-1-8）代入式（2-1-1）中，整理得

$$r\frac{d\sigma_r}{dr} + 2\sigma_r = A$$

解上式得：

$$\sigma_r = \frac{A}{2} + \frac{B}{r^2}$$

式中 A、B——任意积分常数。

结合边界各条件：$\begin{cases} r \to \infty, & \sigma_r = q_0 \\ r \to R_p, & \sigma_r = \sigma^e_{R_p} \end{cases}$ 得出 A 和 B 为

$$A = 2q_0$$

$$B = R_p^2(\sigma^e_{R_p} - q_0)$$

因此有巷道的弹性区（Ⅲ区）应力为

$$\begin{cases} \sigma_r = q_0 + \dfrac{R_P^2}{r^2}(\sigma^e_{R_P} - q_0) \\ \sigma_\theta = q_0 - \dfrac{R_p^2}{r^2}(\sigma^e_{R_P} - q_0) \end{cases} \quad r \in [R_p, \ +\infty] \tag{2-1-9}$$

5. 求解径向位移 U_r

由式（2-1-3）可知 $U_r = \varepsilon_\theta \cdot r$，则将已求出的 σ_r，σ_θ 代入式（2-1-2）得

$$\varepsilon_\theta = \frac{1}{E}\left[(1+\mu)\frac{R_P^2}{r^2}(q_0 - \sigma^e_{R_p}) + (1-\mu)q_0\right]$$

对于平面应变问题则以 $\dfrac{E}{1-\mu^2}$ 代入 E，以 $\dfrac{\mu}{1-\mu}$ 代入 μ 则有：

$$U_r = \frac{r(1+\mu)}{E}\left[\frac{R_P^2}{r^2}(q_0^2 - \sigma^e_{R_p}) + (1-2\mu)q_0\right]$$

去掉巷道开挖前的位移：$U_0 = u_r \Big| R_{p=0} = \dfrac{r(1+\mu)}{E} \cdot (1-2\mu)q_0$，得出开挖后的巷道的位移：

$$u'_r = u_r - u_0 = \frac{r(1+\mu)}{E} \cdot \frac{R_p^2}{r^2}(q_0 - \sigma^e_{R_p}) = \frac{(1+\mu)R_p^2}{E \cdot r}(q_0 - \sigma^e_{R_p})$$

$$R_p \leqslant r < \infty \tag{2-1-10}$$

（二）塑性软化区（Ⅱ区）的应力和位移

1. 边界条件

该区外边界即为弹塑性边界，内边界为塑性软化区和残余应力区边界，设为 $r = R_1$。此处岩石强度即为残余强度 σ_c^*，此处的体积变形为零即：

$$\varepsilon_r^p \big|_{r=r_1} + \varepsilon_\theta^p \big|_{r=r_1} = 0$$

基本条件同弹性区条件。

2. 由塑性力学的特点和基本条件确定以下 3 个方程：

平衡微分方程：

$$\frac{d\sigma_r^p}{dr} + \frac{\sigma_r^p - \sigma_\theta^p}{r} = 0 \tag{2-1-11}$$

库仑准则极限状态方程：

$$\sigma_\theta^p = K\sigma_r^p + \sigma_c^p \tag{2-1-12}$$

式中 σ_c^p 为塑性软化区岩石单轴抗压强度，对应模型中的Ⅱ段：

$$\sigma_c \leqslant \sigma_c^p \leqslant \sigma_c^*$$

结合式（2-1-11）和式（2-1-12）得：

$$r \cdot \frac{d\sigma_r^p}{dr} + (1 - K) \cdot \sigma_r^p = \sigma_c^p \tag{2-1-13}$$

几何方程：

$$\left.\begin{aligned} \varepsilon_r^p &= \frac{du_r^p}{dr} \\ \varepsilon_\theta^p &= \frac{u_r^p}{r} \end{aligned}\right\} \tag{2-1-14}$$

以上各式 $R_1 \leqslant R \leqslant R_p$。

3. 求解塑性软化区围岩位移 U_r^p

一般认为岩体在塑性软化区处于岩体破坏状态，此时会出现鼓胀，即扩容现象，因此假设在塑性区某点处的两个应变 ε_r^p 和 ε_θ^p，则有 $\frac{\varepsilon_r^p}{\varepsilon_\theta^p} = \mu'$，显然在该区内边界即 $r = r_1$ 处 $\mu' = -1$，在弹性边界处 $\mu' = 1 - \frac{2(q_0 - \sigma_{R_p}^e)}{2(1-\mu)q_0 - \sigma_{R_p}^e}$，实验证明岩体扩容大小与该处的应力状态有关，即 μ' 是 r 的函数与 θ 无关，为了简化问题一般取 $\mu' = \frac{1}{2}(\mu'_{min} + \mu'_{max}) = \mu'_0$ 为常数计算。

根据以上描述，将 $\varepsilon_r^p = \mu'_0\varepsilon_\theta^p$ 代入式（2-1-14）得

$$\frac{du_r^p}{dr} = \mu'_0\frac{u_r^p}{r} \tag{2-1-15}$$

解式（2-1-15）得：$U_r^p = C \cdot r^{\mu'_0}$；

式中 C 为积分常数，将弹塑性边界条件：

$$U_r^p \big|_{r=R_p} = U_r^e \big|_{r=R_p} = \frac{R_p(1+\mu)}{E} \cdot [2(1-\mu)q_0 - \sigma_{R_p}^e]$$

代入上式得：

$$C=\frac{R_{\mathrm{p}}^{(1-\mu_0')}}{E}[2(1-\mu)q_0-\sigma_{\mathrm{R_p}}^e] \tag{2-1-16}$$

则：
$$u_{\mathrm{r}}^p=\frac{R_{\mathrm{p}}^{(1-\mu_0')}\cdot(1+\mu)}{E}[2(1-\mu)q_0-\sigma_{\mathrm{R_p}}^e]\cdot r^{\mu_0'}$$

4. 求解塑性软化区的应力

根据假定的力学模型可知，塑性软化段的岩石强度 σ_{c}^p 与切向应变 ε_θ 成直线关系，即

$$\sigma_{\mathrm{c}}^p=\sigma_{\mathrm{c}}-\frac{\sigma_{\mathrm{c}}-\sigma_{\mathrm{c}}^*}{\varepsilon_\theta^{\mathrm{R_p}}-\varepsilon_\theta^{R_1}}(\varepsilon_\theta^{R_p}-\varepsilon_\theta^p) \tag{2-1-17}$$

式中　σ_{c}、σ_{c}^p、σ_{c}^*——岩体的极限抗压强度，塑性软化强度和残余强度；

$\varepsilon_\theta^{R_p}$、$\varepsilon_\theta^{R_1}$、ε_θ^p——围岩在弹塑性交界处，塑性软化和残余强度交界处，以及塑性软化区的切向应变。

根据几何方程即式（2-1-14）：$\varepsilon_\theta^p=\frac{U_{\mathrm{r}}^p}{r}=C\cdot r^{(\mu_0'-1)}$ 代入式（2-1-17）得：

$$\sigma_{\mathrm{c}}^p=\sigma_{\mathrm{c}}-k\cdot(\varepsilon_\theta^{R_p}-\varepsilon_\theta^p)=\sigma_{\mathrm{c}}-k\cdot[\varepsilon_\theta^{R_p}-C\cdot r^{(\mu_0'-1)}] \tag{2-1-18}$$

式中　$k=(\sigma_{\mathrm{c}}-\sigma_{\mathrm{c}}^*)/(\varepsilon_\theta^{R_p}-\varepsilon_\theta^{R_1})$，即为Ⅱ段的斜率的正值，解式（2-1-13）即得：

$$\sigma_{\mathrm{r}}^p=r^{k-1}\cdot\int r^{-k}\cdot\sigma_{\mathrm{c}}^p\cdot\mathrm{d}r$$

将式（2-1-18）代入上式积分得：

$$\sigma_{\mathrm{r}}^p=\frac{(\sigma_{\mathrm{c}}-k\varepsilon_\theta^{R_\mathrm{P}})}{1-K}+\frac{ck}{\mu_0'-K}\cdot r^{(\mu_0'-1)}+C_0\cdot r^{(K-1)} \tag{2-1-19}$$

式中　C_0——积分常数。

将 $\sigma_{\mathrm{r}}^p|_{r=R_{\mathrm{p}}}=\sigma_{\mathrm{r}}^e|_{r=R_{\mathrm{p}}}=\sigma_{\mathrm{R_p}}^e$ 代入式（2-1-19）得：

$$C_0=\left[\sigma_{\mathrm{R_p}}^e-(\sigma_{\mathrm{c}}-k\varepsilon_\theta^{R_p})/(1-K)-\frac{ck}{\mu_0'-K}\cdot R_{\mathrm{p}}^{(\mu_0'-1)}\right]/R_{\mathrm{p}}^{(K-1)}$$

以上式中：除未知 $\varepsilon_\theta^{R_1}$ 并可从残余强度区中求出外，其余均为由库仑强度极限准则可求出的函数和系数。

（三）残余强度区的应力和位移

1. 边界条件

该区的外边界为 $r=R_1$ 处，该处 $U_{\mathrm{r}}=U_{\mathrm{R}}^P|_{r=R_1}=U_{\mathrm{R_1}}^p$、$\sigma_{\mathrm{r}}=\sigma_{\mathrm{R_1}}^P$、$\sigma_\theta=\sigma_{\mathrm{\theta R_1}}^P$。内边界为巷道锚喷支护体与围岩交界处，$r=R_0$，巷道净半径为 $r=a$，支护厚度为 t_0，则 $R_0=a+t_0$，在该界面上有锚喷支护体的支护抗力 p_1，锚杆的初锚力 p_2。

2. 基本条件

假定残余强度区体积变形为零，即 $\varepsilon_{\mathrm{r}}+\varepsilon_\theta=0$，残余强度 σ_{c}^* 为常数。

3. 几何方程和平衡微分方程

由几何方程和平衡微分方程同塑性软化区形式，该区满足库仑强度极限准则。

4. 求解位移 U_r^t

由几何方程和体积变形为零的条件可得出 $\frac{\mathrm{d}u_{\mathrm{r}}^t}{\mathrm{d}r}=-\frac{u_{\mathrm{r}}^t}{r}$，解之得：

$$U_r^t = \frac{B_0}{r} \tag{2-1-20}$$

式中　B_0——积分常数，由该区外边界条件确定 B_0：

由 $u_{R_1}^t = u_{R_1}^p = \frac{R_p^{(1-\mu_0')} \cdot (1+\mu)}{E}[2(1-\mu)q_0 - \sigma_{R_p}^e] R_1^{\mu_0'} = \frac{B_0}{R_1}$ 得出：$B_0 = U_{R_1}^p \cdot R_1$

则：

$$U_r^t = U_{R_1}^p \cdot R_1 \cdot r^{-1} \tag{2-1-21}$$

5. 求解应力 σ_r^t，σ_θ^t

将库仑强度极限准则代入平衡方程得：

$$\begin{cases} \sigma_\theta^t = K\sigma_r^t + \sigma_c^* \\ \dfrac{d\sigma_t^r}{dr} + \dfrac{\sigma_r^t - \sigma_\theta^t}{r} = 0 \end{cases}$$

式中 $K = \frac{1+\sin\varphi}{1-\sin\varphi}$，并假定 φ 值在岩石 3 个阶段一直不变而只改变 C 值。

解上式得：

$$\sigma_r^t = r^{(K-1)}\int r^{-K}\sigma_c^* dr = \sigma_c^* r^{(K-1)}\int r^{-K}dr = \frac{1}{1-K}\sigma_c^* + A_0\sigma_c^* r^{(K-1)} \tag{2-1-22}$$

式中　A_0——积分常数，由 $\sigma_r^t|_{r=R_0} = p_0 = \sigma_c^*\left(\frac{1}{1-K} + A_0 R_0^{K-1}\right)$ 得出：

$$A_0 = \left[\frac{p_0}{\sigma_c^*} - \frac{1}{1-K}\right] R_0^{(1-K)} \tag{2-1-23}$$

则：

$$\sigma_\theta^t = K\sigma_r^t + \sigma_c^* = \sigma_c^*\left[\frac{1}{1-K} + KA_0 r^{K-1}\right] \tag{2-1-24}$$

（四）求解 R_p 和 R_1

由几何方程得：　$\varepsilon_\theta^{R_p} = \frac{u_{R_p}^P}{R_p} = \frac{CR_p^{\mu_0'}}{R_p} = CR_p^{(\mu_0'-1)}$

同理　$\varepsilon_\theta^* = \varepsilon_\theta^{R_1} = CR_1^{(\mu_0'-1)}$

则由式（2-1-17）可知　$\sigma_c^* = \sigma_c - k(\varepsilon_\theta^{R_p} - \varepsilon_\theta^*)$

则结合以上几式得：　$\sigma_c^* = \sigma_c - kC[R_p^{(\mu_0'-1)} - R_1^{(\mu_0'-1)}]$

将 $C = \frac{R_p^{(1-\mu_0')}(1+\mu)}{E}[2(1-\mu)q_0 - \sigma_{R_p}^e]$ 代入上式得

$$\frac{\sigma_c - \sigma_c^*}{k(1+\mu)[2(1-\mu)q_0 - \sigma_{R_p}^e]} = \left[1 - \left(\frac{R_1}{R_p}\right)^{(\mu_0'-1)}\right]$$

令 $t = \frac{R_1}{R_p}$ 即为两半径之比值，则求出 t：

$$t = \left[1 - \frac{E(\sigma_c - \sigma_c^*)}{k(1+\mu)[2(1-\mu)q_0 - \sigma_{R_p}^e]}\right]^{\frac{1}{\mu_0'-1}} \tag{2-1-25}$$

根据边界条件：$r=R_1=tR$ 处，$\sigma_r^p=\sigma_r^t$ 将式（2-1-19）、式（2-1-22）代入得：

$$R_p=\frac{1}{t}\cdot\left[t^{(k-1)}\cdot\left[\frac{\sigma_{R_p}^e-\frac{\sigma_c^*+k\varepsilon_\theta^*}{1-K}-\frac{k(1+\mu)[2(1-\mu)q_0-\sigma_{R_p}^e]}{E(\mu_0'-K)}}{\left[\sigma_c^*\cdot\left(\frac{p_0}{\sigma_c^*}-\frac{1}{1-K}\right)\cdot R_0^{(1-K)}\right]}\right]+\frac{t^{(\mu_0'-1)}\frac{k(1+\mu)[2-(1-\mu)q_0-\sigma_{R_p}^e]}{E(\mu_0'-K)}+\frac{k}{1-K}\varepsilon_\theta^*}{\left[\sigma_c^*\cdot\left(\frac{p_0}{\sigma_c^*}-\frac{1}{1-K}\right)\cdot R_0^{(1-K)}\right]}\right]^{\frac{1}{K-1}} \quad (2\text{-}1\text{-}26)$$

（五）在残余应力区注浆后的应力应变及位移的变化

注浆后，由于注浆锚杆的初锚力而加大了 p_0；此时 $p_0'=p_0+\Delta p_0$，由于注浆的作用，原来的残余应力区的 σ_c^* 和 ε_θ^* 都有变化，显然由于注浆使注浆区的 C、φ 值增大，根据库仑准则 $\sigma_c^*=\dfrac{2c\cdot\cos\varphi}{1-\sin\varphi}$，则 σ_c^* 也相应增大，同时由于围岩组成材料的改变 E 值增大，μ 减小。

（六）求注浆区的应力和位移

锚注区即为残余应力区，该区现视为塑性区，而且锚注区的单轴抗压强度为一常数 $\sigma_c=\sigma_c^M$，则其外边界为塑性软化区的内边界，内边界仍为巷道荒断面 $r=R_0$，受支护抗力为：$P_0'=P_0+\Delta P_0$。

式中，上标 M 代表锚注区。

1. 求解应力和位移

因该区处于塑性区，故应力和位移的表达式同残余强度区的应力和位移表达式一致：

$$U_r^M=\frac{R_p'^{(1-\mu_0')}(1+\mu)}{E}[2(1-\mu)q_0-\sigma_{R_p}^e]\cdot R_1'^{(1+\mu_0')}/r \quad (2\text{-}1\text{-}27)$$

$$\left.\begin{aligned}\sigma_r^M&=\frac{\sigma_c^M}{1-K}+\sigma_c^M\cdot\left(\frac{p_0'}{\sigma_c^M}-\frac{1}{1-K}\right)\cdot R_0^{(1-K)}\cdot r^{(K-1)}\\ \sigma_\theta^M&=K\sigma_r^M+\sigma_c^M\end{aligned}\right\} \quad (2\text{-}1\text{-}28)$$

2. 求 R_P'、t'、R_1'

将（2-1-25）中 σ_c^* 换成 σ_c^M 即得：

$$t'=\left[1-\frac{E(\sigma_c-\sigma_c^M)}{k(1+\mu)\cdot[2(1-\mu)q_0-\sigma_{R_p}^e]}\right]^{\frac{1}{\mu_0'-1}} \quad (2\text{-}1\text{-}29)$$

将式（2-1-26）中 t 换成 t'，P_0 换成 P_0'，σ_c^* 换成 σ_c^M，$\varepsilon_\theta^*=\varepsilon_\theta^M$，则得

$$R_p'=\frac{1}{t'}\cdot\left[t'^{(k-1)}\cdot\left[\frac{\sigma_{R_p}^e-\frac{\sigma_c^M+k\varepsilon_\theta^M}{1-K}-\frac{k(1+\mu)[2(1-\mu)q_0-\sigma_{R_p}^e]}{E(\mu_0'-K)}}{\left[\sigma_c^M\cdot\left(\frac{p_0}{\sigma_c^M}-\frac{1}{1-K}\right)\cdot R_0^{(1-K)}\right]}\right]+\right.$$

$$\left.\frac{t'^{(\mu_0'-1)}\dfrac{k(1+\mu)[2-(1-\mu)q_0-\sigma_{R_p}^{e}]}{E(\mu_0'-K)}+\dfrac{k}{1-K}\varepsilon_\theta^*}{\left[\sigma_c^M\cdot\left(\dfrac{p_0'}{\sigma_c^M}-\dfrac{1}{1-K}\right)\cdot R_0^{(1-K)}\right]}\right]^{\frac{1}{K-1}} \tag{2-1-30}$$

$$R_1'=t'R_p'$$

（七）应力、位移和锚注参数的关系

围岩应力、位移和锚注参数的关系如下：

（1）普通锚喷支护下，加大 P_0，即支护抗力或初锚力，σ_c^* 也相应增大。

（2）Ⅰ、Ⅱ区的位移与塑性区半径有关，R_p 越大位移也越大，加大支护抗力能显著减小塑性区半径，二者关系如图 2-1-9 所示，同理残余强度区半径 P_0 也有相应规律：$R_1=tR_p$。

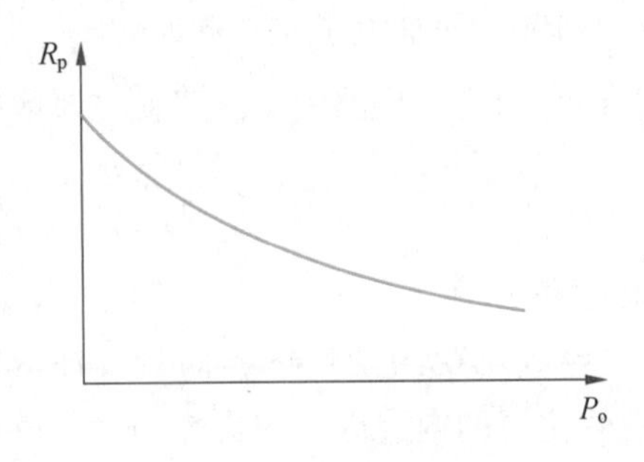

图 2-1-9 塑性区半径 R_p 和支护抗力 P_0 的关系

（3）由式（2-1-30）可知，注浆后，由于 P_0' 的增大和 σ_c^M 的增大，R_p' 变小。

（八）结论

通过以上分析可知，在允许开挖后的围岩一定变形的情况下采取有效的锚注支护，由于支护抗力的作用，可以缩小围岩塑性区半径 R_p，从而减小位移和残余强度区半径 R_1；通过在残余应力区内注浆，改变其整体强度和加大支护抗力，从而减小了塑性半径 R_{1p}，减小了位移，但应在残余强度 σ_c 较大时进行才能起到更好的作用。

第二节 锚注支护工艺

一、施工工艺

锚注支护的工艺流程如图 2-1-10 所示，先打眼，安装注浆锚杆、铺网、喷射混凝土，最后注浆及安装托板和螺帽。

施工工艺，包含钻眼、安装锚杆及注浆等，施工前应先检查巷道围岩表面开裂状况，确定能否经受注浆压力而不漏浆。若不能注浆，应在巷道围岩表面喷射薄层混凝土。如用快硬锚固卷进行密封，锚固卷的数量主要根据巷道围岩的完整性和强度确定，一般可用 2~4 卷。

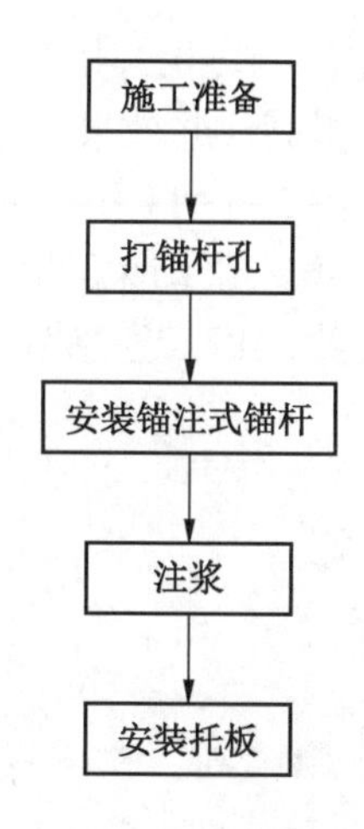

图 2-1-10　锚注支护的工艺流程

锚注支护施工工艺的核心是注浆参数的控制，合理地监控巷道围岩注浆过程和确定注浆结束标准，是确保注浆效果的关键。目前我国许多注浆工程只利用单指标作为注浆控制的标准，即以注浆压力 P 或注浆量 Q 达到设计值时就结束注浆。实践表明利用注浆压力、注浆量和注浆时间 3 个指标作为控制注浆的标准较为合理。

1. 注浆压力

注浆压力是浆液在围岩中扩散的动力，它直接影响注浆加固质量和效果。它受地层条件、注浆方式和注浆材料等因素的影响和制约。目前国内外注浆压力的选择有两种观点：一是尽可能提高注浆压力，但如压力过大将引起劈裂注浆，很可能在注浆过程中导致围岩表面片帮冒顶等破坏。另一种观点是尽可能减小注浆压力，以渗透注浆为主，但如压力过小浆液难以向四周围岩中扩散。根据注浆经验和研究，针对旗山矿和谢桥矿大巷的岩性及支护状况，最终注浆压力定为大于或等于 3~5 MPa。

2. 注浆量

由于围岩裂隙发育，松动范围的不均匀性和围岩岩性的差异，围岩吸浆量差别较大。所以，应本着"既有效地加固围岩，达到一定的扩散半径，又要节省注浆材料和注浆时间"的原则。通过理论分析和现场实践，结合围岩状况确定每孔注浆量应不小于 30~50 kg 浆液。

3. 注浆时间个巷道注

为了防止在围岩裂隙和孔隙发育的巷道内浆液泄漏，注浆时在控制注浆压力和注浆量的同时，还要控制注浆时间，注浆时间不宜过长。裂隙、孔隙、层位不发育的围岩，注浆速度较慢，浆液扩散较困难，为了提高注浆效果，必须在提高注浆压力的同时适当延长注浆时间。根据实际情况，注浆时间一般为 15~20 min。

开泵注浆按定压、定量和定时 3 个指标综合控制注浆，达到其中两个指标就可结束注浆。水泥浆液的水灰比一般按 0.75：1~1：1 配制，注浆次序按逐排进行，同一截面上的锚杆，由下向上先帮后顶顺序进行，每次可数根锚杆同时注浆。

注浆时浆液总是先注入、充填到宽张结构面或大孔隙中去，如果采用逐排或逐孔注浆，浆液始终注入这些宽张结构面或大孔隙中，直到注浆结束，也难以进入微张结构面或小裂隙中，注浆效果就会降低。为了提高注浆效果，可采用交替性分批分阶段注浆。

第一阶段注浆：整个注浆巷道按图 2-1-11 中的断面Ⅰ进行钻孔、注浆，每排先从底板至两帮，最后至顶板，直到整个巷道注浆结束。第一阶段注浆压力较小，但注浆量较大，主要充填注满宽张结构面或大孔隙，其工艺特性如图 2-1-12 中，在软岩中，注浆孔排距可为 5 m，孔间距为 0.8~2 m。

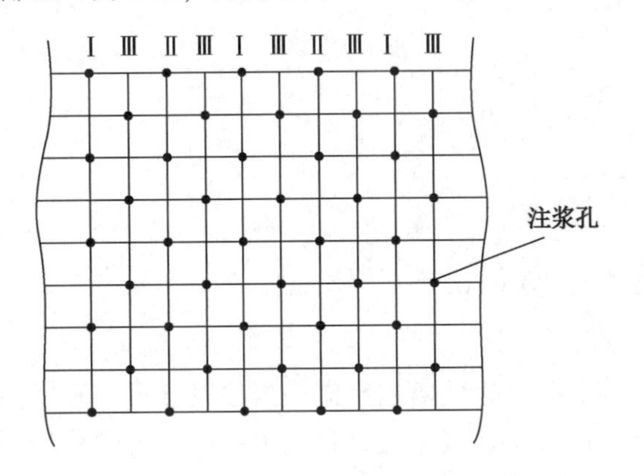

图 2-1-11　分阶段交替性注浆

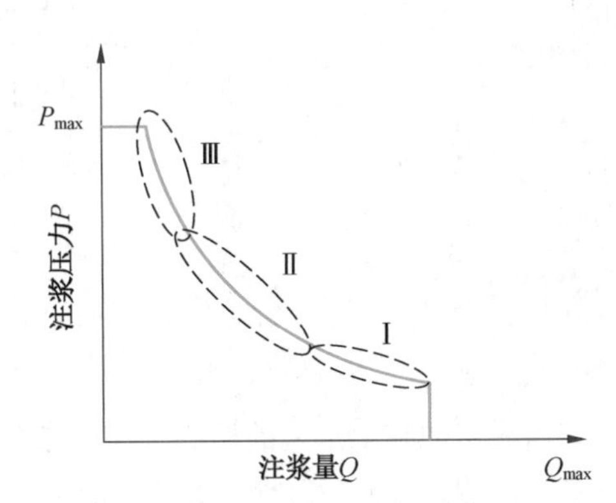

图 2-1-12　分阶段注浆工艺特性曲线

第二阶段注浆：在第一阶段注浆孔间布置第二阶段注浆孔，如图 2-1-11 中的断面Ⅱ，由于第一阶段注浆已充填大部分宽张裂隙，阻塞了第一阶段注浆浆液流动扩散的通道，导致注浆压力高于第一阶段，注浆量低于第一阶段，浆液主要充填第一阶段未注满的宽张结构面或大孔隙和中张结构面或中等孔隙，其工艺特性曲线如图 2-1-12 中Ⅰ。

第三阶段注浆：在第一阶段与第二阶段的注浆孔之间布置第三阶段注浆孔，如图 2-1-11 中的断面Ⅲ，此阶段主要注满第一阶段、第二阶未充分充填的中张结构面或中等孔隙，以及微张结构面或细小孔隙。显然，第三阶段注浆量将大幅度减小。为了提高注浆效果，必须提高注浆压力，甚至采用限压注浆法控制注浆过程，其工艺特性如图 2-1-12 中Ⅱ。

锚注支护的注浆量差别很大，如浆液主要是充填岩体的裂隙，则每立方米岩体的注浆量不会超过 20 kg，在巷道断面为 10~15 m^2，锚杆长度为 1.8 m，每孔注水泥浆一般为 30~40 kg 的条件下，每米巷道的注浆量约为 300~400 kg。为防止冒顶和片帮超前预注浆的浆液量一般都较大，铁法小康矿每孔的注浆量为 270 kg，每米巷道注水泥浆 1350 kg。如原为混凝土料石碹支护的巷道，由于原碹体壁后存在大量空洞，采用锚注支护修复时，大量浆液将用于壁后充填，柴里矿修复软岩大断面泵房硐室时，用浆量达到 1200 kg/m。

二、注浆锚杆布置 ABCD 的面积

注浆锚杆布置包括锚杆长度、间排距和倾斜度等参数，以及排列方式。设计时需根据浆液扩散范围、巷道断面、围岩的性质和结构，如为修复巷道，还要按原支护方式及其破坏情况来选择。

注浆孔的布置应使相邻两孔固结浆液的径向分布在一定程度上互相贯通，且浆液的多

余部分能充填固结体之间的空隙，孔的排列方式一般有按行排列及三角形排列两种。孔间距则应根据每个注浆孔的扩散半径及孔的排列方式而定。当采用按行排列方式时（图 2-1-13a），为满足前述要求至少应使得 $A_1 = 2A_2$，A_1 为矩形 $ABCD$ 的面积，A_2 为矩形 $ABCD$ 内各注浆孔的注浆扩散面积。

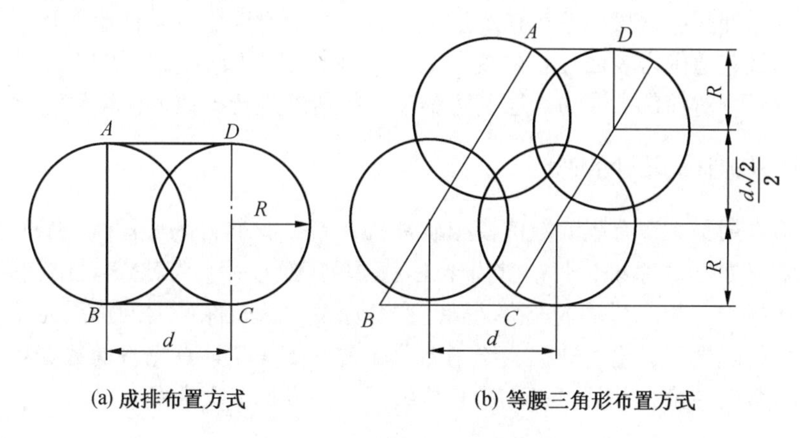

图 2-1-13 注浆孔的布置方式

R 为每一注浆孔的扩散半径，其大小与岩体的破碎程度、渗透系数、浆液的黏度、可注性和注浆压力等因素有关，可根据实验或现场实测确定。我国煤矿巷道围岩注浆时的 R 值通常为 1～2.5 m。设孔间距为 d，则 $A_1 = 2Rd$，故应有：

$$2Rd = \pi R^2$$

此时
$$d = 1.57R$$

若注浆孔按等边三角形布置（图 2-1-13b），则平行四边形 $ABCD$ 的面积为

$$A_1 = \left(2R + \frac{\sqrt{3}}{2}d\right)d$$

而
$$A_2 = \pi R^2$$

故
$$A_1 = \left(2R + \frac{\sqrt{3}}{2}d\right)d = 2\pi R^2$$

此时
$$d = 1.77R$$

外锚内注式支护试验和已推广应用的地质开采条件有四类：第一类为受采动影响、围岩较软巷道；第二类为受采动影响、围岩较松软的回采巷道；第三类为受采动影响的极软岩巷道；第四类为钢筋混凝土碹支护的大断面软岩硐室，遭到破坏后，采用锚注支护修复。由于地质开采条件不同，注浆锚杆的布置差别较大。

第三节 锚注支护的模拟数值分析

与砌碹、金属支架等被动支护相比，锚杆支护最大的优越性在于能及时主动地支护围岩，但锚杆支护的锚固力很大程度上取决于所锚岩体的力学性能，在深部高应力煤层巷道，围岩的可锚性较差是造成锚杆锚固力低和失效的重要原因。

锚注支护是利用锚杆兼作注浆管实现外锚内注的支护方式。通过注浆将破碎围岩胶结成整体，改善围岩的结构及其物理力学性质，既提高围岩自身的承载能力，又为锚杆提供了可靠的着力基础，使锚杆对松散围岩的锚固作用得以发挥，从而有效地控制住深部软岩巷道的大变形。

为了研究深部高应力煤层巷道在经过锚注后，由于岩煤体力学性质变化引起的围岩应力、围岩变形及巷道围岩表面位移的变化规律，我们以开滦吕家坨-950 m带式输送机巷和轨道巷为背景，对深部高应力煤层巷道锚注支护情况进行了数值模拟研究。

一、数值模拟计算软件的选取

本次模拟选用了大型有限元数值模拟软件ANSYS，该软件为美国ANSYS公司20世纪70年代开始推出的软件系统，目前被岩土工程领域广泛应用。ANSYS融结构、热、流体、电磁、耦合分析于一体，其基本理论基础是变分原理。该软件最大的优点在于其强大的前后处理功能，构建模型、输出数据、绘制图形非常方便，其具有完善的数据接口，可以与其他软件进行数据转换，并且可以应用其他编程软件进行二次开发。

二、数值模拟计算模型建立的原则

1. 计算模型建立的原则

计算机数值模拟的可靠性主要基于模型建立的合理程度，合理的模型要以一定的原则为基础。作为巷道变形破坏问题，该巷道数值模拟模型建立的原则如下：

（1）问题符合平面应变问题，故只建立平面模型进行模拟。

（2）边界初始条件的模拟应尽量符合实际情况。

（3）要考虑巷道大变形的影响。

2. 计算模型的特点

（1）为了消除边界效应，各模型具有足够大的尺寸，巷道处于模型中心。

（2）根据实际经验和采矿理论，考虑巷道埋深大的特点，将模型上边界和水平边界自由加载，载荷大小为上覆岩层自重，根据吕家坨矿深部煤层巷道的实际情况，取载荷为14.5 MPa；下边界设为垂直位移约束。

（3）锚注支护模型中，注浆后浆液的扩散半径取最小值为1.5 m。

3. 模型的建立

从分析比较锚注支护对巷道围岩稳定性的影响出发，建立了锚杆支护巷道、锚注支护巷道、全断面锚注支护巷道（底板锚注）3个模型。在各模型中，巷道尺寸宽为3.2 m，上帮高3.2 m，下帮高为1.6 m。

三、数值模拟计算结果及分析

通过计算，针对以上两个计算模型，分别绘出了最大主应力等值线图、最小主应力等值线图、位移矢量图、水平位移等值线图、垂直位移等值线图、塑性区分布图，并对计算结果进行了较为全面系统的分析。

本次计算机数值模拟计算，按所采用的不同支护结构与参数建立的7个模型如下：

模型一：为采用普通锚网喷支护结构，其中锚杆规格为ϕ20 mm×2000 mm，间排距

800 mm×800 mm，喷层厚 150 mm。模型单元数 2578，节点数 7792，如图 2-1-14a 所示。

模型二：为在原普通锚网喷支护的基础上，顶帮及底角采用注浆锚杆进行注浆加固，组成联合支护结构。其中普通锚杆规格与参数同模型一，顶帮及底角的注浆锚杆规格为 ϕ22 mm×1800 mm，间排距为 1600 mm×1600 mm，浆液扩散半径取 1.5 m。模型共 2578 个单元，节点数为 7794，如图 2-1-14b 所示。

模型三：为在原锚网喷支护的基础上，顶帮及底角采用注浆锚杆进行加固，注浆锚杆规格与参数同模型二，另外在底板中施工反底拱，拱的中部高为巷道宽度的 1/6。模型共 2589 个单元，节点数为 7829，如 2-1-14c 所示。

模型四：采用半圆拱形 29U 型钢可缩性支架支护，支架排距 800 mm。模型共 2587 个单元，节点数为 7831，如图 2-1-14d 所示。

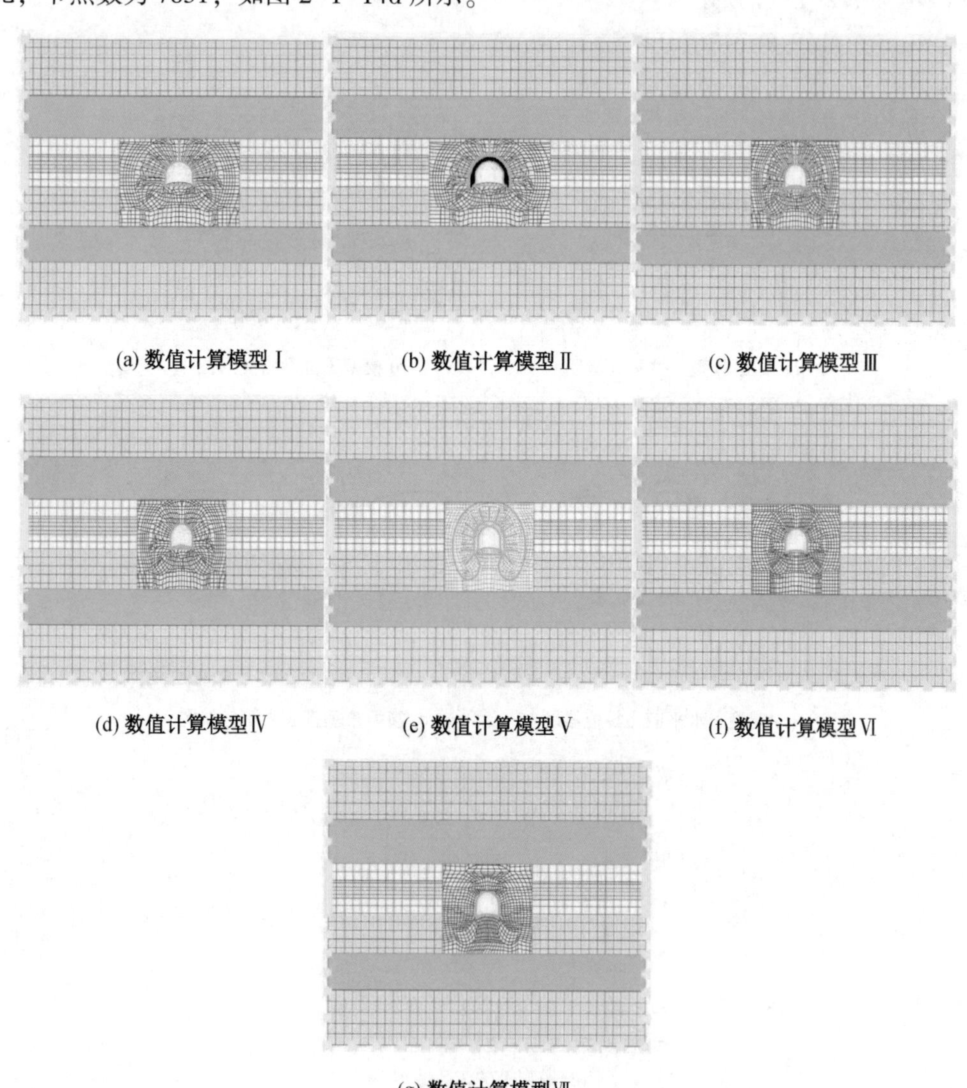

(a) 数值计算模型Ⅰ (b) 数值计算模型Ⅱ (c) 数值计算模型Ⅲ

(d) 数值计算模型Ⅳ (e) 数值计算模型Ⅴ (f) 数值计算模型Ⅵ

(g) 数值计算模型Ⅶ

图 2-1-14 数值计算模型

模型五：在 29U 型钢可缩性支架支护的基础上，顶帮及底角采用注浆锚杆进行注浆加固，组成联合支护结构，其中注浆锚杆规格与参数同模型二。模型共 2587 个单元，节点数 7831，如图 2 1 14e 所示。

模型六：采用料石砌碹支护，料石碹体厚度为 300 mm。模型共 2763 个单元，节点数为 8367。如图 2-1-14f 所示。

模型七：在料石砌碹支护的基础上，顶帮及底角布置注浆锚杆注浆加固，组成联合支护结构。注浆锚杆规格为 ϕ22 mm×1800 mm，间排距为 1.0×1.0 m。模型共 2754 个单元，节点数 8349，如图 2-1-14g 所示。

通过计算，针对以上七个计算模型，分别绘出了位移矢量图、变形网格图、水平应力等值线图、垂直应力等值线图、巷道周边破坏区域图。3 个模型的计算结果如图 2-1-15、图 2-1-16、图 2-1-17 所示。

(a) 模型Ⅰ位移矢量图

(b) 模型Ⅰ位网格变形图

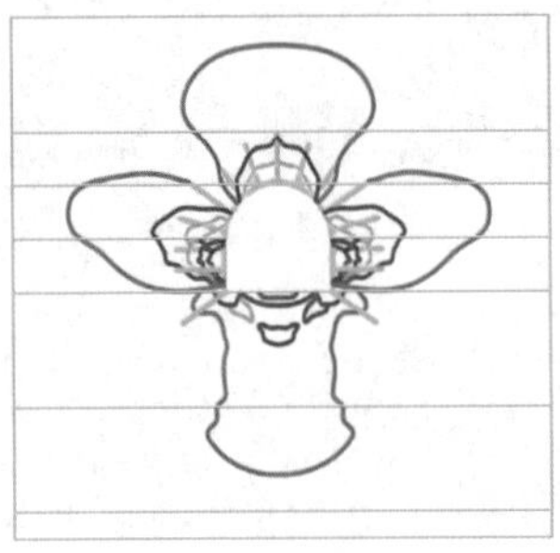

(c) 模型Ⅰ水平应力等值线图

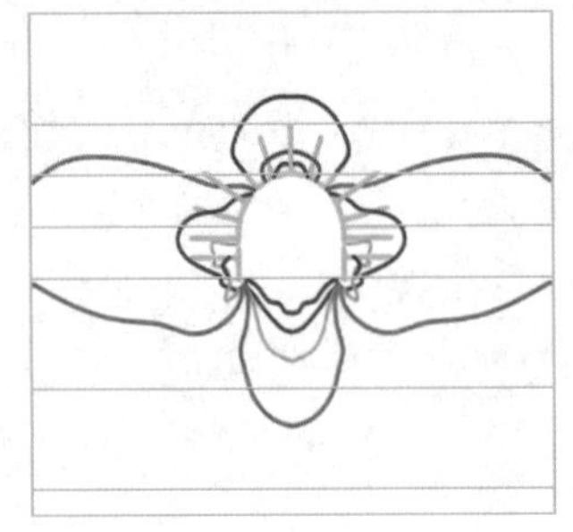

(d) 模型Ⅰ垂直应力等值线图

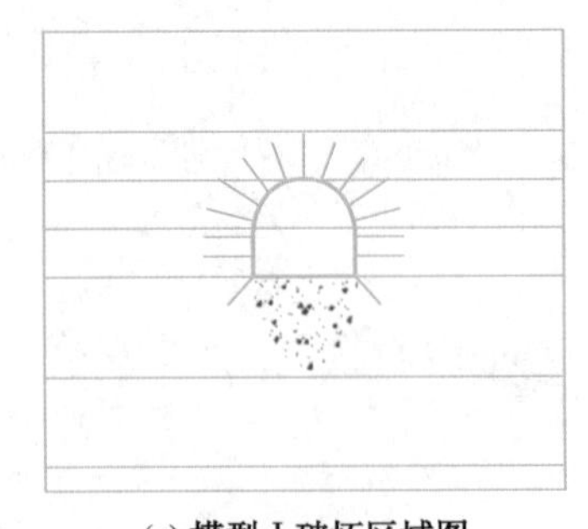

(e) 模型Ⅰ破坏区域图

图 2-1-15 模型一的计算结果

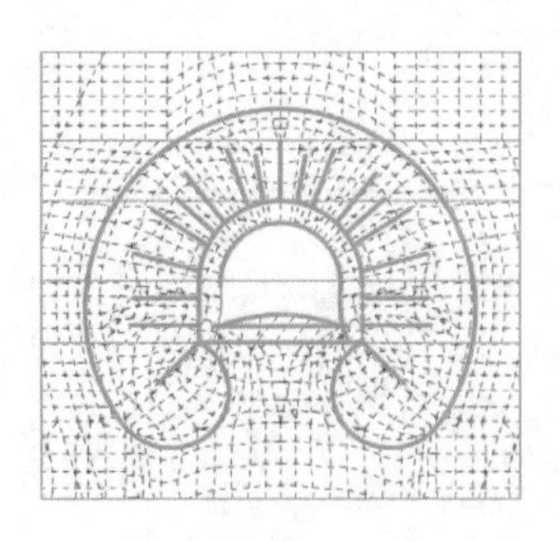

(a) 模型Ⅱ位移矢量图

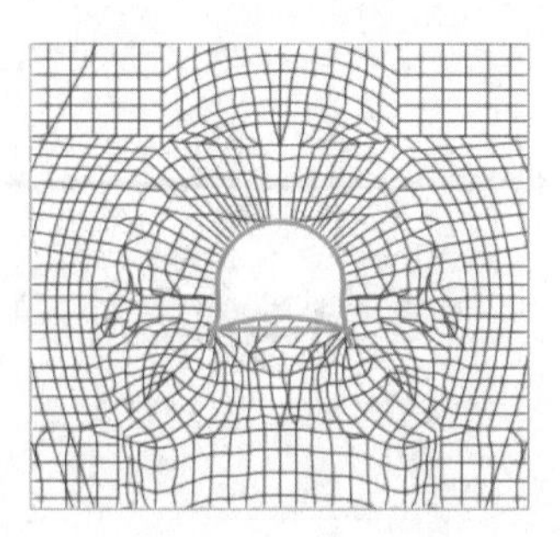

(b) 模型Ⅱ位网格变形图

(c) 模型Ⅱ水平应力等值线图

(d) 模型Ⅱ垂直应力等值线图

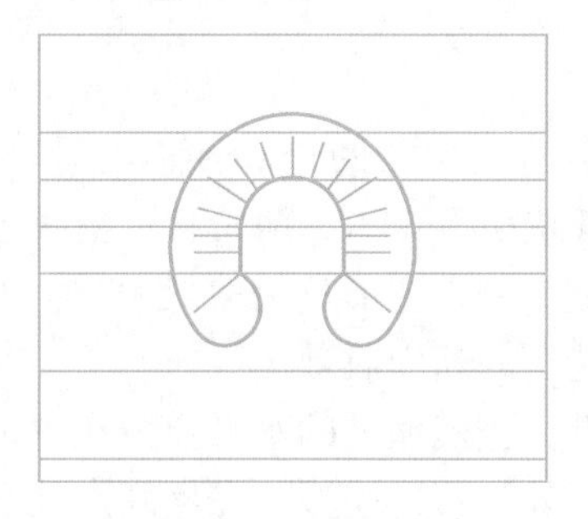

(e) 模型Ⅱ破坏区域图

图 2-1-16　模型二的计算结果

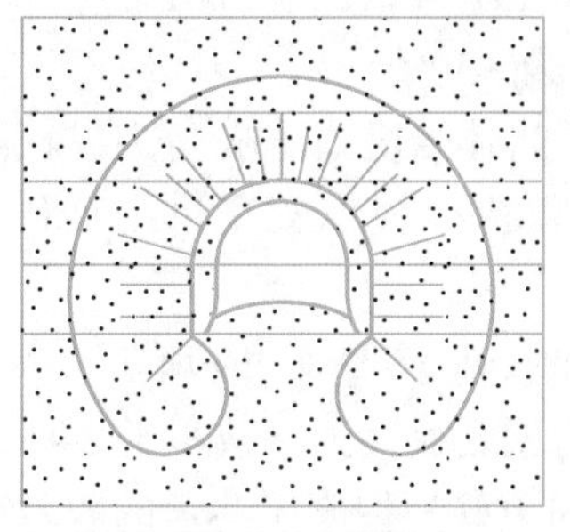

(a) 模型Ⅲ位移矢量图

(b) 模型Ⅲ位网格变形图

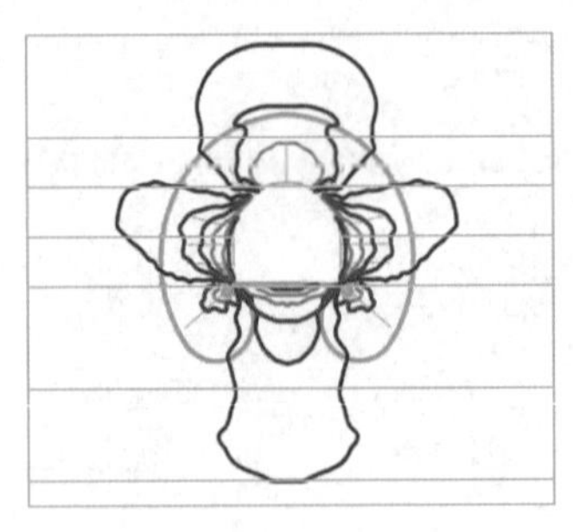

(c) 模型Ⅲ水平应力等值线图

(d) 模型Ⅲ垂直应力等值线图

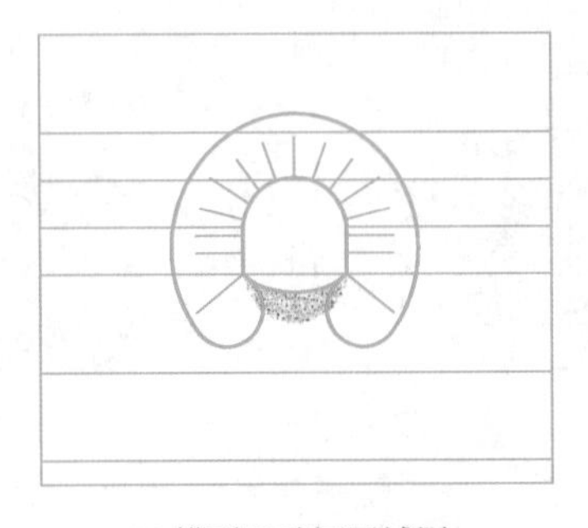

(e) 模型Ⅲ破坏区域图

图 2-1-17 模型三的计算结果

以模型一的变形量为基数，模型二的顶底板移近量减少了 26%，而两帮移近量减少 46%；模型三的顶底板移近量减小了 60%，两帮移近量减小了 61%。由此可见，注浆加固能够十分有效地控制巷道变形。如果变形量仍然很大时，采用反底拱则能更为显著地控制底鼓，保护两帮，从而减少巷道的断面收敛。

从水平应力等值线可以看出，模型一的水平应力在拱顶部巷道表面处高度集中，而模型二、三水平应力集中则向高处转移，模型三在反底拱处水平应力集中后避免了反底拱上部的水平应力集中，这也是反底拱控制底鼓的原因所在。

从垂直应力等值线可以看出，模型一的垂直应力在两帮巷道表面处高度集中，而模型二、三则向两帮深处转移。由此可见，注浆后巷道表面的应力集中程度显著降低，高应力向深部转移，因此有利于发挥岩体的自身承载能力，从而有利于巷道的维护。另外，模型二、三的底角处虽然应力集中区域与模型一相差不大，但应力值有所下降，说明底角注浆锚杆注浆加固一定程度上缓解了底角处的应力集中。

从围岩破坏区域形态可以看出，注浆后的岩体强度显著提高，在较高的构造应力下破坏深度明显变小，防止了围岩松动破碎向深部发展，从长期来讲更有利于巷道的稳定。特别是反底拱，其效果更为显著。

模型四、五两个模型的计算结果如图 2-1-18、图 2-1-19 所示。

从变形量来说，与模型四相比，模型五的顶底板移近量减小了 24%，而两帮移近量则减小了 40%。因此，与仅架棚相比，注浆加固更好地控制了巷道的收敛变形。

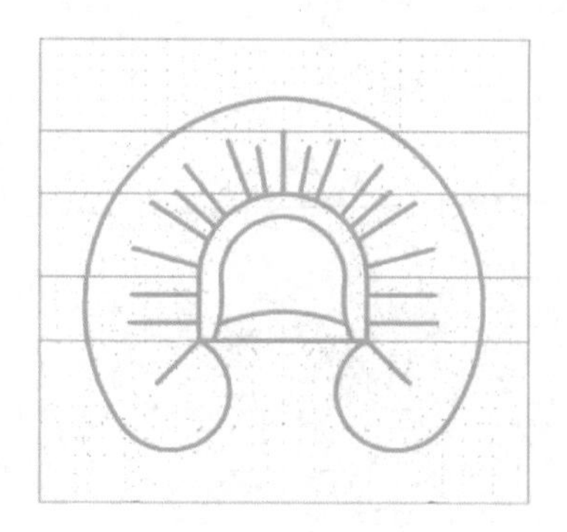

(a) 模型Ⅳ位移矢量图

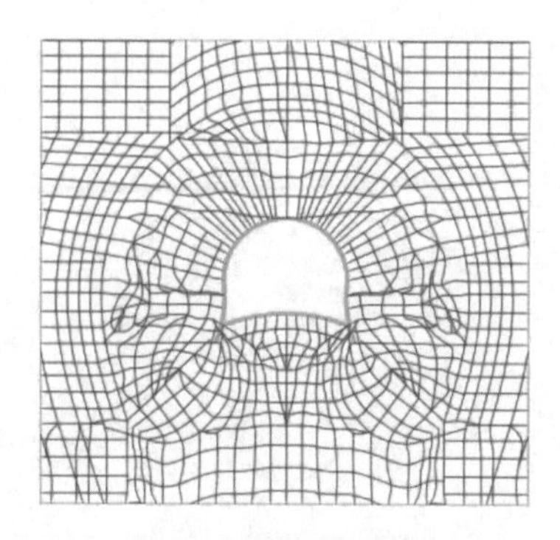

(b) 模型Ⅳ位网格变形图

(c) 模型Ⅳ水平应力等值线图

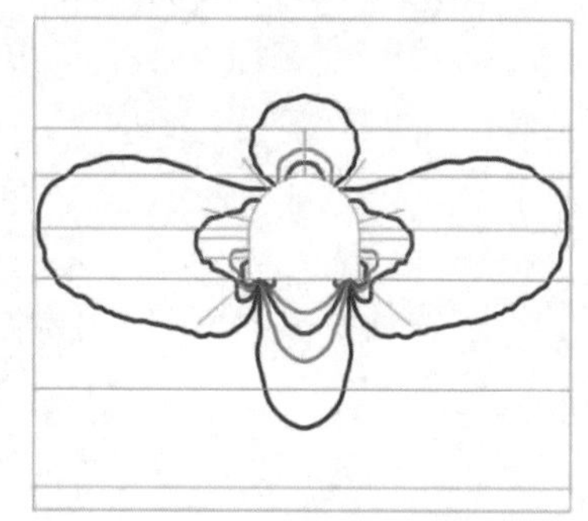

(d) 模型Ⅳ垂直应力等值线图

(e) 模型Ⅳ破坏区域图

图 2-1-18 模型四的计算结果

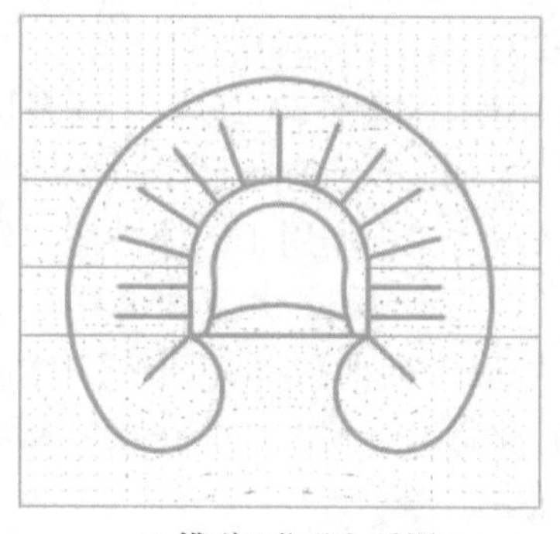

(a) 模型Ⅴ位移矢量图

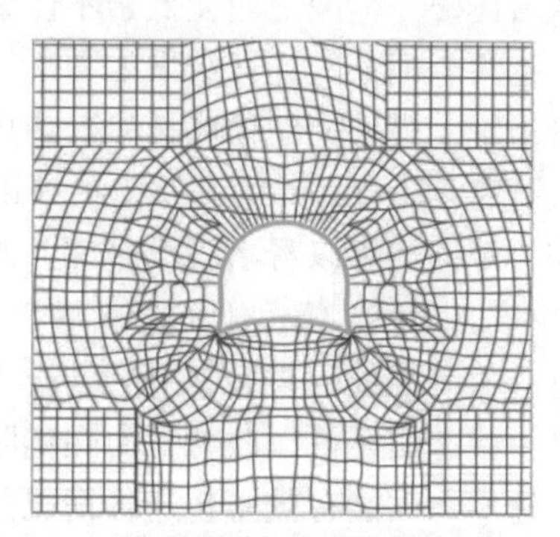

(b) 模型Ⅴ位网格变形图

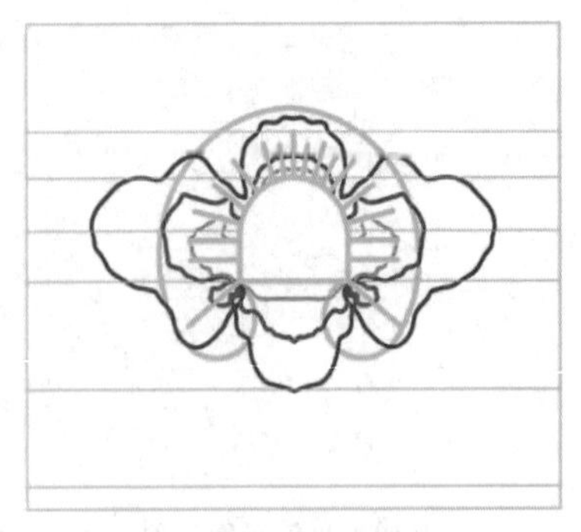

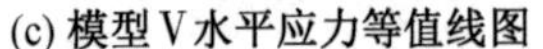

(c) 模型Ⅴ水平应力等值线图　　(d) 模型Ⅴ垂直应力等值线图

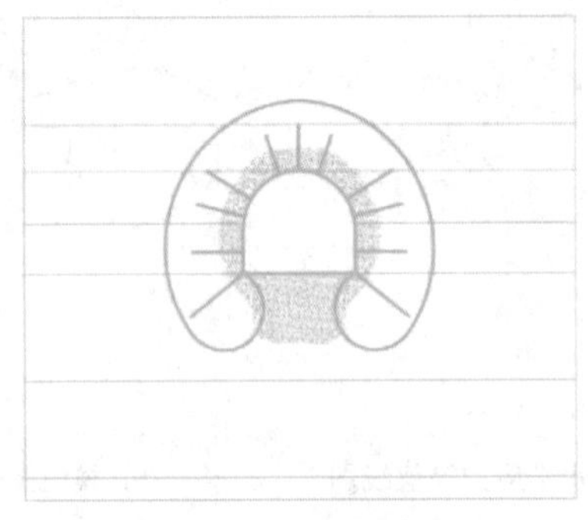

(e) 模型Ⅴ破坏区域图

图 2-1-19　模型五的计算结果

从水平应力等值线来看，模型四的水平应力集中直接作用于棚顶处，而模型五的水平应力集中则作用于上部围岩中，对于 29U 型钢棚来说，应力集中程度的减小避免了棚梁的屈服破坏。从垂直应力等值线可以看出，模型五与模型四相比垂直应力向两帮深部转移，使两帮岩体的自身承载能力得以发挥，有效地降低对棚腿的作用。

另外，在安设了底角注浆锚杆注浆加固后，底角的应力集中水平有所下降。因此对于架棚来说，注浆加固充填了架后岩体空间，使棚子的受力趋向缓和、均匀，并发挥了岩体自稳能力，加固效果十分明显。另外，注浆加固还克服了被动支护条件下棚子后面岩体的松动破坏，从岩体破坏范围上明显低于不注浆加固的情形。

模型六、七两个模型的计算结果如图 2-1-20、图 2-1-21 所示。

从变形量来看，模型七的顶底板移近量比模型六下降了 30% 以上，两帮移近则下降了 44%。对于承受变形能力最差的砌碹支护来说，这种变形量的降低有着极大的意义。

从水平应力等值线可以看出，模型六的水平应力集中作用于碹体拱部，最大应力值大于 60 MPa，注浆加固后，模型七的最大应力值仅为 36 MPa，并且往上移至碹体以上的岩体中；从垂直应力等值线同样反映出注浆加固后应力向两帮深部的转移，应力值明显降低，使碹体受力状态明显得以改善。而在实际矿井巷道中砌碹往往在拱顶及两帮压酥、剥片最后塌落，注浆加固能有效防止这种情况的发生。

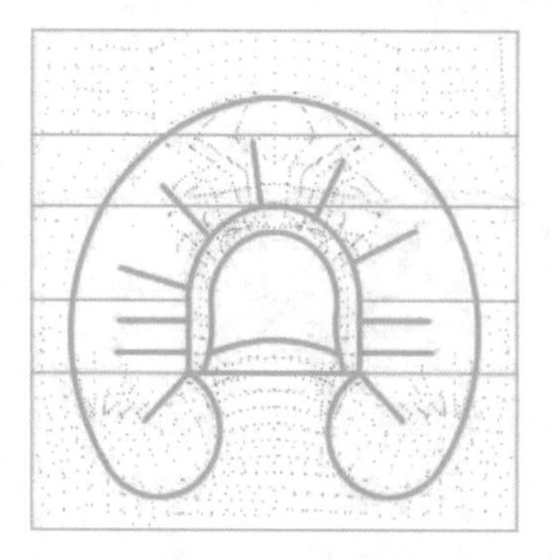

(a) 模型Ⅵ位移矢量图

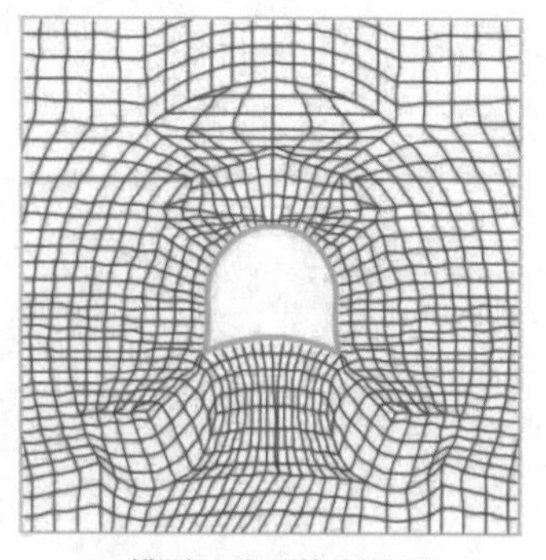

(b) 模型Ⅵ位网格变形图

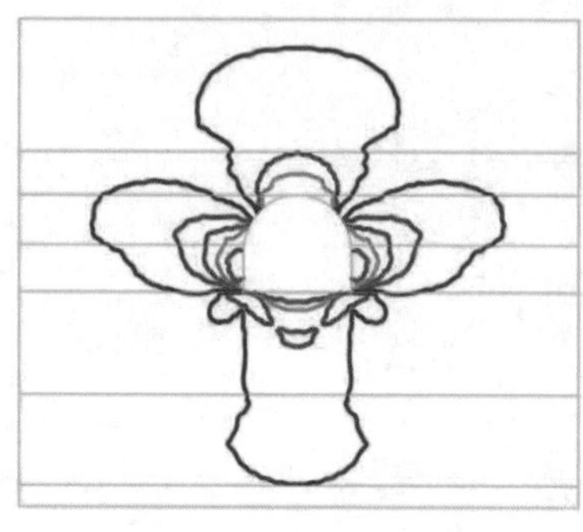

(c) 模型Ⅵ水平应力等值线图

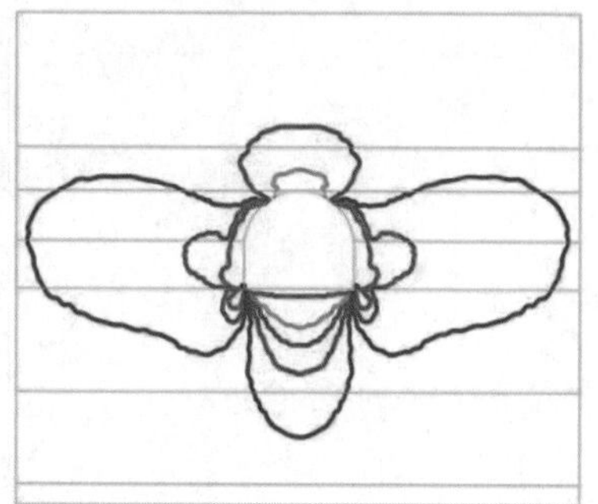

(d) 模型Ⅵ垂直应力等值线图

(e) 模型Ⅵ破坏区域图

图 2-1-20 模型六的计算结果

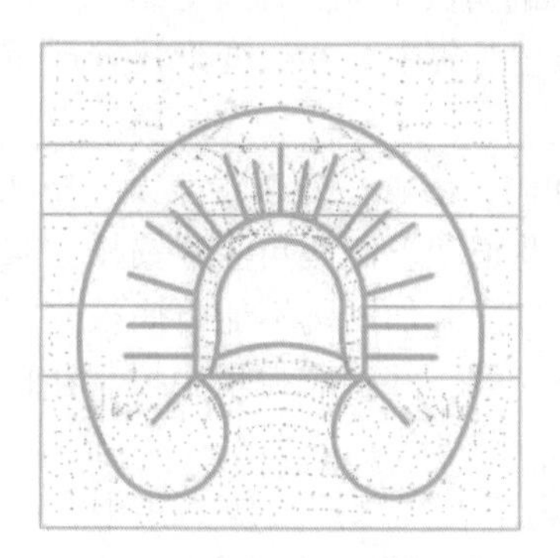

(a) 模型Ⅶ位移矢量图

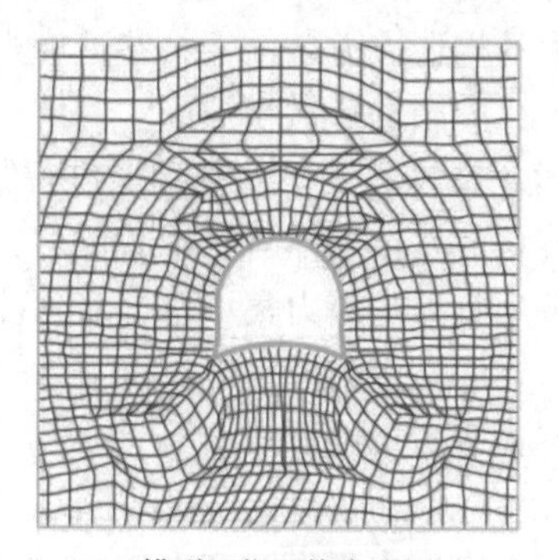

(b) 模型Ⅶ位网格变形图

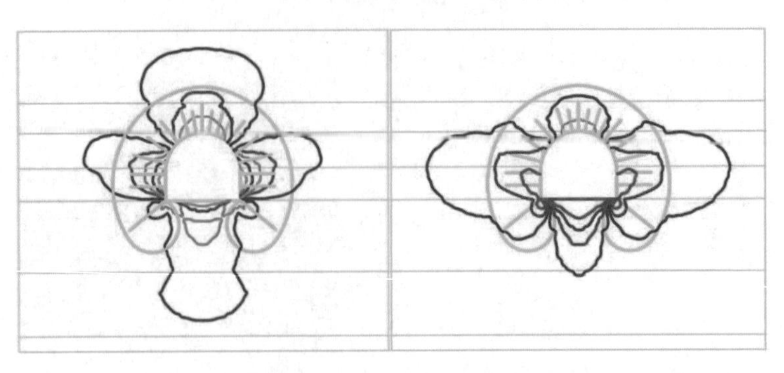

(c) 模型Ⅶ水平应力等值线图　　(d) 模型Ⅶ垂直应力等值线图

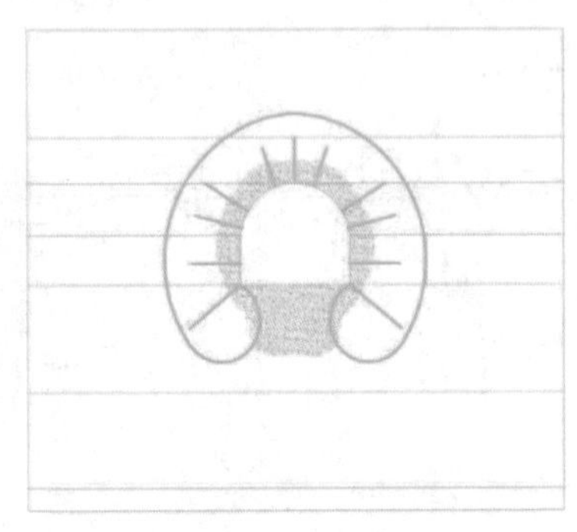

(e) 模型Ⅶ破坏区域图

图 2-1-21　模型七的计算结果

模型二与模型四的计算结果分析比较：

比较模型二与模型四可以比较在原支护（锚网喷支护）失效的情况下，锚注加固与架棚支护加固的优劣。

从变形量看，模型二的顶底板移近量是模型四的 79%，而两帮移近量是模型四的 66%。因此，从控制变形的角度讲，锚注加固优于架棚加固。另一方面，锚注加固能把松动后的围岩胶结在一起，提高岩体整体性，而架棚则只能被动承载，当变形大到一定程度后还可能损坏，因此，从长期来讲锚注加固更适合。

通过对以上 7 个模型的计算分析，可以得出以下结论：

（1）对于普通锚网喷支护巷道，在压力不大的情况下能够保持巷道稳定，但在软岩条件及存在较大的构造应力条件下，巷道应力分布相对集中，巷道变形比较严重，不能保持巷道长期稳定，应当进行适当加固。

（2）在普通锚网喷支护的基础上进行锚注加固，能够有效改善应力分布状况，使较高应力向深部转移，发挥岩体自身承载能力，减少巷道变形。底角注浆锚杆注浆加固能在一定程度上缓解底角处的应力集中；当底角注浆锚杆注浆加固仍不能将底板变形控制在允许范围之内时，在底板中施工反底拱能有效地减小底鼓，并将应力集中控制在拱外，不失为效果极佳的巷道底板加固方式。

（3）对 U 形棚支护的巷道容易在较高地应力下在局部产生应力集中，不利于棚子整体的稳定，当应力集中程度和变形较大时，需要加强支护。

（4）对U形棚支护的巷道进行锚注加固能够将较高应力转移到围岩深部，改善棚子的受力状态，使其均匀受力，围岩自身支护的效果能充分发挥，有效地控制巷道围岩的稳定性。

（5）在较高地应力及软岩条件下，砌碹支护容易从拱部及两帮压坏而导致巷道整体失稳，但在实施注浆加固后能有效改善碹体受力状态，将应力集中程度缓解并向深部转移，从而达到减小巷道变形的目的。

（6）在对已破坏的巷道进行加固时，作为一种主动支护方式，锚注加固比被动的架棚加固能更有效地控制围岩变形，对保持巷道的长期稳定更为有利。

总之，在多种支护形式的基础上利用锚注进行二次加固，能有效地改善巷道围岩的应力分布，极大地减少巷道的位移量，提高支护结构的承载能力，保证支护结构的长期整体稳定性，是一种非常好的主动加固支护形式，可以较好地解决大构造应力软岩巷道的支护问题。

四、数值计算模型结论

（1）数值计算结果表明：锚杆支护、锚注支护和全断面锚注支护（底板锚注）巷道最大主应力范围分别为2.5~3.2 m、1.0~2.2 m、0.9~1.9 m，最小主应力范围分别为3.5~6.5 m、1.5~3.2 m、1.3~3.0 m，应力集中系数分别为1.45、3.03、3.10。由此可见，锚注支护后巷道应力集中系数明显增大，围岩承载能力明显增强。

（2）锚杆支护、锚注支护和全断面锚注支护（底板锚注）巷道两帮最大位移量分别为66.2 mm、30.5 mm、21.4 mm，顶底板最大位移量分别为65.5 mm、40.8 mm、24.2 mm。以上数据表明，锚注支护可显著降低围岩的变形量，保证了巷道的稳定性。

（3）锚杆支护、锚注支护和全断面锚注支护（底板锚注）巷道围岩最大塑性区范围分别为2.8 m、1.9 m、1.5 m，因此，在经过锚注支护后，塑性区范围得到了有效控制。

（4）底板锚注支护显著降低了底板的变形量，是控制巷道底鼓的有效措施。

与锚杆支护相比，由于锚注支护既注浆加固了围岩，又给锚杆提供了可靠的着力基础，使围岩承载能力得到显著提高，所以围岩应力分布范围明显缩小，应力集中系数大幅度提高，巷道变形量明显降低，是一种非常好的主动支护形式，可以较好地解决深部高应力煤层巷道的支护问题。

锚注技术在全国几十个大型矿区如淮北、开滦、平顶山、兖矿、义马、冀中能源、枣庄、华能华亭等矿区得到成功的应用，尤其是在淮北矿业集团公司蕲南煤矿更是锚注技术使用成功的范例。

蕲南煤矿在安徽省宿州市境内，矿井设计年产1.8×10^{6} t，开采水平-550 m，整个井田在一个大的褶曲构造中，煤层的顶板皆为软弱岩层；造成巷道处于构造复杂岩层松软破碎的围岩环境中，矿井自1990年开工，至1995年施工的11000 m基建巷道80%遭受到严重破坏，采用了各类传统的高强支护和复合支护，均不能保持巷道支护稳定。

自从应用了锚注支护技术，不仅修复和加固了已经遭受到严重破坏的各类硐室、交叉点、主要运输大巷及回风巷道，同时还用于新掘主要贯通大巷工程，比原采用的传统的全封闭U支护单进提高4.5倍，使整个矿井提前一年投产，4年里修复和新掘巷道14600m，节约直接支护成本4436万元，间接成本40000万元。

现在锚注支护技术已经成为其他支护单元恢复工作阻力和相互容错的强力支撑，成为主动动态支护的基石。

第二章 “小区域高应力富含带”理论

第一节 “小区域高应力富含带”概述

一、“小区域高应力富含带”概念

由于深度加大的影响形成高的压力带，积蓄较多的高位势能。这些因素的作用具体表现为应力构成的复杂性、应力强度急剧变化的明显性和方向非对称性，并且来压时间长，造成围岩移变量大等高矿压特点，使围岩稳定性难以控制，支护承载力极大，支护方式复杂及施工难度大。各种高强支护遭到反复破坏的状况，在一些矿井的某一区域表现得尤为突出，对于此类现象表现突出的区域，我们称之为“小区域高应力富含带”。

如开滦集团范各庄3200石门、钱家营三采中部石门和唐山-793 m车场及大巷；河南平顶山一矿三水平巷道、四矿丁戊组石门（采用大弧板支护段），五矿己三下延采区的带式输送机暗斜井下段、轨道下延下山、带式输送机下延下山、东翼回风下山、西翼回风下山等五条下山，同时布置在宽不到200m，长度1000m左右的狭小区域内。区域范围内岩石软弱、存在几条断层切割，加之巷道布置集中、采面活动频繁，形成了极其强势的孤岛应力，造成巷道底鼓变形严重。尤其是轨道下延下山及下车场，平均巷修周期为一年，严重地段不到一年就无法满足安全运输需要，十一矿二水平丁六回风下山是二水平关键通风巷道，由于受软弱岩层和关键层下高应力和强水平应力的作用，造成巷道两帮移近量大，底鼓极其严重，约7~8年时间巷道始终处于反复破坏、反复修复的恶性循环中。

淮北矿业集团公司芦岭矿二水平主要巷道、蕲南矿一水平主要运输巷道；淮南新集矿区的刘庄矿、口孜东矿部分巷道；新汶矿业集团华丰煤矿-1100 m东岩石集中巷区域等，均存在典型的“小区域高应力富含带”，其表现为围岩压力的大小、方向和反复持续时间长短都显现得极其复杂和特异，造成围岩长期不稳定，从而给巷道支护带来极大困难。“小区域内高应力富含带”的概念就是针对这种复杂条件提出来的。

由以上各矿井的现象得知“小区域内高应力富含带”处于某些深部矿井的局部区域内，其地质构造和大部分区域呈现出明显的复杂性，围岩出现断层、褶皱、高承压水的现象，岩层表现为极其松软、破碎、崩解等软岩特征，具体显现为复杂应力叠加、围岩移变量大等高矿压特点，与矿井的其他区域表现出明显的差异性，支护方式及施工工法难以有效针对。我们充分认识、了解和掌握“小区域内高应力富含带”的特征，就是要正确应对，采取保证支护安全、稳定和有效施工及合理支护成本的新的支护技术。

二、小区域与大区域地应力比较

根据相关地震学理论：岩石不是能量的载体（只是传递能量的介质），包体内的高压流体主要是水气，爆炸“烟囱”是喷发碎石和高压流体的通道，揭示了地震从孕育到爆发的波动机制。在触发应力（月潮潮差）作用下，激起冲击波；从而揭示了地震的冲击加载—卸载塌缩的连锁规律。

相同点：地球运动（转角、速度和外力变化）影响地幔，同时也影响地表。“小区域”处于广义的“大区域”中，“大区域”的任何构造变化都将影响到“小区域”。

不同点：在地壳范围内，可按地震特征分为三个主要分层。上部是所谓沉积层，其特征是弹纵性波传播速度在 2.0~5.0 km/s，最大厚度不超过 10~15 km。下一个分层假定称为花岗岩层，最大厚度为 30~40 km。地壳的下部分层为玄武岩层，厚度为 15~20 km。现在采矿工作主要在 1000~1500 m 的深度进行。

显然这些深度属于地壳的上部范围内，是地壳范围内的一部分，但是其结构和应力构造又和地壳的整体结构和地球的发展过程密切相关。采矿工程位于地壳的浅部，其开挖工程都是在经过漫长地质年代构造作用的岩体内进行，因此，所有地下工程结构的稳定性都要受其所在的岩体的力学性质及天然应力场的制约。

但在某些深部矿井的局部区域内，由于其地质构造和大部分区域呈现出明显的复杂性，围岩出现断层、褶皱、高承压水的现象，岩层表现为极其松软、破碎、崩解等软岩特征，具体显现为复杂应力叠加、围岩移变量大等高矿压特点，和矿井的其他区域表现出明显的差异性。

深部矿井“小区域内高应力富含带”仍然为地表岩层内部应力的局部表现，是矿区井田范围内，取决于原岩自身形成结构、区域内小断层、褶曲构造和形成环境及开采状态各种高应力叠加和集聚。其深度目前仅仅在地表下 2000 m 以浅，与地球板块错动，传递到地幔突发的地震强力是有重大区别的。

第二节 “小区域高应力富含带”环境下各种应力对围岩的影响

一、开采深度对围岩稳定性的影响

（一）铅垂应力对围岩稳定性的影响

在深部矿井的开采过程中，围岩压力的提升是与开采深度呈现线性关系。

根据岩石力学理论：地表以下深度为 H 的单元体，在上覆岩层自重作用下所受到的铅垂应力可用下式计算：

$$\sigma_z = \gamma H$$

由此，当上巷道围岩埋深达到 500 m 时，$\sigma_z = 13.5$ MPa。800~1000 m 深时，$\sigma_z = 40$~50 MPa。这一数值已大于一般岩石的单向抗压强度，特别已远大于煤层巷道和软岩巷道围岩的单向抗压强度。一般情况下，巷道围岩应力的增加与矿井的开采深度呈弱线性关系。所以，采深越大，围岩所受应力越大，其稳定性越差。

（二）水平应力对围岩稳定性的影响

实践证明，深部巷道围岩应力，不仅是深度与铅垂应力呈弱线性关系的变化，而且由于深部岩石的复杂结构和应力因扰动而产生急剧增大的水平应力。在应力重新分布后，其铅垂应力的线性关系弱化，水平应力的非对称性极其明显。深部巷道围岩不仅在掘进和回采过程中，因应力扰动而产生急剧变形，而且在应力重新分布趋于稳定后，仍可持续不断地流变。

大量的地应力测量表明，岩层中的水平应力在很多情况下大于铅垂应力，而且水平应力具有明显的方向性。在浅部矿井中，最大水平主应力往往明显高于最小水平主应力，当巷道轴线与最大水平主应力平行，巷道受水平应力影响最小，有利于顶、底板的稳定；当巷道轴线与最大水平主应力垂直，巷道受水平应力影响最大，顶、底板稳定性最差；当巷道轴线与最大水平应力呈一定角度时，巷道一侧会出现水平应力集中。随着矿井开采深度的增加，由于受围岩结构、地质构造等因素的影响，水平应力往往也会增大。根据岩石力学理论，在假定上覆岩层为各向同性体的情况下：

$$\sigma_x = \sigma_y = \lambda\gamma H$$

式中　λ——侧压系数；

　　γ——岩石重力密度。

侧压系数 λ 一般是小于 1 的，但当软弱围岩埋深达到“中深”（距地表 400~800 m）水平时，围岩塑性变形增加，λ 增大，有时会大于 1 甚至更大。水平应力的增大会严重影响围岩的稳定，有时甚至比铅垂应力的影响更大。

采用理论分析和数值模拟方法研究巷道布置与地应力场的关系可以知道，不同的巷道轴线与最大水平主应力夹角，其巷道围岩应力分布与变形特征有所不同。随着夹角增大，水平应力分布从对称变为非对称，应力降低区与升高区也发生变化；当夹角增大到一定值，非对称性逐渐降低，到 90°时又出现了对称分布；巷道变形在夹角 20°~70°范围内变化明显。

（三）原岩应力分布规律

（1）原岩应力主要由自重应力和构造应力组成，自重应力是永恒存在的，而构造应力主要受地质构造运动的影响，因地而异。

（2）铅垂应力与上覆岩层重量成正比。

（3）最大水平应力普遍大于铅垂应力。

（4）平均水平应力与铅垂应力的比值一般随深度增加而减小。

（5）最大水平主应力和最小水平主应力一般相差较大。

（四）岩体中的弹性变形能

煤岩层因受地应力作用，必然发生体积与形状的变化，即产生变形。这种变形是外力做功，所以，当岩块尚处于弹性状态，且变形不能解除时，外力做的功以能量的形式贮存在岩体内。这种由变形获得的能量，称为弹性变形能，也叫弹性位能，或简称为弹性能。由此可见，处于三向高应力状态下的地下原岩体，可能贮存大量的弹性能。巷道开挖时，当上覆岩层的强度足以承受各种应力的作用时，不发生断裂、破碎，这种弹性能就不对支护体构成威胁；否则，一旦上覆岩层发生断裂破坏，这种弹性能快速释放，就必然会对巷道支护体产生很大的破坏作用。

由于在外力作用下岩体发生体积和形状的变化，所以岩体内的弹性能分为体变弹性能和形变弹性能两部分。

单位岩体的体变弹性能为

$$u_v = \frac{(1-2\mu)(1+\mu)^2}{6E(1-\mu)^2}\gamma^2 H^2$$

单位岩体的形变弹性能为

$$u_f = \frac{(1+\mu)(1-2\mu)^2}{3E(1-\mu)^2}\gamma^2 H^2$$

由以上两式可知，地下岩体中积聚的弹性能与应力状态有关，随着开采深度的增加，它与开采深度的平方成正比关系增长。显然，这对深部开采中围岩灾害的防治研究具有更为重要的作用。

二、构造应力对围岩稳定性的影响

（一）构造应力的概念

地壳形成之后，经过漫长的地质年代，在历次地质构造运动的作用下，有的地方隆起，有的地方下沉，这说明在地壳中长期蕴藏着一种促使构造运动发生和发展的内在力量，这就是构造应力。

大量的实测资料表明：原岩应力并不完全符合重力应力场规律，即铅垂应力 $\sigma_v \neq \gamma H$，水平应力 $\sigma_K \neq \mu\gamma H/(1-\mu)$，同时还发现铅垂应力不一定都大于水平应力，有时水平应力会大于铅垂应力几倍甚至几十倍。

因此，经过分析和研究，学者们一致认为，在岩体中不仅存在重力应力场，许多地区还存在附加应力场，这种附加应力场中最主要的就是由于地质构造作用所产生的构造应力。

（二）构造应力的特点

构造应力是一个复杂问题，目前还无法用数学力学的方法进行测量。但研究已表明它有以下特点：

（1）一般情况下，地壳以水平运动为主，因此，构造应力主要是水平应力。总的来说，由于地壳运动以挤压运动为主，因而水平应力以压应力占绝对优势。

（2）构造应力的分布很不均匀，在地质构造变化比较剧烈的地区，其主应力的大小和方向往往都有很大变数。

（3）岩体中的构造应力具有明显的方向性。根据测定岩体中的构造应力方向性，得知通常两个水平方向的应力值（σ_2 和 σ_2）是不相等的。

（4）构造应力普遍存在以下规律：

$$\sigma_{Hmax} > \sigma_{Hmin} > \sigma_v$$

式中 σ_{Hmax}——最大水平应力；

σ_{Hmin}——最小水平应力；

σ_v——垂直应力。

（5）一般来说，在坚硬岩层中构造应力出现得比较普遍，软岩中贮存的构造应力则很少。这是因为软岩强度低，易于变形，在外力作用下，常常产生塑性变形，甚至破坏，其所贮存的变形能也就随之释放；而坚硬岩层则相反，由于地壳运动使岩层弯曲形成背斜与向斜构造，往往可聚集大量能量，因而可形成很大的构造应力。

构造应力主要来自地壳活动板块的挤压、拉伸及地壳运动中形成的褶皱、褶曲、断层等构造。构造应力包括地质构造发生过程中在地下岩体内所产生的应力，以及已结束的地质构造运动残留在岩体内的残余应力。井巷工程所处的位置不同，巷道所受到的主应力的大小及方向也就不同。随着开采深度的增加，巷道和采场应力水平也越来越高，特别是地质构造活动强烈的地区，残余构造应力大，水平构造应力往往大于垂直自重应力，具有明显的区域性和方向性，形成高水平地应力软岩巷道。

地壳的地质构造运动使局部岩层处于构造应力场中。显然，一定的构造形迹必然反映了一定的构造应力作用，其直接表现为岩体发生体积与形状的变化。由于弹性变形，岩体内就贮存了巨大的弹性应变能，这种应变能不可能在岩体中无限地积累下去；当能量增加，应力达到岩体强度的极限时，岩体就要发生破坏（例如形成断层或裂隙等）。这时，除在岩体中存在残余变形外，贮存的能量将部分或全部释放出来，构造应力也就随之部分或全部消失。例如，发生地震时绝大部分应变能就都会得到释放；但一般说来，在某种地质构造运动结束后，岩体中往往会遗留下一部分应力，我们称之为残余构造应力，或简称为残余应力。所有这些构造应力和残余应力对原岩应力场的分布和地应力的大小都会产生影响。

岩体的初始应力主要是由岩体的自重和地质构造运动所引起的。显然，岩体的地质构造应力是与岩体的特性（例如岩体中的裂隙发育密度与方向，岩体的弹性、塑性、黏性等）有密切关系，也与正在发生过程中的地质构造运动以及与历次构造运动所形成的各种地质构造现象（例如断层、褶皱等）有密切关系。因此，岩体中每一单元的初始应力状态都是随该单元的位置不同而有所变化。充分认识构造应力对围岩稳定性的影响，对巷道支护设计有着至关重要的指导意义。

三、围岩自身强度对其稳定性的影响

坚硬的岩石本身就可起到很好的支护作用，在采深不太大的情况下更是如此。但若在软岩和含复杂成分的软弱岩石中开掘巷道，支护就会遇到极大困难。因此，从事矿山支护工作的中外学者和工程技术人员，长期以来都把对软岩的定性认识与对策作为重要攻关课题。

自然状态下的岩石，按其固体矿物颗粒之间的结合特征，可以分为固结性岩石、黏结性岩石、散粒状岩石、流动性岩石（如流沙）等。所谓固结性岩石是指造岩矿物的固体颗粒之间成刚性联系，破碎后可以保持其一定形状的岩石。煤矿巷道建设中，遇到的大多是固结性岩石，常见的有砂岩、石灰岩、砂质页岩、泥质页岩、泥页岩、粉砂岩等。比较少见的有火成岩、泥灰岩等。所以对于矿山，重点是要研究固结性岩石的有关性质和特征。

从围岩的岩性角度，可将围岩分为塑性围岩和脆性围岩。塑性围岩主要包括各类黏土质岩石、破碎松散岩石以及吸水易膨胀的岩石等，通常具有风化速度快、力学强度低，以及遇水软化、崩解、膨胀等不良性质，对围岩的稳定性最为不利。脆性围岩主要指各类坚硬岩体，由于岩体本身强度远高于结构面的强度，故这类围岩的强度主要取决于岩体的结构，岩体的本身影响不是很显著。

从围岩结构的角度，可将岩体结构划分为整体块状结构（整体结构和块状结构）、层状结构（薄层状结构和厚层状结构）、碎裂结构、散体结构（破碎结构和松散结构）。散

体结构岩体的稳定性最差，薄层状次之，厚层状块体最好。对于脆性的厚层状和块状岩体，其强度主要受软弱结构面的分布特点和较弱夹层的物质成分所控制。

按照岩石的力学强度和坚实性，固结性岩石又可分为坚硬岩石和松软岩石。一般将在饱水状态时单向抗压强度大于 10 MPa 的岩石叫作坚硬岩石，而把单向抗压强度小于 5 MPa 的岩石看作是松软岩石或叫软岩。松软岩石具有结构疏松，重力密度小，孔隙率大，强度低，遇水易于膨胀及有明显流变性等特点。从矿压控制的角度来看，这类岩石往往会给支护工作造成很大困难，必须认真对待。

（一）软岩的界定

从地质学的岩性划分，地质软岩是指单轴抗压强度小于 25 MPa 的松散、破碎、软弱及风化膨胀性的一类岩体的总称。该类岩石多为泥岩、页岩、粉砂岩和泥质矿岩等强度较低的岩石，是天然形成的复杂地质介质。国际岩石力学协会将软岩定义为单轴抗压强度 δ_c 在 0.5~25 MPa 之间的一类岩石，其分类依据基本上是强度指标。该软岩定义用于工程实践中会出现矛盾。如巷道所处深度足够小，地应力水平足够低，则单轴抗压强度小于 25 MPa 的岩石也不会产生软岩的特征；相反，单轴抗压强度大于 25 MPa 的岩石，其工程部位足够深，地应力水平足够高，也可产生软岩的大变形、大地压和难支护的现象。因而，按单轴抗压强度划分的地质软岩的定义不能用于工程实践，故而何满朝院士提出了工程软岩的概念。

从工程观点给软岩下定义，一般较为直观，且工程技术人员也较易接受，但缺点是定量性指标差、适用范围有限。目前，所谓软岩工程，一般有 3 个层次的含义：

（1）就对象而言，紧紧围绕工程活动的局部，即围岩。

（2）就现象而言，围岩变形量大、破坏程度高。

（3）就要求而论，要能控制围岩的稳定性；但这种要求，用传统的支护方法难以实现，即难支护。

因此，可以给软岩定义为：具有松、散、软、弱、易风化、易崩解及膨胀等特性，在高地应力（包括复杂地应力）作用下稳定性难以控制的岩体。

（二）膨胀岩的特性

膨胀岩是一种遇水产生膨胀力，失水干裂收缩变形的不良岩体。软岩中最典型、最难控制的一类当属膨胀岩。常见的膨胀岩有：沉积型泥质膨胀岩、上侏罗统—白垩系泥质膨胀岩、下第三系泥质膨胀岩、上第三系泥岩、蒙脱石化火成岩类膨胀岩、蒙脱石化凝灰岩类膨胀岩和断层泥类膨胀岩等。膨胀岩的性质由其特殊的矿物成分及其组织结构所决定，通常有五大基本属性：

1. 重塑性

重塑性是指软岩具有强度低、结构疏松、在外力作用下可任意成形，去掉外力之后变形不能恢复的特性。

2. 崩解性

崩解性是指含有黏土矿物的软岩浸水后发生解体现象的特性。一般来说，崩解性强的土质更为脆弱，不适宜大质量的建筑施工，易产生沉降崩塌等灾害现象。了解软岩崩解特性是掌握围岩破坏规律并针对性采取防范措施的重要依据，也是国际上进行软岩分类的一个重要指标。

崩解是软岩的特点之一，含有黏土矿物的软岩往往由于浸水而发生解体现象。其机理为软岩遇水后，其宏观裂隙增生扩张和崩解软化，高岭石、伊蒙混层等由于其颗粒小、亲水性强，当水灌入岩石的裂隙、孔隙时，细小岩粒的吸附水膜会增厚，部分胶结物会软化或溶解，从而引起岩石颗粒崩解和体积膨胀。但也有因失水而崩解的。如天生桥一级电站左岩岩体泥岩因失水而崩解成碎裂块体。

3. 胀缩性

胀缩性是指软岩浸水后体积增大、失水后体积缩小的特性。岩体所含黏土矿物颗粒排列的择优取向造成了岩体吸水膨胀的各向异性，膨胀率随岩样端面与层理面间夹角的增大而减小。岩体矿物颗粒排列方式改变和胀缩过程中微隙萌生、发展的能力耗散导致岩体的胀缩变形不完全可逆。随湿、干循环过程的发展，岩体的绝对膨胀率增加，增加速率逐渐降低，最终趋于某一稳定值，而相对膨胀率和相对收缩率降低并趋于稳定。岩体膨胀会对工程造成极大危害，而收缩也常常使岩体产生裂缝，同样也对支护体不利。

4. 触变性

触变性是指软岩一触即变的现象。当岩体受到震动、搅拌、超声波等外力作用影响时，往往使岩体呈现“液化”的悬液状态。从岩体来看，黏土质岩的黏粒成分和黏土矿物成分越多越易液化。一般，黏粒含量大于30%就能发生液化。

5. 流变性

流变性是指在外部条件不变的情况下，岩体内的应力或应变随时间变化的特性。主要有蠕变和松弛两种表现形式。当应力不变，应变随时间变化而逐渐增加的现象称为蠕变，当应变一定，应力随时间增加而减小的现象称为松弛。除蠕变和松弛外，弹性后效和长时强度也是岩石流变性质。岩石和岩体均具有流变性，特别是软弱岩石、软弱夹层、破裂及散体结构岩体，其变形的时间效应明显，蠕变特征显著。工程中的软弱围岩随时间增加，往往会产生很大的不可逆的流变变形。

上述软岩的五种基本属性中，重塑效应是软岩的基本属性，崩解和胀缩是环境效应，触变性是空间效应，流变性是时间效应。在实际工程建设中，各种效应都不可能完全避免，通常是多种效应的组合，不过有主次之分而已。

对于膨胀性软岩，围岩变形以岩石的吸水膨胀性变形为主，支护对象主要是膨胀性变形，支护的首要任务是防水、治水，将潮湿空气与围岩隔离开来，防止围岩风化、潮解，减少岩体强度的降低。对于这类软岩，支护的阻力并不一定要很大，如若治水得当，松动圈又不大，软岩也能转化为较易支护的围岩。

我国煤矿膨胀性软岩较多，黏土矿物成分以蒙脱石、高岭石、伊利石为主；岩石的强度低，空隙率大，吸水膨胀性强。对于这类软岩，首要的任务就是防治水，防止围岩的风化潮解。一方面要尽量减小围岩的吸水膨胀性变形压力，另一方面要尽量保持围岩的强度不丧失。水的问题解决了，支护就容易多了。

（三）影响膨胀岩膨胀的因素

影响软岩膨胀的因素很多，但膨胀岩的膨胀力主要与含水率、真密度有关。

1. 含水率对膨胀力的影响

对膨胀岩而言，含水率的微小变化就会引起膨胀力的变化（图2-2-1）。

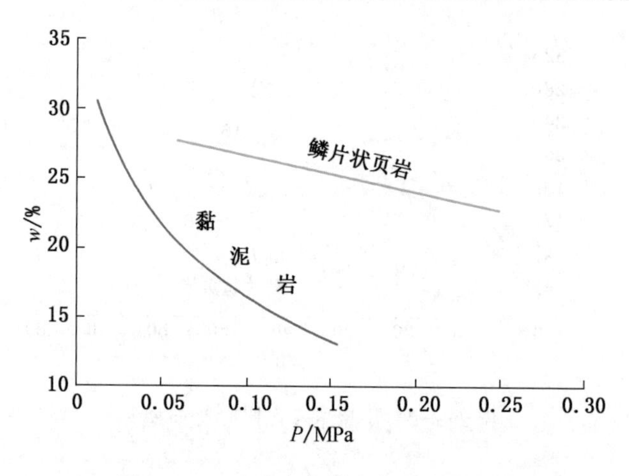

图 2-2-1 含水率与膨胀力的关系曲线

另外含水率和膨胀力的关系还与岩性有关，如鳞片状页岩是线性变化，而黏泥岩是非线性变化。大量试验结果表明，含水率低则膨胀力大。随着含水率增高膨胀力减小，含水率为 30% 时膨胀力趋于最低值。

2. 真密度对膨胀力的影响

影响软岩膨胀力的另一个因素是岩石的真密度 γ。膨胀力随真密度的增大而增大，二者之间的关系如图 2-2-2 所示。

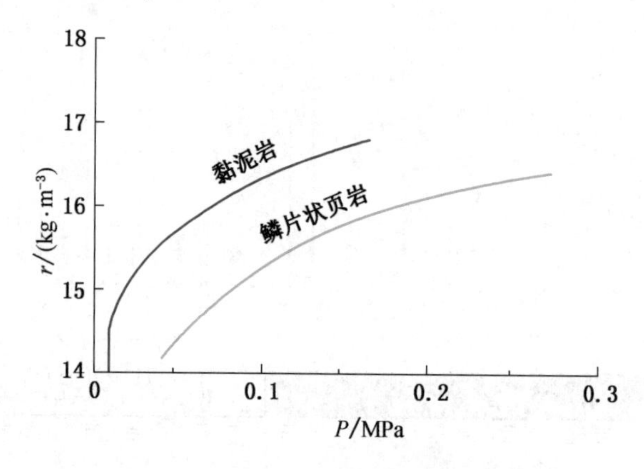

图 2-2-2 膨胀力与岩石真密度关系曲线

3. 膨胀的时间效应

实验证明，有些膨胀岩经过一段时间的变形后可以稳定下来，但有些则不能，随着时间的延长，其变形随之增大，这就是膨胀的时间效应。在不同真密度条件下，实验得出的鳞片状页岩和黏泥岩的膨胀率与时间的关系曲线如图 2-2-3 所示。

由图 2-2-3 可见：鳞片状页岩虽然初期膨胀率很大，但很快就趋于稳定，而黏泥岩由于比较致密，尽管初期膨胀率较小，但长时间不能稳定，具有明显的流变性。

通过上述理论分析，我们对软岩，特别是膨胀性软岩的特性（如重塑性、胀缩性流变性等）有了较为深刻的认识，这对巷道主动支护新体系的构建有着极其重要意义。

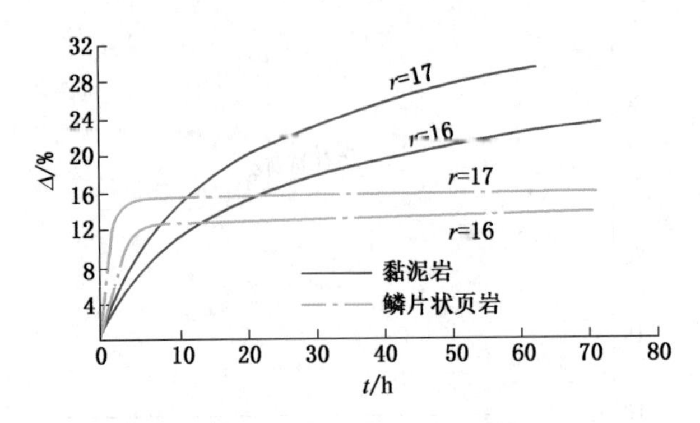

图 2-2-3 膨胀率与时间的关系曲线

四、采动压力对围岩稳定性的影响

随着支护技术的发展，人们对开采工作面初次来压和周期来压的研究与控制已有了较成熟的理论和实践经验，这为正常安全生产提供了可靠的保证，同时也为给巷道支护设计与施工提供了更加全面可靠的依据。认识采煤工作面超前压力和采空区压力的分布状态及其顶底板围岩受变动压力的影响规律对巷道围岩控制具有重要意义。

根据现有成熟矿压理论和实践，工作面采动过程中，矿压的分布和变化如图 2-2-4、图 2-2-5 所示。

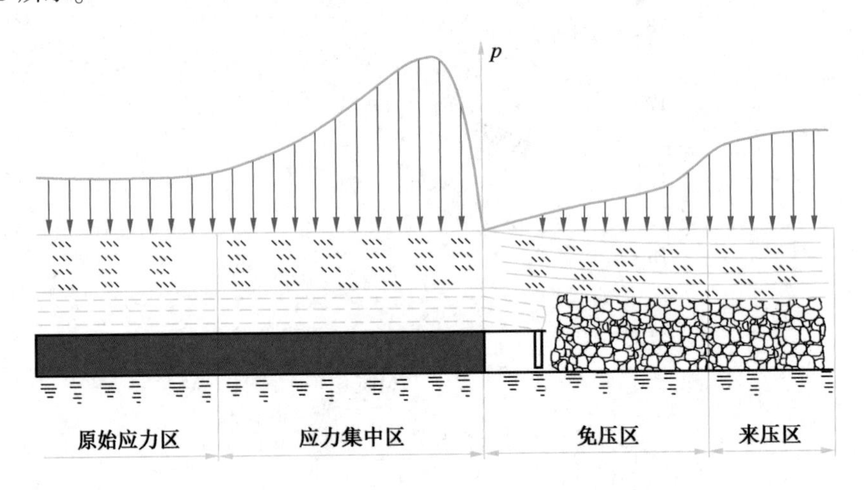

图 2-2-4 工作面回采后的应力区域分布图

由图 2-2-6 可见，工作面回采过程中，在工作面前方一定范围内形成“集中应力区”，在工作面后一定范围（免压区）外形成“来压区”，随着工作面的推进，各区域向前平移。很显然，如果将巷道布置在“应力集中区”，则围岩受采动压力影响最大，难以稳定。而把巷道布置在“原始应力区”或“来压区”以外，则围岩受采动压力较小，相对容易稳定。

由图 2-2-7 可见，压力传递到底板岩层内，如果底板岩层岩体尚处于弹性变形阶段

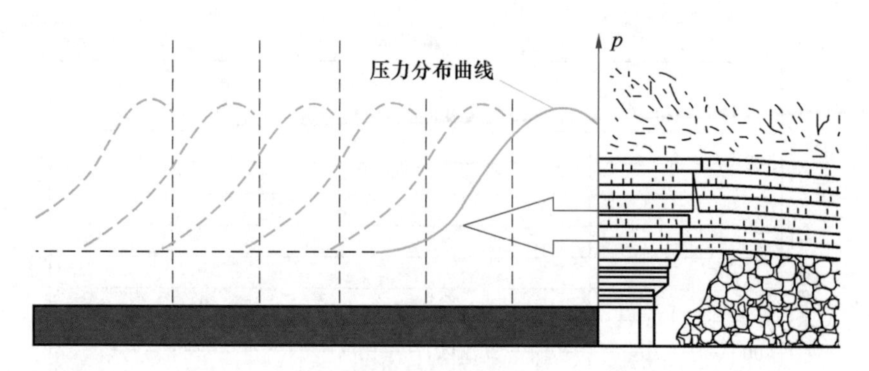

图 2-2-5 工作面前方支承压力连续传播

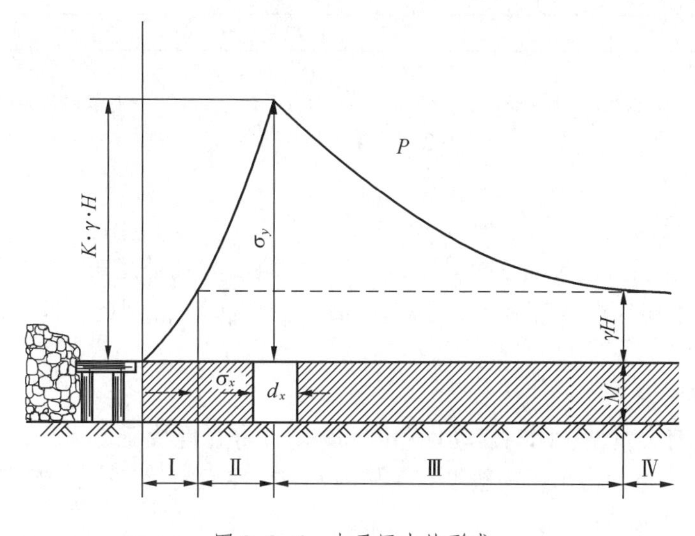

图 2-2-6 支承压力的形成

时，在一定范围内其等值应力分布曲线为斜交“泡”形图像，如图中 1、2、3 曲线。掌握底板岩层的应力分布规律，在实践中对选择底板岩层巷道位置具有重要意义。

五、冲击矿压对巷道围岩稳定性的影响

随着矿井的开采深度增大，深部开采中矿压显现非常明显，局部地段还非常强烈，表现出明显的冲击矿压倾向，冲击矿压对矿井的危害程度也越来越严重，因此，对矿井的巷道支护与安全管理必须高度重视。

（一）冲击矿压概述

冲击矿压是井下围岩（煤或岩石）突然破坏，引起剧烈震动并伴有大量煤（岩）块抛出的一种矿压显现，是一种严重威胁煤矿安全生产的动力灾害。

1. 冲击矿压的危害

（1）冲击产生的动力将煤岩抛向巷道，破坏巷道支护系统及围岩结构，同时发出强烈声响，造成岩煤体震动和岩煤体破坏，支架与设备损坏，部分巷道垮落破坏等。

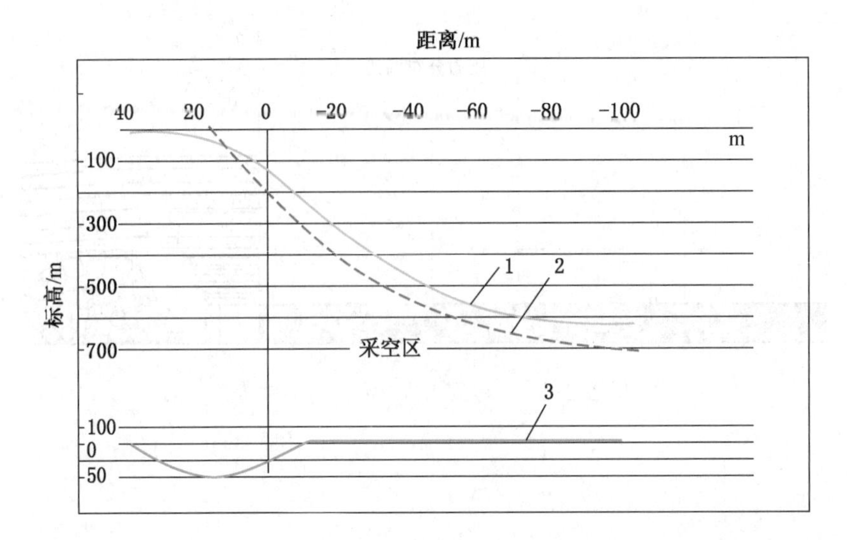

1—顶板绝对下沉曲线；2—顶板相对移近量（下沉）曲线；3—底板鼓起曲线

图 2-2-7　顶底板变形曲线

（2）造成人员伤亡。

（3）冲击矿压还会引起或可能引发其他矿井灾害，尤其是瓦斯、煤尘爆炸、火灾以及水灾，干扰通风系统，严重时造成地面震动和建筑物破坏等。因此，冲击矿压是煤矿重大灾害之一。

2. 冲击地压的特点

冲击矿压具有突发性、瞬时震动性和巨大破坏性等显现特征。

（1）突发性：指冲击矿压一般没有明显的宏观前兆而突然发生，难以事先准确确定发生的时间、地点和强度。

（2）瞬时性：指冲击矿压发生的过程急剧而短暂，像爆炸一样瞬间产生巨大的声响和强烈的震动，一般震动时间不超过几十秒。

（3）巨大的破坏性：指冲击矿压发生时，顶板可能有瞬间明显下沉，但一般不冒落，有时底板突然开裂鼓起甚至接顶，通常有大量煤块甚至上百立方米的煤体突然破碎并从煤壁抛出，堵塞巷道，破坏支架，常常造成惨重的人员伤亡和巨大的生产损失。

（二）冲击矿压发生机理

冲击矿压发生机理十分复杂，各国学者在对冲击矿压现场调查及实验室研究的基础上，从不同角度相继提出了一系列的重要理论，概括起来主要有强度理论、刚度理论、能量理论、冲击倾向理论、三准则和突变理论等。

1. 强度理论

强度理论认为：井巷和采场周围产生应力集中，当应力达到岩煤体的强度极限时，岩煤体就会突然发生破裂，形成冲击矿压。近代冲击矿压的强度理论主要研究矿体与围岩这一力学系统的极限平衡条件，并导出煤体极限应力 P_K 的计算公式：

$$P_K = \sigma_O \exp[k\tan\varphi(2L - l)]$$

$$L = x/H$$

式中 σ_0——煤体的单向抗压强度；

φ——煤岩、围岩交界处的摩擦角；

k——三轴残余强度系数；

x——煤壁到计算点的距离；

H——采高。

在强度理论指导下，从20世纪中期起，很多学者对围岩体内形成应力集中的强度及程度其性质等方面，曾做了大量工作。强度理论反映的是岩煤体破坏的原因和规律，实际上是强度问题，即材料受载后，超过其强度极限时，必然要发生破坏。

强度理论具有简单、直观和便于应用的特点（图2-2-8）。井巷和采场周围岩煤体经常出现局部应力超过其强度极限的现象，但即使是具有强烈冲击倾向性的煤层在多数情况下都能平稳进入强度后变形阶段，只在少数情况下才发生突然破裂形成冲击矿压，说明强度理论只能判断岩煤体是否破裂，不能回答破裂的形式——静态破裂还是动态破裂。它是冲击矿压发生的必要条件，而不是充分条件。

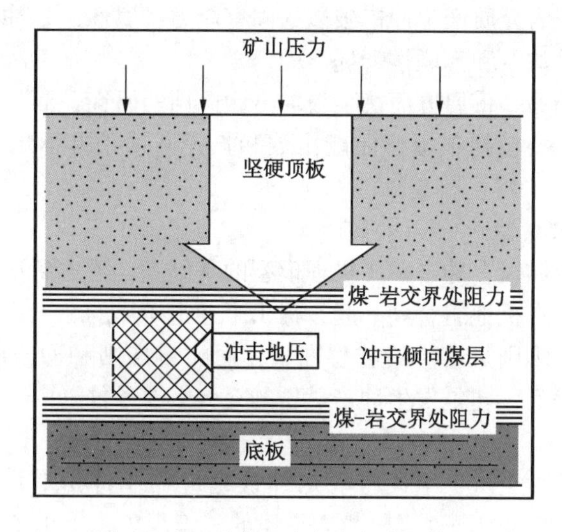

图2-2-8 强度理论与冲击矿压模拟

2. 刚度理论

刚度理论是Cook等人根据刚性压力机理论而提出来的。该理论认为，矿山结构（矿体）的刚度大于矿山负荷系统（围岩）的刚度是产生冲击矿压的必要条件。

刚度理论用于判别煤柱稳定性具有简单、直观的特点。但这一理论没有正确反映煤体本身在岩煤体—围岩系统中不但能积聚能量，而且可以释放能量这一基本事实。此外，矿山结构的刚度在概念上并不十分明确，而且矿山结构达到峰后强度后的刚度难以确定。

3. 能量理论

能量理论认为，当矿体—围岩系统在其力学平衡状态破裂时所释放的能量大于所消耗的能量时便发生冲击矿压。由于发生冲击地压能量转换的时间效应和不均匀性，煤体

和围岩储存的能量应乘以释放系数，以单位时间的能量消耗和释放。

作为判断依据，判断式如下：

$$\frac{\alpha\left(\frac{\mathrm{d}W_{\mathrm{E}}}{\mathrm{d}t}\right)+\beta\left(\frac{\mathrm{d}W_{\mathrm{S}}}{\mathrm{d}t}\right)}{\frac{\mathrm{d}W_{\mathrm{D}}}{\mathrm{d}t}}>1$$

式中 W_{D}——矿体储存的能量；

W_{E}——围岩储存的能量；

W_{S}——消耗于“矿体围岩”交界处和矿体破坏阻力的能量；

α——围岩释放能量的有效系数；

β——矿体释放能量的有效系数。

能量理论从能量耗散的角度解释冲击矿压的成因，是冲击矿压机理研究中的一大进步。但能量理论没有说明矿体—围岩系统平衡状态的性质及其破裂条件，特别是围岩释放能量的条件，因此冲击矿压的能量理论判据尚缺乏必要条件。

4. 冲击倾向性理论

冲击倾向性是指煤岩介质产生冲击破裂的固有能力或属性，是冲击矿压发生的必要条件。冲击倾向性理论是波兰和苏联学者提出的。

冲击倾向性理论的另一重要方面是顶板冲击倾向性的研究，而且也越来越引起人们的重视。这方面的研究主要包括顶板弯曲能指数和长壁开采条件下顶板断裂引起的煤层冲击等。

5. “三准则”机理模型

国内一些学者在总结以上冲击矿压机理模型的基础上，考虑到冲击矿压发生的充分必要条件，将不同的判据有机地组合到一起，提出了冲击矿压的“三准则”机理模型。

该模型认为：强度准则是煤体的破裂准则，而能量准则和冲击倾向性是突然破裂准则。三个准则若同时满足，才是发生冲击矿压的充分必要条件。

6. 稳定性理论

Neville Cook 在 20 世纪 60 年代将稳定性理论应用于冲击矿压问题的研究。随后，Lippman 将冲击矿压处理为弹塑性极限静力平衡的失稳现象，提出了煤岩冲击的“初等理论”。章梦涛根据煤岩变形破裂的机理，提出了冲击矿压的失稳理论。该理论认为煤岩介质受采动影响而在采场周围形成应力集中，岩煤体内高应力区局部形成应变软化介质与尚未形成应变软化（包括弹性和应变硬化）的介质处于非稳定平衡状态，在外界扰动下动力失稳，形成冲击矿压。

目前，冲击矿压的失稳理论发展较快，围岩近表面裂纹的扩展规律、能量耗散和局部围岩稳定性的研究已取得了一定的进展。Vardoulakis 研究指出，近自由表面的裂纹一旦开始扩展，将失去稳定，导致表面局部屈曲，临界屈曲应力随自由表面与裂纹间距的减小而急剧减小。Dyskin 对壁面附近裂纹扩展方式及裂纹贯穿后的壁面稳定性进行了分析，认为压应力集中造成初始裂纹以稳定的方式平行于最大压应力方向扩展，这种扩展与自由表面相互作用加速了裂纹的增长并最终导致失稳扩展，裂纹面出现分离，分离层屈曲破裂形成冲击矿压。

7. 突变理论

突变理论是由法国数学家 TOM 于 20 世纪 70 年代逐步发展形成的，其中心思想是认为自然界的一切灾变形式可以根据系统的控制空间和状态空间的维数进行分类，尖点灾变模型是突变理论中最有用、最简单的一种。从能量的角度来看，冲击矿压的实质就是岩煤体中所积聚的弹性应变能达到其极限储存能；根据尖点灾变理论，当岩煤体中所积聚的弹性应变能发生灾变突跳时就会诱发冲击。

总之，各个理论都有其自身的特点和局限性。冲击倾向性理论考虑了煤体本身的冲击性能，但未能兼顾开采的实际地质条件，实验室测定的特性往往不能完全代表实际环境下的煤岩性质；失稳理论考虑了采动影响和岩煤体在集中应力作用下局部应变软化与应变硬化和弹性介质构成的平衡系统突然失稳，较好地吻合了采矿活动的特点，所以，目前得到广泛的应用。

六、关键层对巷道围岩稳定性的影响

（一）关键层的概念

中国矿业大学钱鸣高院士等提出的关键层理论认为：在煤层顶板中，由于成岩矿物成分及成岩环境等因素不同，顶板各岩层在厚度和力学特性等方面，也存在着较大差别，而其中一些较为坚硬具有一定厚度的岩层起着主要的控制作用，即起承载主体与骨架作用。有些较为软弱的薄岩层在活动中只起加载作用，其自重大部分由坚硬的厚岩层承担。由于它们破断后形成的结构可直接影响采场的矿压显现和岩层活动，因而被称为“关键层”。覆岩中的关键层一般为厚度较大的硬岩层，关键层判断的依据是其变形和破断特征，即关键层破断时，其上部全部岩层或局部岩层下沉变形是相互协调一致的。关键层的断裂将导致全部或相当部分的上覆岩层产生整体运动。

关键层即为主要承载层，是全部或局部岩层的承载主体。巷道顶底板岩层中是否存在关键层和关键层的厚度、力学特性如何，对巷道围岩的稳定有至关重要的影响。

通过研究和实践证明，关键层下巷道围岩所受到的应力变化，往往会对巷道支护体产生突发而巨大的破坏作用。在巷道走向和岩层走向一致时，巷道两帮的围岩移变量差异不大；而当巷道是垂直岩层面时，同一巷道内围岩移变量差异就很大，支护体破坏变异明显。

关键层的破坏会引起岩体向采空区移动，岩层移动将造成以下损害：①形成矿山压力现象，危及井下回采面工作人员及设备安全；②形成采动裂隙，引起周围岩体中水和瓦斯的运移，引起瓦斯突出与透水事故；③岩石移动传递至地表引起地表沉陷。

（二）关键层的特征

（1）几何特征：相对其他岩层厚度较大。

（2）岩性特征：相对其他岩层较为坚硬，即弹性模量较大，强度较高。

（3）变形特征：在关键层下沉变形时，其上覆岩层的下沉量与它是同步协调的。

（4）破断特征：关键层顶板的破断会导致全部或局部上覆岩层的破断，会引起较大范围内的岩层移动。

（5）支承特征：关键层顶板破断前以“板”（或简化为梁）的结构形式，作为全部或局部岩层的承载主体。断裂后若满足岩块结构的 S-R 稳定，则成为砌体梁结构，继续成为承载主体。

（三）关键层对巷道围岩应力变化的影响

通过多年来对巷道围岩稳定性的研究、分析，并通过大量的数值模拟试验，逐步认识了关键层在巷道围岩应力变化中发生作用的规律：

（1）随着两个关键层中间软岩层厚度的增加，上部关键层上的支承压力峰值和载荷峰值有下降趋势，但不明显。软岩层下部关键层上的支承压力峰值和载荷峰值有增加趋势，也不明显。

（2）关键层上所受载荷随其上覆岩层的刚度减小而增大，上覆岩层刚度越小（即越软），关键层上所受载荷越大，但分布却越均匀。当上覆岩层弹模与关键层弹模之比小于1/20时，或上覆岩层已破断为块体时，关键层所受载荷最大，而其载荷分布可视为均匀分布。

（3）关键层具有复合效应。两层坚硬岩层相距较近时，将产生类似于复合板或复合梁那样的结构效应，它们的承载能力不是简单线性叠加，而是远比线性叠加值大，如果仅对单层进行岩层破断和移动规律分析，将会产生重大误差。我们把两个相距较近的关键层产生的承载能力显著增强的现象称之为关键层的复合效应。

（四）关键层对巷道支护的影响

由上述可以看出，关键层对巷道支护的影响可归纳为以下几点：

（1）在巷道支护上，关键层上下地应力既存在大小差异，也存在方向和作用时间差异。

（2）对关键层上下巷道围岩应力的正确分析，关系到支护体系的设计，在复杂地应力状态下，设计必须考虑要利于使支护具备不断提高和改善支护能力的概率和可能性。

（3）对关键层上下巷道支护，关系到支护的施工技术、施工工艺、工法安排及对施工全过程的管理和特殊安全管理。

（4）对关键层上下巷道应力的分析，决定着对支护参数的合理选择和计算。

（5）实践证明，关键层巷道围岩所受到的应力变化，往往会对巷道支护体产生突发而巨大的破坏作用。在巷道走向和岩层走向一致时，巷道两帮的围岩移变量差异不大；而当巷道是垂直于岩层面时，同一巷道内围岩移变量差异就很大，支护体破坏变异明显。

（6）关键层对移变的监测监控提出了更严格、多层次和更有针对性的要求。

七、复合顶板对巷道围岩稳定性的影响

复合顶板也称离层型顶板，是一种在岩性和岩石力学性等方面特殊组合的直接顶，一般是由上硬下软岩层构成，岩层间夹有煤线或薄层软弱岩层的顶板，从本质上讲，复合顶板是指采煤和巷道开挖后，在二应力场形成过程中，尤其是垂直压力较大时特别容易离层和破碎的顶板。

复合顶板的巷道显现为：矿压比较强烈，巷道变形大，变形时间长，围岩内构造应力或水平应力增大。采掘工作面直接顶厚度一般为0.5~3.0 m，正是这种厚薄互层，软弱相间复合层岩体顶板，普通锚杆无法深入基本顶砂岩，锚杆没有很好的着力点的固定端，锚杆的锚固作用完全丧失，特别是在深井高应力状态下控制顶板岩层失稳的难度非常大，容易造成顶板垮冒。

复合顶板的巷道围岩差异性很大，且是非均质层状赋存，在高应力作用下，表现为顶板极易离层、冒落，难以形成承载结构；尤其是煤层中开挖巷道，由于其两帮煤体强度一

般要小于顶底板岩层的强度，是巷道围岩承载结构中的薄弱部位，易于破坏而丧失支撑能力，强烈的两帮移近、片帮及整体下沉，极易导致复合顶板下沉而离层破坏。顶板、两帮变形相互作用，形成恶性循环。

特别是近距离煤层群开采产生急剧的、反复的采空区基本顶垮落和大面积来压，在支承压力的作用下巷道围岩的节理、裂隙进一步发育并不断发展，使围岩的力学参数大大低于原岩体。在受煤层群开采动压影响（图 2-2-9）区域内开挖巷道，采用传统支护方式如工字钢支架、U 型钢可缩支架支护时，不仅会使掘进期间围岩变形剧烈，而且在以后的较长时间内变形量大，难以趋于稳定，支护体会屡遭破坏，导致在服务期间要多次翻修，巷道维护极为困难。

图 2-2-9 开采动压影响模拟

开滦矿业集团钱家营矿六采区 9s 上山巷道支护状况，就是复合顶板在采动影响下，对底部巷道支护造成剧烈破坏的典型。尽管采用了 29U 重型特种钢材密集型支护，但巷道仍然急剧变形、底鼓，支架严重破坏（图 2-2-10）。

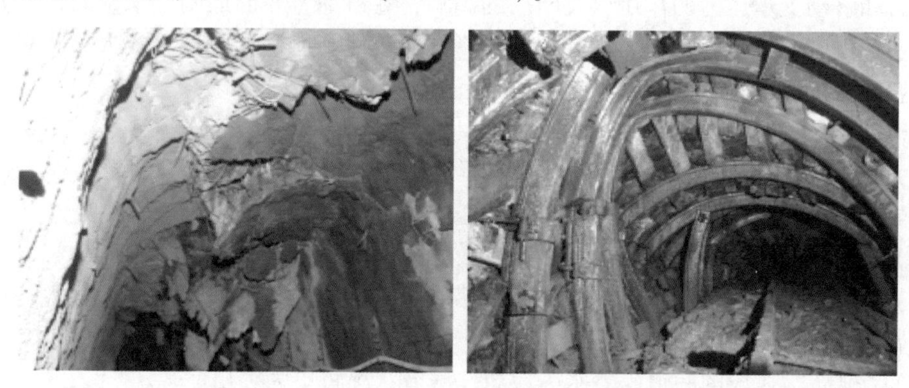

图 2-2-10 29U 钢材支护和锚网喷锚索支护巷道急剧变形破坏图

八、层状非连续岩体对巷道围岩稳定性分析

岩体是天然条件下赋存的岩石群体，由很多岩石组成，它们在生成过程中形成很多分隔面、层理面，在地质变动过程中又产生很多节理、裂隙、断层等弱面，使岩体成为一个

非连续体。层状非连续岩体从地质特征来讲绝大部分属于沉积岩，它为地壳上先期存在的原始物质，经过搬运、沉积和成岩等一系列地质作用，最终形成的一种沉积岩。

层状非连续岩体的结构面分布具有较强的规律性，层理面是岩层沉积过程中不同物质的分界面，最初呈近似水平状态，在地质构造力作用下，岩层将产生倾斜或褶曲。层状非连续岩体往往是由不同岩性地层及不同成因结构面组合而成的一种复杂地质体，岩体及结构面的变形破坏特性差异较大，所表现的力学特征也明显不同。

层状非连续岩体的地质特征决定了它是一种非均质、非连续及各向异性的地质体。人们在岩体上或岩体中开挖巷道（硐室）后，改变了岩体原有的应力场，其周围的岩体往往沿弱面滑移或脱离，使应力应变不连续，这种情况对围岩的稳定是极为不利的。

在一定范围内，岩体的层理面和台阶面产状是一定的。巷道四周的临空面不同，滑落体的形状也各异。顺层巷道两侧临空面的走向与层理面走向一致，其顶、帮滑落体的形状大小主要决定于岩层倾角。层状非连续岩体的滑落体形状各异，是造成巷道硐室围岩极易产生顶板冒落和片帮的岩体，给支护和施工安全带来一定隐患。

九、“孤岛”回采对巷道围岩稳定性的影响

由于矿井开采的布局、开采能力、开采时间、开采顺序以及为开采服务的关键工程预留煤岩柱等因素影响，使一些小区段和较小储量的煤层块段的开采时间推后，周围已采空形成应力孤立块段，在煤矿称之为孤岛；孤岛应力与变形之间的关系称之“孤岛应力场现象”。

由于受邻近工作面采动支承压力的作用，“孤岛”工作面巷道压力显现特别明显，巷道变形严重，巷道维护非常困难。“孤岛”工作面回采巷道变形破坏原因存在区域性差异，一般“孤岛”工作面巷道围岩赋存状态复杂、构造应力复杂、采动影响强烈，采动影响和被动支护是回采巷道变形的主要原因 。

采动影响造成回采巷道变形破坏的主要表现形式为支承压力，尤其是采动造成的固定支承压力和移动支承压力的作用以及断层的影响，巷道围岩变形加剧，承载结构受到严重影响，巷道失去工作阻力，围岩稳定性急剧降低，致使巷道变形破坏。在孤岛状态下，对巷道围岩的稳定有以下不利影响：

(1) 反复回采的影响，使“孤岛”块段巷道围岩所受地应力递增，甚至增长数倍。

(2)“孤岛”块段的岩层整体性、层状延续性遭到较大破坏，围岩的岩层（岩体）和岩石（岩块）强度大大减小，围岩的自稳性丧失。

(3)“孤岛”块段的应力不均匀性特点最为突出。

(4)“孤岛”块段的巷道围岩由于采动破坏造成裂隙发育，吸水膨胀率增大，一般为普通围岩的130%以上。

(5)“孤岛”块段的巷道围岩水平应力、底鼓状况将更为突出。

(6)“孤岛”块段的巷道围岩极易处在应力集中带，支护承载力高于其他围岩状态下的数倍。

(7)“孤岛”块段的巷道围岩，要承受反复多次的动压影响。

十、“危石”对围岩稳定性的影响

岩体是指在一定工程范围内的自然地质体，它经历了漫长的自然历史过程，经受了

各种地质作用，并在应力的长期作用下，在其内部保留了各种永久变形的形象和各种各样的地质构造形迹，例如，假整合、断层、层理、节理、劈理等，这些构造形迹往往统称为结构面。岩体由于受结构面的纵横切割而成裂隙（岩）体，又称这为块体的聚合体。围岩的变形规律、破坏机理、稳定状态受结构面的力学性质及其空间形态控制。

在较坚硬的节理发育的岩体中，岩体被各种各样的结构面切割成各种类型的空间镶嵌块体。自然状态下，这些空间块体处于静平衡状态；巷道开挖时，原始平衡状态被打破，围岩内的应力重新分布，暴露在临空面上的某些块体失去平衡，就会首先沿着结构面滑移、失稳，进而产生连锁反应，造成围岩松动失稳。

工程施工实践中，围岩的稳定性受岩体结构面的控制，这一事实，已被越来越多的岩石力学专家所重视。工程实践与众多研究结果表明，围岩失稳往往是从局部岩块冒落或片帮开始，引起相邻岩块相继松动滑脱，继而导致围岩整体失稳。首先发生冒落或片帮的局部岩块，就是我们所说的“危石”。

在巷道支护过程中，为进一步保证注浆效果和安全施工，巷道原生的裂隙和层理，在掘进爆破和其他掘进方式震动下，就进一步扩展，而巷道的空间就给它们造成空悬、悬臂的条件。20 世纪 60 年代，美国的一些专家就提出影响巷道再次平衡的“冠石”论点，实际上就是危石中的首石。

首石的掉落，是有一定先兆的，明显的表现为：首石开始掉落前，顶板岩体发出断裂声音和伴随开始脱落碎石（老工人称之为掉碴）。发出的声响是岩体受到压力作用而断裂发出的声音，掉碴则是首石位移，滑动克服摩擦力挤压出的岩体边角碎块，也就是说断裂声是预警，掉碴则是冒落的开始。

巷道开掘后组成围岩的各个单元体在自重的作用下向巷道空间方向移动，在下移过程中，各单元体被迫相互挤压而出现一个压力拱（自然平衡拱），随着冒落的开始，就遭到完全破坏，表现为围岩岩块空悬、悬臂梁全面松动的失稳状态（图 2-2-11），围岩趋于失去控制，给施工和安全带来诸多困难，因此全面了解和掌握各种环境下危石的显现规律，合理设计支护方案，制定施工措施及工艺，对危岩及时控制，保证安全支护和施工有着极其重要的意义。

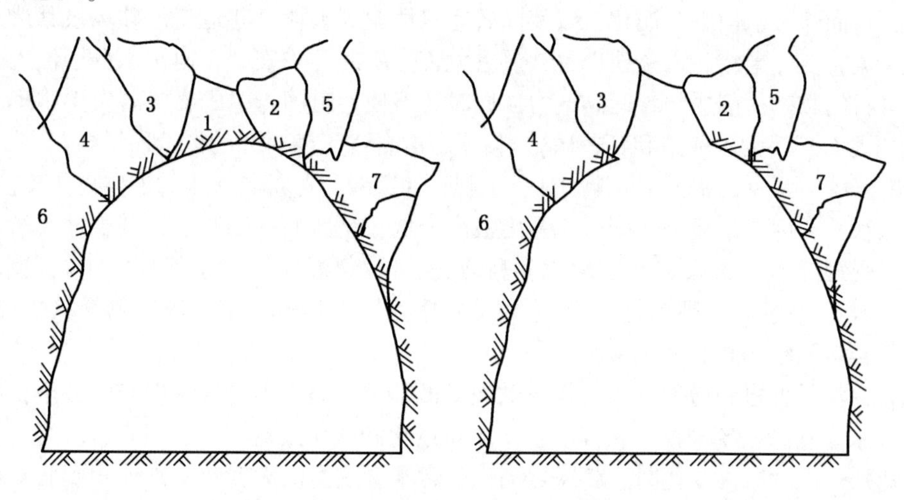

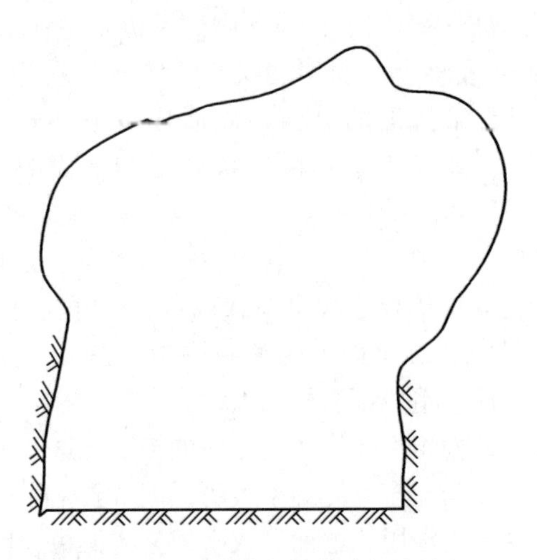

图 2-2-11 自然平衡拱破坏的过程

我们之所以要对围岩的危石预测下如此大的功夫进行研究，是因为危石的辨识对巷道掘进和修复施工过程中的安全生产至关重要。在深部矿井支护过程中，通过对危岩石的分析，确保平行作业施工和后续各支护单元的施工质量及相互容错，保障整个主动动态支护的技术效果，严格要求巷道开挖后采取立即封闭围岩的技术措施，明确要求第一层次的支护参数设计、施工措施和工艺步骤。

十一、水环境对巷道围岩稳定性的影响

地下水是影响煤矿安全生产的严重灾害之一，水对巷道围岩及支护体的稳定性有着明显的影响。由于岩石是可变形的多孔介质材料，在载荷和地下水压力的作用下，岩石的变形将引起其中孔隙、裂隙通道的改变，从而影响孔隙水的流动。孔隙水压力、流速变化也会引起岩石变形的改变。随着煤矿开采深度不断增加，开采条件越来越困难，围岩应力及水文地质条件进一步恶化。

特别是当巷道处于高承压水、断层破碎带时，由于巷道围岩裂隙较发育，围岩受到水的侵蚀影响而膨胀、崩解、泥化，致使围岩完整性遭到破坏，巷道变形破坏极其严重，经常发生渗流突变，导致巷道整体垮冒，严重危害煤矿的开采安全。由于水分子侵入，不仅可改变岩石的物态，削弱颗粒间黏结力；同时还能使巷道围岩中的膨胀岩发生物理和化学反应（如硬石膏、无水芒硝和钙芒硝），使岩石的含水量随时间的持续而增高。

在围岩中，常见的铝土（高岭土）、伊利石和蒙脱石等都具有很大的阳离子交换能力、很高的亲水性，因遇水泥化、膨胀，强度极度降低，是典型的膨胀岩，其机理为软岩遇水后，其宏观裂隙增生扩张和崩解软化，高岭石、伊/蒙混层等由于其颗粒小、亲水性强，当水灌入岩石的裂隙、孔隙时，细小岩粒的吸附水膜会增厚，部分胶结物会软化或溶解，从而引起岩石颗粒崩解和体积膨胀。

泥岩、泥质页岩和粉砂岩（开滦东欢坨矿的粉砂岩就是典型吸水率和膨胀率很高的围岩）等吸水率和膨胀率同样都很高，且属于易风化和软化及流变的软弱岩石。当岩体受到扰动，特别是湿度条件变化时，膨胀岩的性状常常会发生巨大变化，因体积膨胀对巷道支

护体产生巨大的膨胀压力，使围岩的某些部位被挤出、隆起和垮落，从而造成锚杆脱锚，支护被挤垮破坏。

软弱岩石的矿物成分及微结构特征，对它与水的特殊关系有决定作用，使岩石的再崩解及膨胀现象时有发生，因此研究和掌握水对软弱岩层性质的影响非常重要。软弱岩层遇水后通常有两种破坏方式：一是软化、碎裂，体积增加不明显；二是体积发生膨胀，导致软化、松散、崩解。

遇水仅软化崩解的岩层，其矿物成分一般是以高岭土、伊利石为主。由于受水作用后体积增加不明显，因而，只在软弱岩层节理裂隙中充水，削弱岩层颗粒之间的连接力，导致颗粒间的连接发生破坏，产生软化膨胀、泥化、流变，使巷道大变形支护崩解(图 2-2-12)。

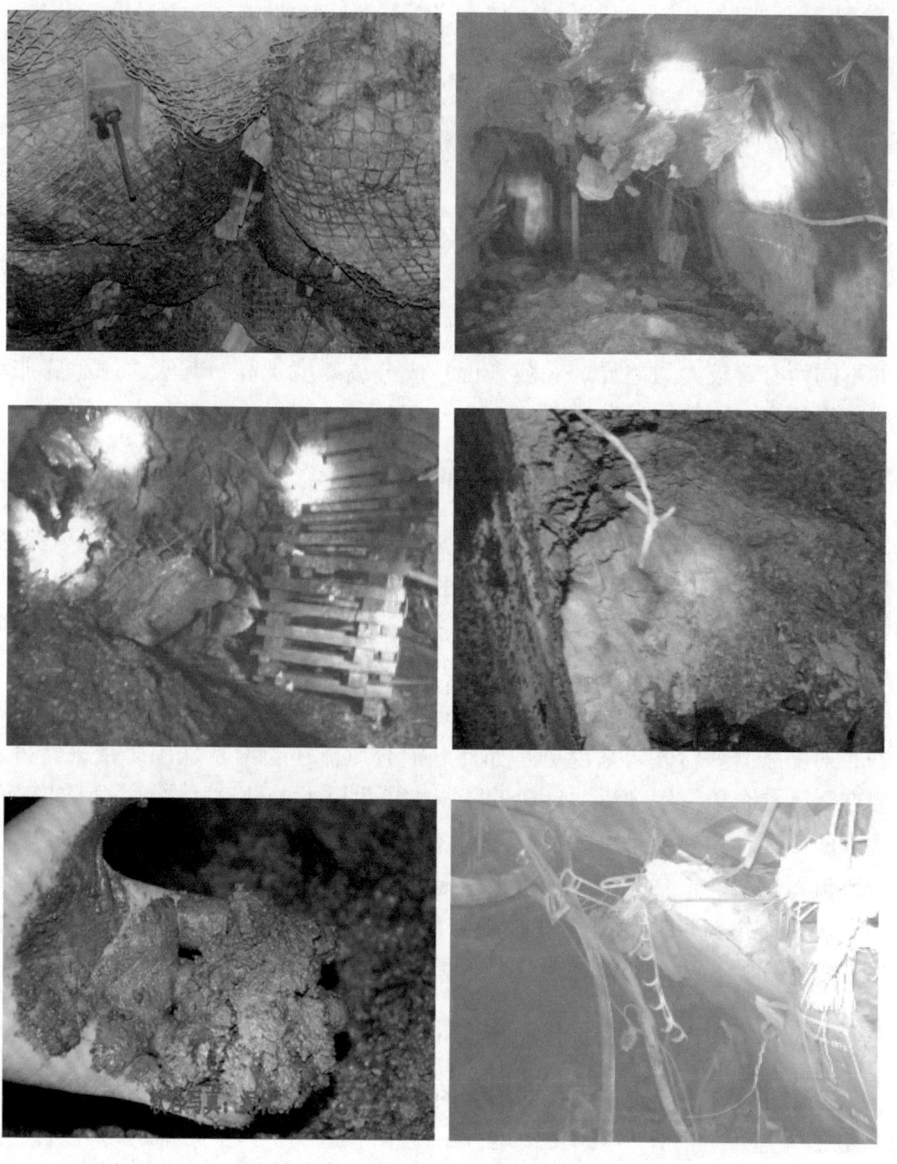

图 2-2-12 开滦林南仓矿泥岩软化、泥化和冒落膨胀使巷道大变形

软弱岩层含水是其膨胀的先决条件，软弱岩层膨胀性与含水率的这种关系也可以从膨胀参数与含水率的关系曲线上看出。如图 2-2-13a 所示，对同一种软弱岩层来说，膨胀性随着其含水率的增大而增大。软弱岩层浸水时间与膨胀性的关系如图 2-2-13b 所示，曲线表明，膨胀率随着浸水时间加长而增大，其增大幅度在浸水开始一段时间内比较显著，之后逐渐趋于稳定，这是因为软弱岩石在浸水开始阶段含水率增加很快，随着时间的加长，含水率逐渐减小。

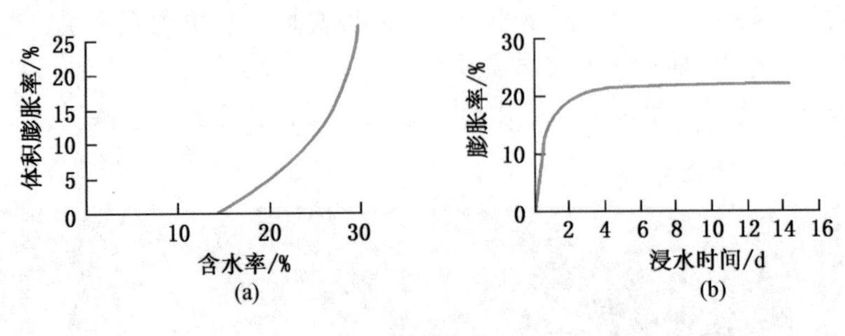

图 2-2-13 水环境对软弱岩体的影响

开滦东欢坨矿底板的粉砂岩吸水率在 100% 以上，因此泥化程度强，成为流体状的粉砂浆，导致巷道基础难以稳定，不仅巷道支护易于发生底鼓，而且常常发生支护结构整体的不稳定。就砂岩而言，其坚硬程度、吸水率、膨胀幅度等指标随着其成分成熟度和结构成熟度的不同而有着较大的差异。一般来说，成分成熟度越高，其吸水率、膨胀率越低，而结构成熟度越高，则坚硬程度越高。

十二、混合风流对围岩及支护体稳定性的影响

水固然对膨胀岩、泥质页岩和粉砂岩的侵蚀破坏比较明显，矿井的混合风流对巷道围岩应力变化造成的危害也不容忽视。风化作用对岩石有明显影响，它可破坏原有的岩石组织结构，由致密而变疏松，从而导致岩石力学性质发生大的变化。资料表明，未风化的花岗岩，其抗压强度在 100 MPa 以上，全风化的花岗岩抗压强度可降至 4 MPa 以下。

矿井中的混合风流除带来的湿度容易使围岩受水的危害外，还能风化和软化以及流变软弱岩石，对膨胀岩和粉砂岩来说更是如此。混合风流还会给特殊围岩带来特殊的危害，如油页岩在受到混合风流侵蚀后，形成的膨胀力更为巨大，且速度快（龙口刘海矿主运输大巷的大面积破坏，主要就是由油页岩受到混合风流侵蚀的巨大作用造成的）。

混合风流对钢材、木材支架及其背板的侵蚀作用更为明显。在混合风流侵蚀下，钢材支架锈蚀、木材支架腐烂，从而使其本身强度和寿命大大降低，导致巷道支护体遭到破坏，发生漏顶、片帮，甚至冒顶垮落，严重影响围岩稳定。

十三、其他因素对围岩及支护体稳定性的影响

（一）巷道的掘进（炮掘）过程对围岩的影响和破坏

（1）巷道掘进成形后，不规则的凹陷和凸起使巷道支护体受力不均匀，从而导致其不断被破坏。

（2）巷道炮掘过程中，爆破引起的震动必然使巷道围岩产生松动，其松动圈不断加大，致使软弱岩垮冒；装药量得不到严格控制或做不好光面爆破，对围岩的破坏作用就更大。

（3）在巷道掘进时，如不及时对围岩支护和封闭，也会给围岩支护体带来一定的负面影响。

（二）巷道的掘进对临近巷道围岩及其支护体的影响和破坏

新掘巷道时不断爆破，邻近巷道围岩就会受到震动而使应力发生变化，必然给其支护体带来负面影响，有时甚至还可造成较大的破坏（如龙口刘海矿大巷的大面积破坏，就是由邻近巷道施工产生的诱因所致）。

（三）支护设计与巷道用途不匹配对支护体稳定性的影响

巷道支护体的设计是根据巷道用途、服务年限、环境等确定的。一般来说，设计部门都会对以上各因素周密考虑，但有时由于条件的制约或变化，也会发生支护设计与巷道用途不匹配的问题，这也会给支护体的稳定造成负面影响。

（四）施工工程质量对支护控制围岩稳定性的影响

施工工程质量使支护体强度达到不到设计要求，造成支护承载力存在一定差距，对支护控制围岩稳定性会造成以下影响。

（1）原材料的影响。有些是原材料来源不合格，特别是混凝土的砂石中含泥量超标，严重影响混凝土的强度。

（2）混凝土搅拌过程的影响。井下喷射混凝土大部分采用人工搅拌，往往在配比和搅拌过程中不到位，造成混凝土强度难以保证。

（3）工艺过程的合理性和管理的严格性。煤矿井下生产过程中的工艺管理要求是相当严格的，然而在一些生产环境和条件较差的条件下，严格的工艺管理的执行可能有些困难，造成支护整体功能难以充分发挥。

（五）监测监控对支护稳定性的影响

监测监控是巷道主动支护体系的关键一环，应贯穿于巷道支护的整个服务过程中，通过监测监控，可以动态掌控巷道支护的状态和围岩的变形规律。通过监测所得到的巷道移变数据来判断巷道的变形状况，从而基于巷道围岩支护阻力变化理论，来判定巷道工作阻力是否降低，变为疲劳阻力，以便为二次注浆补强恢复工作阻力提供最佳时机。

当巷道围岩的变形随时间的延长而增大（如黏泥岩的时间效应显现）时，就必然会在不同程度上影响巷道围岩及其支护体的稳定，常规支护，由于未能运用监测监控来适时补强支护，就不能达到理想的支护效果。

第三节　“小区域高应力富含带”的应力变化及波的传递

一、扰动造成“小区域高应力富含带”高位势能的应力变化

在弹性固体介质中的一切质点间都以内聚力彼此紧密联系着。所以任何一个质点振动的能量都可能传递给周围的质点，引起周围质点的振动。振动以波动的形式向周围传播，这种波称为弹性波或应力波。物质粒子离开平衡位置，即发生应变时，如体积形变或剪切

形变，以波动的形式传播到固体的其他部分。

振动和波（图 2-2-14）是两个容易混淆而又相互关联的概念。振动表示局部粒子的运动，其粒子在平衡位置做往复运动，并不产生永久性的位移。而波动则是全体粒子的运动合成。在振源开始发振产生的扰动，以波动的形式向远方传播，而在波动范围内的各粒子都会产生振动。换句话说，在微观看主要体现为振动，而在宏观来看则容易体现为波动。

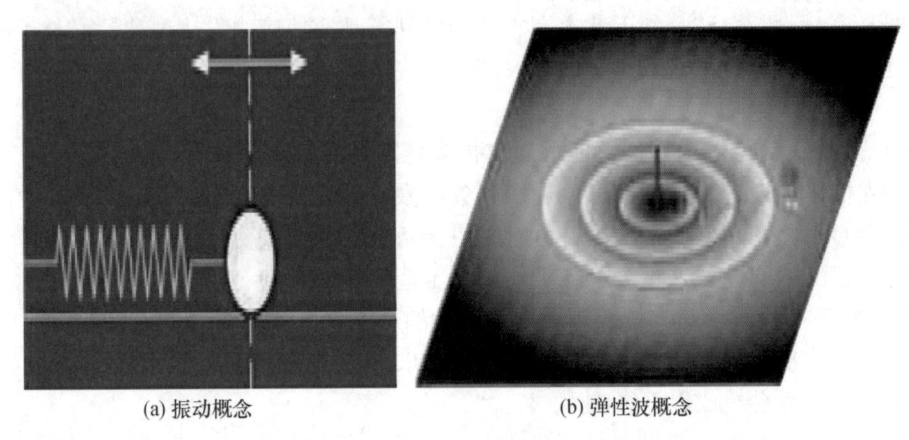

(a) 振动概念　(b) 弹性波概念

图 2-2-14　振动和波

深部矿井开采的震动、相邻巷道掘进爆破震动和其他被动式的环境扰动后先震动起来，并作为波源带动高应力势能区域，由近及远地传播这个振动，形成岩体内的震动波。传播波的介质，是有质量又有弹性的，弹性是固体中能形成波动的主要原因。总之，扰动在介质中的传播就形成了波。没有扰动就没有波，但是，只有扰动没有传播波的介质也不能形成波。因此，扰动和介质是形成波的充分必要条件。

二、“小区域高应力富含带”岩体弹性波的传递

弹性波（应力波）传播的基本条件是介质的可变形性和惯性，以介质质点运动释放和传递岩石的弹性能，造成岩体结构变化和破坏。

应力波按传播介质的变形可分为弹性波、黏弹性波、塑性波和冲击波。冲击波破坏力最大，具有陡峭、超音速、波阵面参数突跃变化、波峰压力大大超过岩体的抗压强度，此时介质产生塑性变形或粉碎，形成压碎区。冲击波衰减后变成压缩波，造成介质的变性，出现裂隙、拉断，形成裂隙区。

应力波在岩石介质中的传播特性，取决于岩石介质的内在特征。当应力波从一种介质传播到另一种介质时，由于两种介质的密度、阻抗等特性不一样，会在界面处产生反射和折射（透射）现象，此时，入射角、反射角、折射角以及波速遵循折射定律。但根据能量守恒定律反射波和折射波的能量总和等于入射波的能量。在应力波通过不同的介质时（比如应力波从岩石传播到煤层或断层时）还可能产生应力和位移的叠加现象，有些是能量增加，有些则是减弱。

由于岩石不可能是理想的弹性体，因此，应力波在岩石中的传播必然存在能量的耗损

(如果岩石的厚度小于应力波的波长时，不存在能量的损耗，一般围岩的厚度远远大于应力波的波长，所以必然引起能量的衰减)。天然岩体中广泛存在着大量的不连续面，包括断层、节理、裂隙等不同形态，在岩石工程中统称为节理。

岩石节理的存在造成岩体的不连续和不均匀，对应力波（弹性能）的传递产生很大的影响。当应力波通过围岩的节理时，由于围岩的节理中存在大量的裂隙、断层，结构相对较松软，应力波对围岩节理的孔隙、断层进行挤压，引起岩石孔隙的压缩，使其储存一定的弹性能，也就是吸收了一部分的应力波，应力波通过节理时的衰减实质是传播过程中应力波振幅值的减小。应力波衰减后继续向围岩深部传播，直到整个应力场再次出现平衡、稳定状态。

弹性波都可以通过弹性固体而传播，它们的速度可以用介质密度来建立数学模型予以计算。

第四节 “小区域高应力富含带”的界定

一、提出“小区域高应力富含带”理念的原因

传统对深部矿井和复杂地应力区域进行支护等级评估上，依然采用对整个矿井的地质环境、水文环境、压力类别及来源进行整体评估。没有运用“小区域高应力富含带”的理念，对同一矿井的局部区域，进行支护分析，以便有针对性地对待在一些矿井的某一区域表现尤为突出的高应力软弱破碎流变围岩，采取有针对性的设计及施工工艺去应对。

由于缺乏对“小区域高应力富含带”理念的认识，在全国的很多矿井，在支护上没有根据局部区域具有“小区域高应力富含带”特征的实际情况依然统一采用诸如锚网喷、锚网喷加锚索等支护方式，其支护效果绝大部分差强人意，在支护修复上不仅浪费了大量的人力、物力，消耗了更多的时间，而且给煤矿的安全生产带来了极大的安全隐患。图2-2-15所示为深部矿井复杂应力对巷道的破坏情况。

二、“小区域高应力富含带”的认定

“小区域内高应力富含带”处于某些深部矿井的局部区域内，其地质构造较大部分区域呈现出明显的复杂性，具体显现为复杂应力叠加、围岩移变量大等高矿压特点，和矿井的其他区域表现出明显的差异性，这就造成了“小区域内高应力富含带”难以准确认定判别，对“小区域内高应力富含带”的认定，一般要符合以下几个条件：

(1) 高位初始应力。岩体在天然状态下所存在的内在应力，在地质学中，通常又称它为地应力。部分小区域内的地应力同比远远高于其他地区，称之为高位初始应力。来自多种原岩应力和采矿工程压力集聚的某一区域，集聚较高的弹性势能、地压反应强烈。“小区域高应力富含带”一般具有高位初始应力且聚集较高的弹性势能，因而围岩极不稳定。

(2) 小区域高应力富含带，一般多达4~6种以上高应力的叠加。如同时具备以下条件：大断层轴部附近所涉及的巷道、硐室和采场、区域临近于大断层一侧，且区域内存在部分次生断层且岩层软弱致密度较高，在此区域内涉及的穿层巷道，埋深大、软岩和膨胀

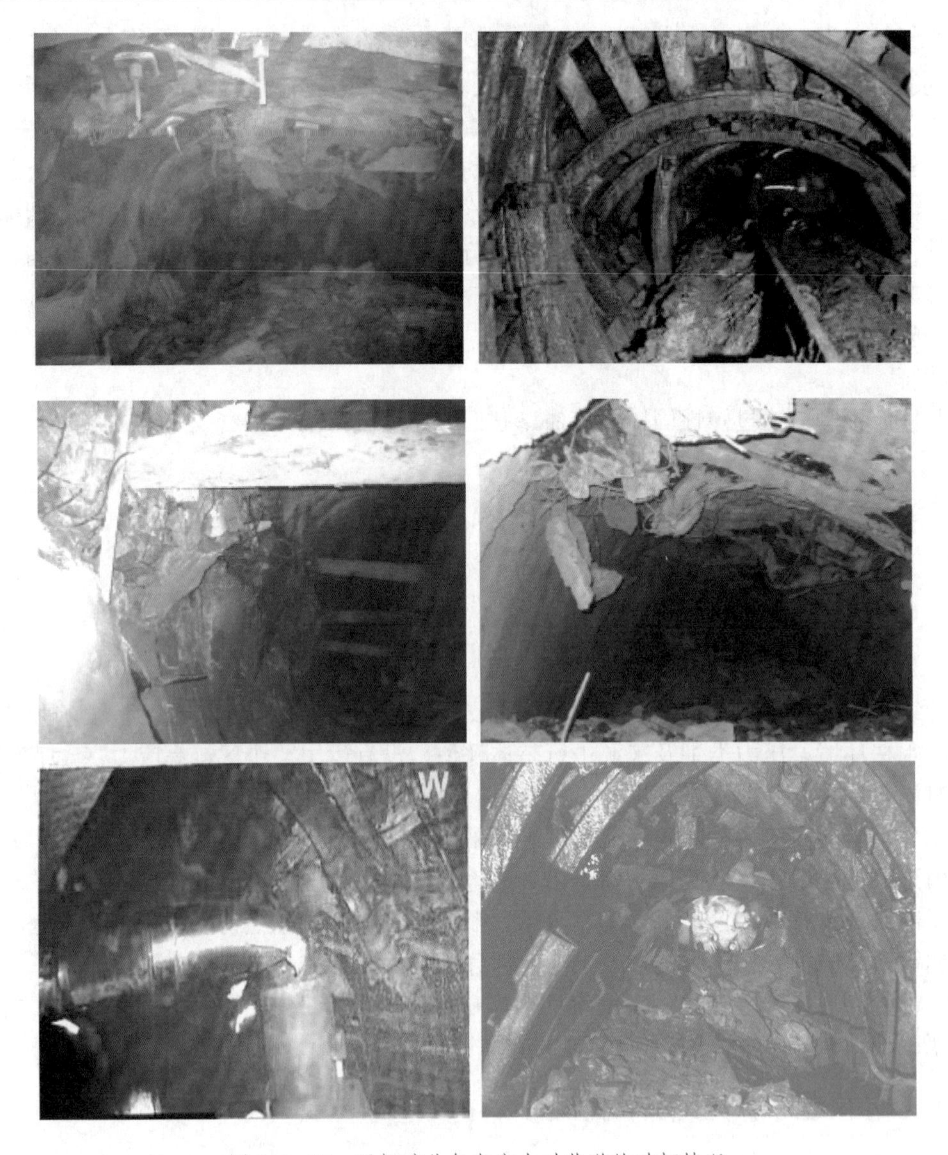

图 2-2-15　深部矿井复杂应力对巷道的破坏情况

岩、构造应力、孤岛状态下、关键层下、复合薄层结构岩层及反复受采动直接影响的巷道和多巷道布置等复合条件下。

(3) 其面积在 120000 m^2左右，其长 800~2000 m，宽 200~400 m；该范围内的巷道长度往往在 1000~2000 m 左右，此区域高应力反复显现，是“小区域高应力富含带”的典型区域。

(4) 小区域高应力富含带，应力传递路径、模式、速度、力的强弱和时间的持续长短和一般压力带相比具有其复杂性和特殊性。

“小区域内高应力富含带”特征在一些矿井的某一范围表现得尤为突出，造成支护严重破坏，几乎在中深部矿区多数矿井都存在着不同程度的显现。因此，如何准确认定识别“小区域内高应力富含带”，对支护设计及施工及时调整区别对待有着十分重要的工程意义。

第五节 “小区域高应力富含带”的破坏特性及其危害

一、“小区域高应力富含带”的破坏特性

由于开掘巷道使得煤矿岩体中的力学及物化条件改变，岩体和岩层结构面所构成的强弱面，为围岩体内积聚的应变能提供了极为适宜的运动空间，深部矿井“小区域高应力富含带”集聚的高位势能、应变能以及聚集的能量，当能量大于围岩的抗压强度时，能量（应力）突破岩层结构面的弱面涌出（造成岩层的破坏），以不同速度和能量不断地传递到巷道围岩中来，这是巷道产生大变形破坏的主要成因。其围岩的破坏先从围岩的弱结构体中发生破裂，随着弱结构体破裂的发展，与弱结构体相邻的或受弱结构体破裂影响的围岩其他部位在应力重新分布后也产生破坏。

对“小区域高应力富含带”内巷道进行修复，巷道仍然很快遭受破坏。在一般巷道里，开挖巷道破坏了围岩原生的初次应力场后，巷道支护 1~2 个月后，就形成二次应力场，在支护强度基本匹配的状况下，巷道基本趋于稳定。在“小区域高应力富含带”内进行的巷道修复，之所以再次很快地遭到破坏正是因为“小区域高应力富含带”应力转换和集聚的运动势能补偿极快，传统被动的支护方式无法跟上应力及势能的补偿节奏，因而造成巷道支护急剧破坏。

由于在“小区域高应力富含带”区域内，岩层处于高的压力带，积蓄较多的高位势能，造成巷道支护体锚固力衰退快，巷道非对称破坏明显，变形破坏严重，修复工程量大，成本高。其造成巷道长期破坏主要因为具有以下特征。

（1）高位初始应力。多种原岩应力和采矿工程压力集聚的某一区域，集聚较高的弹性势能，地压反应强烈，巷道施工后支护结构极不稳定。

（2）应力和来压强度大，持续时间长。“小区域高应力富含带”是多种应力和压力的集合与叠加，因而对围岩破坏力极大，造成巷道支护的彻底崩解，巷道断面急剧变形缩小；来压速度、方向和强弱不同，形成来压持续时间长，对围岩和支护的破坏能长达数年之久。

（3）多达 3~6 种应力叠加，如大断层或褶曲轴附近残余构造应力，采面移动支撑压力在侧向和底板中传播，边界压力的区域分布，邻近巷硐开挖应力叠加。

（4）局部范围在 $2\times10^5\ m^2$ 左右，长 800~2000 m，宽 200~400 m，伴随巷道支护圈层承载→趋稳→失稳→再次调整，导致区域高应力反复显现。

（5）应力传递路径、模式、速度、力的强弱和时间的持续长短和一般区域相比具有特殊性，巷道变形规律异常复杂。

（6）“小区域高应力富含带”来压的非对称性和非均衡性，明显表现在巷道底鼓强烈，而顶部几乎不变。

二、“小区域高应力富含带”的危害性

（一）极大地阻碍巷道施工速度

（1）为控制围岩冒落，每次循环进度控制在 800 mm 以内，循环进度步距小，造成巷道进度特别慢。

(2) 巷道掘进和支护施工工艺复杂，为及时控制围岩，必须及时临时支护和紧跟永久支护和强化支护，施工工艺较为复杂。

(3) 巷道施工平行作业空间范围受到较大限制，严重影响巷道施工的成巷速度。

(4) 高应力破碎带围岩极易冒落，严重影响施工安全，为获取安全作业环境而采取的多层次安全措施势必大幅降低施工速度。

(二) 长期破坏巷道支护稳定

(1) 小区域高应力富含带压力的复杂性，采用常规巷道支护难以抵御围岩压力，造成了巷道支护的不稳定。

(2) 小区域高应力富含带来压持续时间长和无规律性运动，使得单一支护单元难以抵御“小区域高应力富含带”这种复杂运动应力，造成了巷道支护的不稳定。

(3) 深部围岩应力的非对称性极大地造成了巷道支护的不稳定。

(4) 深部矿井的冲击地压更加造成巷道支护的不稳定。

(5)“小区域高应力富含带”造成巷道围岩来压的突发性和差异性明显，造成巷道支护受力不匀，极易遭到破坏。

(三) 成倍提高了巷道支护费用

(1)“小区域高应力富含带”由于压力的复杂性，造成施工工艺复杂，成本同比提升。

(2) 复杂的掘进和支护施工工艺，短步距的施工方法，造成进度成倍降低，大幅提升支护成本。

(3) 临时支护和永久支护都必须采取相应措施来保证安全施工和支护稳定，成本同比造成极大的提高。

(4) 永久支护的强度和施工技术要求远远高于较稳定围岩；多种支护单元、重型高强支护、昂贵的锚索组和锚索束的投入必然极大提高支护成本。

(四) 施工建设过程中危及安全生产的因素

(1) 掘进过程中的易冒落带来的安全威胁。

(2) 支护要求的及时性带来的安全威胁。

(3) 临时支护和永久支护的交替转换过程中，支护阻力的迅速流失使得支护结构的可靠和稳定性快速下降带来的安全威胁。

(4) 突发的来压和强烈的流变带来的安全威胁。

(5) 复杂多变的“小区域高应力富含带”，对施工工艺、方法和措施有着特殊要求，对建设过程中的安全要求更高，相当程度上造成很大的危害。

(6)“小区域高应力富含带”范围内巷道的强烈和持续长久变形给矿井安全通风、运输通畅、行人安全带来极其严重的危害。

第六节 “小区域高应力富含带”的意义及支护对策

一、评判“小区域高应力富含带”的意义

(1) 对深部矿井区域压力进行评估和判别，判断其是否为“小区域高应力富含带”或一般压力带，能使深部矿井工程技术人员和相关领导在支护理念、支护设计和支护工艺评

判方面有清晰的认识和正确的抉择。

（2）评估和判别是“小区域高应力富含带”或矿井井田一般压力带，对整个矿井开拓布局和总揽矿井建设有着积极的指导作用。

（3）对矿区深部矿井区域压力进行评估，清晰判别是“小区域高应力富含带”或一般压力带，可区别采取相应的支护。一般压力带采取普通锚绳喷支护，“小区域高应力富含带”就采取多支护单元容错技术的主动动态支护体系设计，这样可以有效降低支护成本和快速安全施工。

（4）评估和判别是否“小区域高应力富含带”的意义，还在于明确了深部矿井呈现在一定区域内复杂多变应力，给巷道支护带来的难度，让我们有目的地对待这特殊区域内巷道支护，以提高围岩自身强度等级，借助各支护单元积极容错动态支护体系的优势来示范，区别对待矿井支护设计、技术方案和工艺措施各环节系统的优化。项目离散固化技术就是针对开滦矿区局部区域“小区域高应力富含带”的特点，进行矿井支护分层次的设计，所采取的相应的技术措施和工艺对策。

二、“小区域高应力富含带”的支护对策

（一）建立“小区域高应力富含带”高位势能的应力变化和传递数学模型的探讨

以研究深部软岩的支护结构和相互间的关系为主要目标，其研究对象一般是有限个或可数元素；提取不同条件下围岩的关键特性（接近于数学离散量）。

近半个多世纪以来，随着计算机技术的飞速发展，数学的应用不仅在工程技术、自然科学等领域起着至关重要的作用，并且以空前的广度和深度向经济、金融、生物、医学、环境、地质、人口、交通等新的领域渗透。当今，数学技术已成为当代高新技术的重要组成部分。但是，无论是在科技和生产领域还是在与其他学科结合形成的交叉学科，首先都需要建立研究对象的数学模型，所以数学建模知识和计算机技术在知识经济时代尤为重要。

那么，什么是数学建模呢？现在先来解释一下这个概念：当我们需要从定量的角度分析和研究一个实际问题时，就要在深入调查研究、了解对象信息、做出简化假设、分析内在规律等工作的基础上，用数学的符号和语言把它表述为数学式子，也就是数学模型，然后用通过计算得到的模型结果来解释实际问题，并接受实际的检验，这个建立数学模型的全过程就称为数学建模。也就是用数学的语言来描述实际现象的过程，是一般实际事物的一种数学简化。

总的来说数学建模的必备知识有数学规划、最优化理论、微分方程及其稳定性、组合数学、图论优化、统计分析、数据处理。这些知识在平时的学习中会有所涉及，但只是学习一些基础，如果要进行数学建模，就需要更为深入地学习和研究，在建模中，这些知识的运用大多时候需要借助计算机技术，以软件的形式使得这些知识融合、渗透在建模的每一个过程中。除此之外，数学建模还会涉及一些扩展知识，这些知识同样占有很重要的地位，这些知识有：数值计算、数值模拟、模糊数学、灰色理论、随机过程、时序分析、变分、泛函、有限元分析。

在看的过程中贯穿有限元理论始终的，尤其是结构力学分析方面的，是最小势能原理。事实上，最小势能原理就是变分法中求解静力学问题的一个特例。推而广之，那么势

能法能否推广到其他物理问题中去呢？答案是肯定的。在很多物理问题的偏微分方程中，都能找到一个势能形式的泛函与该偏微分方程对应。建立小区域高应力富含带高位势能的应力变化和传递数学模型是可行和必要的。

（二）“小区域高应力富含带”的高位势能区支护对策基本思路

大量的工程实践表明，“小区域高应力富含带”在我国煤矿巷道施工中是经常碰到的支护难题，特别是煤矿进入深部开采，显现尤为突出，已成为影响煤矿巷道支护安全的特殊矛盾。“小区域高应力富含带”是由深井高应力、构造应力、工程软岩、承压水等多种复杂因素综合形成的一种特殊的工程地质现象，多因素的综合必然造成巷道支护的复杂和困难，因此在确定位于“小区域高应力富含带”井巷支护对策时，必须构建多手段的支护体系，多种支护形式并行协作、无损匹配，实现多种支护方法间的有机融合，最后集成有效的支护合力，实现“小区域高应力富含带”巷道的支护安全。

1. 理念上的正确认识

高度重视深井高地压条件下的巷道支护难题。“小区域高应力富含带”在深部矿井是客观存在的现实，是具有共性的支护难题，必须从思想上引起工程技术人员的重视。

更新支护理念。单一的支护方式和传统的巷道支护理念，无法解决“小区域高应力富含带”的巷道支护难题；必须以多种支护手段相配合，以主动支护为主要方法的联合支护，来指导“小区域高应力富含带”的巷道支护全过程，保证巷道支护减少反复修复状况。

必须从设计着手。正确区分正常条件和“小区域高应力富含带”巷道矿压显现的不同特点，对处于“小区域高应力富含带”的巷道，必须从巷道断面设计、支护设计入手，根据围岩状况和巷道服务的要求，科学地做好设计工作。

对于“小区域高应力富含带”，还应在支护工艺、支护工序与支护措施上予以全面重视，形成一整套的完善的支护工艺和措施。

2. 工程上的正确判别

（1）“小区域高应力富含带”的高位势能区，对于矿井来讲只是局部的，深部矿井构造带、应力集中区域和软弱岩层在整个矿井中所占比例还是较少的。

（2）富含原应力的“小区域高应力富含带”，从矿井地质资料、开采布局、矿井实际过程的类比和巷道实际揭露的围岩状况可以明显判别。

（3）“小区域高应力富含带”的高应力与后期采矿工程，即采煤、掘进过程造成的采动压力及要求服务矿井生产过程中的需求造成的（巷道位置、巷道断面和巷道反复遭受动力影响）巷道压力显现是有区别的。

3. 整个矿井建设布局的谋划

（1）在服务于安全生产整个大局的状况下全面、认真地统筹考虑采煤工作面和巷道布置。

（2）有利于巷道设计，为巷道选择合适的层位、巷道与采煤工作面、巷道与相邻巷道之间的布置提供参考。

（3）根据安全生产需要和服务年限选取合理的巷道断面尺寸。

（4）从巷道服务功能要求和年限决定初次支护成本的投入。

4. 支护设计的优化

（1）以达到主动支护技术为设计理念，设计各支护单元必须最大地达到容错为主，有利于各支护单元工程服务过程中不断恢复工作阻力。

（2）多支护单元容错技术的各支护单元，应能满足对地段不同、方向变异和不同时段的复杂应力的承载力。

（3）各支护单元应具有适时补强达到恢复工作阻力的支护技术条件，有利于达到“小区域高应力富含带”的长期来压和非对称应力状态的有效承载能力。

5. 支护关键技术

（1）新支护理念，在“新奥法”的理论基础上做出跨越式的提升。“新奥法”是把围岩作为承载体的一部分进行保护，而我们把围岩视为支护主体结构的重要组成部分，对其岩体强度进行不断提升、围岩力学状态进行调整，达到不断提升自身强度的同时，又为各支护单元提供稳定的着力体和承载依托体的目的。

（2）以混凝土喷层与钢丝绳组成的强韧封层、多层次锚杆、注浆的实体支护单元结构作为支护体系中的框架，以预控、置换、卸压和监测监控指导下的动态稳压留压注浆技术为主导，使各支护单元承载能力恢复和提高。

（3）监测监控技术和监测监控的数据，在主动支护体系中起到指导和把握主动恢复工作阻力的关键主导作用，而不仅仅是为以后设计提供依据的作用，提升了监测监控在支护体系中的地位和重要性。

（4）针对凸显的“小区域高应力富含带”复杂多变应力，着力在应用应力弱化、传递方向变化和平衡技术，来探讨和减轻支护单元的承载压力。

（5）运用多支护单元容错，使得支护单元各自优势实现最佳契合，充分发挥和提升各自的不同承载优势，同时达到相得益彰的提升支护圈体的承载能力技术充分发挥。

（三）“小区域高应力富含带”支护的主要原则

1. 树立正确的支护理念

（1）改变强对抗、强支护的理念。“小区域高应力富含带”因其应力大、持续时间长、复杂多变，以往的钢金属架棚、超高强锚杆、密集锚索等强支护方式已经不能适应，必须研究开发新的支护方式、支护结构和支护工艺。从巷道初始支护开始，即采用具有柔韧、动态和多支护单元容错特点的新一代支护方式，不仅易于巷道的长期动态维护，而且减少人力、物力和材料浪费。

（2）建立长期支护、动态支护的理念。“小区域高应力富含带”的支护绝不是一蹴而就的，持续多变的高应力不断作用于支护体，支护体的稳定性只能是相对的。必须对支护体长期监测监控，及时采取恢复工作阻力的掌控措施。

2. 支护的主要原则

1）把围岩作为支护体的原则

在以不断提升围岩自身强度基础上，把巷道开掘后松动的围岩圈从加载体变为真正的承载体，成为支护体的一个单元，这是实现主动支护的核心理念和原则所在。

2）以多种技术手段实现主动动态支护技术容错的原则

（1）稳压注浆技术。对围岩注入带压浆液，使其充分胶结，并维持一定压力，增强其抵御外力能力。

（2）多层次锚杆技术。多层次锚杆置入岩体内，增加围岩密度，改善围岩力学状态。采用多层次注浆锚杆不同深度地置入围岩中，每层注浆锚杆外端悬挂相互连接的钢丝绳并喷施混凝土组成多喷层封层。多层次锚杆与多喷层封层相匹配，每个喷层与各自的锚杆相组合。

多层次锚杆使单位岩体内的锚杆组合量密度加大，经多次注入带压浆液使之充分胶结，新的组合体以锚杆和胶结基质围岩为主体，可进一步克服围岩抗拉和抗剪强度低的状况，把原来非均质、非连续、各向异性的岩石群体构建成均质、同性和连续的高强度新型岩体，提高支护效果。

（3）软岩置换技术。根据“小区域高应力富含带”的特点，构造复杂区巷道围岩是天然条件下赋存的岩石群体，具有非均质层状赋存、非连续体和受力的各向异性。在复杂应力状态下这些特性造成岩体的破碎、变形、流变，对巷道支护压力极大。

采取合理置换技术，把其中极软岩、裂隙丰富的岩石和在外力作用下松动的岩石等软弱部分用喷施混凝土予以置换，配合后序的锚杆和注浆技术，把围岩体构建成抗压、抗拉和抗剪强度都得以极大提升的均质、同性、连续的支护群体。

（4）激隙技术。通过人工挖掘和爆破震动等方式，激发围岩内的裂隙，为浆液流动提供通道，使注浆效果更充分。锚注支护技术的中心环节就是通过向围岩裂隙中注入能胶结破碎岩石的浆液，实现对围岩体的补强，因而在实践中岩石的裂隙和解理面被激发的效果越好，围岩的胶结强度就会越高。

（5）自封、自固、内自闭、控压注浆锚杆：对传统注浆导管进行改进，使其具备自行安装固定、自动密闭、注浆自动留压的功能。简化普通注浆锚杆繁杂的施工工序，节约锚固剂和闭合闸阀，解决普通注浆锚杆难以留压、稳压的关键技术难题，保证恢复工作阻力的支护效果。

3）抗让结合的原则

抗：设计的第一支护单元，必须在巷道初期有足够的抗压强度和具有较大让压的弹韧性支护层，以达到保证安全和后续各支护单元有效通畅进行的效果。

让：“小区域高应力富含带”巷道支护断面变形几乎是不可避免的，对此要充分认识。实践中，我们采取预留巷道变形空间的措施，即根据巷道设计断面规格，扩大断面开挖范围，提前留出围岩扩展变形空间，我们把这种技术称为预控技术。

预控技术是针对流变和膨胀性较大的软弱岩、煤体巷道的实际，依据巷道功能要求设计的断面规格进行拓展，预先留出一定空间，以在二次应力场形成平衡状态时能保持设计断面规格。在围岩初步形成二次应力场平衡状态期间，必然会发生大量的收敛变形，如提前预留一定空间，使围岩压力在实施二次支护措施之前就得以释放，达到在我们掌控范围内允许断面有一定变形量，而又不小于巷道实际需要使用断面的目的。

4）及时卸压的原则

“小区域高应力富含带”内积聚的高应力，将对巷道支护产生剧烈的破坏。较大限度地把围岩体内的应力予以释放，降低巷道周边的应力，因此采取人为的卸压手段，是主动支护的关键技术。

在巷道和硐室底角，采取人工开挖和爆破震动开挖卸压槽卸压（图 2-2-16、图 2-2-17），就是针对松软岩体的裂隙和解理面发育不完全，采取相应措施增大围岩中的弱面而提高其空隙率。岩体内部应力的传递需要一定的路径，而岩体内的裂隙，正是应力流经的途径，相应的裂隙越丰富，应力丧失得就越快，从而达到释放围岩内部应力和提高注浆胶结范围，稳定围岩的目的。

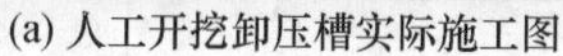
(a) 人工开挖卸压槽实际施工图

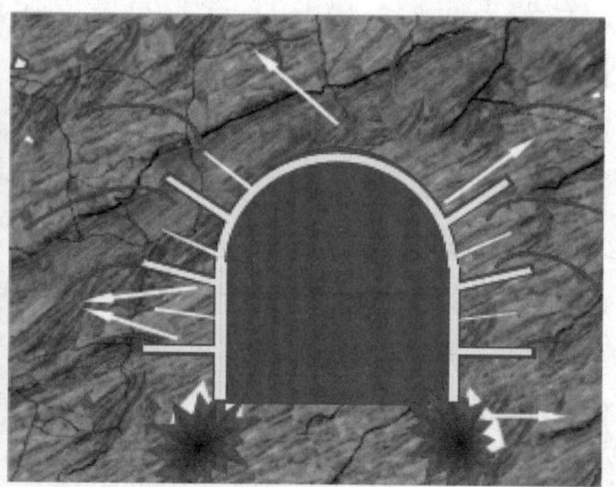

(b) 底角爆破震动开挖卸压槽

图 2-2-16 人工开挖和爆破震动开挖卸压槽卸压

图 2-2-17 卸压槽开挖情况

5）重视底部处理的原则

“小区域高应力富含带”底鼓现象特别严重，这是巷道的断面形状决定的。上部抵御力强，各种应力选择薄弱的底部突破。特别是两个底角，位于应力传递的交汇点，产生尖角效应。因此，底部要采取特殊处理深挖底角，对底部特别是底角的软弱岩用喷射的混凝土予以置换，加强底角卸压槽的开挖，解除矢量受力方向，卸压槽喷浆浇筑后又是强力支撑和抵抗后期、阻断后期矢量的强大支撑带，同时阻断高位势能不断传递水平应力，消除水平应力造成的挤压两帮和底板，从而大大降低底鼓危害的发生，保持巷道支护的长期稳定。在巷道支护时开挖卸压槽，为围岩的破碎变形预留一定的释放空间，使其成为一个柔性层。

6）适时补强的原则

“小区域高应力富含带”应力具有来压强度大、持续时间长、非对称、非均衡等复杂特点，巷道支护完成后，仍然会发生多次变形，因此，要在监测监控的基础上，针对巷道变形，适时地进行动态注浆补强。

7）重视支护工艺的原则

支护施工措施和施工工艺的正确选择，是实现支护方案的保证。针对“小区域高应力富含带”，以下工艺准则应引起高度重视：

（1）针对高应力、极其软弱围岩采取短段掘进和短段支护相结合，以保证支护的稳定，给平行作业留有充分空间。

（2）软弱、破碎和流变的围岩体施工，应采取先上后下的原则（即先上半圆拱，后下半部墙的掘进和支护方法）。大断面可以采取半边掘出毛断面，半边及时支护，甚至采取以点到块，不断扩大的支护方式，控制垮冒、片帮带来不必要的安全隐患。

（3）对于极其软弱、破碎和流变含水岩层，应采取提前预注浆的方法进行施工，所有破碎带应该先分层次注浆，再进行掘进和支护。

（4）强韧喷层作为重要支护单元，应认真严格施工，确保质量，为后期各支护单元能够平行作业奠定基础，并且确保安全施工。

3. 支护结构

这种支护结构不仅仅是锚网喷、重型钢支架、混凝土浇灌等强强支护的直接叠加，也是统筹兼顾各支护单元的支护体和保证支护体充分发挥支护功能与不断恢复支护功能的技术手段相容错的支护体系。例如，在预控置换和强韧封层的基础上，采用多层次锚杆不同深度地置入围岩中，在监测监控的数据指导下，动态适时地注入带压浆液使之充分胶结，使支护圈体的各支护单元成为可持续补强并能够不断保持、恢复和提升工作阻力的支护圈体，以应对“小区域高应力富含带”环境下的围岩控制和支护结构稳定。

第三章　主动支护体系的关键技术

第一节　预　控　技　术

一、预控技术概念

预控技术是在新掘、修复巷道和硐室设计施工时，按照巷道设计断面规格和所在区域围岩受力状况，合理扩大其断面开挖范围，提前留出围岩扩展变形的空间。其力学原理是针对深部矿井复杂高应力状态下，既要给高应力留有释放空间和一定的围岩变形量，以提供各支护单元恢复工作阻力的空间，又要使预留这个尺寸不能大于各支护单元允许的屈服量，这样设计巷道施工预留掌控的毛断面，我们称之为预控技术。

二、采取预控技术的目的意义

对于新掘巷道或维修巷道，特别是处于复杂高应力区域软弱岩煤体中的巷道，即使采取了针对性的支护形式，其围岩变形仍不可避免。为使巷道发生可控变形后，仍不影响巷道的正常使用，在巷道设计之初，提前合理扩大其断面开挖范围，为以后各支护单元容错提供必要的空间。

困扰煤矿巷道支护最大的难题是大埋深、复杂构造、富含高应力、高承压水和采动压力下软弱岩煤体自身膨胀给巷道支护带来的压力，这些压力是由不同时间、力的大小及方向差异所形成的不等时不均匀的叠加压力组合形成的。正是在这种组合压力作用下，围岩初步形成二次应力场平衡状态期间，应力表现是极其强大的，必然会使巷道围岩发生快速收敛变形，巷道支护早期就会遭到反复破坏。

对流变和膨胀性极大的软弱岩煤体的巷道，按设计断面规格提前预留一定空间，使围岩内复杂叠加应力在实施各永久支护实施之前就得以释放，有利于各个支护单元的工作阻力形成、恢复和提升。这样，围岩在达到我们掌控范围内允许断面时既有一定变形量，而又不使巷道断面小于巷道实际需要断面的目的。

预控技术的提出，在巷道断面控制问题上是有一定异议的，一种理由认为，对于高应力区域，巷道支护破坏难免，反复修复是必然的。有人提出：“高强度、高规格和大断面”的“三高”，尽量把设计断面放大一些；同样也有人提出按照设计断面，支护强度“强强联合”一次到位控制围岩的移动变形，这样就可能在支护的环节出现一些薄弱之处，影响整个支护体系的稳定。

三、预控技术的实施

（一）预控断面尺寸的确定

预控技术并不是盲目随意扩大支护断面，预控支护断面取决于各支护单元材料和构件的极限强度，也就是预控尺寸和锚杆延伸长度、喷层的最大允许弯矩、强韧封层内的钢丝绳拉伸度以及注浆锚杆的注浆效果有很大关系。从另一个角度来讲，预控技术还有益于支护材料及支护结构发挥最大优势。

1. 预控尺寸取决于锚杆的最大变形量

在巷道支护过程中，由于流变和膨胀性极大的软弱岩煤体极易受到高地压及其他复杂应力影响，即使采取有针对性的支护形式，巷道变形仍不可避免。此时，由于巷道围岩内缩，锚杆必然发生延伸变形。事实上，锚杆支护一般要经历初锚、增阻、恒阻、降阻直至失效的过程（图2-3-1），随着围岩的变形，锚杆工作阻力以线性增长到最大值，锚杆进入理想塑性状态，并保持最大工作阻力。

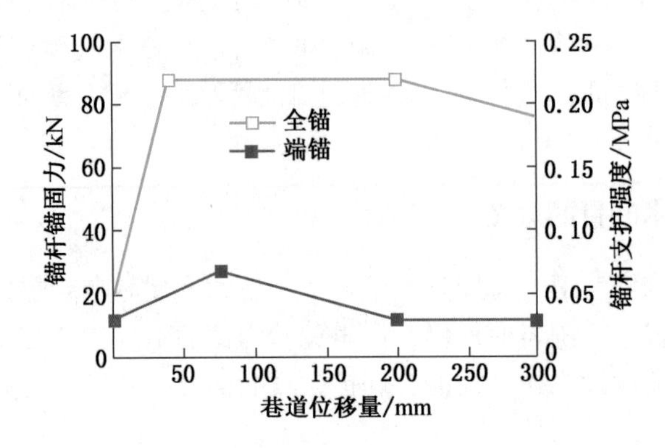

图2-3-1 锚杆锚固力与巷道位移量关系曲线

1）线弹性段

$$\Delta F = \min\{\Delta F'_{\mathrm{b}},\ \Delta F'_{\mathrm{c}}\}$$

2）理想塑性段

$$\frac{F_{\max}}{L} = S_{\mathrm{c}} + p' p_{\mathrm{c}} \tan\varphi$$

式中 L——锚杆的锚固长度，m；

S_c——锚固剂的最大剪切力，N/m；

p'——锚杆钻孔周边的压力，Pa；

φ——锚固剂剪切摩擦角，(°)；

p_c——锚杆钻孔的周长，m。

（1）增阻段，$k_{\mathrm{bomd}}^{1} = \min\left\{\frac{EA}{\Delta L},\ K_{\mathrm{bomd}}\right\}$。

（2）恒阻段，当锚杆达到屈服剪切强度时，其轴力取为 $F_{\max}$。

（3）损伤软化段（即降阻断）：

$$K_{bomd}^{D} = -\frac{F_{max} - F_{r}}{L(\xi_2 - \xi_1)}$$

式中　k_{bomd}^{1}、K_{bomd}^{D}——锚杆增阻速度和损伤软化速度，N/m/m；

ξ_1、ξ_2——锚杆开始损伤软化时和残余轴力时相应的变形量，m；

F_r——锚杆的残余轴力，N。

一般高强锚杆的延伸率不低于15%，对于不同围岩性质、不同断面的巷道，根据需要控制支护承载圈的范围也不同，理论上我们采用的锚杆的长度也不一样。巷道断面越大、围岩越软弱复杂，需要控制的支护承载圈的范围也越大，同时锚杆及注浆锚杆的长度也越长。

锚杆的延伸量公式为

$$I = LK$$

式中　I——锚杆的最大延伸量（失效值）；

L——锚杆的长度；

K——锚杆延伸率15%（考虑到支护的安全系数最大取15%）。

比如对于断面宽度不大于4000 mm的巷道，根据需要控制的支护承载圈范围，我们选择直径ϕ22 mm×2000 mm的锚杆即可。

此时锚杆的最大延伸量为：2000×15%＝300 mm，其本质是锚杆延伸到300 mm就已经失效。因此，我们所需要的预控尺寸不能大于300 mm。又由于巷道断面较小，还要考虑到注浆锚杆的延伸率为7%～8%，为留有一定的安全系数范围，设计的巷道两帮与顶底板的预留变形量空间均控制在300 mm。

2. 预控尺寸还取决于喷层的最大允许弯矩以及钢丝绳的拉伸度

喷射混凝土具有可以改善荷载分布不均和降低支护层内弯矩值的作用。这是由于喷射混凝土能与周围岩体紧密黏结，使得在它们的接触面上既能承受径向荷载，也能承受切向荷载。

通过高速喷射，使水泥与骨料反复连续撞击、压密，使之具有较高的强度和耐久性，特别是抗压强度高，可达20 MPa，实验证明，一层50 mm的薄混凝土就已有相当大的阻止岩石垮落的能力，使用加厚喷层的混凝土支护作用可想而知（喷一层150 mm厚的混凝土，能承受450 kN/m^{2}的载荷）。由于混凝土的喷射速度较高，能充分充填围岩的裂隙、节理和凹穴的岩面，大大地提高了围岩的强度，因此具有很好的充填作用；高速喷射的混凝土具有很高的黏结力和强度，能在结合面上传递各种应力，因而使混凝土层和围岩形成了共同作用的统一体，因此具有把岩石载荷转换为岩石承载结构的作用。

巷道来压时，在强大的各种外部复杂压力作用下，柔性支护喷层及周边围岩必然向着巷道内侧收敛变形，因巷道喷层有较高的强度及柔韧性，在削弱围岩应力的同时，肯定会产生一定的变形；同时由于封层具有很强的柔韧性，能缓释并吸收一部分能量（应力）。当外来压力和支护抗力处于平衡状态时，巷道围岩的变形区域稳定，同时围岩的压力以及支护喷层储存的压力向围岩深部转移，巷道趋于稳定。

预控尺寸的大小还与后续的强韧封层支护单元喷层最大允许弯矩及钢丝绳的拉伸度有密切关系，预控的尺寸要大于喷层最大允许弯矩及钢丝绳的拉伸度，在巷道使用过程中，即使巷道发生可控内的变形，但仍不影响巷道的正常使用。强韧封层相当于一个钢丝绳混凝土平板，其作用就是将锚杆的“点力”转化为“面力”作用于整个支护体。

后续的强韧封层支护单元喷层的厚度远远小于巷道的长度及宽度，喷层必须工作在弹性状态，不能进入塑性状态，否则巷道就有失稳的危险。在这种情况下，载荷引起的薄板弯应力是主要应力，对于强韧封层来说，混凝土的抗压强度较大，主要承受压应力，而钢丝绳韧性较强，主要承受拉应力。喷层正应力与弯矩的关系式如下：

$$\begin{cases} \sigma_x = \dfrac{12M_X}{t^3} z \\ \sigma_y = \dfrac{12M_y}{t^3} z \end{cases}$$

在薄板小扰度弯曲中，弯应力在板的平面内随 x、y 的变化主要取决于扰度 ω，求出 ω 则可知应力分布。

钢丝绳具有抗拉强度高和韧性好的特点，特别是具有良好的可挠性，钢丝绳在受力伸长时分为结构性伸长和弹性伸长，结构性伸长也称为永久伸长，伴随着结构性伸长，钢丝绳工作阻力下降，这是我们在预控技术中需要考虑的问题。

绳的可挠性可用绳的韧性系数 K_r 表示：

$$K_r = \frac{D}{\delta_{max}}$$

式中　D——钢丝绳直径，mm；

δ_{max}——绳中除中心丝外，最初钢丝直径，mm。

根据相关实验，普通混凝土喷层，在挠曲值仅达 0.5～0.8 mm 时就出现小裂纹，1.0～1.5 mm 就出现明显裂纹，达到 1.5～2.0 mm 后，表面就完全破坏。可是，使用以钢丝绳为筋骨的混凝土喷层时，在同样压力情况下却没有发生任何裂纹和破坏，而在约 1250 mm 长度的中心部位最终挠曲值竟可达 30 mm。

此时支护喷层变形的空间尺寸，也就是支护结构发生变形但又不至于使支护结构丧失性能的空间尺寸，要小于我们设计预控尺寸。换句话说，我们设计的预控尺寸，要大于围岩初次变形的空间。因此，在利用预控技术设计预控尺寸时，封层的厚度及钢丝绳的拉伸度不可忽视。

3. 预控尺寸还要考虑注浆效果

浅表围岩在深部围岩应力作用下，在遭到了破坏膨胀（其尺寸小于预控空间）的同时，也拓展了裂隙与节理面。通常膨胀占围岩变形量的 85%～90%，裂隙的拓展占 10%～15%，而这就为注浆提供了路径，达到了提高注浆量、提升围岩质量的效果。

（二）预控技术具体实施方式

根据以上分析、计算和实际实施过程中，基本上巷道实际开挖断面在设计断面的基础上扩大了 5%～8%（一般每边留有 150～200 mm 的围岩预变形空间，图 2-3-2、图 2-3-3），这个预控范围可根据围岩的性质进行适当调整。在开挖巷道的同时深挖底角，并对底角基础坑喷施混凝土予以置换，以阻断和缓释水平应力。

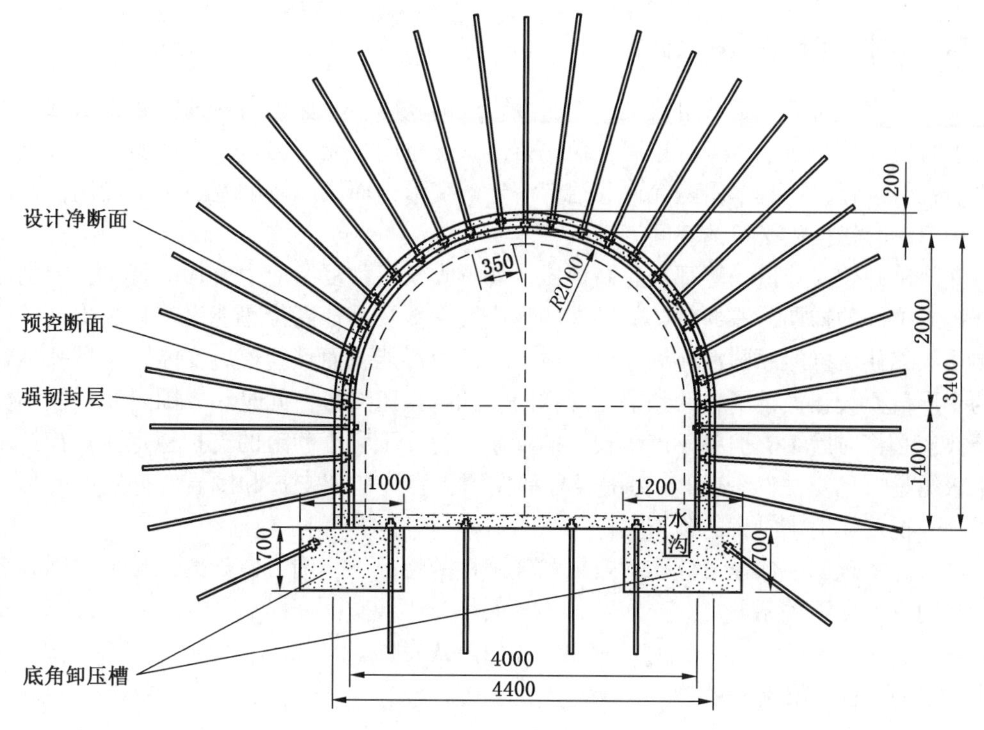

注：巷道净宽小于 4000 mm；两帮各留 150 mm；净高小于 3400 mm；高留出 150 mm

图 2-3-2　预控断面结构示意图（一）

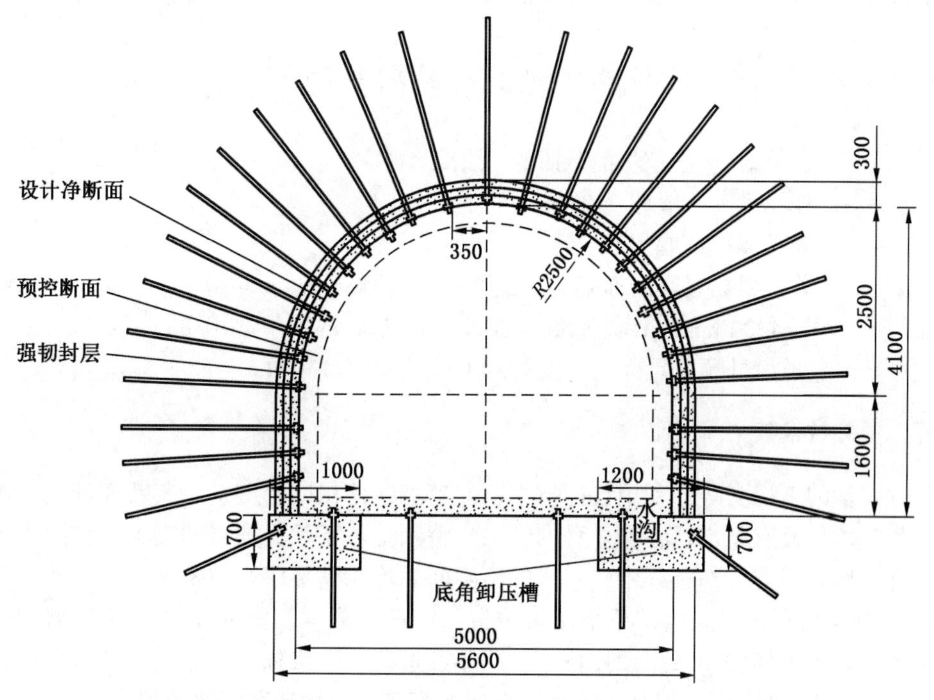

注：巷道净宽 5000 mm 即 5000 mm 以上；两帮各留 250 mm；净高小于 4100 mm；高留出 250 mm；中间增设一道 600 mm×800 mm 卸压槽

图 2-3-3　预控断面结构示意图（二）

四、预控技术理论与相关公式

预控技术其原理就是针对流变和膨胀性较大的软弱岩、煤体巷道的实际，依据巷道功能要求对设计的断面规格进行拓展，预先留出一定空间，能使围岩压力在实施二次支护措施之前就得以释放；其本质是允许巷道有一定的变形，而又不影响巷道正常使用，为以后各支护单元容错提供必要的空间。

深部矿井软岩巷道一般都具有高地压、变形大及各种复杂应力叠加的特点，特别在巷道开挖或扩修的初期，深部矿井的巨大的膨胀变形能及其他高位势能没有释放出来，所以必须采取先让后抗的原则，允许巷道释放一定的变形能，而且巷道应变能释放后基本稳定后的变形量要大致等于围岩的预留变形空间。如果预留变形空间过小，围岩变形能不能充分释放，必将对后续支护单元产生较大的膨胀压力，不利于巷道的支护稳定。预控技术其理论依据是“新奥法”，充分发挥围岩自承作用，容许初期支护和围岩有一定的变形，而将设计开挖线作适当扩大的预留量。

经研究发现，在保证最佳支护效果和经济性的情况下，围岩留设的预变形空间和巷道设计空间有着以下关系：

$$W = B(1 + K)$$

式中　W——巷道预控尺寸；

B——巷道设计尺寸；

K——系数，一般取 0.05~0.08。

系数 K 和围岩的性质及巷道周边围岩的应力状况有关，一般越难治理的巷道系数 K 取值越大。

巷道预控尺寸在满足上面公式的同时，还要满足下述公式：

$$C = Lk\mu$$

式中　C——巷道单边（左右两帮及顶部）预控尺寸；

L——锚杆长度，一般取 2400 mm；

k——锚杆延伸率，取 15%；

μ——系数，根据巷道断面确定，断面小于 4000 mm，μ 取 0.4；断面小于 4600 mm 大于 4000 mm，μ 取 0.55；断面大于 5000 mm，μ 取 0.83。

在对具体巷道设计预控尺寸时，需要对上述公式综合考量。

五、预控技术效果

通过大量的工程实践，利用预控技术，在巷道开挖初期合理扩大其断面开挖范围，对后续的各支护单元有序进行有着显著的效果。特别是对于软弱围岩的支护工作阻力达到疲劳点进行二次补强支护的过程中，巷道的实际断面均能满足使用的要求。

图 2-3-4 所示为平煤四矿原采用大护板，锚杆、锚索、钢网喷与重型 U 型钢联合等支护都遭到强烈破坏，而采用预控技术，四年经过两次注浆补强，巷道移变量没有超过巷道预控预留的 5% 的范围，保证了巷道长期服务于矿井运输通风安全使用。

预控技术是主动支护体系第一个支护环节，其采用主动支护理念，在新掘巷道和修复巷道围岩二次应力释放的过程中，并保证各支护单元材料构件有效变形范围内，而提前预

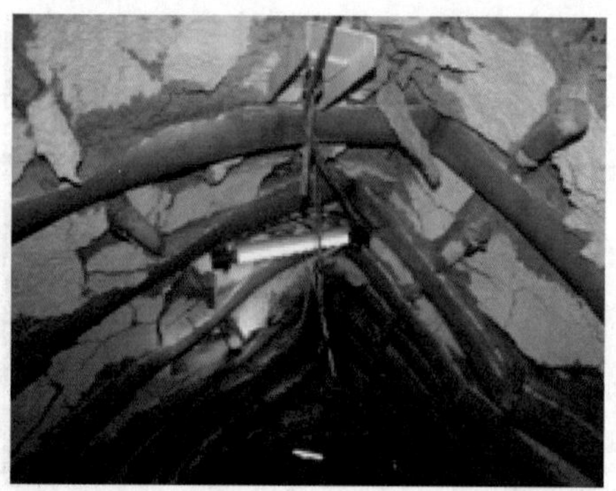

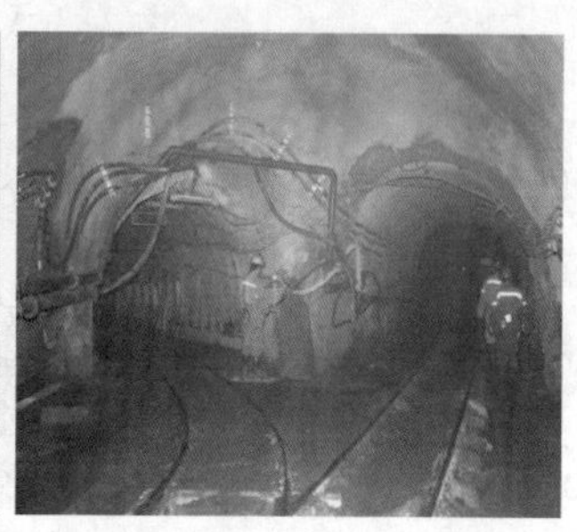

图 2-3-4　采用无预控刚性支护与预控锚注支护巷道效果图

留的一定变形空间。

预控支护技术在高应力软弱岩煤体和过断层围岩环境下的巷道支护的施工现场中，得以成功应用，保证了在时间和空间上，提供巷道各支护单元恢复工作阻力的尺寸和性能，动态和持续地达到对复杂应力状态下的围岩控制，满足了巷道和硐室服务矿井安全生产的顺畅使用。

第二节　合理置换技术

一、置换技术概念

合理置换就是采取针对性的措施，在第一支护单元的安全保障环境下，提前把巷道浅表围岩中部分极软岩、膨胀岩（图 2-3-5）及其外力作用下松动和流变的岩体，在巷道设计断面外，多挖掉一部分膨胀岩和松动流变的岩体，然后用喷射混凝土予以充填扩挖部分的方法和手段，称之为合理置换。

二、实施合理置换的目的意义

在深部矿井高应力构造复杂区，置换巷道围岩内的浅表部的极软岩、膨胀岩体，特别是将底角、底板的极软岩、膨胀岩及在外力作用下松动和流变的岩体部分清除，用喷射混凝土予以置换，置换部分含高岭土、蒙脱石、伊利石等矿物的极易遇水膨胀的岩石，可以较大地减缓膨胀岩浅表部和初期带来的膨胀压力。

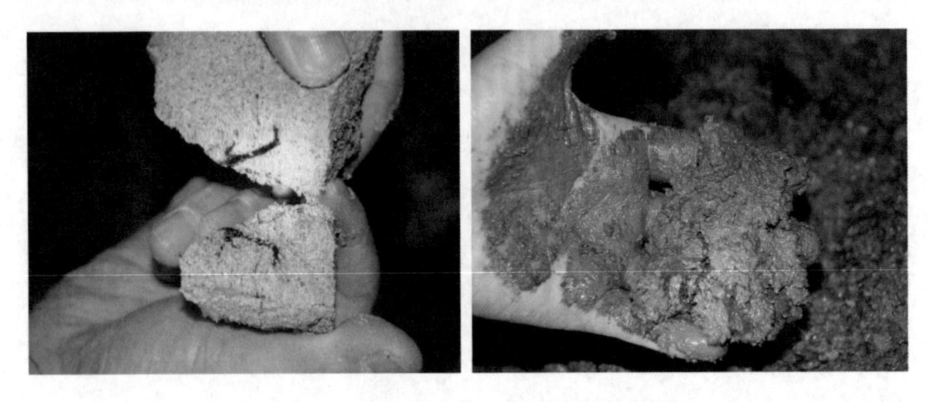

图 2-3-5　巷道部分围岩为极软岩和膨胀岩

置换一部分极软岩，即泥质胶结物、组织成熟度和结构成熟度低的岩石，有利于围岩的锚杆组合和注浆固化。

巷道两个底角，位于应力传递的交汇点、产生尖角效应的敏感区，是巷道围岩支护的立足点。因此，在开挖巷道时深挖底角软弱岩体，并对底角基础坑喷施混凝土予以置换，即以混凝土置换其中的不稳定软岩，使之成为支护的强基础，提高支护效果。

三、合理置换技术的实施

在实际操作中，将围岩表面特别是底角、底板的软弱部分清除，施以加固措施，防止岩石在岩体内应力发生变化时，成为释放能量的通道及膨胀的早期弱体。具体有以下置换方法。

1. 提前置换

根据地质资料提供的围岩状况，提前对巷道断面设计进行调整放大。如巷道通过膨胀岩较明显或在构造带中，断面应放大 10%～15%（在安全、效益许可条件下，只能是合理、限量放大），以有利于围岩移变后的再次补强。

2. 定位置换

针对巷道两个底角位置的软弱岩煤体作为重点置换，称之为定位置换（图 2-3-6）。

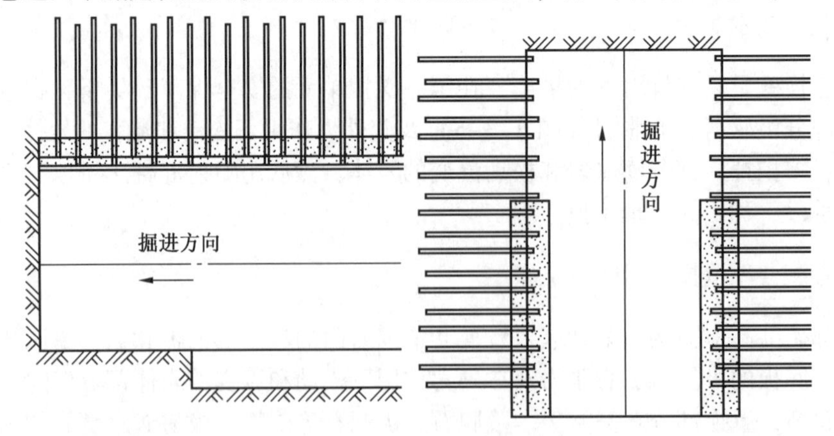

图 2-3-6　巷道两帮底角置换设计图

3. 针对性置换

针对巷道中的膨胀岩、软弱泥岩和破碎崩解岩体进行合理的置换（图 2-3-7、图 2-3-8）称为针对性置换。

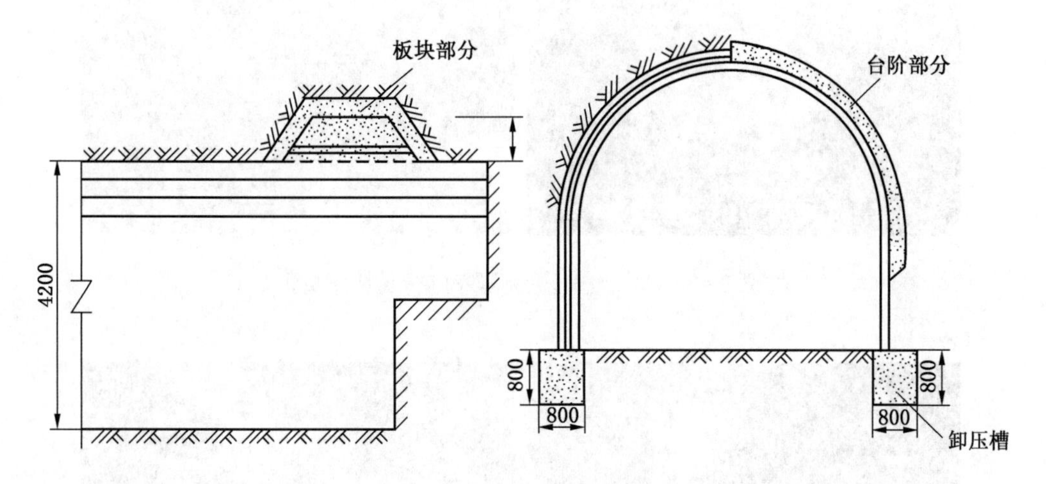

图 2-3-7　针对性置换设计图

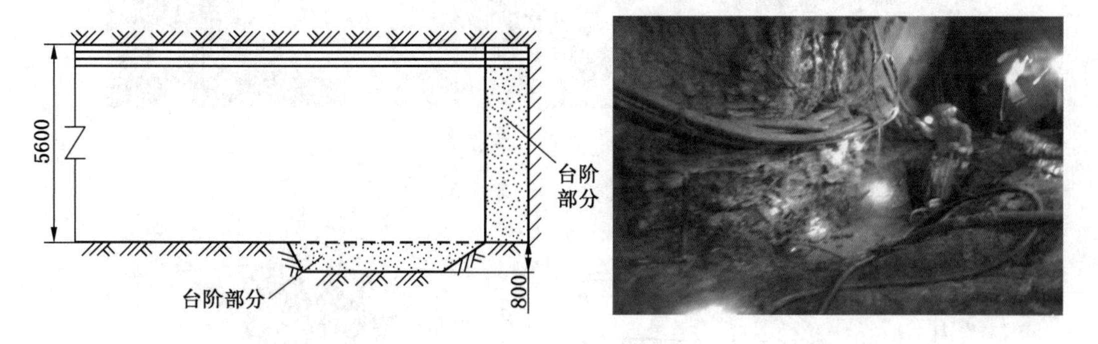

图 2-3-8　针对性置换在淮北矿业集团朱仙庄矿过断层施工图

4. 弛后置换

在深井高应力和构造应力强的区域，即应力松弛有一定的时间过程，过早地进行置换，效果会受到一定影响，可以在一层次支护进行后再进行置换，即弛后置换。

5. 动态置换

巷道全过程服务期间，在监测监控的基础上随时对局部影响安全的部分进行动态置换，通过合理置换后其浅表围岩的破碎速度和膨胀力有明显下降（图 2-3-9、图 2-3-10）。

四、合理置换的效果

通过对煤巷道内表层的变形程度和巷道内层的分离现象进行观测，分析巷道表层的变形程度和巷道内部的破坏程度，得出试验数据（图 2-3-11～图 2-3-14）。

图 2-3-9　巷道合理置换 岩石巷道现场施工图

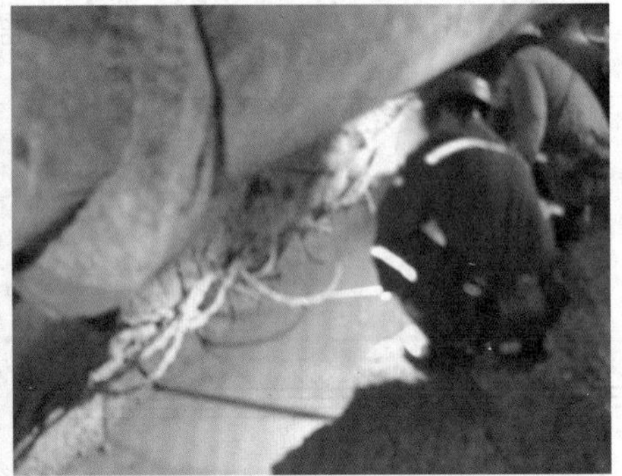

图 2-3-10　巷道合理置换 煤层巷道现场施工图

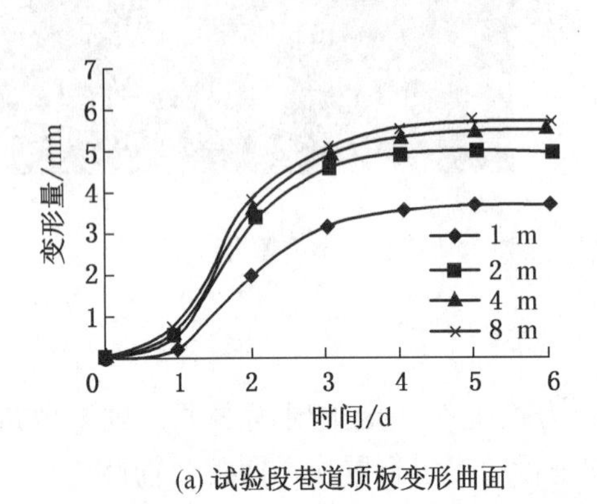

(a) 试验段巷道顶板变形曲面

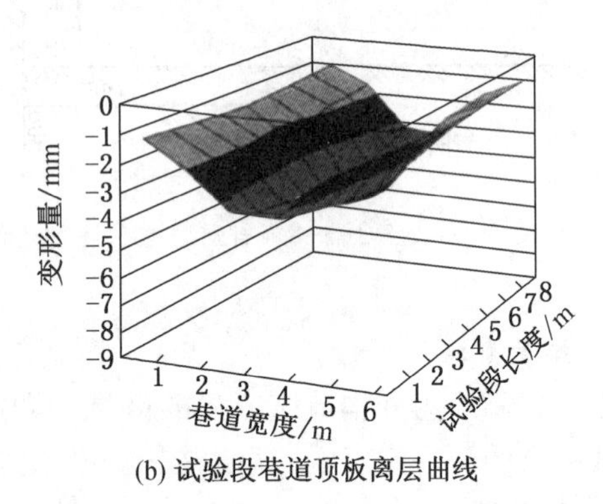

(b) 试验段巷道顶板离层曲线

图 2-3-11　试验段巷道顶板变形及离层曲线

五、合理置换的特点

（1）由于把破碎和泥化的岩石清理，有利于喷射混凝土附着在围岩表面，减少混凝土的回弹，提高喷浆效率。

（2）将围岩表面特别是底角、底板的软弱部分用喷射混凝土置换，防止岩石在岩体内应力发生变化时，成为释放能量的通道及膨胀的早期弱体。

图 2-3-12　淮北矿业集团公司朱仙庄矿二水平带式输送机大巷与联络巷交叉点置换的现场照片

图 2-3-13　置换的两帮底角效果图

图 2-3-14　整个交叉点底角置换后的总图

（3）清理和置换后的围岩表面稳定和平整，提高了混凝土喷层与围岩的密贴程度。

（4）去除破碎、变形、流变的软弱围岩，代之以喷射混凝土，提升了整个支护圈体的强度。

合理置换就是开挖巷道毛断面和第一层次支护后，在安全环境下，对于围岩表层中极易膨胀和破碎岩体，适当地加大清除范围（巷道设计毛断面以外的），尤其是巷道底板的极软岩、膨胀岩及在外力作用下松动和流变的岩体部分清除，及早地清除有利于对围岩变形的快速控制，同时达到有利于增强喷层与岩石表面密贴和喷层自身强度，提高第一支护单元承载的效果。

合理置换不是一个支护材料与结构的支护单元，但它是保证相关支护单元发挥支护能力的有效工作单元，是主动动态支护有力的支护技术单元之一。

第三节 快速、密实封闭软弱岩煤体技术

在巷道开拓或修复开挖后，为防止软弱岩煤体快速风化和流变，保证软弱岩煤体不冒落垮塌，必须快速用混凝土浆液，喷浆封闭周边岩煤体，混凝土喷浆层达到巷道支护初始支撑力，形成第一层次的巷道支护体，保证后续各支护单元施工的安全。快速封闭围岩，压密、强化围岩的技术称为快速、密实封闭软弱岩煤体技术。

在刚刚掘进工作面围岩形成的松动圈，存在着许多裂隙，把浅表围岩形成空悬和悬臂的危岩块，这些危岩块，在裂隙中土粒子流失的状况下（就是岩石掉落前的掉碴，顶板围岩的掉碴就是浅表岩块掉落或顶板冒落的征兆），就会首先坠落（我们称之为首石或冠石），首石的坠落，改变了整个围岩原来的结构状态，原空悬的岩块越来越松动，原来悬臂的岩块也因此增大了悬臂力量，围岩暂时形成的自然平衡拱遭到破坏，岩体相继折断与冒落，造成巷道顶板冒顶（图 2-3-15、图 2-3-16），并且范围越来越大，带来不安全工作环境，极大地影响对围岩的控制和施工进度。

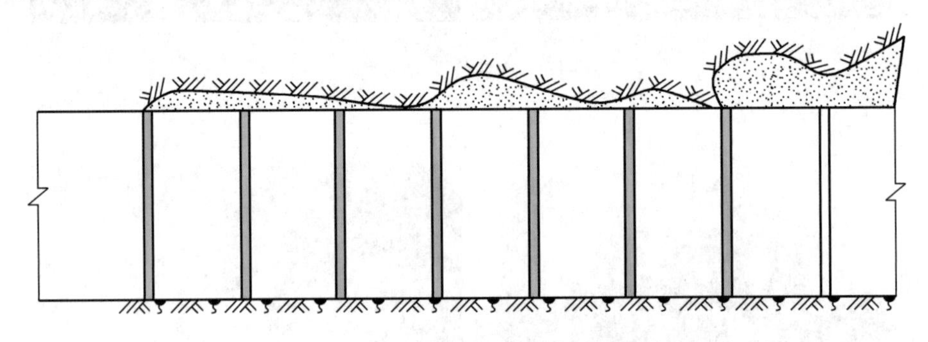

图 2-3-15 不密贴围岩形成巷道过程垮冒图

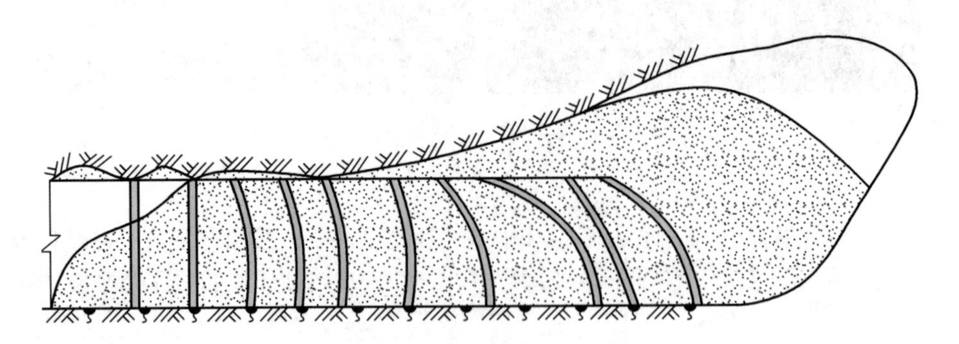

图 2-3-16 架棚垮冒分析

巷道开挖后，围岩由于爆破作用产生新的裂缝，加上原有地质构造上的裂缝，随时都有可能产生变形或塌落。喷射混凝土支护以较高的速度射向岩面可以很好地充填围岩的裂隙、节理和凹穴，大大提高了围岩的强度（提高围岩的黏聚力和内摩擦角）。同时喷锚支护起到了封闭围岩的作用，隔绝了水和空气同岩层的接触，使裂隙充填物不致软化、解体而使裂隙张开，导致围岩失去稳定。

一、混凝土喷层

（一）喷射混凝土作用机理

在巷道和硐室开挖以后，浅表围岩应力就会改变，其应力释放过程中对围岩带来破坏，及时喷浆可以最大限度地紧跟开挖作业面施工，在综掘机开掘（或爆破）断面后立即以喷射混凝土支护能有效地制止岩层变形的发展，因此可以利用开挖施工面的时空效应，阻止围岩进入松动的状态，并控制应力降低区的伸展而减轻支护的承载，以限制支护前的变形发展，增强了岩层的稳定性。实践证明喷射混凝土能与多数岩石表面甚至与黏结性极弱泥岩和煤层进行有效黏结，达到及早控制围岩变形的效果。

喷锚支护同围岩能全面黏结，这种黏结可以产生三种作用：

（1）连锁作用。即将被裂隙分割的岩块黏结在一起，若围岩的某块危岩活石发生滑移坠落，则引起临近岩块的连锁反应，相继丧失稳定，从而造成较大范围的冒顶或片帮。开巷后如能及时进行喷锚支护，喷锚支护的黏结力和抗剪强度是可以抵抗围岩的局部破坏，防止个别危岩活石滑移和坠落，从而保持围岩的稳定性。

（2）复合作用。即围岩与支护构成一个复合体（受力体系）共同支护围岩。喷锚支护可以提高围岩的稳定性和自身的支撑能力，同时与围岩形成一个共同工作的力学系统，具有把岩石荷载转化为岩石承载结构的作用，从根本上改变了支架消极承担的弱点。

（3）增加作用。开巷后及时进行喷锚支护，一方面将围岩表面的凹凸不平处填平，消除因岩面不平引起的应力集中现象，避免过大的应力集中所造成的围岩破坏；另一方面，使巷道周边围岩处于双方向受力状态，提高了围岩的黏结力 C 和内摩擦角，也就是提高了围岩的强度。混凝土具有较高的支护强度，即使一层薄薄的混凝土也具有相当大的阻止岩石垮落的能力，我们可以通过实验模型计算其承载能力。

喷射混凝土是将一定配比的水泥、砂子、石子和速凝剂的拌合物，通过混凝土喷射机，以较高的速度（30～120 m/s）喷射到岩石上，混凝土喷射后立即对围岩产生密封作用，在混凝土中加入速凝剂，水泥可在短时间内终凝，使混凝土很快与岩体成为一个整体，具有较高的强度和耐久性，特别是抗压强度高，可达 20 MPa，因此，可起到支撑地压的作用。

如图 2-3-17 所示，假设岩巷顶板上有一块锥形岩石，其底面积为 1 m^2，高 1 m，重约 1 t。用一层 3 cm 厚的喷射混凝土支护，其黏结强度和抗剪强度假设为 10 kg · f/cm^2，则其承载能力为 $4\times100\times3\times10=12000$ kg，为松散岩块重量的 12 倍。由于岩石的抗拉强度低，因此实际上必然可观察到常常存在着拱的作用。

较厚的混凝土层具有较大的起拱作用（直径为 10 m 的巷道，喷一层 15 cm 厚的混凝土，能承受 45 t/m^2 的载荷），将混凝土支护与锚杆、金属网等联合起来，支护效果更好。

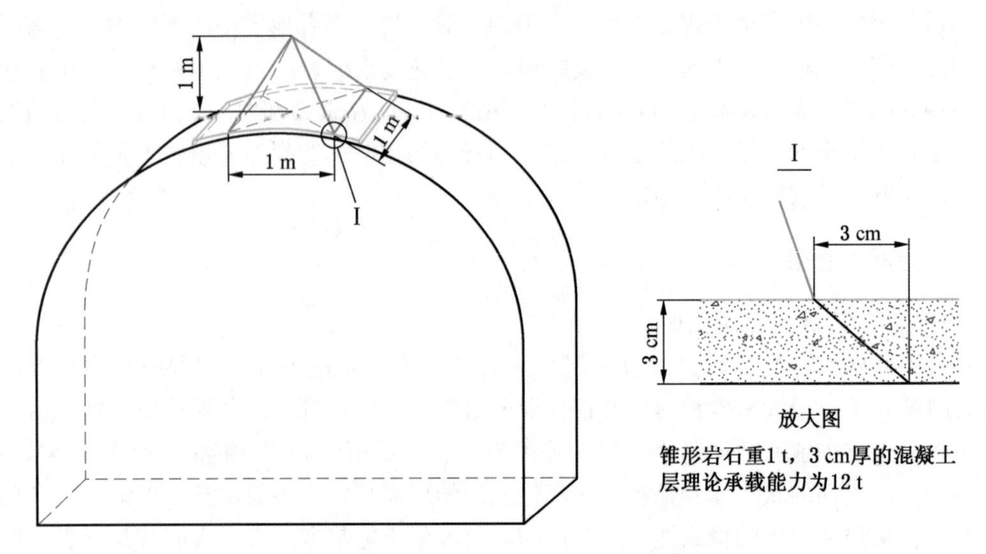

图 2-3-17　锥形岩石重 1 t，3 cm 厚的混凝土层理论承载能力为 12 t

（二）喷射混凝土的作用

在现场施工过程中，混凝土喷层的作用主要表现在以下几个方面：

（1）喷层直接黏结在岩层表面，形成防风化和阻止水的防护层，并能阻止节理裂隙中充填物的流失。

（2）由于混凝土的喷射速度较高，能充分充填围岩的裂隙、节理和凹穴的岩面，具有很好的充填作用，可提高围岩的强度；阻止不稳定块体的滑动。

（3）高速喷射的混凝土具有很高的黏结力和强度，能在结合面上传递各种应力，因而使混凝土层和围岩形成了共同作用的统一体，改变围岩表面的受力状态，具有把岩石载荷转换为岩石承载结构的作用。由于喷层能与围岩密贴和黏结，并能给围岩表面以抗力和剪力，就使围岩处于三向受力的有利状态，防止围岩强度恶化。

（4）在喷层具备了有效分配外力的作用后，通过喷层就可把外力传递给锚杆、网架等，使支护受力均匀。

（5）喷层紧跟掘进工作面，阻止围岩早期松动，实现及时的控顶支护，保证初期支护及时有效，为安全生产和快速掘进提供了较好的基础。

（6）补强作用，混凝土喷射入围岩张开的裂隙中，使得受裂隙分割的部分岩块黏结在一起，能保持和增大岩层的内摩擦力以利于阻止围岩的松动，并能避免和缓解围岩的应力集中。

（7）提高支护层的自身环向力从而强化锚喷组合拱，可使锚喷组合拱支撑力得以充分地发挥。

（8）通过喷层把错落不平的巷道表面轮廓喷成理想的成型支护层，以达到提高巷道支护承载能力的效果。

（9）由于混凝土喷层表面平整光滑有利于降低风阻；混凝土具有不受水的弱化和阻燃性，因此有利于减少水、火等自然灾害的扩大。

（三）喷混凝土喷层必须满足的条件

为确保喷混凝土喷层的支护效果，喷混凝土喷层必须满足以下条件：

（1）及时。初次喷射要及时，用喷混凝土初期强度的出现控制围岩的风化、松弛和掉落。

（2）分次（层）。分几次喷射，刚刚掘出巷道断面就进行喷浆叫初喷（保证喷层与围岩的密贴）；在初喷的基础上，打第一层次锚杆；再进行二次喷浆，直至混凝土喷层达到设计的喷层支护能力。

（3）与围岩表面密贴。在喷浆时充分掌握好喷射的混凝土速度、与岩面的角度和水灰比；牢固地密贴是确保喷混凝土支护发挥作用和后续的支护单元顺利施工的关键。

（4）密实。使混凝土喷层自身达到密实的支护体，在混凝土喷层内的钢丝网的眼孔密度不能太小（应大于200 mm）。

以上是发挥喷混凝土喷层支护作用的关键，也是喷混凝土施工中不容忽视的要点。

（四）混凝土喷层的支护作用

1. 非力学作用

非力学作用是指混凝土喷层在巷道工程开挖围岩破坏后的封堵承载作用。混凝土喷层喷射到被覆开挖围岩表面，防止围岩因与空气和水接触而劣化、软化和土粒子流失，阻止了围岩浅部不断膨胀和裂隙的不断拓展破碎，保证浅表围岩的稳定性（图2-3-18~图2-3-20）。

图2-3-18　喷层对围岩的密贴和强固

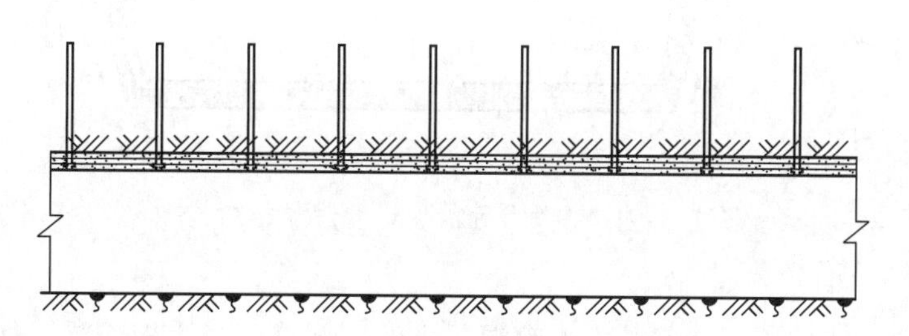

图2-3-19　喷层与锚杆联合固化围岩

2. 喷层面对围岩的二次压力场形成过程的组合功能

当巷道开挖后，围岩除开挖动力作用下形成的破裂和不平衡，更重要的是围岩原自然应力在巷道开挖后会形成新的应力场；混凝土喷层与围岩的附着（密贴）形成的附着力和喷层自身强度，形成了抗压和抗剪阻力。

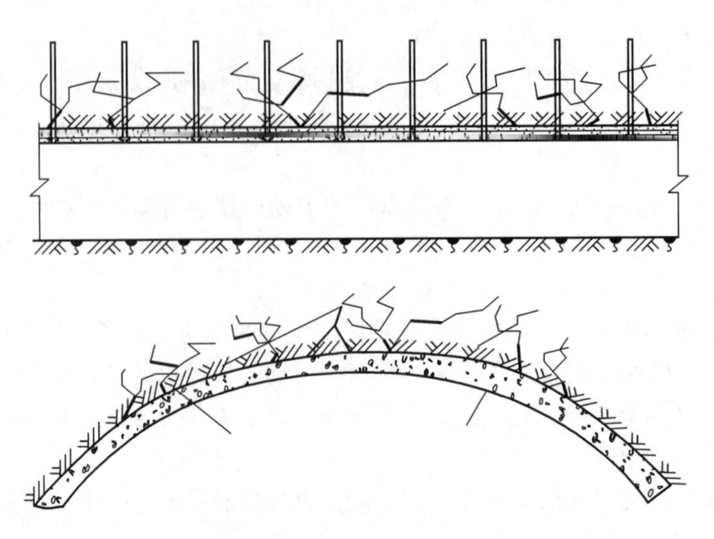

图 2-3-20　锚杆与注浆加固围岩

在喷混凝土和周边围岩的接触（附着）面上，发生如图 2-3-21 所示的抵抗剥离的附着力和沿接触面的剪切阻力，这是喷混凝土发挥支护作用的主要因素之一。喷混凝土中的轴力，是由喷混凝土与围岩界面的剪切阻力（S）支持的。在此界面上剪力以切向应力传递到围岩，这有助于围岩内形成拱状的压应力带。

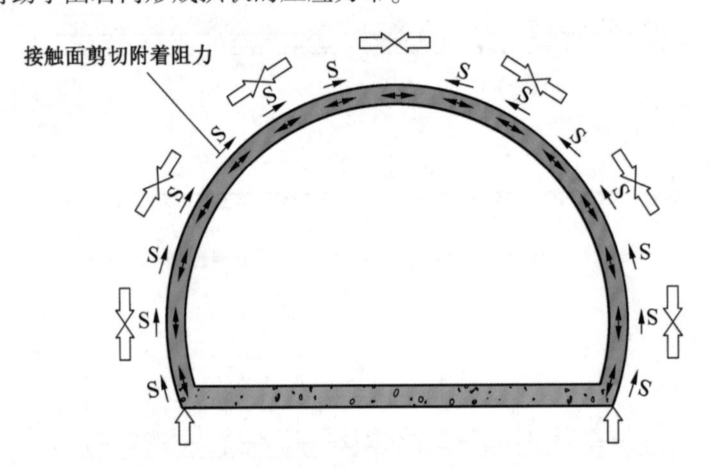

图 2-3-21　围岩界面的剪切阻力的支护效果

对浮石和块体或偏压等局部外力，喷混凝土的一部分可视为板或梁。如与围岩的附着不良和喷混凝土剥离的支点间隔变长就易产生较大的弯曲应力（图 2-3-22）。

3. 及时喷射，初期强度出现早及早期闭合形成的结构支护作用

这是发挥喷混凝土支护作用的另一个主要因素。应该指出，及时喷射、初期强度出现早和早期闭合是喷混凝土支护发挥力学作用的关键所在。

由于混凝土的及时喷射形成一定厚度的喷层，再加上喷混凝土初期强度高，因而喷层可视为拱形结构，用其轴压力支持外力，即所谓的支护反力（或支护阻力），控制围岩的

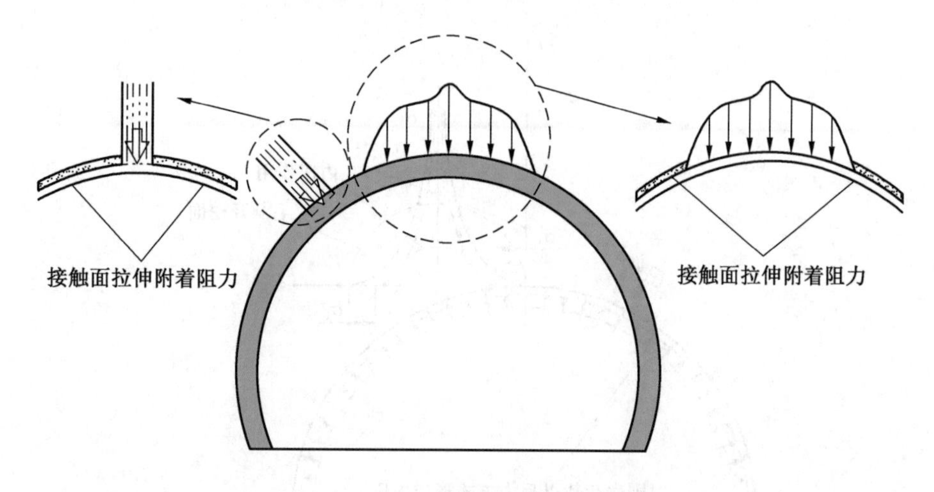

图 2-3-22　围岩界面附着的支护效果

变形和松弛（图 2-3-23）。围岩在此支护反力的作用下（图 2-3-24），使喷混凝土背后附近的围岩应力状态从一维状态变成三维状态，隧道的稳定性也随之增加。这也是当前研究喷混凝土支护作用的基本的计算模式。

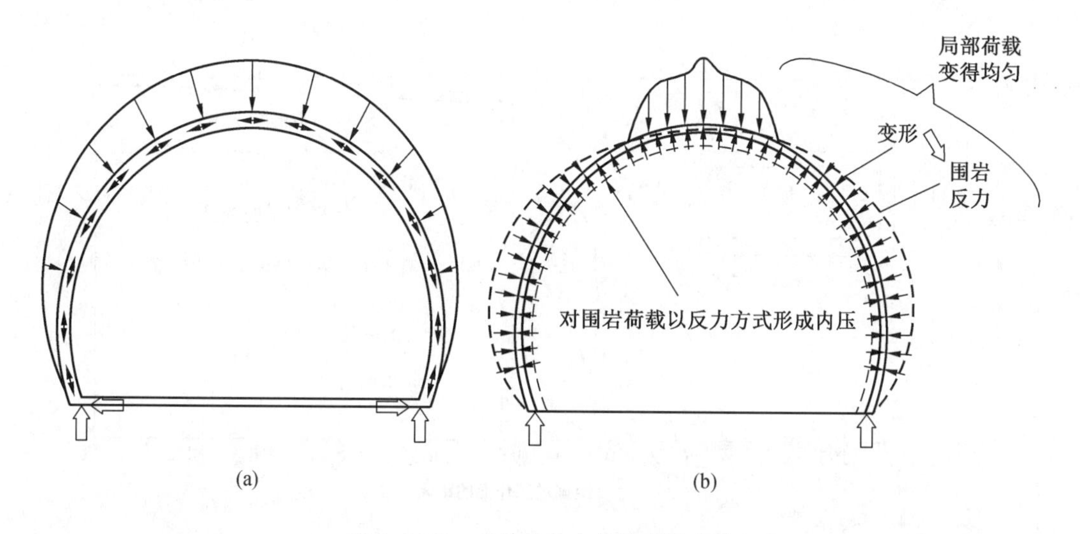

图 2-3-23　拱结构的支护效果模式图

图 2-3-25 所示为采用有限单元法分析施设时期和支护刚性对控制围岩变形的一个分析结果。图 2-3-25 说明：喷混凝土时间越早，对控制变形越有利；喷混凝土初期刚性越大，对控制初期变形速度越有利。

4. 外力分配效果

喷混凝土有使外力和围岩及喷混凝土的应力沿巷道径向和切向分散的效果。巷道切向应力分布如图 2-3-26 所示。

此时，有以下情况可能发生：

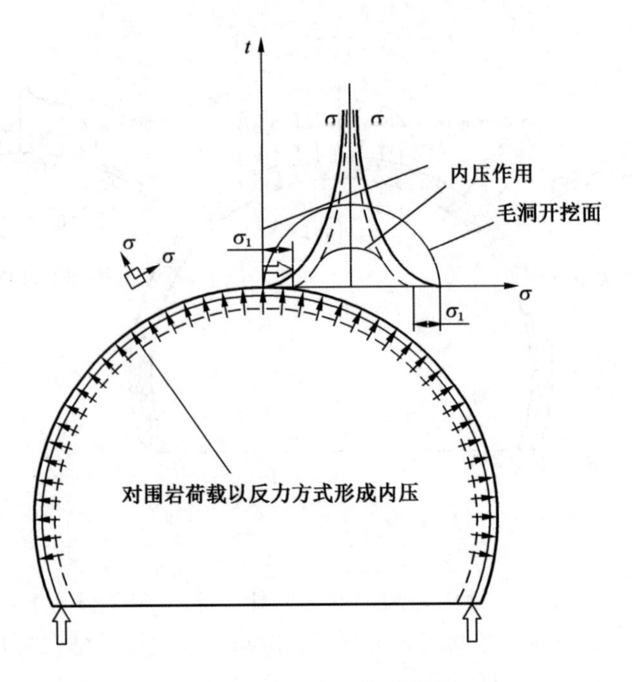

图 2-3-24 内压效果模式

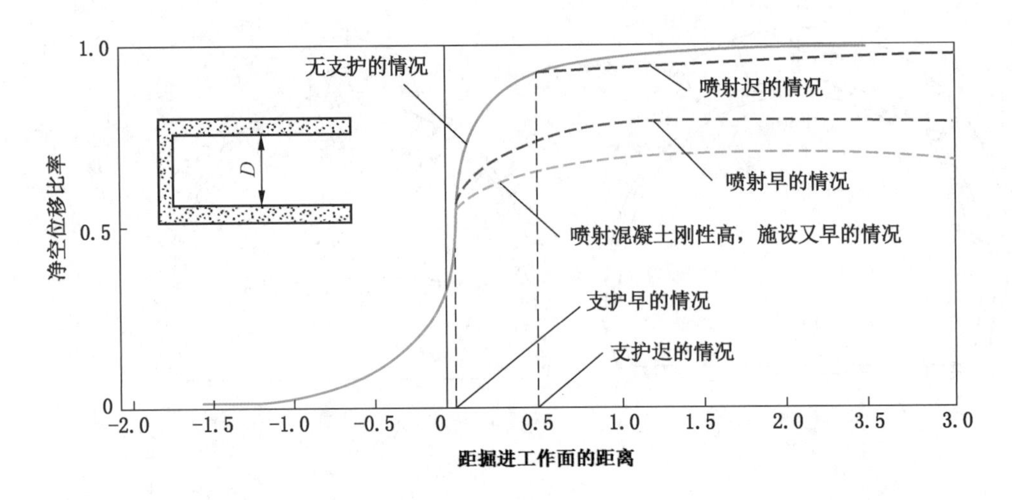

图 2-3-25 解析结果概念图

（1）在喷混凝土和围岩中产生应力集中。

（2）喷混凝土易于剥离、剥落。

（3）喷混凝土产生弯曲应力等。

在凹部用喷混凝土充填使之圆顺，也同时使喷混凝土和围岩的切向应力分布圆顺。因此，为保证喷混凝土的支护效果，喷射面的事前处理也是很重要的。

局部配置的锚杆和钢支撑等支持效果扩大到面状范围，有局部荷载和偏压时，也分散支持到面状范围。巷道径向应力分布如图 2-3-27 所示。

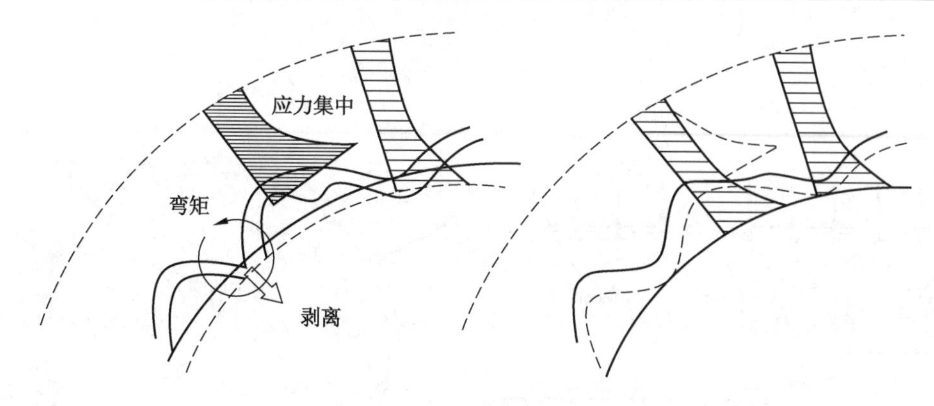

图 2-3-26　切向应力分布图

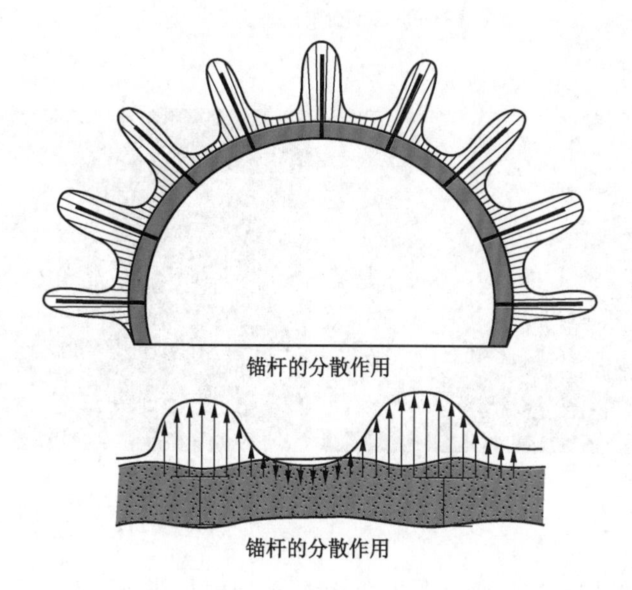

图 2-3-27　钢支撑等约束力的分散

5. 正面喷射喷混凝土的约束效果

正面喷射混凝土（图 2-3-28）适用于掘进工作面过断层破碎带或易产生崩落和掉块的裂隙发育和膨胀性巷道的围岩。在大断面巷道施工中，从三维空间效应出发，为了控制掘进工作面的挤压和松弛造成的片落，在开挖过后喷射 3~10 cm 的混凝土覆盖掘进工作面的正面，抑制发生的位移松弛和浮石，防止造成掘进工作面的超前冒落。

其次，巷道开挖后，希望能在“最短的”时间内，控制住围岩的松弛或变形。因此要求以“最快的”速度向围岩喷射混凝土。

喷混凝土的强度是随时间增大的，要其发挥支护作用，就必须让喷混凝土在“短时间”内达到一定的强度。也就是说，喷混凝土必须具备在短时间内达到一定强度的性能，就是所谓的“初期强度”。

喷混凝土只有在充分考虑其附着性、初期强度和结构作用的条件下，才能充分发挥其支护作用（图 2-3-29）。

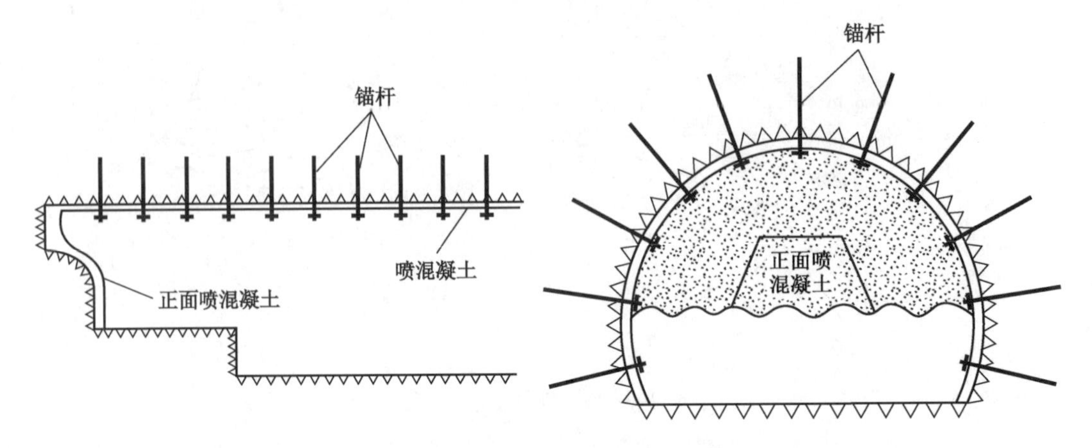

图 2-3-28　正面喷射的施工示意图

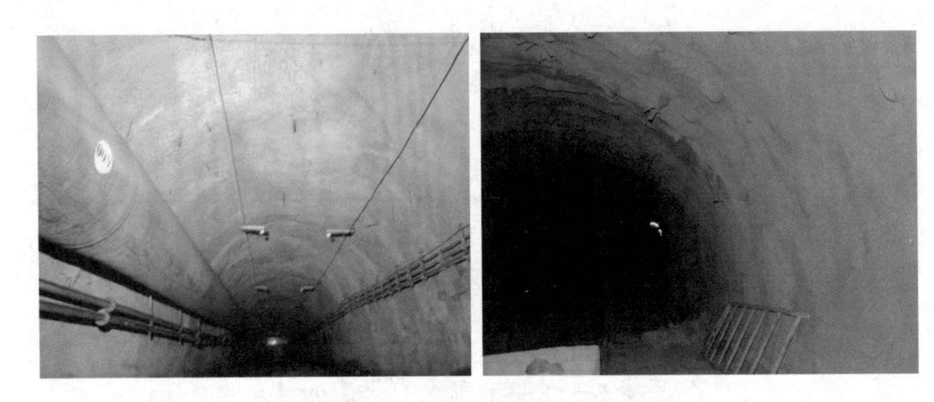

图 2-3-29　严格按照规范喷层的效果

出现上述图中喷层破坏状况（图 2-3-30）的原因是在设计上没有充分对喷层做出规范的设计要求：在作业规程中，喷层都设计为锚、网和喷联合在一起；规范锚杆的要求比较全面；对于喷层仅仅是强调配比和厚度；其他方面规范要求就不明确。

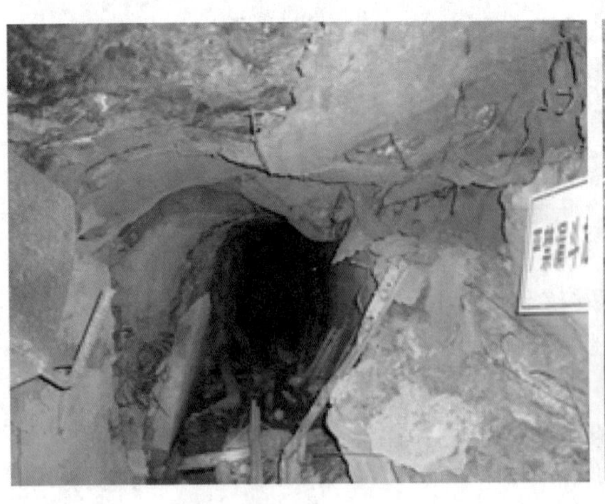

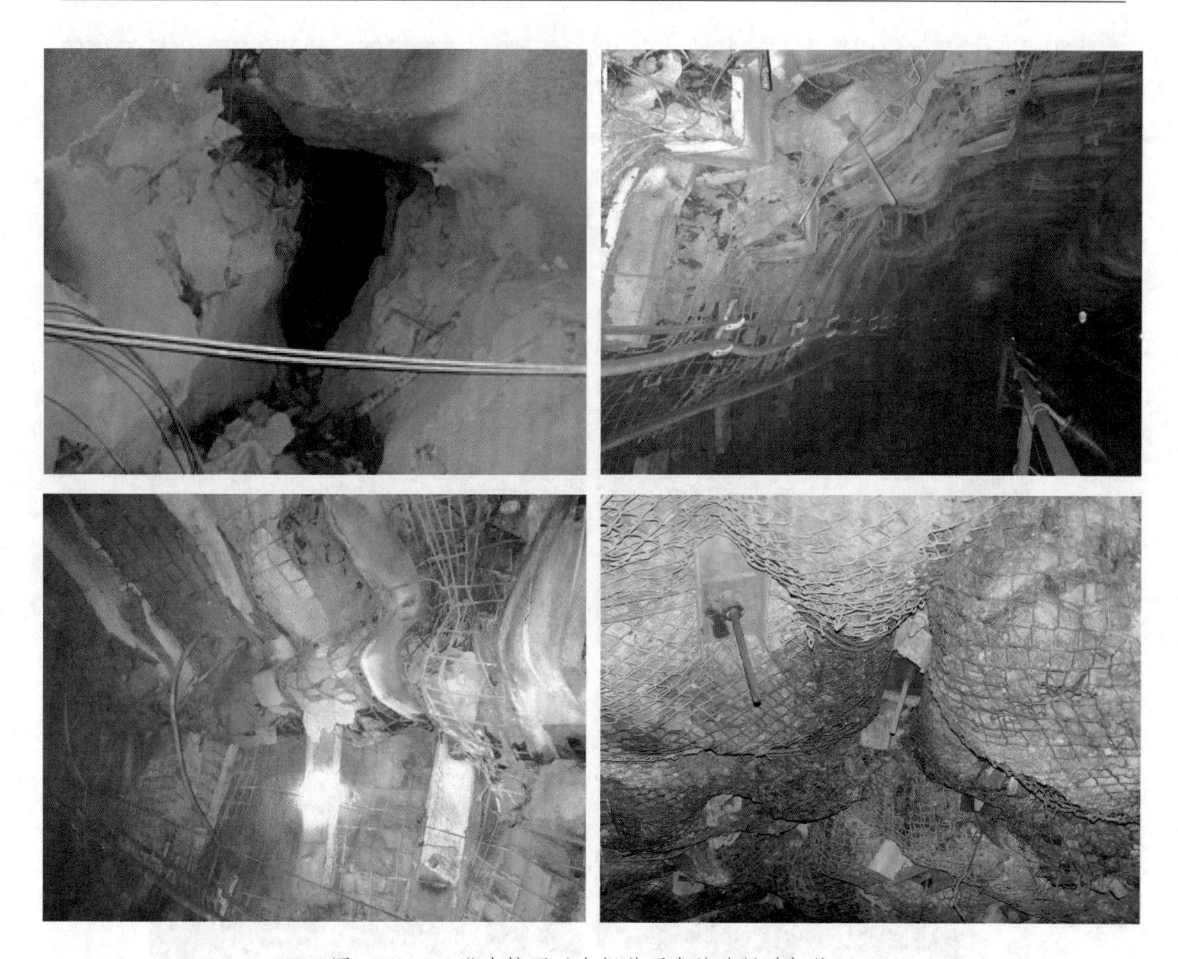

图 2-3-30　没有按照以上规范要求的喷层破坏状况

在技术要求上，同样重视锚杆的技术要求和检查，喷层的技术要求不够细致，特别是很多巷道喷层施工，不作分层设计，尤其是没有要求先进行第一层次喷浆后进行锚杆施工，造成喷层不能密贴巷道围岩岩面。

在工艺上没有严格按照保证多喷层的不同技术要求进行施工，造成喷层达不到预期强度和支护各单元的容错要求。

二、快速、及时密实封闭软弱岩煤体的目的意义

对于深井软弱岩煤体，特别是具有泥化、破碎、节理发育、富含水的“三软地层”，由于围岩松软、稳定性差、自承能力低。在巷道开挖或扩修短时间内，由于巷道围岩的应力环境发生改变，巷道围岩自身承载力急剧下降，围岩几乎没有多大工作阻力及支撑能力，围岩在高应力下，迅速变形，巷道断面大幅收窄。

巷道开挖后，围岩的应力状态由三向受力状态变为双向受力状态。对于浅部硬质围岩来说，由于围岩本身具有较高的支护强度，围岩本身具有的强度，大于所承受的外在应力，此时巷道不需要支护也几乎不发生变形；或是围岩本身具有的强度和所承受的外在应力相差不大，此时，巷道围岩的变形是缓慢的，为后续的支护留下充足的空间和时间。

但对于“三软地层”围岩或其他高应力状态下的软弱岩煤体，巷道开挖后，围岩体的强度远远小于所承受的外在应力，巷道围岩几乎没有任何抵御能力而迅速发生变形，新开挖暴露的软弱岩煤体由于风化的作用，强度进一步降低，加快围岩的变形速度。而对于富含水的围岩地带，如果不迅速封堵，在水的冲刷下，围岩进一步泥化、碎胀，使围岩体进一步恶化（图 2-3-31）。最为关键的是，由于围岩的迅速变形，没有给后续的支护留下足够的时间和空间。

图 2-3-31　围岩没有喷浆封闭、充填的围岩破坏状况

三、快速、及时密实封闭软弱岩煤体技术的实施

为保证快速、及时、密实地封闭软弱岩煤体，工艺上必须做到先后衔接，在最短的时间内快速喷浆，在喷浆层基本稳定后，迅速挂绳打锚杆，进一步提高初始支护强度。

在以“三软地层”为代表的软弱岩煤体支护中，初次喷层采用薄喷层，快速喷射混凝土，高速喷出的混凝土被挤压入裂隙缝隙中，起到胶结围岩表面裂隙缝隙，提供围岩强度的作用，同时高速喷到岩面上的混凝土，有效地和围岩结合成为共同抵御深部应力的共同承载体。

为保证快速、及时密实封闭软弱岩煤体技术的成功实施，必须要做到以下几点：

（1）选用高标号水泥作为混凝土浆液的基本材料；也就是混凝土中的水泥标号不得低于 425 号水泥。

（2）注重浆液配比，水泥：黄沙：石子为 1：1：1，砂子、石子的比例远远小于正常混凝土比例。

（3）严格控制风压的稳定性。风压控制小于常规喷射混凝土的风压，并且保持风压的稳定。

（4）控制好喷浆嘴与岩面的距离，其距离控制在 1.5~2.0 m 之内。

（5）严格控制软弱岩煤体施工循环步距，以控制在 1 m 以内原则；对于特别软弱、流变的煤体可以采取：由点到线由线到面的开挖工艺；同时可以先上半圆支护；两个循环后再进行下半圆支护。

（6）快速封闭，要求及时封闭，其喷层厚度以薄喷为主，喷层厚度控制在 30~40 mm。

（7）喷层结束后 30 min，喷浆层基本稳定，就要及时进行顶板锚杆和挂绳施工。

（8）巷道喷浆封闭后，随即打高强锚杆，因为岩煤体松软，必须加大锚杆长度，长度控制在 2.2 m 以上；随后挂钢丝绳，将钢丝绳编花压在锚杆托盘下，从而提高喷层的柔韧性；然后进行二次喷浆，再次提高巷道支撑强度。

四、掘进和修复开挖的巷道断面成型

为了实现构筑巷道围岩支撑环外沿不被风化剥蚀而削弱其强度，首先对围岩暴露在巷道表面进行喷浆护表，使混凝土喷浆层与巷道表面密切吻合粘贴，隔绝与空气接触和具有很强的黏合力，这就需要我们在巷道掘进和修复开挖时尽量地提高巷道毛断面的成型。

（一）岩石巷道成型的施工

岩巷掘进时为了保障巷道断面成型，通常强调光面爆破。

光面爆破是一种控制岩体开挖轮廓的爆破技术。它通过一系列措施对开挖工程周边部位实行正确的钻孔和爆破，并使周边眼最后起爆的爆破技术。预裂爆破则是周边眼最先起爆，线装药密度适当地比光面爆破大一些，周边眼间距则适当地小一些。在生产实践中它表现出良好的技术经济成果，光面爆破已在世界范围内受到日益广泛的重视，在采矿巷道、水电等地下工程和露天开采等方面得到了较广泛的应用。

图 2-3-32 光面爆破现场

光面爆破就是控制爆破的作用范围和方向，使爆破后的岩石光滑平整，防止岩面开裂，减少超欠挖和支护工作量，增加岩壁的稳定性，减少爆破的振动作用，降低爆破震动对围岩的扰动，进而达到控制岩体开挖后获得设计要求轮廓的一种技术（图 2-3-32）。

1. 光面爆破的类型

1）按爆破时序分类

光面爆破一般分为周边眼后裂法（修边法）和预裂光爆法。

（1）周边眼后裂法又称修边法。当爆破掘进时，首先将除周边眼以外的炮眼用毫秒延期雷管从掏槽眼开始依次爆破；当全断面分期爆破（一般分两次）时，周边眼安排在最后一次起爆。

（2）预裂光爆法则首先起爆周边眼，沿巷道轮廓线形成一圈贯通裂缝，这样可大幅减少爆破对岩石的破坏作用，然后再将中心岩石爆破掉，但全断面要分次起爆、清理等工序繁杂施工难度大，在实际操作中大都采用周边眼后裂法。

2）按爆破深度分类

（1）浅孔光爆法。浅孔光爆法是指孔深不大于 2~2.5 m 的光面爆破，以往多采用这种方法，在巷道施工中容易实现。

（2）中深孔光爆法。中深孔光爆法是指孔深大于 2.5 m 小于 5~6 m 的光面爆破，目前提倡采用这种光爆法，但在松散裂隙岩体或煤体中较难实现。

（3）特深孔光爆法，又称超深孔光爆法。即一次钻爆掘进深度可达 6m 以上的光面爆破，目前在地下工程施工中采用极少。

2. 光面爆破的原理

光面爆破原理主要是研究爆破时沿这些炮眼的中心连线破裂成平整光面的原理。

1）应力波叠加作用理论

当同时起爆的相邻炮孔间产生的应力波，在炮眼连心线的中点相遇时，便产生波的叠加，于是在垂直连心线中点的方向上生成合成拉应力。如果合成拉应力值超过岩石的极限抗拉强度时，两个炮眼中间首先产生裂隙，然后沿连心线向两个炮眼方向发展，最后形成断裂面。

2）静压力作用理论

由于空气间隙的缓冲作用，使作用于眼壁的冲击波波峰压力消失，然后爆轰气体产物在眼内能较长时间地维持高压状态。在这种准静压力的作用下，在炮眼连心线上产生非常大的切向拉伸应力，而且在连心线与眼壁相交处产生最大的应力集中，两个炮孔越接近，应力集中越显著。因此，在眼壁上应力集中处首先出现拉伸裂隙，然后这些裂隙沿炮眼连线向外延伸，而形成平整的断裂面。

3）应力波和爆轰气体共同作用理论

在最先起爆装药眼应力波的作用下，不仅在装药孔的周围，而且在相邻孔的壁面上，沿预裂面生成封闭裂隙。随后在已形成裂隙的装药孔内起爆炸药，使封闭裂隙进一步扩展，沿预裂面形成很长的裂隙，而其他方向产生的裂隙则不多。同时，随着该装药的起爆，还使相邻装药孔周围生成新的裂缝。于是，在后继装药孔依次起爆的情况下，先爆装药孔使后爆装药孔周边沿预裂面生成封闭裂隙。随后起爆的炮孔，使封闭裂隙越来越大。在应力波生成裂隙结束瞬间，还有相当大的爆炸气体压力作用，使封闭裂隙沿着各孔的连线得到进一步扩大，结果使各封闭裂隙相互贯通，形成一条贯穿裂隙，岩石便沿这一裂隙裂开。

3. 光面爆破的标准

在《岩土锚杆与喷射混凝土支护工程技术规范》（GB 50086—2015）中，规定了光面爆破质量应符合下列要求：

（1）眼痕率：硬岩不应小于80%，中硬岩不应小于50%。眼痕率为可见眼痕的炮眼个数与不包括底板的周边眼总数之比，当炮眼眼痕大于孔长的70%时，算一个可见眼痕炮眼。

（2）软岩中隧洞周边成型应符合设计轮廓。

（3）岩面不应有明显的爆震裂缝。

（4）隧洞周边不应欠挖，平均线性超挖值应小于150 mm。平均线性超挖值为超挖横断面积与不包括洞底的设计开挖断面周长之比。

4. 光面爆破的特点

光面爆破与普通爆破法比较，光面爆破有如下显著特点：

（1）爆破后成型规整，符合设计断面轮廓要求，特别在松软岩层中更能显示出光面爆破的作用。光面爆破后通常可在新形成的壁面上残留清晰可见的半边孔壁痕迹，超挖量大为减少，从而减少了排碴量，减轻了挖掘装载运输系统的负担；对于喷锚支护的硐室还节省了喷射原材料，加快了掘进速度。

（2）岩体保持稳定，爆破后不产生或很少产生爆震裂隙，原有的构造裂隙不因爆破而有所扩展，增强了围岩自身的承载力，特别是对于松软破碎岩层其作用和效果尤为显著。因而可有效地保证施工安全，为快速施工创造了有利条件。

（3）光面爆破消除了围岩的凸凹不平，新岩壁平整，通风阻力小，不产生瓦斯聚集；岩面上应力集中现象减少，在深部岩壁表面可以减少岩爆的危害，安全性更高。

（4）水工隧洞将减少水力损失；浇注混凝土容易并且节省费用。

5. 实现光面爆破应采取的措施

要实现光爆，符合光爆的要求，达到光爆的标准，应采取下列措施：

1）尽量减少爆炸裂隙

（1）选择合适炸药。由于炸药在岩石中爆炸产生的爆轰压力可达到几万至十几万个大气压，远远超过了任何岩石的抗压强度，故一般的炸药很难控制对岩石的破坏作用。

炸药爆炸产生爆轰压力为

$$P = P_0 D^2 / 4$$

式中　P——爆轰压力；

P_0——炸药密度；

D——爆速。

由上式知，爆轰压力 P 与炸药密度 P_0 成正比，因此应选用密度小的炸药；爆轰压力 P 与爆速 D 的平方成正比，而同种炸药的爆速，又是随着药卷直径的减小而降低，故应选用爆速 D 小，药卷直径小（但要大于稳定爆轰的临界直径）的炸药，对减少爆轰压力效果显著。不过这种低爆速、低密度炸药的性能必须良好，传爆稳定可靠，容易起爆；否则就会因为药量小，爆炸不完全，而达不到将岩石整齐爆落的目的。

（2）合理选择装药结构。国内外目前都采用所谓不耦合装药结构，即在炮眼中装填的药卷直径远比炮眼直径小。炮眼直径和药卷直径之比称为不耦合系数。不耦合装药结构有利于光面爆破的原因，主要在于爆轰波经过一段空气间隔才传到岩石，形成在空气中传播的冲击波，它在传播时压力迅速衰减。因此，如果设法将炸药悬在炮眼中心，四周不与眼壁接触，效果将会更好一些，但要做到这一点，会使制作复杂，装药麻烦。通常采用使炸药与炮眼相切的方法，效果还是能够令人满意的。

(3) 严格控制装药量。因为药量越大，产生的破碎范围越大，爆压也更大，且爆轰波与爆生气体压力的作用时间也更长。故在能够将岩石爆落的前提下，药量越少越好，尽可能减少装药密度，减少静压的破坏作用。

2) 促进两炮眼间形成贯穿裂缝

两个周边光面爆破炮眼之间形成贯穿裂缝，是光面爆破技术中的关键，它的光滑或凹凸决定了巷道成型的好坏。

(1) 爆药要求。所采用的炸药除满足性能要求外，爆炸生成气体的量还必须大些，同时在装药结构上应使爆生气体在炮孔全长上有均匀的作用力。因此，细长药卷较好。当不采用细药卷时，可将炮眼口部塞紧，让爆生气体有一膨胀空间，达到在炮眼全长上作用力比较均匀的目的。

另外，当掘进断面岩性相差不大时，应在各周边眼中装入等量的炸药，以利于形成整齐的贯穿裂缝。这就需要周边眼的最小抵抗线基本一致，因此在布置掏槽眼及辅助眼时，应为周边眼提供一个大致整齐的光面层。

(2) 尽可能同时起爆。周边眼是否能同时起爆，是产生光滑贯穿裂缝的关键。从理论上讲，两孔起爆时差不能大于静压力的作用时间，否则就达不到静应力的叠加。国外模型研究拍摄的照片，也证明时差小于 10 ms 时光爆效果最好。在我国，毫秒雷管精度较高，起爆时差较小，其时差达到 13 ms，用于光面爆破是完全可行的。

3) 防止产生超、欠挖

(1) 确定合适的炮眼密集系数（M）。光爆层的厚度（即最小抵抗线 W）与光爆炮眼间距 E 之比，称为炮眼密集系数（M），即

$$M = E/W$$

式中　M——炮眼密集系数；

　　　E——周边眼间距，mm；

　　　W——最小抵抗线，mm。

实践证明，如果 M 过小就会在两眼之间由于爆破而形成超挖；M 过大就会在两眼之间留下岩石残根形成欠挖，掘进断面出现凸凹不平。只有当 $M=0.8\sim1.0$ 时，才能获得较好的光爆效果。

(2) 减小钻孔时产生的裂隙。由于爆生气体无孔不入，如果周边眼壁上有一些方向不定的裂隙，爆生气体渗入后会膨胀发展为大裂缝，破坏围岩的完整性。因此，打周边眼时应使用锐利的钎子，使孔壁光洁平整。

(二) 软弱岩煤体和过断层泥化围岩中的巷道成型施工

在软弱岩煤体和破碎、流变和泥化在掘进和修复巷道时应力求做到，新掘和修复巷道不但要尽量保证巷道成型好，同时要保证不片帮和不冒落的安全施工效果，要从以下几个方面严格要求：

(1) 严格做到巷道开掘和开挖的起点支护的加固工作，确保为后续施工提供安全保障。

（2）认真地在设计、措施和施工中确立好循环步距，以小步距多循环应对松软破碎岩煤体的掘进和开挖施工，确保巷道断面成型和安全施工。

（3）对于特别松软和破碎围岩，要求施工工艺上采用以点到线，由线到面逐步扩大断面的施工工艺，即整个断面分块、分帮和分台阶开挖与及时封闭支护。

（4）对于特别松软和破碎围岩，要及时采用超前锚杆和超前控制顶板的支护措施，有效保障极其松软破碎围岩开挖过程中做到帮不片落、顶不垮冒的效果。

（5）对于含水、泥化和流变的断层带要采取提前预注浆，确保有效控制流变围岩体和安全可靠的施工（图 2-3-33）。

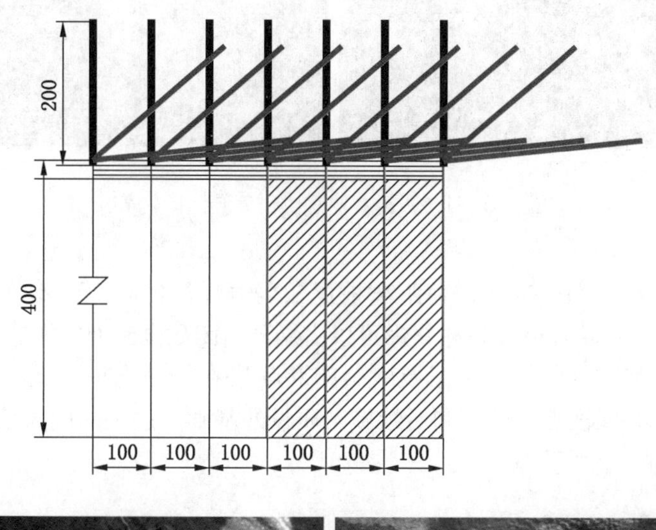

图 2-3-33　软弱泥化围岩超前预注浆设计和现场施工图

五、施工效果

使用快速、及时封闭软弱岩煤体技术，使整个支护圈体能快速凝结并与岩煤体密贴胶结成为一体，给围岩表面以抗力，使巷道围岩处于三向受力的有利状态，防止岩煤体强度恶化，同时封堵煤体内部裂隙水并防止岩煤体风化，为后续支护提供初始强度支撑。

在以“三软地层”为代表的软弱岩煤体巷道支护中，实施快速、及时喷射密实封闭软弱岩煤体的混凝土喷层，达到快速构建对围岩有初始承载力的支护单元，同时起到封堵煤体内部裂隙水并防止岩煤体风化，较好地保证整个第一支护单元打锚杆、挂绳和开挖巷道下部分施工的安全作业（图2-3-34）。

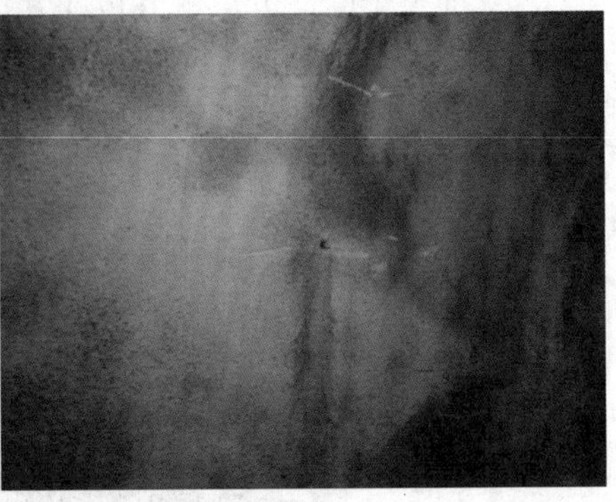

图2-3-34　快速及时封闭软弱岩煤体效果

喷层厚度不能小于30 mm，控顶距离根据软弱岩煤层的状况，不得超过一个循环距离，即600~800 mm；特别破碎粉体软煤可以由局部封闭到全断面封闭施工。

施工设计和现场施工中，忽视了及时封闭和喷层在第一支护单元实施的关键技术作用，没有认识到它是保证安全施工和后续施工质量的基础。这是高应力软弱岩煤体巷道支护设计和施工中的一个严重弊病。

第四节　强韧封层技术

一、强韧封层的概念

强韧封层是指采用锚杆压扣编制挂设的钢丝绳网格，构建成为以钢丝绳为筋骨、置于多层次混凝土喷层中间、相互叠加的紧密固结的混凝土喷层。其特点如下：

（1）喷射的混凝土以其快速高压岩面，使混凝土与岩面高度密贴，封闭和充填软弱岩煤体和表面裂隙，形成固结的支护层；混凝土无任何阻隔喷射到岩面上，自身挤压密实可以完全达到设计的支护强度；以钢丝绳为胫骨在喷层中，使其具有极大的柔韧性、高度的弹让性和立体的整体性，对各种不同高应力和强冲击来压有缓压、让压和极其强大的承压效果。

（2）强韧封层属于柔性薄性支护，能够和围岩紧粘在一起共同作用，由于喷锚支护具有一定柔性，可以和围岩共同产生变形，在围岩中形成一定范围的非弹性变形区，并能有效控制允许围岩塑性区有适度的发展，使围岩的自承能力得以充分发挥。另一方面，喷锚支护在与围岩共同变形中受到压缩，对围岩产生越来越大的支护反力，能够抑制围岩产生过大变形，防止围岩发生松动破坏。

强韧封层除了为后续各支护单元提供强有力的支护能力外，还为后续各支护单元施工提供了平行和安全作业的时间和空间（图2-3-35）。

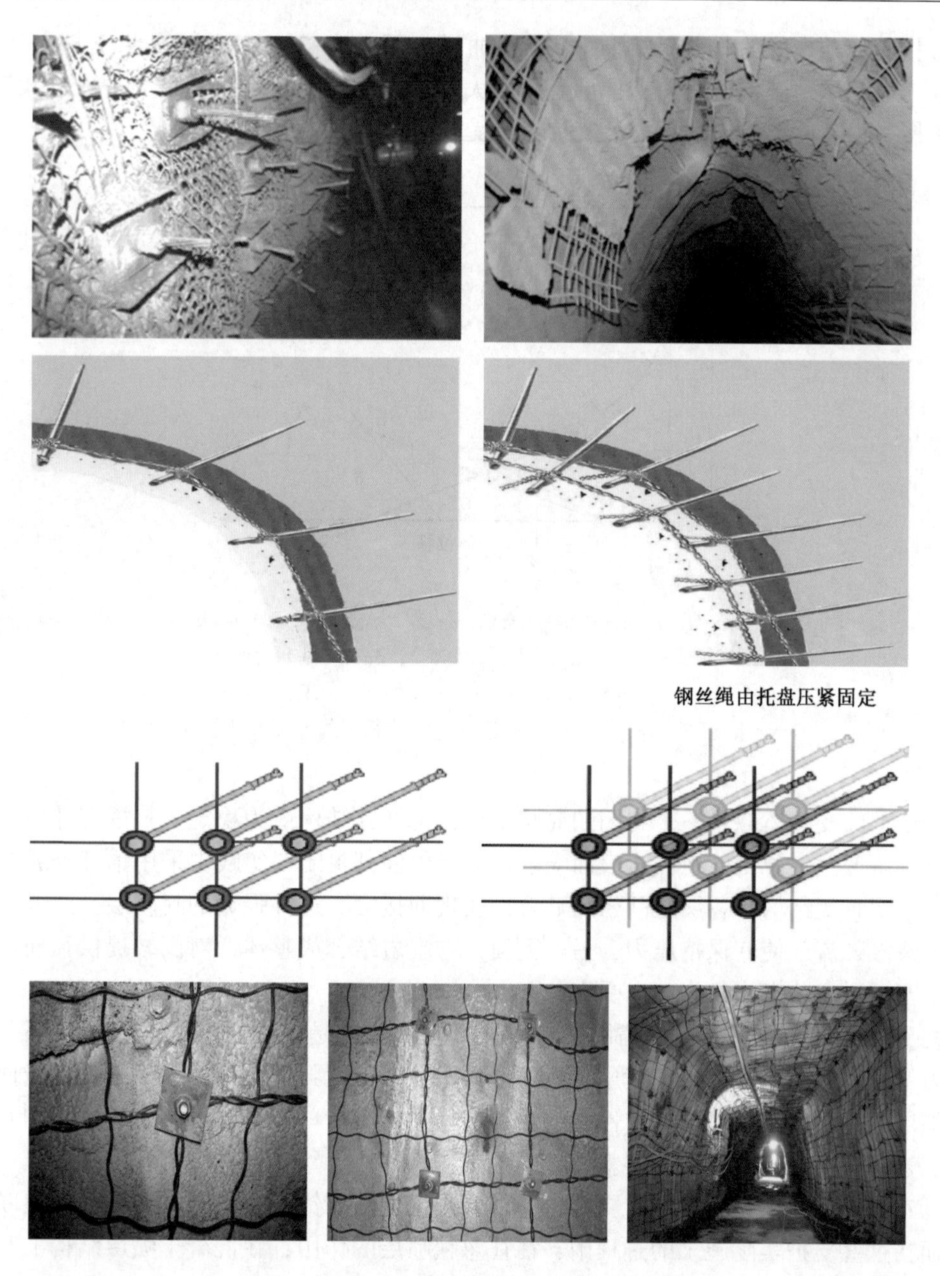

图 2-3-35 强韧封层的现场施工结构图

二、实施强韧封层的目的和意义

巷道采用锚、网、喷支护管理和施工过程中，对喷层作为第一支护单元承载功能的技术重要性和工艺要求的严格性常常被忽视，因此造成喷层在锚、网、喷支护中的支护承载作用不能充分发挥。

(一) 强韧封层的作用

根据弹性理论分析，地下硐室开挖后，在围岩不致松散的前提下，维护硐室稳定所需的支撑抗力随塑性区的增大而减小。从特征曲线（图 2-3-36）可知：如果支护太“刚”，则不能充分利用地层抗力而使支护承受相当大的径向载荷；反之，如果支护太“柔”，则会导致围岩松动，形成松动压力，支护上所受载荷明显增大，甚至塌方。

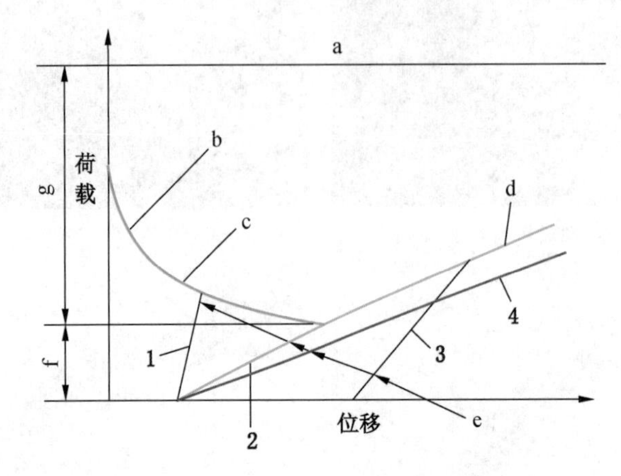

a—原始地应力；b—岩石特征曲线；c—岩石拱形成；d—岩石拱破坏；
e—支护特征曲线；f—支护承受部分；g—岩石拱承受部分
1—太刚；2—适宜；3—太晚；4—太柔

图 2-3-36　岩石特征曲线与支护特征曲线相互作用图

理论上，支护体应是一个封闭的筒状结构，这样其结构最为稳定，其抵御外力的能力也最强。按照这一原则，在围岩表面喷射混凝土以使其封闭。实践中采用锚杆外悬挂钢丝绳的多喷层封闭结构，各层之间密闭贴合，实现面接触。这种强韧的封闭层，一方面防止注入的浆液外流，使其保持压力，另一方面，与围岩结合成整体，对围岩提供径向力，使围岩从双向受力状态恢复为三向受力状态。

初次喷浆后，要立即敷设锚固锚杆，挂钢丝绳。这是强韧封层的又一重要环节。因为，以钢丝绳为筋骨的混凝土喷层，构成混凝土强柔韧性封层结构，这种结构，能使巷道支护喷层柔韧封层具有较高的弹性和伸缩性，使整个支护单元发挥可移变、可缓冲和高承载力，达到提高第一层次支护层整体性的关键作用。

针对深井高地应力软岩巷道支护，通常采用锚网喷与锚索或锚网喷与重型钢架联合支护；而在这些支护实际施工的过程中，往往忽视喷层的作用；在混凝土喷层结构上和混凝土喷层喷浆工艺上，不能针对性地采取相适应技术措施和施工工艺，因而使钢筋网喷层达不到第一层次支护层的作用（图 2-3-37）。

（1）铺设的钢筋网，由于巷道表面不规则，如图 2-3-37 所示铺设钢筋网本身不能密贴岩面，使混凝土喷层悬空，丧失其支护作用。

（2）锚网喷支护中的网，采用网格较密（通常网格 50 mm×50 mm ~ 100 mm×100 mm）钢筋网，挂网后喷射混凝土，混凝土进到岩面时，因冲击力已减弱不能与岩面黏结密贴，进入网后形成松散混凝土堆集的状态，这些在网后堆积的混凝土，不但不能密贴和黏结岩面，还形成松散堆集的砂灰体，凝固强度较大地衰减（图 2-3-38）。

（3）过密的钢筋网还使喷射的混凝土流中的骨料受到网格阻碍回弹，导致混凝土产生

图 2-3-37　钢筋网破坏

图 2-3-38　钢丝网不密贴

了一定的离析，降低了混凝土的合理配比，使混凝土凝固强度减弱，混凝土的支护作用也就极大地衰减（图 2-3-39）。

图 2-3-39　混凝土强度衰减掉落

（4）强调高强密集的锚杆、锚索联合支护，混凝土喷层作用的极度弱化（图 2-3-40）。

（5）过密的钢筋网使喷浆时的回弹也有较大地增加，浪费了人力和物力，并且达不到预期的支护效果。

图 2-3-40　高强密集的锚杆、锚索弱化

(二) 钢丝绳与钢筋网作用比较

强韧封层作为主动支护的第一支护单元，在实施中我们采用以钢丝绳为筋骨的多层次混凝土喷浆层结构，而不是采用通常锚网喷所使用的特制钢筋网和钢筋带作为混凝土喷层的筋骨。钢丝绳作为混凝土喷层筋骨与钢筋网相比具有明显的优势（图 2-3-41）。

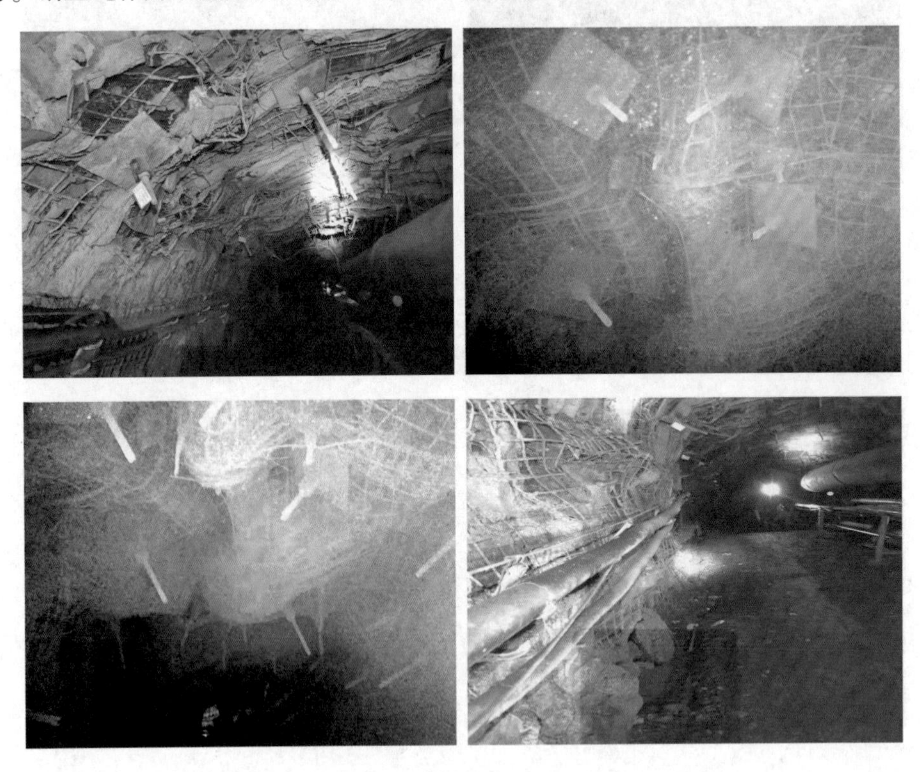

图 2-3-41　钢筋网支护破坏状况

钢丝绳（图 2-3-42）具有抗拉强度高和韧性好的特点；一般钢丝绳的抗拉强度等级不低于 1770 MPa，而钢筋网所采用的普通钢筋的抗拉强度一般为 370～540 MPa，两者抗拉强度悬殊 4 倍多。这也就意味着以钢丝绳为筋骨的强韧封层能承受更大的高应力和强载

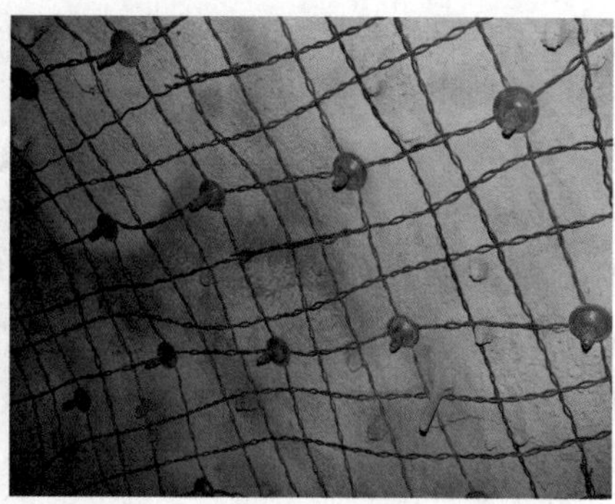

图 2-3-42　挂钢丝绳

荷而不至于断裂破坏。

一般钢丝绳的性能用钢丝绳破断拉力表示，单位是 kN，按下式计算：

$$F_0 = KD^2R_0/1000$$

式中　F_0——钢丝绳最小破断拉力，kN；

K——系数，表示某一指定结构钢丝绳的最小拉力（K 值见表 2-3-1）；

D——钢丝绳公称直径，mm；

R_0——钢丝绳级。

表 2-3-1　钢丝绳重量系数和最小破断拉力系数

组别	类别	钢丝绳重量系数 K			$\frac{K_2}{K_{1n}}$	$\frac{K_2}{K_{1p}}$	最小破断拉力系数 K'		$\frac{K'_2}{K'_1}$
		天然纤维芯钢丝绳	合成纤维芯钢丝绳	钢芯钢丝绳			纤维芯钢丝绳	钢芯钢丝绳	
		K_{1n}	K_{1p}	K_2			K'_1	K'_2	
		kg/100 · mm²							
1	6×7	0.351	0.344	0.387			0.332	0.359	1.08
2	6×19	0.380	0.371	0.418	1.10	1.13	0.330	0.356	1.08
3	6×37								
4	8×19	0.357	0.344	0.435	1.22	1.26	0.293	0.346	1.18
5	8×37								
6	18×7	0.390		0.430	1.10	1.10	0.310	0.328	1.06
7	18×19								
8	34×7	0.390		0.430	1.10	1.10	0.308	0.318	1.03
9	35W×7	—		0.460	—	—	—	0.360	—
10	6V×7	0.412	0.404	0.437	1.06	1.08	0.375	0.398	1.06
11	6V×19	0.405	0.397	0.429	1.06	1.08	0.360	0.382	1.06
12	6V×37								
13	4V×39	0.410	0.402	—	—	—	0.360	—	—
14	6Q×19+6V×21	0.410	0.402	—	—	—	0.360	—	—

由于以钢丝绳为筋骨的混凝土喷浆层的强韧性支护结构早期抗压强度大，也就解决了锚、喷与注浆时间和空间平行快速作业问题。

（三）强韧封层作为主动支护的第一支护单元结构具有的特点

（1）钢丝绳为筋骨的网格较大，并且紧紧扣压在锚杆盖板，不存在对混凝土喷射过程中的阻碍，混凝土自身凝结强度高。

（2）强韧封层由于混凝土喷层密贴于岩层面，因而具有极其强实的支护力。

（3）强韧封层中采用钢丝绳为胫骨，极大地提高了整个喷层的柔韧性，使混凝土抗弯幅度有着较大地提高。

（4）由于强韧封层具有“强”和“韧”的特点，当巷道围岩来压时，像弹簧一样能储存部分能量（应力），在压力过后又能反弹部分的能量（应力），可减缓对支护的破坏力。

（5）对于锚注支护起到防止注入的浆液外流，也能达到保持注浆压力。

强韧封层与锚杆构建成强有力的第一支护单元，为主动动态的巷道支护体系提供初始支撑力，为后续支护单元安全施工和创造平行作业的空间提供可靠保障。

三、强韧封层技术的实施

（一）强韧封层标准要求

强韧封层实现的标准要求如下：

（1）强韧封层强度要达到能抵抗松散围岩自身初期压力的要求，以保证后续工序的正常进行。

（2）封层要能密贴岩面和封闭岩面的裂隙，使之具有抗压和止浆作用，以保证在注浆过程中，使带压浆液密实地保留在围岩的裂隙中，使带压浆液固结在岩体内，实现稳压、留压胶结的支护圈体。

（3）封层强度和韧度都要达到设计要求，其钢丝绳的选择和抗压都要严格按照设计要求去实施，真正起到第一关键层的作用。

（4）强韧封层的多层次组合，保证其具有最佳的结合，使整体喷层自身的强度、韧度和弹性同时达到叠加增强性，应对各种高应力、非对称应力和强冲应力条件下的支护完整，允许有适当的向内外的弹性反复，以利于围岩的不断补强和支护结构自我修复能力提升的要求。

（二）强韧封层技术要求

（1）第一层次喷层。及时喷浆，巷道掘出毛断面后，必须立即进行第一次喷浆，第一次喷浆层厚度（根据围岩软弱状况），技术要求：50~100 mm。

（2）锚杆。第一层次喷浆后 30 min，施工第一层次锚杆（根据围岩软弱状况），技术要求：锚杆间排距 700 mm~800 mm×700 mm~800 mm。

（3）挂钢丝绳。锚杆打好后，开始挂钢丝绳，钢丝绳主绳压在锚杆盖板下面，钢丝绳网格 350 mm×350 mm。

（4）第二层次喷浆。挂好第一层次钢丝绳后立即进行第二次喷浆，第二层次喷层厚度：60~100 mm（根据围岩和巷道断面具体设计）。

（5）在一般压力巷道中实施，二喷一锚；在围岩和巷道断面较大时，采用三喷二锚；

巷道压力特别大时，采用四喷三锚（根据围岩和巷道断面具体设计）（图 2-3-43）。

图 2-3-43　强韧封层锚杆、挂绳喷层现场施工图

（三）第一喷层设计及初次喷浆

强韧封层的第一层次喷浆层厚度设计，必须保证施工过程和后续各支护单元的安全施工，并且保证是支护体系的关键承载单元组成部分。

从混凝土的性质讲，混凝土抗压性能好，抗拉弯性能很差，抗拉弯性能仅为抗压性能的 1/10 左右。如果在喷层中挂入抗拉抗弯性能较好的钢丝绳筋骨，再根据各个喷层施以不同层次的锚杆，组成强韧封层，则整个喷层的抗压性和抗拉弯性能都将大幅提高。由于混凝土的刚度已经很强，强韧封层的出发点主要是提高喷层的强韧性（高柔韧性）。

对于巷道锚喷支护来说，如果喷射混凝土过厚，则混凝土支护刚性过强，但韧性较差，支护体只有微弱让压，遇到冲击地压等状况时，支护体迅速垮塌，巷道严重损坏；如果喷层太薄，喷层柔性增加了，但强度不够，不能抵挡巷道的初期来压，严重影响后面的支护单元。因此确定混凝土喷层的厚度选择尤为重要。

混凝土喷层的厚度和巷道的跨度、围岩的性质以及周边应力环境有很大的关系。下面主要以巷道的跨度来分析强韧封层的喷射混凝土厚度。采用壳体理论，分析混凝土支护结构的柔性特征及其对控制围岩变形、保持巷道稳定性的作用。

根据芬纳（R・Fenner）-卡斯脱纳（H・Kast-ner）围岩支护的动态方程［式（2-3-1）］和松弛区硐壁径向应力与径向位移的关系式［式（2-3-2）］：

$$P_i = -C\cot\varphi + (p_0 + C\cot\varphi)(1 - \sin\varphi)\left(\frac{r_0}{R_0}\right)^{\frac{2\sin\varphi}{1-\sin\varphi}} \tag{2-3-1}$$

$$P_i = -C\cot\varphi + (p_0 + C\cot\varphi)(1 - \sin\varphi)\cdot\left[\frac{r_0(p_0 + C\cot\varphi)\sin\varphi}{2Gu_0}\right]^{\frac{\sin\varphi}{1-\sin\varphi}} \tag{2-3-2}$$

式中　P_i——围岩硐壁支护所需的径向抗力，N/m²；

φ——围岩的内摩擦角，(°)；

C——围岩的黏结力，Pa；

r_0——巷道半径，m；

p_0——岩体的原岩应力，Pa；

R_0——围岩松弛区半径，m；

u_0——松弛区硐壁的径向位移，mm；

G——围岩的剪切模量，MPa。

可知，其他因素确定后，稳定围岩所必须提供的支护径向抗力 P_i 的大小，主要取决于巷道围岩的松弛区半径 R_0 的大小。而巷道硐壁的径向位移 u_0 的大小，是影响 R_0 的重要因素。即 u_0 增大，R_0 也增大，从而稳定围岩所需的支护径向抗力 P_i 减小，改善了支护的受力条件。其关系可用图 2-3-44 中的 AB 曲线来表示。图中 Δu_0 代表硐室开挖后支护前的硐壁位移，硐壁位移是通过混凝土喷层直接表现出来的。

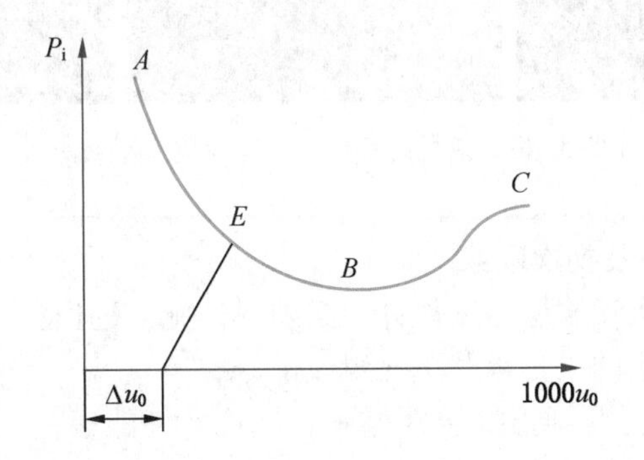

图 2-3-44　径向抗力 P_i 与硐壁的径向位移 u_0 曲线

下面举例简要说明：薄壁圆筒和厚壁圆筒如图 2-3-45 所示，材料相同，设弹性模量为 E；受相同的轴对称均布压力 P_i 的作用，比较它们的径向位移，设其厚度为 $S_1=4S_2$。

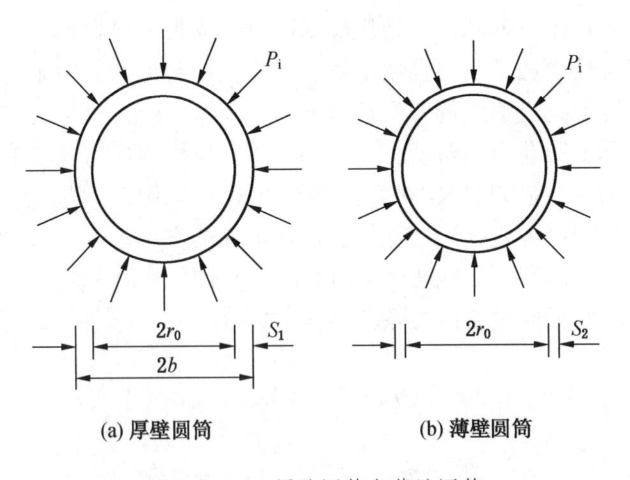

图 2-3-45　厚壁圆筒和薄壁圆筒

厚壁圆筒的径向位移由弹性力学公式（在只有外压的情况下）经化简后为

$$W_{r=r_0}=-\frac{2b^2r_0P_i}{(b^2-r_0^2)E} \tag{2-3-3}$$

设 $r_0=3$ m，$S_1=0.4$ m，$S_2=0.1$ m，代入式（2-3-3）得：

$$W_{r=r_0}=-27.09\frac{p_i}{E} \tag{2-3-4}$$

薄壁圆筒的径向位移可按式（2-3-4）计算：

$$W'_{r=r_0}=-\frac{r_0^2P_i}{s_2E}=-90\frac{P_i}{E} \qquad \frac{W'}{W}=3.3$$

可见薄壁圆筒（薄壳结构）产生的径向位移和厚壁圆筒相比要大，即柔性好。

一般情况下，当喷射混凝土的厚度小于0.014倍巷道跨度时，喷层具有一定的柔性，所以单个喷层的厚度不宜超过100 mm。

在实际操作中，通常的做法是运用喷浆机具，将按照一定比例配制的混凝土拌合料高速喷射到岩面上，使水泥和浆料连续反复撞击、压密，进而很快与围岩融成一体，并立即对围岩产生密封作用，防止岩石风化及因爆破或其他强力震动引起的进一步松脱；喷射的混凝土还能与多数岩石表面，甚至与无黏结性的土壤或卵石密实地黏结，起到保护岩石不受水和空气侵蚀的黏合作用。

实验证明，一层50 mm的薄混凝土就已有相当大的阻止岩石垮落的能力，使用加厚喷层的混凝土支护作用可想而知（喷一层150 mm厚的混凝土，能承受45 t/m^2的载荷）。喷射到岩面的混凝土被压入围岩表面的裂隙、节理和裂缝中，同料石墙中的灰浆一样，能起黏合作用，也能阻止渗水和节理充填物的侵蚀。

与金属支架不同，喷射混凝土不是把压力传递到巷道的底板，而是增加岩石本身的自撑力。经验表明：为保证安全施工和保障质量，封层的初次喷浆厚度不得小于80 mm；强韧封层中要求的"强"，首先就体现在这里。作为巷道支护新体系的基础，混凝土喷层主要有如下作用：

（1）保障施工安全。混凝土喷层可以阻止围岩松动乃至过快地发生大变形。因为喷浆作业能紧跟工作面，混凝土喷层自身的抗冲切能力能有效地阻止巷道围岩不稳定块体的滑移、塌落，及时提供初期支护，保障施工安全。

（2）改变围岩表面受力状态。喷浆施工将拌合料高速喷射到岩面上，经反复冲击压密黏结在岩面上，快速凝结并与围岩密贴胶结成为一体，给围岩表面以抗力，使巷道围岩处于三向受力的有利状态，防止围岩强度恶化。

（3）填平补强围岩。喷浆工序是以强力将混凝土喷射到岩面上，喷浆过程的反复冲击作用使混凝土射入围岩表面张开的裂隙、节理和裂缝中，使裂隙、节理分割的岩块粘连在一起，增强岩块间咬合、镶嵌作用，从而提高其间黏结力、摩擦阻力，利于防止围岩松动；同时恰当把握喷浆厚度还调整、填充了巷道围岩表面凹穴，使其应力均匀分布，避免或缓和围岩应力集中。

（4）"卸载"作用。混凝土喷层属柔性，可有控制地使围岩在不发生有害变形情况下，增加一定程度的塑性，从而使巷壁处的岩压减小。喷层本身就是一种柔性支架，它能允许围岩因寻求新的平衡而产生有限的位移，并可发挥自身对变形的调节作用，逐渐与围岩变形相协调，从而改善围岩应力状态、降低围岩应力，充分发挥围岩的自承能力，使以钢丝绳为筋骨的喷层增添其强韧性，利于混凝土喷层承载能力的发挥。

(5) 覆盖围岩表面，形成强韧封层的止浆垫。由于混凝土黏附力较强，在高速喷射时混凝土连续反复撞击、压密，其浆液被嵌入围岩表面张开的裂隙中，就将分割的岩块胶结在一起快速凝结，并与围岩密贴胶结成为一体，严密地封闭岩层面，起到阻止浆液沿围岩表面裂隙溢出而流失，从而保证稳压注浆和在岩体内留存带压浆液，以提高围岩体内的初始预应力。同时喷层直接密贴岩面，还具有防风化、防火、防瓦斯外泄和起到止水防护层作用等功效。

(6) 分配外力，增强综合支护效能。通过喷层把外力传递给锚杆、网架、围岩胶结组合拱等，喷层与锚杆、网架、围岩胶结组合拱等将多层组合拱紧密结合成一体，共同承载来自各方的压应力，使联合支护体的结构受力均匀，因而可大大提高支护结构整体的支护功能。

(7) 可提高联合支护体的组合拱质量和巷道围岩及整个支护体系的环向应力，使联合支护体的支承能力大大加强。

(8) 防护、加固围岩，提高围岩强度。由于混凝土喷层允许围岩因寻求新平衡所产生的有限位移，还可发挥自身对变形的调节作用，逐渐与围岩变形相协调，改变围岩应力状态并充分与围岩凝结，因而能共同发挥支承力；喷射添加速凝剂的混凝土，又可在短时间内快速凝固，及时给围岩提供支护抗力（径向力），使巷道围岩表层岩体喷浆前的二向受力状态改变为三向受力状态，从而使围岩强度大大提高。

（四）挂钢丝绳

实践证明，只要注意并恰当处置了喷层的厚度、密贴、质量，挂绳质量又符合设计

要求，就能铸成强韧封层，抗住巷道初期来压以及注浆来压的破坏，保障支护基础，给巷道支护的成功奠定坚实基础。

除要精心施工好喷浆层外，在强韧封层技术的各环节中，挂绳极其重要，必须真正认识和按标准掌握好其中设用绳的长度、搭接长度及其方式、方法等技术要点。操作中，钢丝绳必须绷紧密贴上一喷层的层面，牢固地加以固定。若挂绳不符合规定，喷浆层就不能成为整体，注浆过程中喷层就会被挤裂、挤崩、挤成块状空悬，甚至脱落。因此，挂钢丝绳一定要严格掌握好操作分寸，做到认真精准，必要时，还要适当加密绳径。可以说，注重和保证挂绳质量，是强韧封层技术成败的关键。

然而，如像当前传统习惯的做法那样，使用特制钢筋网和钢筋带来做筋骨，不利于喷浆层质量的提高。因为，无论是特制钢筋网或带，都有碍于混凝土喷层与岩面的密贴，因为，喷射的混凝土只有穿越钢筋网，受到钢筋网阻碍后才能到达岩面，这样回弹必然增多，骨料回弹的会更多，因而会产生混凝土离析。

同时，混凝土进到岩面时，因冲击力已减弱不能或很少再能与岩面黏结密贴，而在网后岩面上形成松散的堆集状态，这些在网后堆集的混凝土，不但不能密贴和黏结岩面，最终也会成为松散堆集的砂灰体。这个问题在强韧封层环节中采用挂绳技术得到了较好解决。实践证明用废旧钢丝绳将所有锚杆组合起来，互相牵制，共同作用，即由单根锚杆锚固变成锚杆锚固群，大大有利于锚固力的提高。

(五) 强韧封层的锚杆设计

在强韧封层中，我们所考虑到的锚杆设计主要是高强锚杆的间距及不同的深度层次及空间布局，注浆锚杆主要使用淮北市平远软岩支护工程技术有限公司生产的自封、自固、内自闭注浆锚杆。锚杆的间距根据围岩性质的不同，一般为 700 mm×700 mm、350 mm×350 mm；注浆锚杆的间距一般为 1400~1500 mm；钢丝绳间距一般为 350 mm×350 mm，主绳必须压在锚杆盖板下面，绷紧、紧贴在喷层表面（图 2-3-46、图 2-3-47）。

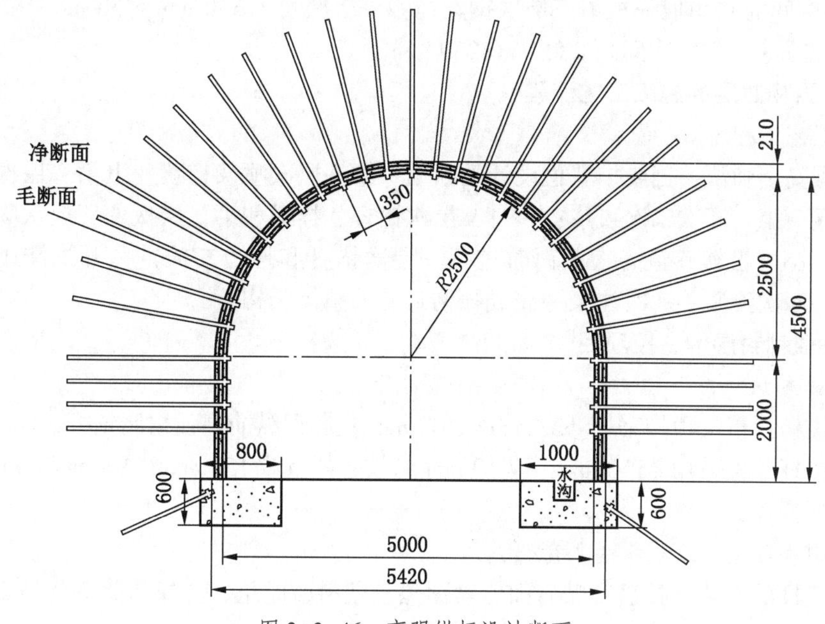

图 2-3-46　高强锚杆设计断面

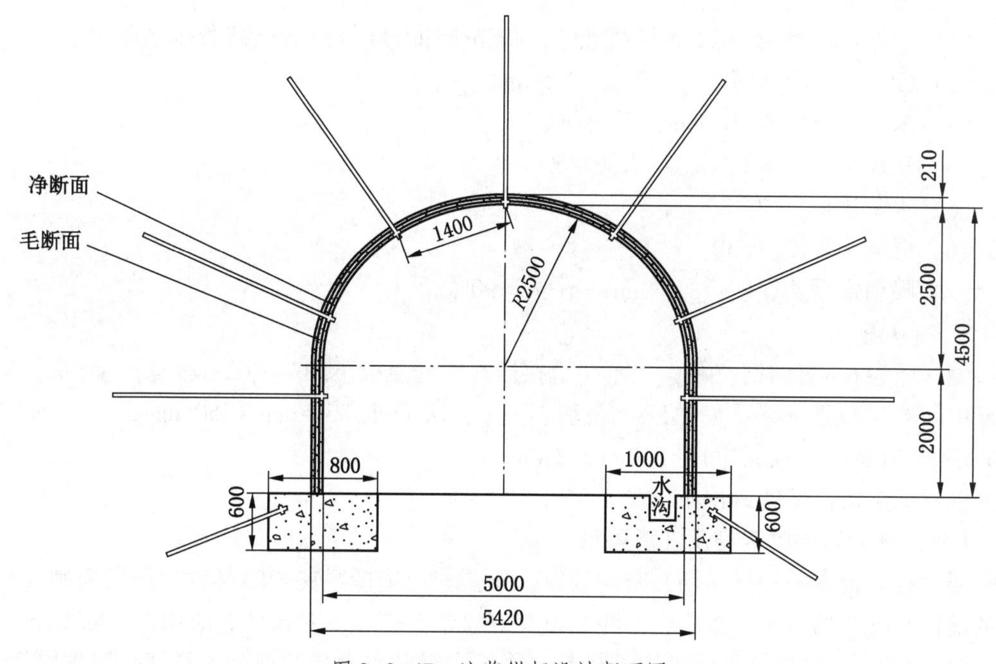

图 2-3-47　注浆锚杆设计断面图

（六）强韧封层的喷层、锚杆、钢丝绳的选型

（1）锚杆。顶帮均采用φ22 mm×2400 mm左旋无纵筋高强树脂锚杆（目前矿方常用普通锚杆）。二层次顶帮锚杆间排距均为700 mm×（700±100）mm。

（2）喷浆。水泥采用425″高强水泥（巷道断面大、围岩软弱，初期强度必须加大）。水泥∶黄沙∶瓜子片=1∶2∶2。

（3）钢丝绳。6″~7″旧钢丝绳，主绳（直接压在锚杆盖板下的）为2股一根，副绳（穿在主绳中间的）单股一根。三层次钢丝绳：一层次间距350 mm×350 mm；二层次间距350 mm×350 mm；三层次间距230 mm×230 mm。

（七）强韧封层的施工工艺流程

支护工艺工程：

交接班安全确认→掘或扩巷道设计毛断面→第一层次喷浆初喷→上第一层次锚杆→第一层次挂绳→第一层次二次喷浆；→打二层次锚杆、挂绳和第二层次的三层次喷浆；→移耙矸机后（围岩松软巷道为大断面时进行三层次锚杆和挂绳支护）→开挖卸压槽→卸压12~15天→四次喷浆→一次注浆→完成强韧封层的整体结构。

（八）强韧封层的主控项目

1. 锚杆支护

（1）锚杆：帮、顶均采用φ22 mm×2400 mm左旋无纵筋高强树脂锚杆。

（2）锚杆盘：采用φ150 mm，厚10 mm的鼓芯托盘或150 mm×150 mm×10 mm厚鼓芯方（蝶）型托盘。

（3）树脂药卷：Z2850型2卷/孔。

（4）锚杆的安装：托盘紧贴岩面，穹形垫、塑料减摩垫、金属垫圈等构件齐全。

（5）扭矩不低于380 N·m。

2. 喷射混凝土支护

（1）水泥：42.5号（42.5号新规的，相当于原600号）普通硅酸盐水泥。

（2）沙子：无杂质河沙，粒度1~2.5 mm。

（3）米石：粒度0~10 mm，无杂质。

（4）水泥、沙、米石配比：水泥∶沙∶米石=1∶2∶2。

（5）水灰比：1∶2。

（6）混凝土强度：C30。

（7）喷射混凝土厚度：340 mm；不小于90%。

3. 钢丝绳

钢丝绳为6″~7″旧钢丝绳，主绳（直接压在锚杆盖板下的）为2股一根，副绳（穿在主绳中间的）单股一根。三层次钢丝绳：一层次间距350 mm×350 mm；二层次间距350 mm×350 mm；三层次间距230mm×230mm。

钢丝绳头搭接长度≥400mm。

（九）强韧封层的实施及注意事项

要实现巷道支护的强、韧、密的效果，还要着力选择好支护的材料、严格控制好混凝土的配比及喷浆的风压、水压，并注意掌握好喷浆要领等。对强韧封层操作要求如下：

（1）“强”：首先就是借助喷浆机具，将拌合料和水合成的混凝土高速喷射到围岩上，

使其高速、均匀地喷射、压密，在巷道断面的围岩表面上，使混凝土喷浆层凝固后具有较高的强度。

（2）确保喷浆层厚度：初喷厚度一般要在 80 mm 以上，复喷时要着重将钢丝绳覆盖严密、将锚杆端头完全覆盖，每个步骤都要达到设计规定的要求；复喷最低厚度不得少于 50 mm，施工的关键是，要切实保障喷浆层的整体厚度达标、均匀及表面光滑平整。

（3）用钢丝绳严格地穿过锚杆，压实在锚杆盖板下面用锚杆螺帽压紧，使锚固锚杆由单根独立状转变为锚杆锚固群，这不仅提高了锚杆的锚固力，还使支护整体强度得以大大提高。

（4）“韧”：采用以钢丝绳为筋骨的喷层结构（钢丝绳抗拉和抗剪性极强），穿压在锚杆盖板下面，由它组合成的混凝土喷层，实现了喷层的柔性转向强韧性的极大转变。

四、强韧封层技术理论依据

（一）强韧封层加固围岩的力学原理

强韧封层属于柔性薄层支护，其具有高强度、高韧性和密贴性，其与锚杆严密地组合，大大改善了围岩本身的受力状态，在相同的载荷作用下，强韧封层韧性的内力可缓解弱化围岩中的高应力。

由于强韧封层具有更强的柔韧性和整体性，可以和围岩共同产生变形，在围岩中形成一定范围的非弹性变形区，强韧封层在与围岩共同变形中受到压缩，对围岩产生越来越大的支护反力，抑制围岩产生过大变形，防止围岩强度削弱以致发生松动破坏。

强韧封层的较大韧性使围岩塑性区能在允许的范围内有适度的发展，导致围岩内部应力重新分布，使围岩能充分发挥其自身强度和自承能力，从而缓解及释放巷道的巨大压力，大大减轻二次砌衬时的支护载荷。

强韧封层能及时地与围岩粘接，有效避免和缓解围岩的应力集中，明显改变周边围岩的受力特征，能进一步提高支护层对围岩的均匀承载能力，有效抑制围岩变形。

喷层破坏形式和力学作用主要是附着破坏和剪切，从力学机理上分析在喷层与周边围岩接触面上产生抵抗拉伸剥离的切向阻力，将使喷射混凝土极大地发挥支护作用。

同时接触界面上切向应力将传至围岩，将有利于围岩内部形成拱状的压应力带，这从卸荷岩体力学的角度上将增大围岩的稳定性；同时具有一定厚度且初期强度较高的喷层可视为拱形结构，巷道周边围岩应力状态从二维变成三维应力状态，巷道的稳定性也将提高（图 2-3-48）。

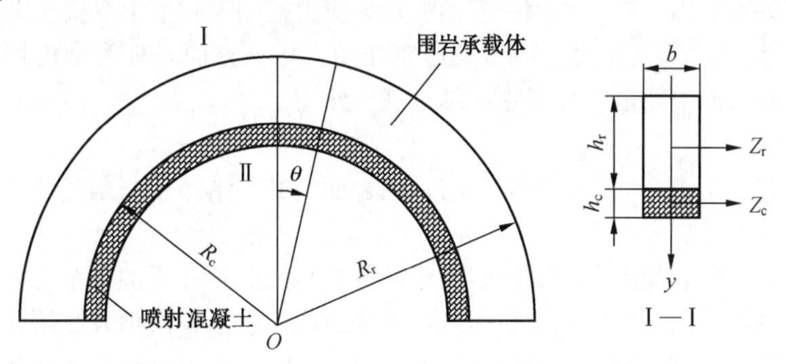

图 2-3-48　围岩-喷层复合曲梁及其截面示意图

(二) 强韧封层的作用机理

围岩的破坏可以分成两种主要形式，一是应力控制模式，即在连续性围岩中由于塑性变形导致的整体坍塌。二是结构控制破坏模式，即隧（巷）道周围块体或碎石的滑落。

1. 应力控制模式下喷层的作用

在应力控制模式下，由于把围岩看成连续体，随着开挖的进行，围岩应力会重新分布。伴随着围岩的变形，在巷道周围出现塑性区，若不及时控制，会有坍塌的危险。这时需要喷层支护形成一个承载环（拱），提供所需支护抗力，使围岩与支护结构共同作用维持围岩的稳定，如图 2-3-49 所示。

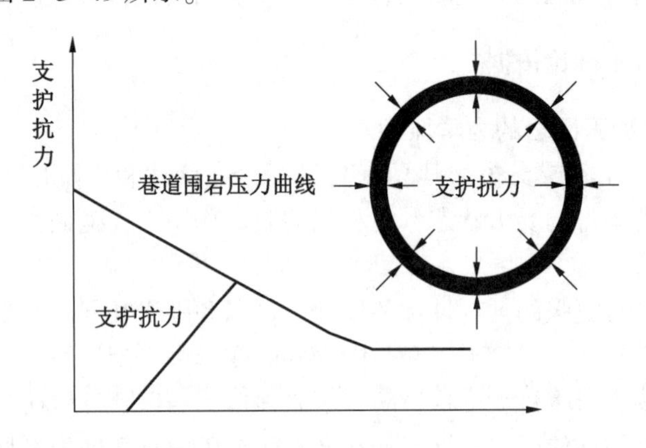

图 2-3-49 隧道围岩应力与支护抗力示意图

2. 结构控制模式下喷层的作用

在结构控制的情况下，喷层的主要作用是阻止块体的移动，尤其当与锚杆共同作用时，主要体现在阻止松散块体的掉落，传递锚杆间的受力方面。

3. 强韧封层的作用

综合强韧封层在应力控制和结构控制地质条件下的支护作用，薄层喷层的支护机理可以简单表示为承载壳作用、胶结作用、楔子作用（图 2-3-50）。

1）承载壳作用

承载壳作用主要体现在强韧封层作为一种独立的支护结构而受力。它通过自身的抗压抗弯强度承载外部的力。这一作用一方面表现为应力控制模式下承受横向纵向压力的“承载环（拱）”，其截面受正应力、剪力及弯矩作用；另一方面表现为结构控制模式下，实现了喷层与锚杆共同对松散块体紧密固结承载的作用。

2）胶结作用

胶结作用包括两个方面，一是喷层与基底岩面间的黏结作用，是喷层材料渗入围岩裂隙中的胶结作用。

喷层材料射入围岩裂隙中的黏结强度包括抗拉与抗剪条件下的黏结力。抗拉条件下主要体现为材料本身的附着强度及抗拉强度，强韧封层注重第一次喷浆必须开挖出巷道断面后进行立即喷浆，达到封堵、充填围岩表面坑洼和裂隙，充填材料在压剪状态下主要通过附着强度及自身材料的强度调高节理的内聚力。因此，喷层的胶结作用主要体现在附着强

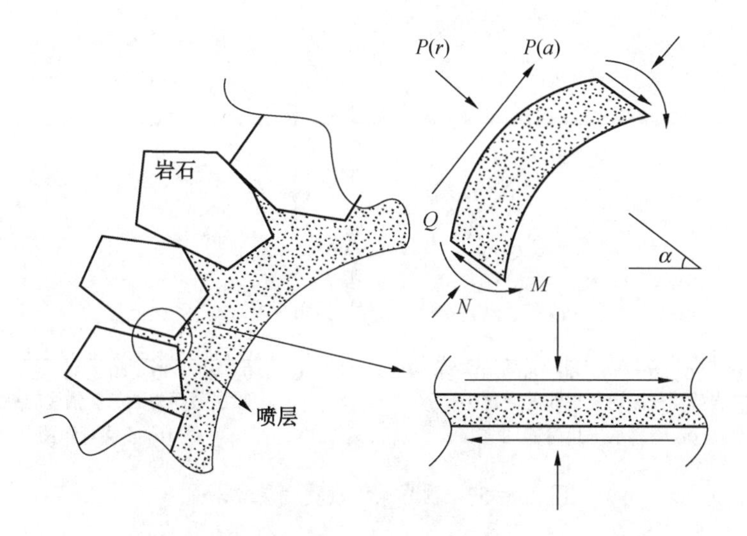

注：右上为表面喷层承载受力示意图，右下为喷层渗入裂隙部分受力示意图

图 2-3-50　喷层支护机理示意图

度和及时性上。

3）楔子作用

通过不受阻隔喷出的高速混凝土形成的喷层，施加正应力限制岩石在剪切过程中的剪胀，因此，当混凝土渗入裂隙，即块体周围空裂被充填后，岩块在下落过程中，由于没有足够的剪胀空间而保持围岩的稳定（图 2-3-51）。

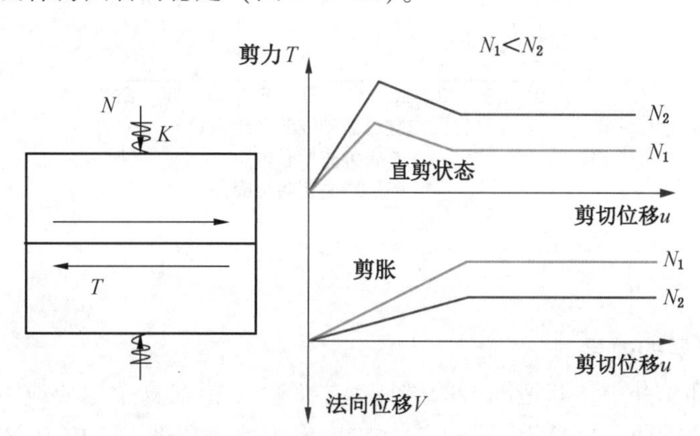

图 2-3-51　不同压力下节理直剪过程中剪力与剪胀的变化曲线

（三）强韧封层与周边围岩受力状况

巷道开挖后，开挖空间通常会使浅表围岩形成扰动区，这一区域的松动破碎状况将直接影响初期支护的强弱程度、巷道的稳定性以及施工的安全性。

强韧封层通过界面黏结使围岩从其封层接触面开始逐渐向围岩内部传递应力，使围岩由开挖表面逐渐向内部传递压应力，从卸荷岩体力学的观点，将有利于岩围的稳定（图 2-3-52、图 2-3-53）。

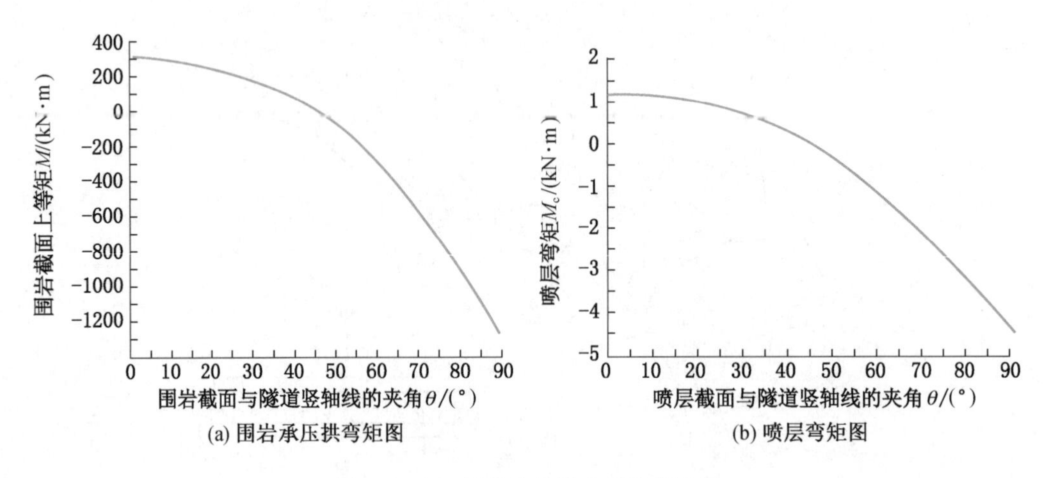

图 2-3-52 围岩承压拱及喷层弯矩图

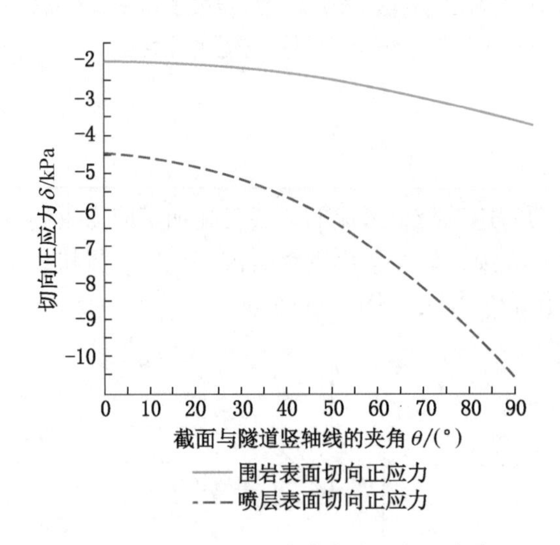

图 2-3-53 喷层与围岩各自表面切向应力图

(四) 强韧封层的效果

在大多数深部矿井中，巷道围岩的破坏，主要就是指在复杂地质应力作用下巷道顶、帮片落和支护壁的弯曲，这是由平行于这些表面发生剪切和最大主应力方向断裂面的扩展引起的（图 2-3-54）。

采用以钢丝绳为筋骨的混凝土喷层支护，正是解决这一问题的最佳办法。经验表明，使用钢丝绳（或钢筋束）为混凝土喷层的筋骨，$ML=4.0$ 岩爆所产生的巷道剧烈破坏的震动距离大约可从 140 m 减少到 60 m。在超过 100 kN 屈服点之后，具有40 mm 的多余屈服量。

强韧封层，作为主动支护体系中的第一个关键支护单元，采用多层次喷层之间设置钢丝绳为筋骨的喷浆层结构，每层之间以钢丝绳为筋骨，并通过锚杆盖盘压紧扣实，多喷层的固结，形成各喷层、筋骨钢丝绳和锚杆有机结合在一起，达到了具有强大的支、护、让、固高承载力的特点。喷层密贴密闭岩体，保证高质量的注浆效果。

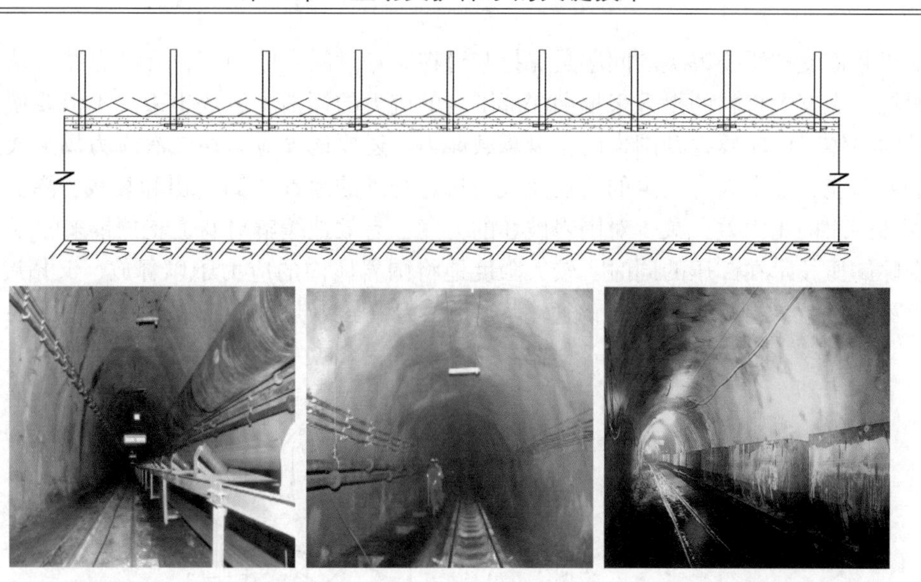

图 2-3-54　强韧喷层对围岩的密贴控制了围岩的松动并与锚杆联合固化围岩

采用强韧封层为多支护单元容错结构奠定了基础，为支护各单元后续作业创造了平行作业的空间，同时历经二十多年，十数万米巷道支护的施工，由于有强韧封层整体性和强韧性的作用，避免了巷道冒落和垮塌现象，起到了巷道支护层防止各种强冲压力下整体性高的积极作用。

第五节　激隙卸压技术

一、激隙卸压概念

激隙卸压技术，是针对深井高应力下，松软致密的煤体、膨胀黏连的泥岩和结构细实并在高压力作用下的难以注浆的复杂岩体，以新的设计理念和技术，在巷道断面中，选定合理的“卸”压部位，起到松脱和增大围岩中的软弱致密岩煤体层理面和裂隙的空隙率，以利于围岩原岩应力的释放和注浆浆液的流经线路通畅，达到释放围岩内部应力和扩大注浆的胶结范围，实现更好地固结围岩和提升其强度的目的，称之为激隙卸压。

在巷道断面中实施激隙卸压选择开挖部位时，既要保证能够使围岩达到充分卸压，又要保证不会因此对巷道支护结构造成破坏，减弱支护承载力，同时还能够防止给施工带来安全隐患和便于工程施工的效果。

二、研发激隙卸压支护技术的目的意义

（一）深井高应力环境下围岩状态

对于深井高应力环境下，新开拓或修复的巷道，由于原来的应力平衡被打破，应力需要找到新的平衡点，此时由于深部围岩与巷道的浅表围岩存在着很大的应力差，深部围岩应力有向浅表围岩压迫并最终趋于平衡的趋势，具体表现在巷道具有明显的矿压显现，使巷道收缩变形，释放应变能，直至巷道垮塌、应力趋于平衡为止。

对于巷道支护所要解决的问题是保持巷道在服务时间内的稳定，支护思路要从传统的强强对抗，靠支护材料的提升来抵御深部围岩的应力的桎梏中解放出来。不但要使支护成为强韧的整体，同时要提升围岩的自身承载能力，还要诱导应力在二次应力场形成过程中产生的变形能，经由人为设定的路径及人为选定合理的地点“卸”出和衰减，降低巷道浅部和深部围岩的压力差，减少对围岩破坏的力度，有效地缓解对巷道支护带来的压力。

激隙卸压技术在卸压的同时，较大限度地将围岩体内的应力予以释放，又拓展围岩裂隙，激发岩体中的裂隙和解理面，疏通注浆通道，为稳压胶结提供可靠的保证（图 2-3-55）。

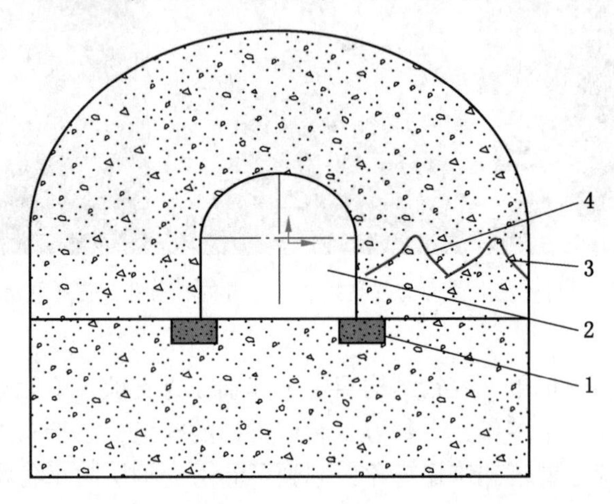

1—卸压槽；2—巷道；3—激隙卸压后的围岩应力曲线；4—激隙卸压前的围岩应力曲线

图 2-3-55 围岩应力曲线峰值向深部转移

为了更好地理解卸压的意义，首先应了解一些有关围岩碎胀变形的知识。

1. 围岩的碎胀变形理论

1）围岩碎胀变形的概念

当围岩应力超过围岩强度之后，围岩中将产生大量新的破坏缝，松动圈支护理论将单位体积内因裂缝与膨胀所产生的岩石体积的增加量定义为“碎胀应变”：碎胀变形反映的是岩石强度峰值以后的变形，其物理过程表现为破裂岩块在围岩应力作用下的滑移、错动和裂缝扩张程度的进一步增加的扩容，相对于强度峰值前质点连续变形的弹塑性变形而言，其变形量要大得多，如图 2-3-56 所示。

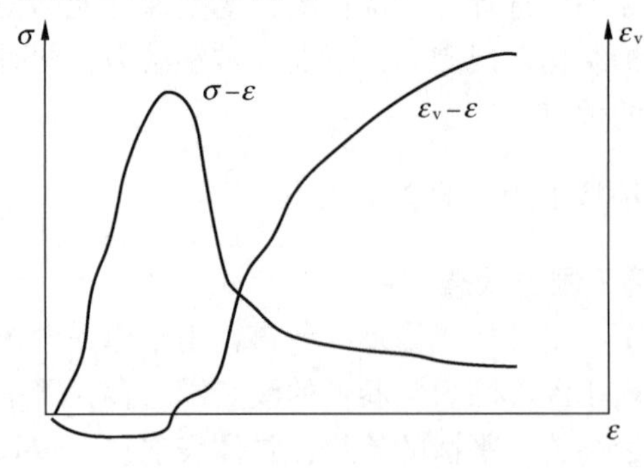

图 2-3-56 围岩变形曲线

2）围岩碎胀变形的影响因素

岩石性质对裂隙发育程度的影响，目前还没有充分的实验数据。一般情况下，岩石强度高的地层破裂岩块的块体较大，裂隙密度相对较低，但是裂隙的张开程度可能要大些；岩石强度低，围岩破裂成较小的岩块，裂隙密度大；松动范围测试时耦合水常从四周渗流出来，说明所产生的碎胀变形相对较大。一般在相同松动范围条件下，岩石强度低的围岩将产生较大的碎胀变形。

碎胀变形的大小与裂缝的发育扩张程度及其范围密切相关，其影响因素有围岩应变过程中的体积应变性质、松动范围、支护力及施工方式等。

3）围岩碎胀变形的性质

（1）松动范围的大小。围岩松动破坏是产生碎胀变形的根源。松动范围大，围岩中所产生的破裂缝就多，产生的碎胀变形量就大。反之，松动范围小，围岩的碎胀变形量就小。在松动范围从发展到稳定的过程中，开巷初期靠近巷道表面所产生的破裂缝，在深部围岩碎胀变形压力的推动下将继续向巷道内变形移动，裂隙的扩张程度会进一步加大，因此，大松动范围围岩中的裂隙数量及其扩张程度较中小松动范围围岩要大，碎胀变形量相应也较大。

（2）支护力与支护类型。围岩弹塑性变形是在较高的集中应力作用下产生的，刚性支护手段无法阻止它的产生和发展。碎胀变形是在岩体中残余应力作用下逐渐扩张产生的，尤其是岩石“碎胀二期”的流动变形阶段，围岩中应力水平很低，此时如能及时施加有效的支护力就能显著抑制破裂围岩的滑移变形，将围岩变形控制在“碎胀二期”流动变形的初始阶段，从而有效控制松动围岩的碎胀变形。工程实践证明，在一定范围内适当提高支护阻力，能有效抑制围岩的变形。

支护类型不同，支护与围岩的接触状态亦不同。锚喷支护是比较及时的支护，与围岩较为密贴，在围岩变形过程中能较快地产生支护阻力，控制碎胀变形的效果较好。外部支撑式的砌碹支护和架棚支护，其壁后充填密实度的高低，影响着支护实际起作用的时间。当采用支护体壁后注浆充填工艺后，能及时提供较高的支护阻力，支护效果好；仅用碎石充填或采用背板的支架，只有当围岩变形一段时间之后方起作用，围岩碎胀变形相应较大。此外，施工方法与工艺的不同，光爆效果的好坏，都影响围岩表层的破裂状况。

4）围岩碎胀变形分析

要确定围岩松动范围，并将巷道支护理论引向应用，必须对岩石在应力和多种外因（如水）作用下岩石应变的全过程进行深入的研究，才能最终揭开在开巷后围岩变形所造成的支护变形及发展过程，才能向支护理论定量研究靠近一步。因此，在对围岩松动范围支护理论进行全面论述之前，首先结合松动圈支护对岩石的全应力-应变过程进行分析，为松动范围支护理论的确定打下基础。

（1）围岩变形分类。变形压力是由于围岩变形受到支护的阻抗而产生的荷载，变形压力的大小不仅与围岩的变形量有关，而且与支护的刚度密切相关。围岩变形不同，变形压力的性质也不同，根据岩石全应力-应变过程曲线（图 2-3-57），围岩变形细分为以下几种情况：

①岩石强度峰值前弹性变形（$O \sim a$）段；一是加压初始段原始裂隙受压后压密的过

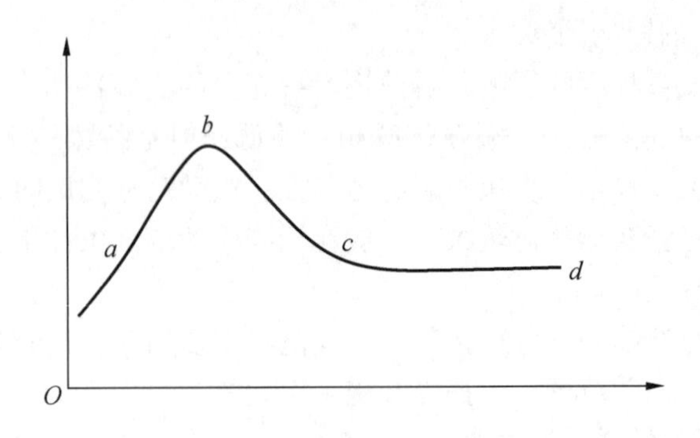

图 2-3-57　岩石的全应力-应变曲线

程，体积应变表现为负值；二是在压应力作用下所产生的弹性变形。

②弹塑性变形或扩容变形（$a \sim b$）段；随着应力的升高，岩块内的微裂隙不断产生与发展，声发射检测表明，当应力水平达到岩石峰值强度 0.65 倍以上时，声发射现象急增，试块内部新的微裂隙激增；达到岩石峰值强度点时，试块内部微裂隙形成贯穿破坏缝，但尚未滑移扩张。

这一阶段变形性质实质上属于岩石内部微裂隙产生所造成的体积膨胀（扩容）变形和岩块本身的弹塑性变形；由于峰值前试块内尚未形成宏观的贯穿裂缝，岩石的“应力-应变”关系总体上基本符合弹塑性力学和损伤力学的规律（体积应变 $\varepsilon v \neq 0$）。

③岩石强度峰值后滑移变形区（$b \sim c$）段：应力达到峰值强度后，裂缝进一步扩展，大量裂隙张开贯通，致使岩体产生“体积膨胀变形”，称之为“碎胀一期变形”。

由于裂隙的松弛卸载作用，破裂岩体中的应力由峰值降低到残余强度点的应力水平，破裂岩块也很快由峰值应力状态恢复到弹塑性应力状态，弹性变形基本恢复到相应应力级水平，岩块内微裂隙的发展也基本停止，扩容变形不再发生。

试块加载过程中，岩块经历了弹性、塑性的每一个阶段；试块破裂后，积蓄在块体内的弹性压缩变形能以裂缝扩张位移的方式释放出来，围岩总的变形特征表现为破坏岩块破裂缝的扩张。

④岩石强度峰值后无约束流动区（$c \sim d$）段：峰值强度以后的最后变形区段的应力水平较低，破裂岩块内部质点的弹塑性连续为形及损伤扩容变形基本不存在。在无约束或约束力很小的条件下，破裂块体在较低的应力作用之下，将沿破坏面无休止地滑移、错动或转动，产生较大的体积膨胀。我们将该阶段围岩的近乎自由的碎胀变形称为“碎胀二期变形”。

除以上将岩石变形阶段分为 4 种不同性质的变形之外，还有岩石的流变和吸水膨胀性变形。

⑤岩石流变：研究表明，岩石的长时强度低于瞬时或短时强度，苏联顿巴斯地区矿井岩石长时强度试验资料，有以下结论：

$$R_{\infty} = (0.7 \sim 0.75) R_0$$

式中　R_{∞}——岩石的长时强度；

　　　R_0——岩石的瞬时强度。

所以，随着岩石长时强度的降低，松动范围将随着时间的增长而进一步扩展，从而产生新的附加弹塑性变形、扩容变形和碎胀变形。岩石变形或应力随时间的增长而变化的性质，称之为岩石的流变变形。应力松弛、蠕变、弹性滞后和长时强度都是岩石的流变现象。

⑥岩石的吸水膨胀性变形：当巷道开掘在膨胀性地层中时，如果处理不当将产生很大的吸水膨胀性变形，其量值可能远大于岩石的弹塑性及碎胀变形量之和，由此而产生的膨胀性变形压力是软岩巷道支护破坏的重要原因之一。软岩中最典型、最难控制的一类当属膨胀岩，一般具有重塑性、崩解性、胀缩性、触变性、流变性等特性。软岩并不一定膨胀，但膨胀的岩石一般都属于软岩。蒙脱石等黏土矿物具有强烈的干缩与湿胀性，因而含量较高的软岩浸水后一般都表现出明显的体积增加，从而产生可观的膨胀压力而导致结构破坏。有的泥岩自由膨胀率可达 7.1%~35%，最大可达 128%~430%。

综上所述，影响巷道围岩收敛变形的主要因素只能是围岩的“碎胀变形”和“吸水膨胀变形”；开巷初期所发生的弹塑性、扩容变形量很小，在支护完成之前已部分释放，对支护不会产生太大压力。当碎胀变形使支架与围岩密贴之后，由于应力峰值向深部转移而产生的附加弹塑性扩容和流变变形才能作用于支护，产生变形压力。

一段时间之后逐渐变小；若是自由膨胀，膨胀势能将下降为零。岩石的膨胀

势能是破裂岩块运动变形的力源，在它的作用下，破裂岩块变形运动，深部围岩的膨胀势能推动浅部破裂岩块向巷道内移动，从而产生较大的碎胀变形量。

在破裂岩体的碎胀变形过程中，如试块周围无任何约束，碎胀变形可以自由释放；当其受到外界的约束则会产生碎胀变形力。我们把由于岩石碎胀变形对周围介质（支护）产生的变形压力定义为“碎胀力”，其数值与变形膨胀势能关系如图 2-3-58 所示。

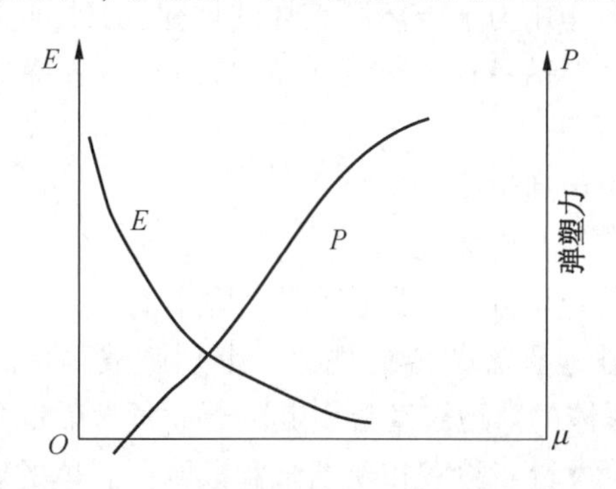

图 2-3-58　膨胀势能、碎胀力与变形的关系

碎胀力的大小并不独立，它不同于岩体应力，岩体应力可视为一种主动力，而碎胀力则是一种被动力，它不仅与破裂岩体碎胀变形有关，而且还与周围介质力学性质及约束状况有关。若试件破裂后没有外界约束，允许破裂块体自由滑移，则试块只有碎胀变形而没有碎胀力（图 2-3-59a）；若对试件施以刚性约束，则会产生很大的碎胀力，其数值与膨胀势能相当而不会有碎胀变形（图 2-3-59b）；若外界有约束（围岩与支护介质相互作用，共同变形）时，才会既产生碎胀变形，又有碎胀力（图 2-3-59c），其数值与支护阻力及刚度（支护类型）有关。

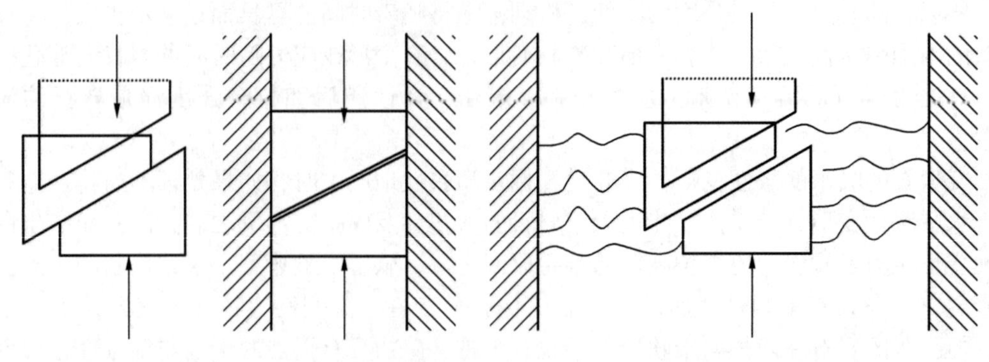

图 2-3-59 破裂块体碎胀力与碎胀变形

2. 炮震激隙理论

1）爆破理论

爆破理论就是研究炸药爆炸与爆破对象（目标）相互作用规律的有关理论。对于内部爆破（装药置于爆破对象内部），例如岩土爆破，就是研究炸药在岩土介质中爆炸后的能量利用及其分配，也就是研究炸药爆炸产生的冲击波、应力波、地震波在岩土中的传播和由此引起的介质破坏规律，以及在高温、高压爆生气体作用下介质的进一步破坏及其运动规律；对于外部爆破（装药与爆破对象之间有一定距离），它是一个复杂而特殊的研究系统。要阐明爆炸的历程、机理和规律，应包括以下研究内容：

（1）爆破的介质在什么作用力下破坏、破坏的规律及其影响因素。

（2）爆破介质的特性，包括目标（岩土）的结构、构造特征、动态力学性质及其对爆破效果的影响。

（3）爆炸能量在介质中传递速率。

（4）介质的动态断裂特性与破坏规律。

（5）介质破碎的块度及碎块分布、抛掷和堆积规律。

（6）空气冲击波与爆破地震波的传播规律、个别爆破碎块的飞散距离，以及由冲击波、地震波、个别飞石、爆体的落地震动等引起的爆破危害效应及其控制技术。

以岩石爆破为例，目前大量实验室和现场试验证明，岩体的爆破破碎有以下规律：

（1）应力波不仅使岩石的自由面产生片落，而且通过岩体原生裂隙激发出新的裂隙，或者促使原生裂隙进一步扩大。在应力波传播过程中，岩体破碎的特点是：原生裂隙的触发、裂隙生长、裂隙贯通、岩体破裂或破碎。

（2）加载速率对裂隙的成长有很大作用：作用缓慢的荷载有利于裂隙的贯通和形成较长的裂隙，而高速率的载荷容易产生较多裂隙，但却拟制了裂隙的贯通，只产生短裂隙。

（3）爆破高压气体对裂隙岩体的破碎作用很小，但它有应力波不可替代的作用：可以使因应力波破裂了的岩体进一步破碎和分离。

（4）岩体的结构面（岩体弱面的统称，包括节理、裂隙、层理等各种界面）

控制着岩体的破碎，它们远大于爆破作用力直接对岩体的破坏。

同其他学科对事物的认识规律一样，对爆破理论的研究也是由浅入深的。各国不同学者先后提出了各种各样的假说或理论，例如，最初提出了克服岩石重力和摩擦力的破坏假说，以后又相继提出了自由面与最小抵抗线原理、爆破流体力学理论，最大压应力、剪应力、拉应力强度理论，冲击波、应力波作用理论，能量强度理论，爆破断裂力学等理论。这些理论观点各异，有些相互矛盾，有些互相渗透，有些不够全面，存在片面性，而且大部分视爆体为连续均匀的介质，与实际情况尚有一定差距。目前，在爆破界比较倾向一致的是“爆炸冲击波、应力波与爆生气体共同作用”理论。

2）爆炸冲击波、应力波在固体介质内部及自由面影响下的破坏作用原理

爆炸冲击波破坏力最大，具有陡峭、超音速、波阵面参数突跃变化、波峰压力大大超过岩体的抗压强度，此时介质产生塑性变形或粉碎，形成压碎区。冲击波衰减后变成压缩波，造成介质的变性，出现裂隙、拉断，形成裂隙区。

装药在固体介质中爆炸，由于介质的非均质性、爆炸反应的特殊性（高温、高压、高速）等多方面因素的影响，爆破的破坏过程是非常复杂的。爆破的破坏过程是在极短时间内炸药能量的释放、传递和做功的过程。在这个过程中，荷载与介质相互作用。

瞬间爆炸气体压力的量级可达 $10^4 \sim 10^5$ MPa，已超过大多数岩石的抗压强度。紧挨装药的土石受到这种超高压冲击（温度可超过 3000 ℃），立即被压碎，成为熔融状塑性流态，由此产生一个强烈变形区，在均匀土石介质中形成滑动面系，其切线与装线中心引出的半径交角成 45°（三向受压状态必然在斜对角线方向出现剪切裂隙）。这个区域内土石被强烈压缩，并朝着离开装药的方向运动，并产生冲击波。

在冲击波作用下，介质结构遭到严重破坏，装药附近的岩土或被挤压，或被击碎成细微颗粒，形成空腔和压碎区。

由于岩石不可能是理想的弹性体，因此，应力波在岩石中的传播必然存在能量的耗损（如果岩石的厚度小于应力波的波长时，不存在能量的损耗，一般围岩的厚度远远大于应力波的波长，所以必然有能量的衰减）。天然岩体中广泛存在着大量的不连续面，包括如：断层、节理、裂隙等不同形态，在岩石工程中统称为弱面。岩石弱面的存在造成岩体的不连续和不均匀，对应力波（弹性能）的传递产生很大的影响。

当应力波通过围岩的弱面时，由于围岩的节理中存在大量的裂隙、断层，结构相对较松软，应力波对弱面的孔隙、断层进行挤压，引起岩石的压缩变形，使其储存一定的弹性能，也就是吸收了一部分的应力波，应力波通过节理时的衰减实质是传播过程中应力波振幅值的减小。应力波衰减后继续向围岩深部传播，直到整个应力场再次出现平衡、稳定状态。

此外，当应力波压强下降到一定程度时，原先在装药周围的岩石被压缩过程中积蓄的弹性变形能释放出来，应力波转变为卸载波，形成朝向爆炸中心的径向拉应力，当此拉应力大于岩石的动态抗拉强度极限时，岩石便被拉断，在已形成的径向裂隙间将产生环状裂隙。但此种情况在实际中遇到的较少。在径向裂缝与环向裂缝出现的同时，由于径向应力与切向应力共同作用的结果，又形成剪切裂缝。

在应力波作用下形成裂缝的同时，高压的爆炸气体的膨胀尖劈作用助长了裂缝的扩张。于是，纵横交错的裂缝，将岩石切割破碎，构成了破裂区，它是岩石被爆破破坏的主要区域。此时，入射到自由面上的应力波和从自由面反射回的反射应力波（包括反射

纵波和反射横波）进行叠加，就会在靠自由面一侧的岩体内构成非常复杂的动态应力场。

3）爆炸气体静压与爆炸应力波的综合破坏作用原理

（1）爆炸气体静压作用。爆破岩石时，岩体初期受到装药爆炸所激起的应力波的作用，但由它形成的应力状态或动态应力场将很快消失，后期主要受到爆炸气体的静压作用，且作用时间较长。

（2）气体静压与应力波综合作用。一般来说，岩体内最初形成的裂缝是由应力波造成的，随后爆炸气体渗入裂隙并在静压作用下，使应力波形成的裂隙进一步扩展。

影响岩石破碎度的一个重要参数是单位耗药量，在实际工作中一般通过试验先确定出破碎度与单位耗药量之间的关系，然后按要求达到的破碎度确定单位耗药量，作为计算其他爆破参数的依据；单位耗药量通常根据经验资料和有关手册选取，并根据试验进行修正。

巷道和硐室开挖以后，破坏了岩体的原岩应力状态，引起应力重新分布。对于深井“小区域高应力富含带”，应力重新分布的时间快慢、强烈程度和方向都有极其复杂的不确定性，对巷道支护的破坏相应是长期、强烈和复杂多变的，所以即使较强的支护也是很难抵御的。

在“小区域高应力富含带”的高应力作用下，煤层和软岩的致密度相应增加，也给锚注支护的注浆浆液的扩散带来了较大的困难。锚注支护关键是注浆效果，注浆效果关键是注浆的扩散半径和密实固结程度，不能弱化围岩应力，拓展致密软弱岩煤体的裂隙，锚注支护的支护功能就无法实现。

所以弱化转移深部高应力区域的高应力，拓展浅部围岩的裂隙，就是我们面对控制深井高应力稳定巷道支护的技术难题，通过研发和实践，以激隙卸压关键技术，解决了这一难题。

三、传统卸压方式

（一）在巷道周边围岩中开槽、切缝、钻孔或进行松动爆破对巷道进行卸压

在强强支护的强力支撑情况下，往往也难以控制软弱围岩产生较大的膨胀变形。在生产实践中，煤矿巷道建设者们常在围岩深处弱化区采用切槽、钻孔、松动爆破等方法，在围岩深处形成弱化区，可为围岩的膨胀变形提供一定的变形补偿空间，使集中应力向围岩深部转移，该处岩体处于三向应力状态，有较高强度，可以承受支承压力的作用而不破坏。于是在应力增高区内形成了一圈“自承岩环”。自承岩环主要承受集中力，充分发挥岩体的自承能力。在自承岩环的支承和保护下，使卸压区内的岩体保持稳定（图2-3-60）。

1. 切缝卸压

底板切缝可使底板中的最大水平挤压力向深部转移，使底板在可能因岩层褶皱而底鼓的范围向岩体深部转移。但是切缝法的应用范围是有限的，从原理上讲切缝能起到一定的应力释放和适用于防治挠曲褶皱性的底鼓，然而在中硬以上岩层中开挖切缝很困难，目前也较难实现。

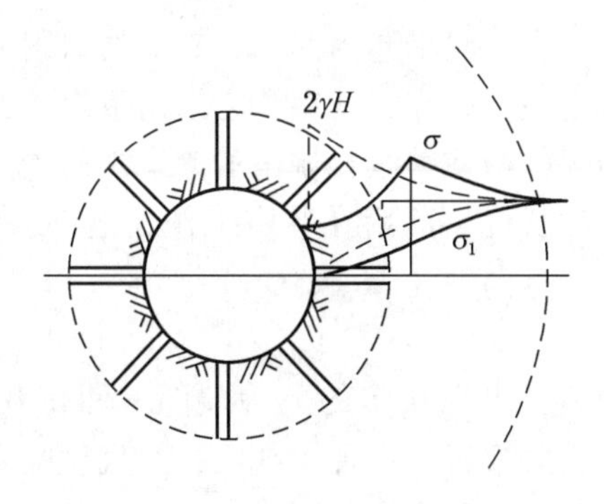

图 2-3-60　巷道周边卸压后的应力分布

2. 钻孔卸压

通过在底板打钻孔来降低直接底板中的应力峰值，从而提高底板的承载能力，防止底鼓，配合底板注浆对稳定底板、防止底鼓十分有意义，同时也是在实践中可行和极其有效的方法，目前在一些矿区有所应用。

(1) 横向钻孔。采用钻孔以削弱巷道围岩。钻孔之间的煤体遭到破坏，因此，支承压力带向岩体深部转移达一个钻孔长度的深部。钻孔间煤体破坏保证了支承卸载带中岩层的均匀弯曲。

(2) 纵向钻孔。如图 2-3-61 所示，沿煤层先垂直于巷道掘进方向开一些缺口，从其中钻一排平行于巷道轴的超前钻孔，以切割出具有不同承载能力（不同宽度）的条带状煤柱。条带状煤柱的承载能力随远离被保护的巷道朝着煤体方向增加。因而，在随后掘进的巷道地带区，岩体的卸载是通过被钻孔削弱的刚性（可缩性）可变的煤带来实现。

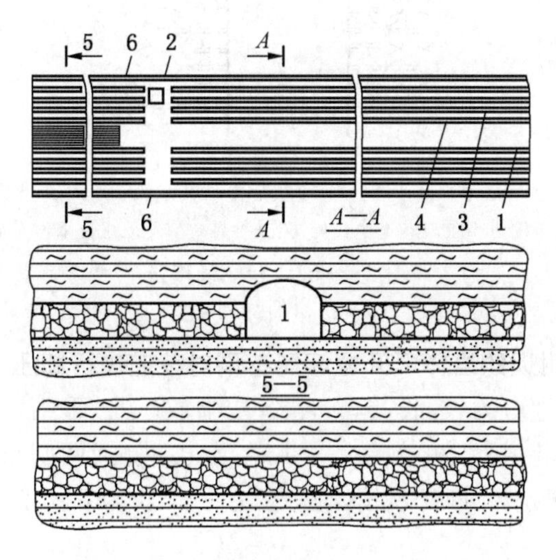

图 2-3-61　在预先卸压的岩体中保护巷道

巷道在预先卸载岩体中掘进，并且在整个服务期间用刚性可变的煤带保护，它可以通过将支承压力转移到岩体深部从而降低被保护巷道周围的应力。

在采用壁式开采方法时，在运输平巷内回采小巷的切口附近安装钻眼设备，并在煤层平面中钻进长度尽量大的一排钻孔。在卸载钻孔之间留下煤柱，煤柱的承载能力从巷道周边向煤体深部增加，最小的煤柱留在继续要掘进的巷道断面中。然后在已卸载煤体的中部掘进巷道，其长度等于钻孔的长度，此后在巷道工作面上部岩体中沿巷道两侧开切硐室，以安装钻眼设备，并钻进下一排向钻孔。

3. 松动爆破卸压

在底板内进行松动爆破后，出现众多的人为裂隙，使得巷道底部围岩与深部岩体脱离，原来处于高应力状态下的底板岩层出现卸载区，并且使围岩深部的应力得到释放和转移。然而在施工中难以定量掌握，现场操作困难较大。

4. 药壶爆破

药壶爆破是在炮眼底部先少量装药爆破成壶状，再装药爆破不破裂岩体表面。

U. L. 切尔尼亚克教授提出用爆破法卸压。这种方法的实质是用爆破法在靠近巷道周边的煤层底板中形成岩石松动带，由于存在巷道岩石松动带，使得最大支承压力转移到岩体及煤柱深部。确定爆破参数时，应考虑煤层底板岩石性质及厚度，软岩巷道底鼓岩层深度一般为巷宽的 0.7 倍左右（图 2-3-62）。

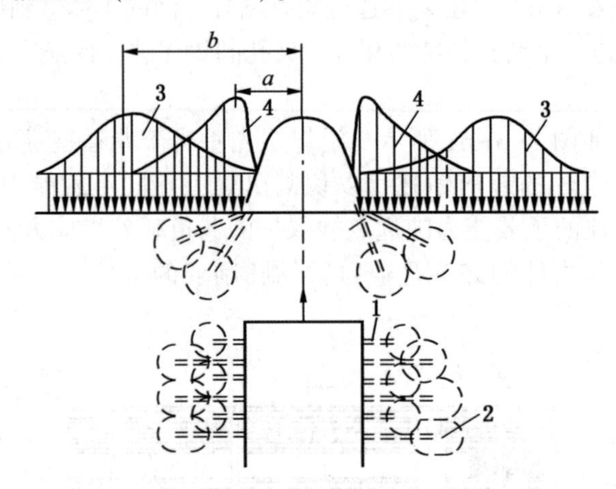

1—炮眼；2—爆破后围岩松动区域；3—爆破后支承压力分布；4—爆破前支承压力分布；
a—爆破前支承压力峰值距巷道中线距离；b—爆破后支承压力峰值距巷道中线距离

图 2-3-62 药壶爆破法

（二）在巷道周围附近的岩体中开掘卸压巷硐对巷道进行卸压（导硐法）

在开采深度较大、地应力较高、围岩较松软的情况下，采用常用的钢材等加强支护办法仍达不到理想的保持巷道稳定的效果。采用在巷道一侧或两侧布置开掘卸压巷硐，则是这种情况下提高巷道稳定性的有效技术途径之一。导硐法施工成本高，周期长，难度较大。

（三）利用卸压开采的方法对巷道进行卸压

利用煤层开采所引起的围岩应力重新分布特征，将巷道布置在采空区下方的应力降低区内，是有效改善巷道维修状况的技术措施之一。例如利用巷道上方的采煤工作面跨采对巷道进行卸压，利用掘前预采、在卸压区内掘巷等方法对巷道卸压。众所周知，位于煤层底板中的巷道，如处于应力增高区内，必将承受较大的集中应力而极易遭到破坏；反之，若将巷道置于应力降低区内，则易于保持巷道稳定。

根据这一特征，为了有利于煤层底板中巷道的维护，可在巷道上方的煤层中布置采煤工作面进行跨采，或在巷道掘进前进行预采，待采空区内岩层垮落稳定后再在煤层底板的应力降低区内掘进巷道。由于井下煤层分布不尽相同，此种卸压方法受到很大限制。

以上从理论、技术和工艺上提出的几种卸压方式，由于存在着卸压效果、卸压具体施工和巷道所处环境的制约，在生产实际应用中仍存在诸多问题。

（1）巷道周边围岩中切缝开槽和钻孔打洞，施工设备复杂，实际卸压效果很小。

（2）在巷道周围附近的岩体中开掘卸压巷硐对巷道进行卸压（导硐法），一是工程量太大；二是一大部分巷道硐室周边不允许再开掘巷道；三是卸压效果只是单方向的，在深井高应力区域效果不好，还可能使围岩内形成非对称应力，给巷道支护稳定带来不必要的影响。

（3）利用卸压开采的方法对巷道进行卸压，局限性太大，它只是在工作面上下回采巷道，同时成熟的沿空留巷技术已经解决了这些巷道的支护问题。

（4）松动爆破卸压同样具有很大的局限性，巷道硐室的作业环境、巷道围岩条件和施工的复杂性及安全性限制了它的使用范围，通常只是在高应力区域、硬岩和大断面巷道中的合适部位，采取松动爆破卸压技术。

综合实际经验，得出采用底板卸压法来控制深部巷道底鼓，通过在巷道两角底板布置底板卸压槽，巷道围岩发生变形，巷道两帮和顶底板中高应力向深部围岩转移，巷道浅部围岩应力降低，能够明显改善巷道围岩应力场。有利于充分发挥深部围岩的承载能力，减小浅部围压的支护阻力，从而降低巷道的支护难度，达到有效维护巷道围岩稳定的目的。

深部巷道开挖支护以后，距离迎头 5 m 左右，在巷道两角底板开挖两个矩形卸压槽，以巷道两帮边界线为卸压槽对称线，利用风镐人工或挖掘机及小炮震动，掘出宽度为 600~1000 mm、深度为 600~800 mm 的卸压槽沟，是有利于卸压和开挖的最佳优选位置。

卸压槽在底板形成两个人为的“自增弱结构空间”，可以主动、自由和充分释放浅部围岩的高应力。当出现巷道底角卸压槽内破碎岩石被压实和压密，吸收底板围岩变形量，说明“自增弱结构空间”实现了对巷道围岩和底板高应力的释放和巷道围岩的松脱，改善了巷道围岩应力分布状况和内部结构。

通常卸压槽掘出 10~15 天以后，巷道顶底板和两帮围岩应力进行了充分释放，主要表现为围岩发生移动，在围岩中出现新的裂隙或者原有闭合裂隙进一步扩展和张开。此时需要对巷道底板进行注浆加固，并对两角底板卸压槽利用混凝土充填充实，在巷道底角围岩形成两个“强结构”板块。

巷道底角的“软弱置换-空悬卸压-底角板块”支护结构，有效地实现了我们卸压松脱围岩的目的。当巷道两帮变形和顶板下沉速度达到我们预控的要求后，再对巷道两帮和顶板进行注浆加固。以上措施从提高巷道围岩支护强度的和降低围岩应力两个方面，增强和提升了锚注支护各支护单元的支护能力（图 2-3-63~图 2-3-65）。

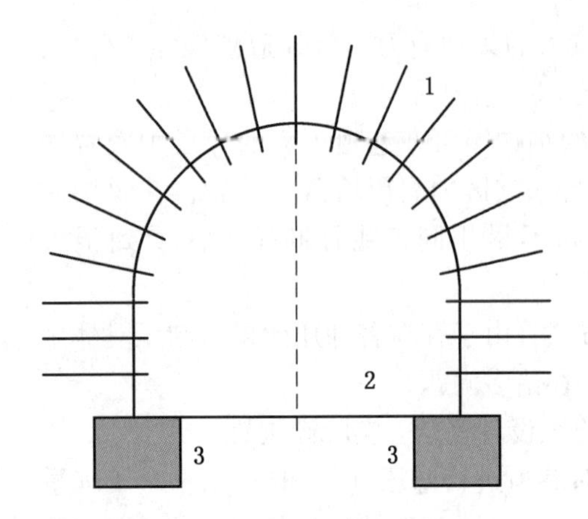

1—锚杆；2—巷道底板；3—卸压-强化槽

图 2-3-63　锚喷支护巷道剖面图

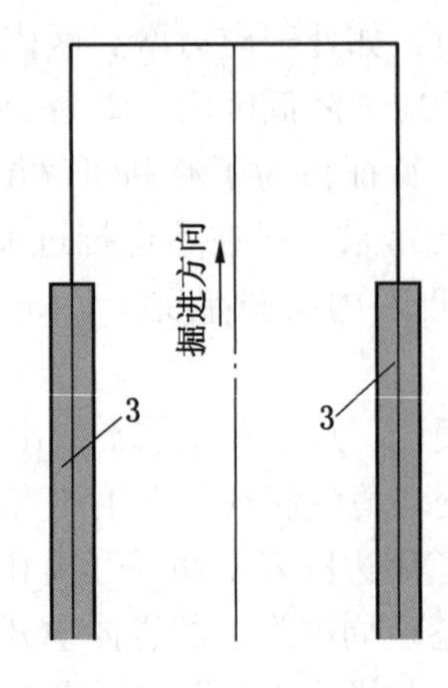

3—卸压-强化槽

图 2-3-64　对于绞车房机电硐室的卸压槽 600~1600 mm

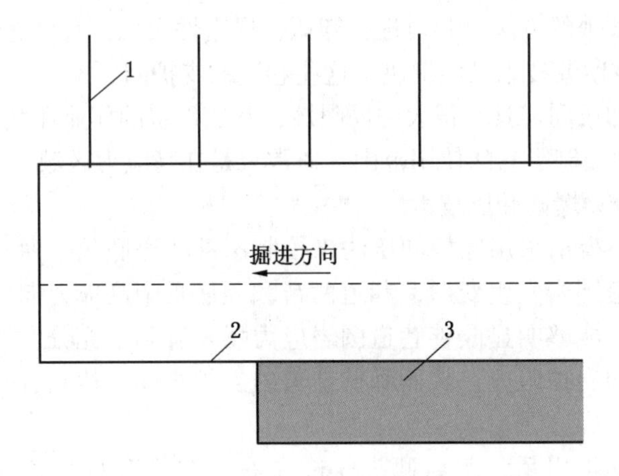

1—锚杆；2—巷道底板；3—卸压-强化槽

图 2-3-65　巷道轴向剖面图

（四）巷道两帮底角和大断面巷道底板中间部位开挖卸压槽的选择

选择巷道两帮底角和大断面巷道底板中间部位开挖卸压槽的可行性和优越性如下：

（1）在巷道断面中，不会因此对巷道支护的整体结构造成破坏，不会给施工过程带来安全隐患。

（2）选取在巷道的两个底角，是因为在巷道两帮开挖卸压槽后两帮的底角形成空悬，空悬中的巷道两帮的围岩就会松脱和位移，巷道两帮围岩的松脱和位移同时也会扰动顶板围岩，也就起到对巷道围岩整体的卸压效果。

（3）选取巷道两帮底角开挖卸压槽，也是人工开挖、机械开挖、爆破震动等施工工艺有效实施的最佳部位。

（4）选取巷道两帮底角开挖卸压槽，有利于施工锚杆、铺设钢丝绳和混凝土浇筑等相应的支护工程施工作业。

（5）选取巷道两帮底角开挖卸压槽，实现了强固底角支护，对巷道整体支护技术起到有力的支撑。

四、开挖卸压槽的数值模拟研究

实践证明，在巷道应力集中的关键部位开挖卸压槽，能增加围岩中的弱面从而提高其空隙率，有利于原岩应力的释放和注浆浆液的流经线路通畅，从而达到释放围岩内部应力和提高注浆后围岩的胶结范围的效果。

由于卸压槽开在围岩的应力集中处，开挖后卸压槽必然由于应力而发生变形（空间缩小），其附近围岩产生一定的膨胀变形，进而使围岩内产生一定的裂隙，同时裂隙向深部围岩扩展，因而能够释放、缓释一定的应力（能量），并使巷道的高应力集中区向巷道深部转移，使巷道周边应力进入一个相对稳定的阶段。

开挖卸压槽增加了巷道底板自由面宽度，在高水平应力作用下，卸压槽下部围岩向开挖空间变形，当变形达到一定范围时底板围岩发生拉伸破坏，导致围岩中裂隙不断向深部扩展，围岩塑性破坏区域增加，底板水平应力的低应力区域范围增加。而在此范围内底板围岩所能承受的应力减小，高应力在底板浅部围岩中失去能够依托的岩体物理力学条件而向围岩深部未被塑性破坏的区域转移，从而实现底板围岩卸压。

一般情况下的软岩巷道硐室的卸压槽开挖，其宽度为 600~1000 mm，深度为 600~800 mm。对于安装有大型固定设备的硐室，要加大卸压槽开挖的宽度和深度。

对于安装有大型固定设备的机头或绞车房等硐室来讲，如果硐室发生一定的底鼓，将会造成大型设备底座基础倾斜，直接影响到设备的正常运转，甚至出现停产维修的局面，为保证此类硐室的稳定，一般要加大卸压槽开挖的深度和宽度，深度超过设备基础深度 200 mm（图 2-3-66）。

（一）卸压槽合理参数数值模拟研究一

为研究深井复杂地质环境中巷道支护频发的破坏失稳现状，采用离散元数值模拟方法，分析研究卸压槽在激隙贯通、应力转移和注浆固化中的关键作用，在卸压槽空间、部位、支护节点上，探索对围岩应力进行转化、缓释和阻断的有效途径，从而对改变、减弱和衰减深部围岩叠加应力对支护强烈破坏作用有科学的认识。

为此我们以平煤股份八矿二水平丁二采区轨道下山上部绞车房硐室为试验巷道，分析巷道卸压对于围岩应力、裂隙拓展的影响，阐明卸压槽对于深部矿井软岩巷道围岩的应力转移作用和浅表裂隙扩展作用，利用离散元数值计算软件 UDEC，进而提出合理的卸压参数，为现场施工提供依据。

1. 工程背景

平煤股份八矿二水平丁二采区轨道下山上部绞车房硐室，位于矿井第二水平，硐室埋深 570 m。硐室位于丁 5-6 煤层底板泥岩、煤线和砂质泥岩层中，距煤层底板 15 m 左右。由于硐室围岩为破碎和软弱岩煤体，且围岩应力场复杂，因此绞车房硐室发生底鼓和两帮内移，主要表现为顶板下沉、底板鼓起和两帮出现开裂现象。原始支护采用锚喷支护的绞车房硐室长期变形之后，顶板下沉量和两帮移近量达到 1.0~2.0 m。由于硐室围岩变形以后松动破碎，锚杆托盘与围岩表面难以密贴，锚杆支护失效，锚固力为零，锚喷支护的硐室处于无支护状态。硐室变形破坏以后，断面利用率低，已经影响到绞车房的正常使用。

为保证绞车房硐室满足安全使用的要求，2015 年下半年平煤八矿决定对绞车房硐室进行扩帮翻修，增大硐室的有效断面。翻修后硐室断面仍然为直墙半圆拱形，宽度为 5.8 m，

图 2-3-66 卸压槽开挖情况

高度为 5. 28 m。同时在翻修过程中绞车房硐室两侧的底角开挖卸压槽，对硐室围岩进行卸压处理，卸压槽参数宽度×深度为 800 mm×1800 mm，卸压槽长度为硐室长度。卸压后硐室围岩中出现一些新的裂隙，提高围岩的可注性能，以便后期对硐室围岩进行注浆加固，提高锚杆的锚固力和围岩的承载能力。

由于硐室底板卸压槽参数包括宽度和深度，卸压以后直接影响到围岩中新的裂隙产生和发育程度，最终影响到围岩注浆参数和注浆效果。因此利用数值计算软件 UDEC 模拟研究卸压前后绞车房硐室围岩的应力场和位移场的变化，优化出合理的卸压槽参数，为现场施工提供直接参考具有重要的现实意义。

2. 数值计算力学模型建立

依据绞车房硐室揭露和周围钻孔柱状图（图 2-3-67），可以得出硐室围岩柱状图。沿着硐室轴向方向做一个剖面，选取单位宽度的煤岩层作为数值模拟计算的数学力学模型，如图 2-3-68 所示。

柱状 1:1000	分层厚度/m	岩性	岩性描述
	3.20	细砂岩	灰色细砂岩，下部含劣质煤两层
	3.00	中砂岩	灰白色中粒长石砂岩，底部含泥质角砾块
	2.00	丁5煤层	丁5煤块状，厚0.58～2.33 m
	3.30	粗砂岩	丁6顶板在井田中西段部分为中至粗粒砂岩
	3.50	丁6煤层	丁6煤，鳞片状，厚0.58～3.8 m
	19.0	砂质泥岩	砂质泥岩，含菱铁矿结核，含化石
	18.0	泥岩	斑块状泥岩，含菱铁矿结核
	8.00	砂质泥岩	砂质泥岩，含菱铁矿结核，含化石

图 2-3-67　钻孔柱状图

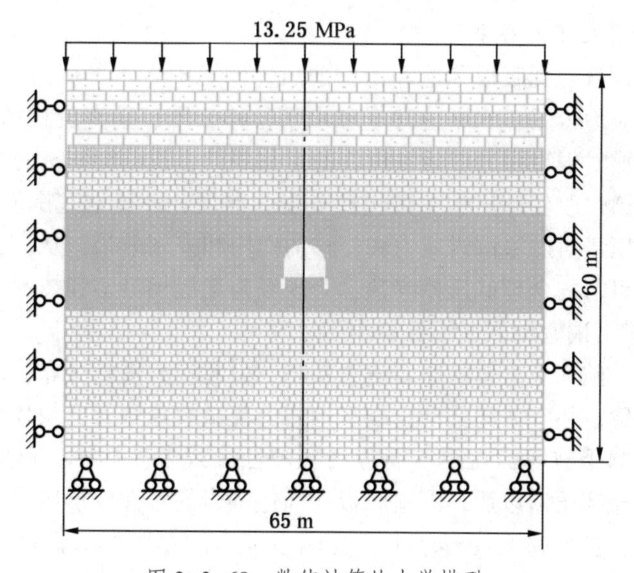

图 2-3-68　数值计算的力学模型

计算模型高度 60 m、宽度 65 m。硐室为拱形断面，硐室参数采用现场实际尺寸，即宽度为 5.8 m，高度为 5.28 m。在硐室底板砂质泥岩中，开挖出一定尺寸的卸压槽。卸压槽宽度为 0.8~1.2 m，深度为 1.5~2.5 m 不等。通过改变卸压槽的尺寸，计算出卸压槽对硐室围岩应力场和位移场的影响。

依据平煤八矿煤岩物理力学参数测试报告，结合实际揭露的硐室围岩岩性和节理裂隙发育状况，综合考虑选取计算模型的煤岩层和煤岩层层面（接触面）物理力学参数见表 2-3-2。模型上部边界条件简化为载荷边界条件，载荷分布形式简化为均布载荷，载荷值与上覆岩层的重力（$\sum\gamma h$）相等，即 $q=\sum\gamma h=13.25$ MPa。根据平煤八矿矿区地应力测量结果可知，该地区水平侧压系数 λ 为 1.8，则模型上部边界水平应力 23.85 MPa。模型下部边界为底板岩层，简化为固支边界条件，即在 x 和 y 方向的位移量均为 0。模型两侧简化为简支边界条件，即在 y 方向上可以运动，在 x 方向上的位移量为 0（图 2-3-68）。

表 2-3-2　煤岩层物理力学参数

煤岩层岩性	层厚/m	密度/($kg\cdot m^{-3}$)	体积模量/GPa	剪切模量/GPa	内聚力/MPa	内摩擦角/(°)	抗拉强度/MPa
细砂岩	3.2	2500	3.42	2.81	1.83	29	1.88
中砂岩	3.0	2650	3.78	2.69	2.51	30	2.93
煤	2.0	1300	0.84	0.46	0.67	18	0.76
粗砂岩	3.3	2700	3.82	2.75	3.13	32	3.59
煤	3.5	1300	0.84	0.46	1.67	18	0.76
砂质泥岩	8.5	2300	2.57	2.03	1.55	27	1.62
砂质泥岩	10.5	2300	2.57	2.03	1.55	27	1.62
泥岩	18.0	2000	1.76	1.58	1.34	22	1.30
砂质泥岩	8.0	2300	2.57	2.03	1.55	27	1.62

3. 数值模拟计算结果及分析

通过数值模拟计算得到底板开挖卸压槽前后，硐室围岩水平应力场和水平应力云图、垂直应力场和垂直应力云图、水平位移场和水平位移云图、垂直位移场和垂直位移云图。通过分析开挖卸压槽对硐室围岩应力和位移的变化规律，说明卸压槽的卸压作用原理。

在此基础上，通过改变卸压槽参数包括宽度和深度，计算硐室围岩应力场和位移场，分析不同参数的卸压槽对硐室围岩应力和位移的作用和控制效果，从而优化出围岩卸压效果明显、施工技术可行的合理卸压槽参数，为现场施工提供借鉴和技术支撑。

1）开挖卸压槽对硐室围岩变形控制作用原理

硐室开挖以后，破坏了岩体的原岩应力状态，引起应力重新分布，硐室顶底板和两帮围岩发生变形并向硐室临空方向移动，硐室围岩内部微裂隙张开，块体切割出现破碎，周边岩体的完整结构遭受破坏，在硐室周边出现塑性区或者破坏区，形成了应力开挖降低区。当硐室底板开挖卸压槽以后，硐室底板和周边围岩的塑性变形区范围以及该区内遭破坏岩体的塑性变形、扩容膨胀变形增大，为硐室围岩的膨胀变形提供一定的变形补偿空间，使围岩集中应力进一步向围岩深部转移。

下面数值计算底板开挖卸压槽（宽度 800 mm，深度 1800 mm）前后硐室围岩的应力场和位移场，通过分析硐室围岩应力和位移变化特征，说明卸压槽的卸压效果。

绞车房硐室围岩数值计算模型是沿着硐室顶底板岩层选取单位宽度的垂直剖面建立的一个平面应变模型。模型长 65 m，高 60 m，从下边界至上边界共划分为 9 个煤岩层。根据计算网格的离散原则，网格划分越细，数值计算的结果越精确，但由于模型计算范围较大和计算机容量限制，不能将网格划分得非常细。将硐室巷道所在岩层的网格划分得较细，长度取 0. 25 m；煤层的网格划分长度取 0. 5 m；根据岩性、厚度和与硐室距离的远近等因素，综合确定其他岩层的网格划分，网格长度在 0. 5 ~ 1. 7 m 不等。模型共划分为 10004 个网格，16008 个节点。

2）开挖卸压槽前后硐室围岩应力场和应力云图特征

根据数值计算的结果，得出卸压前后硐室围岩应力场和应力云图，如图 2-3-69、图 2-3-70所示。

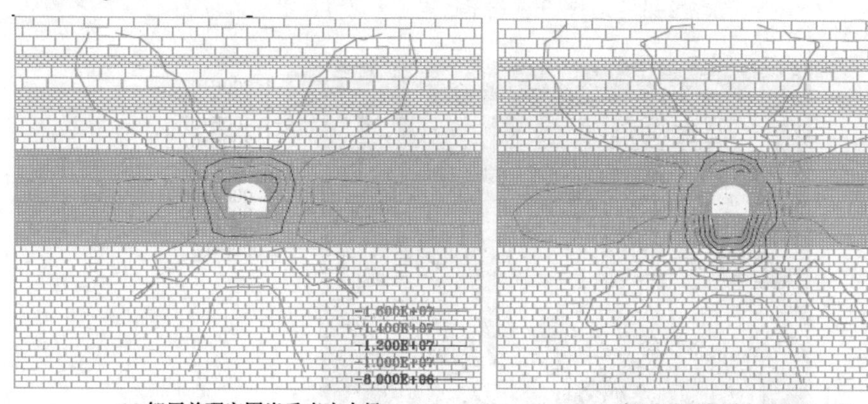

(a) 卸压前硐室围岩垂直应力场　(b) 卸压后硐室围岩垂直应力场

图 2-3-69　卸压前后硐室围岩垂直应力场

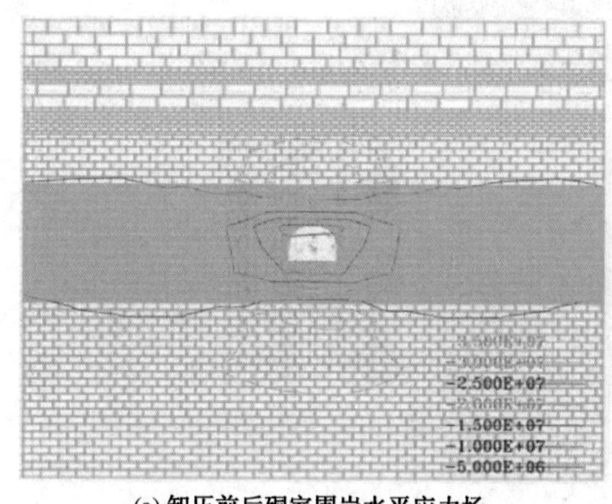

(a) 卸压前后硐室围岩水平应力场

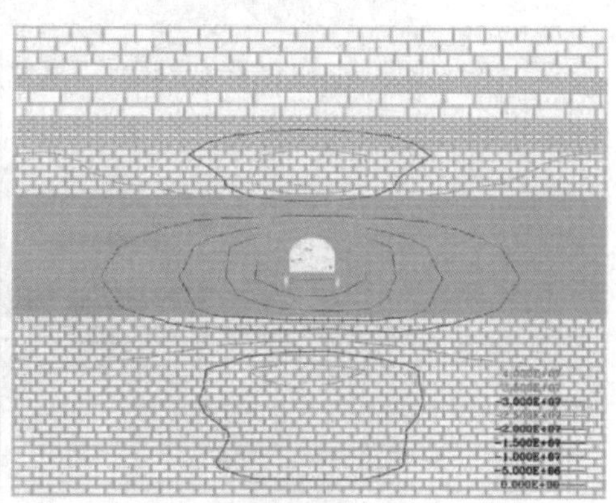

(b) 卸压后硐室围岩水平应力场

图 2-3-70　卸压前后硐室围岩水平应力场

由图 2-3-69、图 2-3-70 可知，开挖卸压槽以后，硐室浅部围岩应力降低区明显增大，卸压后硐室深部围岩高应力范围向更深部围岩转移。

根据 UDEC 数值计算结果，得出卸压前后围岩应力场云图，如图 2-3-71 ~ 图 2-3-74 所示。

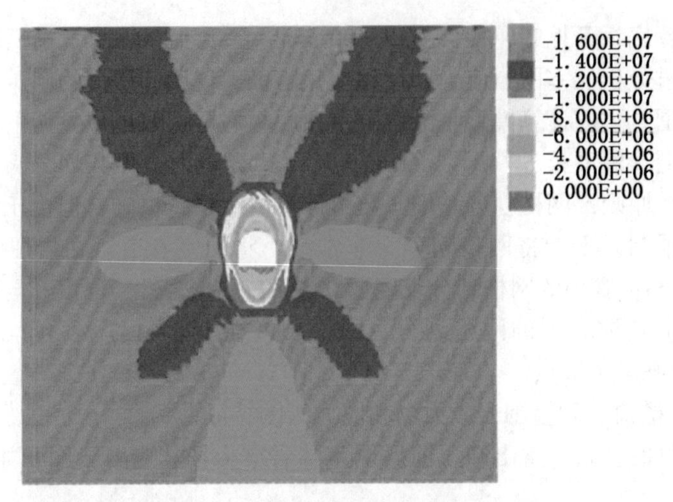

图 2-3-71　卸压前硐室围岩垂直应力云图

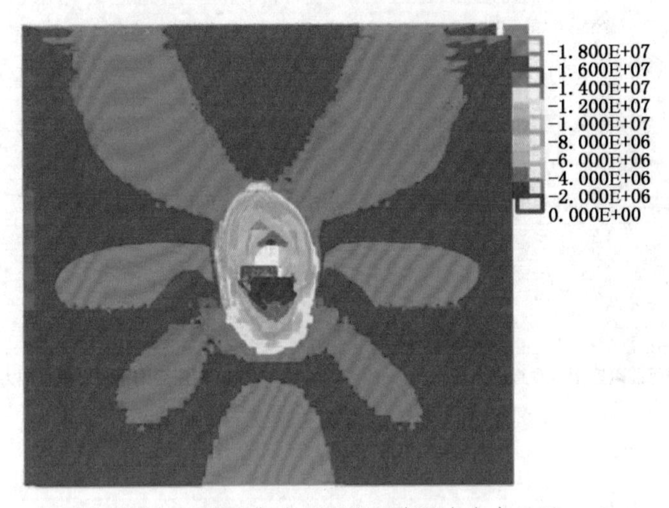

图 2-3-72　卸压后硐室围岩垂直应力云图

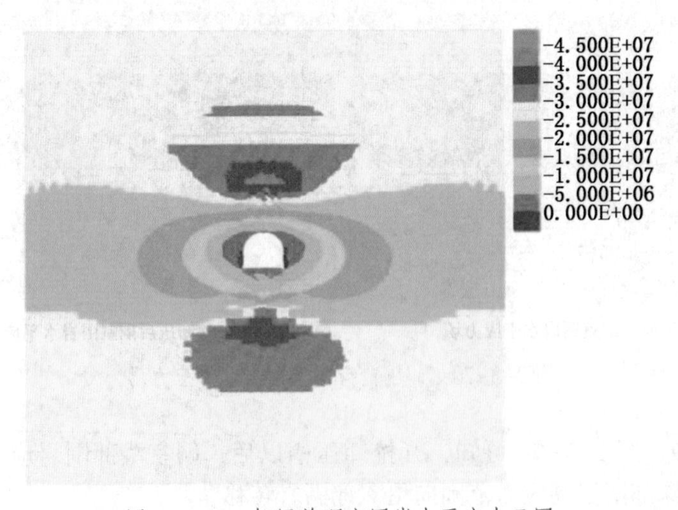

图 2-3-73　卸压前硐室围岩水平应力云图

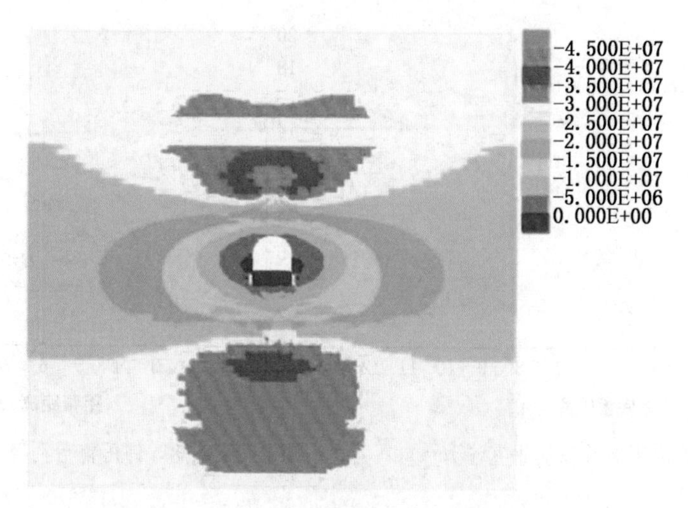

图 2-3-74　卸压后围岩水平应力云图

3）开挖卸压槽前后硐室围岩应力变化规律

为了研究卸压槽对围岩应力的影响，在硐室顶底板中线、两帮墙高的水平线位置，分别设置长度为 12 m 的观测线。在各自观测线上，从硐室表面围岩直到 5 m 深部区间的围岩范围内，间隔 0.5 m 设置一个观测点；之后 5~12 m 范围内的深部围岩间隔 1 m 设置 1 个测点。每条观测线上共设置 18 个观测点，通过观测线上观测点的应力和位移的变化来说明硐室围岩应力和位移的变化。

在 UDEC 数值模拟计算的基础上，整理出开挖卸压槽前后硐室围岩不同观测线上测点的应力变化规律，如图 2-3-75~图 2-3-80 所示。

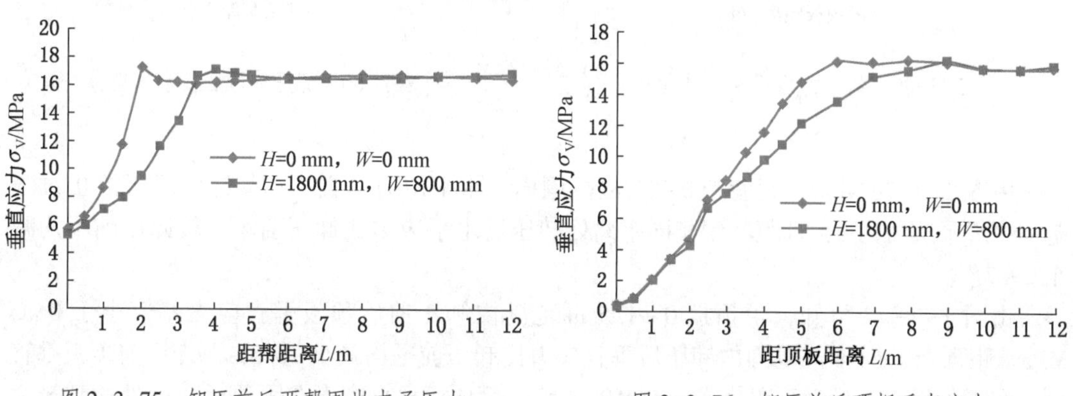

图 2-3-75　卸压前后两帮围岩支承压力　　图 2-3-76　卸压前后顶板垂直应力

底板开挖卸压槽后，硐室两帮和底板围岩支承压力和水平应力具有较明显的卸压作用，而硐室顶板围岩的应力基本保持不变。由图 2-3-75 可知，卸压后距巷帮 0~3 m 范围内两帮支承压力明显减小。卸压后平均支承压力和水平应力分别较卸压前降低 26.0% 和 68.5%。卸压前两帮支承压力在距巷帮 2 m 处达到最大值 17.2 MPa，而卸压后两帮支承压力在距巷帮 4 m处达到最大值 17.05 MPa，卸压后硐室两帮支撑压力峰值向围岩深部转移 2 m 并降低 0.15 MPa。卸压前后距巷帮 4~12 m 范围内硐室两帮支承压力都趋于稳定，且都为 16.6 MPa。

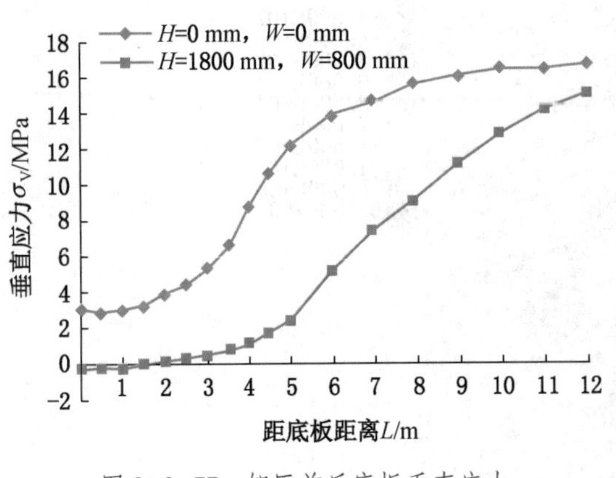

图 2-3-77 卸压前后底板垂直应力

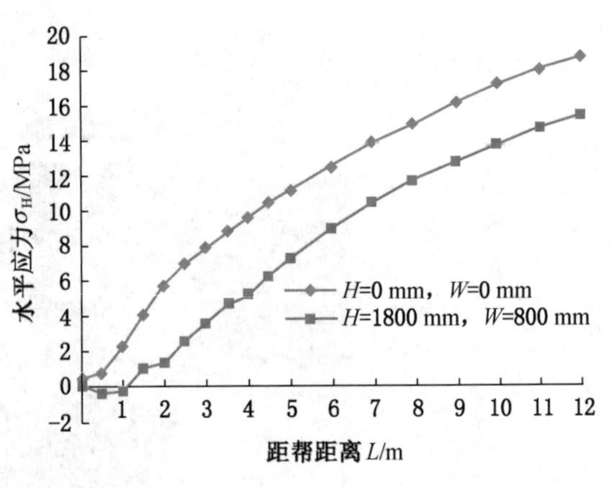

图 2-3-78 卸压前后两帮围岩水平应力

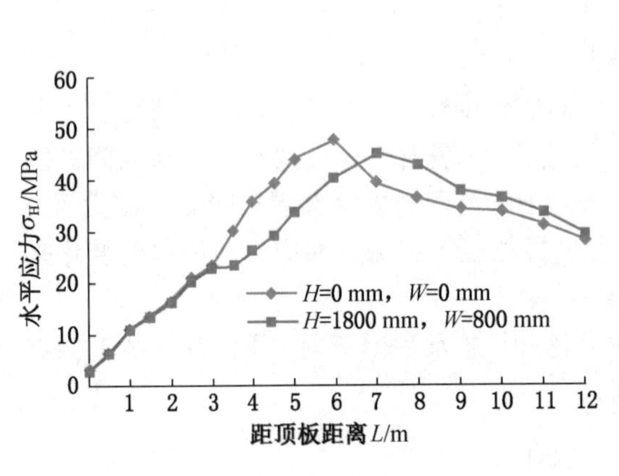

图 2-3-79 卸压前后顶板水平应力

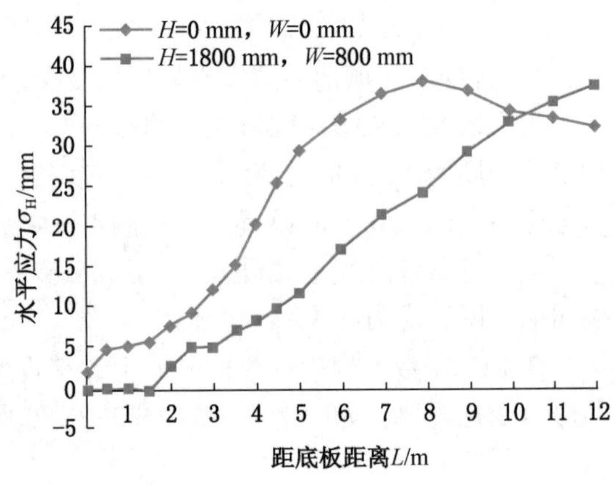

图 2-3-80 卸压前后底板水平应力

由图 2-3-76 可知，距巷帮 0~12 m 范围内，水平应力一直增加，卸压后两帮 0~1 m 范围内水平应力为 0，且距巷帮相同距离处卸压后水平应力比卸压前小，较卸压前平均减小 29.7%。

由图 2-3-77 可知，距顶板 0~1.5 m 范围内卸压前后顶板垂直应力差值小于 0.05 MPa。距顶板 1.5~8 m 范围内卸压后垂直应力比卸压前平均减小 10.5%。卸压前顶板垂直应力在距顶板 8 m 处达到最大 16.09 MPa，卸压后顶板垂直应力在距顶板 9 m 处达到最大值 16.16 MPa。卸压后顶板峰值应力增加 0.07 MPa，且向围岩深部转移 1 m。

由图 2-3-78 可知，距顶板 0~3 m 范围内卸压前后顶板水平应力差值不大；距顶板 3~6 m 范围内卸压后顶板垂直应力比卸压前平均减小 20.2%；距顶板 7~12 m 范围内卸压后顶板水平应力比卸压前平均增加 10.2%，卸压前水平应力在距顶板 6 m 处到达峰值 47.77 MPa，卸压后水平应力在距顶板 7 m 处到达峰值 45.22 MPa。卸压后顶板水平应力峰值减小 2.55 MPa，且向围岩深部转移 1 m。

由图 2-3-79 可知，距底板 0~12 m 范围内，距底板相同位置处卸压后底板垂直应力明显小于卸压前，较卸压前平均减小 46.8%。距底板 0~2 m 范围内，卸压后底板垂直应力基本为 0 MPa，且距底板 0~5 m 范围内，卸压后底板垂直应力均小于 3 MPa，与卸压前相比底板 5 m 范围内平均减小 89.1%。

由图 2-3-80 可知，距底板 0~10 m 范围内卸压后水平应力明显减小，较卸压前平均减小 39.4%，且卸压后距底板 0~1.5 m 范围内底板水平应力基本为 0。距底板 0~5 m 范围内，卸压后底板水平应力增加缓慢，在此范围内卸压后底板水平应力与卸压前相比平均减小 64.4%。卸压前底板水平应力在距底板 8 m 处达到最大值 38.15 MPa，而卸压后底板水平应力在监测的距离内还未达到最大值，高应力向底板深部转移。

4）开挖卸压槽前后硐室围岩位移场特征

根据 UDEC 运算的结果，得出卸压前后围岩位移场，如图 2-3-81~图 2-3-84 所示。

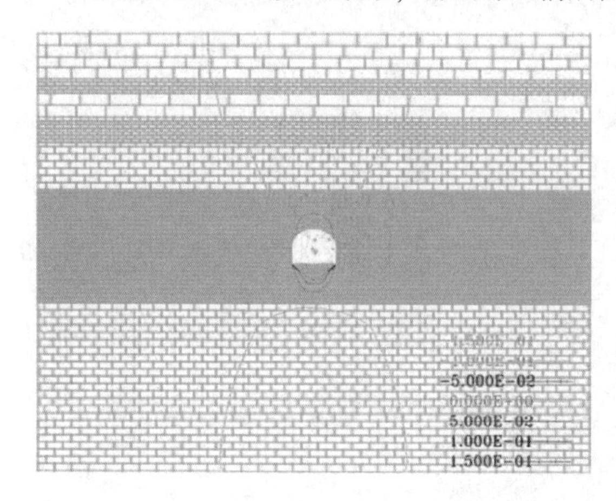

图 2-3-81　卸压前硐室围岩垂直位移场

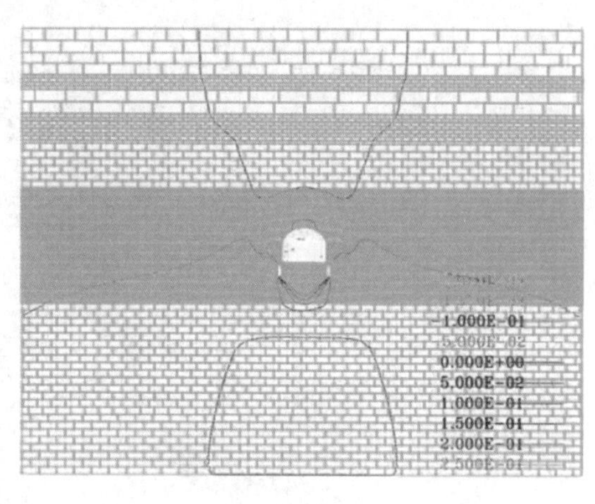

图 2-3-82　卸压后硐室围岩垂直位移场

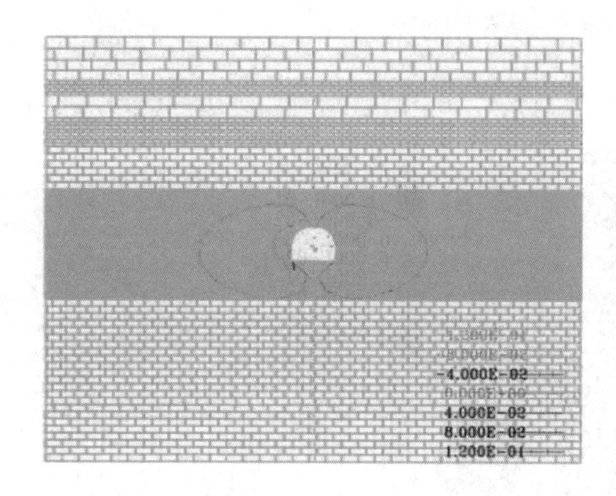

图 2-3-83　卸压前硐室围岩水平位移

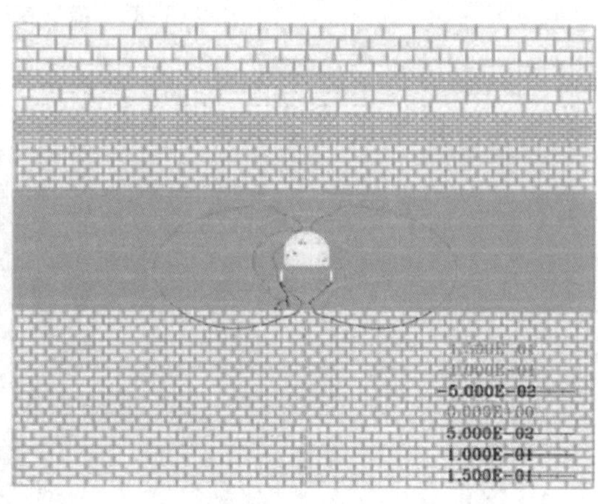

图 2-3-84　卸压后硐室围岩水平位移

由图 2-3-81~图 2-3-84 可看出，卸压后硐室顶板位移大于 200 mm，较卸压前增加 33.3%；底板位移大于 250 mm，较卸压前增加 66.7%。由图 2-3-81~图 2-3-84 可知，帮部位移量明显增大，卸压后帮部水平位移大于 150 mm，较卸压前增加 25%。卸压后表明卸压槽卸压效果显著，卸压以后在低应力区支护围岩，降低了围岩支护难度，有利于硐室围岩的长期稳定。

根据 UDEC 运算的结果，整理分析得到卸压前后硐室围岩位移云图，如图 2-3-85~图 2-3-88 所示。

由图 2-3-85~图 2-3-88 卸压前后顶底板位移区域，可以看出卸压后硐室底板围岩垂直位移范围增大，且卸压后顶板下沉量大于 200 mm，较卸压前增加 33.7%，底板底鼓量大于 250 mm，较卸压前增加 66.7%。由图 2-3-85~图 2-3-88 可知，卸压前后帮部位移范围增大，卸压后帮部水平位移大于 150 mm，较卸压前增加 25%。卸压后硐室帮部围岩水平位移均较卸压前增大，说明开挖卸压槽能够对硐室围岩起到一定的卸压效果。

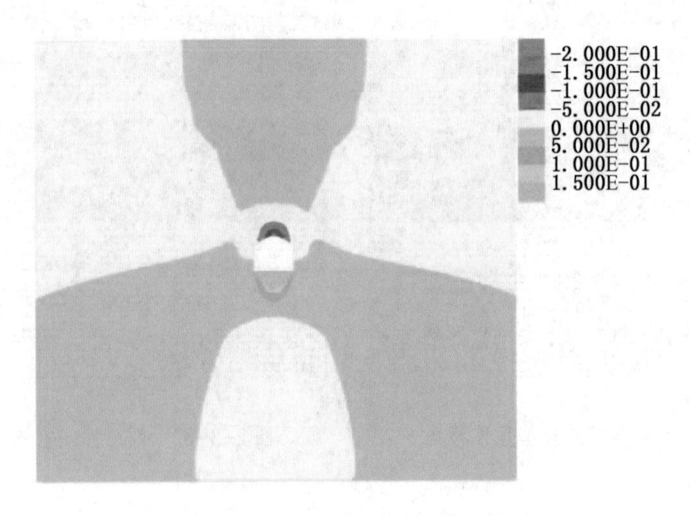

图 2-3-85　卸压前硐室围岩垂直位移云图

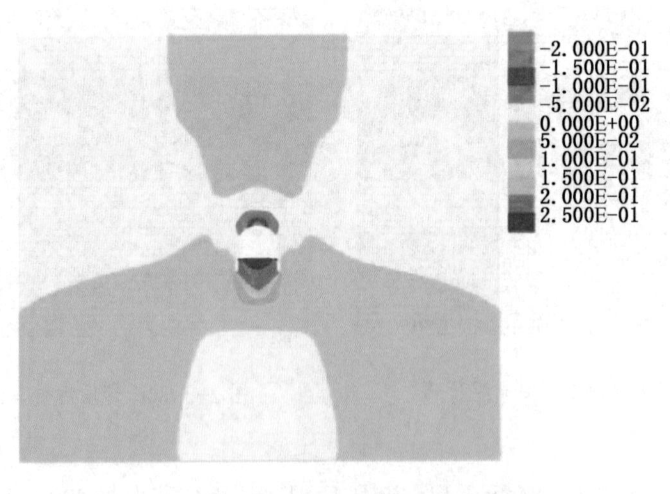

图 2-3-86　卸压后硐室围岩垂直位移云图

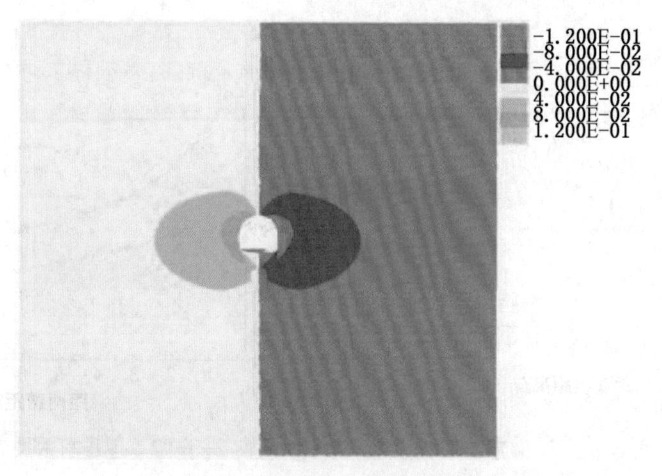

图 2-3-87　卸压前硐室围岩水平位移云图

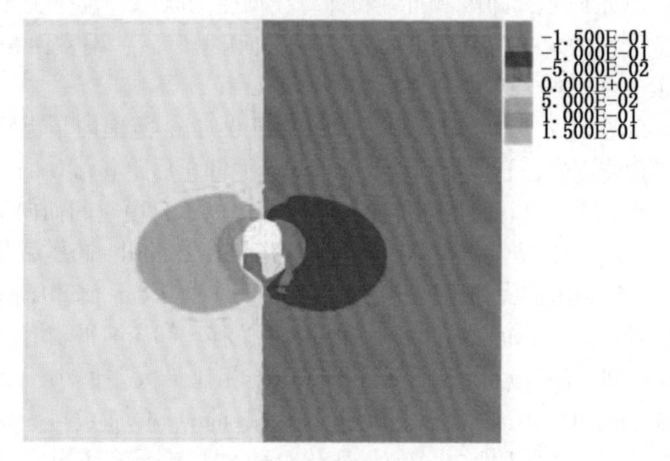

图 2-3-88　卸压后硐室围岩水平位移云图

5）开挖卸压槽前后硐室围岩位移变化规律

通过数值模拟计算结果，整理得到卸压前后硐室围岩不同位置的观测线位移分布规律，如图 2-3-89～图 2-3-92 所示。

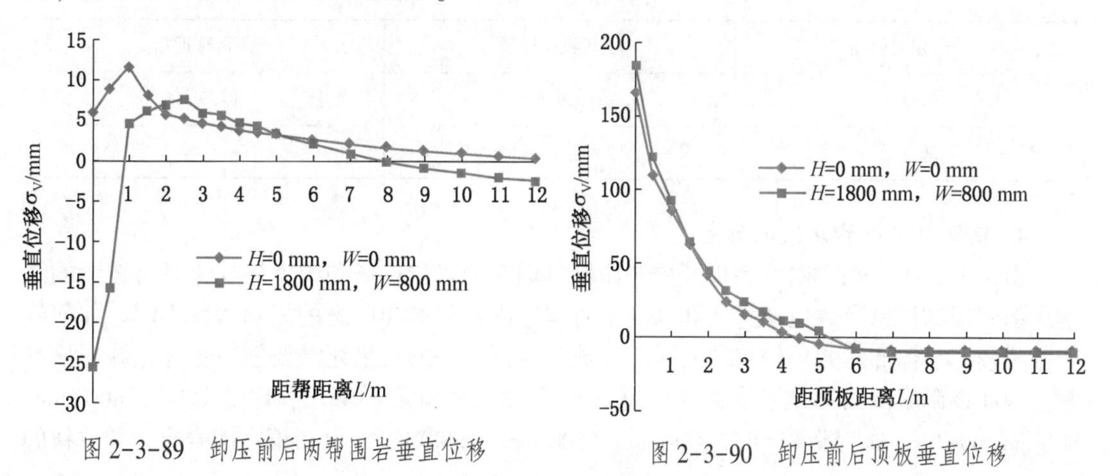

图 2-3-89　卸压前后两帮围岩垂直位移　　图 2-3-90　卸压前后顶板垂直位移

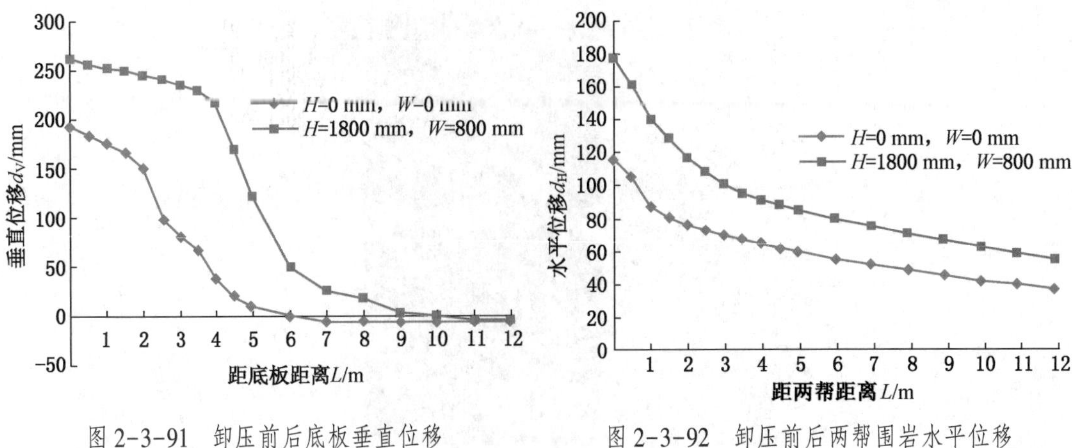

图 2-3-91　卸压前后底板垂直位移　　图 2-3-92　卸压前后两帮围岩水平位移

由于硐室模型单元划分、卸压槽布置和计算模型受力状态，都是关于硐室顶底板中线对称，因此中线位置上的水平位移为 0 mm。开挖卸压槽以后，硐室两帮位移量和底板底鼓量较明显，而顶板下沉量非常小，顶板保持不动。

由图 2-3-89 和图 2-3-92 可知，卸压后距巷帮 0~1 m 范围内帮部垂直位移绝对值明显增大，卸压前巷帮受围岩挤压向上移动 5.66 mm，而卸压后距巷帮 $0\leqslant L\leqslant 1$ m 范围内底板由于卸压槽隔断了硐室底板应力向帮部传递且卸压槽提供了自由空间而向下移动，巷帮向下移动 25.55 mm，卸压前后巷帮垂直位移变化幅值达到 30.27 mm。卸压后帮部水平位移在距巷帮相同位置处均大于卸压前，卸压后巷帮水平位移为 177.2 mm 比卸压前（114.8 mm）增加 54.4%，在距巷帮 0~12 m 范围内卸压后帮部水平位移比卸压前平均增加 49.2%。

由图 2-3-90 可知，卸压后顶板下沉量与卸压前相比最大差值小于 18 mm，卸压后顶板下沉量为 185.5 mm，比卸压前顶板下沉量（168.1 mm）增加 17.4 mm（或 10.4%）。

由图 2-3-92 可知，卸压后底板底鼓量变化最明显。卸压前底板底鼓量为 191.4 m 卸压后底板底鼓量为 261.0 mm，卸压后底板底鼓量较卸压前增加 69.6 mm（或 36.4%）。卸压后底板 0~4 m 范围内位移较大且变化缓慢，平均为 242.6 mm，卸压前平均增加 90.3%。

卸压后顶底板移近量和两帮移近量较卸压前有明显变化，具体数值见表 2-3-3。

表 2-3-3　卸压前后顶底板和两帮移近量　　mm

项目	顶底板移近量	两帮移近量
卸压前	359.5	229.6
卸压后	446.5	354.4

4. 底板卸压槽参数优化研究

由以上分析可知，硐室底板开挖卸压槽对硐室围岩位移场和应力场变化具有较大的影响，但底板卸压槽参数包括宽度和深度，对硐室围岩位移和应力的影响程度不同。如何确定施工较容易但卸压效果较好的卸压槽参数，达到较好的效果还需要进一步优化卸压槽参数。因此在硐室围岩一定的条件下，通过改变卸压槽宽度和深度，即宽度选取 400 mm、800 mm、1200 mm，深度选取 1000 mm、1500 mm、2000 mm，分析硐室围岩应力和位移的变化特征，从而确定出合理的卸压槽参数。

1）卸压槽宽度研究

在卸压槽深度 H=1500 mm 的条件下，改变卸压槽深度。为此确定 4 种计算方案见表 2-3-4，来研究不同卸压槽宽度对硐室围岩应力和位移变化的影响。

表2-3-4　模型数值计算方案

mm

计算方案	卸压槽参数	
	宽度 W	深度 H
1	0	0
2	400	1500
3	800	1500
4	1200	1500

2）卸压槽宽度对硐室围岩应力场的影响

根据 UDEC 运算的结果，得出改变卸压槽宽度时硐室围岩应力场的分布情况。方案 1 即没有开挖卸压槽的情况，方案 1 模型应力场如图 3-5-14 和图 3-5-15 所示。方案 2 至方案 4 模型应力场如图 2-3-93~图 2-3-98 所示。

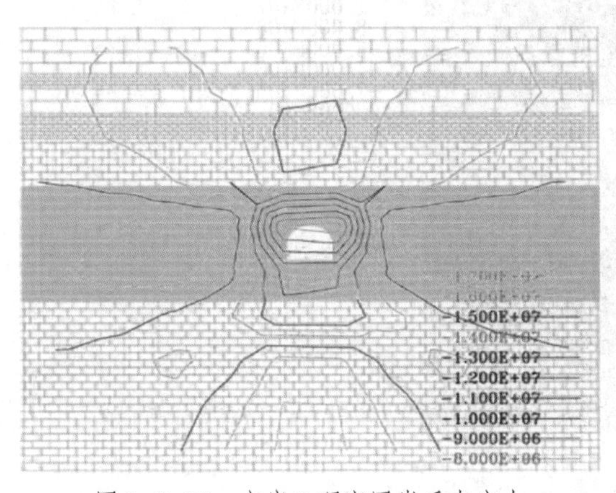

图 2-3-93　方案 2 硐室围岩垂直应力

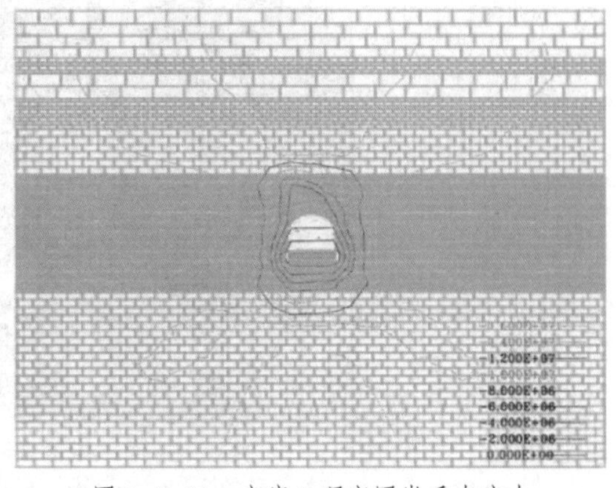

图 2-3-94　方案 3 硐室围岩垂直应力

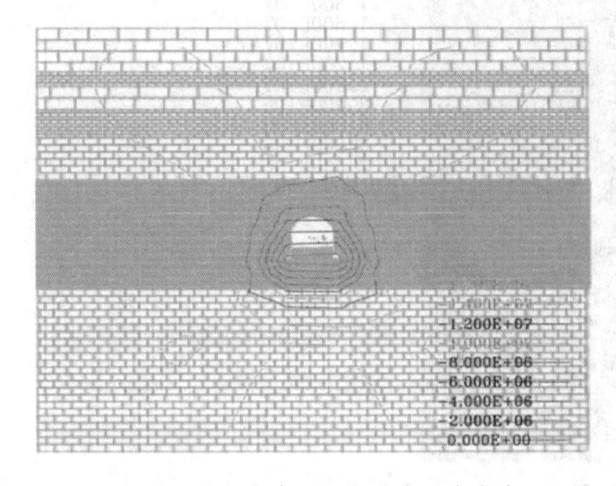

图 2-3-95　方案 4 硐室围岩垂直应力

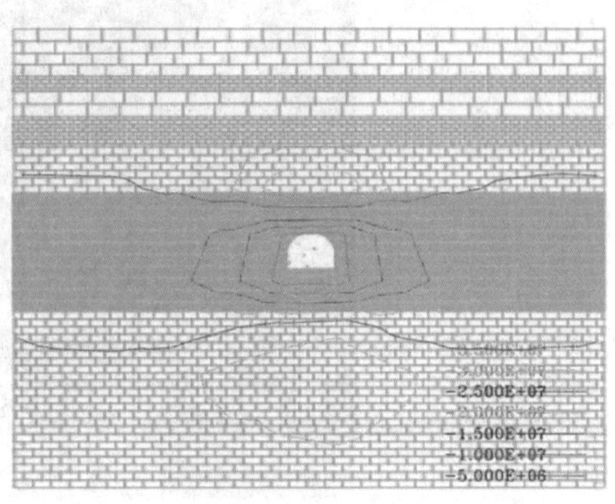

图 2-3-96　方案 2 硐室围岩水平应力

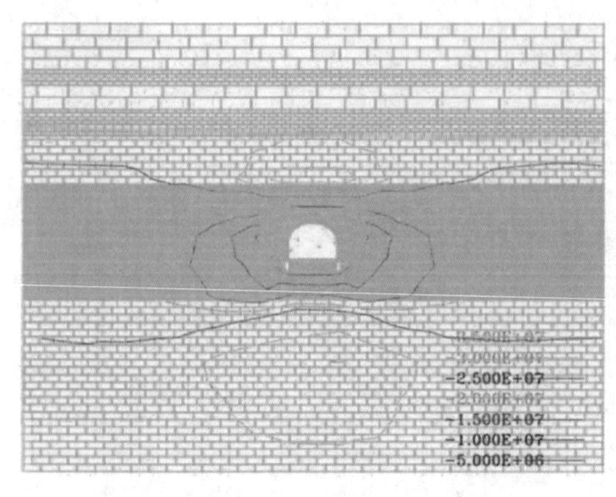

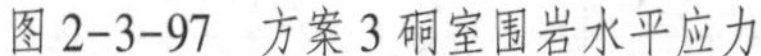

图 2-3-97　方案 3 硐室围岩水平应力

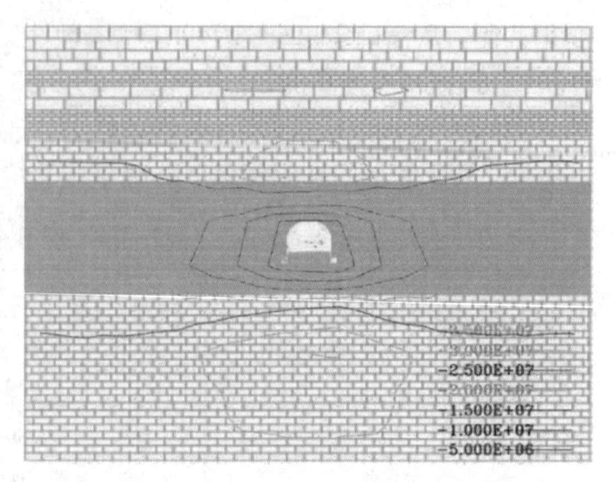

图 2-3-98　方案 4 硐室围岩水平应力

根据 UDEC 运算的结果，得出改变卸压槽宽度时硐室围岩应力分布云图。方案 1 硐室围岩应力云图如图 2-3-69 和图 2-3-70 所示，方案 2 至方案 4 的应力云图如图 2-3-99～图 2-3-104 所示。

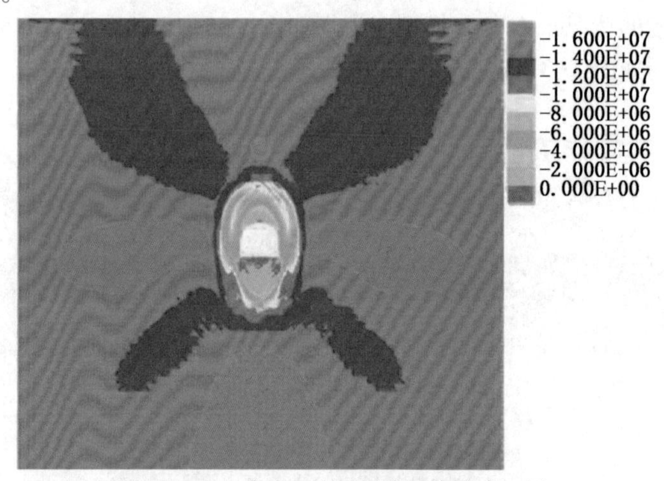

图 2-3-99　方案 2 硐室围岩垂直应力云图

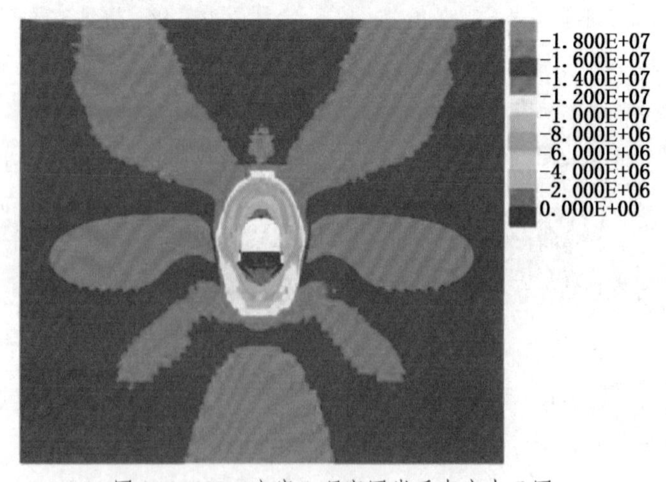

图 2-3-100　方案 3 硐室围岩垂直应力云图

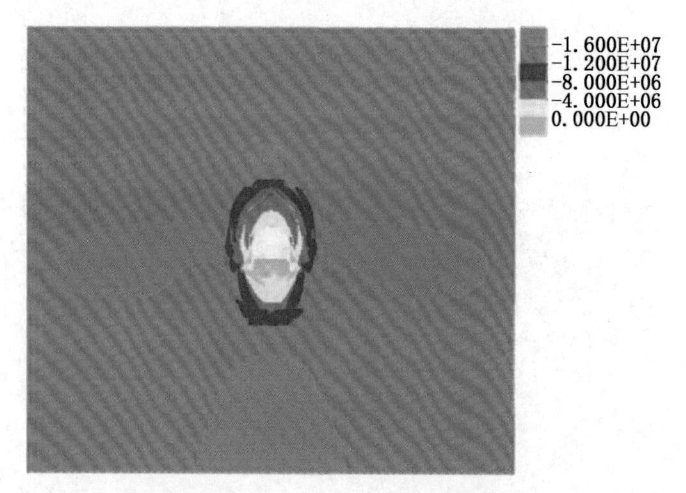

图 2-3-101　方案 4 硐室围岩垂直应力云图

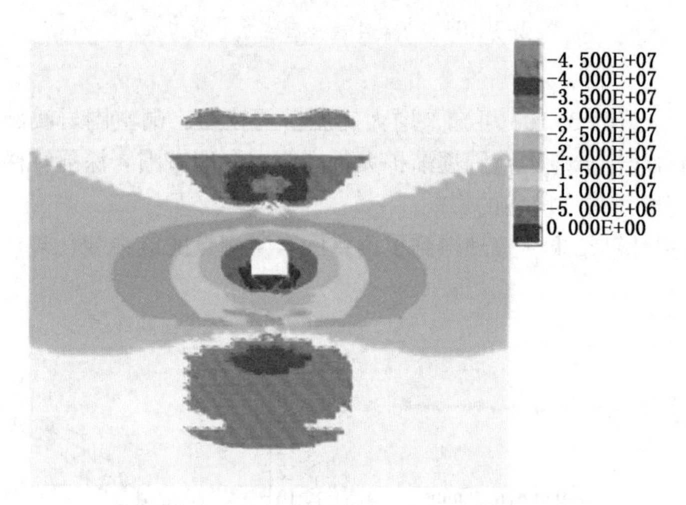

图 2-3-102　方案 2 硐室围岩水平应力云图

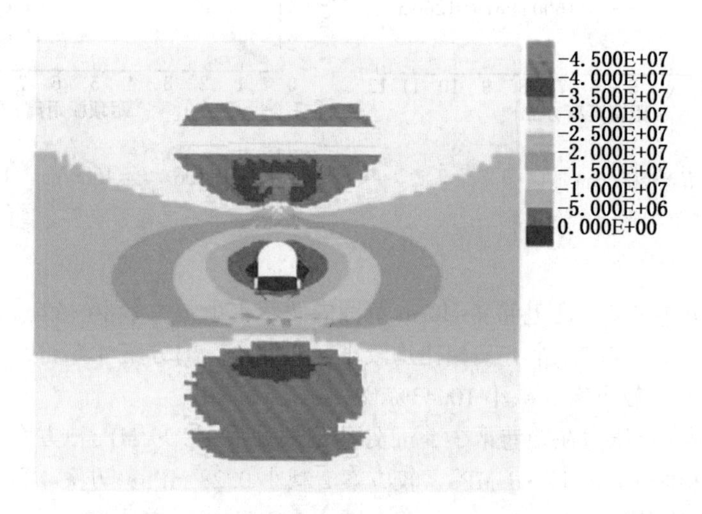

图 2-3-103　方案 3 硐室围岩水平应力云图

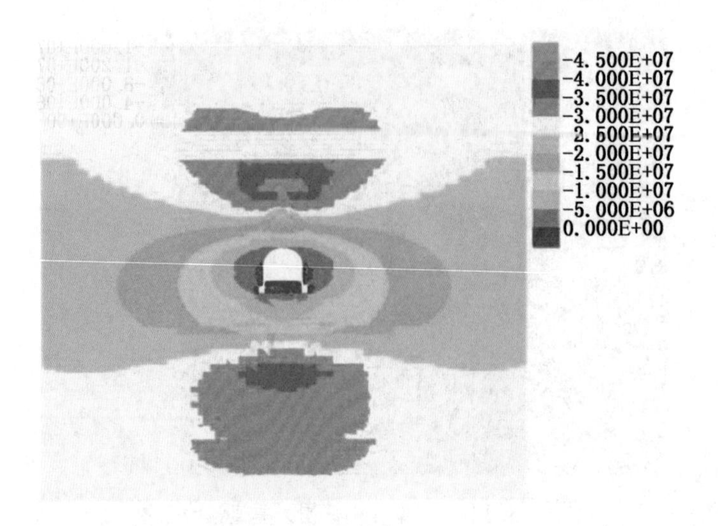

图 2-3-104　方案 4 硐室围岩水平应力云图

由图 2-3-93~图 2-3-103 可知，增大卸压槽的宽度，硐室围岩浅部应力等值线间距变大，且硐室围岩浅部低应力范围逐渐扩大，高应力向硐室围岩深部转移。

3）卸压槽宽度对围岩应力的影响

通过数值模拟计算结果，整理得到了硐室围岩各测点的应力变化规律（图 2-3-105~图 2-3-110）。

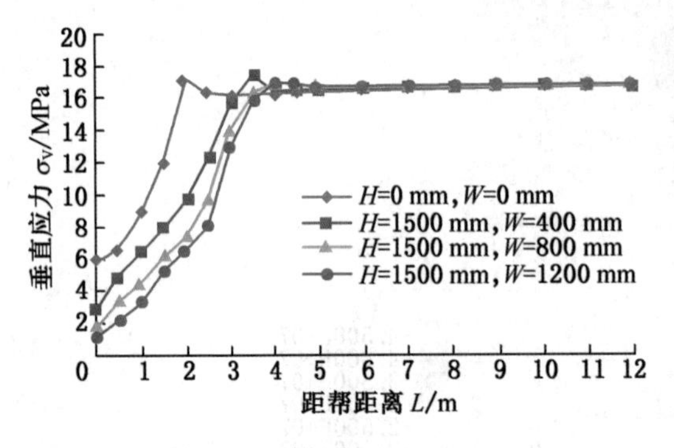

图 2-3-105　H=1500 mm 时两帮支承压力与其距帮面距离的关系

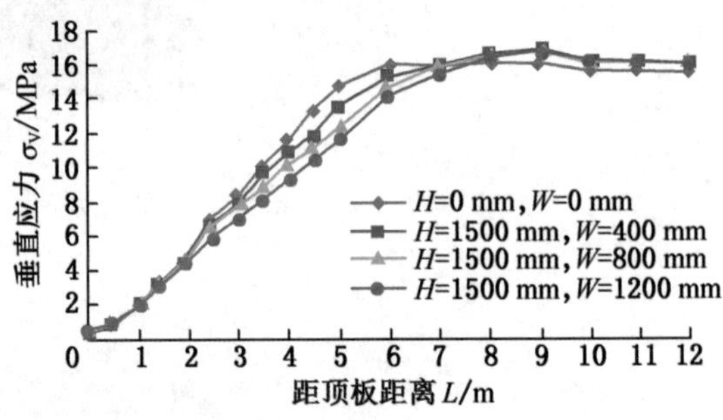

图 2-3-106　H=1500 mm 时顶板垂直应力与其距顶板面距离的关系

由图 2-3-104 可知，距巷帮 4~12 m 范围内两帮支承压力基本一致，而 0~4 m 范围内方案 4 两帮支承压力与前三个方案相比均较小，在此范围内方案 4 帮部平均支承压力较方案 2 减小 23.01%，较方案 3 减小 10.43%。

方案 2 两帮支承压力在距巷帮 3.5 m 处达到最大值 17.29 MPa；方案 3 两帮支承压力在距帮 4 m 处达到最大值 17.01 MPa，较方案 2 减小 0.28 MPa；方案 4 两帮支承压力在距帮 4 m 处达到最大值 16.91 MPa，较方案 2 减小 0.38 MPa，较方案 3 减小 0.1 MPa。

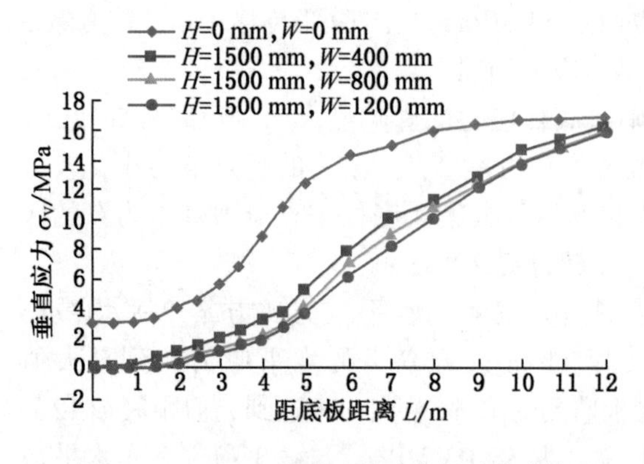

图 2-3-107 $H=1500$ mm 时底板垂直应力与其距底板距离的关系

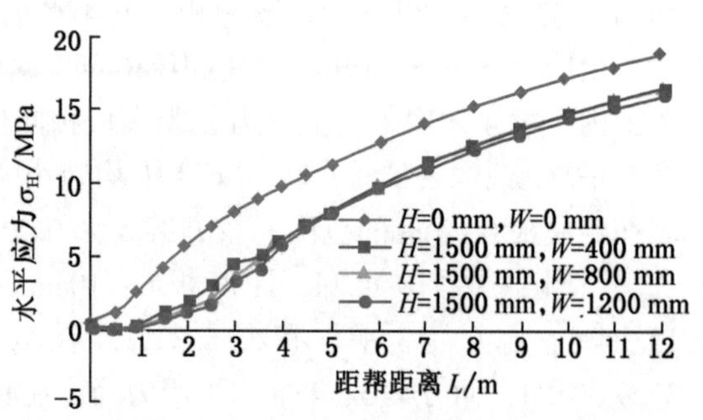

图 2-3-108 $H=1500$ mm 时两帮围岩水平应力与其距帮面距离的关系

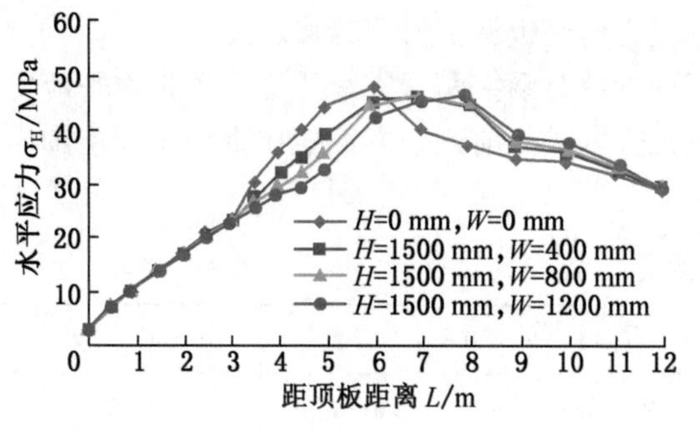

图 2-3-109 $H=1500$ mm 时顶板水平应力与其距顶板面距离的关系

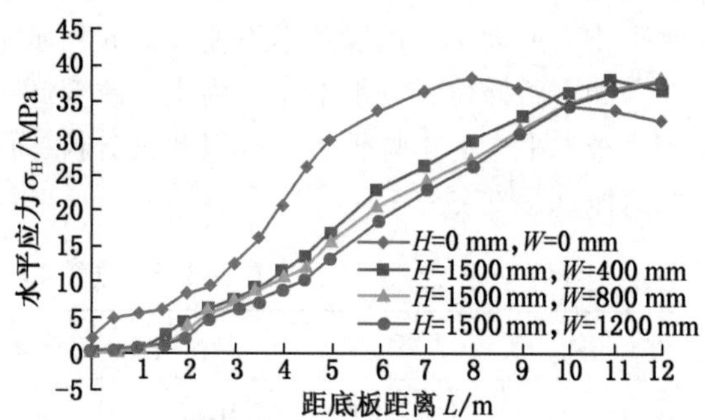

图 2-3-110 $H=1500$ mm 时底板水平应力与其距底板距离的关系

方案 3、方案 4 两帮支承压力峰值比方案 2 两帮支承压力峰值有所减小，且向围岩深部转移 0.5 m，与方案 1 相比向围岩深部转移 2 m。帮部 0~4 m 范围内方案 3 支承压力较方案 2 平均减小 14%，方案 4 两帮支承压力较方案 2 平均减小 23%。由图 2-3-108 可知，帮部 0~4 m 范围内方案 4 的平均水平应力较方案 2 降低 17%、较方案 3 降低 7%。帮部 4~12 m 范围内方案 2、方案 3 和方案 4 的水平应力差值较小。

由图 2-3-105 可知，顶板 0~2 m 范围内卸压槽宽度的改变对顶板垂直应力改变小于 0.4 MPa，可忽略不计。在距顶板 2~9 m 范围内方案 4 顶板平均垂直应力较方案 2 减小 6%、较方案 3 减小 3%。

方案 2、3、4 顶板垂直应力最大值都在距顶板 9 m 处达到，分别为 16.85 MPa、16.72 MPa、16.65 MPa，方案 4 顶板垂直应力最大值较方案 2 减小 0.2 MPa，较方案 3 减小 0.07 MPa。由图 2-3-105 可知，距顶板 0~3 m 范围内顶板水平应力基本一致，距顶板 3~7 m 范围内方案 4 顶板平均水平应力比方案 2、方案 3 小，较方案 2 平均减小 7%，较方案 3 平均减小 4%。

方案 2 顶板水平应力在距顶板 7 m 处达到最大值 46.24 MPa，方案 3 顶板水平应力在距顶板 8 m 处达到最大值 46.85 MPa，方案 4 顶板水平应力在距顶板 8 m 处达到最大值

46.87 MPa，方案 4 水平峰值应力较方案 2 增加 0.63 MPa，且向深部转移 1 m，较方案 3 增加 0.02 MPa，可认为方案 3 和方案 4 水平峰值应力相同。

由图 2-3-106 可知，改变卸压槽宽度对硐室底板应力的影响最大。在距底板 0~12 m 范围内方案 4 的底板垂直应力在距底板相同位置处比方案 2、方案 3 的垂直应力小，较方案 2 平均减小 12.87%，较方案 3 平均减小 4.89%，且方案 4 底板垂直应力基本为 0 的区域在距底板 0~2 m 的范围，较方案 3 大 0.5 m，较方案 2 大 1 m。

由图 2-3-110 可知，距底板 0~10 m 范围内方案 4 的水平应力比方案 2 平均减小 13.24%、比方案 3 平均减小 5.31%。在距底板 11 m 处方案 2 的水平应力达到最大值 37.79 MPa，而方案 3、4 的水平应力峰值在底板监测的 12 m 范围内未达到，但距底板 12 m 处方案 3 水平应力为 37.66 MPa，方案 4 水平应力为 38.03 MPa。方案 3 和方案 4 水平最大应力较方案 2 增加，且向底板围岩深部转移。

当卸压槽深度一定时，随着卸压槽宽度的增加，硐室围岩应力发生变化，其中两帮和底板支承压力向深部围岩移动，而顶板支承压力的大小和位置基本保持不变；顶板和两帮水平应力的大小和位置基本不变，而底板水平应力向底板深部岩层转移。

硐室所处位置以水平应力为主，改变卸压槽参数对硐室两帮支承压力、顶板水平应力和底板水平应力影响较大，并以此来分析，可知方案 4 与前三个方案相比更利于硐室围岩的卸压（表 2-3-5）。

表 2-3-5　方案 4 与方案 1、2、3 的比较

方案比较		方案 4 与方案 1	方案 4 与方案 2	方案 4 与方案 3
两帮支承压力	最大应力差值/MPa	-9.92	-2.61	1.55
	最大应力差值距帮部的距离/m	2	2.5	2.5
	降低幅度/%	57.67	21.39	-16.15
顶板水平压力	最大应力差值/MPa	9.22	-3.12	3.61
	最大应力差值距帮部的距离/m	8	4.5	5
	降低幅度/%	-20.94	9.02	-10.04
底板水平应力	最大应力差值/MPa	-14.11	-2.74	2.55
	最大应力差值距帮部的距离/m	5	8	5
	降低幅度/%	47.59	9.24	-19.63

4）卸压槽宽度对围岩位移场的影响

根据 UDEC 运算的结果，得出改变卸压槽宽度时硐室围岩位移场的分布规律，如图 2-3-111~图 2-3-116 所示。方案 1，即没有开挖卸压槽的情况，方案 1 模型位移场如图 2-3-81 和图 2-3-84 所示。方案 2 至方案 4 的位移场如图 2-3-111~图 2-3-116 所示。

由图 2-3-111~图 2-3-116 可知，增加卸压槽宽度硐室围岩的位移明显增大，有利于围岩卸压和减小后期支护难度。

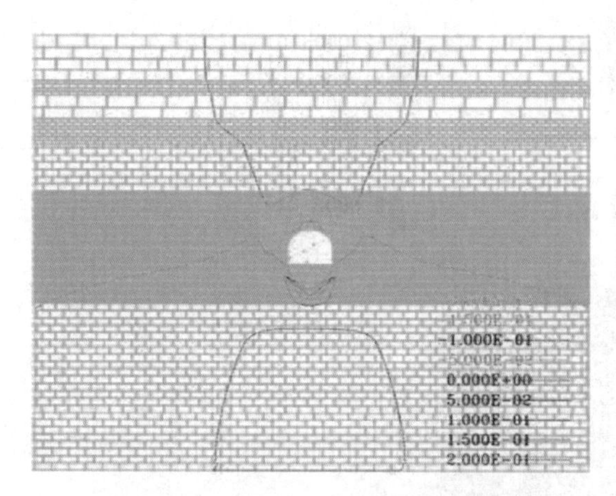

图 2-3-111　方案 2 硐室围岩垂直位移

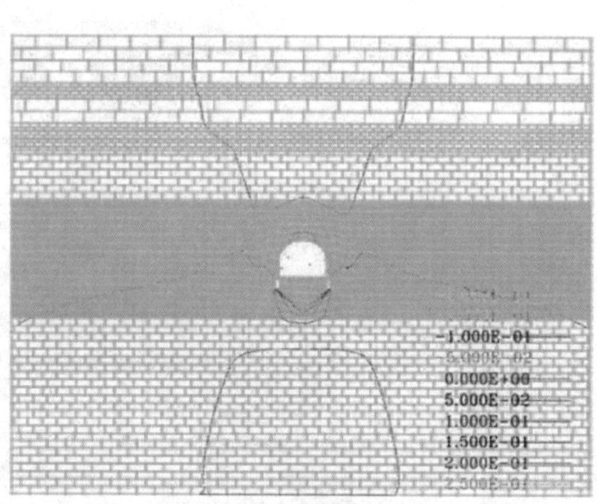

图 2-3-112　方案 3 硐室围岩垂直位移

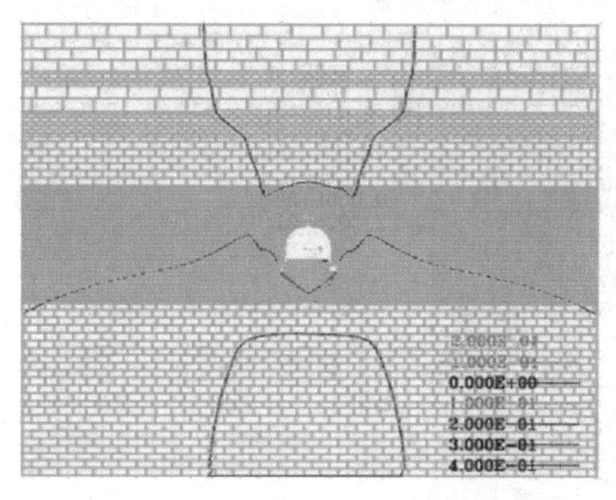

图 2-3-113　方案 4 硐室围岩垂直位移

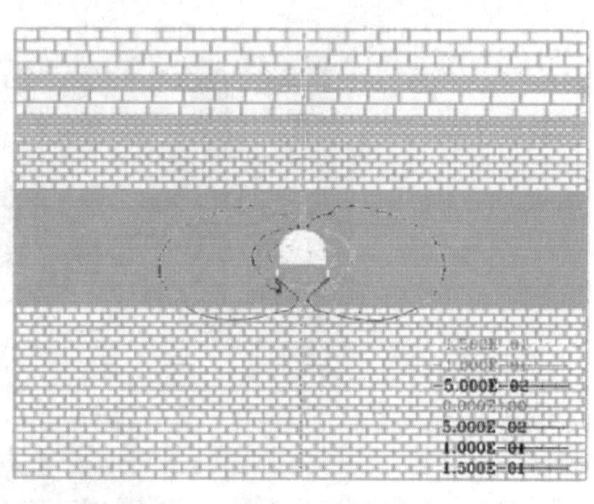

图 2-3-114　方案 2 硐室围岩水平位移

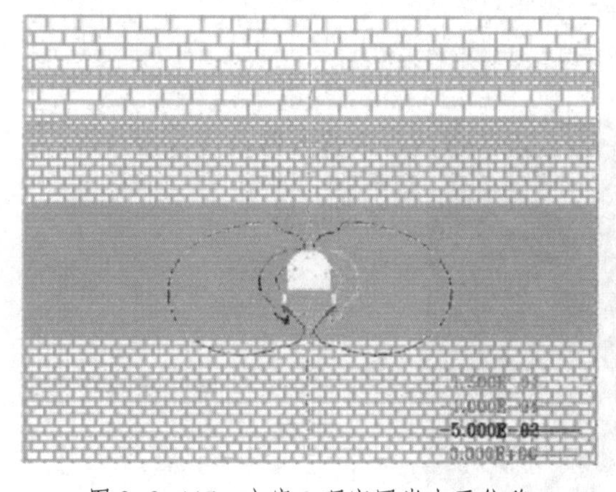

图 2-3-115　方案 3 硐室围岩水平位移

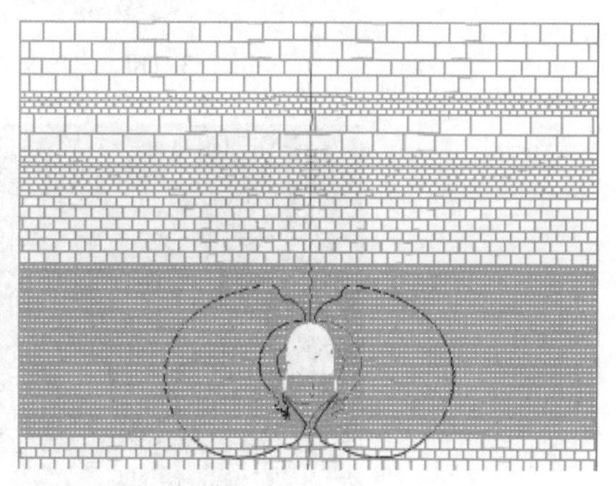

图 2-3-116　方案 4 硐室围岩水平位移

根据 UDEC 运算的结果，得出改变卸压槽宽度时硐室围岩位移云图，如图 2-3-117～图 2-3-122 所示。方案 1，即没有开挖卸压槽的情况，方案 1 硐室围岩位移云图如图 2-3-85 和图 2-3-88 所示。方案 2 至方案 4 的位移云图如图 2-3-117～图 2-3-122 所示。

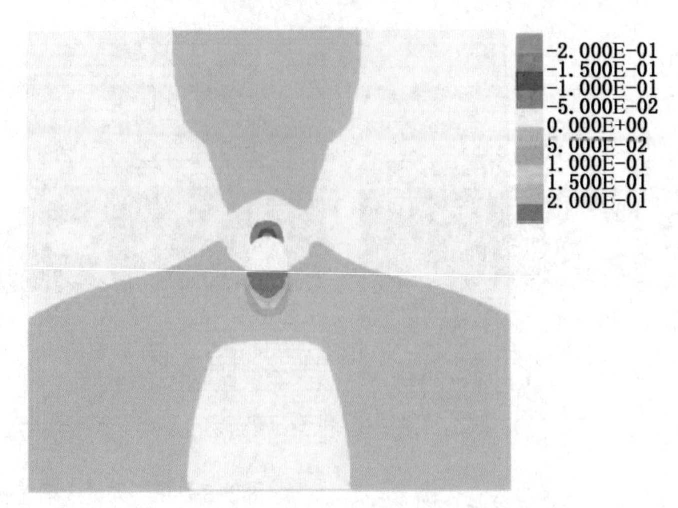

图 2-3-117 方案 2 硐室围岩垂直位移云图

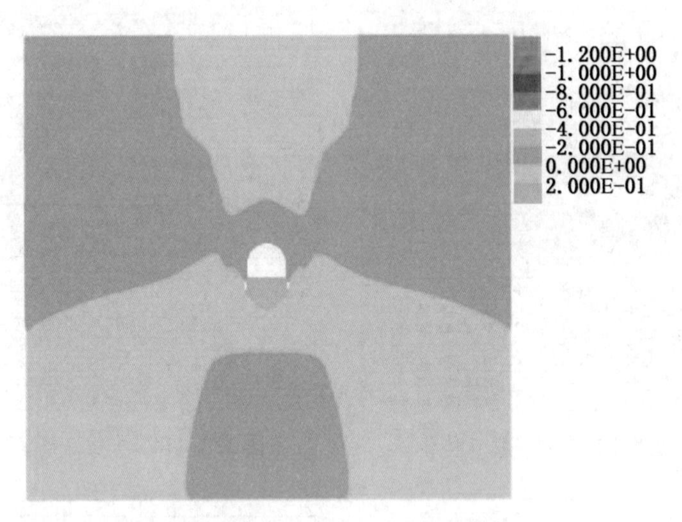

图 2-3-118 方案 3 硐室围岩垂直位移云图

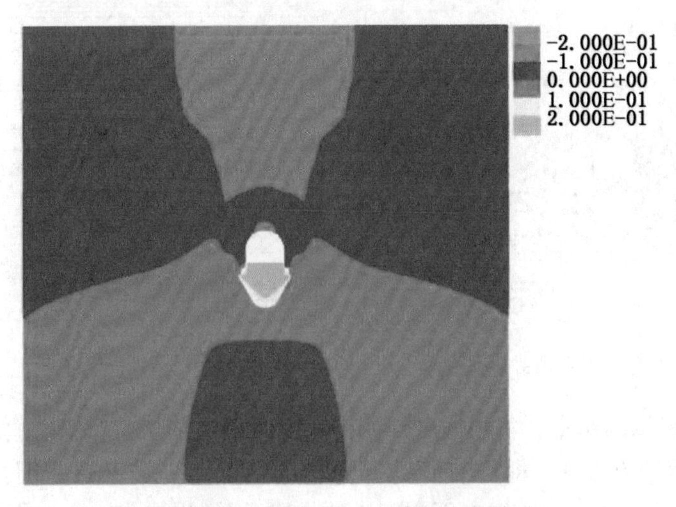

图 2-3-119 方案 4 硐室围岩垂直位移云图

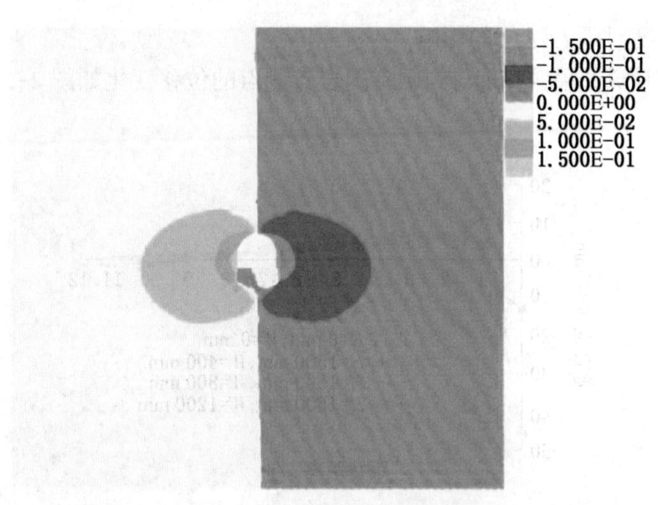

图 2-3-120　方案 2 硐室围岩水平位移云图

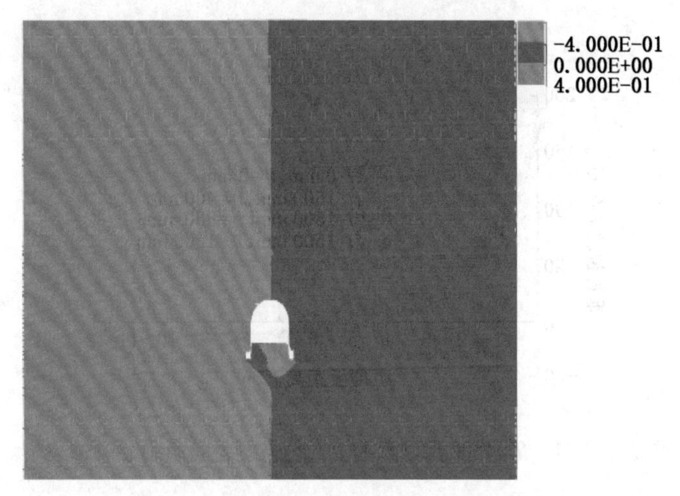

图 2-3-121　方案 3 硐室围岩水平位移云图

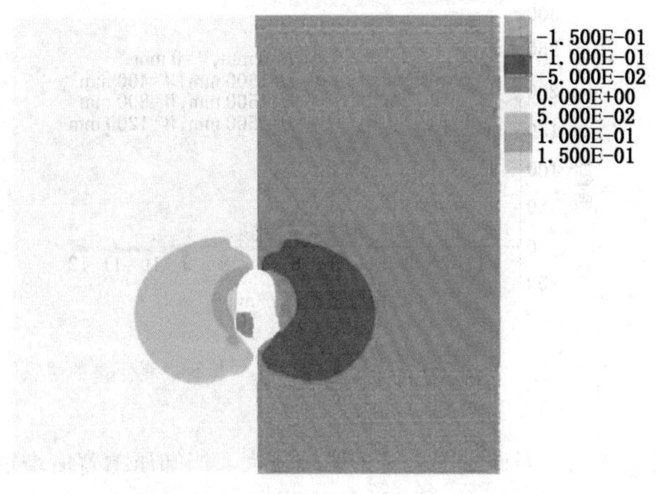

图 2-3-122　方案 4 硐室围岩水平位移云图

5）卸压槽宽度对围岩位移的影响

通过数值模拟计算结果，整理得到硐室围岩各测点的位移变化如图 2-3-123～图 2-3-126 所示。

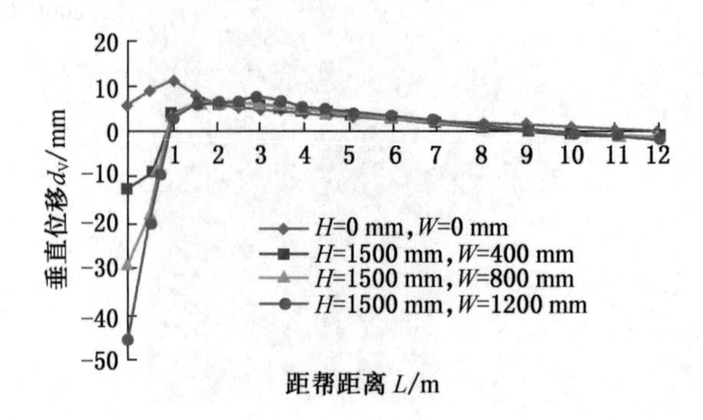

图 2-3-123 $H=1500$ 时两帮围岩垂直位移与其距帮面距离的关系

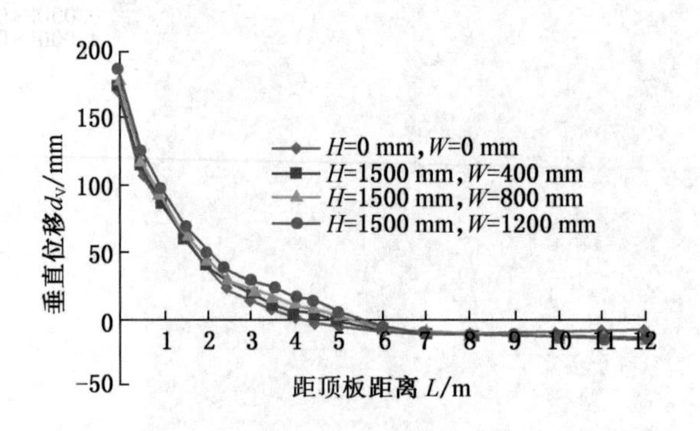

图 2-3-124 $H=1500$ 时顶板垂直位移与其距顶板面距离的关系

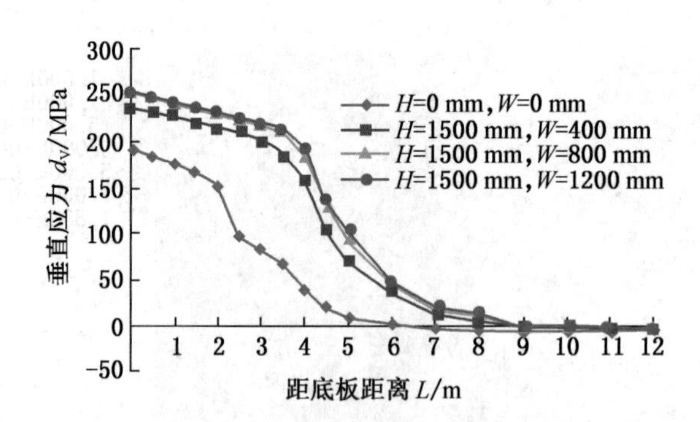

图 2-3-125 $H=1500$ 时底板垂直位移与其距底板距离的关系

硐室底板有无卸压槽，对硐室围岩变形影响较大。当卸压槽宽度增加时，对硐室顶板底鼓量影响较大，而对硐室顶板和两帮的下沉量和水平位移量影响较小甚至没有影响。改

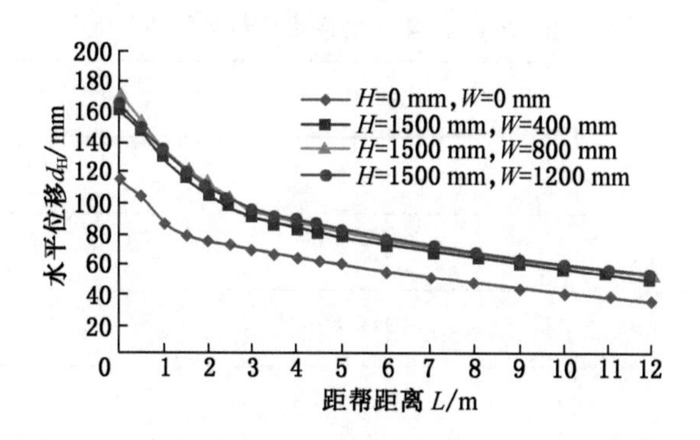

图 2-3-126　H=1500 mm 时两帮围岩水平位移与其距帮面距离的关系

变卸压槽的宽度时，硐室顶底板移近量和两帮移近量有明显变化见表 3-5-5。由于硐室围岩未支护，卸压后围岩位移较未开挖卸压槽时大，这样可使硐室围岩达到充分卸压状态，有利于硐室后期支护。

由图 2-3-123 可知，增大卸压槽宽度对两帮围岩浅部 1 m 范围内改变较大，方案 4 巷帮垂直位移为 45.57 mm，方案 2 巷帮垂直位移为 12.7 mm，方案 3 巷帮垂直位移为 28.47 mm，方案 4 巷帮垂直位移较方案 2 增加 258.8%，较方案 3 增加 60.1%。但距巷帮 1~12 m 范围内垂直位移改变较小，可以忽略不计。

由图 2-3-125 可知，卸压槽宽度增大可使顶板垂直位移量增加。方案 4 顶板下沉 186.6 mm，方案 3 顶板下沉 182.6 mm，方案 2 顶板下沉 176.5 mm，三者顶板下沉量差值小于 10 mm。距顶板 0~6 m 范围内方案 4 顶板平均垂直位移较方案 2 增加 18.8%，较方案 3 增加 10.2%。距顶板 6~12 m 范围内 4 种方案的顶板垂直位移变化小于 2 mm，可忽略不计。

由图 2-3-126 可知，方案 2 底鼓量为 239.1 mm，方案 3 底鼓量为 248.7 mm，方案 4 底鼓量为 253.5 mm，方案 4 底鼓量较方案 2 增加 14.4 mm，较方案 3 增加 4.8 mm。距底板 0~3.5 m 范围内，方案 2、方案 3、方案 4 底板水平位移变化缓慢，在此范围内方案 4 底板水平位移较方案 2 增加 7.56%，较方案 3 增加 0.81%。距底板 3.5~9 m 范围内，方案 4 底板垂直位移比方案 2、方案 3 的大，在此范围内方案 4 底板平均垂直应力较方案 2 增加 12.48%，较方案 3 增加 1.75%。距底板 9~12 m 范围内三者垂直位移量基本相同。

由图 2-3-124 可知，卸压前后变化明显，而增大卸压槽宽度对两帮围岩水平位移改变不大。距巷帮 0~12 m 范围内水平位移逐渐减小，方案 4 水平位移较方案 2 增加 4.8%，较方案 3 减小 0.4%，而方案 3 平均水平位移较方案 2 增加 5.1%。方案 2 巷帮水平位移为 161.1 mm，方案 3 巷帮水平位移为 172.3 mm，较方案 2 增加 11.2 mm，方案 4 巷帮水平位移为 164.4 mm，较方案 2 增加 3.3 mm，较方案 3 减小 7.9 mm。

方案 4 与方案 1、方案 2、方案 3 相比，硐室顶底板移近量和两帮移近量有明显变化（表 2-3-6）。

表 2-3-6　方案 1~4 硐室顶底板和两帮的移近量　　mm

方案	顶底板移近量	两帮移近量
1	359.5	229.6
2	415.7	322.2
3	431.3	344.6
4	440.1	328.8

(二) 卸压槽深度研究

在硐室底板卸压槽宽度（W=800 mm）一定的条件下，通过改变卸压槽深度，确定出 4 种计算方案（表 2-3-7），来研究不同卸压槽深度对硐室围岩应力和位移变化的影响。

表 2-3-7　不同计算方案时卸压槽参数

计算方案	卸压槽参数	
	宽度 W/mm	深度 H/mm
1	0	0
2	800	1000
3	800	1500
4	800	2000

1. 卸压槽深度对围岩应力场的影响

根据 UDEC 运算的结果，得出改变卸压槽深度时硐室围岩应力场的分布情况。方案 6 至方案 8 的应力场如图 2-3-127~图 2-3-132 所示。

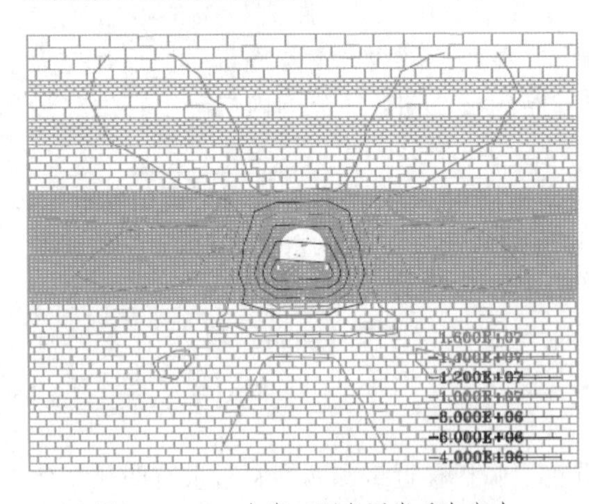

图 2-3-127　方案 6 硐室围岩垂直应力

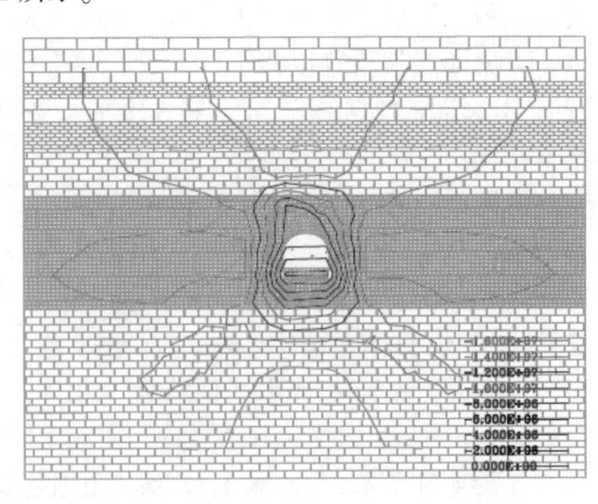

图 2-3-128　方案 7 硐室围岩垂直应力

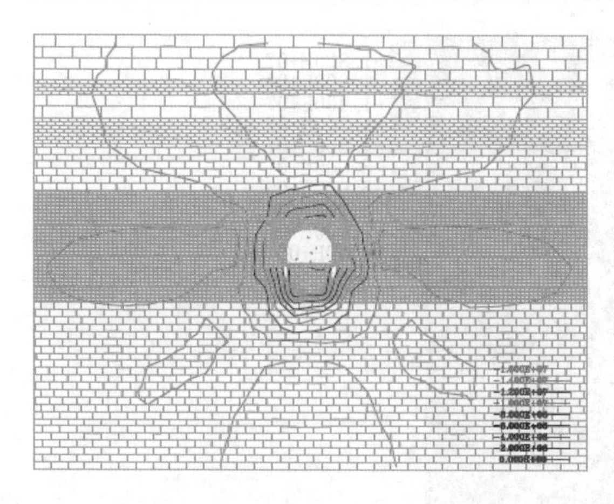

图 2-3-129　方案 8 硐室围岩垂直应力

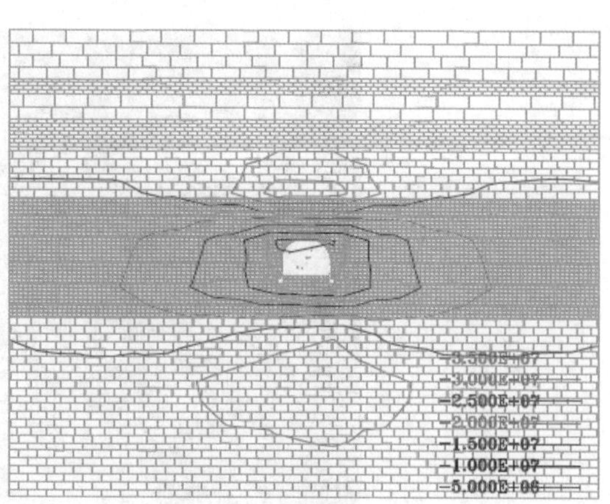

图 2-3-130　方案 6 硐室围岩水平应力

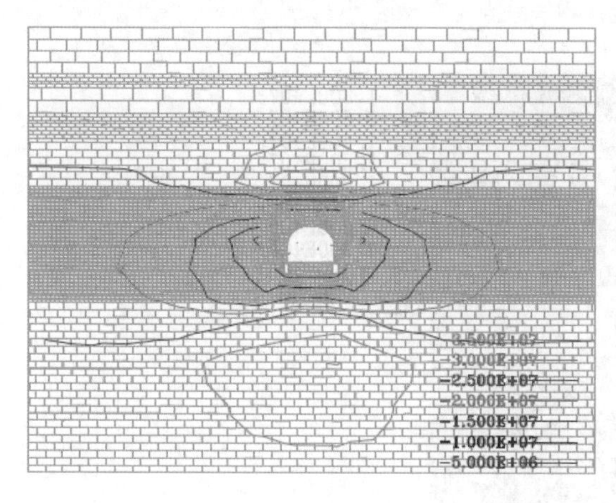

图 2-3-131　方案 7 硐室围岩水平应力

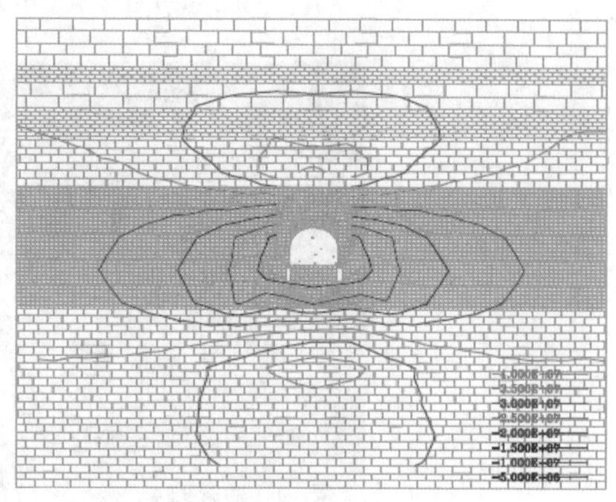

图 2-3-132　方案 8 硐室围岩水平应力

由图 2-3-127～图 2-3-132 可知，改变卸压槽深度尺寸时，硐室围岩浅部低应力范围明显变大。

根据 UDEC 运算的结果，得出改变卸压槽深度时硐室围岩应力云图分布情况。方案 6 至方案 8 的应力云图如图 2-3-133～图 2-3-138 所示。

2. 卸压槽深度对围岩应力的影响

通过对数值模拟计算结果的整理，得到了硐室围岩各测点的应力变化规律如图 2-3-139～图 2-3-144 所示。

硐室底板有没有卸压槽，对硐室围岩应力特别是底板和两帮围岩应力影响明显。当卸压槽宽度（800 mm）一定时，随着卸压槽深度的增加，硐室两帮和底板围岩水平应力及支承压力向深部围岩转移且移动较明显，硐室顶板围岩的水平和垂直应力基本保持不变，即卸压槽深度的增加对硐室顶板围岩应力影响不大。

由图 2-3-139 可知，距巷帮 0～3.5 m 范围内支承压力快速增加，且在此范围内卸压槽深度越大两帮支承压力越小，在此范围内方案 8 帮部平均支承压力比方案 6 减小 28.77%，较方案 7 减小 17.15%。方案 6 两帮支承压力在距巷帮 3.5 m 处达到最大值 17.45 MPa，

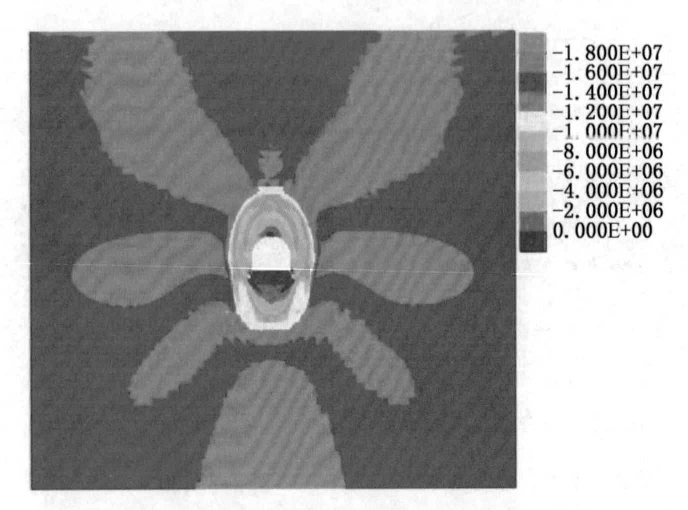

图 2-3-133 方案 6 硐室围岩垂直应力云图

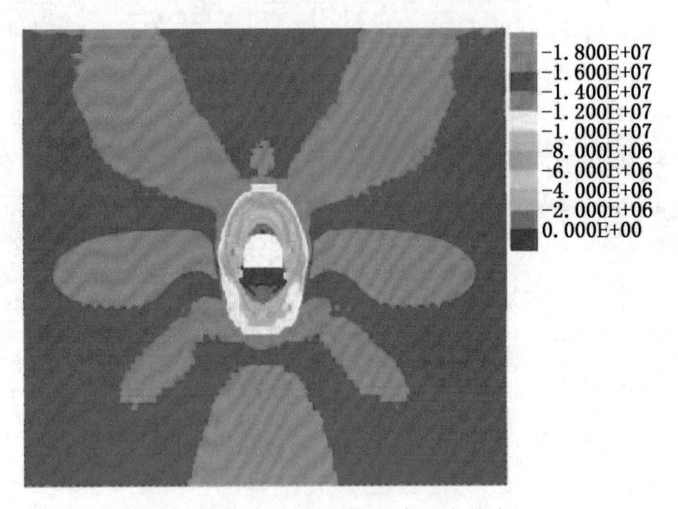

图 2-3-134 方案 7 硐室围岩垂直应力云图

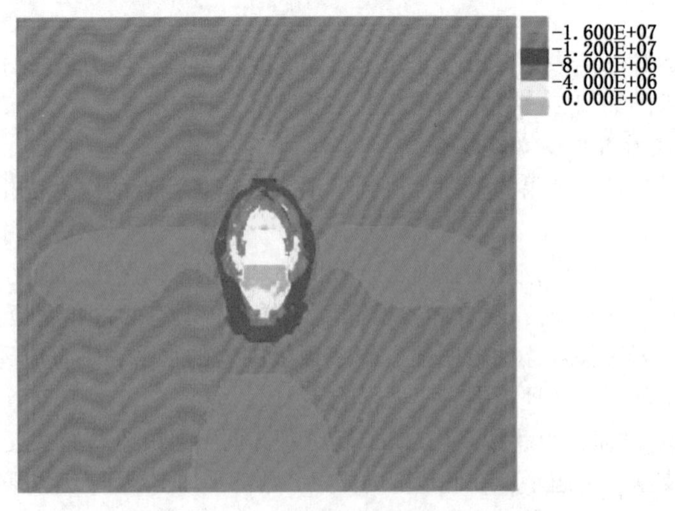

图 2-3-135 方案 8 硐室围岩垂直应力云图

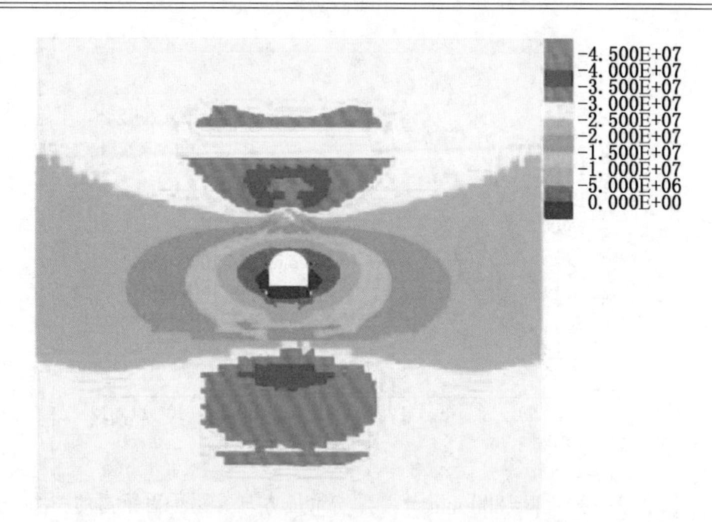

图 2-3-136　方案 6 硐室围岩水平应力云图

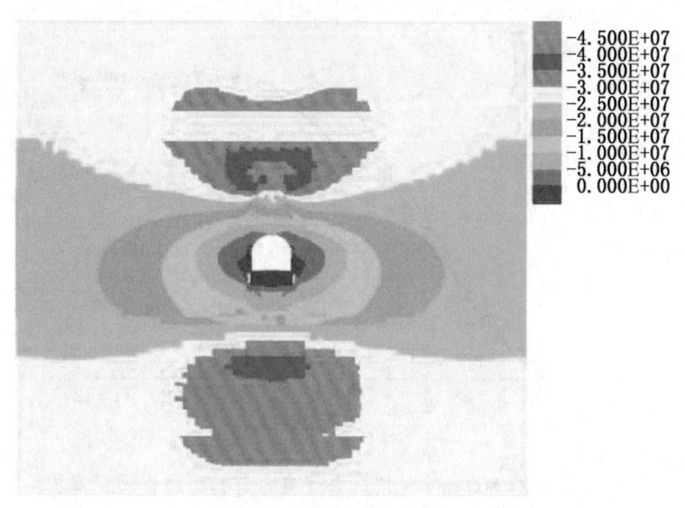

图 2-3-137　方案 7 硐室围岩水平应力云图

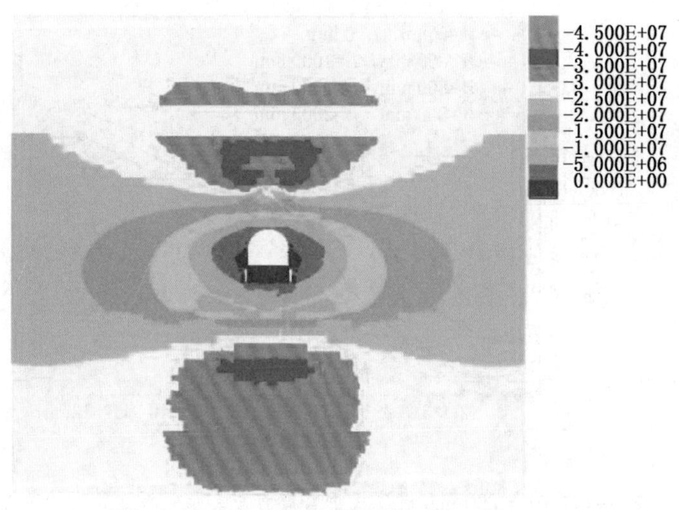

图 2-3-138　方案 8 硐室围岩水平应力云图

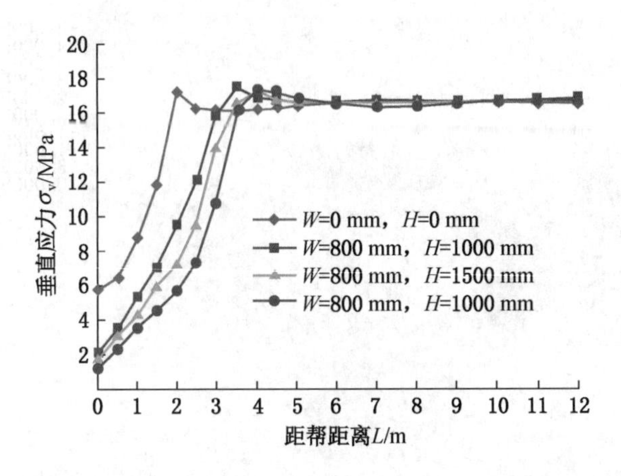

图 2-3-139 W=800 mm 时两帮支承压力与其距帮面距离的关系

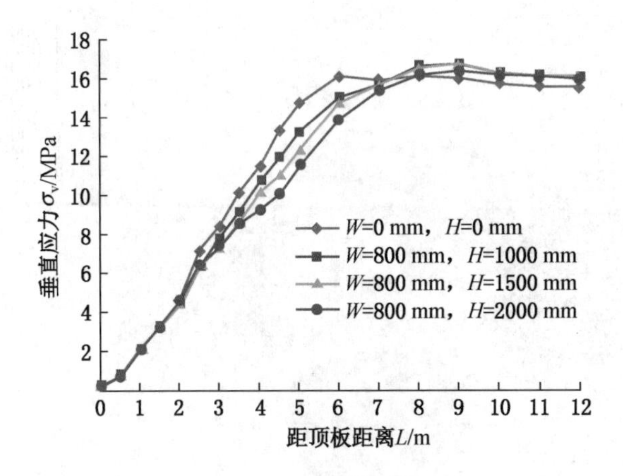

图 2-3-140 W=800 mm 时顶板垂直应力与其距顶板面距离的关系

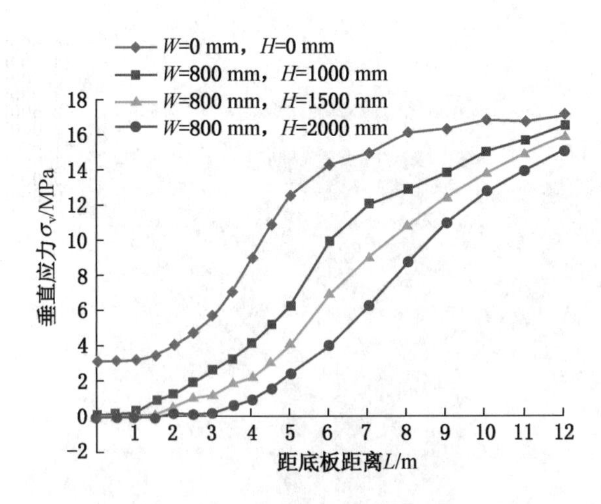

图 2-3-141 W=800 mm 时底板垂直应力与其距底板面距离的关系

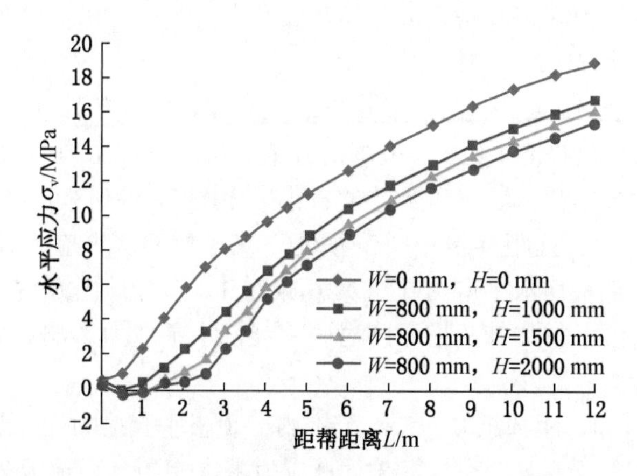

图 2-3-142　W=800 mm 时两帮围岩水平应力与其距帮面距离的关系

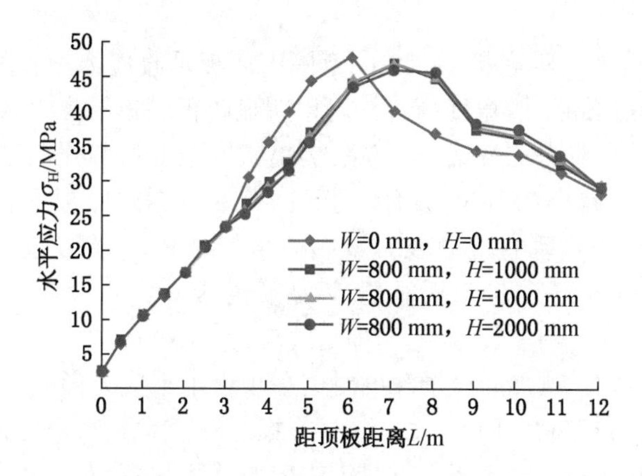

图 2-3-143　W=800 mm 时顶板水平应力与其距顶板面距离的关系

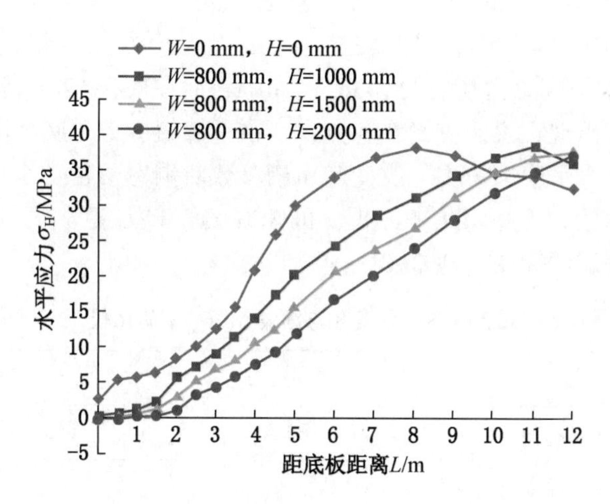

图 2-3-144　W=800 mm 时底板水平应力与其距底板距离的关系

方案7两帮支承压力在距巷帮4 m处达到最大值17.31 MPa；方案8两帮支承压力在距巷帮4 m处达到最大值17.34 MPa。

方案7、8两帮支承压力峰值比方案6小，且向围岩深部转移0.5 m，与方案5的相比向围岩深部转移2 m。距巷帮4~12 m范围内方案8帮部支撑压力与方案6、方案7基本一致，在此范围内4种方案帮部支撑压力差值较小。由图2-3-143可知，距巷帮0~12 m范围内水平应力逐渐增大，且距巷帮相同位置处方案8帮部水平应力较方案6、方案7小，在此范围内方案8帮部平均水平应力比方案6减小17.77%，比方案7减小8.68%。相对于增加卸压槽宽度来说，增加卸压槽深度对硐室帮部水平应力影响更大，且卸压槽深度越深，硐室帮部水平应力就越小。

由图2-3-140可知，距顶板0~12 m范围内，顶板垂直应力先增加后趋于稳定。距顶板0~2 m范围内方案6、方案7和方案8垂直应力基本相同，距顶板2~10 m范围内方案8底板垂直应力比方案6、方案7小，在此范围内方案8顶板平均垂直应力较方案6减小5.86%，较方案7减小3.72%。距顶板10~12 m范围内方案6方案7和方案8顶板垂直应力基本相同。

由图2-3-141可知，距底板0~12 m范围内底板垂直应力一直处于上升阶段。增加卸压槽深度相对于增加卸压槽宽度而言，可以明显改善底板的应力状态。距底板0~12 m范围内方案8底板垂直应力比方案6、方案7小，方案8底板平均垂直应力较方案6减小36.36%，较方案7减小21.13%。距底板0~5 m范围内底板垂直应力增长缓慢，在此范围内方案8底板平均垂直应力较方案6减小78.28%，较方案7减小59.91%，且距底板0~2.5m范围内方案8底板垂直应力接近于0，可以有效防治硐室底板底鼓问题。

由图2-3-143可知，增加卸压槽深度对硐室顶板水平应力影响不大。距顶板0~12 m范围内顶板水平应力先上升后下降。方案6、方案7和方案8水平应力峰值均在7 m处达到，分别为46.72 MPa、46.61 MPa、46.02 MPa，方案8底板最大水平应力较方案6减小0.7 MPa，较方案7减小0.59 MPa。

由图2-3-144可知，距底板0~12 m范围内方案8的底板水平应力较方案6减小26.04%，较方案7减小14.71%，且距底板0~2 m范围内方案8水平应力基本为0。方案6在距底板11 m处水平应力达到最大值36.70 MPa，而在底板12 m范围内方案7和方案8的最大水平应力没有出现，说明方案7和方案8水平峰值应力向底板深部转移。

硐室所处位置以水平应力为主，改变卸压槽参数对硐室两帮支承压力、顶板水平应力和底板水平应力影响较大，并以此来分析，可知方案8与方案5、方案6、方案7三个方案相比更利于硐室围岩的卸压（表2-3-8）。

表2-3-8　方案8与方案5、6、7的比较

应力	参数	方案8与方案5	方案8与方案6	方案8与方案7
两帮支承压力	最大应力差值/MPa	11.48	5.03	3.15
	最大应力差值距帮部的距离/m	2	3	3
	降低幅度/%	66.74	31.64	22.47

表2-3-8(续)

应力	参数	方案 8 与方案 5	方案 8 与方案 6	方案 8 与方案 7
顶板水平应力	最大应力差值/MPa	8.86	1.03	0.84
	最大应力差值距顶板的距离/m	8	5	7
	降低幅度/%	24.19	2.82	1.79
底板水平应力	最大应力差值/MPa	18.05	8.68	4.03
	最大应力差值距底板的距离/m	5	5	6
	降低幅度/%	60.88	42.8	19.63

3. 卸压槽深度对围岩位移场的影响

根据 UDEC 运算的结果，得出改变卸压槽宽度时硐室围岩位移场的分布规律，方案 6 至方案 8 的位移场如图 2-3-145～图 2-3-150 所示。

由图 2-3-145～图 2-3-150 可知，增加卸压槽深度硐室围岩的位移明显增大，有利于围岩卸压，降低后期支护成本。

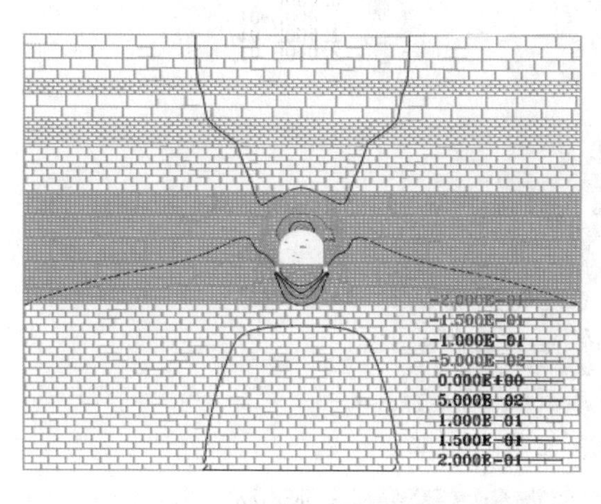

图 2-3-145　方案 6 硐室围岩垂直位移

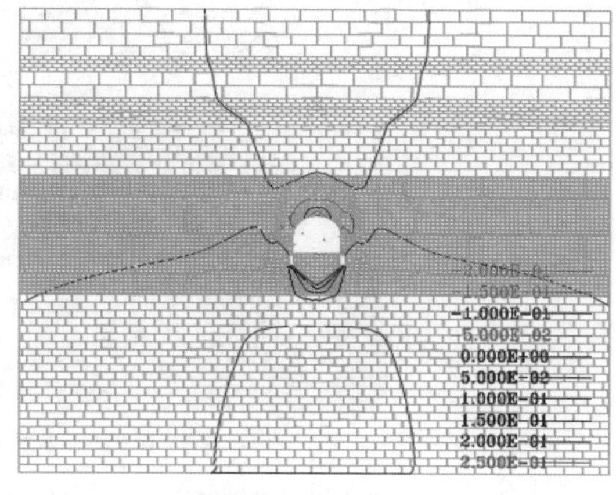

图 2-3-146　方案 7 硐室围岩垂直位移

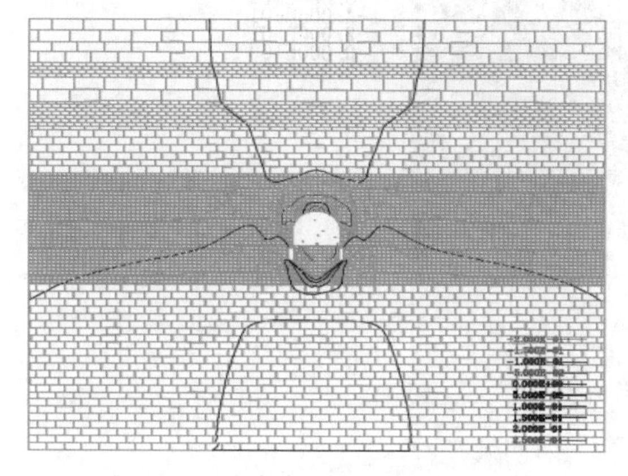

图 2-3-147　方案 8 硐室围岩垂直位移

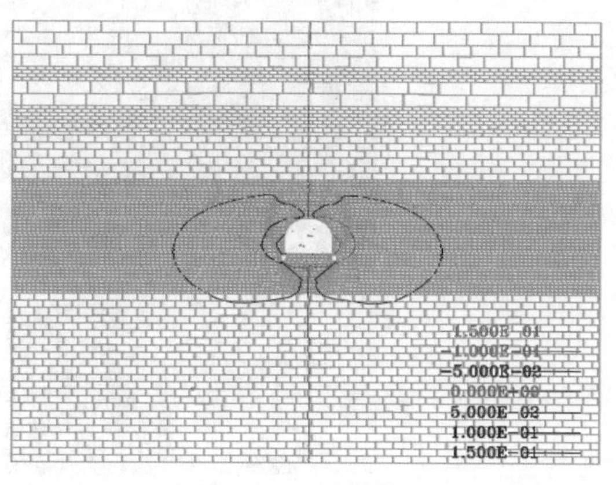

图 2-3-148　方案 6 硐室围岩水平位移

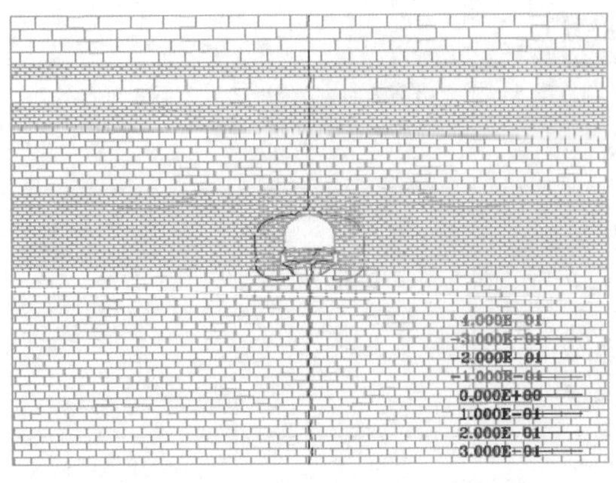

图 2-3-149　方案 7 硐室围岩水平位移

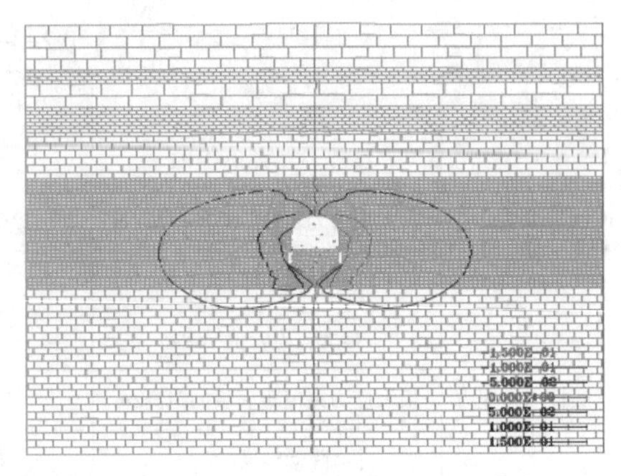

图 2-3-150　方案 8 硐室围岩水平位移

根据 UDEC 运算的结果，得出改变卸压槽宽度时硐室围岩位移云图分布规律。方案 6 至方案 8 的位移云图如图 2-3-151~图 2-3-156 所示。

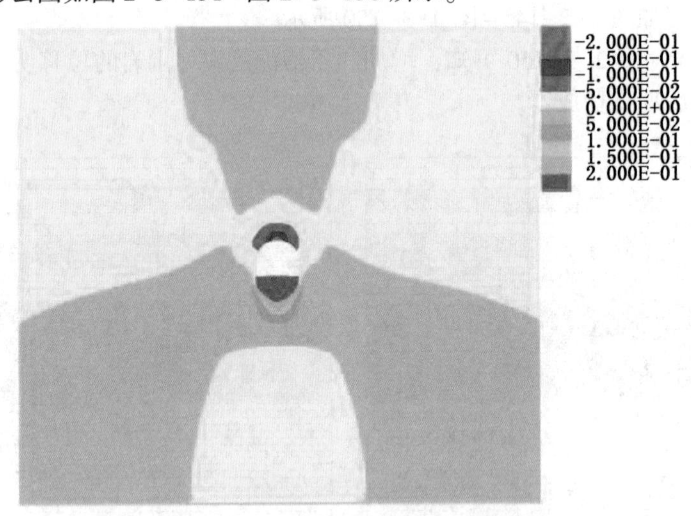

图 2-3-151　方案 6 硐室围岩垂直位移

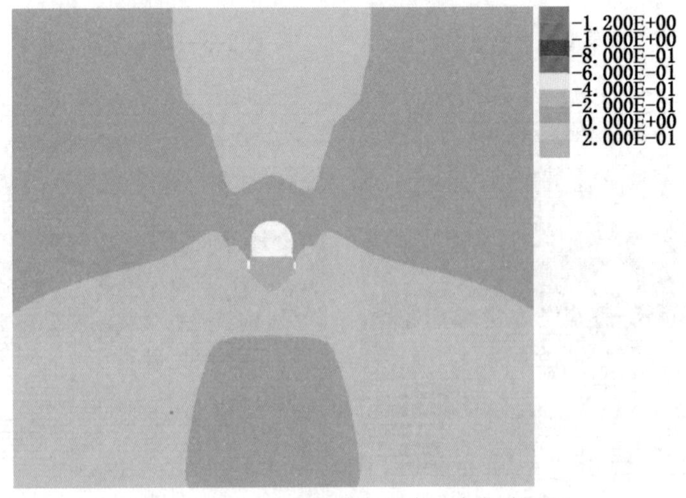

图 2-3-152　方案 7 硐室围岩垂直位移云图

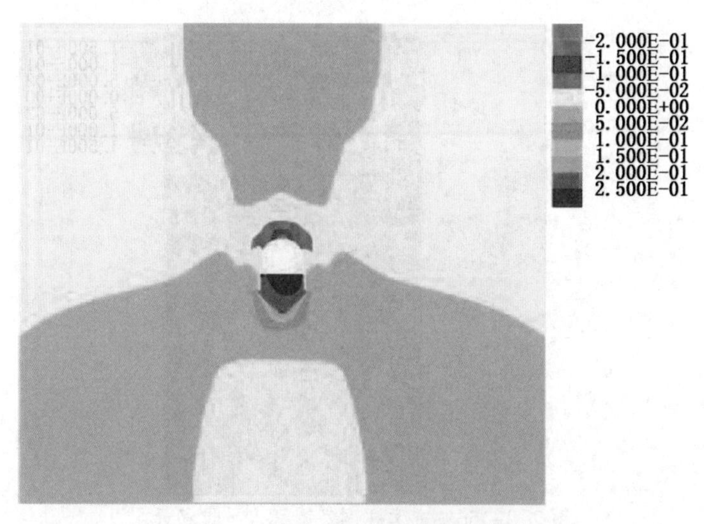

图 2-3-153　方案 8 硐室围岩垂直位移云图

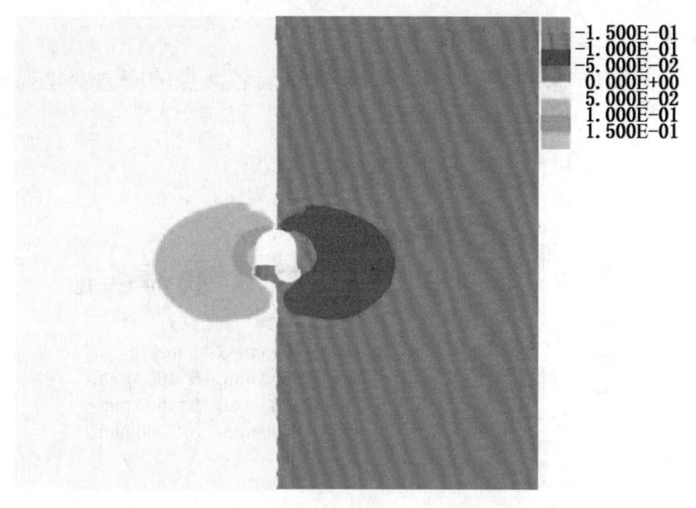

图 2-3-154　方案 6 硐室围岩水平位移云图

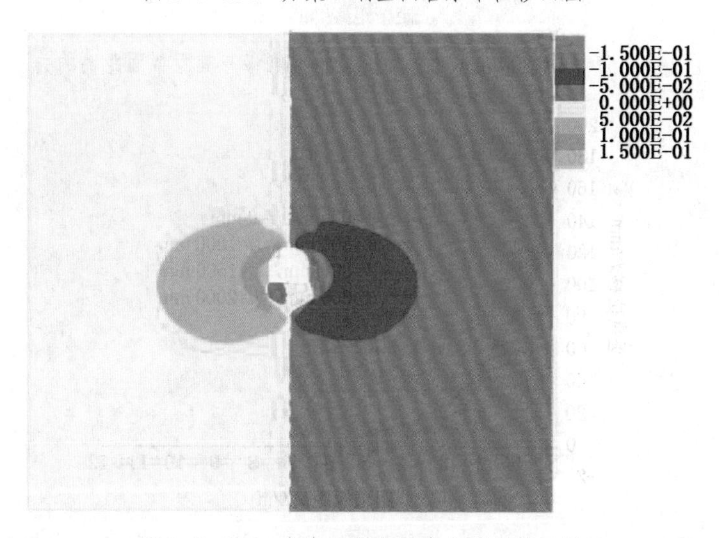

图 2-3-155　方案 7 硐室围岩水平位移云图

图 2-3-156 方案 8 硐室围岩水平位移云图

4. 卸压槽深度对围岩位移的影响

通过对数值模拟计算结果的整理，得到了硐室围岩各测点的应力变化规律如图 2-3-157~图 2-3-160 所示。

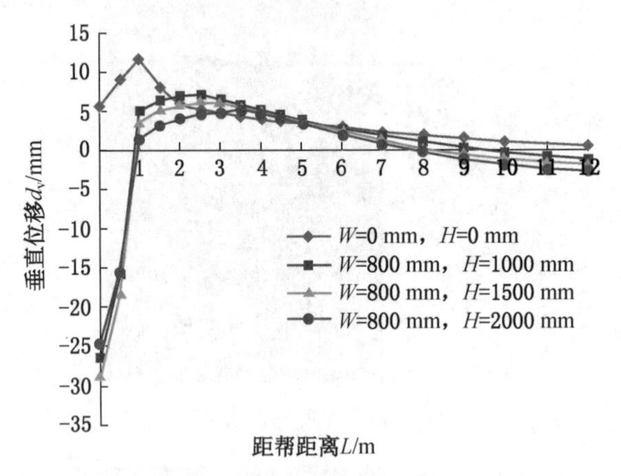

图 2-3-157 $W=800$ mm 时两帮围岩垂直位移与其距帮面距离的关系

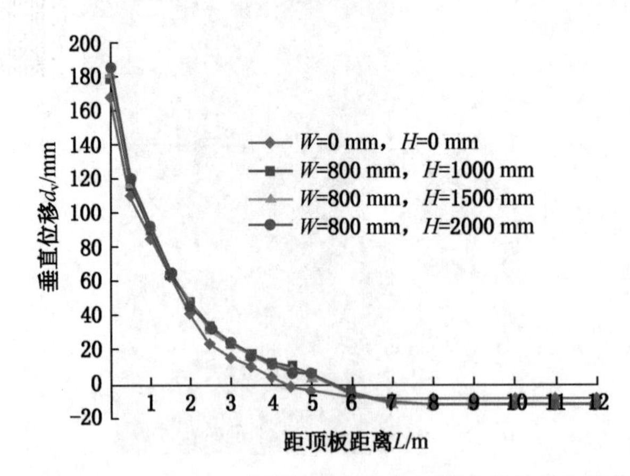

图 2-3-158 $W=800$ mm 时顶板垂直位移与其距顶板面距离的关系

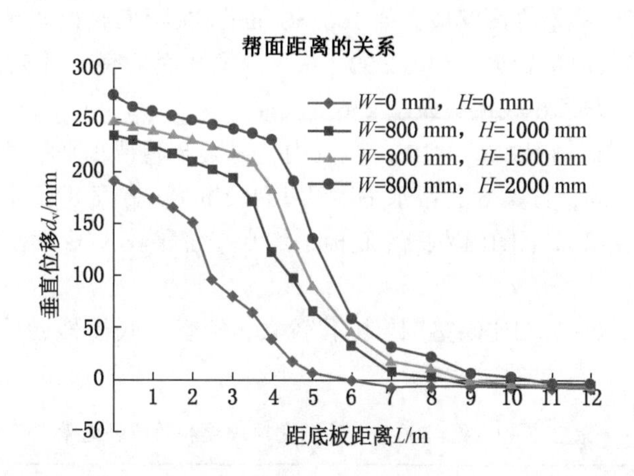

图 2-3-159　W=800 mm 时底板垂直位移与其距底板距离的关系

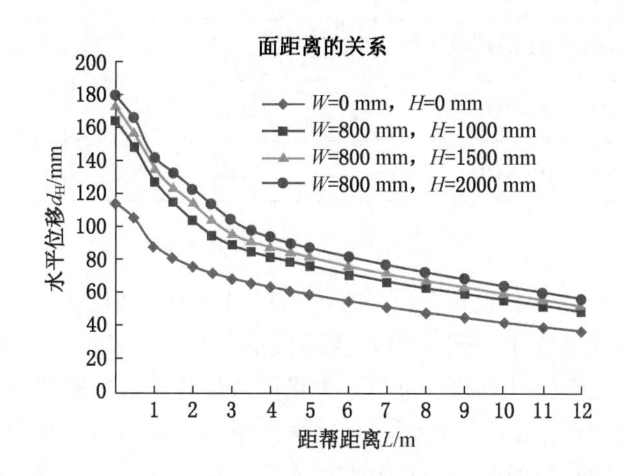

图 2-3-160　W=800 mm 时两帮围岩水平位移与其距底板距离的关系

由图 2-3-157 可知，距巷帮 0~1 m 范围内垂直位移变化较大，但在此范围内方案 6、方案 7、方案 8 底板垂直位移差值不大。方案 6 巷帮下沉 26.14 mm，方案 7 下沉 28.47 mm，方案 8 下沉 24.65 mm。距巷帮 2~12 m 范围内帮部垂直位移变化幅值小于 1 mm，可忽略不计。

由图 2-3-158 可知，距顶板 0~12 m 范围内方案 6、方案 7 和方案 8 在距顶板相同位置处垂直位移差值小于 5 mm，可以忽略不计。方案 6 顶板下沉 181.0 mm，方案 7 顶板下沉 182.6 mm，方案 8 顶板下沉 185.8 mm，方案 8 顶板下沉量最大，较方案 6 增加 4.8 mm，较方案 7 增加 3.2 mm。

由图 2-3-159 可知，距底板 0~12 m 范围内垂直位移一直减小，在此范围内方案 8 底板垂直位移明显大于方案 6 和方案 7，方案 8 底板平均垂直位移较方案 6 增加 34.96%，较方案 7 增加 16.16%。底板 0~4 m 范围内底板垂直位移变化缓慢，在此范围内方案 8 底板平均垂直位移较方案 6 增加 24.44%，较方案 7 增加 10.7%。在距离底板 4 m 处方案 8 相对于方案 6 底板垂直位移差值达到最大值 106. 30 mm，在距离底板 4. 5 m 处方案 8 相对于方案 7 底板垂直位移差值达到最大值 62. 90 mm。方案 8 底板底鼓量 275. 4 mm，方案 7 底板底鼓量 248. 7 mm，方案 6 底板底鼓量 236. 1 mm。

由图 2-3-160 可知，距底板 0~12 m 范围内，方案 8 巷帮水平移动 180. 2 mm，方案 7 巷帮水平移动 172. 3 mm，方案 6 巷帮水平移动 164. 2 mm。方案 8 帮部水平位移比方案 6、方案 7 大，距巷帮 0~12 m 范围内方案 8 底板平均水平位移较方案 6 增加 14. 33%，较方案 7 增加 6. 75%。

方案 8 与方案 5、6、7 相比硐室围岩变化较大，硐室顶底板移近量和两帮移近量有明显变化（表 2-3-9）。

表 2-3-9 W=800 mm 时硐室顶底板和两帮移近量 mm

方案	卸压槽参数	顶底板移近量	两帮移近量
5	$W=0$，$H=0$	359. 5	229. 6
6	$W=800$，$H=1000$	417. 1	328. 4
7	$W=800$，$H=1500$	431. 3	344. 6
8	$W=800$，$H=2000$	461. 2	360. 4

5. 结论

依据平煤八矿第二水平丁 5-6 下山采区绞车房硐室围岩地质条件，建立了开挖底板卸压槽和不同卸压槽参数条件下，硐室围岩变形数值计算力学模型。在硐室围岩划分单元体，利用 UDEC 离散元数值计算软件进行了大量的数值计算。在模型顶底板和两帮模型中布设观测线，设置观测点，以测点最近单元体块体中心的应力和应变数值，作为测点应力和应变值，研究卸压槽参数的改变，对硐室围岩应力和位移的影响特征。

（1）底板开挖卸压槽以后，硐室围岩发生变形，硐室两帮和顶底板中，高应力向深部围岩转移，硐室浅部围岩应力降低，能够明显改善硐室围岩应力场。有利于充分发挥深部围岩的承载能力，减少浅部围岩的支护阻力，降低硐室的支护难度。数值计算结果表明，底板开挖卸压槽以后，硐室两帮位移量和底板底鼓量较明显，而顶板下沉量非常小，顶板基本保持不动；底板开挖卸压槽后，硐室两帮和底板围岩支承压力和水平应力具有较明显的卸压作用，而硐室顶板围岩的应力基本保持不变。

（2）硐室底板有无卸压槽，对硐室围岩变形量和围岩应力影响较大。当卸压槽深度一定（H 为 1500 mm）时，随着卸压槽宽度的增加，硐室围岩应力发生变化，其中两帮和底板支承压力向深部围岩移动，而顶板支承压力的大小和位置基本保持不变；顶板和两帮水平应力的大小和位置基本不变，而底板水平应力向底板深部岩层转移。随着卸压槽宽度增加时，对硐室底板底鼓量影响较大，而对硐室顶板和两帮的下沉量和水平位移量影响较小甚至没有影响。

由此可见，卸压槽宽度存在一个合理值（800 mm），超过该值时对硐室围岩顶板和两帮围岩变形量和围岩应力值影响较小。因此，从满足硐室围岩卸压且有利于卸压槽施工的角度出发，认为目前条件下，卸压槽的宽度选择 800 mm 较合理。

(3) 硐室底板有没有卸压槽，对硐室围岩应力特别是底板和两帮围岩应力影响明显。当卸压槽宽度（800 mm）一定时，随着卸压槽深度的增加，硐室两帮和底板围岩水平应力和支承压力向深部围岩转移且移动较明显，且两帮下沉量和底板的底鼓量缓慢增加；而硐室顶板围岩的水平和垂直应力以及顶板下沉量基本保持不变，即卸压槽深度的增加对硐室顶板围岩应力和围岩变形影响不大。因此从满足硐室围岩卸压且有利于卸压槽施工的角度出发，认为目前条件下，卸压槽的深度选择 1500 mm 较合理。

（三）卸压槽合理参数数值模拟研究二

以开滦钱家营矿-850 m 主（副）石门巷道为试验巷道，解析巷道卸压对于围岩应力、裂隙拓展的影响，阐明卸压槽对于深部矿井软岩巷道围岩的应力转移作用和浅表裂隙扩展作用，利用离散元数值计算软件 UDEC，模拟对比卸压前后钱家营矿-850 m 主石门巷道应力场和位移场的变化，进而提出合理的卸压参数，为现场施工提供支撑。

1. 工程背景

开滦钱家营矿-850 m 主（副）石门主要用于-850 m 水平的运料、通风及行人。-850 m 主石门开口于-850 m 西大巷 W14 点前 25 m，-850 m 主石门工程量约 1468 m，巷道设计方位 289°（弧形段除外）。

-850 m 副石门开口于-850 m 西大巷 W13 点前 39.3 m，-850 m 副石门工程量约 1320 m，巷道设计方位 289°（弧形段除外）。

主石门迎头前 100 m、368 m 将分别见 DF41 $H=0\sim5.0\angle70°$ 逆断层、DF44 $H=5.0\angle73°$ 正断层。由于落差较大，断层附近岩层破碎。

副石门迎头前 130 m、172 m、189 m、242 m、481 m 将见 $H=0\sim5\angle22°$ 逆断层，DF40 $H<5$ m$\angle72°$ 正断层，$H=1.8\angle35°$ 正断层，$H=1.4\sim1.8\angle67°$ 正断层，DF41 $H=0\sim5.0\angle70°$ 逆断层，并伴有裂隙发育，断层附近煤岩层较破碎。

其中 168 m 将见 $H=14.0\angle84°$ 正断层，由于落差较大，受其影响，煤岩层破碎，岩层产状变化较大。另外，还将可能遇到一定数量隐伏地质构造。该区域施工巷道将穿过煤 12~煤 3 垂高 200 m 之间（揭露 3 个砂岩裂隙含水层煤 14~12-1 第Ⅲ含水层，煤 5 底板~煤 12-1 顶板第Ⅳ含水层，煤 5 顶板第Ⅴ含水层），煤 14~12-1 和煤 5 顶板砂岩裂隙含水层含水性较强，遇构造裂隙发育时，可能出现较大涌水。

巷道初期施工采用风锤或履带式全液压钻车钻眼，常规锚网喷进行支护，锚杆规格为 ϕ20 mm×2500 mm 的左旋螺纹钢锚杆，间排距为 700 mm×700 mm，锚杆托板为 120 mm×120 mm×5 mm 或 200 mm×200 mm×10 mm 钢板，锚固剂采用 ϕ25 mm×（300~330）mm 快速树脂药卷，每孔锚固剂不少于 2 卷。

锚杆单体锚固力不小于 7 t，外露长度不大于 50 mm。锚杆要垂直于巷道轮廓布置，锚杆的托板要紧贴岩面，螺母紧固力矩不小于 150 N·m。网片采用规格 1000 mm×1000 mm 或 1000 mm×1800 mm，网孔规格为（100~120）mm×（100~120）mm，钢筋直径为 6~10 mm的钢筋网。ϕ22.5×1800 mm 螺纹钢树脂锚杆加固围岩（锚杆托板为 120×120×5 mm 或 200×200×10 mm 钢板），锚固剂采用 ϕ25 mm×（300~330）mm 快速树脂药卷，每孔锚固剂不少于 2 卷。锚杆单体锚固力不小于 7 t，外露长度不大于 50 mm。

-850 m 主石门施工瓦斯突出造成的冒落区域时，表现为巷道全断面收敛变形剧烈，十字布线法观测巷道两帮位移达 1200~1600 mm，顶底板收敛位移达 1100~1500 mm，局部套修揭露显示整个锚固区域岩体散碎，锚杆根部无着力点，锚固区失效冒顶的威胁极大。

为解析巷道卸压对于围岩应力、裂隙拓展的影响，阐明卸压槽对于深部矿井软岩巷道围岩的应力转移作用和浅表裂隙扩展作用，利用离散元数值计算软件 UDEC，模拟对比卸压前后钱家营矿-850 m 主石门巷道应力场和位移场的变化，进而提出合理的卸压参数，为现场施工提供支撑。

2. 数值计算力学模型建立

因巷道施工在区域冒顶区内，模拟研究目的为阐明卸压槽开挖的关键作用，结合现场条件，建构模型描述应力-应变关系，建构模型时围岩采用普式系数为 4 的砂岩。“摩尔库仑”是强度准则。因巷道埋深为-900 mm 左右，取自重应力为 25.0 MPa 为垂直应力，水平方向应力系数取 0.75。

硐室为直墙半圆拱形断面，硐室参数采用现场实际尺寸，即净宽度 5.4 m，高度 4.5 m。在硐室底板的两个底角和中部开挖出一定尺寸的卸压槽，底角宽度为 0.8~1.2 m，深度 1.5~2.5 m，中部卸压槽深度和宽度在 0.5~0.8 m。通过改变卸压槽的尺寸，计算出卸压槽对硐室围岩应力场和位移场的影响。

依据钱家营矿煤岩物理力学参数测试报告，结合实际揭露的硐室围岩岩性和节理裂隙发育状况，综合选取计算模型的围岩岩性和节理面物理力学参数（表 2-3-10、表 2-3-11）。

表 2-3-10 围岩物理力学参数

岩性	弹性模量/GPa	泊松比	抗拉强度/MPa	内摩擦角/(°)	剪胀角/(°)	黏聚力/GPa
围岩	25.0	0.25	3	30	3	5
喷浆回填料	30	0.2	5	35	3	8

表 2-3-11 节理物理力学参数

岩性	垂直刚度/GPa	剪切刚度/GPa	抗拉强度/MPa	内摩擦角/(°)	黏聚力/MPa	残余系数
模型内节理	5.0	4.0	0.3	25	4	0
块体划分虚拟节理	50.0	40.0	3.0	25	10	0
注浆加固区	5.0	4.0	0.3	25	4	0.5

模型上部边界条件简化为载荷边界条件，载荷分布形式简化为均布载荷，载荷值与上覆岩层的重力（$\sum \lambda h$）相等，即 $q = \sum \lambda h = 25.0\ \text{MPa}$。根据海姆应力假说和区域地应力测量结果，水平侧压系数 λ 为 0.7~0.9，取为 0.75。则模型中部边界水平应力为 20.0 MPa，纵向应力亦为 20.0 MPa。模型两侧和底板均采用简支滚轴边界条件，即上边界应力加载，下边界和左右边界零位移约束，初始应力根据加速度为-9.8 m/s^2 设定应力梯度。

3. 数值模拟计算结果及分析

通过数值模拟计算得到底板开挖卸压槽前后，硐室围岩水平应力场和水平应力云图、垂直应力场和垂直应力云图、水平位移场和水平位移云图、垂直位移场和垂直位移云图。通过分析开挖卸压槽对硐室围岩应力和位移的变化规律，说明卸压槽的卸压作用原理。在此基础上，通过改变卸压槽参数包括宽度和深度，计算硐室围岩应力场和位移场，分析不同参数的卸压槽对硐室围岩应力和位移的作用和控制效果，从而优化出围岩卸压效果明显、施工技术可行的合理卸压槽参数，为现场施工提供借鉴和技术支撑。

1）开挖卸压槽对硐室围岩变形控制和应力转移的作用原理

硐室开挖以后，破坏了岩体的原岩应力状态，引起应力重新分布，硐室顶底板和两帮围岩发生变形并向硐室临空方向移动，硐室围岩内部微裂隙张开，块体切割出现破碎，周边岩体的完整结构遭受破坏，在硐室周边出现塑性区或者破坏区，形成了应力开挖降低区。当硐室底板开挖卸压槽以后，硐室底板和周边围岩的塑性变形区范围以及该区内遭破坏岩体的塑性变形、扩容膨胀变形增大，为硐室围岩的膨胀变形提供一定的变形补偿空间，使围岩集中应力进一步向围岩深部转移。

下面数值计算底板开挖卸压槽（左底角卸压槽 600 mm×1000 mm、右底角卸压槽 600 mm×1400 mm、巷中左（右）卸压槽 400 mm×400 mm）前后，硐室围岩应力场和位移场，通过分析硐室围岩应力和位移变化特征，说明卸压槽的卸压效果。模型沿着单位纵向宽度取垂直剖面，建立平面应变模型。模型宽度为 54.0 m，高 45.0 m（巷道外围取开挖径向尺寸的 10 倍）。

根据计算网格的离散原则，网格划分越细数值计算的结果越精确，但由于模型计算范围较大和计算机容量限制，不能将网格划分得非常细。为兼顾计算效率和计算精度，将净巷和水沟区、卸压回填区 BLOCK 块体划分最细，节理间距取 0.5 m，ZONE 网格边长 1.0 m，巷道周边锚固区和注浆区岩节理间距取 1.0，ZONE 网格边长 1.0 m；而锚固区外侧因距离开挖区域较远，节理间距取 2.0，ZONE 网格边长 2.5 m。模型共划分为 655 个 Block 块体，3200 个 Zone 块，121608 个节点。

2）开挖卸压槽前后硐室围岩应力场和应力云图特征

模型计算过程中，选取巷道的中顶、中底、左右两个起拱点为监测点，并以之为 4 条横竖监测线的起点，全程监测其位移、垂直应力 S_{YY} 变化，显示了底板和底角卸压槽开挖前后对巷道周边应力调整的影响。应力云图结果显示卸压后，垂直应力 S_{YY} 和第一主应力 S_{IG1} 的分布态势并未发生根本性变化，主承载的最大应力核区距离巷道两帮 6.8~13.5 m，最大值 S_{YYmax} 和 S_{IG1max} 上限值为 50 MPa。

图 2-3-161~图 2-3-162 所示为底板和底角卸压槽开挖前后对巷道表面和深部位移的影响，卸压前位移发展最快的区域为两个肩角和底角，最大值为 216.8 mm，卸压后位移发展最快的区域为两个肩角，最大值为 226.4 mm，可见卸压作用对于巷内最大位移影响不显著，但原底角部位的较大位移被卸压槽吸收，底角位移出现一定幅度的下降，而中顶、中底、左右两帮起拱点位移分别增加 15.2 mm（12.8%）、3.2 mm（2.8%）、17.7 mm（15.3%）、3.5mm（2.7%）。可见，卸压槽的开挖并没有引发围岩位移的大幅增加，支护结构不会发生大面积变形破坏，卸压的关键作用在于使帮顶关键区域的裂隙拓展加速。

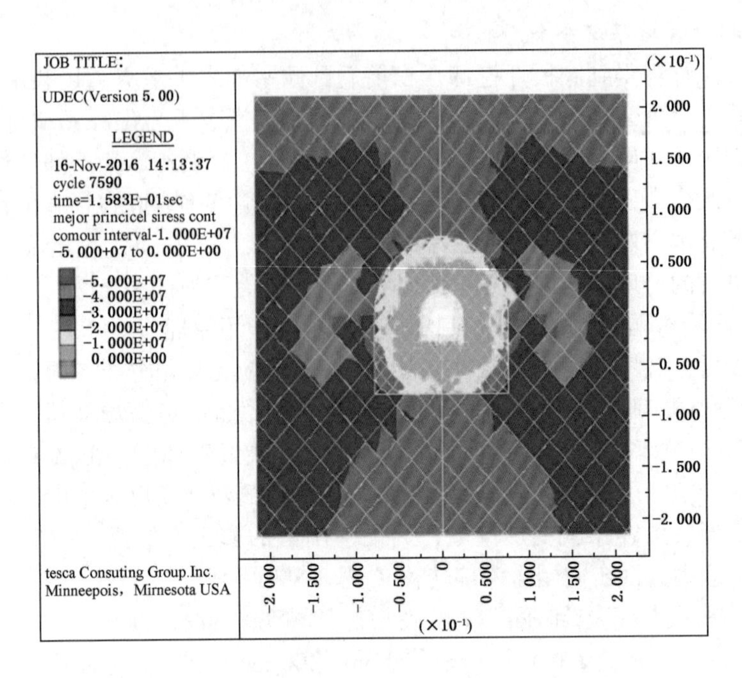

图 2-3-161 卸压前后垂直应力对比

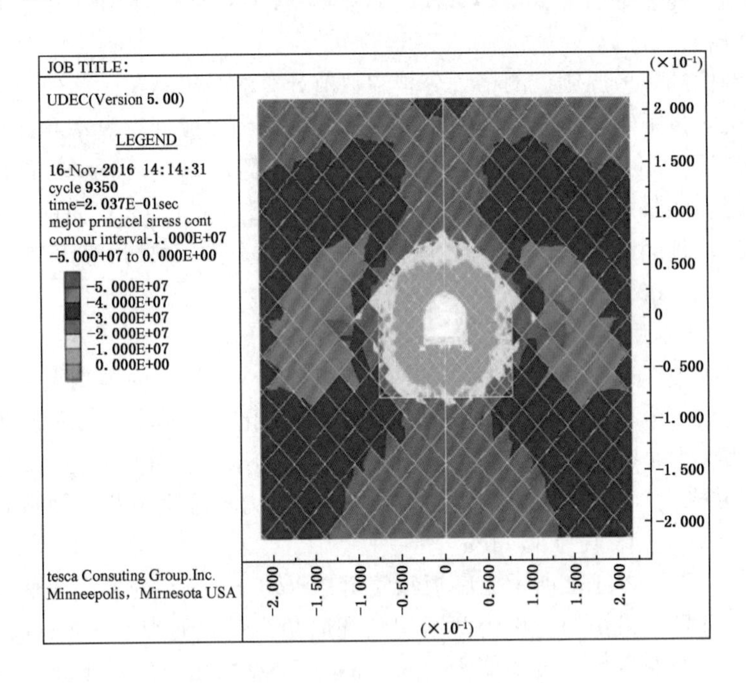

图 2-3-162 卸压前后第一主应力对比

图 2-3-163 所示为巷道周边塑性区状况，卸压前围岩塑性区大体呈现等深分布，塑性发展深度达 10~15 m；卸压后塑性区中顶部位有约 4.9 m 深的减少，说明卸压将利于顶部尽快形成弹性承载环，而两帮区域的裂隙拓展则利于后续注浆中吃浆量的提升。

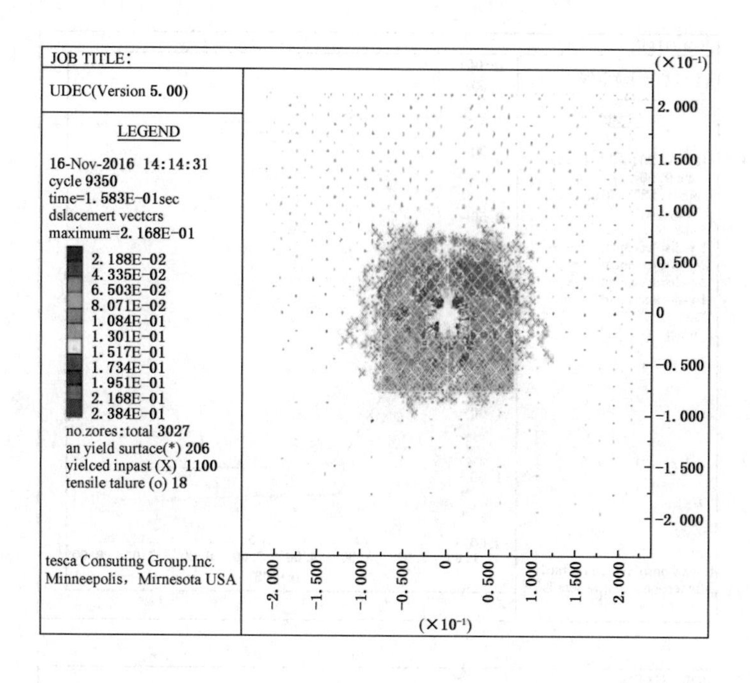

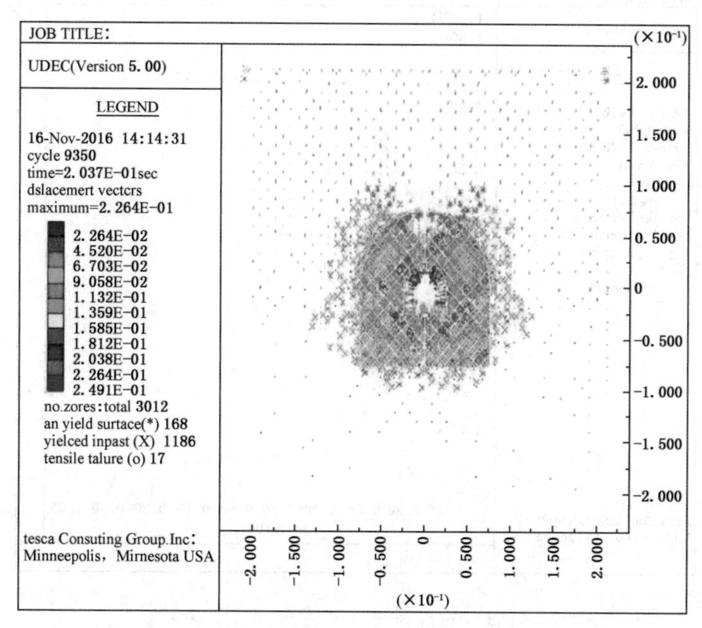

图 2-3-163　卸压前后塑性区和位移对比

图 2-3-164 表明，卸压前后巷表位移呈四周均匀收敛，变形曲线在 350 个计算时步（对应实际的变形时间）趋稳，但同样控制变形在 100 mm 下，卸压槽开挖后的计算时步为 150 步，而开挖前为 200 步，可见卸压激隙作用相当显著。图 2-3-165 所示为卸压前后监测线位移对比，周边位移大于 50 mm 的较破碎区深度为 2. 0~2. 5 m，则注浆锚杆注浆深度应不低于该值。

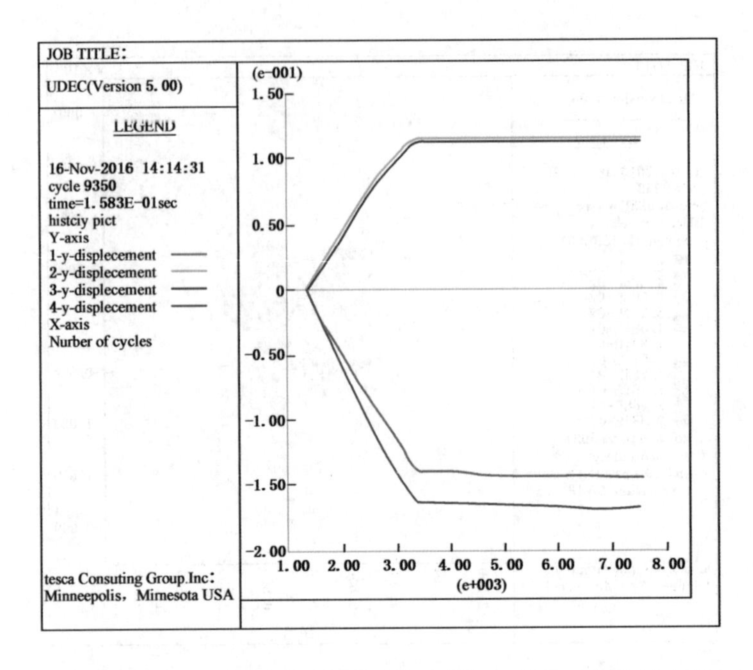

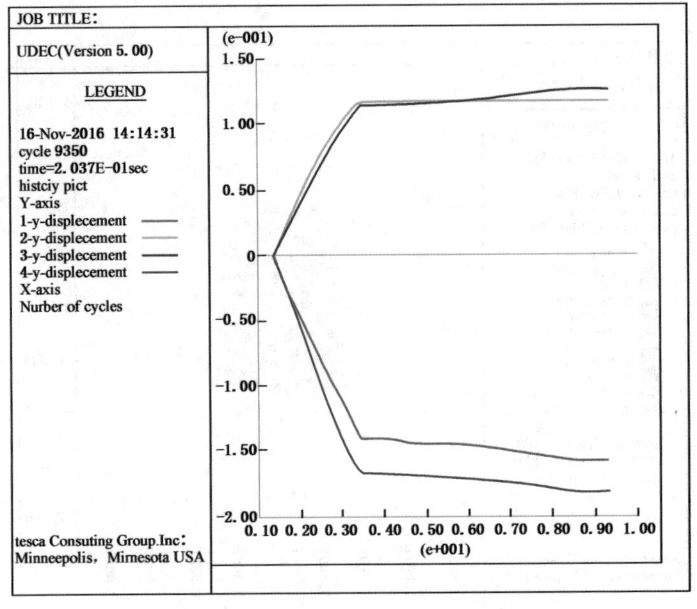

图 2-3-164 卸压前后监测点位移发展趋势对比

3）卸压槽断面优化

根据现场施工机具风镐可施工的卸压作业深度，设计两个卸压槽开挖方案进行比对：方案 1 为左侧底角卸压槽宽深断面 1000 mm×600 mm（墙内宽度 600 mm），右侧底角卸压槽断面 1400 mm×600 mm（墙内宽度 600 mm），中间卸压槽断面 400 mm×400 mm；方案 2 为左侧底角卸压槽宽深断面 1500 mm×800 mm（墙内宽度 800 mm），右侧底角卸压槽断面 2100 mm×800 mm（墙内宽度 600 mm），中间卸压槽断面为 600 mm×600 mm。

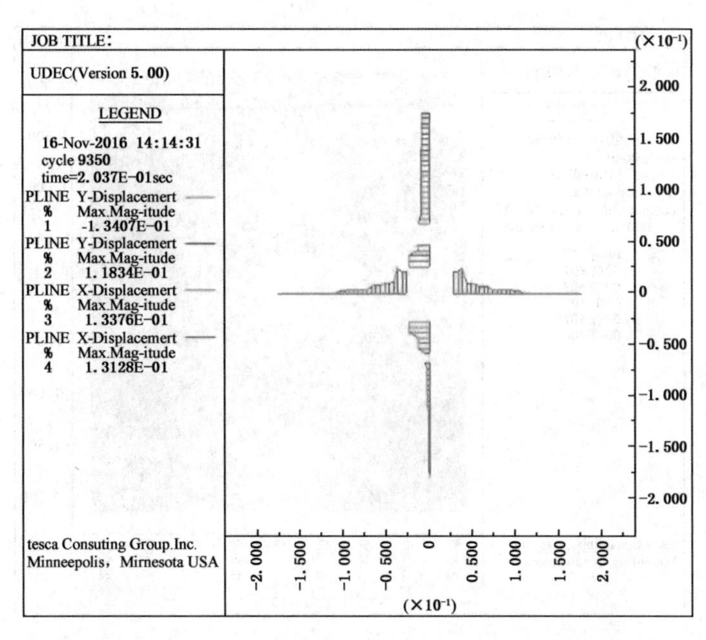

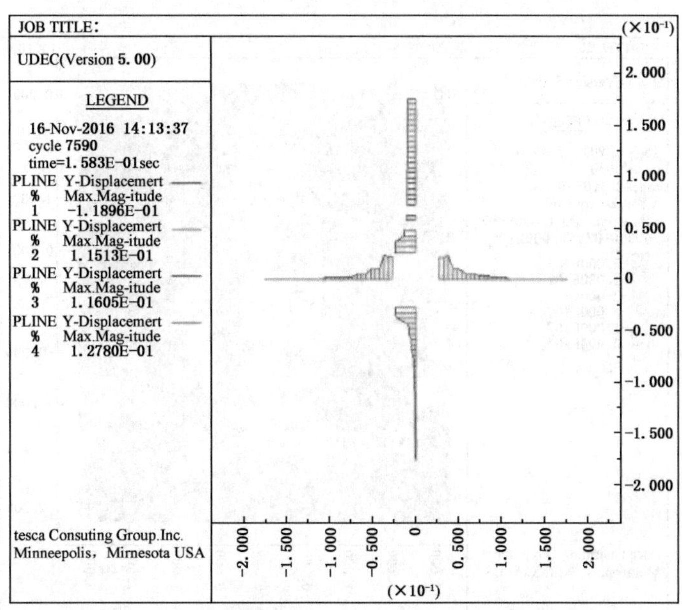

图 2-3-165　卸压前后监测线位移对比

图 2-3-166 所示为方案 2 的垂直应力和第一主应力云图，帮部最大应力承载的核区向外扩展了 2.5~5.0 m，但 2.0~2.5 m 的锚固区应力卸载没有较大变化。

图 2-3-167 所示为方案 2 的位移与塑性区发展图，与图 2-3-161、图 2-3-162 右侧的方案 1 对比表明，巷道表面位移依然是四周来压趋势，但两个肩角的极限位移为 251.5 mm，控制注浆时机 100 mm 巷表位移的计算时步 120~150 基本不变，说明方案 2 大卸压槽的激隙效果没有显著提升。

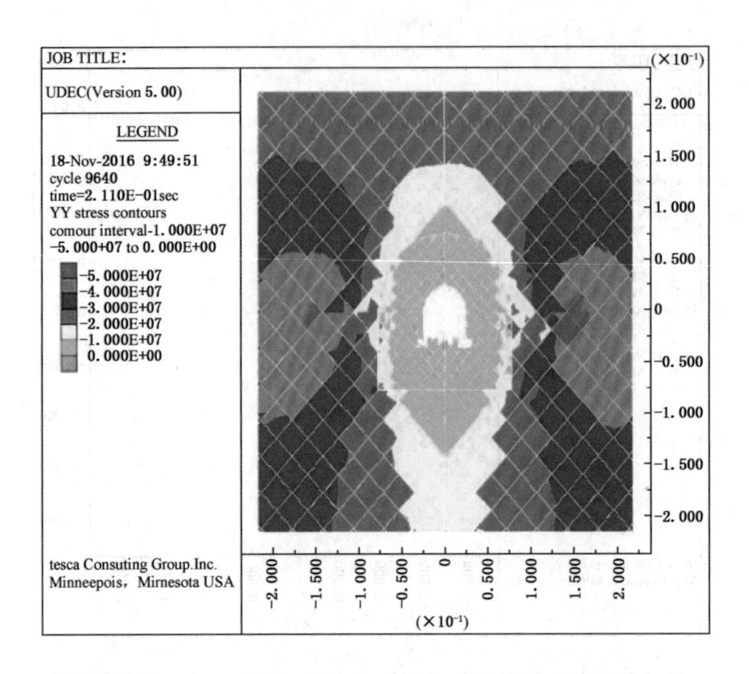

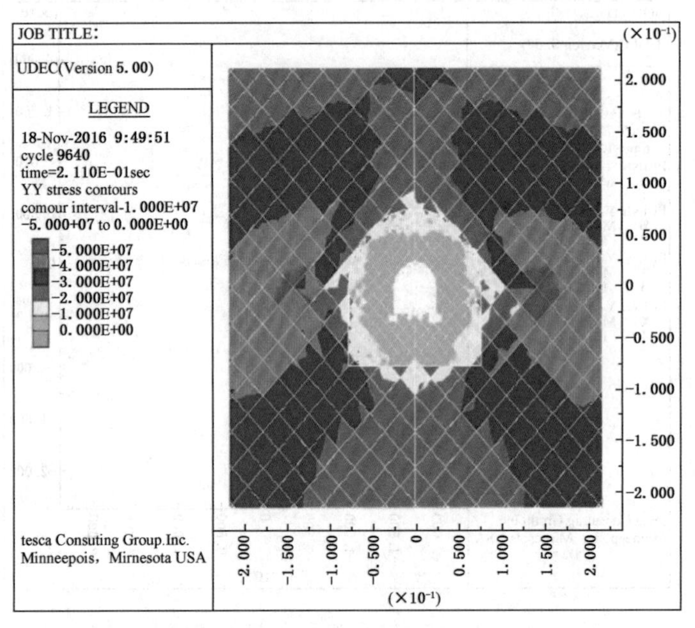

图 2-3-166　方案 2 垂直主应力和第一主应力云图

图 2-3-168 对比了方案 1 和方案 2 的节理滑移区分布，巷道周边 5.0 m 范围内节理裂隙密集程度二者基本一致，起拱线以上的顶部较为发育，而方案 2 大卸压槽对于弱面发展的诱发主要在于 5.0~10.0 m 的深部。综合可见，大卸压槽开挖没有引起裂隙发展和位移转移范围与速度的本质变化，施工中还会造成卸压开挖和回填成本的加大，因此选用的卸压槽宽度为 1000~1400 mm、深度为 600~800 mm 较为合理。

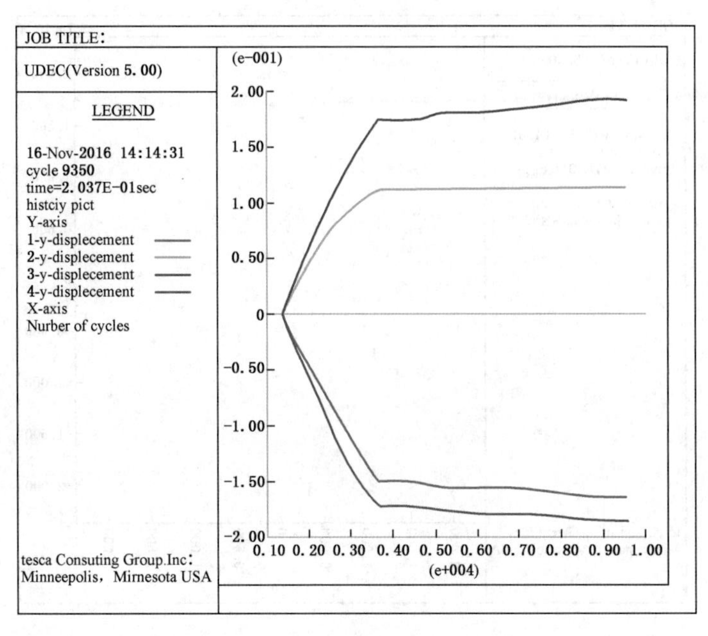

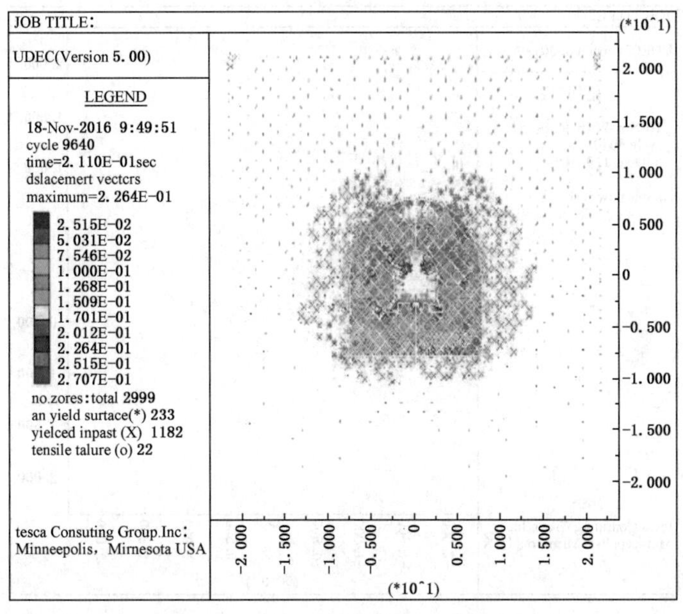

图 2-3-167　方案 2 位移发展和塑性区发展

4）实际支护参数的综合模拟

前述模拟表明，高应力富含带内软岩巷道的应力分布和节理裂隙滑移远超锚固可控的 2.0~2.5 m 范围，对于巷道稳定起主导承载的区域是 5~10 m 以外的弹性圈层，现有施工方法只能通过卸压槽来优化该区域的应力分布。对于浅表破碎区域的注浆作用，一方面可以改善散体的峰后残余强度，另一方面可以实现一次锚固区域的二次黏结，利于锚固失效的再次恢复，从而形成浅表围岩对外层弱破碎区的强力护稳。

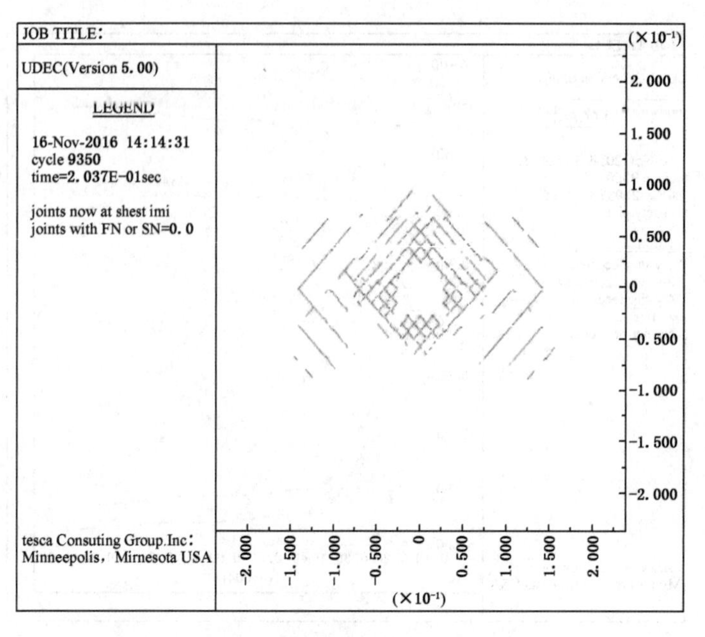

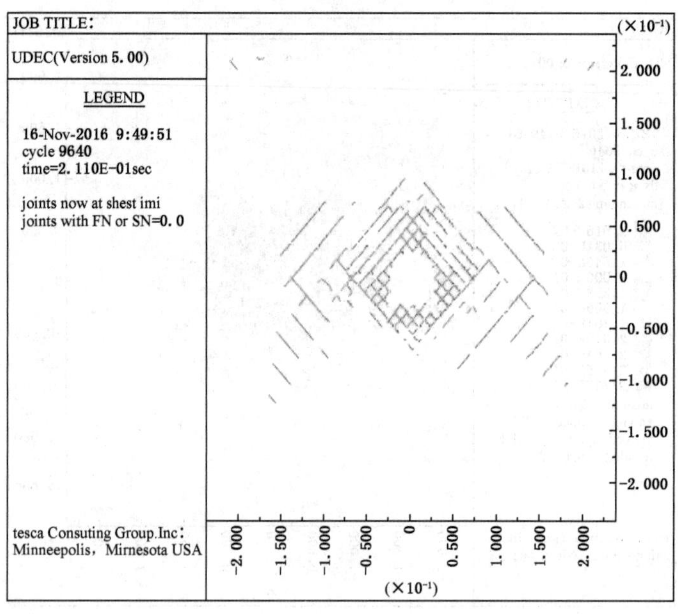

图 2-3-168　方案 1 与方案 2 围岩内滑移节理对比

根据现场摸索优化的动态施工次序（一层次锚固→二层次锚固→卸压槽开挖→底角卸压槽回填→注浆锚杆安装→注浆加固），分别设定对应锚杆参数、锚固参数以及中间应力释放，对方案 1 的断面模型进行模拟，模型运输中间状态如图 2-3-169 所示。

图 2-3-170 所示为采用本项目支护技术后，计算平衡后垂直应力场、水平应力场和第一主应力场的分布情况。结果显示，周边应力呈现较为典型的趋圆形应力分布态势，与传统的弹塑性理论分析一致，且巷道周边锚固区（2.5 m 范围内）的应力承载规模在 0~

5 MPa 以内，充分表征了卸压开采后弹性承载区的外向转移。而在水平应力集中系数为 0.75 状态下，两个帮部深 5～10 m 范围会存在较为对称的极限应力分布区。

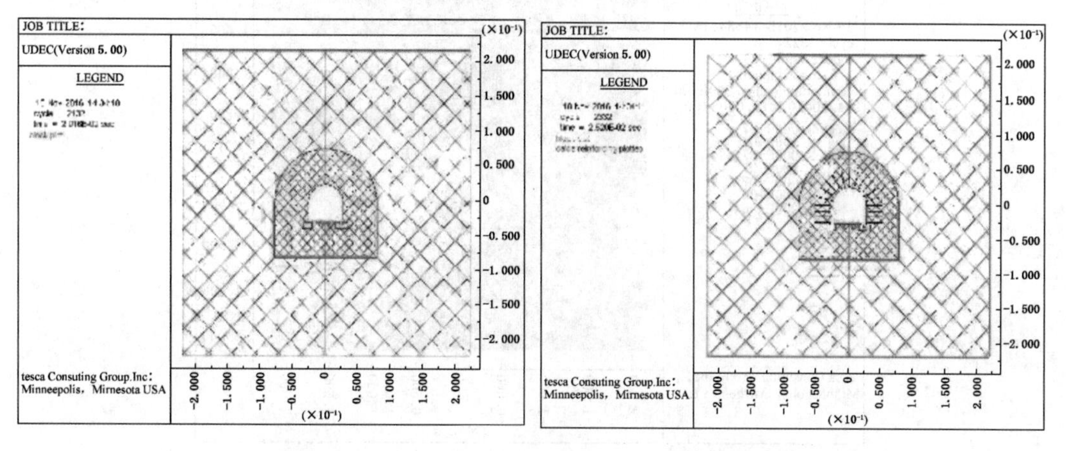

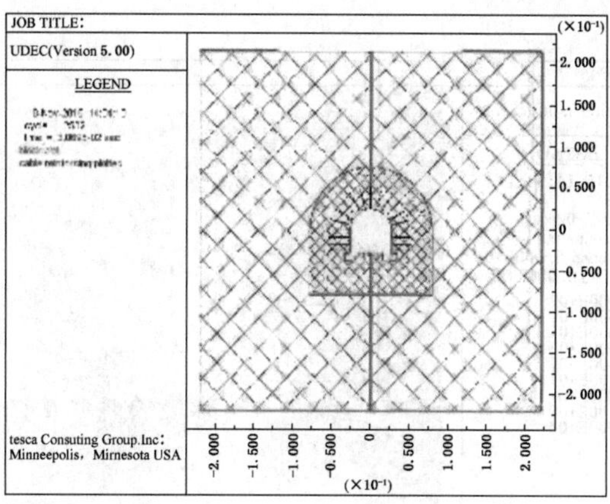

图 2-3-169　动态施工次序中间过程（初掘—一次锚固-卸压槽开挖）

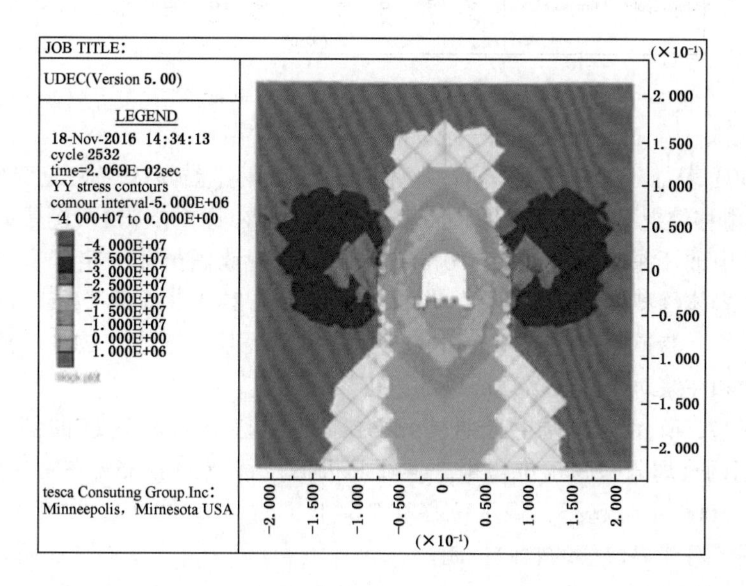

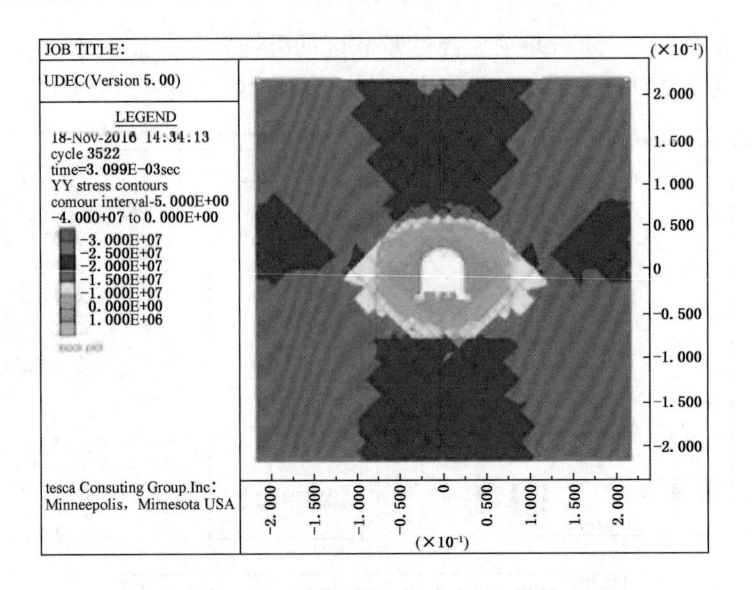

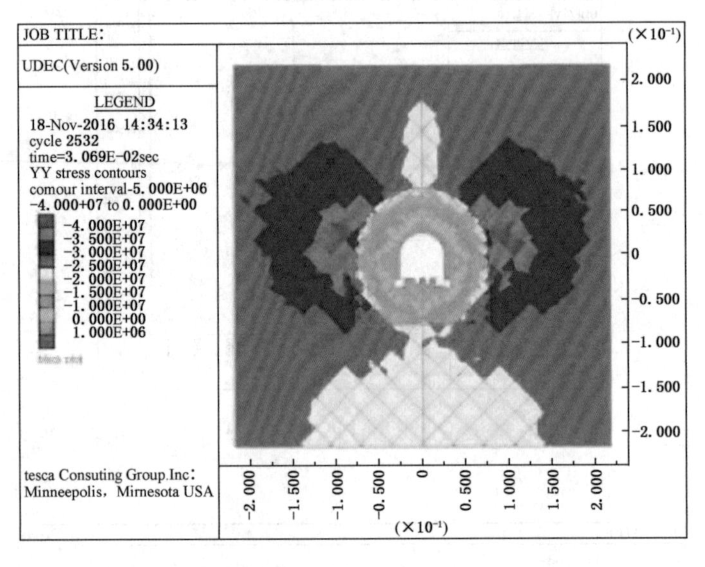

图 2-3-170 优化方案的垂直应力、水平应力和第一主应力分布

图 2-3-171 表征了巷道周边 Zone 块体的塑性破坏（锚固区域为应变软化本构）和 Jset 节理面的滑移情况（滑移面参数为带残余性能的摩尔库仑本构）。图中破坏分布显示，塑性块体的集中破坏深达巷道外围 5.0 m，原有的常规锚固虽能一定程度控制围岩位移，但锚固失效和岩体承载破坏不可避免，原锚杆长度为 1.8~2.0 m 的严重不足。通过多层次锚固和注浆改性，巷道周边的节理面滑移区大幅缩小，基本维持在 2.5 m 范围的锚固区，说明密集锚固和注浆对于浅表节理破碎的改善极为明显。

图 2-3-172 所示为本项目支护技术方案的位移分布和发展曲线，最大位移为 135.2 mm，以两个肩角和底角位移稍大，较之极值位移减少了 35%左右，且两帮与顶底的位移大小在 5000 步时趋稳，稳定位移在 75~115 mm 内。可见，采用本项目的技术方案，较好实现了对浅表位移的收敛控制。

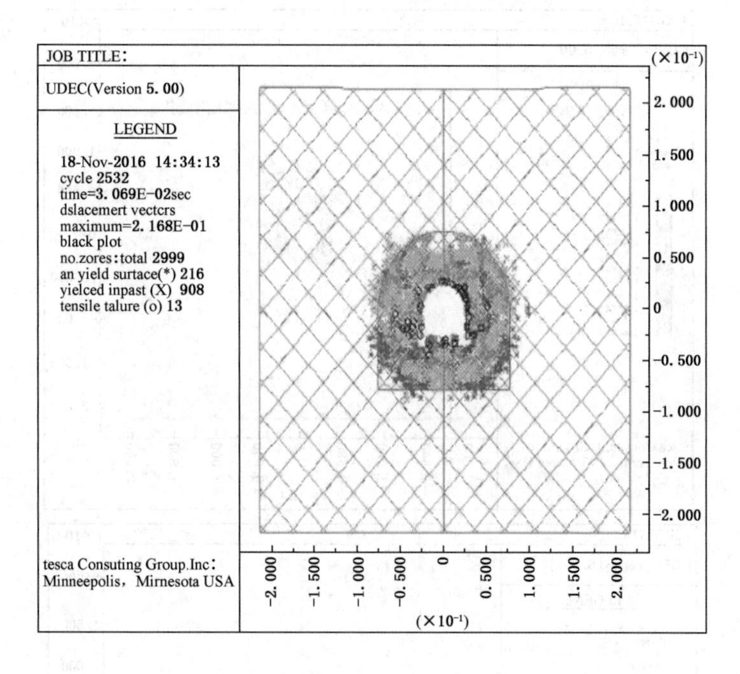

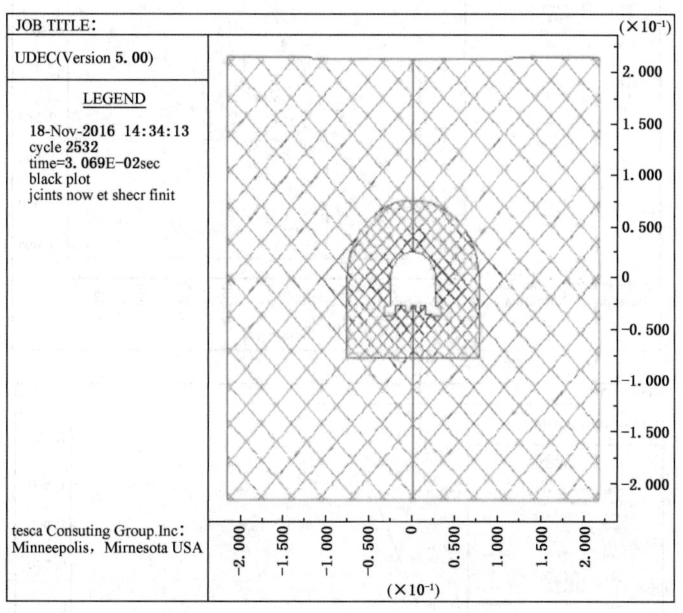

图 2-3-171　优化方案的垂直应力、水平应力和第一主应力分布

锚杆支护能力的发挥，有赖于围岩位移的发展，而围岩位移又是支护技术控制的主要方向。设定控制位移值过小，锚杆受力不能全面发挥，会造成锚杆支护过于密集，强度储备过高，形成不必要的支护浪费。设定控制位移值过大，会造成锚杆拉断或锚固剂脱锚，加剧锚固区破碎和位移发展，甚至带来冒顶威胁。为研究锚杆效能发挥情况，提取了两次锚固的锚杆受力和失效分布。

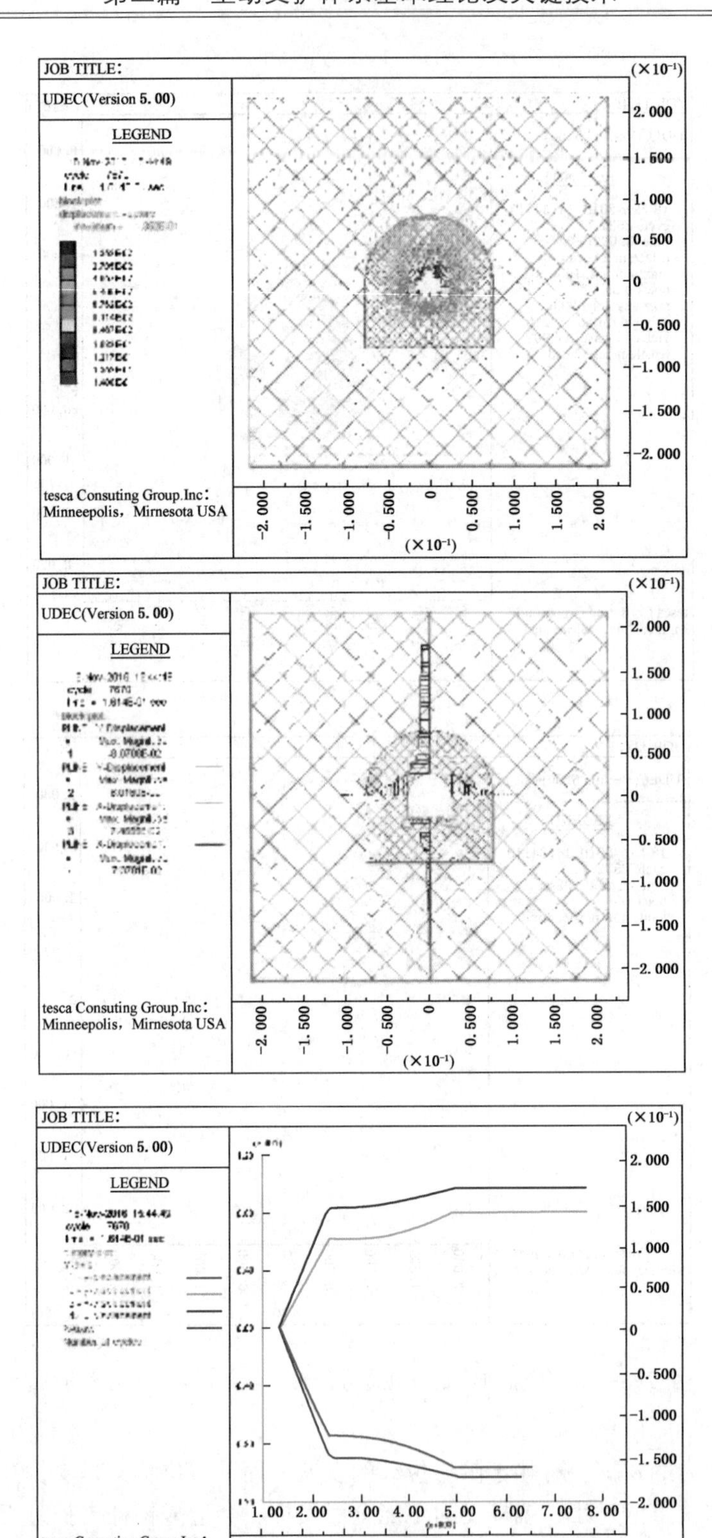

图 2-3-172 项目方案的位移分布和发展曲线

图 2-3-173 显示，锚杆受力均为拉应力，全断面两次锚固的锚杆受拉力范围为 7～13 kN，应变值为 $1.6\times10^{-3}\sim80.9\times10^{-3}$，屈服失效的锚杆均为注浆锚杆。可见，设定的三喷两锚+注浆锚固支护方案，既有一定的安全储备（平均锚固力 10.5 kN），锚杆受力又能得到有效发挥，不存在较高的支护浪费。

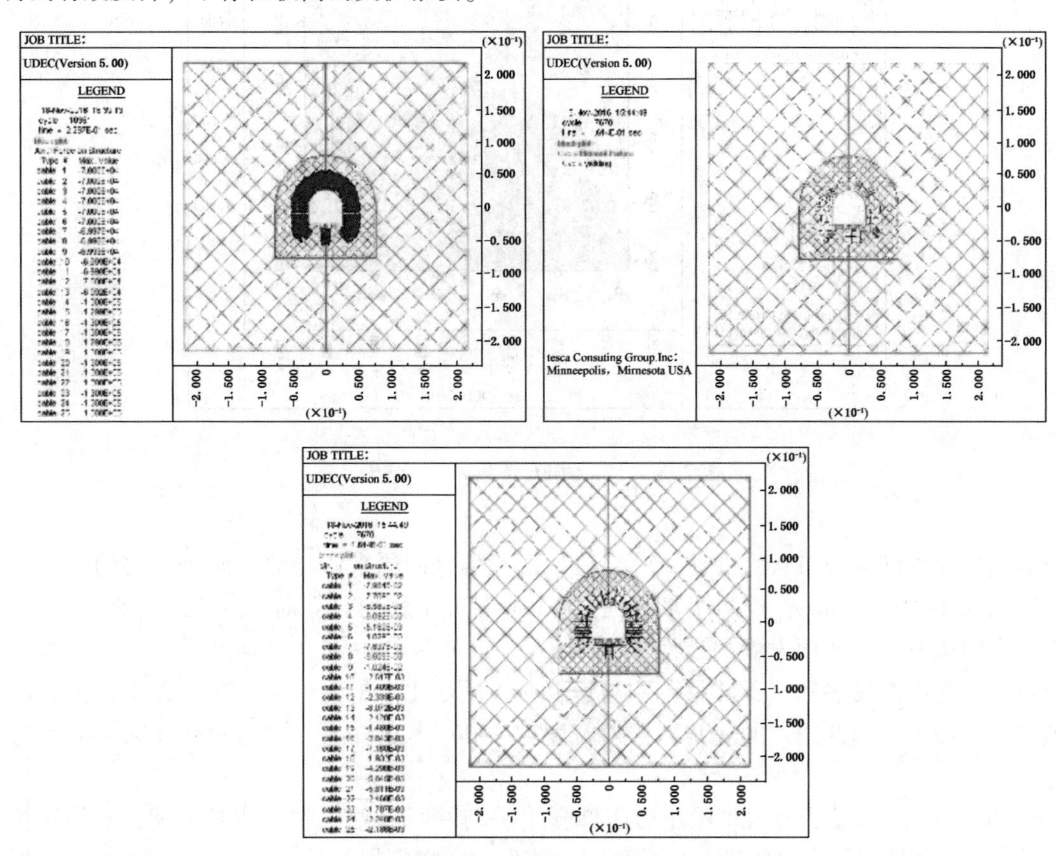

图 2-3-173　项目方案锚杆受力和应变

4. UDEC 离散元模拟总结

以开滦矿区较为典型的钱家营矿-850 m 石门工程为背景，建立了 UDEC 离散元模型（图 2-3-174），对比研究了卸压槽开挖与否对于围岩应力转移、裂隙拓展及位移场分布的影响；结合可施工的范围，分析了卸压槽开挖尺寸大小对于激隙作用的影响；依据已经摸索优化的多层次锚固+卸压槽+注浆为主的支护技术，分析了项目技术方案的围岩应力控制和裂隙拓展作用，评价了其支护效能。结果表明：

（1）底板卸压槽的开挖，虽然加剧了巷道围岩的裂隙拓展和应力转移，但其主要影响范围在 2.5 m 以外的锚固区外围，影响程度不高，说明现有手段的卸压开挖并未造成围岩支护行为的根本变化，支护结构不会发生大面积的剧烈破坏。卸压槽的关键作用在于使底角和底板的位移减弱，特别是顶区塑性区范围的衰减和节理位移的加速作用，利于较快形成注浆通道，也利于后期顶部支护圈层结构的形成。

（2）大小两种断面规格的卸压槽模拟表明，最大主应力和垂直主应力 2.0～2.5 m

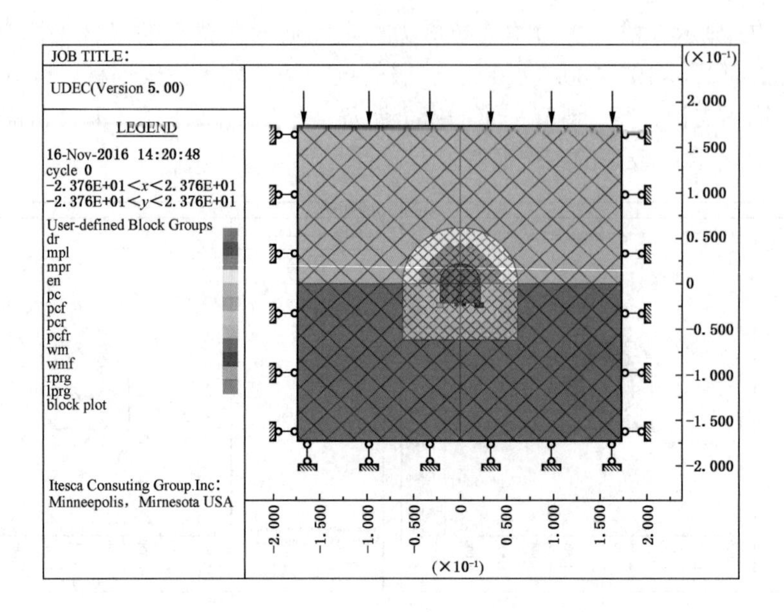

图 2-3-174　UDEC 离散元力学模型

的锚固区应力卸载没有较大变化，巷道表面位移均是四周来压趋势，两个肩角的极限位移为 226.4~251.5 mm，控制注浆时机 100 mm 巷表位移的计算时步为 120~150 基本不变，大卸压槽对于弱面发展的诱发集中于 5.0~10.0 m 的深部，综合可见，大卸压槽开挖没有引起裂隙发展和位移转移范围与速度的本质变化，施工中还会造成卸压开挖和回填成本的加大，因此选用的底角卸压槽宽度为 1000~1400 mm、深度 600~800 mm 较为合理。

（3）对深部高应力富含带采用卸压槽开挖+三喷两锚+注浆锚固支护方案，既能较快促进应力向外围深部围岩转移，激励裂隙较快发展，在围岩位移 50~100 mm 范围的初掘锚固后，适时补打二次锚杆（甚至三次锚杆）锚固围岩，利于对浅表 2.0~2.5 m 范围的节理断裂滑移位移和塑形剪胀位移的控制，能够达到强力促稳的目的，而注浆锚杆的锚固和围岩改性，可大幅度提升峰后残余强度并实现原有失效锚杆的二次锚固，利于充分调动各类锚杆和各层次锚杆的承载效能。锚杆受拉力范围在 7~13 kN 间，既有一定的安全储备（平均锚固力 10.5 kN），锚杆受力又能得到有效发挥；通过多层次锚固和注浆改性，巷道周边的节理面滑移区大幅缩小，可维持在 2.5 m 长范围的锚固区内；稳定位移在 75~115 mm内，能够实现最终稳定和断面长期保持。

五、激隙卸压技术的实施

在激隙卸压技术实施的方法中主要有炮震激隙和人工激隙两种，都是选择在应力集中的巷道两帮和底角的交叉点部位，采用人工开挖或者爆破，使应力集中释放。炮震激隙主要用于无瓦斯或低瓦斯以及围岩较硬的场所，而人工激隙则适用于各种场所，采用人力或小型挖掘机开挖卸压槽，更能有效地人为引导应变能的缓慢泄出，合理拓宽围岩的裂隙。

（一）人工激隙应力释放的实际操作要求

人工激隙就是选择巷道的最佳部位，合理利用深部矿井软岩巷道围岩碎胀变形的特征，人工开掘出卸压槽，给予巷道围岩碎胀变形空间，待岩体内岩石裂隙自行拓展，以此作为引导应变能释放的通道和注浆胶结围岩时浆液流经路径。其实际操作要求如下：

1. 科学选取实施激隙卸压的部位

要使激隙卸压能获得理想的效果，正确地选择实施激隙卸压部位是很重要的技术环节。长期实践证明，巷道两帮底角为激隙卸压的最佳位置。这是因为：

（1）巷道两帮底角是垂直应力和水平应力合力交点，是阻断水平应力的最有效部位。

由图 2-3-175 可知，巷道的两帮和底板的交叉点是垂直应力和水平应力的交汇处，其合力方向正是指向交叉点，该点是整个巷道的应力集中区，是巷道最薄弱的区域，是深部高应力的突破点。因此选择在该处卸压，能达到最佳应力释放的效果。

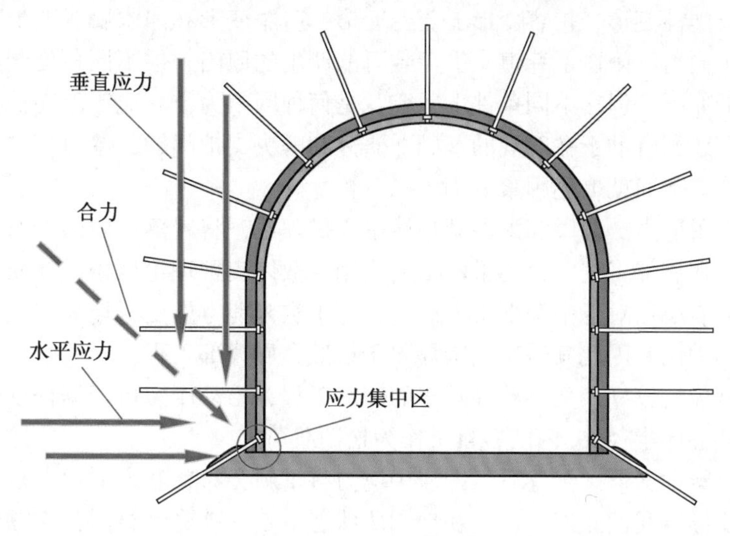

图 2-3-175　应力分布

（2）巷道两帮底角有利于两帮围岩的松脱和缓解底部围岩膨胀力。

松动围岩自重压力是指巷道上方松散岩块的重量，其表现通常有 3 种情况：

①在松散地层和节理裂隙发育岩层中，巷道上方及两侧冒落区域岩石的重量对支护造成的松动压力（普氏冒落拱理论、泰沙基理论）。

②松动围岩自重压力，在围岩整体自稳的岩体中，在底角开挖出较大的自由面，造成局部岩体受节理和层理切割所产生的岩块的重量作用，就会进一步使围岩中的岩体松动。

③围岩进入岩石强度峰值以后，巷道周边围岩中出现松动范围（塑性区之一部分），破裂松动围岩重量构成支护的松动压力。

新掘巷道围岩的松动范围普遍存在，小的 0. 2~0. 5m，大的超过 3. 0m。

下面通过围岩松动圈理论对上述情况进一步描述：

巷道在开挖前，岩体处于三向应力平衡状态，开巷后围岩应力将发生两个显著变化：一个是巷道周边径向应力下降为零，围岩强度明显下降；二是围岩中出现应力集中现象，一般情况下集中系数大于 2，如果集中应力小于岩体强度，那么围岩将处于弹塑性稳定状态；当应力超过围岩强度之后，巷道周边围岩将首先破坏，并逐渐向深部扩展，直至在一定深度取得三向应力平衡位置，此时围岩已过渡到破碎状态。我们将围岩中产生的这种松弛破碎带称为围岩松动圈，简称松动圈，其力学特性表现为应力降低。

围岩松动圈巷道支护理论的核心内容是：松动圈支护理论是根据围岩中存在的松动破碎带的客观状态提出的，巷道支护的对象主要是松动圈内围岩的碎胀变形和岩石的吸水膨胀变形（仅限膨胀性地层）；另外，深部围岩的部分弹塑性变形、扩容变形和松动围岩自重也可能对支护产生压力。围岩松动圈是开巷后地应力超过围岩强度的结果。在现有的支护条件下，试图采用支护手段阻止围岩的松动破坏是不可能的。因此，松动圈支护理论认为：支护的作用是限制围岩松动圈形成过程中碎胀力所造成的有害变形。

巷道支护对象，就是巷道支护所承受或者将要承受的围岩压力。根据前面所述，巷道支护荷载有松动围岩自重压力和围岩变形压力两大类，变形压力按围岩变形机制又可分为：弹性变形、塑性变形、扩容变形、流变变形、剪胀变形和遇水膨胀变形 6 个方面，以上诸因素，从不同角度阐述了巷道支护荷载可能产生的原因，但不同角度阐述了巷道支护荷载可能产生的原因，但在不同条件下，究竟是何种因素为主，决定着支护机理和支护技术，认清这一问题，有助于在客观的基础上研究和解决支护问题，巷道支护对象应该是上述诸因素的集合。下面就上述因素分别予以分析。

①松动圈自重应力。普氏和太沙基自然平衡拱理论，将冒落拱内的岩石重量作为支护载荷进行设计，在浅部工程中得到了较多的应用。散体支护理论以松散介质为前提，不适用整体性较好的岩层；对于中深部工程而言，由于它未能考虑变形压力因素，依据这种方法将得出错误的理论，因此其适用范围局限于松散介质浅部工程。

对于岩石整体性较好、变形药理较小的深部工程，松动压力可依据松动圈内围岩重量而定，或者以塑性区半径 R_P 内围岩自重作为松动载荷。

②围岩弹、塑性变形。开巷后，围岩中应力将重新分布，巷道周边一定范围内的围岩将产生弹塑性变形。我们知道，岩石在地围压状态下是一种脆性材料，它在破坏时峰值状态所能达到的极限变形量很小，鉴于现行巷道支护不可能及时，而不可能密贴，只有静待围岩产生足够变形之后才能产生并提供支护阻力，对于瞬间释放的弹、塑性变形，在时间和空间上都不重叠，对之不可能产生支护作用。

③扩容变形。岩石扩容是指岩石破坏峰值之前试块内微裂隙体积膨胀，但由于没有形成贯穿裂隙，表现不出裂缝滑移错动的剪胀效应，其值仍局限在岩石峰值极限变形量之内，扩容变形量也是比较小的，同样作用不到支架之上。只有当剪胀变形使支架与围岩密贴之后，因应力峰值向深部转移所产生的附加弹、塑性及扩容变形才能作用于支架之上。

④围岩流变变形。围岩流变变形可分为两部分：一是松动圈内围岩的剪胀蠕变，是蠕变变形的主体；另一部分则是松动圈之外，即深部围岩的弹塑性蠕变。

小松动圈围岩的剪胀蠕变期约为 3～10 天。大松动圈围岩的剪胀蠕变，在支护合理的条件下具有收敛性，蠕变稳定期一般需时 1～3 个月，长的 3～6 个月。当支护不当或者支护失效时，破裂围岩将产生过度的松弛，直至失稳冒落。所以，支护设计恰当与否，对剪胀变形的蠕变特性具有重要影响。

⑤围岩剪胀变形。破裂围岩在围岩应力作用下将产生大的剪胀变形，越靠近巷道表面，裂隙扩张越明显。超声法测松动圈时，耦合水在大松动圈条件下会从钻孔的四周渗透

出来，有时甚至注不满水，足见裂隙发育扩张程度之显著。在返修巷道工程中，从新的扩大面上能肉眼清晰地看到松动围岩中张开的裂隙。其张开裂隙大的可达 3~5 mm。岩石剪胀力试验表明，岩石峰值以后所产生的体积应变 ε_1 要大得多，相差 1~2 个数量级，所以剪胀变形在围岩变形构成中将占绝对比重。

⑥遇水围岩膨胀变形。当巷道开挖在含膨胀性矿物（蒙脱石等）的地层中时，岩石遇水或吸湿之后将膨胀；空气湿度越大，围岩吸水越多，膨胀变形量也就越大。围岩吸湿需要一段时间，膨胀变形只有当围岩破裂松动，潮湿空气能够沿裂隙侵入围岩深部之后才能强烈地显现出来，在时间上滞后于碎胀变形。若能在开巷之初及时封闭围岩，使围岩无水可吸，膨胀变形也就无从产生；否则，由此而产生的膨胀变形压力，将是造成支护破坏的主要原因。

综上所述，能对支护产生事实上的变形压力的因素只能是围岩的“剪胀变形”和“吸水膨胀变形”。围岩破坏之前所发生的弹塑性、扩容变形量很小，对支护不会产生任何压力。当剪胀变形使支架围岩密贴之后，由于应力峰值向深部转移而产生的附加弹塑性、扩容、流变变形才能作用于支护，产生附加变形压力。

2. 确定合理的卸压断面，开掘卸压槽

卸压槽要达到卸压的一定效果，但也不能对巷道围岩造成太大的破坏和带来过大的工程量，通过长期的探讨研究和现场优化，总结出开挖卸压槽的技术要求如下：在一般软岩巷道两帮底角各开挖出不小于 600 mm×600 mm 的卸压槽；在巷道跨度较大、底鼓严重的状态下，开挖出不小于 800 mm×800 mm 的卸压槽；还应当在巷道底板中间增开 1~2 道不小于 600 mm×800 mm 卸压槽，卸压槽深入帮部一般不小于 300 mm（图 2-3-176）；在水平应力显现突出的地段巷道和硐室，要加大卸压槽的断面，有效阻断水平应力，同时达到置换、加固底角抵御水平应力的支护特殊“加固带”。

图 2-3-176　小型挖掘机开挖卸压槽现场及效果图

3. 掌控卸压的控制方向

开挖卸压槽要注重针对巷道支护的压力来源和方向，凡卸压槽的开挖都要注重给巷道两帮固帮提供有利条件。

（1）采动条件下，煤壁前方矿压显现强烈、明显，且巷道动压影响范围加大。表现为巷道片帮严重，回采过程中还可能出现初期顶板无压力，随回采推进，顶板断裂，出现强大剧烈旋转推力，对巷道支护的帮、顶破坏严重。当回采压力过后，底板反弹仍然主要是对巷道帮、底的破坏。所以，靠近工作面的卸压槽应向工作面方向加大断面。

（2）在水平应力大的区域要加大卸压槽的宽度，方向垂直于巷道轴线。

（3）巷道底鼓严重的地段，卸压槽方向与底板成 45°以上角度。

4. 确定合理的卸压循环距离

卸压槽是在完成初次支护后开挖的，要从保证安全、获得最佳激隙效果及根据现场实际情况利于平行作业来确定开挖卸压槽的循环距离。

（1）人工激隙的卸压槽循环距离一般控制在 20~30 m。

（2）膨胀岩中卸压槽的循环距离应控制在 15~20 m。

（3）易流变和松软煤体中卸压槽的循环距离应控制在 5~10 m 范围内。

5. 严密监测掌控卸压时间

人工激隙卸压，岩体内原有裂隙或解理面需要一个裂隙自由拓展过程，因此，根据裂隙拓展状况，时间一般控制在 3~10 天，这样，利于应变能按照设定的路径泄出，获取理想的注浆浆液流经路径；利于平行作业，加快整体工程的建设速度。

6. 卸压槽的封堵和具体要求

（1）卸压槽内要布置两排高强锚杆和两排注浆锚杆，其长短、间排距、角度、注浆压力等相关参数要在设计中做专门规定。

（2）卸压槽封堵后的净断面必须符合巷道设计断面的有关规定，与巷道水沟断面相匹配，给各种管道架设、轨道敷设等留有充分的安全间距。

（3）卸压槽的封堵与喷射混凝土构建强韧封层的各技术环节相同。

（二）炮震激隙的技术要求和实际操作

根据以上爆破、炸药爆炸与爆破对象相互作用规律的有关理论，特别是“爆炸冲击波、应力波与爆生气体共同作用”理论，激发出围岩新的裂隙和围岩内应力瞬间泄出、转移，使破裂了的岩体内的裂隙进一步拓展和岩体内的层理面产生分离。

1. 技术要求、技术参数

为保证支护在炮震后不遭到破坏，确保施工安全，以及获得理想的激隙卸压的效果，必须遵循以下技术参数要求：

（1）科学择取炮震位置：经过长期实践及技术评判，取巷道两帮底角为激隙卸压的关键节点，是炮震激隙的最佳位置，在进行炮震激隙卸压前必须在巷道两帮底角各开挖出不小于600 mm×600 mm的卸压槽，为保证激隙卸压能获得预期效果，在巷道跨度较大、底鼓严重的状态下还应当在巷道底板中间增开1~2道不小于800 mm×800 mm的卸压槽。因为底角位于巷道帮、底的合力点，为应力集中区域，在此区域施以缓力，使隙或震动激隙均利于围岩裂隙拓展，利于应力适度释放。炮眼的眼口布置要低于巷道底板100~200 mm，震动炮的炮眼都要布置在两帮和底板中间的卸压槽内。

（2）合理选择炮震激隙的装药量：既防止爆破震动给巷道支护造成损伤，又能获得理想的裂隙度及卸压效果。实际操作时炮眼的装药量：软岩200~300 g；中硬岩石：300~500 g，巷道宽度较大和底鼓十分严重的巷道的装药量要控制在300 g以内。

（3）合理选择震动爆破炮眼的间距：震动爆破的目的是激活围岩体内裂隙，提高裂隙空隙率，引导变形能经由人为设定的路径从人为选定合理的地点“泄”出；以所激活的围岩体内裂隙作为浆液流通路径以便对围岩体实施胶结加固。因此，震动炮眼距的正确选取是十分重要的技术环节。在实践中根据岩石强度差异，眼距一般取800~1200 mm较为适宜，巷道宽度较大和底鼓十分严重的巷道的眼距以1000 mm为宜。

（4）合理选择震动爆破炮眼的角度：为取得理想的激隙效果，对震动炮眼的角度设置有着严格的技术要求，因将激隙卸压的位置设置在巷道两帮底角，又要兼顾针对水平应力，设置的震动炮眼的垂直角度为5°~25°，水平角度为0°，巷道宽度较大和底鼓十分严重巷道的炮眼应垂直底板。

（5）合理选择震动爆破炮眼的深度：为使锚固锚杆与注浆导管匹配得相得益彰，获得最佳胶结范围，一般选择1800~2200 mm为宜。巷道宽度较大和底鼓十分严重的巷道的眼深要大于1600 mm。

（6）认真做好震动爆破的眼孔封孔作业：使震动爆破产生的冲击波震荡烈度适中，在设定的区域内将巷道围岩裂隙按设想拓展。避免巷道支护的帮体震裂与破坏，确保施工安全。实际操作中封孔炮泥要求：黏度高，要将炮泥制作得偏硬一些，炮泥封孔的总长度至少要大于600 mm。巷道宽度较大和底鼓十分严重的巷道震动爆破的封孔泥以装满为宜。

2. 炮震激隙的作业循环安排

（1）必须做好完整可靠的第一层次支护后方可进入激隙卸压工序；震动爆破每次施工的段距应控制在10~20 m范围内。

（2）炮震激隙8 h后，巷道围岩的应变能即已通过激隙拓展的裂隙通道有序泄出，此时即可进行清理矸石和喷射混凝土，4 h后即可进行注浆作业。不需要像人工激隙卸压那样停留3~5天后再进行注浆作业。

（3）爆破震动激隙的爆破工序必须严格遵守井下爆破作业的安全规定。在编制安全技术措施时就必须将炮震激隙安全技术规定纳入其中（图2-3-177）。

图 2-3-177　炮震激隙示意图

六、开挖卸压槽对于巷道支护的效果

开挖卸压槽，能有效地弱化巷道浅部围岩的应力，是防止巷道两帮位移及底鼓变形的有效手段，具有以下几个方面的作用：

（1）开挖卸压槽，缓解应力在二次应力场形成过程中的压力过早作用与新的支护体，达到保护第一层次支护结构的效果。

（2）开挖卸压槽，从根本上克服了锚网喷支护在施工中赤脚穿裙的弊病，保证了支护体的完整性。

（3）开挖卸压槽，有利于起到合理置换巷道底角软弱岩体，为加强底角支护提供条件和空间。

（4）卸压槽充填混凝土达到强固底角，正是针对深井垂直应力和水平应力形成矢量，起到避免巷道底角先行破坏，拓展到两帮首先破坏，造成整个支护失稳的关键作用。

（5）卸压槽的开挖，松脱了围岩紧密结构，达到了拓展围岩裂隙，通畅了注浆通道，提高了注浆效果，加大了固结围岩的效果。

（6）开挖卸压槽降低了围岩浅部原应力，有利于稳压留压胶结，使围岩浅部注浆胶结后留有一定内应力（预应力），缓解了深井巷道围岩深部和浅表部的应力差，达到缓解围岩压力对支护压力强度的效果。

（7）卸压槽的开挖改变和转移了应力方向，显著地改变了水平应力对底板作用的方向和力度，起到了很好地控制巷道底鼓的作用（图 2-3-178）。

（8）卸压槽开挖后，关键是留有一定的释放空间和时间，达到充分卸释深井高应力区域的围岩内应力，有力地减少高应力对支护的破坏（图 2-3-179）。

（9）底角开挖卸压槽。有利于喷浆回弹骨料的及时充填，同时可以强固巷道底角，形成坚固的支护基础，抵御水平应力和垂直应力合力矢量对巷道底角和帮部的破坏。

（10）在巷道两帮底角开挖卸压槽，不占据巷道主要空间，不影响其他施工工序的施工，有利于各支护单元的平行作业。

图 1-3-178　未开挖卸压槽巷道在高应力下严重变形

图 2-3-179　开挖卸压槽高应力向深部转移

（11）选择在巷道两帮底角开挖卸压槽，这个空间位置有利于机械化施工，便于加快巷道施工速度。

在巷道应力集中的关键部位实施激隙卸压技术，是主动支护的重要单元，是对高应力、软弱致密的岩煤体，人为地在巷道底角——垂直应力和水平应力两个矢量结合的关键部位，主动开挖出一定的空间，让应力充分释放，造成围岩松脱，使围岩裂隙、弱层理面空隙率加大，原岩应力得以释放，注浆浆液的流经线路更加通畅，从而使围岩内部应力改变了浅表围岩的应力状态，围岩注浆后的胶结范围加大，巷道围岩的固结稳定性得以提高。

巷道底角开挖卸压槽技术，已经在多个矿区高应力、软弱致密的岩煤体，上万米巷道进行了成功的实践，尤其是在特别难以注浆的断层段破碎泥化的岩体中，同样取得提高注浆效率、固化围岩的自身强度的效果（图 2-3-180）。

图 2-3-180　开挖卸压槽后巷道支护效果图

第六节　稳压胶结技术

锚注贯穿整个主动动态支护体系的全过程，作为主动支护的重要组成部分，其注浆效果是锚注支护的技术核心所在，自锚注支护得到业界认同以来，主要研究注浆相关参数，但在稳定的注浆压力上并没有系统地进行研究。

一、稳压胶结

稳压胶结，是在锚注支护的注浆施工过程中，针对不同的围岩条件，通过遴选注浆关键参数和注浆设备的匹配，采取稳定的注浆压力，使注浆浆液在岩体内的裂隙中平稳地逐步扩散、压密、凝结，将所及范围的松散破碎围岩胶结成整体，并且达到保护喷层与围岩的密贴及工人施工中的安全，实现安全、可靠和高效的注浆效果，使围岩自身强度得以稳定地提高。

二、稳压胶结技术的提出

锚注支护的关键技术在于获得优质可靠的注浆效果。注浆，它固结了松散围岩，提升了围岩整体强度，增强了锚杆和锚索的锚固力。

注浆压力是否稳定，关系到注浆扩散半径和注浆质量，同时注浆压力不稳定，注浆压力过大会对喷浆层与围岩造成离层破坏。

稳压留压胶结技术除要求技术和管理上的提升外，在施工工艺上也有严格要求。注浆器具应保障封闭密实，安装固定简便快捷，留压可靠、利于稳压注浆。

通常的锚注支护中，由于对注浆工艺的认识、掌握、熟练程度及注浆器具的限制，往往把握不好注浆压力，使压力忽高忽低，影响注浆效果。支护前期没有强韧封层的密实封闭及控压注浆器具，更谈不上在围岩体内稳定地留压。稳压胶结对注浆的压力有着严格的要求，这是因为过高或过低的注浆压力会对注浆效果造成不良影响。

1. 过高的注浆压力

（1）稳定的压力有利于浆液稳定匀速向岩体内注入，压力过高使浆液极快地充满主要通道和大裂隙，造成较远和分支微细通道适应不了浆液的流速而堵塞，影响注浆质量，降低注浆效果。

（2）压力过高也会使浆液压力迅速提升，造成过高的浆液破坏岩体和喷层之间的离合和破坏，既影响注浆效果，又降低整体支护强度。

（3）过高的注浆压力，使注浆压力在岩体内升得过快，存在对注浆锚杆的封孔和相关连接构件产生破坏，给作业施工带来安全隐患（在现场施工就存在和发生过把注浆锚杆压出的案例）。

（4）同时过高的注浆压力往往使喷层和围岩表面崩解离层，特别是对软弱岩层和煤层巷道进行注浆时，极易破坏喷浆的喷层支护。

（5）在煤体中注浆更应当掌控稳压注浆技术，在煤体中注浆压力过大，一是达不到我们设计的扩散半径，使浆液仅仅形成一个半径很小的圆柱体；二是容易破坏注浆锚杆的封口孔，造成从注浆锚杆眼口松动，进而引起跑浆、漏浆，致使注浆不能正常进行。

2. 过低的注浆压力

（1）过低的注浆压力，浆液只能充满主要通道和大裂隙，而远距离和微细裂隙，由于压力过低，所受阻力较大，难以注进浆液而无法保证注浆质量。

（2）过低的注浆压力，对浓度较高的浆液难以压进较远距离和微小的裂隙，影响注浆扩散半径，注浆效果会大大降低。

（3）注浆压力过低，不能有效地对松散围岩进行压密胶结固化，围岩自身强度得不到有效提高。

（4）注浆压力过低，围岩体内留存压力过低，不能给岩体提供预应力，不能减小浅表围岩和深部围岩应力差的问题。

三、选择合理的注浆压力参数

1. 不同注浆环节下，注浆压力的选择

第一次注浆，在一般软弱围岩中，巷道开挖和第一层次喷层后 20~30 天（最好在监测监控数据为 100~150 mm 的移变量）进行，注浆压力一般要控制在 1.5~2.5 MPa。

第二次注浆，一般在第一次注浆后 3~6 个月进行复注，仍然应根据监测监控数据，若监测监控数据为 80~100 mm 的移变量，注浆压力则要高于第一次注浆的压力，一般要控制在 3.0~4.0 MPa。

底角的注浆压力要高于顶部、帮部的压力，一般要控制在 2.5~3.5 MPa。

2. 浆液配比的选择

针对围岩的结构、性质、破碎程度，选定不同的浆液配比，以便达到浆液扩散半径达到1000 mm以上，扩大围岩胶结固化的范围。

（1）在软弱致密的煤层中，浆液比例为水泥：水=1.0：1.0。

（2）在软弱岩致密岩层中，浆液比例为水泥：水=1.0：0.8。

（3）在软弱岩层中，浆液比例为水泥：水=1.0：0.7。

（4）在软弱破碎岩层中，浆液比例为水泥：水=1.0：0.5~0.6。

3. 注浆设备的选择

为达到理想的注浆效果，除了要求施工人员有着过硬的专业技能及强烈的责任心外，对施注浆器具和设备的选择也十分关键。

一台压力稳定、调节范围大、流量大的注浆泵是保证注浆效果的首要条件，气动注浆泵就具备以上条件。一般选择2ZBQ-11.5/3气动注浆泵（图2-3-181），其注浆压力可达6~12 MPa；注浆流量为40~60 L/min。

图2-3-181　气动注浆泵

在气动注浆泵泵压作用下，平缓、稳压、控压注浆，将松碎的围岩胶结成整体，从而改善其结构及物理学性质，既提高了承载力，又加固了自身，使岩体的内聚力、内摩擦角及弹性模量都大大提高，并在强度增大的过程中，与围岩融为一体，成为各支护单元结构相容错的基本组成部分。

（1）2ZBQ-11.5/3气动注浆泵，注浆压力和注浆流量范围较大，满足向围岩注浆的压力和注浆量的要求。

（2）2ZBQ-11.5/3气动注浆泵，以压风为动力，在掘进和修复工作地点都有压风管路安装，使用方便。

（3）气动泵，在井下各种环境下作业安全性能好。

（4）气动泵体积小，重量轻、结构简单，便于操作、维修和移动。

在注浆量大和压力需要较高时，可以采用液压注浆泵，注浆效果会更好（图2-3-182）。

图 2-3-182　液压注浆泵

四、稳压胶结支护技术理论与相关公式

稳压胶结技术的关键是采取专业注浆器具，将按一定参数配比的水泥浆液以稳定的压力（该压力足以充填、固结、压密围岩、轻微劈裂软弱围岩裂隙）平缓注入围岩体内，使浆液扩散半径之内的围岩充分固化胶结，在围岩体内留存注浆时的压力，提高围岩的内应力。

稳压胶结技术依托的是注浆加固理论，在更好地实施稳压胶结技术前，在前面的支护单元激隙卸压技术中，我们已利用激隙技术，合理地拓宽围岩的裂隙，疏通了注浆通道。因此，稳压胶结技术是建立在裂隙岩体注浆理论的基础之上。

（一）裂隙岩体注浆理论

（1）裂隙岩体注浆扩散理论。在浆液扩散方面，主要有渗透注浆、劈裂注浆、压密注浆、动水注浆和裂隙岩体注浆等理论，主要是研究浆液性质和运动变化规律，通过控制浆液物理性能、注浆压力和注浆流量等参数，确定加固效果和裂隙岩体力学性质。

（2）裂隙岩体结构面粘接强度理论。裂隙岩体注浆后，浆液在裂隙内留存固结，裂隙结构面受力形成由岩石→岩石界面变成岩石→结石体→岩石界面，裂隙结构面受力形式发生重大变化。

（3）裂隙岩体注浆加固强度理论。岩石内部裂隙间的黏结力使整体承载力大幅增强，稳定性得到提高，裂隙岩体内部错综复杂的裂隙与岩体共同承载外力，裂隙内部由于浆液充填后结构面黏结力的存在也承担一部分外力。同时注浆加固后岩体的黏聚力、内摩擦角都明显提高。

（二）注浆控制理论

目前注浆控制理论主要是研究浆液扩散半径与注浆控制参数之间的定量关系，从而达到注浆工程的目标效果。国内外学者针对牛顿流体浆液、宾汉流体浆液及幂律流体浆液在裂隙充填注浆、渗透注浆、压密注浆、劈裂注浆等浆液扩散的机理进行了系列研究。

1. 裂隙充填注浆扩散机理

裂隙充填注浆主要研究已有单一裂隙模型中浆液的扩散距离与注浆压力及裂缝中充填介质的关系。宾汉流体在粗糙表面裂隙中的扩散规律及岩石裂隙中浆液扩散半径、注浆时间与注浆量、浆液特性、裂隙开度等参数的关系。

2. 渗透注浆扩散机理

渗透注浆浆液的扩散形式与被注介质的特征粒径以及浆液的特性粒径密切相关，扩散形式以点源式球形扩散和花管形扩散为主。最经典的渗透注浆扩散形式为马格提出的点源式球形扩散理论。

当岩体中的孔隙、裂隙直径及浆液的粒度、流变性满足了可注条件，而且注浆压力不足以劈裂岩体，这时浆液可以在岩土体的孔隙、裂隙中渗透，取代岩土体裂隙中的空气和水，从而把岩土体的颗粒和裂隙胶结在一起，提高岩体的防渗透能力和强度。国内外学者通过对牛顿流体和宾汉流体的渗透注浆扩散机理研究，得出了浆液扩散的理论计算公式，更好地揭示了浆液的实际扩散情况。宾汉流体与牛顿流体的浆液扩散半径与注浆压力的关系为

$$\left.\begin{aligned}&\text{宾汉流体：}p_{01}-p_{\mathrm{w}}=\frac{n\beta}{3ktr_0}r_1^3-\frac{n\beta}{3kt}r_1^2+\frac{4\lambda}{3}r_1-\frac{4\lambda}{3}r_0\\&\text{牛顿流体：}p_{01}-p_{\mathrm{w}}=\frac{n\beta}{3ktr_0}r_1^3\end{aligned}\right\}$$

式中　p_{01}——浆液管口压力；

p_{w}——砂层地下水渗透压；

β——浆液竖直向下的扩散半径，$\beta=\mu/\mu_0$，μ 为浆液黏度；

r_1——浆液的扩散半径；

r_0——注浆管半径；

n——孔隙率；

$k=nr_0^2/8\mu_0$，μ_0为水的黏度。

根据上式可以依据所设定的浆液扩散距离 r_1 获得注浆管口压力 p_{01}，考虑注浆压力的沿程损失 $h\rho$，泵出口压力 p_0 与注浆管口压力的关系为

$$p_0=h\rho g+p_{01}$$

在实践中，浆液的球状浆脉往往并不是标准球形，而是上小下大的椭圆形。

3. 压密注浆浆液扩散机理

压密注浆是指在浆脉扩散后使其周围岩体产生了压缩变形，改变岩体的黏聚力和摩擦角，以此来加强被加固区的岩体。

4. 劈裂注浆浆液扩散机理

劈裂注浆是岩体在浆液压力作用下劈裂形成裂缝，浆液充填入裂缝后在压力的作用下继续劈裂岩体向四周延伸，从而形成劈裂浆脉。

5. 注浆控制方法

1）注浆量控制方法

注浆量控制是根据现有的浆液扩散理论设定注浆半径，从而确定注浆总量，在合理的注浆压力下，当注浆量达到设计标准时结束注浆，在实践中常常根据经验以注不进浆和封

层渗浆（清水）为标准。

2）注浆终压控制法

在探测预知被注围岩质地概况的前提下，为了达到浆液的有效劈裂扩散以及对周围岩体的压密作用而设定的注浆终压。在实践中，根据不同的围岩性质，一次注浆压力为1.5~2.5 MPa，二次注浆压力为3~4 MPa。

五、稳压胶结支护技术效果

注浆后岩体各项强度指标得到相应的提高，本项目示范工程在软弱岩煤体巷道中支护直方图如图2-3-183所示。

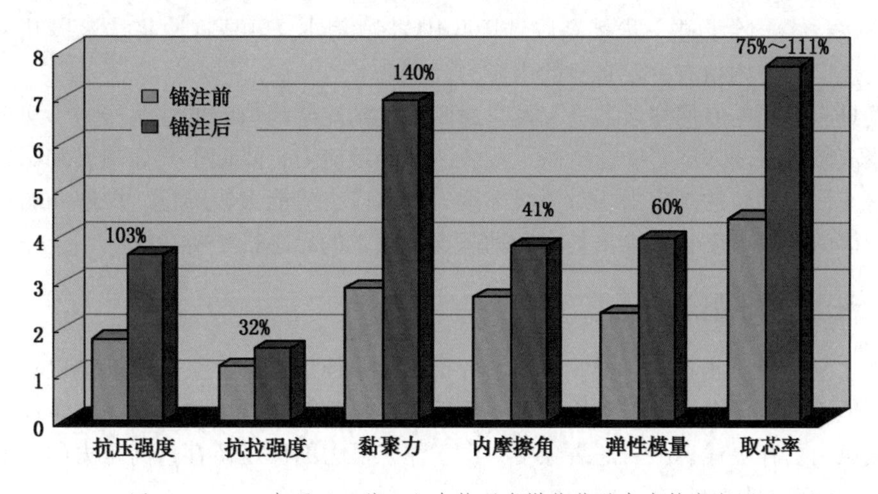

图2-3-183　本项目示范工程在软弱岩煤体巷道中支护直方图

通过稳定的注浆压力，在对巷道破碎围岩体注浆过程中，使浆液在岩体裂隙内得到最佳的扩散、压密、凝结效果，将所及范围的松散破碎围岩胶结成整体，以提高围岩的初始支护阻力，形成浆液胶结加固拱，大幅度提高围岩的自身承载力（图2-3-184、图2-3-185）。

图2-3-184　淮北矿业蕲南矿运输大巷控压注浆效果

图2-3-185　开滦矿业钱家营矿集中巷控压注浆效果

第七节　留压注浆技术

主动动态支护的核心思想是改善围岩的力学性能，提升围岩的自身承载能力。而改善围岩的力学性能除了提升围岩的支护强度，提高支护体的抗压、抗拉、抗剪强度外，更重要的是缓解、降低浅表围岩和深部围岩的应力差，均匀和弱化高应力作用在支护体上的强度，从根本上提高支护体的稳定性。

前面的稳压胶结支护技术，通过稳压注浆将围岩裂隙、节理、孔隙通过浆脉充分且均匀地胶结固化起来，将破碎、离散的围岩固结为一个整体，提高浆液对围岩的固结效果，而留压注浆技术，除了进一步提高胶结固化围岩强度外，更是将注浆技术提升了一个层次，使浅表围岩体内留有一定自身的内应力。

研发具有留压的专用注浆器具，及时封闭住达到注浆峰值时的注浆压力，实现了带有压力的浆液留存在浅部围岩中，提高了浅表围岩的预应力，降低了浅表围岩和深部围岩的应力差，使深部围岩的高应力相对于浅部围岩的内应力势能大幅降低，缓解和弱化了高应力对支护体的破坏力度，这也正是主动动态支护技术的思想精华所在。

一、留压注浆的概念

留压注浆是指研发具有自固、自封、内自闭注浆锚杆进行注浆，不但能以稳压注浆将围岩很好地固结，同时当注浆压力达到峰值后，逆止阀就会立即瞬时封闭注浆通道，让注浆的浆液压力留存在浅表围岩的裂隙中，由于注浆压力的保压留存，高压力的浆液挤压作用岩体，使浅表岩体内具有一定的内应力。

具有一定内应力的浅表部围岩，降低和相对地平衡与围岩深部的压力差，应力差的降低和相对平衡，应力强度和应力传递路径也会发生一定变化，从而保证浅表部分围岩破碎和变形速度极大地降低，留压是改变围岩力学状态的关键技术。

二、留压注浆技术的意义

（一）传统支护巷道围岩应力分布特征

松散围岩表面破碎和膨胀岩的塑性变形加大了浅表部围岩与深部围岩应力差，深部高应力传递活动就更加激烈，围岩破坏性也就越来越大，巷道支护稳定性的控制就更加困难。常见的钢结构支架和锚网喷支护巷道的破坏状况如图 2-3-186 所示。

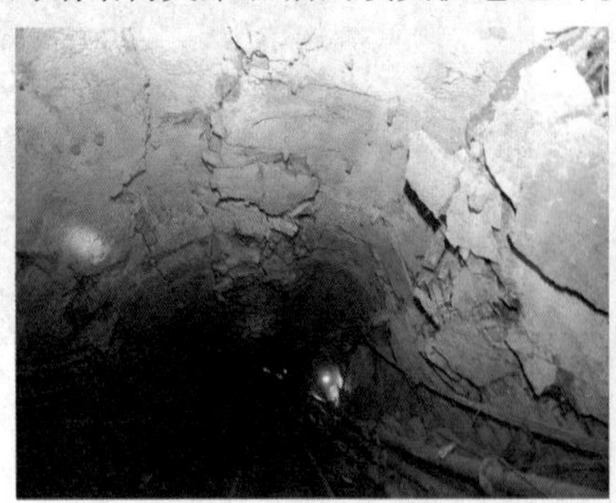

图 2-3-186　钢结构支架和锚网喷支护巷道的破坏状况

普通刚性支护和没有严密封闭喷层的锚网喷支护，浅表部围岩内应力基本为零，而深部的岩层达到 8 MPa 以上，其压力差就是无穷大的概念，所以深部高应力传递方向、速度和反复长时间的作用，都是直接施加于支架之上。

（1）高强支撑型的支护方式，一是支护体背面难以和围岩紧贴，当围岩来压时，压力在较短的时间内直接施压到支架上，使支架短时间内承受巨大的压力，当压力超过支架的极限阻力后，支架就会因疲劳而破坏（图 2-3-187）。

图 2-3-187　高强支撑型的支护方式

（2）图 2-3-187 所示为采用重型 U 型钢支护破坏状况，究其原因，一是深井各种重型 U 型钢支护，初期仅仅是强力支撑围岩，而不能够充分阻止围岩岩体本身破碎和膨胀，破碎和极度膨胀的浅表部围岩的内应力几乎为零；由于压力差大，应力传递速度和强度就会加快加大，形成不断持续的高应力和突发强冲压力，很快就作用于高强度刚性支架上，支护体就会相继崩解，造成支护体系的彻底破坏。

（二）保证注浆浆液压力留存在岩体内的作用

留压是通过控制在注浆压力达到高峰（设计值时）时，瞬时封闭注浆终压和具有长期的保压时间，为浆液扩散半径内的围岩赋予预设的压力，使其控制范围内的围岩具有一定的内应力；可见，留压胶结本质上是改变围岩的力学性能，这和传统意义上的注浆仅仅是提高围岩的胶结强度，具有技术和理念上的跨越和提升。

在巷道浅表围岩通过留压注浆，使需要控制范围内的围岩留有一定的内应力（3.0~4.0 MPa），在实施留压注浆时，如果注浆为终压达到 3.0~4.0 MPa，而在深井 800 m 的通常内应力为 8 MPa，仅仅从留压角度来说，我们就将压力差由 8 MPa 减小到只有 4 MPa。其比例关系有：$F_{浅}$：$F_{深}$ = 8 MPa ：4 MPa = 2；浅表围岩无留压的比例关系为 $F_{浅}$：$F_{深}$：8 MPa：0 MPa ≈ ∞，可见留压注浆大大降低了浅部围岩和深部围岩的压力差。

从动量定理的角度来说是降低了势能差，压力差的减小，应力传递速度就会降低。根据能量守恒定律 $mgh = 1/2mv^2$，压力差 h 和传递速度 v 的平方成正比，也就是说，当巷道浅表围岩和深部围岩的应力差减小后，应力传递速度会明显降低，由于应力传递速度的降低，围岩深部压力抵达浅表围岩的时间就会变长，同样的能量由于速度的降低，其冲击力会明显地降低。冲击力的降低，会使深部围岩的能量相对缓慢地作用在浅表围岩，由于强韧封层具有柔性弹性体的作用，封层能在少量变形的状态下吸收并储存一部分深部来压，在吸收能量的同时，提升了浅表围岩的内应力，进一步降低了浅表围岩和深部围岩的应力差。

同时由于应力传递速度的降低，根据动能定理，作用于浅表围岩的动能会大大降低，会延缓巷道的变形时间。

压力差的大小对应力传递速度的影响可以形象地用水流的速度来理解，当河流的落差大时，水流湍急，这是由于落差大，势能相对较大，同样水流的冲击破坏力也大；当河流的落差较小时，水流平缓，因为落差小，势能相对较小，水流的冲击破坏力也小（图 2-3-188）。

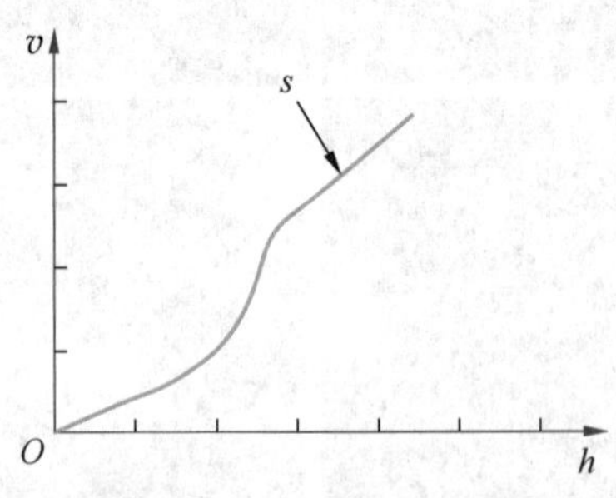

v—速度的比值；h—应力差的比值

图 2-3-188　围岩应力的传递速度与应力差的关系

由图 2-3-188 可以看出，浅部围岩和深部围岩的压力差较小时，应力传递速度明显降低，当浅部围岩和深部围岩的压力差较大时，应力传递速度急剧升高。

另外由于压力差的减小，应力传递路径也会发生一定变化，由于留压注浆在浅表围岩留有 3.0~4.0 MPa 的预应力，再加上我们主动支护技术中的支护单元强韧封层和激隙卸压，浅表围岩的弹性势能已和深部围岩的压力相差由无穷大降低到仅仅是 2 倍的关系，通过浅深部围岩压力差的降低，从而保证浅表部围岩破碎和变形速度极大地降低。

依靠支护材料的强度来对抗深部围岩高应力的传统支护方式，由于没有有效利用围岩的自身承载能力，改变围岩的力学性能，仅仅依靠提高支护体的强度进行强对抗、强支撑，一旦支护体遭到强大的应力破坏，就很难恢复其支护阻力。

三、留压注浆原理参考依据

岩体应力是一种岩体内部的受力，岩体在受力过程中产生变形，除一小部分外，大多是可恢复的弹性变形。力存在于岩体可解除、可恢复的弹性变形过程中，这让我们认识到，当向密闭的岩体内注浆并不断提高注浆压力时，这部分岩体在受力过程中就可有效产生和提高内聚力和内摩擦阻力；这种以提高围岩（岩体中岩石）内聚力为基础，改变浅表围岩和深部围岩应力差，由此改变围岩的力学状态、提高其自身强度的技术是主动支护理论的核心出发点。

人们通常较多地应用“应力解除法”“应力恢复法”和“水力压裂法”等来量测岩体应力。“水力压裂法”是用对某一封闭孔段加压直至岩石产生张性破裂，来测量岩体应力的方法。既然通过“水力压裂法”能使岩石产生张性破裂，运用这一方法的法则，人为地将带压浆液注入岩体内，使浆液充满岩体内的裂隙与离层并将其胶结，将设定的预应力大量留存、集聚在岩体内，就能缓释来自岩体内部给巷道支护体带来的各种压力，控制各种地压显现，缓解支护的压力。

岩石在不同应力状态下存储着不同的应变能，当应力状态改变时，应变能也必然随之改变。在人工开挖所造成的岩体破坏过程中，岩体是在应力状态改变过程中破碎而不是在加压过程中破碎的。原岩中储存的能量，足以使其本身破碎。巷道开掘后在周围形成应力集中区，进而形成能量集聚区。当围岩最小主应力降低，允许储存的能量随之降低。如果集聚的能量大于该点的极限储存能，多余的能量将自动向深部转移，转移能量的区域产生塑性变形或破裂。

当围岩最大主应力降低时，集聚的能量小于该点的极限储存能，因此岩体是稳定的。如果平缓持续地稳压注浆，在岩体内预存带有压力的浆液，将设定的预应力大量存储、集聚在岩体内，深浅部围岩应力差减小，使围岩的力学状态改变，以抵抗及缓解各种叠加应力，抵御、缓释、缓解、转移来自岩体内带给巷道支护体的各种压力，控制各种地压显现，就可实现巷道支护的长期稳定。

四、留压注浆提高浅表部围岩应力的意义

以重型 U 型钢支架为代表的支架支护、常用的锚网喷支护、锚网喷双桁架等各种联合支护，巷道掘进支护和修复后短时间内就再次破坏，在巷道服务期限内经历了破坏—维修—再破坏的恶性循环，表明了仅仅用高强支撑，硬性抵抗深井高应力是较困难的。

留压注浆提高浅表部围岩应力，降低深浅部围岩的压力差，改善围岩的力学性能，是支护发展的必然方向，从理论和实践上对以提高围岩自身承载能力为根本的支护发展方向有着重大的指导意义。

（一）留压注浆降低浅表围岩和深部岩体应力差

在巷道开挖的初期，由于改变了围岩的应力场，巷道的主应力差由浅部到深部呈现出缓慢、急速、较快的增长趋势，在浅部围岩，主应力差最小，相对于深部围岩的高应力，几乎处于无限小的状态，围岩强度极低，最容易遭受破坏；而朝着围岩的深部方向，应力差与深部围岩相比越来越小，围岩强度及内应力越来越高，因此深部围岩最容易稳定。

对于处于复杂应力环境下的软岩巷道支护，我们除了从支护材料的强度上能抵抗深部围岩的高应力外，最根本的要解决提升围岩的力学性能，降低深浅部围岩的应力差，这才是解决深井高应力巷道的根本途径。

着力研发通过留压技术达到提升围岩内应力，从而提高整个围岩承载能力和降低浅表围岩与深部围岩的应力差，解决深井高应力支护稳定的难题。通过研制专用器具实现留压注浆，均匀、充分地胶结固化围岩，使整个支护圈体留存相对均匀的内应力，解决了锚注支护成功与否的关键技术。

通过研究、实践发现，新开掘或修复的没有经过锚注支护的软岩巷道（仅仅针对锚注支护，没有其他的支护方式），浅表围岩和深部围岩应力差极大（表2-3-12），围岩没有任何的抵抗能力，会快速变形，直至压缩变形到一定程度，形成新的应力平衡。

表2-3-12　新开掘巷道不同类型下的浅表、深部围岩应力差

指标	应力差	对围岩力学影响
未经过锚注支护	应力差极低，围岩强度极低	无
传统锚注支护	应力差有了适量提高，一定程度的强化围岩	影响不大
稳压留压胶结技术	大幅降低围岩的应力差，提高了围岩的承载能力	提升围岩的预应力，改善了围岩的力学性能

（二）降低浅表围岩与深部岩体压力差应对巷道失稳特别是“小区域高应力富含带”地压的威胁

“小区域高应力富含带”地压显现具有突然性特点，其危害程度比一般矿山压力显现程度更为严重。冲击地压的孕育和发生过程就是能量的积聚和突然释放过程。

“小区域高应力富含带”地压在孕育的过程中，岩煤体的能量主要来自于自外界获得的能量和地层形成过程中储存的能量，在一定的条件下，当这种能量大于岩煤体平衡所需要的能量时，就极有可能发生。也就是深部岩体的应力远远大于浅表围岩的应力，应力处于极度不平衡状态，应力就会趋于找到合适的平衡点，选择围岩较弱的区域突破，抛出大量煤块、岩碎块，使巷道迅速收缩变形，释放应力，直至巷道垮塌、应力趋于平衡为止。

“小区域高应力富含带”地压的发生，从应力平衡的角度来说，其根本原因就是浅

表围岩和深部岩体存在过大的压力差，根据牛顿力学定律，应力有保持静止或平衡的趋势，即深部高应力和浅部围岩低应力从稳定角度来说，有趋于平衡应力差的趋势。巷道在开拓和修复时，由于原来的应力平衡被打破，或现有巷道处于极大的浅部、深部围岩应力差状态，深部高应力就会突破巷道薄弱位置爆发，产生“小区域高应力富含带”地压。

1. 应力平衡的概念

自然界的一切运动和能量转换都遵循物理学定律，都有一个趋向系统平衡的基本规律。对于巷道围岩来说，在巷道没有开掘之前，围岩应力状态为初始应力状态，各个方向应力保持相对平衡，处于稳定状态。当巷道开挖后，应力平衡状态被打破，围岩进入二次应力状态，浅部围岩和深部岩体的应力差加大，深部围岩处于较高的能量状态（高应力），必然要向浅部围岩（低应力状态）转移，以求达到新的平衡点。此时，如果巷道的支护强度大于深部围岩带来的高应力，高应力遇阻后，便向深部转移；如果巷道支护强度不够，或存在薄弱环节，集聚的高应力就会选择薄弱的地方突破，引起巷道的收缩变形甚至垮冒，以释放变形能。在岩煤体相对硬脆的条件下，压力差较大时，能量在短时间内突然释放，造成巷道突然垮冒，煤块、岩块从网格中抛出，导致冲击地压灾害的发生。

2. 应力强度转弱的条件

我们知道，“小区域高应力富含带”地压的发生是深、浅部应力差较大时高能量（高应力）突破巷道支护薄弱点并因此引发大规模坍塌、变形效应的具体显现。由于巷道的位置、断面形状在矿井设计时已经确定，为此，对于有冲击地压发生隐患的巷道支护来说，只有采取新的支护思路，克服由于巷道位置和断面不利，带来的冲击地压环境下巷道支护难以稳定的问题。

新的支护理念是降低浅部围岩和深部岩体的应力差，减少深部岩体高应力向浅部低应力围岩转移的自然趋势，最终使深部围岩传来的应力强度显著弱化、降低。

巷道开挖后，或者是已有的巷道，深部围岩高应力影响巷道周边浅部围岩的应力路径可用下面的例子简要描述。

如果把一个圆柱形的障碍物如桥墩置于光滑的稳态水流中，则水流环绕此障碍物流动，流线呈现弯曲，如图 2-3-189 所示，紧靠障碍物的上游和下游处水流速度减慢，而流线向外扩展。

在障碍物两侧，水流必须加速流动，以跟上其余的水流，因而流线汇聚在一起，图2-3-189 还表明，在大约三倍于障碍物直径以外的区域，流线并不受障碍物的影响而产生明显的弯曲。在这个区域以外流动的水流就好像“看不见”障碍物一样，而障碍物只不过引起局部扰动而已。

原岩应力是由自重应力和构造应力构成的，自重应力随着深度的增加而增加，当巷道所处的深度大于巷道高度的 20 倍以上时，巷道影响圈内巷道顶部和底部围岩的自重应力差别可以忽略不计，此时可以把原岩应力作为外部载荷。也就是说对于圆形巷道周边的外部载荷可以认为是均等的。岩体中巷道开挖后，以前存在于岩煤体中的应力受到扰动，在巷道周围岩煤体中诱发新的应力。应力从深部高应力区域“流向”低应力区的巷道浅表围岩。

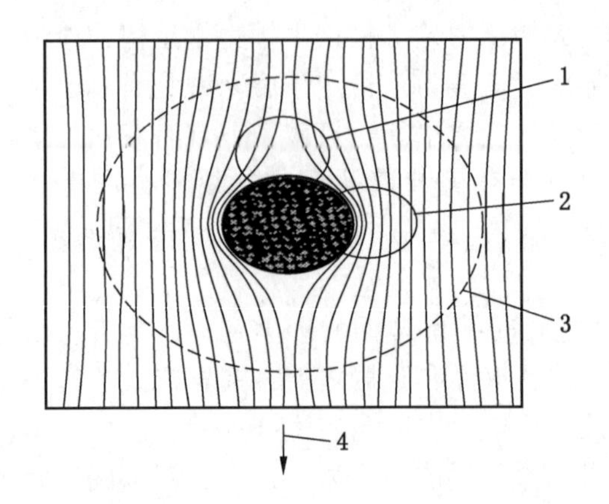

1—流线分离区（相似于弹性模型中的张拉区）；2—流线汇集区（相似于弹性模型中的压缩区）；
3—约3倍直径的区域；4—未受任何影响区域

图2-3-189 环绕圆柱形障碍物的流线弯曲情况

上面水流通过圆柱体障碍物造成流线弯曲的例子，可以形象地描述在单轴载荷作用下，圆形巷道周边应力变化的轨迹线。当深部围岩高应力“流向”巷道浅表围岩低应力区域时，由于圆形巷道周边属于低应力的“真空区”，应力流线（应力流经途径）发生弯曲，应力流线弯曲后由于要加速后才跟上外部应力的速度，由于应力加速度的增加使应力速度增加，能量进一步加大，造成圆形巷道周边浅表围岩的应力冲击迅速加剧；同时，应力方向发生改变，巷道周边浅部围岩发生应力集中现象。图2-3-190所示为巷道在压力增大区应力轨迹线的聚集。

同样，在岩体应力场中，上面水流遇阻的效应也是存在的，在大约离巷道中心三倍于巷道半径以外的岩体中，应力分布并不因为巷道的存在而受到明显的影响。水流流线的分开与巷道周边浅表围岩拉应力区所出现的应力轨迹线非常相似，在压力作用下，圆形巷道的顶、底板处都会出现这样的拉应力区。

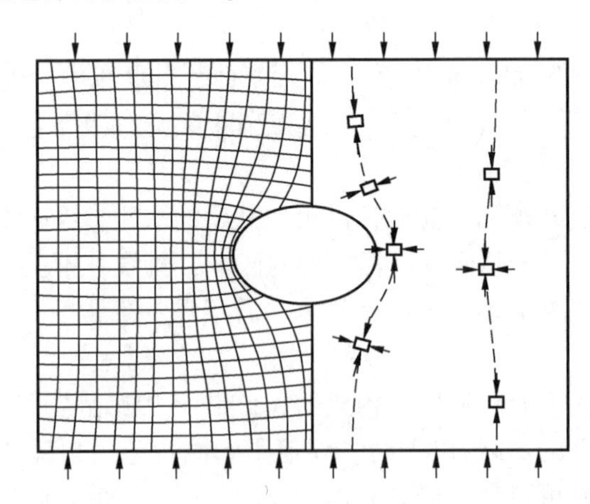

图2-3-190 围岩中的圆形巷道在单轴载荷作用下，圆形巷道周围的最大和最小主应力轨迹线

以上是在单轴载荷作用下，圆形巷道周边的应力轨迹线。双轴载荷作用下，圆形巷道

周边的应力轨迹线通过速度和矢量的叠加，除了应力轨迹线进一步密集和弯曲外，能量和应力集中进一步加大和集中，其余性质和单轴载荷作用下基本相似。但对于非圆形巷道，应力集中现象在巷道的底角处或其他非圆形过渡处尤为明显。

通过以上叙述，我们知道，对于巷道断面来说，圆形断面的巷道最不易发生应力集中，同时也是各个方向承受压力最均匀的断面。但是由于使用和生产的需要，现实中巷道设计往往采用拱形、矩形或顶部为多圆弧过渡的断面。在这样的断面下，当深部围岩高应力来袭时，必然会在巷道底角处造成尖角效应和应力集中，根据应力轨迹线密度和弯度，巷道底角处的应力是最大的，巷道底部也是支护的薄弱环节，极易发生底鼓。在巷道突然来压以及顶底板为硬脆围岩时，冲击地压发生的概率大大增加。

为避免非圆形巷道带来的应力集中问题，使巷道围岩各个方向承载能力尽可能均匀一致，我们通过在巷道周边浅表围岩实施留压注浆，通过浆液的扩散扩大支护圈范围，在巷道周边形成一个近似圆形的厚层支护圈，同时该支护圈是具有相对均值同性的支护圈体，具有一定的预存内应力，改变了深部围岩高应力流向原有巷道的路径及最大主应力方向。在应力方向改变的同时，降低了应力来袭的速度（巷道周边浅部围岩），避免了能量局部突然集聚现象，避开了主应力的峰值，弱化并转移了深部围岩的高应力。

3. 应力爆发条件变化

“小区域高应力富含带”各种高位势能的成因和机理，是由于三向高应力的作用，使周围岩体积聚有大量弹性能和部分岩体接近极限平衡状态。当采掘工作接近这些地方时，或由于爆破等外部原因使其力学平衡状态破坏时，岩体内部的高应力由最大值瞬间降至理论上的零值，煤体或岩体发生脆性破坏，积聚的弹性能突然释放，其中很大部分能量转变为动能，产生“小区域高应力富含带”高压力的动力现象。

岩层中的高应力是“小区域高应力富含带”高位势能发生的先决条件，积聚的弹性能是其发生的动力源。因此，高应力爆发的基本条件是开采深度和地质构造，以及煤层和顶底板岩石的物理力学性质。

4. “小区域高应力富含带”发生的条件

“小区域高应力富含带”地压发生的临界状况是岩体积聚有大量弹性能和部分岩体接近极限平衡状态。当相对降低深部岩体的大量弹性能时（此处的降低是相对于浅部围岩的量差比降低），就可以减小巷道浅部围岩的压力；当相对升高冲击地压发生的临界状况时，就可预防或尽量减轻“小区域高应力富含带”地压造成的危害。

井下围岩存在各种复杂的应力，但并不是所有的应力都可以引起“小区域高应力富含带”地压的高强度和快速地发生，从能量的角度来说，这种应力必须达到一定的能量，才可能使“小区域高应力富含带”地压发生质的变化。

其实这种效应在大自然中是广泛存在的，比如光电效应的发生，按照粒子说，光是由一份一份不连续的光子组成，当某一光子照射到对光灵敏的物质上时，它的能量可以被该物质中的某个电子全部吸收。电子吸收光子的能量后，动能立刻增加，如果动能增加到足以克服原子核对它的引力，就能在极短的时间内飞逸出金属表面，成为光电子，形成光电流。但并不是所有的光子都具有此效应，必须光子的能量达到一定的门槛高度，或光的频率超过某一极限频率，光子才是有效的。同样，仅仅从能量的角度来说，如果深部围岩的来压，达到一定的量级或冲击能量，使巷道浅部围岩和支护载荷达到破坏的临界状态，就可能突破某个薄弱区域“小区域高应力富含带”爆发形成的巷道围岩的强烈破坏。

当巷道的某一点被“小区域高应力富含带”地压冲破后，这点的附近区域由于内应力的外泄，很快变为应力薄弱区，强度迅速降低，在外部压力的作用下，快速损坏，破坏区域附近的围岩再次成为应力降低区，诱发新的破坏。

五、留压注浆的实施及效果

为更好地实施留压注浆，我们研制具备“自行固定、自动密闭、注浆自动留压功能”的注浆锚杆。简化普通注浆锚杆繁杂的施工工序，解决普通注浆锚杆难以留压和稳压的关键技术。

（一）普通注浆锚杆在注浆过程中存在的问题

（1）普通注浆锚杆，需要采用快干水泥封闭注浆锚杆眼孔和封闭注浆管路的阀门和连接件等，这些材料不能在井下贮存，每次使用需人工从地面携带，增加了人工琐碎事务。

（2）安装固定工艺复杂，增加施工环节；安装注浆锚杆时，需用特制圆环体状锚固卷或快干水泥药卷水化后，来固定注浆锚杆。封闭眼孔时人工捣固既慢又很难密实强固，尤其是封闭巷道顶部注浆孔，个人仰面向上封堵操作极其困难，且封堵难以密实，同时封闭后要有凝固时间，影响施工速度。

（3）采用普通注浆锚杆注浆时，注好一个孔，在停止注浆后，要先后经过停注浆泵→卸掉注浆泵压力→关闭注浆锚杆连接处的阀门→放出注浆软管内的浆液，整个过程，复杂费时。

（4）普通注浆锚杆，在关闭管路连接处的阀门时，如果时间过早，会造成浆液回流。所以注浆后需要稳固约 20~30 min，待水泥浆液基本凝固时，再关闭连接处的阀门，拆卸管路，进行下一个眼孔注浆，较大地影响了施工速度。

（5）注浆完成时，在停泵卸压过程中就把注浆的浆液压力全部释放了，使浆液凝固时不能饱满地固结围岩的裂隙，也达不到注浆留液的效果，为避免浆液的回流，至少需 20~30 min 时后才能够拆除阀门，这样又造成阀门报废（水浆液凝固在阀门内，很难清理掉和清洗净，注浆阀门就很难恢复使用），使用专用逆止阀数量很大，其费用也很高，既浪费材料，又耽误工时。

（6）在遇到注不进浆液或堵管使注浆泵压力急剧上升情况时，就要停止注浆。在停止注浆后，同样要先后经过停注浆泵→卸掉注浆泵压力→关闭注浆锚杆连接处的阀门→放出注浆软管内浆液的整个过程，这样就会带来一些不安全因素。

基于普通注浆锚杆在注浆作业中存在诸多问题，研制出新的自封、自固、控压注浆锚杆来提高注浆效果是十分必要的。

（二）自固、自封、内自闭注浆锚杆的结构

注浆锚杆的结构，采用厚壁钢管为杆件材料，其具体部件有注浆管、螺母、外垫圈、外置橡胶套管、锥套、注浆孔、活塞轴、套管、止浆塞、弹簧、挡板等（图 2-3-191）。

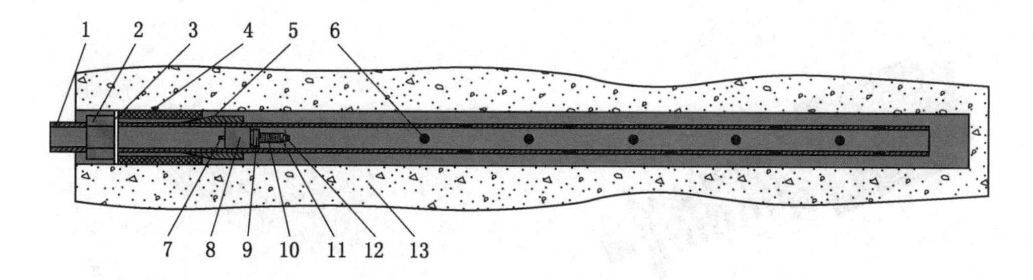

1—注浆管；2—螺母；3—外垫圈；4—外置橡胶套管；5—锥套；6—注浆孔；
7—活塞轴；8—套管，9—止浆塞；10—弹簧；11—销轴；12—挡板；13—围岩

（a）结构

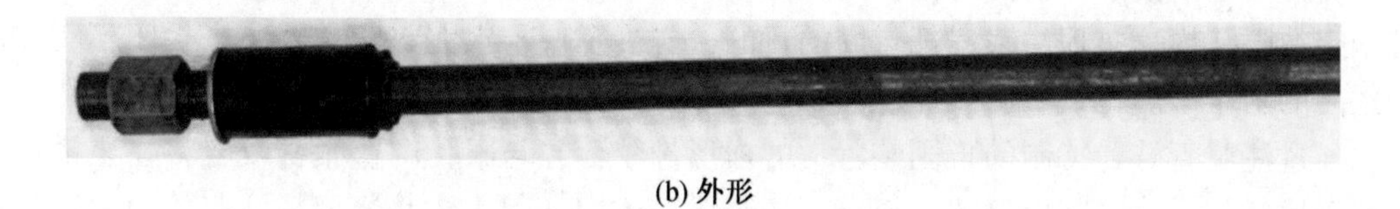

(b) 外形

图 2-3-191　自固自封内自闭注浆锚杆实体

（三）整个注浆锚杆分为关键三部分

（1）杆体带有注浆孔的注浆管部分（图 2-3-192）。

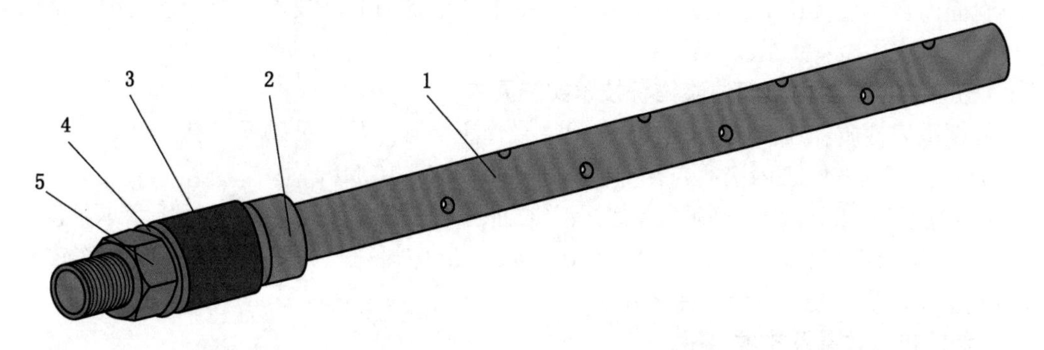

1—注浆管杆体；2—自固胀紧锥套；3—自固橡胶套；4—胀紧垫圈；5—胀紧螺母

图 2-3-192　杆体带有注浆孔的注浆管

（2）逆止阀部分。当带压浆液注入时推动活塞轴后移，注浆管处于打开状态，浆液通过注浆孔均匀地流入注浆管所揳入的围岩内，起到胶结破碎围岩的作用，当围岩中浆液注满，压力上升，塞轴前移封闭注浆通道，及时封闭注浆留住注浆压力（图 2-3-193）。

（3）自固橡胶套部分。在注浆管外壁套有外置自固橡胶套一组，橡胶套管用螺母、外垫圈和固定在注浆管外壁上的锥套固定。当注浆管揳入岩体中时，在螺母推动下，自固橡胶套逐渐膨胀与注浆锚杆眼孔岩壁紧密镶嵌，使注浆管不会外窜脱落，正常紧固力可达 6~9 MPa，达到自固定和自动封闭的目的（图 2-3-194）。

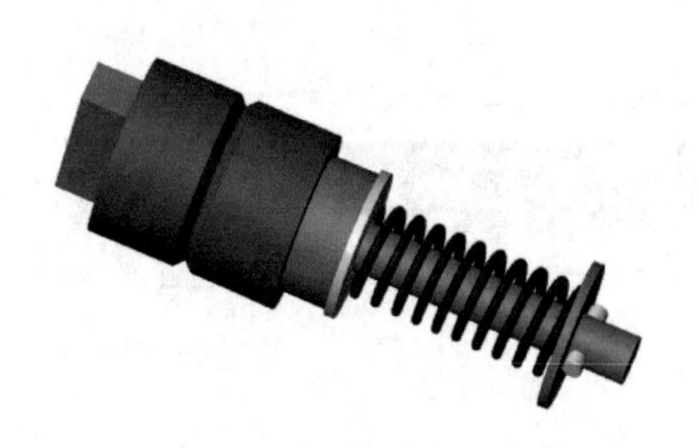

图 2-3-193　逆止阀实物图

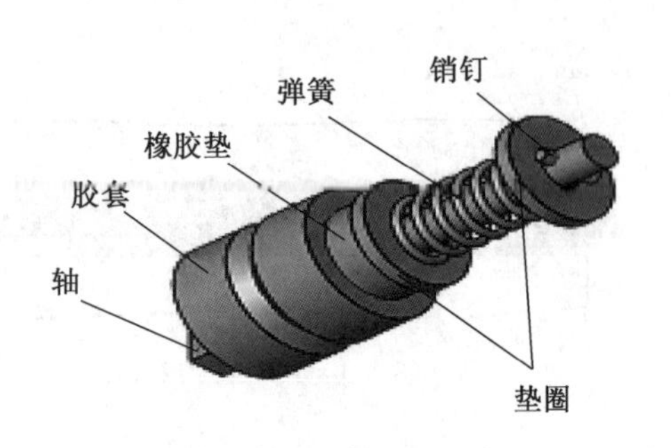

图 2-3-194　自固橡胶套

（四）自固自封内自闭注浆锚杆的主要技术和施工工艺

自固内自闭技术，在注浆锚杆外径上，采用给压后自动胀起的特定结构，使注浆管自行固定在眼孔内，实现注浆锚杆自固的目的，省去了快干水泥封闭，解决了封闭不实和难以封闭的困难。

通过注浆管外置特制的自固装置上的楔形橡胶套，与眼孔内壁紧密咬合将注浆锚杆眼孔严密地封闭；将特制内自闭系统置于注浆锚杆体内，制止注浆浆液从注浆管内溢出，达到快速密闭效果。

当注浆压力达到要求，注浆泵停止工作时，管内逆止阀自闭系统瞬间自动闭合，使得岩体内的浆脉保持充盈饱满状态，注浆泵给定的压力不致因浆液外溢卸压而造成浆液的压力衰减，起到稳压留压的技术效果。

自固内自闭注浆技术，是动态支护体系中十分重要的关键技术。为动态支护容错的支护体系，解决了装备上的技术问题。

（五）自固自封内自闭注浆锚杆技术实施要求

根据围岩性质，在使用自固、内自闭注浆管注浆时，要注重以下三点：

（1）注浆锚杆安装固定后拉拔力应大于 1000 kN（10 MPa）。

（2）注浆锚杆安装时，必须压紧螺帽，使橡胶套密实固结眼孔，确保封闭后无浆液渗漏。

（3）内自闭装置在注浆泵停止工作 0～15 s，逆止阀完全关闭后，即可从注浆锚杆管口卸开注浆管路，进行下一个注浆孔作业。

（六）技术效果及技术水平

（1）使用自固内自闭注浆锚杆，节约了大量的快干水泥和逆止阀，减少了材料投入，降低了支护成本。

（2）本项目研发出的自固、内自闭注浆锚杆，获得国家实用新型专利（专利号：ZL200920274073.4）和煤安标志（编号：MEF110264），属国内首创。

“自固、自封、内自闭”注浆锚杆，实现了注浆锚杆高强固定、及时封堵、快速注浆，软弱破碎岩煤体固结度得到极大的提高。

通过留压注浆，在巷道围岩体内留存带压浆液，以提高围岩的初始支护阻力，并且把围岩浅表部分，构建成具备有一定内应力的围岩圈体；留压注浆改变围岩的力学性能，大幅提高围岩的自身承载力。研制的自封、自固、内自闭中空注浆锚杆，是实现高压、留压注浆的关键器具，实现了留压注浆，降低浅表围岩与深部围岩的应力差，极大地减弱了强动力的冲击强度，对支护体系提供了极好的保护作用。

第八节 构建均质同性支护圈体

一、构建均质同性支护圈体概念

深井巷道围岩的软弱岩煤体，在复杂多层次高应力作用下，其非均质性、非连续性和各向异性就更加明显，软弱岩煤体本身的三向强度显现得更低，在这种环境下，围岩的崩解、破碎和流变速度更快，对支护压力造成破坏，增加了围岩的不稳定性。构建均质同性围岩支护圈体，是支护稳定和围岩控制的重要关键技术。

在围岩一定范围内即圈体内，采用多层次锚杆、注浆锚杆，均匀地、不同深度和层次地置入围岩中，使单位岩体内的锚杆组合梁的密度加大，层次增加，并且以带压浆液适时固结围岩体中的裂隙和松动的岩体层理面，正是高密度的锚杆和注浆固结岩体，将软弱围岩体构建成整体上趋于均质的同性体，实现了支护圈体内的抗拉、抗剪和抗压强度各项指标的均衡提升，我们称之为均质同性支护圈体（图 2-3-195）。

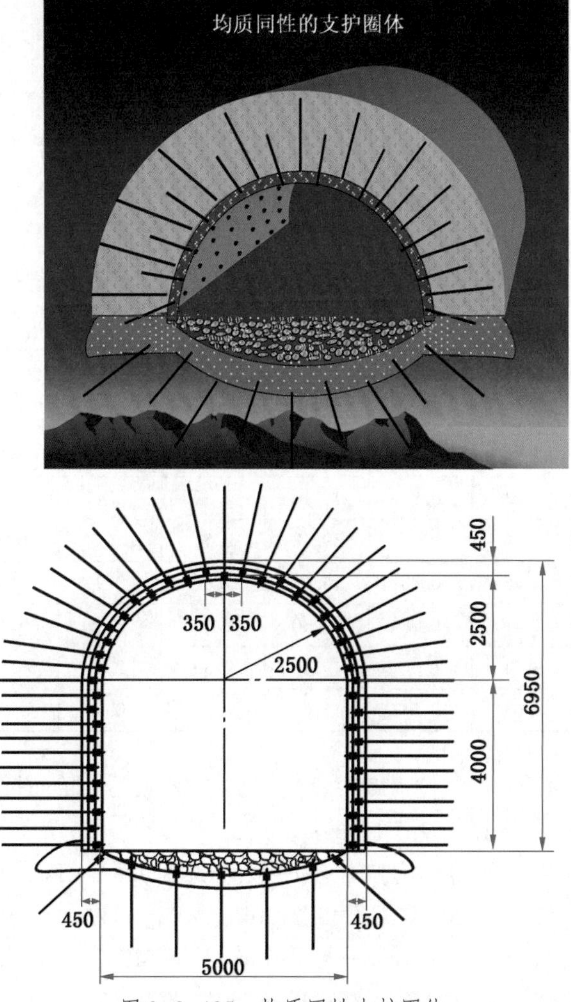

图 2-3-195 均质同性支护圈体

二、构建均质同性支护圈体的目的意义

深井高应力复杂状态下，围岩自身强度弱，在高应力作用下极易崩解、破碎和流变，仅仅依靠强抗和加深悬吊深度是难以控制围岩的这些不稳定状况，因而需要在深井软岩复杂应力环境下构建一种具有更高强度抗拉、抗剪和抗压的均质同性支护圈体。其主要是以利用锚杆密度层次提高和注浆适时固结的机理，针对复杂应力下软岩巷道的特点，以调动和提高围岩自身强度为核心，以改变围岩的力学状态，采取系列手段，确定巷道支护的科学设计方案，实现施工进程和效果的最佳方式。

基本架构是：以单层或多层钢丝绳为筋骨的多喷浆层、高度密贴岩面的强韧封层结构为止浆垫和支护抗体，采用多层次的高强锚杆及注浆锚杆，将非均质层状赋存、非连续体及各向异性的软弱岩体，通过锚杆、注浆锚杆及通过稳压注浆的带压浆液充分胶结在一起，将松散软弱的岩煤体胶结成力学上相对均质同性的整体。

煤矿巷道的岩体中火成岩、变质岩和沉积岩在天然条件下其力学性质具有非均质、各向异性的特点。

（1）火成岩是由岩浆喷发形成，喷发强度、温度和环境不同，使它形成非均质的岩体；变质岩和沉积岩，同样由于变质沉积时间不同以及环境的差异导致了它们的非均质性。

（2）岩体往往被众多的层理、节理和裂隙等弱面所切割，是一种不连续的介质；另外岩体本身是由固体、液体、气体组成的复合体，且长期处在应力场和温度场、流场等多场的耦合作用下，使岩体的力学性质异常复杂，特别是在复杂应力、采动影响、高地压状态下的围岩极易发生破碎、变形、流变，造成岩体的非连续性。

以赵楼煤矿煤层顶底板围岩实际状况为例（表2-3-13）。

表2-3-13　围岩性质

编号	天然密度/($g\cdot m^{-3}$)	干密度/($g\cdot m^{-1}$)	含水率/%	耐崩解系数/%	抗压强度/MPa	抗拉强度/MPa	弹性模量/GPa	黏聚力/kPa	内摩擦角/(°)	黏土含量/%
1	2.52	2.45	2.58		39.48	3.52	5.7	6.63	42.29	—
2	2.47	2.36	4.63	0.89	19.10	2.30	2.4	3.95	39.34	47.43
3	2.66	2.60	2.46		39.48	3.52	5.7	6.63	42.29	—
4	2.21	2.11	4.46	0.88	15.65	1.82	0.9	2.50	34.29	52.20
5	2.94	2.87	2.41	0.98	24.30	2.64	3.9	5.10	40.40	19.51
6	2.68	2.54	5.54		19.10	2.30	2.4	3.95	39.34	—
7	2.21	2.36	4.63	0.54	15.65	1.82	0.9	2.50	34.29	—

煤层顶部泥岩及粉砂岩：抗拉强度一般为1.5~3.09 MPa；单向抗压强度一般为47.34~58.67 MPa；抗剪强度参数C为7.7 MPa，φ为35°。

煤层顶部细砂岩及中砂岩：抗拉强度一般为33~9.09 MPa；单向抗压强度一般为96.87~133.87 MPa；抗剪强度参数C为8.7~14.1 MPa，φ为21°~35°。

煤层底部泥岩及粉砂岩：抗拉强度一般为1.0~1.55 MPa；单向抗压强度一般为38.83~52.2 MPa；抗剪强度参数C为1.7~5.97 MPa，φ为32°~36°。

煤层底部细砂岩与中砂岩：抗拉强度一般为 2.2~10.9 MPa；单向抗压强度一般为 87.83~147.6 MPa，抗剪强度参数 C 为 13.5~17.5 MPa，φ 为 16°~32°。

巷道围岩一般是由不同状态下的岩体组成，而岩体是天然条件下赋存的岩石群体，是在漫长的地质年代中经受各种地质作用而形成的地质介质，是典型的不连续介质，这些不连续介质对岩体在静力和动力载荷作用下的力学行为起着主导作用，一般具有非均质层状赋存、非连续体、非线性和受力的各向异性。

岩体往往被众多的层理、节理和断层等弱面所切割，是一种不连续的介质；另外岩体本身是由固体、液体、气体组成的复合体，且长期处在应力场和温度场、流场等多场的耦合作用下，岩体的力学性质异常复杂，特别是在复杂应力、采动影响、高地压状态下的围岩极易发生破碎、变形、流变，造成巷道剧烈破坏，严重影响煤矿的安全生产。

对于井下巷道支护稳定来说，巷道周边复杂的破坏首先会选择围岩的弱面突破，进而扩展到整个巷道，所有势能、动能便集中选择此处突破、蔓延。对于围岩支护圈体而言，如果能够将巷道周边围岩构建成物理性能相对均衡的支护圈体，将对巷道支护的稳定起着决定性作用。

为了使软弱岩煤体能承受岩体的破碎、变形，必须提升支护圈体的整体承载能力，使支护圈体的各个部分承载能力及力学性能相对均质同性，扩大支护结构层面，把围岩体构建成具有抗压、抗拉和抗剪强度都得以极大提升的均质、同性、连续的支护圈体。

三、均质同性支护圈体的特点

（一）均质同性支护圈体的工程意义

均匀性是指从物体内任意一点取出的体积单元，其力学性能都能代表整个物体的力学性能。通俗地讲就是在组成材料的空间内各个不同点处材料的性质是相同的，如物质的成分、密度强度和相对整体性等。

从工程角度讲，均匀性指当物体几何尺寸较大时，我们所考虑的都是宏观尺度上的点，可认为材料在所有体积下是均匀的、连续的，物体在受力和变形中产生的内力和位移也是连续的。

各向同性是指材料沿各个方向的力学性能都是相同的，如弹性模量、泊松比、强度、导电性、传热性等；从工程角度讲，即便在微观下的各种材料表现相对异性，但当形成宏观聚集体时，由于取向随机，所表现出的是各向同性。

构建均质支护圈体旨在利用多层次锚杆与以钢丝绳为筋骨的多喷层封层相匹配，每层次喷层内都由各自层次的锚杆、钢丝绳和喷层扣压、紧固和互层组合为一体，构建的支护圈体内几乎无差异性。在巷道支护中构建均质同性支护圈体，就是这种相对均质同性的支护圈体，其抗压、抗拉和抗剪强度都有显著的整体性提高，从而能够抵御来自深部矿井的各种叠加应力，保持巷道的长期稳定。

（二）均质同性支护圈体的特点

（1）均质同性支护圈体各个方向、各个部位物理性能基本相近，当巷道围岩外部来压时，由于巷道围岩各个部位抵抗力基本相近，不会因为局部存在弱点而被攻破（局部变形损坏）。

（2）在均质同性的支护圈体内，相互容错，互补互助，避免了其中一个支护单元受损伤，给整个支护圈体的支护能力带来危害的短板效应，因而提升了围岩的整体承载能力。

（3）由于采用多层次锚杆，加大了围岩单位岩体内的锚杆组合量，数倍提升了单位岩体内的抗拉抗剪和抗压的强度（也就是一根筷子与一把筷子的关系），整体改善了围岩的力学性能。

（4）密度增大的锚杆支护，有效地让软弱围岩易破碎和流变的部分在其紧固力和预应力的控制范围内。

（5）在多层次锚杆结构的支护圈体受到强冲损伤时，可以通过适时注浆及时固结松动的围岩体和恢复锚杆锚索的锚固能力，达到整体性恢复各支护单元的工作阻力的目的。

（6）均质同性的支护圈体内的高锚杆密度提升了对围岩的挤压、紧固的能力，加强了预应力，保证了围岩的整体性，有利于在叠加和冲击强动压状况下，围岩不发生破碎和流变，保证巷道不垮冒，保证施工作业的安全性。

（7）均质同性的支护体系，提升了整个支护圈体的三向强度（抗压、抗拉和抗剪）指标，具备了支护圈体的高韧让性。

四、实施构建均质同性支护圈体

构建均质同性支护圈体，其本质是将不同层次的锚杆、注浆锚杆相对均匀地置入围岩中，在每层次锚杆压盘下压有相对均匀的以钢丝绳主绳为筋骨的钢丝绳网、通过高度密贴岩面的多层次强韧混凝土喷浆层结构，施以稳压、留压注浆将离散、散碎的围岩均匀胶结，实现整体力学性能相对均匀且大幅提高的支护圈体的支护能力。主要通过以下几个关键环节来实现：

（1）构建均质连续同性围岩特征巷道支护新体系，首先要具备技术先进的施工工艺。其初次支护必须具有强韧、密贴、密闭的功能。

（2）采用多层次锚杆、注浆锚杆，均匀地、不同深度地置入围岩中，每层注浆锚杆的外端悬挂相互连接的钢丝绳并喷施混凝土组成多喷层封层。

（3）采用多层次锚杆与多喷层封层相匹配，每个喷层与各自的锚杆相组合，在岩体内形成多层次锚杆；加大单位岩体内的锚杆组合量密度（如原每平方米 3 根，现每平方米为 8 根，提高了近 3 倍），经多次注入带压浆液使之充分胶结。锚杆的支护性能，成为由单一到组合结构，其各项强度性能指标得以成倍提高。

在锚注支护中，除了强调注浆效果外，锚杆关键作用也相当重要。构建均质同性支护圈体的一个关键环节就是加大单位岩体内锚杆的组合密度。因为随着锚杆间距的逐渐增大，锚杆围岩形成的挤压带范围逐渐减小，并且挤压带中的最小主应力也逐渐减小。根据经验及相关模型试验，当锚杆的间距小于 600 mm 时，巷道周边围岩形成了连续的挤压带，当锚杆的间距为 300~600 mm 时，相邻锚杆有明显的叠加作用区域。对于锚杆本身来说，由于密度的增大，锚杆本身所遭受的平均应力大幅度减小。这就和通常所比喻的“一两根筷子易折断，三根筷子有点难，十根筷子折不断”的道理是一样的。

由图 2-3-196 可知，当锚杆间距为 1000 mm 时，巷道周边围岩形成了连续的挤压带减小，相邻锚杆有明显的叠加作用区域减小；当锚杆间距为 1400 mm 时，巷道周边围岩未形成连续的挤压带，相邻锚杆没有明显的叠加作用区域。

从力学的角度来说，应力是作用在单位面积上的内力，而内力是构件分子之间产生的抵抗变形的力，即

(a) 锚杆间距600 mm

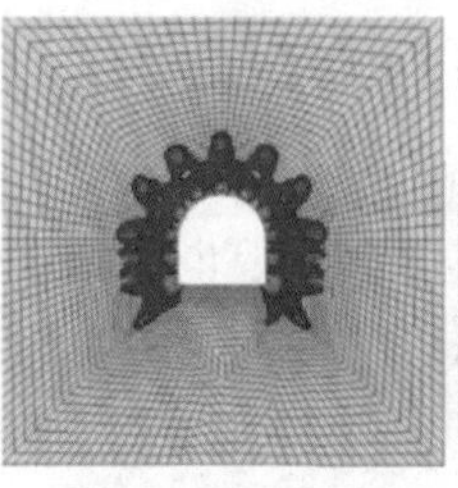

(b) 锚杆间距1000 mm

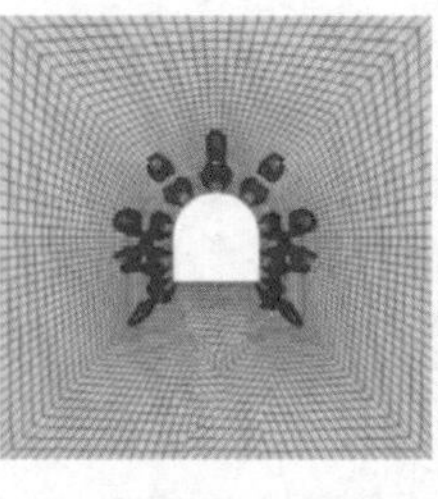

(c) 锚杆间距1400 mm

图 2-3-196　叠加作用区域

$$\delta = \frac{N}{S}$$

式中　δ——应力；

N——内力；

S——构件（锚杆）截面积。

可见，由于锚杆密度的增大，锚杆的截面积也成倍增大，作用在锚杆上的应力成倍减小。因此锚杆的功能更加得以体现（图 2-3-197）。

同时由于单位岩体内锚杆的组合密度加大，锚杆所形成的挤压带充分均匀叠加重合，这就使锚杆周边所控制的围岩高度均匀挤压，再加上稳压注浆的围岩胶结作用，围岩体内的层理、节理和断层便被充分压密充实，形成均质同性的围岩圈体，大大提升了围岩的强度。

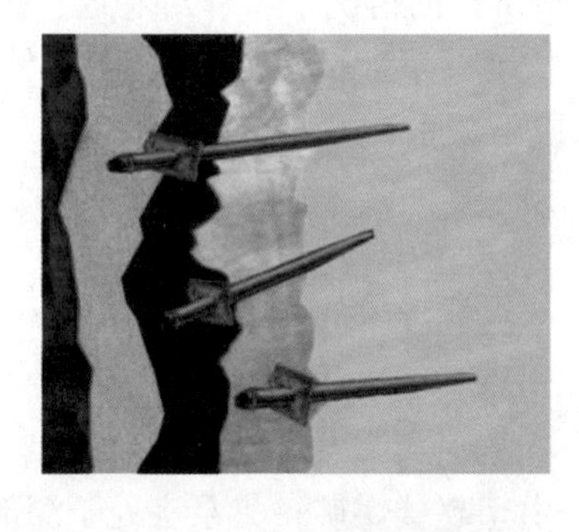

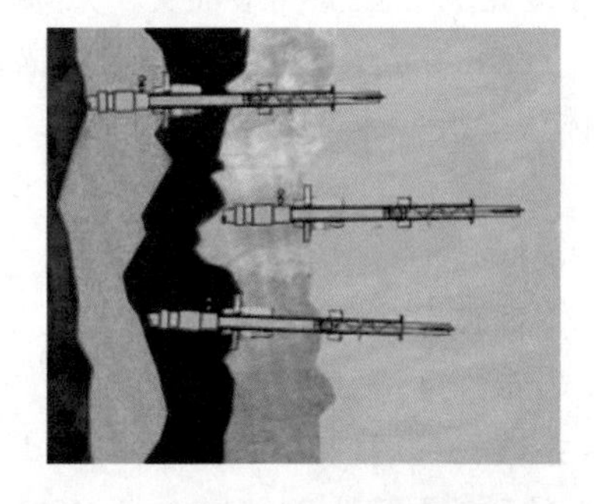

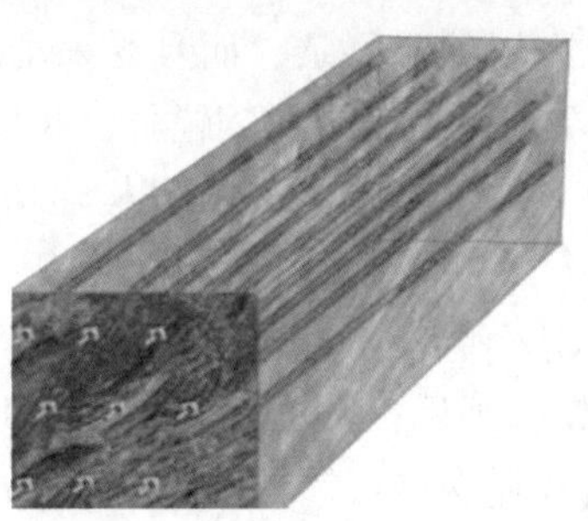

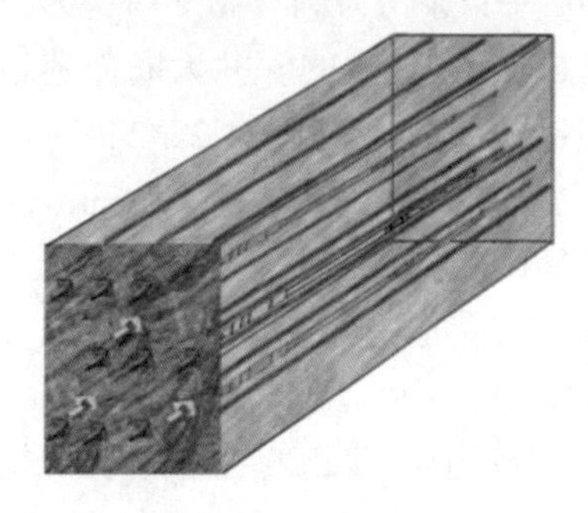

图 2-3-197　锚杆示意图

五、构建均质同性支护圈体锚杆间距的确定

在研发构建均质支护圈体过程中发现，并不是单位体积内锚杆组合量的密度越大效果就越好：锚杆密度过小（锚杆间距过大），首先支护圈体的强度不够，不能将围岩构建成相对均质同性；反之，如果锚杆密度过大，不但增加成本，由于锚杆过多，巷道围岩在破坏载荷作用下，锚杆尚有很大潜力，可以“挺而不变”，但受压区混凝土喷层及围岩逐渐接近弯曲抗压极限（图2-3-198），由于混凝土喷层及围岩为脆性材料，一旦破坏，时间短而且急骤和突然，这种破坏无预示性，来不及做应急措施，巷道便突然破坏，所以极具危险。

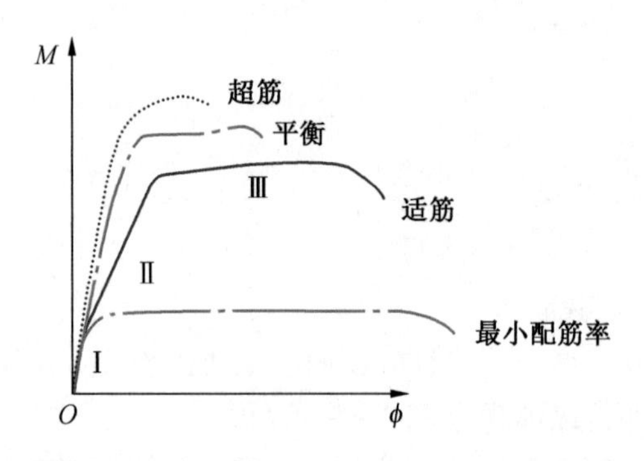

图2-3-198 混凝土喷层及围岩在三种锚杆密度下的破坏曲线

通过大量理论研究和长期的工程实践，我们得出锚杆的密度与其长度、锚固挤压控制范围和围岩强度相关，在保证最佳支护效果和经济性的情况下，针对巷道、护坡和山体加固，根据需要控制的围岩支护圈范围（由锚杆长度及浆液扩散范围决定），锚杆（或“小钢柱体”山体或护坡应用）的长度和间距具有以下关系：

$$E = LF\alpha$$

式中 E——锚杆间距；

L——锚杆长度；

F——岩石强度值0.9~1.0；

α——系数，一般取0.148。

以赵楼煤矿一集泵房为例（图2-3-199），由于赵楼煤矿一集泵房处于深部矿井，巷道断面宽度将近6 m，是典型的深井大断面巷道，围岩状况复杂，而且受采动影响，因此采用三层次高强锚杆，锚杆采用GM22/2400-490左旋无纵筋螺纹钢锚杆，长度为2400 mm。因此锚杆间距$E=2400\times0.148=355.2$ mm，间距E取整为350 mm。其构建均质同性支护圈体层次和锚杆间距的确定如下：

（1）一般围岩巷道中，二喷、一锚、挂一层钢丝绳网格；锚杆间距为700 mm×700 mm。

（2）在软岩巷道中，三喷、二锚 、挂二层钢丝绳网格；锚杆间距为700 mm×350 mm。

（3）极软岩巷道中，四喷、三锚、挂三层钢丝绳网格；锚杆间距为350 mm×350 mm。

（4）“小区域高应力富含带”复杂应力极软岩状态下，大断面巷道和硐室（断面超过22 m²以上）巷道：四喷、三锚~五喷、四锚，在配合二次注浆的基础上增加锚杆。

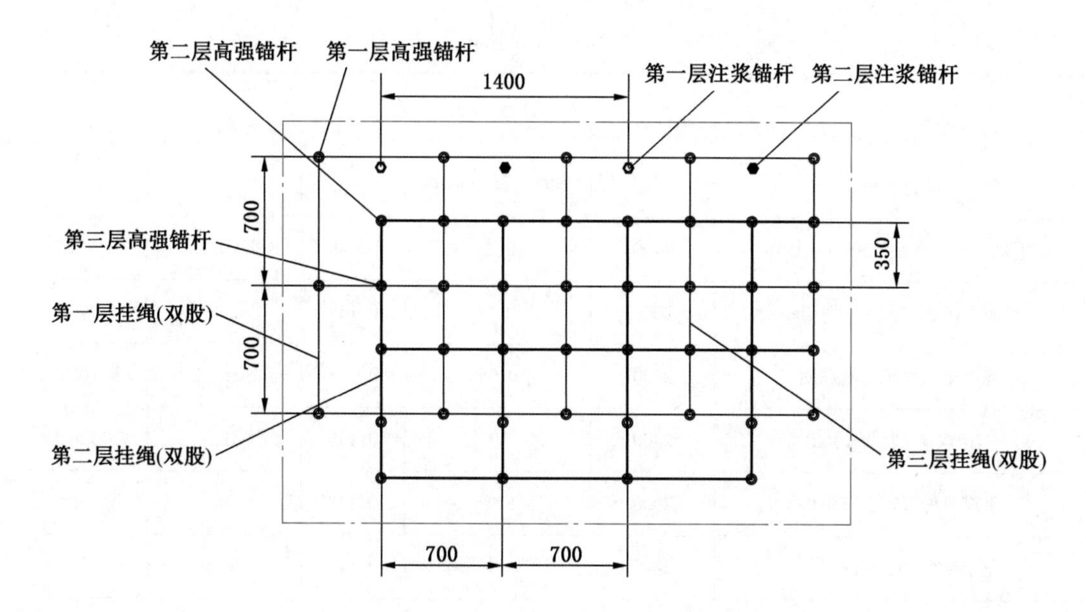

图 2-3-199　赵楼煤矿一集泵房锚杆、注浆锚杆展开图

根据长期的理论与实践总结的锚杆间距见表 2-3-14（锚杆为直径 $\phi22$ 的左旋螺纹锚杆）。

表 2-3-14　长期的理论与实践总结的锚杆间距表

工程项目	锚杆长度 (L)/mm	岩石强度值 0.9~1.1 (强度、结构状态)	系数 (α)	理论锚杆间距 (E)/mm	锚杆间距 (取整)/mm
钱家营矿-850 m 主石门	2400	0.9	0.148	319.7	320
吕家坨矿业分公司带式输送机上山	2000	1.0	0.148	296	290
平煤八矿丁戊组绞车房	2200	0.95	0.148	309	300
平煤四矿大弧板段	2400	1.05	0.148	372	370
东滩矿北翼轨道石门	2400	1.0	2400	355.5	350
林南仓矿二水平轨道-650 m 回风巷	2400	0.9	0.148	319.7	320
东欢坨-690 m 水平南翼运输大巷	2000	0.95	0.148	281.2	280
-800 m 八采下部集中带式输送机上山	2200	1.05	0.148	341.9	340
东欢坨分公司-650 m 水平南翼运输大巷	2400	1.0	0.148	355.2	350
平煤十一矿二水平丁六回风下山	2000	1.1	0.148	325.6	320
平煤六矿三水平北二进风井中央泵房	2200	0.9	0.148	293	290

表 2-3-14（续）

工 程 项 目	锚杆长度 (L)/mm	岩石强度值 0.9~1.1 (强度、结构状态)	系数 (α)	理论锚杆间距 (E)/mm	锚杆间距 (取整)/mm
平煤一矿三水平下延戊一上山	2400	1.1	0.148	390.7	390
桃园煤矿北二采区回风石门	2000	1.0	0.148	296	290
海孜矿二水平东翼总回	2200	0.95	0.148	309.32	305
祁南煤矿 82 回风上山	2400	0.9	0.148	319.7	320
平煤股份五矿己三下山	2000	1.05	0.148	310.8	310
华丰煤矿-1180 m 水平	2400	0.95	0.148	337.4	335
常村矿 23 区运输巷	2200	0.9	0.148	293	290
大方煤业小屯煤矿副平硐	2400	1.05	0.148	372	370
大柳煤矿西翼辅助运输大巷	2400	0.9	0.148	319.7	320

六、构建均质同性支护圈体达到的效果

支护的多层次锚杆与注浆锚杆，加大了围岩单位岩体内的锚杆组合量（如原每平方米 3 根，现每平方米为 8 根），由于单位体积内锚杆密度的加大，仅仅是锚杆的承载能力已加强数倍；再加上注浆对围岩体的胶结，锚杆由仅仅是端部的锚固实现了全长锚固，锚杆支护作用得以充分发挥。

均质同性支护圈体，从组合梁的角度来看，实际上是在巷道顶板构建了一个强韧性的组合梁。下面通过不同的组合梁对均质同性支护圈体进行分析。

岩碹组合梁理论认为：组合拱为一层，碹体为一层，顶板锚杆的作用，一方面是依靠锚杆的锚固力岩层与碹层之间的摩擦力，防止沿两层接触面滑动，避免两层出现离层现象；另一方面，锚杆杆体可增加岩层间的抗剪刚度，防止岩层间的水平错动，从而将锚杆的锚固范围内的岩层与碹层锁紧成一个较厚的岩层（组合梁）。

（一）分析模型

矩形截面简支梁（图 2-3-200），承受均布荷载 p，跨度为 L。

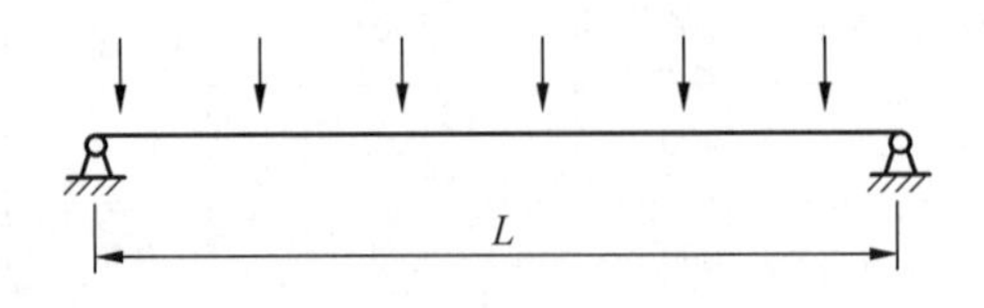

图 2-3-200 简支梁计算示意图

（二）不同情况下的最大应力比较

1. 梁为同一材料制成的单梁

梁为同一材料制成的单梁（简单混凝土喷层），其截面图和正应力分布图如图 2-3-201、图 2-3-202 所示。

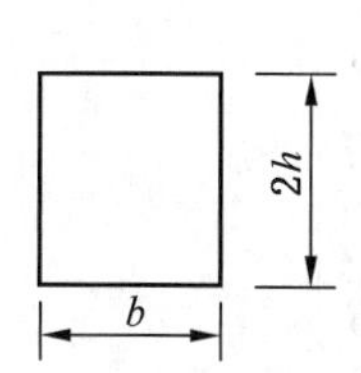

图 2-3-201　设梁的截面图

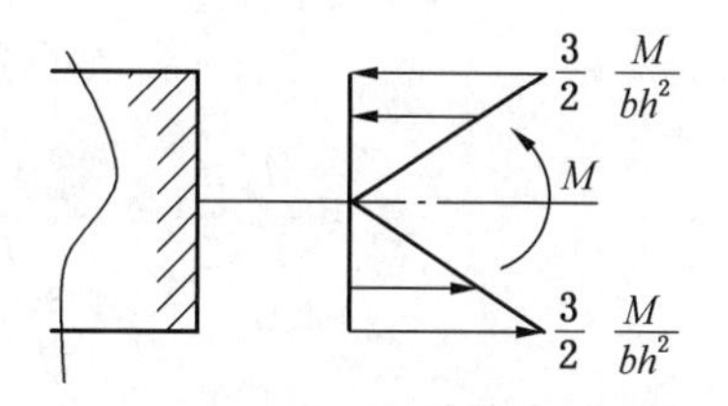

图 2-3-202　正应力分布图

跨中截面最大正应力为

$$\delta_{\max}=\frac{M}{W}=\frac{3}{2}\frac{M}{bh^2}$$

梁的弯曲刚度为

$$EI=E\frac{b\ (2h)^2}{12}=\frac{2}{3}Ebh^3$$

2. 梁为上下组合梁

普通锚网喷，喷层之间未充分贴合，如图 2-3-203 所示。

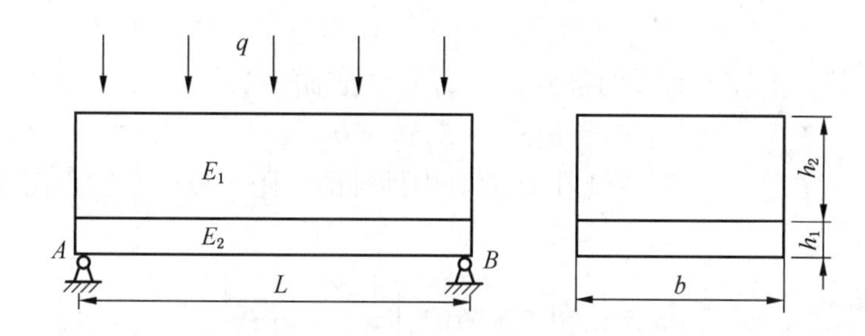

图 2-3-203　叠合梁的截面

设两梁接触面光滑，则叠合梁弯曲时横截面绕各自中性轴转动，在小变形条件下两梁曲率处处相等，共同承受跨中弯矩，于是跨中截面处有：

$$\left.\begin{aligned}&\text{变形条件}\frac{1}{\rho_1}=\frac{1}{\rho_2}\\&\text{物理条件}\frac{1}{\rho_1}=\frac{M_1}{EI_1},\ \frac{1}{\rho_2}=\frac{M_2}{EI_2}\\&\text{平衡条件}\ M_1+M_2=M\end{aligned}\right\}$$

得
$$M_1=\frac{1}{1+\dfrac{E_2I_2}{E_1I_1}}M,\quad M_2=\frac{1}{1+\dfrac{E_1I_1}{E_2I_2}}M$$

$$\left.\begin{aligned}\delta_{1\max}&=\frac{M_1}{I_1}\frac{h_1}{2}=\frac{1}{1+\dfrac{E_2I_2}{E_1I_1}}\frac{M}{I_1}\frac{h_1}{2}=\frac{1}{1+\dfrac{n^3}{k}}\frac{M}{\dfrac{h_1^2}{6}}\\ \delta_{2\max}&=\frac{M_2}{I_2}\frac{h_2}{2}=\frac{1}{1+\dfrac{E_1I_1}{E_2I_2}}\frac{M}{I_2}\frac{h_2}{2}=\frac{1}{1+\dfrac{k}{n^3}}\frac{M}{\dfrac{h_2^2}{6}}\end{aligned}\right\}$$

3. 梁为上下组合梁

通过不同层次的锚杆、注浆锚杆及注浆胶结的均质同性组合梁（图 2-3-204）。

试验中用螺栓将上下两梁连成一体，如果螺栓够刚硬，则此时叠合梁如同一整体发生弯曲，横截面假设仍保持平面。

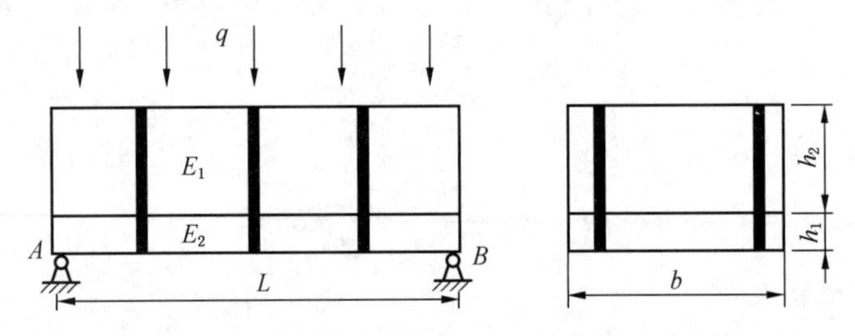

图 2-3-204　组合梁示意图

首先，根据截面上轴力为零的条件，可确定中性轴的公式：
$$E_1S_{t1}+E_2S_{t2}=0$$
其中，$E_2=k\cdot E_1$，S_{t1}，S_{t2} 为上下截面对中性轴的净距。设中心轴距离叠合面上方 y_c，令 $b=1$，则有：

$$\left.\begin{aligned}S_{t1}&=\int_{A_1}ydA=y_{c1}A_1=\left(\frac{h_1}{2}-y_c\right)h_1\\ S_{t2}&=\int_{A_2}ydA=y_{c2}A_2=\left(\frac{h_2}{2}-y_c\right)h_2\end{aligned}\right\}$$

代入后计算得：
$$y_c=\frac{n^2-k}{2(n+k)}h_2$$
然后，由静力平衡条件 $M_z=M_{\max}$ 确定最大正应力。其中
$$M_z=\int_A y\delta_x dA=\int_{A_1}y\delta_{x1}dA+\int_{A_2}y\delta_{x2}dA$$
引入
$$I_{z1}=\int_{A_1}y^2dA,\quad I_{z2}=\int_{A_1}y^2dA$$

得
$$\frac{1}{\rho}=\frac{M_z}{E_1I_{z1}+E_2I_{z2}}$$

最后由胡克定律求得

$$\left.\begin{aligned}\delta_{x1}&=E_1\frac{y}{\rho}=E_1\frac{M_zy}{E_1I_{z1}+E_2I_{z2}}\\\delta_{x2}&=E_2\frac{y}{\rho}=E_2\frac{M_zy}{E_1I_{z1}+E_2I_{z2}}\end{aligned}\right\}$$

而

$$\left.\begin{aligned}I_{z1}&=\frac{h_1^3}{12}+y_c^2A_1=\frac{h_1^3}{12}+\left[\frac{(n^2-k)h_2}{2(n+k)}\right]^2A_1=\frac{(nh_2)^3}{12}+\left[\frac{(n^2-k)h_2}{2(n+k)}\right]^2nh_2\\I_{z2}&=\frac{h_2^3}{12}+y_c^2A_2=\frac{h_2^3}{12}+\left[\frac{(n^2-k)h_2}{2(n+k)}\right]^2A_2=\frac{{h_2}^3}{12}+\left[\frac{(n^2-k)h_2}{2(n+k)}\right]^2h_2\end{aligned}\right\}$$

$$\frac{I_{z1}}{I_{z2}}=\frac{\dfrac{n^3}{12}+n\left[\dfrac{(n^2-k)}{2(n+k)}\right]^2}{\dfrac{1}{12}+\left[\dfrac{(n^2-k)}{2(n+k)}\right]^2}$$

当 $n=4$，$k=3$ 时，$I_{z1}=9.3I_{z2}$

$$\left.\begin{aligned}\delta_{x1}&=E_1\frac{y}{\rho}=E_1\frac{M_zy}{E_1I_{z1}+E_2I_{z2}}=\frac{M_zy}{12.3I_{z2}}\\\delta_{x2}&=E_2\frac{y}{\rho}=E_2\frac{M_zy}{E_1I_{z1}+E_2I_{z2}}=\frac{M_zy}{4.1I_{z2}}\end{aligned}\right\}$$

$$\delta_{x2\max}=\frac{M_z\left[h_2+\dfrac{(n^2-k)}{2(n+k)}h_2\right]}{4.1\left\{\dfrac{h_2^3}{12}+\left[\dfrac{(n^2-k)h_2}{2(n+k)}\right]^2h_2\right\}}=\frac{M_z}{12\times\dfrac{h_2^2}{6}}$$

$$\delta_{x1\max}=\frac{M_zy}{12.3I_{z2}}=\frac{M_z\left[nh_2-\dfrac{n^2-k}{2(n+k)}h_2\right]}{12.3\left\{\dfrac{(nh_2)^3}{12}+\left[\dfrac{(n^2-k)h_2}{2(n+k)}\right]^2nh_2\right\}}=\frac{M_z}{211.5\times\dfrac{h_2^2}{6}}$$

当为叠合梁时

$$\delta_{x2\max}=\frac{M}{1.05\times\dfrac{h_2^2}{6}}$$

令
$$y_c=\frac{n^2-k}{2(n+k)}h_2=ah_2$$

组合拱与柔模碹形成集合梁后，柔模碹承受的弯矩为

$$M_2=\frac{M_z\left[E_2\dfrac{M_z(h_2+y_c)}{E_1I_{z1}+E_2I_{z2}}-E_2\dfrac{M_zy_c}{E_1I_{z1}+E_2I_{z2}}\right]I_{z2}}{2(h_2+y_c)}$$

$$M_2 = E_2 \frac{M_z h_2 I_{z2}}{2\left(\frac{E_1}{E_2}\frac{I_{z1}}{I_{z2}} + 1\right)(h_2 + y_c)} = \frac{k(1 + 12a^2)}{2[n^3 + k + 12a^2(n + k)](1 + a)} M_z = 0.063M_z$$

可见强韧性的组合梁的弯矩大幅度减小（0.063 倍），具有均质同性的组合梁结构整体稳定性大幅度提高。

（1）岩碹叠合梁与强韧性的组合梁单纯承载相比，强韧性的组合梁最大拉应力基本不变。

（2）岩碹组合梁与岩碹叠合梁及柔模碹最大拉应力相比，减小了 11 倍，弯矩减少了 93%，承载力大幅度提高。

由于单位岩体内的锚杆组合梁的密度加大和多次带压浆液胶结强化了围岩体，已经改造了非均质性、非连续性和各向异性的岩体，成为锚杆与浆液均匀胶结和卸压后形成的新支护体系中的支护单元组成部分和依托体，并成为整个支护圈体的重要组合部分。

由此可见，在巷道中构建均质同性支护圈体具有以下效果：

①由于均质同性支护圈体各个方向、各个部位物理性能基本相近，当巷道围岩外部来压（拉应力、剪应力和压力）时，由于巷道围岩各个部位抵抗力基本相近，不会因为局部存在弱点而被攻破（局部变形损坏）。

②避免了支护的短板效应，提升了围岩的整体承载能力。

③由于采用多层次锚杆与注浆锚杆，加大了围岩单位岩体内的锚杆组合量，改变了依靠岩石自身的强度和密度稀的加固构件，提升了支护圈的强度，加上注浆对围岩体的胶结，改善了围岩的力学性能。

④密集多层次锚杆和动态注浆相结合实现了锚杆全长锚固，充分发挥了锚杆锚固力、张紧力和挤压力支护的优势，把圈体内的结构变成均质同性的支护体系。

构建均质同性技术，是控制深井复杂应力状态下围岩稳定的支护技术和支护材料及施工程序最多最关键的支护单元。它是以高出普通锚杆支护间排距 2 倍以上的锚杆密度置入岩体中，锚杆的张紧力、挤压力和锚固力，使极其软弱的岩体的抗压、抗拉、抗剪由多根锚杆的组合无缝隙承担，再通过注浆固化形成的整个支护圈体在整体性和抗压、抗拉、抗剪强度方面有了极大的提高，也使其具有相对均质同性的抗高应力的组合性能。

构建均质同性技术，是主动动态支护的支护能力的核心，在多个矿区多年的实践中，在复杂应力状态下围岩稳定性控制方面，取得了成功的验证（图 2-3-205）。

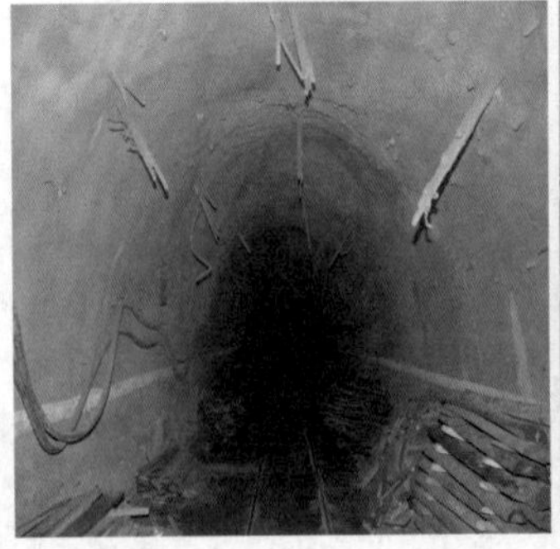
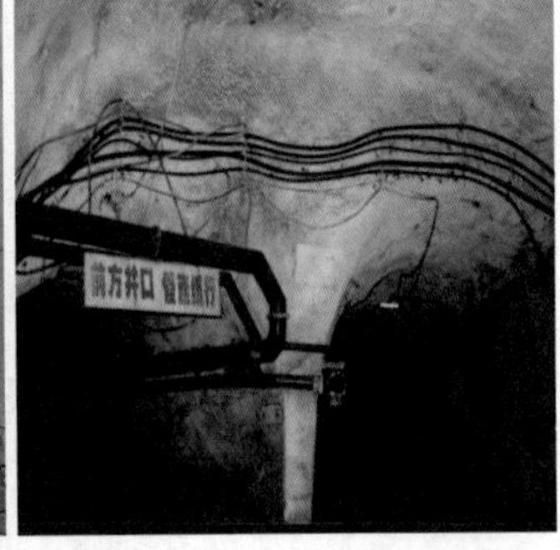

图 2-3-205　构建均质同性支护圈体在现场的应用效果

第九节　恢复支护单元工作阻力

巷道支护承载能力的丧失，要经历一个初阻力→工作阻力→疲劳阻力→支护崩解的过程。巷道支护完成后，形成了对围岩的初始工作阻力，随着围岩在外部压力作用下内部结构发生变化（裂隙、松散、膨胀），工作阻力降低，变为疲劳阻力，直至支护作用破坏，围岩严重变形、破碎、流变、垮塌。

实时监控、适时补强，不断提高围岩工作阻力，就是以主动性支护理念为指导，准确把握巷道工作阻力衰减呈现疲劳阻力状态的关键节点，以精准监测监控和反复实践积累的技术数据为指导，实施二次注浆和多次注浆，对支护圈体内各部位适时补强，重新调整，稳定其结构，使支护圈体内各个支护单元恢复工作阻力，再次强化支护圈体的承载能力。

一、恢复支护工作阻力的概述

巷道断面按照设计要求掘出后，其周边围岩受到动力作用，岩体的受力状态发生改变，从而产生移变、变形和垮冒。为了防止巷道围岩发生显著变形和垮塌，要对围岩进行支护，支护的主要作用是对围岩的变形施加阻力，我们称之为支护阻力。

支护阻力对提高围岩自承能力及控制围岩变形具有重要作用。支护阻力的效果与巷道围岩性质和结构有密切关系，巷道所处的地质开采条件，尤其是围岩性质不同，保持巷道围岩稳定所需的支护阻力也不同。在围岩条件稳定的巷道中，较小的支护阻力就足以确保巷道围岩稳定。

巷道支护主要功能是对围岩施加阻力，以达到阻止围岩变形，保持巷道稳定的目的。随着时间的推移，巷道围岩的应力也在不断变化，巷道支护阻力也在变化，通常要经历初阻力→工作阻力→疲劳阻力→支护破坏（即支护阻力完全丧失）的过程。

在疲劳阻力开始的过程中，支护破坏之前，采取主动动态恢复各支护单元自身的工作阻力的方法和手段，我们称之为恢复工作阻力技术。

（一）初阻力→工作阻力→疲劳阻力→破坏状态的特性和转换过程

1. 初阻力

初阻力是指支护单元刚刚实施完毕，围岩移变碎胀变化仅仅开始，远远小于支护单元支护阻力，我们称之为初阻力。

初阻力有以下特点：

（1）初阻力是由小到大变化明显的力，在支护阻力和围岩变形力基本平衡时初阻力即转换为工作阻力。

（2）根据围岩性质不同，初阻力变化大小差异很大，若围岩稳定、岩体坚固，则初阻力变化（上升）较小；若围岩不稳定、岩体自身强度松软，则初阻力变化（上升）较大。

（3）围岩稳定、岩体坚固初阻力变化速度（上升）较慢，到达工作阻力时间较长，反之初阻力变化速度（上升）较快，到达工作阻力时间较短。

（4）在支护阻力与围岩变形力不匹配时，支护阻力与工作阻力界限不明显。

2. 工作阻力

当围岩移变和碎胀达到一定程度时，支护阻力仍然能够阻止围岩变形和抵御围岩压力，我们称之为工作阻力。工作阻力是根据围岩的特性设计的阻止围岩变形、保持巷道稳定的支护体和支护体系的支撑力（各支护单元和结构在其弹性范围内所具有的支撑力）。

工作阻力有以下特点：

(1) 要求巷道支护体和支护体系的支撑力（阻止变形力）要大于和平衡围岩变形力。

(2) 要求巷道支护体和支护体系的支撑力——工作阻力（阻止变形力）较长时间内不能衰减，其中包括支护体系中的一些单元和结构能在巷道变形力作用下而随之有一定的变化，仍然能够保持稳定的支护力。

(3) 工作阻力，是支撑巷道服务全过程中的主宰力，在支护阻力变化形态中最长的力，如果支护力与围岩变形协调地共同作用，这种力就会长久。

(4) 如果支护力与围岩变形较匹配和开始或一段时间内能阻止围岩变形，稳定期内支护形成的力即为工作阻力。

(5) 如果支护力与围岩变形极不匹配，也就是说巷道支护体或支护体系在围岩变形过程中迅速破坏（从架设到破坏无平稳阶段），这种支护和支护体系就不存在工作阻力。

3. 疲劳阻力

由于深井叠加应力的作用，围岩移变和碎胀力度大于我们设计预算围岩应力时，支护单元的支护抗力开始趋于弱化，但仍然有一定的阻力，我们称之为支护单元的疲劳阻力。在复杂应力状态下，由于支护材料在长期支护过程中的疲劳或者新增阻力增大超过支护材料的支撑力，使支护材料失去刚性开始屈服，并且向破坏发展。其特点是：

(1) 疲劳阻力反映了支护支撑力满足不了围岩的变形力，失去了材料刚性（弹性变形），也就是支护材料本身刚性（弹性变形）逐渐衰减的过程，直至完全丧失，其间支护仍然具有一定的承载能力，其实质并非完全破坏，仅仅表现为承载能力逐步降低，也就是工作阻力到破坏的中间过渡过程。

(2) 疲劳阻力阶段巷道变形量开始由小变大，速度由慢变快，支护体也随之同步变化，整个过程时间较短。

(3) 疲劳阻力阶段，时间长短、速度快慢取决于新增力或环境条件的变化而导致的围岩变形速度的快慢。

(4) 疲劳阻力阶段，支护体及围岩开始变形量较小，后期逐步加大加快，直至支护体和支护结构的弹性和构建的有效性完全丧失。

4. 支护破坏

当叠加应力继续增加，围岩松动变形加大，支护单元的阻力慢慢完全丧失，支护单元就会遭到破坏。例如：支架的大幅度弯曲、垮塌；围岩松动、垮冒；锚杆和锚索着力点的丧失导致锚固作用破坏等，我们称之为支护破坏。此时，支护体系基本丧失了抵御围岩变化的能力，变形量也超过和极度超过巷道断面使用要求，甚至随时有片帮、冒顶、坍塌和垮落的危险。其特点是：

(1) 支护体的刚性完全丧失，其变形状态是随着围岩变形大小、快慢而变化的。

(2) 支护体内的结构也随之破坏崩解，如锚杆和锚索盖板脱落、杆体崩断等。

(3) 崩解的支护体的规格、布置和层次也都呈现出无规则的改变，所以在支护体系崩解状态下，巷道断面产生大变形造成的安全隐患是极其严重的。

（二）巷道的合理支护阻力

巷道支护的实质是给围岩提供一定的侧压，但通常支护阻力与围岩的应力相比较小，较小的支护阻力难以改变围岩应力场的演化进程。想要有效控制岩体的变形量需要很高的支护阻力，传统的支护方式很难做到，也是不经济的。但理论和实践都证明软岩巷道的支护阻力对围岩的稳定性至关重要，根据相关三轴试验结果，围压对峰后破碎岩体的力学性能影响很大，提高围压可以大幅提高围岩的残余强度，提高岩体的承载能力，减小围岩的软化角。

由于软岩巷道周边围岩属破碎岩体，要维持破碎岩体的稳定，必须要给围岩施加支护阻力。由极限平衡条件

$$\sigma_1 = \sigma_3 \frac{1 + \sin\varphi}{1 - \sin\varphi} + 2C \frac{\cos\varphi}{1 - \sin\varphi}$$

可以看出，维持围岩稳定所需要的支护阻力的影响因素有 σ_1、C 和 φ，σ_1 为切向应力，σ_3 就是支护阻力，σ_1 大则需要的支护阻力大，而 σ_3 的大小主要取决于原岩应力场和支护的时间。支护时间早，巷道开挖形成二次应力场没有充分地向围岩深部转移，造成 σ_1 很大；支护时间太晚，则会使浅部围岩松垮，引起深部围岩更大范围的破坏和变形。更重要的是垮落后难以使支护均匀承载，发挥不了支护的承载能力。C 代表围岩的岩性，对于软岩来说，C 值本来就不高，而岩体损伤软化时，大量的实验结果表明，φ 值降低较小，主要是 C 值的降低。要使 C 值下降较小，则需要很高的支护阻力。

从上述极限平衡条件还可看出，如果 σ_3 总是小于所需要的支护阻力，不能满足极限平衡条件，则永远无法阻止围岩的进一步变形，直至岩体和支护体共同破坏。

由于支护体是在与岩体接触变形过程中承受载荷，因此在支护体的可缩量用完前，支护阻力必须达到或超过所需的支护阻力，方能控制围岩的变形，保证围岩和支护体的稳定。因此必须掌握好二次支护（补强）的时间。

考虑围岩应变软化特性，围岩的峰值应力向深部转移，使浅部围岩实际承受的切向力减小，从这个角度考虑软岩支护应该“让”，但“让”的前提条件是要保证浅部围岩的稳定，以防止浅部围岩局部大面积冒落失稳，造成支护发挥作用后承受集中载荷的作用。

在围岩的支护阻力逐渐演变为疲劳阻力时，必须进行二次支护（补强），提升工作阻力，二次支护的时间是在浅部围岩失稳前给予合适的支护阻力。对于软岩巷道，无论是掘巷期间的围岩变形还是掘巷稳定后的围岩变形均较大，从这一角度出发，支护必须适应围岩的变形，支护应具有较大的可缩性。软岩巷道经济合理的支护阻力应该在 0.2～0.4 MPa。

（三）支护阻力对不同岩性围岩变形的控制作用

一般而言，岩性越差，支护阻力控制围岩变形的作用越大，巷道位移量与支护阻力呈负指数函数关系。硬岩巷道中支护阻力主要是控制塑性区的范围，软岩巷道支护阻力提供围压，影响周边岩体的软化性，遏制围岩破碎区的发展，从而控制围岩的变形。

巷道围岩越松软，围岩位移量越大，支护阻力对控制围岩变形的作用越大。反之，围岩越坚硬，围岩变形量越小，支护阻力对控制围岩变形的作用也就越小。可见，在不同岩性的巷道中，支护阻力控制巷道变形的作用和机理是不相同的。

1. 硬岩巷道

对于硬岩巷道，围岩强度较高，巷道开掘后围岩的损伤程度及范围都较小，在无支护的情况下围岩的自承能力仍处于较高的水平。与围岩强度相比，支护阻力要小几十倍甚至几百倍，因此对改善围岩承载能力的作用很小。

硬岩巷道围岩变形主要是周边塑性区内岩体的弹塑性变形，围岩的应力分布和变形可根据经典的弹塑性理论进行分析（图 2-3-206）。经过弹塑性分析可以得到以下结论：

（1）支护阻力不会明显改变巷道围岩的弹塑性应力分布，即如果围岩在无支护的情况下产生塑性区，则支护所引起的应力变化不足以阻止塑性区的形成。

（2）硬岩中开掘巷道后，围岩一般不会处于峰后区，而处于塑性状态。采用理想弹塑性模型可得到不同支护阻力条件下巷道围岩的塑性区范围和位移。在硬岩巷道中，随着支护阻力的增大，巷道围岩的塑性区范围及周边位移会有所减小，但减小的幅度不大，支护阻力对围岩的控制作用不显著。

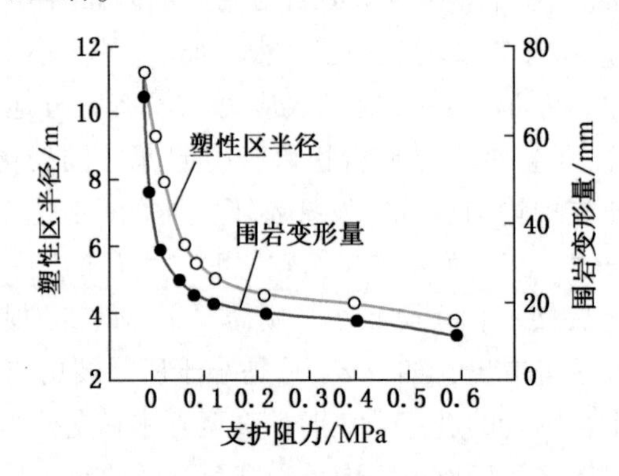

图 2-3-206 硬岩巷道围岩塑性区范围及变形与支护阻力的关系

2. 软岩巷道

对于软岩巷道，巷道开掘后围岩应力与围岩强度相比要大得多，围岩破坏严重且范围较大，在这种情况下，支护阻力对改善围岩承载能力有很大作用。

相关文献指出，软岩巷道 U 型钢支护通过实施壁后充填，使支架的支护阻力提高了 4~5 倍，巷道围岩变形量减小 80%~90%。研究表明，锚注支护改善了围岩强度，增强了破碎岩体的可锚性，提高了锚杆的支护阻力，有效地控制了软岩巷道的变形。

岩石残余强度与围压关系的实验结果表明，当围压在 0~1 MPa 范围内变化时，残余强度增大很快。低围压下，残余强度对围压具有很强的敏感性，围压稍微增大，残余强度便很快增大。

低围压下，当围压为零时，岩石变形完全表现为沿破裂面的滑动。当围压从零逐渐增大时，破碎岩体中的裂隙面强度显著提高，岩石变形由沿裂隙面的滑动逐渐转变为损伤岩块的破裂，产生新的裂隙。可见，在低围压条件下，破碎岩体的强度随围压增大会显著提高，在软岩巷道中，支护阻力对周边破碎围岩提供围压，从而使围岩的强度得到很大提高。

3. 支护阻力对围岩变形的控制作用分析

软岩巷道变形主要是破碎岩体中岩块沿裂隙面相对错位、滑动、开裂和旋转等大位移引起的峰后体积碎胀所造成的。根据岩石三轴试验的全应力-应变曲线，岩石在峰后将产生明显的应变软化。

根据有关数值计算表明，支护阻力对围岩软化规律有重要影响，其对围岩的力学参数（如黏聚力、内摩擦角、抗拉强度）等效值的影响基本相似，图 2-3-207 所示为不同支护阻力下黏聚力随距离巷道壁深度的变化规律。支护阻力较大时，围岩的剪应力变化比较小，内聚力等效值的弱化程度和软化范围都比较小。随着支护阻力减小，围岩的塑性剪应变增大，黏聚力的弱化程度和软化范围都增大。当支护阻力小于 0.1MPa 时，巷道周边 1m 范围内岩体的黏聚力基本趋近于零，且在 6m 范围内岩体的黏聚力均有不同程度的降低。

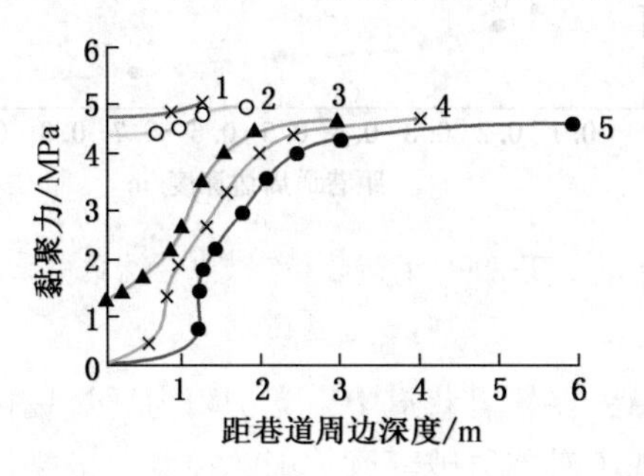

1—p=1 MPa；2—p=0.5 MPa；3—p=0.15 MPa；4—p=0.08 MPa；5—p=0.01 MPa

图 2-3-207　不同支护阻力下黏聚力的变化情况

支护阻力对围岩软化规律的影响变现为对破碎区范围的控制。数值模拟结果表明，支护阻力对围岩应力集中系数的影响不大，支护阻力为 1 MPa 和 0.01 MPa 时分别为 1.32 和 1.12，但支护阻力对峰值应力位置的影响很大，如图 2-3-208 所示。在围岩深部产生应力集中区是围岩发挥自承能力的表现，该区域内围岩处于很高的三向应力状态，为破碎区向弹性区域过渡的区域。

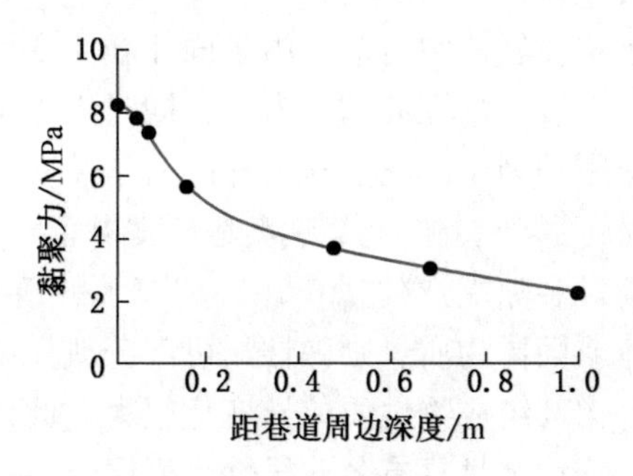

图 2-3-208　应力集中位置与支护阻力的关系

由图 2-3-208 可见，支护阻力对控制破碎区范围的作用很大。

支护阻力通过控制破碎区范围实现对围岩变形的控制作用。图 2-3-209 所示为不同支护阻力下软岩巷道的围岩变形规律，当支护阻力处于 0.3~1 MPa 之间时，巷道变形随支护阻力减小的变化不太显著；但支护阻力小于 0.3 MPa 时巷道变形对支护阻力变化比较敏感。当支护阻力为 0.3 MPa 时，巷道顶、底板和巷帮的位移量仅为 120 mm；当支护阻力降低到 0.05 MPa 时，巷道顶、底板位移增至 300 mm，巷帮位移量达到 460 mm。在软岩巷道中，支护阻力小于一定值后，围岩变形随支护阻力的降低急剧增大，支护阻力对围岩变形的控制作用十分明显，服从负指数函数关系。

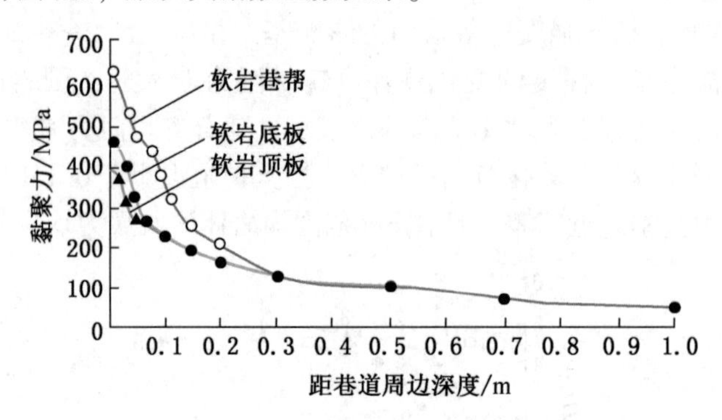

图 2-3-209　巷道位移与支护阻力的关系

通过以上数值模拟表明，在软岩巷道中，支护阻力通过提供围压影响巷道周边岩体软化后的力学性状，从而实现了对围岩破碎区范围的控制，最终控制巷道位移量。

二、恢复支护单元工作阻力的目的意义

人工开掘使得岩体的自然应力受到扰动失衡，内应力必然重新分布，以寻求新的平衡。岩体内存在的弱面导致应力不断向弱面运动寻求突破。当弱面得到加强坚固后，应力遇强力阻止无突破口时，则会向其他弱处转移，该处的应力运动力度转而减缓逐渐趋向平衡。也就是说，只要能使巷道围岩自身强度不断提升，并保持稳定，巷道支护的问题就迎刃而解了。

（一）围岩应力及其分类

围岩应力以应力波的形式在岩体中传播。由于固体介质变形性质的不同，在固体中传播的应力波有弹性波、黏弹性波、塑性波和冲击波，同时岩体中含有节理裂隙，并赋存地应力、水、气及其他地质作用的因子，它们对岩体的力学性质和稳定性影响很大。

弹性波在岩体中传播时，遇到裂隙，其传播视充填物而异。若裂隙中充填物为空气，则弹性波不能通过，而是绕过裂隙端点传播；在裂隙充水的情况下，仅能有 5% 的弹性波可以通过，若充填其他液体或固体物质，则弹性波可部分或完全通过。

岩石是典型的复杂混合物其组成物性质差异变化很大。此外，岩体又是非连续、非均质体，岩体内的能量释放呈不均匀且具有各向异性。岩层的各向异性还与压力有关。一般说来，压力增大，各向异性表现的程度变小，这是由于在应力作用下，层面被压紧，因而各向异性表现的程度变小。

岩体内应力的传递和释放速度，受岩石层面和裂隙阻碍，岩石的弹性及模量，岩石的内聚力和内摩擦角，岩石的泊松比［在弹性范围内岩石的横向变形与纵向（轴向）比值］，既取决于岩体的质级，也取决于岩体内层理面和裂隙的复杂程度。围岩的崩解造成支护破坏会危害到安全生产，因此不得不对巷道支护反复修复，造成人力、物力、财力以及关键时空的浪费。

这种因围岩变形受阻面作用在支护结构物上的挤压或塌落岩体的重力，称为围岩压力。围岩压力分松动围岩压力、变形围岩压力、冲击围岩压力和膨胀围岩压力四类。煤矿巷道中最为常见的是变形围岩压力，其大小既取决于原岩应力，也取决于支护结构的刚度、强度和支护时间等，即围岩与支护的相互作用关系，这种关系对巷道支护选型和施工有重要意义。

（二）二次应力及围岩变形

地下岩体在开挖以前处于平衡状态。巷道开挖破坏了原来应力的平衡状态，引起岩体应力的重新分布，巷道支护就会受到各种力的作用，它表现为围岩移动（松动）、变形，甚至崩解破坏。

围岩的二次应力状态就是指开挖后的岩体经应力调整后的应力状态。若将初始应力看作是一次应力状态，那么二次应力状态是经人工开挖而引起的，是应力重新分布后的应力状态。

分析围岩的二次应力状态，必须掌握两个条件：一是岩体自身的力学性质；二是岩体的初始应力状态。大量的工程实践表明，围岩的二次应力状态分布的主要特征如下：

第一，围岩二次应力的弹性分布。岩体经人工开挖硐室之后，硐壁的部分应力被释放，使硐室周围的岩体进行应力重新调整。由于岩体自身强度比较高或者作用于岩体的初始应力比较低，使得硐室周边的应力状态都在弹性应力的范围内。因此，这样的围岩二次应力状态被称作弹性分布。这种类型硐室，从理论上说，不必进行支护即可保持稳定。

第二，围岩的二次应力状态为弹、塑性分布。与上述的弹性分布不同，由于作用岩体的初始应力较大或岩体自身的强度比较低，硐室开挖后，硐周的部分岩体应力超出了岩体的屈服应力，使岩体进入了塑性状态。随着与硐壁的距离增大，最小主应力也随之增大，进而提高了岩体的强度，并促使岩体的应力转为弹性状态。因此，这种弹、塑性应力并存的状态被称为岩体二次应力的弹、塑性分布。处在弹、塑性分布中的硐室，必须进行支护，否则硐周的岩体将产生失稳，影响硐室的正常使用。

众所周知，岩体中存在着许多规模不等的不连续面，除了规模较大的断层以及软弱夹层以外，可将不连续面的分布近似地认为是随机的，它对岩体的影响从整体上分析并不很大。因此，在进行二次应力分布时，大都仍将岩体看成是均质的、各向同性体，是满足弹、塑性力学中对介质的基本假设条件。然而，对于特殊的岩体不连续面，由于其规模大或产状不利或强度极低等原因，应该将其作为特殊的问题，采用专门的方法（例如剪裂区的计算等）进行稳定性评价。

1. 松动变形

松动围岩自重压力是指巷道上方松散岩块的重量，其表现通常有 3 种情况：

（1）在松散地层和节理裂隙发育岩层中，巷道上方及两侧冒落区域岩石的重量对支护造成的松动压力（普氏冒落拱理论、泰沙基理论）。

（2）在围岩整体自稳的岩体中，局部岩体受节理和层理切割所产生的危险岩块的重量。

（3）围岩进入到岩石强度峰值以后状态，巷道周边围岩中出现松动圈，破裂松动围岩重量构成支护的松动压力。

松动压力与变形压力不同，它完全作用于支护体之上，不能通过调节支架性能来改变支护受力的大小。

2. 膨胀变形

当巷道开掘在膨胀性地层中时，如果处理不当将产生很大的吸水膨胀性变形，膨胀岩多含有蒙脱石、伊利石、高岭土等黏土质矿物成分，当水分子浸入后就会膨胀，产生膨胀应变和膨胀压力，其量值可能远大于岩石的弹塑性及碎胀变形量之和。如果岩石的吸湿性能不均匀，膨胀程度不同，则会引起岩石内部的应力不均，岩石更易破坏，对井巷工程的危害更大。由此而产生的膨胀性变形压力是造成软岩巷道支护体破坏的重要原因之一。

3. 碎胀崩解流变变形

碎胀力的大小并不独立，它不同于岩体应力，岩体应力可视为一种主动力，而碎胀力则是一种被动力，它不仅与破裂岩体碎胀变形有关，还与周围介质力学性质及约束状况有关。

（1）围岩破裂后没有外界约束，允许破裂块体自由滑移，则围岩只有碎胀变形而没有碎胀力，若对围岩施以刚性约束，则会产生很大的碎胀力，碎胀变形若受外界约束（围岩与支护介质相互作用，共同变形）时，才会既产生碎胀变形，又有碎胀力，其数值与支护阻力及刚度（支护类型）有关。

（2）由岩石碎胀力实验可知岩石试块应力应变过程中的体积应变变化规律。当岩块达到峰值强度，试块破裂之后，体积应变迅速增加，其最终应变量比峰前区的弹塑性（扩容）极限变形量要高出 1~2 个量级，相差几倍至数十倍，碎胀变形在围岩变形构成中占据较大比重。

（3）根据围岩松动圈理论，围岩在全应力-应变过程中，依据岩石体积应变曲线可分成两个阶段，在弱化段，称为“碎胀一期”，体积膨胀增长较快；在残余强度段，称为“碎胀二期”，体积膨胀增长比较平缓。这说明在“碎胀一期”大量裂隙张开贯通，而“碎胀二期”则是一种岩石结构滑移现象。

“碎胀一期”变形量是在相对较高应力作用下产生的，依靠支护阻力限制其发生与发展将付出较高的成本与代价。该阶段破裂围岩尚处于相对稳定状态，因此不必要以较高的成本来控制“碎胀一期”的围岩变形，应让其释放变形。

在“碎胀二期”的流动变形阶段破裂岩块在残余应力作用下将产生较大的滑移变形，若支护不及时或支护不当将会造成围岩失稳冒落，及时合理的支护阻力将碎胀变形控制在“碎胀一期”的末段或控制在“碎胀二期”的初段将能实现以最小的支护成本取得最佳的支护效果。

（三）巷道支护阻力变化分析及动态恢复支护工作阻力的探索

1. 传统支护类型支护阻力分析

为了防止巷道围岩发生显著变形而垮塌，就要对围岩进行支护。支护的主要作用是阻止围岩滑移、冒落，巷道支护主要功能是对围岩的变形施加阻力，支护体必须给围岩提供足够的支护阻力，才能保持巷道的稳定。

支护阻力对提高围岩自承能力及控制围岩变形具有重要作用，支护阻力的效果与巷道围岩性质和结构有密切关系，巷道所处的地质开采条件，尤其是围岩性质不同，保持巷道围岩稳定所需的支护阻力也不同。在围岩条件稳定的巷道中，较小的支护阻力就足以确保巷道围岩稳定。在软岩和高应力巷道中，为了有效地控制巷道围岩强烈变形，就要采取措施提高支护阻力，才能确保巷道围岩的稳定。

巷道的建设中，人们通过许多不同的途径、不同的支护形式来提高支护体的承载能力和支护强度，以期保持巷道的稳定。自采用木材支护起，经历了石材、钢筋混凝土、钢材金属、锚杆、锚索、大弧板等演进过程，都是在致力于提高支护材料的自身强度来提高支护强度。

支护类型不同，支护与围岩的接触状态亦不同。锚喷支护是比较及时的支护，与围岩较为密贴，在围岩变形过程中能较快地产生支护阻力，控制碎胀变形的效果较好。

外部支撑式的砌碹支护和架棚支护，其壁后充填密实度的高低，控制着支护实际起作用的时间。采用支护体壁后注浆充填工艺后，支护效果好，能及时提供较高的支护阻力。

框式支架支护实际承载能力和支护阻力的变化主要取决于以下几个方面：

（1）围岩自身强度、结构和性质。

（2）巷道围岩应力大小及其变化。

（3）支架形式、结构、规格和相关参数。

（4）巷道支护与围岩间的空隙和空穴是否实施壁后充填和充填方式及材料。

锚杆和锚索支护实际承载能力和支护阻力的变化主要取决于以下几方面：

（1）围岩自身强度、结构和性质；巷道围岩应力大小及其变化。

（2）锚杆和锚索自身强度、结构和固结方式。

（3）锚杆和锚索的着力点和托锚点的稳定可靠。

（4）锚杆和锚索布置以及相关联合支护各支护单元的匹配状态。

面对支护工作阻力丧失，多年来工程技术人员一直不懈地努力和研究如何保持、延缓和增大巷道支护的工作阻力。

当人们使用石料碹体支护时，就采用碹体中加木料层，作为可缩层来缓解压力，保护碹体的工作阻力。采用钢支架、工字钢和U型钢支架时，除其材料本身有一定刚性，人们在支架连接处还采用可滑动而又能保持工作阻力的扣件来增加支架工作阻力的范围。U型钢支架是通过构件间可缩和弹性变形来调节载荷，同时在支架变形和下缩过程中保持对围岩的支护阻力，以促使围岩应力状态趋于平衡，适应较大的围岩变形和压力变化。

在高应力软岩巷道，U型钢可缩性支架是种比较理想的支护形式。我国煤矿现用的U型钢支架理论承载能力并不低，拱形支架为70 kN/架，马蹄形支架为2000 kN/架。然而在井下实际使用过程中，由于支架受力条件恶化，U型钢支架的实际承载能力很低，拱形支架仅为200 kN/架左右，马蹄形支架仅为400 kN/架左右，支护阻力不足0.05~0.1 MPa。实际支护阻力远远低于理论计算值。说明支架所拥有的承载能力远没有发挥出来。

造成U型钢支架承载能力不能充分发挥的主要原因是连接支架构件的卡缆质量普偏低劣和支架没有实施壁厚填充，或现有的掘进和支护工艺，不可避免地在支架背后形成不同尺寸的空穴。其主要表现在支架受力状况恶化和承载能力降低，以及支架的承载时间推迟。架后空间使支架周边与巷道围岩呈不规则的点线接触，造成支架变形使其受到不均匀的集中载荷和偏心载荷的作用。

在巷道支架壁后空间，及时用性能良好、强度较高的胶结充填材料进行填充，使围岩—充填体—支护结构三者形成共同的力学承载体系，就能充分发挥支架和围岩本身的承载能力，大幅提高支架的工作阻力。图 2-3-210 所示为极软岩动压巷道可伸缩 U 型钢支架壁后未充填及充填后的支架工作阻力特性曲线图。

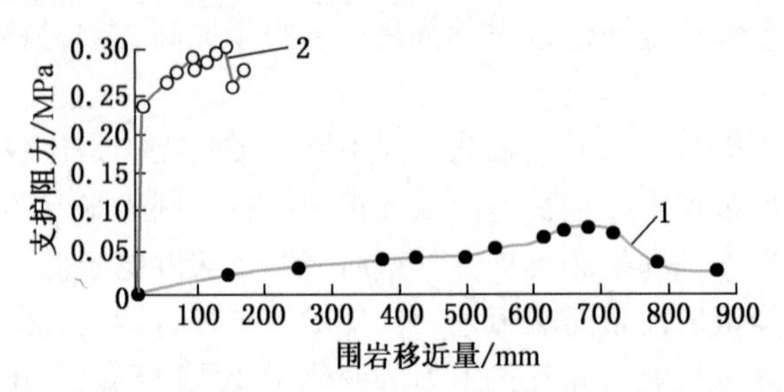

1—未经壁后充填；2—经过壁后充填

图 2-3-210　极软岩巷道 U 型钢支架特性曲线

根据特性曲线（图 2-3-210）分析，未经壁后充填的 U 型钢可伸缩支架，巷道开挖 100 d 就遭受严重破坏，由曲线 1 可知，巷道围岩移近量达到 170 mm 时，最初支撑力只有 0.02 MPa，支架的增阻速度平均只有 0.1 kPa/mm，最大支护阻力只有 0.072 MPa，随着支架的破损，支护阻力日渐下降，平均支护阻力只有 0.048 MPa。

经过壁后充填的 U 型钢可伸缩支架，在同一极软岩巷道，支护阻力和支架工作状态发生了很大变化，如图 2-3-210 中曲线 2 可知，巷道支护 3 d，围岩移近量 18 mm 时，初期支护阻力就达到 0.23 MPa，相当于未经壁后充填最大支护阻力的 3 倍；支架的增阻速度平均 0.1 kPa/mm，为未经壁后充填的 20 倍；最大支护阻力为 0.295 MPa，是未经壁后充填的 3.1 倍，且随着时间的延续，支架一直保持恒阻状态，平均支护阻力为 0.276 MPa，是未经壁后充填的 4.8 倍。

由此可见，U 型钢可缩性支架经壁后充填后，可以大幅提高支架的支护阻力，有效地控制围岩的强烈变形，但会在施工中消耗大量的钢材，支护成本较高。

锚杆、锚索支护中人们采用的办法更是多种多样，从锚杆的本身、盖板和其构件上采用多种方式来保持、增加和延缓工作阻力，如把普通锚杆盖板加工成鼓形的，螺母和盖板之间增加类似弹簧垫圈缓冲圈体等。锚杆本身更是有预应力锚杆、多功能锚杆和恒阻锚杆。

预应力锚索是通过对锚索施加张拉力以加固岩煤体，使其达到稳定状态或改善内部压力状态的支撑结构，锚索是一种主要承受拉力的杆状构件，通过钻孔和注入混凝土浆体将锚索的钢绞线杆体敷设固定在岩体深部稳定岩层中，在被加固的围岩表面对钢绞线张拉产生预应力，张拉后对岩体产生直接抗滑力和正压力来增加抗滑阻力，以保持被加固的围岩体稳定和限制其变形。

深部矿井复杂应力状态下的巷道支护需要高阻力的支护体系，为此，人们总想试图采用某种特殊支护材料和优选支护受力结构以形成具有强大支撑力的支护体，来企求以一次强大的支护工作阻力来抵御深部矿井的复杂应力带来的强大压力。在支护困难的巷道中不惜采用重型 U 型钢高密度架设；锚杆和锚索采用高强和加长；锚喷和 U 型钢、锚网喷加锚索、锚杆和弧板、双桁架混凝土强强组合等支护形式强化支护体的强度。这些支护形式具有承载能力大、均匀承载的特点，能较好地约束围岩变形，对相应的变形压力有较高的承载能力。

实践证明，通过强强支护，即特殊结构支护和高强材料支护，只能较大程度地提高初阻力，而想要通过这些达到持久支护目的，在深部矿井和复杂应力状态下却是难以实现的。

如山东龙口矿区的柳海矿（图 2-3-211）采用了双层桁架结构支护进行施工，施工后不到 8 个月，2006 年 1 月 19 日夜班，于距井底车场 400 m 处的大巷地段，就发生了强烈的巷道来压状况，造成的巷道底鼓最严重的地方高达 800 mm（后期达 1300 mm），巷道上部的金属双层桁架支护也遭到严重的扭曲变形，范围多达 40 m（后期达 120 m）以上。

图 2-3-211　柳海矿双桁架支护遭破坏状况

综上所述，仅依靠加强支护材料本身强度来解决支护稳定的问题，是难以达到目的的。当这些强强联合的支架一旦遭遇破坏，会给巷道修复带来更多的难度及隐患（图 2-3-212、图 2-3-213）。

图 2-3-212　-980 m 大巷采用密集锚索支护巷道严重变形状态

图 2-3-213 采用钢筋混凝土支护和锚索束支护技术破坏情况

2. 主动动态恢复支护工作阻力的探索

保持巷道支护长期稳定，最为关键的就是使支护体能始终保持稳定的工作阻力。当支护结构的工作阻力长期受到应力作用后处于下降或接近疲劳状态时，工作阻力能得到及时补充、恢复并使其得以不断提升，只有这样才能实现保持巷道支护长期稳定的目的。

目前使用的各种支护手段都是在支护材料上进行变革，不能从根本上阻止围岩的变形，所以要从支护本身结构和性能上去适应围岩的压力和变形，支护适应围岩压力和变形的两个重要参数是承载能力（支护阻力）和可缩性。

巷道支护对围岩提供支护阻力或使围岩浅部形成加固层，以控制围岩塑性区的发展，减小围岩移动，保持围岩稳定。支护阻力大小不同对控制围岩塑性区发展和围岩变形的作用不同，为适应围岩变形，支护系统应具有一定的可缩性。

如果围岩强度较高，巷道周边的应力小于岩石的强度极限，在围岩表面只会发生很小的弹性变形，此时巷道围岩是稳定的。但在多数情况下，特别是煤矿沉积岩的条件下，岩性较松软，巷道周边应力超过了岩石强度极限，则巷道周边岩石首先受到破坏（如出现塑性变形、产生裂缝、破碎等），并向围岩深部发展。

在我国的科学领域中，突出强调如何采用系统控制理论来达到最佳技术效果。对于深部矿井复杂应力状态下的巷道支护系统控制则是将围岩体作为支护依托体和支护结构的主体组成部分，着力不断提升围岩自身抗拉、抗剪和抗压强度等级，构建均质同性和连续的高强度新型支护技术，通过相应的技术手段，动态适时地对围岩进行补强，使其始终保持较强的工作阻力，并使其工作阻力不断得以提升，以此保证巷道支护长期稳定。恢复支护体工作阻力是在多种新型核心技术单元成功集成于系统控制的基础上，逐渐形成的极具实用价值、支护效果明显的新型主动动态的综合支护体系。

为掌控和改变巷道支护的疲劳阻力状态，保证其工作阻力的合理恢复和改善，我们对这一关键技术问题进行了深入研究和实践，收到了良好效果，这是保证深部矿井软岩主动性支护成功的又一重要科学技术要素。

在实际操作中，在采用主动和动态支护新体系的过程中，必须建立严格的监测监控系统及其规范化制度，高度重视监测数据的科学分析和对支护工作阻力变化的规律性认识，精确把控在疲劳阻力状态这个较短期间适时补强的最佳时机，避免导致支护体不能恢复和不能保持需要的工作阻力状态。

三、恢复各支护单元工作阻力的措施

（一）在“小区域高应力富含带”的理论指导下，优化支护层次、支护单元

随着矿井开采逐步进入深部，矿井的局部区域内地质构造呈现出明显的复杂性，岩层表现出极其松软、破碎、易崩解等软岩或极软岩特征，其工作阻力呈现出丧失快、稳定时间短、难以有效恢复等特征。

对于越来越复杂的高应力软岩巷道，我们在巷道支护设计初期，就要根据“小区域高应力富含带”理论，使各个支护单元能达到充分容错互补，以便于支护方式具有稳定性及可维护性，从支护的初期支护单元就为以后的补强、恢复支护工作阻力奠定基础。

（二）掌控恢复工作阻力的关键节点

恢复工作阻力治理软岩巷道，要抓住治理围岩内在缺陷，如同医生治病，关键是要治本，病人体质恢复，病痛自然消除，人的体格强健，抵抗力强，病痛则远离其身。使围岩体“强筋健体”，首要问题是摒弃传统支护方式的束缚及其对支护思维的影响。传统的支护思维是依托支架来承载围岩，抵抗岩体内的叠加应力。

支护技术的大变革，就是要彻底从只考虑解决支护材料强度的思想中跳出来，着力从根本改变岩体自身结构入手，将巷道围岩视为支护主体，通过技术手段，提高岩体自承能力，恢复岩体自身的工作阻力，提高巷道围岩的内聚力，增强岩体自身强度，并在以后的巷道服务过程中不断提高、增强其工作阻力，使其始终具有较好的工作阻力状态，以实现保持巷道稳定的目的。

巷道开掘后，岩体中的应力将重新分布，形成次生的围岩应力场，应力的重新分布将根据围岩和支架的相对刚度关系进行分配，当围岩的相对刚度提高时，支架上的载荷将下降，反之，支架载荷将随着围岩相对刚度的降低而升高。在对巷道的支护过程中，人们都是在支架的承载能力、支架的材料强度、支护形状等方面下功夫，探索采用强强联合等多种支护手段来保持巷道支护的长期稳定，但是成效却差强人意。这种联合支护体自身难以严密结合，其各单元体的结合部总是会产生离层，不能将各单元体融合为一联合整体，不能与岩体结为一体，因而支护联合体的合力大受影响。特别是在受到外力作用时由于结合不严密，导致联合体的各单元在受力时，因时间上及各支护单元体材质的差异等被各个击破，支护联合体遭受破坏。

人工开掘使得岩体的自然应力受到扰动失衡，内应力必然重新分布，导致应力在岩体内不断向弱面运动寻求突破，不断寻求自身的平衡。当弱面得到加强坚固后，应力遇强力

阻止无突破口时，则会向其他弱处转移，该处的应力运动力度转而减缓，逐渐趋向平衡。也就是说，只要能使巷道围岩自身强度不断提升高，并保持稳定，巷道的支护问题就迎刃而解了。

我们提出的以监测监控为手段，通过再注浆和多次注浆对支护体适时补强，是实现以不断提升围岩自身强度为要求的主动、动态支护的关键。就是说，当支护体内受破坏和损伤，即岩体内产生离层和松动、岩体表面发生破碎和脱落、锚杆和托锚丧失其着力点等。以监测数据为依据，及时进行注浆，对巷道围岩新产生的裂隙、离层、松脱和破碎进行反复胶结，改变其巷道支护疲劳阻力状态，使围岩强度不断得以螺旋式提升。

通过长期工作实践和潜心研究，我们探索和总结出了在巷道工作阻力衰减呈现疲劳阻力状态致工作阻力即将丧失时，适时对巷道支护进行补强而改变其疲劳阻力状态来恢复工作阻力的关键技术要素和时空条件。

巷道各支护体处在弹性变形极限内时，疲劳阻力尚能应对巷道围岩发生的变形，因为围岩的变形可为胶结补强提供一定微弱空间，为浆液流通创造条件。实践证明，选择在疲劳阻力阶段补强，才是保证有效恢复支护工作阻力的最佳时机。

选择疲劳阻力阶段补强的科学判据有如下几点：

（1）监测监控测得的巷道支护移变量和巷道空间比（在原岩应力和构造应力破坏下的移变率为5%～8%；软岩和膨胀岩破坏下的移变率为8%～12%）。

（2）巷道支护状态的变化（如喷层表面产生裂缝、鼓包和炸皮）。

（3）巷道支护时间即周期来压时段（同地区巷道周期来压类比）。

（4）巷道支护局部的异变。

（5）采动和预测的相关来压因素的存在。

只要监测监控好工作阻力变化的过程，全面掌控以上各种情况，适时对支护体补强，及时改变其疲劳阻力状态，巷道支护工作阻力的恢复和改善就一定能成为现实。

（三）认真布置监测监控点，把控恢复工作阻力的关键数据

在巷道支护建设和使用的全过程实行监测监控，是动态支护技术的重要组成部分，是实现巷道支护技术新体系各项技术的重要保障。因此，从开挖之日起，就要现场设点，运用相关仪器提取岩心，对巷道支护的各种活动状态、运作中的各种信息进行认真监测监控并进行记录，依据测得的数值和信息来确定注浆时间和参数，确定是否要再注浆和如何再注浆，以便对围岩适时补强，提高和改善软弱岩、煤体的自身强度。我们把这一技术过程称之为细监控。

在完成首次支护后，对巷道位移量实施实时监控巷道变形量。在巷道断面上设置帮、顶、底等至少3个监测点或监控站，使用固定测枪、多点位移计或钢尺，监测点每隔3～20米设置1个。监测点的间隔设置要考虑巷道的变形速度，如该地区地压相对稳定，采动影响较小，间距可以大一些；反之则要设置密集一些，以使监测数据更能准确地反映巷道变形情况。

1. 资料收集内容

（1）岩性、岩层分布、岩层产状。

（2）岩石节理裂隙、走向、倾向、破碎状况。

（3）巷道所在岩层构造情况，断层宽度走向、倾向、延展、落差、破碎状况。

（4）涌水位置、涌水量及相关的水文资料。

（5）掘进后，岩体塌落、深度、扩展范围和支护处理的实际状况及其安全隐患。

2. 监测内容

（1）巷道开始发生变形破坏的时间（确定这个时间对于测量移变量、移变速度、移变周期都极为重要）。

（2）巷道局部移变量及巷道变形的移变量。在复合岩层构造情况下，巷道围岩局部常常移变很快，且移变量较大；在这种情况下，施工时监测工作就更为重要。

（3）巷道变形速度。10 天内有明显变形的（变形量在 30~50 mm 以上），应视为变形速度快的围岩；10 天内无明显变化的（变形量在 0~5 mm 以内），应视为变化速度较稳定的围岩。

（4）深部围岩位移的监测。准确测出巷道围岩各部分不同深度的位移，岩层弱化和破坏的范围，譬如离层情况、破碎区的分布等，根据实测结果还可以判断锚杆与围岩之间是否发生脱离（锚固失效），从而为进一步注浆补强、恢复围岩支护工作阻力提供依据。

3. 监测资料的收集整理

（1）定人：要确定专人负责，并由专人使用专门量测工具进行量测。

（2）定点：要设置专项测点，测量工作要定时，根据巷道移变的周期定时，一般为 10 天；定距离，一般定为 10~15 m。

（3）定专门量测工具：使用固定的量测工具（固定测枪多点位移计或钢尺）。

（4）定专用记录本：要有 2~3 套专用记录本（现场一套、建设单位一套、公司留存一套）。

4. 监控量测的作用与意义

（1）监控量测可以帮助准确了解和掌控巷道的稳定状况。

（2）监控量测可为确定二次乃至多次注浆的技术参数和时间提供依据，为支护施工及其管理提供依据。

（3）监控量测能够避免巷道支护设计和施工的盲目性，从而提高效能并节约支护资材。

5. 监测手段及范围

1）巷道移变量测量

实时监控经常采用十字布点法，四个监测点分别布置在两帮中部和顶底板中央，呈水平和十字分布，便于定位。顶底板和两帮的中部采用打眼埋设螺栓的方法各布置 1 个测点，前 80 m 每隔 10 m 设置一处监测监控站，80 m 以后的地段每隔 15~20 m 设置一处监测监控站。

巷道监测监控的设计：在复杂地压、地应力反复作用下的巷道测量监控点，每个断面应有 3~5 个测定点；巷道监控点距为 10~15 m。

随着煤矿科技的迅猛发展，矿井下各类监测仪表也得到普及应用，并向着数字化、智能化发展。对于巷道变形测量来说，已从以前的卷尺、钢尺升级为数显多点位移计（图2-3-214、图 2-3-215），测量精度更是大幅提高，由于其具有周期性计数的功能，更是简化了测量程序、减小了重复测量测点的误差。由于其测量数据的可靠性，对后期以监测监控数据为指导的二次补强关键时间及变形空间节点的把控更有着重要意义。同时通过多点位移计的观测，了解巷道顶板、两帮的破坏范围，也有利于验证锚杆布置的长度和密度，以确定锚杆支护设计的合理性。

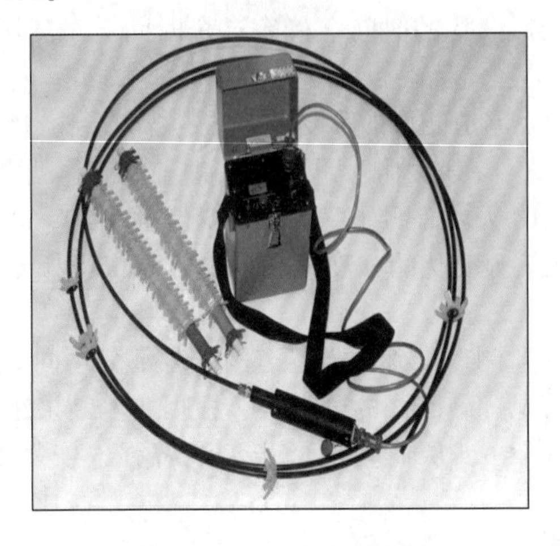

图 2-3-214 多点位移计

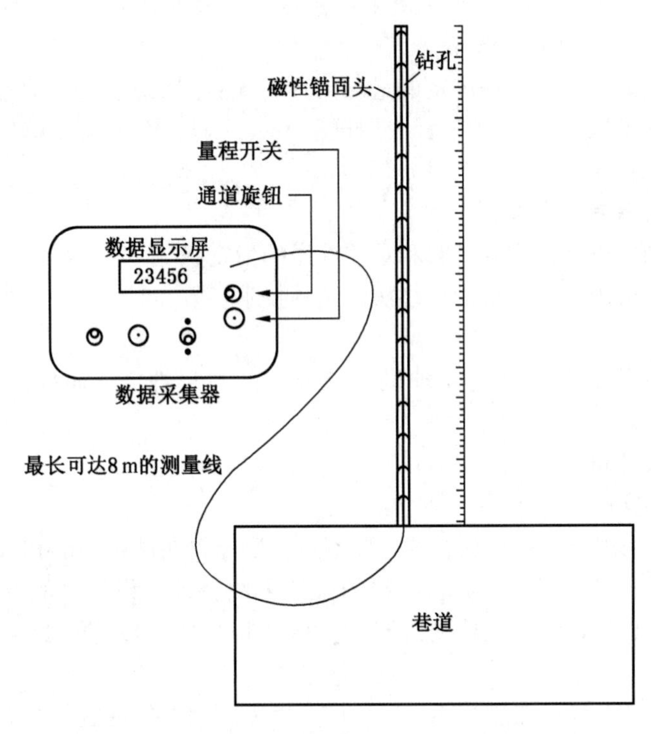

图 2-3-215 多点位移计安装示意图

在测量点具体实施中，应根据每条巷道试验的情况设置围岩表面测点，如图 2-3-216 所示。每个监测断面共包括 8 个测点，分别监测顶板、肩窝、两帮、底板等不同巷道部位的表面收敛位移。

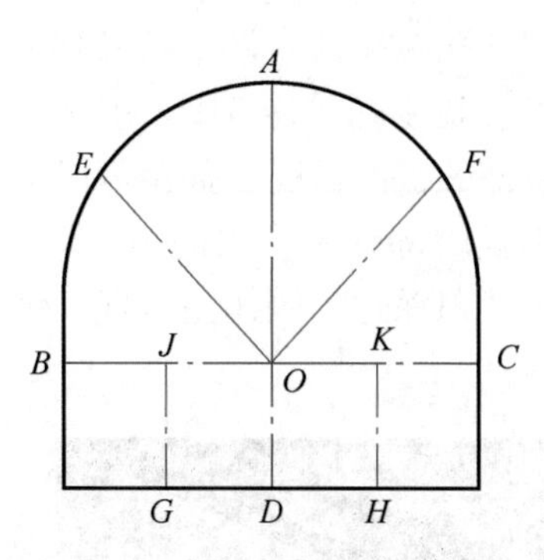

图 2-3-216　围岩表面收敛监测断面布置

2）巷道顶板离层观测

采用顶板离层指示仪（图 2-3-217、图 2-3-218）对顶板离层进行观测，可分别显示锚杆长度范围内外的顶板岩层的离层情况。根据顶板离层仪观测到的数据分析，得出不同的地质条件、岩性变化等情况，总结出锚注支护范围内离层量，及时采取其他有效的支护措施，防止顶板塌落事故的发生，确保煤矿安全生产。

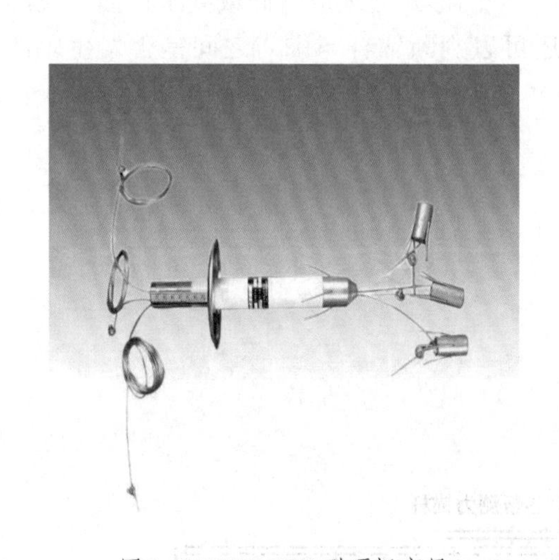

图 2-3-217　LBY 型顶板离层

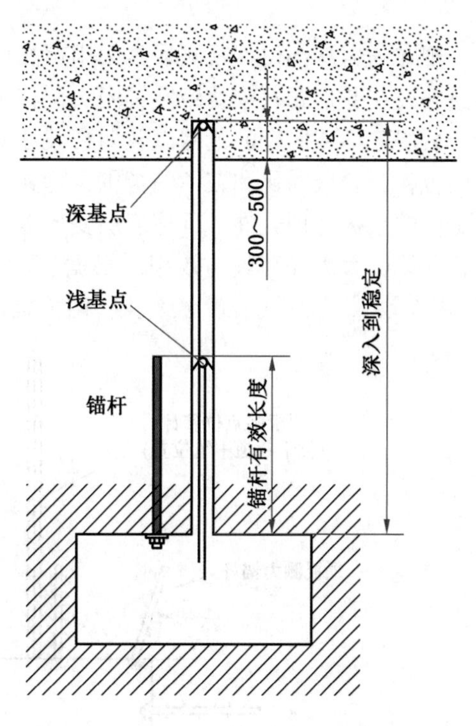

图 2-3-218　顶板离层仪及布置

3）围岩结构及巷道破坏范围的观测

以上介绍的巷道围岩监测监控主要是针对浅部围岩，特别是矿压造成的直接显现的变形。如果在矿压造成巷道直接变形的浅部围岩基础上，再对深部围岩结构的变化进一步监测和分析，将更有利于对巷道支护阻力提升的掌控。

对现有已被破坏的巷道采用钻孔窥视仪（图 2-3-219~图 2-3-221）对巷道围岩的结构以及破坏范围进行观测，可以直观地查看巷道围岩破裂的范围、破碎情况、围岩内裂隙发育的层位和深度、注浆加固浆液的扩散情况，甚至可以了解岩体的结构和岩性等。钻孔窥视仪一般由显示屏、主机箱以及端部带摄像头的 10 m 长光纤电缆组成。通过围岩观测获得准确的数据信息，为进一步认识深化加固作用机理，优化注浆工艺参数，评估加固效果提供客观的科学依据。

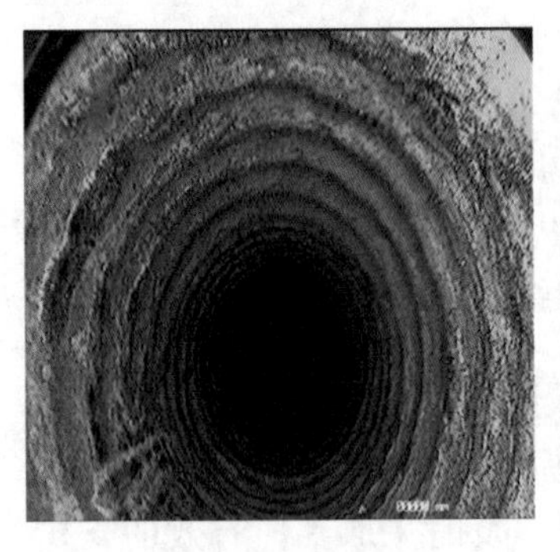
图 2-3-219　高清钻孔窥视仪

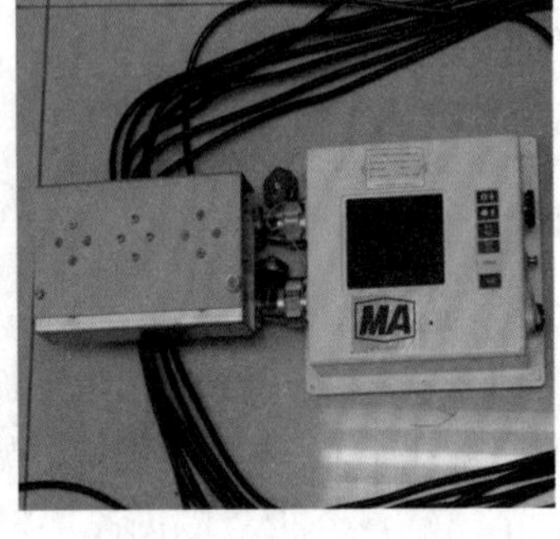

图 2-3-220　观测结果

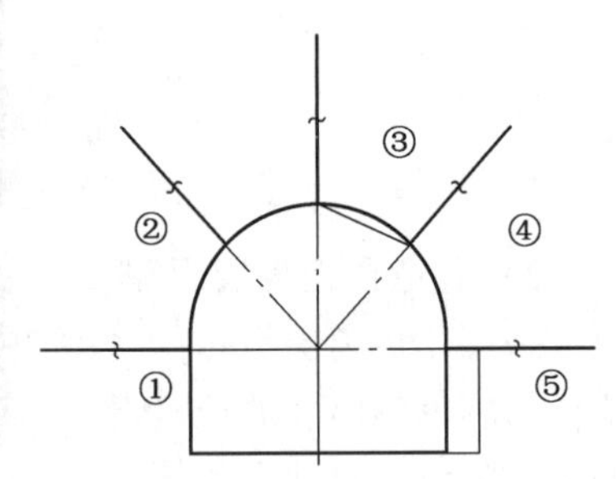

图 2-3-221　观测孔布置图

现在围岩深部位移观测通常采用声波探头多点位移计（图 2-3-222）。这种仪器通过测量安设在巷道岩石中的磁性锚固头位移来监测顶板、底板或两帮的位移、岩层移动的位置、岩层破坏或弱变的范围以及两帮破坏的深度等，可以准确测出巷道围岩各部分不同深度的位移，岩层弱化和破坏的范围，譬如离层情况、塑性区、破碎区的分布等，该设备配有专门的数据处理软件，可把岩层变形以位移和应变的形式处理成时间或到工作面距离的变化曲线，大大提高观测效率。根据实测结果还可以判断锚杆与围岩之间是否发生脱离（锚固失效），从而为及时恢复支护阻力提供依据。

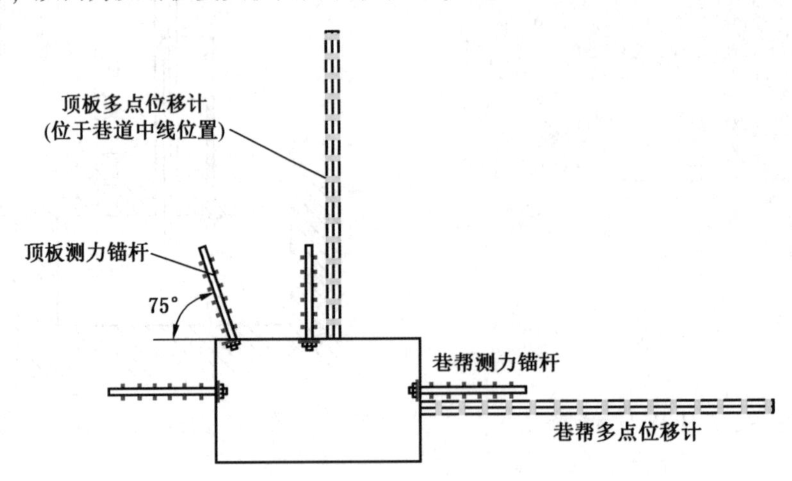

图 2-3-222　声波探头多点位移计

4）围岩的应力监测

一般情况下，在矿井开发时，要根据工程所处的不同构造部位和工程地质条件，掌握矿井所处的原岩应力状态、类型和作用特征，并进行地应力实测与监测，确定地应力的分布特点和变化规律，采取合理有效的预防矿井动力现象的技术措施，确定合理的采场布局和回采顺序。

在原岩应力作用下开挖巷道，引起巷道应力重新分布，垂直应力向两帮转移，水平应力向顶、底板中间转移，因而垂直应力的影响主要显现于两帮煤体，而水平应力的影响则主要显现于顶底板岩层。方向呈正交关系的最大水平主应力和最小水平主应力在量值上通常相差较大，这使得水平应力对巷道顶、底板影响具有明显的方向性（图 2-3-223）。

（1）当巷道掘进方向与最大水平主应力平行时，受水平应力影响最小，对顶底板的稳定最有利。

（2）当巷道掘进方向与最大水平主应力垂直时，受水平应力影响最大，对顶底板的稳定最为不利。

（3）与最大水平主应力以一定角度斜交的巷道，巷道一侧出现应力集中而另一侧应力释放，因而顶底板的变形破坏会偏向巷道的某一侧。

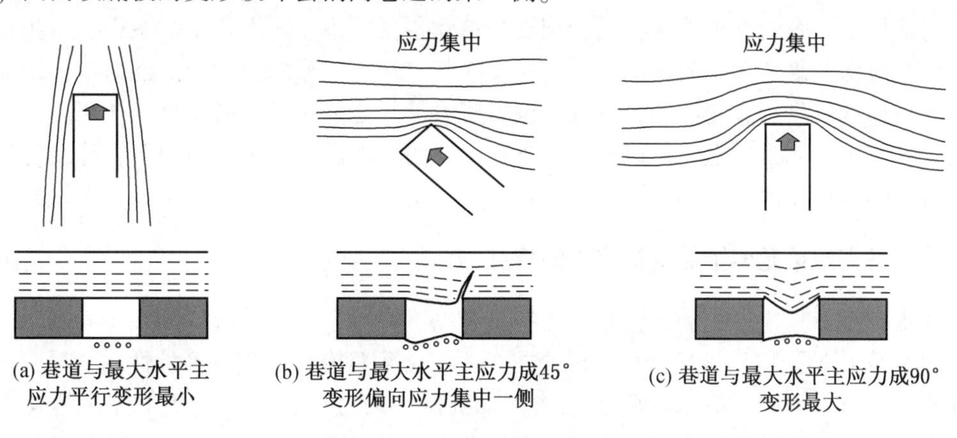

图 2-3-223　应力方向对巷道掘进方向的影响

巷道受各种条件的限制，不可能完全按照合理的方式进行布置，这就造成了矿井的局部区域或部分巷道应力集中严重、稳定性差，以至于变形严重。为此，作为全新的主动动态的支护体系，从支护大局着想，我们在开掘和维修巷道时，就要对围岩的应力进行动态监测，要根据动态的应力监测结果，特别是对受采动影响、围岩裂隙发育、次生应力强的巷道岩体进行监测，从而掌握该岩体的应力状态，根据实际监测数据进行动态调整，按照应力值大小及方向性选择有针对性的支护方式或支护体系。

6. 注浆补强时间点的把控

（1）注浆时间安排首先根据巷道移变量确定，新掘巷道移变量达到 80~120 mm，就应注浆（考虑巷道围岩的可注性）；修复巷道移变量达到 60~100 mm，就可以注浆。

（2）新掘巷道时间控制上，可定为 20~40 天，既可保证巷道施工的平行作业空间，也留有围岩移变观测时间；修复巷道控制在 15~20 天就可以安排注浆。

（3）注浆工序实施时间的安排，一定要在监测监控巷道围岩移变量的基础上进行，掌握到一定的巷道围岩移变规律，并且要在确保安全得到可靠保证情况下进行锚注支护施工。

(4) 复注时间一是移变量控制，同样新掘巷道移变量达到 80~120 mm，就应再次复注浆，修复巷道移变量达到 30~50mm 就可以注浆；二是巷道变形比较缓慢，可依时间而定复注工作，在此段巷道工程结束前进行统一复注浆。

第十节　各支护单元容错技术

一、各支护单元容错技术基本原理

容错技术原指在计算机系统中出现数据、文件损坏或丢失时，系统能够自动将这些损坏或丢失的文件和数据恢复到事故发生以前的状态，使系统能够连续正常运行的一种技术。容错系统的特殊之处在于故障的局部化，即系统的某个（些）局部出现故障，这种故障只会影响局部功能，而对系统其他部分毫无影响。

各支护单元容错支护技术，是利用支护单元各自优势，融入这个体系中，承担存储负荷，以应对深井复杂多变的高应力，同时发挥其支护的支撑能力和应变能力，初期能够稳定住，长期能够具有应变性能，体现在围岩压力极其复杂和强大时，可以让压，在注浆固化后，各支护单元工作阻力得以恢复，支护圈体的整体强度得到同步提升，称之为各支护单元容错的支护技术。

二、各支护单元容错的支护技术的特点

该支护技术相比传统的高强联合支护具有以下特点。

(1) 实用性。实用性反映的是整个支护系统必须具有可实现且经济性的特性，该支护技术有着一整套的施工技术、施工工艺，具有良好的可操作性；主要工序，就是强韧封层、分层次锚杆，泄压、注浆，实现各支护单元的平行操作，减少了工人的劳动强度，极大地降低了支护成本，在多个矿区得到了推广应用。

(2) 可靠性。可靠性反映一个系统可以无故障持续运行的程度，可靠性以时间周期为基准。各支护单元容错支护技术，能充分发挥支护的整体优势，在深部矿井复杂应力状况下，巷道周边围岩长期或突然来压，由于支护体具有强度高且具有高度的强韧性和整体性柔性，能允许巷道存在一定变形的让压作用，弹性抵御和吸收深部围岩部分的高应力，在高应力峰值过后，再将吸收储存的能量释放出来，重新恢复工作阻力，显示了各支护单元的容错能力，是保持巷道稳定的一种可靠支护技术。

(3) 安全性。安全性原指的是在系统出现暂时错误的情况下，不出现灾难性后果的能力。各支护单元容错基础上，只是有整体让压微弱变形，同时可以随时实施恢复工作阻力的施工，而不会造成支护崩解和强烈变形，能够较好地保证施工人员、设备安全，长期稳定地服务于矿井安全生产。

该支护技术能达到即使发生冲击地压，支护体仍能保证不快速坍塌变形，强韧的钢丝绳混凝土喷层，可有效阻碍煤块、岩块的抛出，大大降低冲击地压发生时人员和设备的安全风险，为人员和设备留下宝贵的空间。

（4）可维护性。可维护性原指的是系统一旦出现故障，易于修复的能力。在各支护单元容错的支护体系中，在监测监控的基础上，针对应力变化作用于各支护单元的工作阻力变化的关键节点上，以实施二次注浆和多次注浆，对围岩适时补强，提升围岩整体结构和强度，使锚杆的着力点和锚固强度得以恢复提升，喷层与围岩的密贴及喷层自身强度再次加强，恢复和提升各支护单元的工作阻力，体现了整个支护体系的可维护性。

三、各支护单元容错技术主要原则

为达到各支护单元能够充分容错，在设计和具体施工时必须把握以下原则：

（1）要坚持合理科学的施工工艺顺序的原则，这种施工工艺首先能满足为各支护单元提供平行的施工时间及空间，实现效率的最大化。

（2）要坚持个支护单元支护材料、支护工艺、施工工艺相匹配的原则。

（3）坚持各支护单元充分发挥自身的优势，达到各支护单元最佳容错，发挥支护体系的最大控制深井复杂应力的能力的原则。

（4）坚持以主动动态支护理念为指导，具体施工工艺顺序和关键技术作用相互衔接的原则。

四、各支护单元容错技术主要机理

各支护单元容错的支护技术是基于主动支护理念的主动动态支护技术，为保证各支护单元充分发挥自身的优势，达到各支护单元最佳的容错，发挥支护体系的最大控制深井复杂应力的能力。

各支护单元容错支护技术是一种主动动态支护技术，其理论依据是建立在岩石力学、锚注支护机理、巷道失稳机理等理论基础之上，有着坚实的理论依据；其核心指导思想是以改变围岩力学性能、调动和提高围岩自身强度为根本思想，这也正是主动支护的基本思想；其核心理念是以抛开传统的强支护、强对抗为主导的被动支护，施以锚杆、喷浆、注浆等工序的锚注支护；具体实施是通过“预控置换、强韧封层、激隙卸压、稳压胶结、恢复围岩工作阻力、离散注浆”等关键技术实现多支护单元分布式容错相互衔接且相辅相成，实现支护的可用性、可靠性、安全性和可维护性；其最终目的是将离散、破碎状态下的围岩转变成具有较强抗压、抗剪能力的相对均质同性的支护圈体，从而使巷道围岩应力达到相对稳定的状态，保持巷道支护的稳定。

该技术从根本上解决了支护体系上的木桶效应（一只木桶能盛多少水，并不取决于最长的那块木板，而是取决于最短的那块木板，也称为短板效应）。同样，对于围岩稳定性控制而言，巷道支护的破坏与否，并不取决于支护最强的部分，而是取决于支护中最弱的部分，实现了支护单元之间各自优势的最佳契合。

五、各支护单元容错技术实施的条件和要求

各支护单元容错技术建立在主动动态支护技术体系的理念之下，是集各个支护单元优势为一体，使各个支护单元发挥最大的作用且各个支护单元的支护优势互补，即使个别支护单元出现问题，整体支护功能仍能保持良好效果的支护技术。实施的条件和要求首先要分析传统的各高强联合支护遭受破坏的关键原因。

（一）各高强联合支护遭受破坏的关键原因分析

1. 支护单元支护功能本身对围岩控制的不匹配

（1）以锚网喷+锚索联合支护为例，在深部高应力软弱岩煤体巷道中，巷道变形是以碎胀和流变成为深部巷道变形的主要特征，即使安装时施加预应力，在围岩的碎胀变形下，锚杆和锚索仅仅使盖板下岩体得以控制，锚杆锚索盖板之间的岩体极易膨胀破碎而脱落出来，所以锚杆锚索联合支护起不到对围岩的膨胀破碎的整体控制作用，明显表现出支护功能与围岩变异特征的不匹配。

由于锚杆和锚索处于破碎、流变的围岩下，属于松散的组合，锚杆、锚索和围岩的结合几乎没有内摩擦力，锚杆和锚索直接承受围岩的剪切力，造成自身的破坏。

锚网喷加锚索联合支护有一定的变形，这就造成顶板的离层，特别是在复合顶板中，锚杆支护中的顶板离层往往造成巷道大面积的跨冒，同样是锚杆锚索支护当中存在的支护功能的不匹配。

同样对于锚网喷加锚索联合支护，由于锚杆锚索在软弱泥化、极易破碎的围岩中没有着力点，随着围岩位移而位移，往往直接拔出，其抗剪强度和抗拉强度大为降低，钢筋网和岩面不能有效贴合，在深井高应力软岩巷道，特别是在冲击地压状况下，极易发生巷道突然垮冒现象，不但是支护不匹配，同时带来极大的安全隐患。

（2）相互之间变形量的差距、变形特点的差距以及变形危害的影响。在锚杆加锚索的组合支护中，由于锚杆和锚索的材质不同，因此其延伸率（允许的变形量）也不同，岩体碎胀能量极大，锚索钢绞线和锚杆的锚固程度不一样，各自受力不均，往往造成锚杆锚索未达到最大抗拉强度时各自逐根破断。

在软弱岩层特别是在煤巷支护中，锚索可利用的延伸率非常小，仅为钢绞线国标要求的38.6%。在没有注浆固化的围岩中使用锚网喷加锚索联合支护，由于锚杆和锚索起不到全长锚固作用，锚索尚未发生作用锚杆就产生破断，是锚杆加锚索联合支护失效的主要原因。

（3）施工技术和工艺的差距，对于锚网喷中的钢筋网，挂网后喷射混凝土，（钢筋网的主要作用是喷射混凝土前防止小块危石掉下伤人，在巷道变形破坏时防止危石突然掉落伤人）。由于钢筋网网孔偏小（一般为100 mm×100 mm），压茬、贴岩面不紧、不均匀等因素，往往造成喷层与岩面不能紧密贴合，形成弱面，喷层本身形成不了强硬的支护层作用。

钢筋网一般由4 mm钢丝或钢筋制作而成，不能与锚杆组合形成有效的锚网结构，发挥钢筋网与群体锚杆作用。更为关键的是，由于钢筋网刚性较强，除在喷射混凝土时不能有效贴合岩面外，由于钢筋在变形上与锚杆及岩体不一致，当巷道来压时，钢筋网上附着的混凝土，极易从钢筋网上脱落，造成危块脱落，混凝土喷层的片落，既不能发挥喷层的支护功能，又带来一定的安全隐患（图2-3-224）。

2. 重型钢支架、管棚和桁架支护与锚网喷的不容错

1）重型钢支架、管棚和桁架支护的工作阻力上升速度大于锚杆支护

围岩变形位移，锚杆、锚索的工作阻力刚刚开始，而重型钢支架、管棚和桁架架设就与围岩抗衡，以其工作阻力阻止围岩位移变形，当重型钢支架、管棚和桁架工作阻力抗衡不了围岩压力时，围岩发生位移，重型钢支架、管棚和桁架疲劳阻力即开始了。

图 2-3-224　钢筋网破坏图

当重型钢支架、管棚和桁架疲劳阻力结束，趋于破坏崩解状态时，锚杆锚索的支护阻力刚刚开始发挥作用，围岩的高应力又作用于锚杆锚索，形成各个击破的被动局面。重型钢支架、管棚和桁架由于和围岩的接触经常是点和局部的，围岩压力就形成了集中在支架的部分结构上的局面，造成支架部分先破坏崩解，支架部分崩解迅速地造成整个支架的崩解。锚网喷支护，整体性比较强，同时锚杆锚索的延伸率的也避免了它局部破坏的状况，这样锚网喷锚索支护和重型钢支架、管棚和桁架的支护功能差异表现得更为明显（图 2-3-225）。

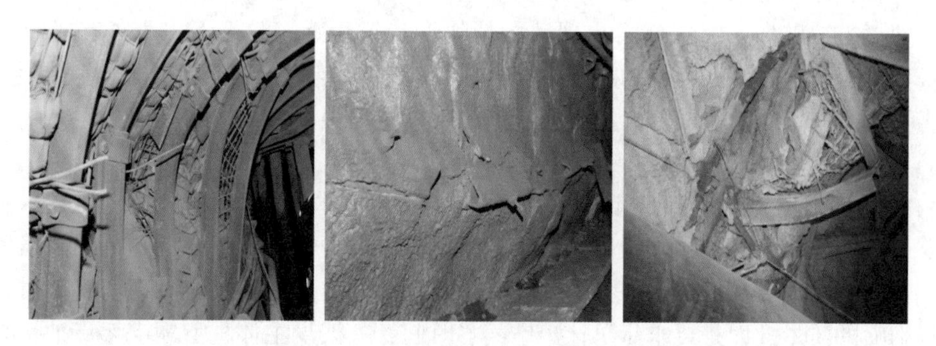

图 2-3-225　锚网喷锚索支护破坏情况

锚网喷与重型钢支架、管棚和桁架的强强联合，忽视了对喷层的强度、密贴性和相互之间的互补性，喷层控制不了围岩松散膨胀，使整个支护体系的支护功能存在着严重的缺失。

锚网喷与重型钢支架、管棚和桁架的强强联合，从设计和技术上已经认为是可以抵御深部围岩的复杂应力，就不采用注浆和动态注浆，这样既保护不了锚杆锚索的着力点，又不能提高围岩自身强度，整体支护体系仍处于被动之中。

混凝土管棚和锚网喷联合支护等其他高强联合支护，变形特点和变形危害与锚网喷联合支护基本相似。混凝土管棚支护由于是高强的刚性支护，仅仅有微弱的让压，在深井复杂应力状况下，同样受到各支护单元相互之间变形的差距和受力状态的影响，控制不了围岩稳定，其破坏程度也极其强烈（图 2-3-226）。

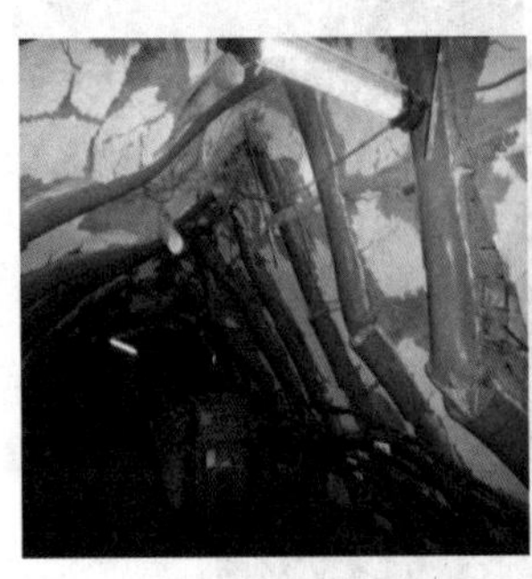

图 2-3-226　混凝土管棚破坏

2）锚网喷与重型钢支架、管棚和桁架变形特点的差距

锚网喷中的锚杆锚索，有一定的伸缩性，在高应力作用下，变形是缓慢的移变；而重型钢支架、管棚和桁架变形，其材料和结构本身是以刚性为主，整体弱变形量很小，造成了疲劳阻力转入破坏状况的时间短，只要围岩在高应力和碎胀压力作用下，其变形速度快，就会造成支护体的强烈崩解破坏。

锚网喷支护破坏，即单元的支护能力丧失，主要是以变形为主，掉块和局部破坏造成巷道断面逐步变形；重型钢支架、管棚和桁架刚性强，工作阻力丧失快，就会整体支架崩解，变形和破坏速度远远大于锚网喷支护。

锚网喷支护破坏，喷层就会出现顶板掉块，巷帮片落，对行人、通车有一定安全危害；重型钢支架、管棚和桁架的崩解破坏，极大地影响巷道通风断面和行车安全距离，安全危害方式虽然不同，造成的影响安全生产的力度更为强烈。

3）各支护单元施工技术和工艺之间的差距

（1）重型钢支架、管棚和桁架高强度联合支护为主体的联合支护，在施工技术和工艺上，需要有一个保护施工的支护单元，正常情况下，重型钢支架、管棚和桁架高强度联合支护，就把锚网喷支护就作为保护的临时支护，这样在技术措施制定和现场施工时，就会忽视锚网喷的质量，而是要求尽早让出空间、时间，去架设主体重型钢支架支护，因而这种联合支护，是没有发挥各支护单元支护能力最大化的容错性。

（2）现场浇筑混凝土支架，在施工技术和工艺上，一般先要将巷道刷至设计断面，然后再立模绑钢筋浇筑，同时，由于浇筑混凝土支架时，碹胎、模板和混凝土搅拌和运输设备安装、调试，施工工艺极其复杂，造成与锚网喷支护的时间差距较大，形成锚网喷工作阻力基本丧失，钢筋混凝土才达到其工作阻力。因而在联合的施工技术和工艺上就造成支护被分别破坏的状况，没有实现各支护单元的容错性。

3. 高强联合支护遭受破坏的关键原因是支护单元被各个击破

在深井高应力巷道，主应力差有时达到20多兆帕，可以想象，单个支护单元再强，也很难抵御这样的高应力，特别是突发的高应力。这就要求联合支护的各支护单元不能存在短板，且巷道来压期间不能是某个支护单元首先承受大部分的压力。

否则，由于初期承受大部分压力的支护单元的强度低于外来载荷，达到疲劳极限，显现不可恢复的变形，工作阻力迅速下降，失去了抵抗力，等于这个支护单元根本不存在了。然后，外来压力继续加载到别的支护单元上，实现各个击破，最终导致整个支护体剧烈变形，支护能力丧失。

因此，联合支护在深部高应力矿井支护中要能发挥整体作用，保证巷道在各种复杂应力及不利岩性状态下的长期稳定，其关键是各个支护单元能相辅相成、无缝融合，发挥支护体的整体作用，使各个支护单元的优势能充分发挥。这就需要一根线能将各支护单元有机联系起来，而这一根线就是合理的工艺、相匹配的技术以及对岩石力学和巷道失稳机理的领悟。联合支护需要把握的原则是，支护的经济性、长期的稳定性、施工现场及后续服务的安全性、巷道工作阻力降低或损坏后的可维护性。

（二）各支护单元容错技术实施的条件

由于高强联合支护在深部矿井高应力软岩巷道的支护中反复遭受破坏，支护体一旦破坏又很难修复，这就要求支护在深部高应力矿井支护中能够发挥整体作用，保证巷道在各种复杂应力及不利岩性状态下的长期稳定，其关键条件是各个支护单元能相辅相成、无缝融合，发挥支护体的整体作用，使各个支护单元的优势能充分发挥。这就需要一根线能将各支护单元有机地联系起来，而这一根线就是合理的工艺、相匹配的技术以及对岩石力学和巷道失稳机理的领悟。支护需要把握的原则是，支护的经济性、长期的稳定性、施工现场及后续服务的安全性、巷道工作阻力降低或损坏后的可维护性。

（三）各支护单元容错技术实施的要求

1. 新支护理念

（1）强度高的支护体系，不仅仅是几种支护体的重叠，而是以各支护单元的容错，支护能力形成相得益彰的支护理念。

（2）新的支护理念，是形成新的支护设计、支护技术与新的施工工艺，保证对围岩的控制和巷道稳定的支护圈体。

（3）新的支护理念，在工程技术措施上不断提升新思路，最大限度地提升和发挥各支护单元容错的支护能力。

2. 关键技术环节带来支护体承载能力的提升

（1）强韧封层，是以技术手段，把一般的混凝土喷层，改造提升为强韧封层。这里的技术关键有：①喷层材料，由钢筋网作为胫骨改成用钢丝绳作为筋骨，增强其柔韧性和混凝土喷层本身的密实性；②喷层本身结构由单一层次变为多层次；③喷层强调与围岩表面的密贴，通过提升、控制围岩的强韧性并为后期注浆提供封闭浆液，提高并稳定注浆压力的基础；④喷层的钢丝绳结构实现了多层次喷层与多层次锚杆牢固的优化组合，提高了支护体系整体稳固性。

（2）锚杆的支护能力提升。通过注浆密实围岩裂隙和锚杆孔，增强了锚杆的着力点和承压点，提升了锚杆整体的锚固能力。

设计密度较高的锚杆间排距与注浆胶结，在高应力和软弱泥化、破碎的岩体中，把锚杆由单体，变成组合体，支护能力（抗压、抗剪和抗拉强度）得以数倍提升。

分层次锚杆布置结构，把锚杆着力点和承载点交叉，提升了锚杆的锚固力，扩大了锚杆锚固能力和控制围岩的变形范围。

（3）注浆成为恢复和提升的各支护单元支护功能的关键技术。

①以往的观念往往只是把注浆看作锚注支护中固化岩体，提升围岩强度，增加锚杆的锚杆锚固能力，而没有充分认识到，在深井复杂应力作用下，岩体破碎、离层，锚杆的锚固力损失后，锚固力下降和破坏时，通过准确的二次注浆，岩体的离层和裂隙又得到黏结，各支护单元工作阻力得以恢复提升。

②在喷层受膨胀应力作用下与围岩离层和自身内部损伤时，同样通过二次注浆，可以恢复其和围岩的密贴并提高自身强度。

③注浆技术和工艺还体现在把握适时注浆、动态恢复和提升各支护单元工作阻力，作为主动动态支护体系有力的理念和技术支撑。

3. 以下关键技术是各支护单元容错支护技术重要支撑

（1）预控技术，它不是承载上的支护单元，是设计和技术上的施工措施，然而它却为后续各支护单元容错，保证生产安全断面，留下有效的空间。

（2）置换技术，也不是承载上的支护单元，是设计和技术上的施工措施，然而它却为后续各支护单元能够及时可靠地达到支护的工作阻力提供了可靠的基础。

（3）卸压技术，在巷道底角开挖泄压槽，同样不是承载上的支护单元，是设计和技术上的施工措施，然而它却为卸压、扰动应力方向、拓展注浆通道，起到承载体起不到的提高支护整体效果的积极作用。

（4）动态、适时注浆补强技术，是利用监测监控技术手段，适时动态地恢复各支护单元工作阻力的可靠保障。

（5）监测监控，作为重要支护单元技术，其监测数据是恢复各支护单元工作阻力的依据。“新奥法”把对围岩移变的监测监控数据，作为下一步优化支护设计和二次支护措施的依据，而我们则应用它，作为指导掌控准确注浆补强，恢复各支护单元工作阻力的关键时间节点，是对“新奥法”的跨越式提升，拓展了“新奥法”在支护领域的内涵及技术上的提升。

六、各支护单元容错的施工顺序要求

合理科学的施工工艺顺序是保证容错技术得以成功的关键，这种施工工艺能首先满足为各支护单元提供平行的施工时间及空间，实现效率的最大化。

预控：合理扩大其断面开挖范围，提前留出围岩扩展变形的空间，为后续支护单元提供容错空间→强韧封层：本身具有高强度及柔韧性，为后续支护单元提供安全施工环境的强力基础，提供的时间空间能包容后续支护单元通畅快速地施工→置换、卸压槽喷射混凝土：卸压槽开挖在巷道应力最集中的部位，将原来的围岩薄弱部位置换为高强混凝土结构，弱化、转移、阻断强大的水平应力，强力遏制底鼓→激隙卸压：人为引导高应力在指定的方向缓慢“卸出”，为后续支护单元疏通注浆通道，增强了各支护单元的衔接性→稳压、留压注浆胶结：稳压提高了注浆效果，留压缓解了深部复杂应力，提升了注浆在支护作用中的新的理念及重要性→构建均质同性体：使支护圈体的承载能力得以整体全面提升→恢复工作阻力：在支护体处于疲劳阻力的关键节点，及时恢复工作阻力：根据监测监控数据，实现系统的可维护性→各支护单元容错：选择最佳合理的搭档，充分调动各支护单元的支护优势，保证了支护效果，提升了施工速度，节约了人力、物力。各支护单元容错的施工顺序如图 2-3-227 所示，修复后的巷道如图 2-3-228 所示。

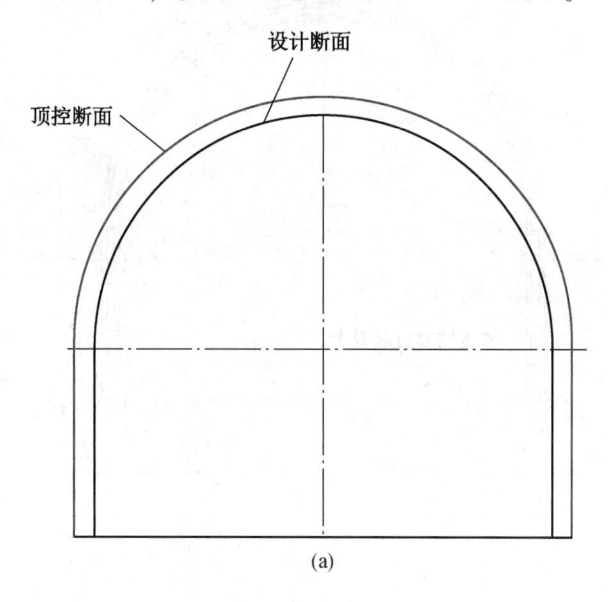

(a)

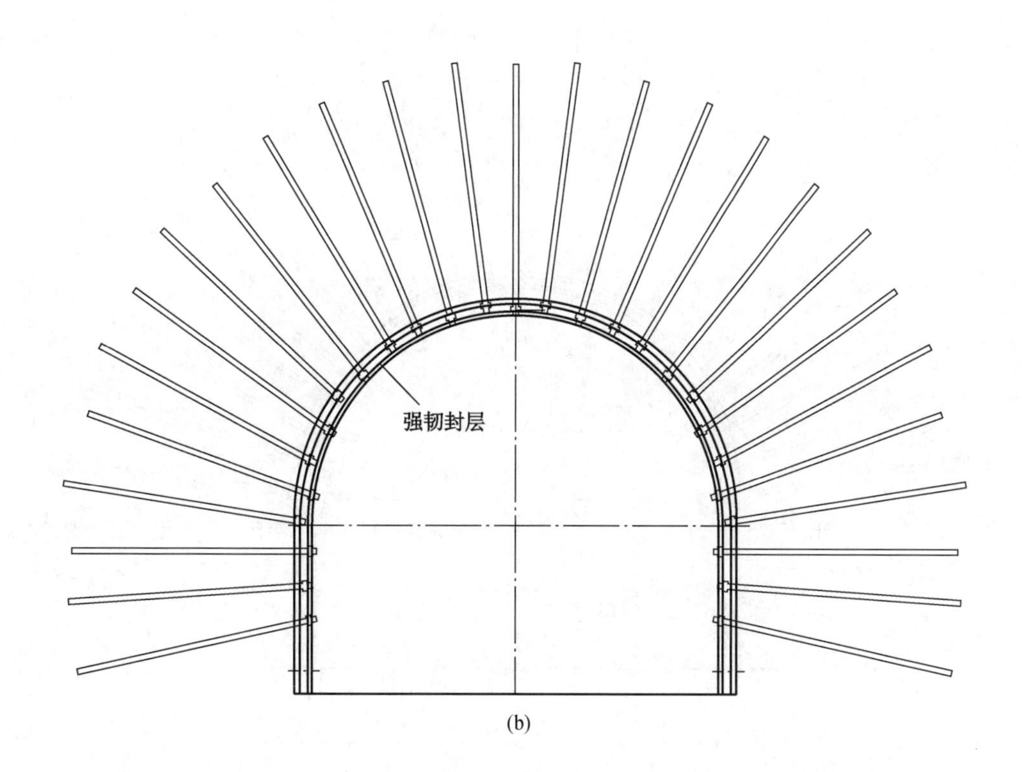

(b)

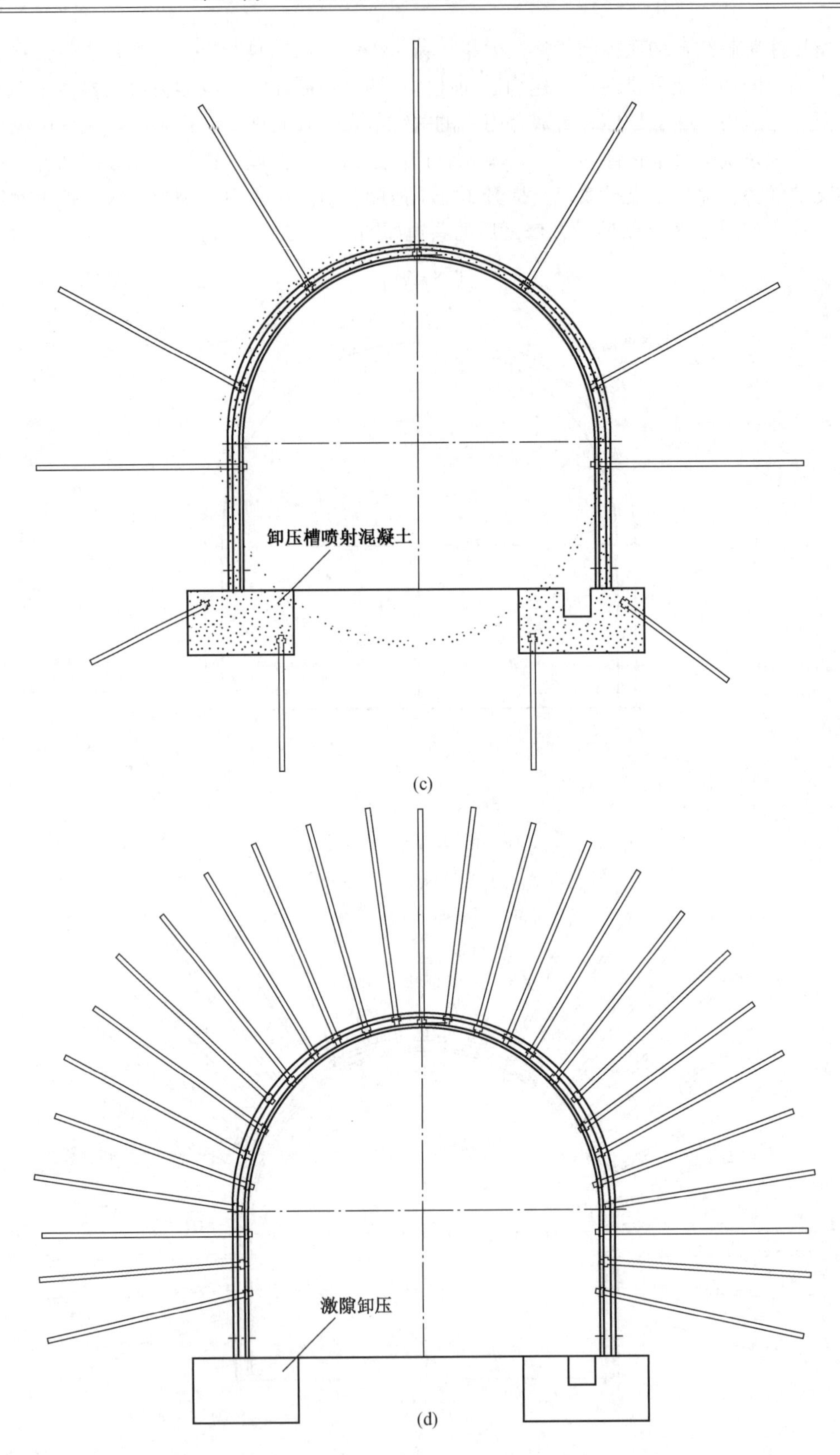

(c)

(d)

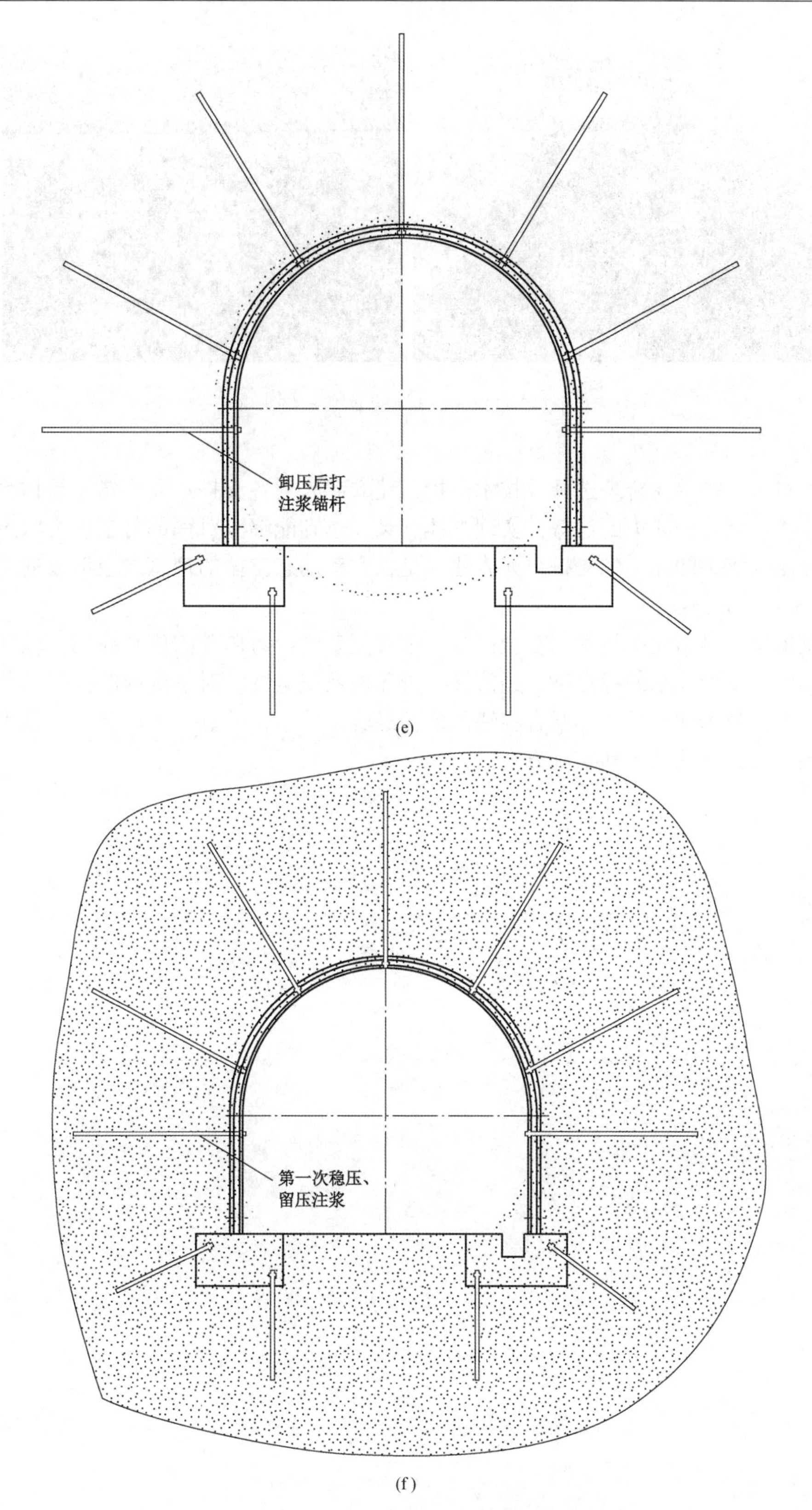

图 2-3-227　各支护单元容错的施工顺序

图 2-3-228 项目技术修复后的巷道

通过对各支护单元合理选择及技术衔接，建立起来的各支护单元容错支护体系，充分发挥各支护单元支护能力的优势，实现立体交叉，达到能够应对深部复杂应力状态下围岩稳定性控制的支护圈体。各支护单元容错，是在主动动态支护的理念之上形成的关键的核心技术。

各支护单元容错支护技术，在全国多个深部复杂高应力矿井的成功应用，验证了该技术建立起来的支护体系的稳定性、经济性、可靠性及安全性。对于全国的类似深井高应力巷道的各支护技术和支护单元联合容错的成功经验，从理论基础、关键技术、施工工艺等方面提供切实可行的技术和实施方案。

第三篇　主动支护体系的成功案例

巷道主动支护体系诞生于20世纪90年代末，经过多年的不断总结、完善，现已形成一套比较完善的技术理论和施工工艺。该技术体系通过在开滦集团唐山矿、钱家营矿、东欢坨矿和吕家坨矿，淮北矿业海孜、杨庄、蕲南、桃园矿，平煤神马集团平煤一矿、五矿和十一矿，兖矿集团东滩矿和赵楼矿，义马常村矿、耿村和石豪煤矿等数十对矿井的巷道中推广应用，解决了数十个大断面硐室、交叉点、高应力极软岩区域巷道支护难题，通过在开滦东欢坨矿、林南仓矿，淮北朱仙庄矿、蕲南矿等含水活性大断层的应用，验证了支护新体系的可靠性、经济性，本篇将这些案例提供给业界以供现场参考。

第一章　钱家营矿-850 m 主石门冒落区域巷道支护工程

第一节　工　程　概　况

一、钱家营矿-850 m 水平位置及四邻情况

钱家营矿三水平位于井田深部，处于第二水平（-850 m 水平）的倾斜下方，东北侧为钱吕井田边界，西至 27 号剖面，面积为 20 km^2。

本区位于开平向斜之东南翼，在主体构造上受开平向斜的控制，影响区内构造的次级构造有南阳庄背斜、高各庄向斜、小齐各庄背斜、王家楼向斜、李辛庄向斜等褶曲构造和一些主要的断裂构造。

-850 m 主石门是三水平暗立井上部车场工程，位于单斜区域，东部断层较发育，压扭性逆断层较多。

-850 m 主石门开口于-850 m 西大巷 W14 点前 27. 5 m，巷道设计长度约 1491 m，方位 289°（表 3-1-1）。已完成巷道段全长为 785. 5 m，剩余 705. 5 m，现迎头位于 ZS15 前 47. 5 m。

表 3-1-1　-850 m 主石门实见地质构造一览表

编号	位置/m	落差/m	产状/(°)	性质	备注
1	123	26	256∠60~74	正	造成 12 煤见一半
2	127	6	101∠44	逆	造成 12 煤见一半
3	161	3	26∠35	正	造成 11 煤断开
4	230	2. 8	240∠77	正	
5	264	7. 6	263∠57	逆	造成 9 煤断开
6	268	2	291∠40~50	正	
7	305	16	271∠85	逆	造成 9 煤 11 煤重复
8	348	0. 4	307∠52	正	
9	362	4. 5	300∠62	正	
10	437	0. 7	340∠50~62	正	
11	445	1. 5	353∠70	逆	
12	471	2	3∠83	正	
13	565	0. 5	106∠22	正	

表 3-1-1（续）

编号	位置/m	落差/m	产状/(°)	性质	备注
14	606	0.9	284∠37	正	
15	611	14	109∠84	正	造成煤 6 $\frac{1}{2}$ 煤 6 重复
16	636	1.8	289∠35	逆	
17	686	1.4~1.8	289∠67	正	

附近设计巷道有东部的-850 m 副石门，西部的-1100~-850 m 中央轨道山、-1100~-850 m 中央皮带山。

二、巷道实际揭露地质情况

（一）煤、岩层变化情况

主石门设计穿过的煤层有煤 12-1、煤 11、煤 9、煤 8、煤 7、煤 6 $\frac{1}{2}$、煤 6、煤 5 和煤 3（表 3-1-2）。

表 3-1-2　-850 m 主石门见煤情况一览表

序号	煤层	位置/m	煤厚/m	产状/(°)	见煤时间	备　注
1	煤 12-1	122.4	>3.0	37∠7	2009-11-19	H = 26 m（正）、H = 6 m（逆），之间未见顶底板
2	煤 11	152.2	1.2	∠12	2009-11-26	
3	煤 11	178	0.6	62∠10	2009-12-07	受断层影响煤层未到巷顶
4	煤 9	263	2.2	∠5	2010-01-12	受断层影响
5	煤 9	293	2	100∠3	2010-02-02	
6	煤 11	355.2	0.5	∠9	2010-03-05	H = 16 m 逆断层影响，煤 11（未到巷底）、煤 9 重复
7	煤 9	396.8	1.6	301∠6	2010-03-24	
8	煤 8	435.2	2.5	324∠15	2010-04-15	
9	煤 7	486.3	1.8~3.5	326∠18	2010-07-20	1.8~3.5 m 两帮煤厚不同
10	煤 6 $\frac{1}{2}$	521.4	2.1	289∠12	2010-08-14	
11	煤线	546.4	0.2	328∠22	2010-09-01	
12	煤 6	573.4	1.8	301∠12	2010-09-13	
13	煤线	603.4	0.3~1.4	295∠17	2010-10-02	H = 14 m 正断层，造成煤 6，煤 6 $\frac{1}{2}$ 重复
14	煤 6 $\frac{1}{2}$	620.2	1.7	289∠1~30	2010-10-11	煤层褶皱

表3-1-2（续）

序号	煤层	位置/m	煤厚/m	产状/(°)	见煤时间	备 注
15	煤6	684	1.7	278∠25	2010-11-07	
16	煤线	749.3	0.4	70∠4	2010-11-22	岩层倾角38°
17	煤5	585	4		2010-12-23	顶上2~6 m

截至2010年12月23日，此巷道已穿过的煤层共计16层，分别为：煤12-1、煤11、煤9、煤8、煤7、煤6$\frac{1}{2}$、煤6，其中煤9、煤11重复2次，煤6、煤6$\frac{1}{2}$各重复1次。岩层主要有中砂岩、粉砂岩、细砂岩、泥岩、腐泥质黏土岩等。

（二）实见断层资料

主石门开口至ZS15点前17.5 m，实见断层17条，其中4条逆断层，13条正断层，落差10 m以上断层3条，落差在4~10 m的有3条，落差小于4.5 m的有11条。

（三）各煤层厚度变化和层间距变化

由于受构造影响以及煤系地层沉积不稳定，各个煤层的厚度、间距发生一定的变化，实际揭露的煤层中煤8和煤9间距为3 m，煤8和煤7间距为6.5 m，间距较小。其中，煤12-1受构造影响，巷道中未揭露全厚；煤11受构造影响重复出现的煤层厚度相差较大；煤8实际揭露煤厚2.5 m，与附近钻孔平均厚度相比较厚，煤7厚度在1.8~3.5 m范围内，基本正常。

三、钻探、物探资料分析

综合钻探、物探以及实见地质资料，断层从性质上看，以张性断裂为主，全区比较发育；而受到挤压的压性断裂即逆断层发育相对其他区域明显偏多。从断层发育形态上看，走向与褶曲轴延展方向基本平行，正断层的走向以北东方向、倾向以北西方向为主，倾角50°~80°为主；逆断层的倾向以北西方向为主。

位于19采区深部的钱66孔，在深部920 m以下出现地温异常，地温梯度达到7.95 ℃/100m。在首采区内有钱81孔、钱补33、钱补36和钱水36等钻孔的地温有所偏高，这种地温普遍偏高的现象，应该引起注意。从岩浆岩发育上，勘探钻孔及三维地震综合勘探以及实际巷道中均未见到岩浆岩侵入体，但西部八采区域又实见了岩浆岩，为辉绿煌斑岩，主要是沿着断层带或背斜轴部裂隙带导入到煤层和煤层顶底板位置，对煤层造成不同程度的破坏。

四、项目工程概况

（一）原巷道设计规格及支护情况

开滦钱家营矿业公司三水平-850 m主石门，设计工程量1491 m，支护方式为锚喷支护，遇煤层或构造带时支护方式改为锚网喷加双趟锚索联合支护，2009年9月开始施工，至2010年12月23日已施工785.5 m，剩余工程量705.5 m。

作业方式：二掘一喷或一掘一喷。

凿岩方式：-850 m 主（副）石门采用风锤或 CMJ-17 型履带式全液压钻车钻眼。爆破作业时，使用安全等级为三级的煤矿许用炸药，煤矿许用毫秒延期电雷管。

支护：锚杆支护的，工作面采用打树脂锚杆或初喷 30 mm 厚混凝土的形式进行临时支护；

架棚支护的，-850 m 主（副）石门如果采用锚网喷支护难以支护顶板时，改为架棚支护，采用金属拱形支架，棚腿加长 200 mm，棚距 500 mm。

（二）-850 m 主石门施工期间巷道压力变化情况

2010 年 5 月，-850 m 主石门施工到 465 m 处，由于迎头压力较大，后路巷道裂浆明显，对迎头后 58 m 范围内巷道变形地段开始架棚套修加固，共加固棚子 116 架。加固完成后停止-850 m 水平主石门施工一个月，进入三水平中央轨道山上车场的掘进施工，2010 年 7 月继续施工-850 m 水平主石门，支护方式为锚网喷加锚索联合支护，喷层厚度 100 mm，锚杆采用直径 22. 5 mm、长度 1. 8 m 高强锚杆，间排距 0. 8 m，压钢筋网布置；锚索 6 m×15. 24 mm 布置在巷顶，间距 2. 0 m，排距 2. 0 m，并一直使用。再次进入主石门施工后，矿压显现一直陪伴巷道延伸，前 58 m 加棚子地段的 15 m 范围，巷道宽度由原来的 4. 6 m 缩小到 3. 9 m，巷道高度也缩小 300 mm，棚子的铁撑子压断，背板压断，棚腿扭曲变形，此段范围以里间隔 15 m 又加设了 20 架棚子以抵抗矿压。

随后的 290 m 巷道在施工中，淋水及压力一直跟随施工，巷道水沟在施工后的一个月内，巷道断面收敛率达到 1%～6%，外侧水沟边要比内侧水沟边高 100 mm 左右，水沟宽度收敛达 60 mm 左右，并且水沟断面由原来的矩形变为倒梯形。在迎头往外 60 m 范围，矿压成倍加剧。此 60 m 范围矿压显现特点为：

巷道断面收敛率一天就达到 2%～5%，周收敛率就达到 6%～8%，水沟打好后，第二天的变形就达到以前一到两个月的变形，最大处水沟两侧沿相差 180 mm。当天掘进好的巷道断面，第二天就被破坏。2010 年 12 月 20 日，巷顶打锚索时见煤，直到 2010 年 12 月 22 日六点班之前，锚索均可以发挥作用。2010 年 12 月 23 日六点班，发现迎头淋水、岩石不稳定破碎，打锚索上探，煤层距巷道轮廓线 2. 0 m，煤层厚度 4 m，打 8 m 锚索，左侧锚索眼坍孔，造成锚固剂无法装，右侧锚索能上紧发挥作用。现场布置喷浆支护，停掘后准备套棚子。

（三）-850 m 主石门“12 · 24”瓦斯动力现象经过

2010 年 12 月 24 日 1 : 30 左右-850 m 主石门发生瓦斯动力现象。涌出瓦斯量 7380. 72 m^3，涌出煤量 489. 15 t。该工作面采用 2×15 对旋风机，迎头风量 5. 43 m^3/s。发生瓦斯动力现象前因-850 m 主石门迎头顶板压力大，有裂浆，顶锚杆盘变形等情况在 23 日停止了-850 m 主石门进尺，24 日夜班没有安排进尺。

23 日十点班，-850 m 主石门修后路永久轨道、卸渣沫，大概 23 : 10 左右到达工作面，到工作面后班长安排修道等工作，然后带领 2 名员工到迎头 5 m 远处查看迎头情况，发现迎头有淋水，压力大，有裂浆，顶锚杆盘变形，当即安排员工由迎头 5 m 向外找掉。员工向外找掉期间听到迎头有掉矸子声，当找到距迎头 100 m 左右处（1 : 30 左右），听到迎头有连续打雷声，感觉凉风吹来，员工以为迎头发生了冒顶，随即向外跑，与修道卸渣沫员工一起撤到主副石门联络川处，班长随即向公司调度室、安全管理部调度汇报，此时，瓦斯工发现副石门瓦斯浓度达 1. 2%，立即将-850 m 副石门员工撤出，又通知班长停止使用电话，立即撤出，主副石门人员一起撤到-850 m调度站。公司调度员立即通知-850 m回风路线相关单位人员撤离，共计134人全部撤至安全地点，所有回风路线电器设备全部断电，同时通知公司带班领导赶赴现场，并通知公司相关领导和职能部门领导，至上午11时，-850 m主石门回风瓦斯浓度降至1.5%，-850 m西大巷瓦斯浓度降至0.3%。

五、采用新技术控制-850 m石门冒落区的必要性

2010年12月24日钱家营矿-850 m主石门巷道施工过程中，由于瓦斯压力较大，巷道围岩具有极易崩解和破碎流变特性，揭煤时伴随瓦斯涌出，围岩崩解流变造成超大面积冒顶，冒落煤体与岩体达到1000 m^3以上，掩埋巷道长度达200 m，致使巷道工程施工阻断。

对于冒落区，如果巷道改道，一是影响巷道的整体使用，二是造成浪费500 m施工完成的巷道，三是改道巷道仍然存在揭煤和软岩支护问题，同样存在安全和施工风险。

直接通过冒落区的意义：一是服从原设计，整体工程量最少，比绕过冒落区将减少工程量870 m；二是原有施工巷道利用率高，绕过的话，原来施工的500余米主石门全部作废，时间损失（约半年工期）和经济损失（约2100万元以上）较大；三是直接通过后，能快速达到暗立井上车场，巷道工程提前一年实现延伸；四是直接通过巷道为直线，高效通畅地服务于安全生产。

-850 m主石门是直接影响整个钱家营煤矿三水平开拓关键地段，-850 m主石门是三水平暗立井上部车场工程，位于单斜区域，东部断层较发育，压扭性逆断层较多。

-850 m主石门开口于-850 m西大巷W14点前27.5 m，巷道设计长度约1491 m，方位289°。已完成巷道段全长为785.5 m，剩余705.5 m，现迎头位于ZS15前47.5 m。

针对钱家营煤矿-850 m主石门，突出煤层超大冒落区瓦斯突出、泥化失稳与大冒落围岩状态下，从分析巷道高瓦斯→瓦斯伴随围岩泥流体突出→高冒区域气体（新鲜风流）、液体（雾状水流）与有害体置换→水泥浆和混凝土充填冒落区空间→人工造顶几个方面入手，实施动态主动支护，研发以点柱置换、立体置换人工造顶成巷、大板块底支护封堵、缓释叠加应力为特点的主动动态恢复支护工作阻力的巷道支护技术，对于解决突出煤层超大冒落区瓦斯突出、泥化失稳与大冒落围岩状态下的软弱岩层巷道支护的稳定有着极其重要的意义。

第二节　-850 m主石门冒落区的支护设计

一、总体技术方案

（1）稀释和立体置换冒空区空洞中的瓦斯，保证安全施工的关键技术。

（2）探究多角度多层次顶板及煤层充填及立体固化方案，实现加固稳定高冒区域围岩和实现顶、帮、底充分固结参数优选及可靠控制各支护单元互补增强关键技术。

（3）采用高稳固性大板块底的高冒区支护关键技术，达到巷道长期高效服务的效果。

（4）制定出可靠的专用施工器具、施工工艺，施工规范保证整个工程安全、顺利和成功进展的成套施工技术。

（5）研发和模拟深井、破碎带和高冒区的支护体系结构，保证支护长期稳定的方案。

（6）以项目工程全过程、全方位和动态跟踪监测监控为技术手段，掌控在变化的围岩中实施适时动态注浆，以此提高并恢复围岩的工作阻力。

-850 m 主石门冒落区总体技术方案如图 3-1-1 所示。

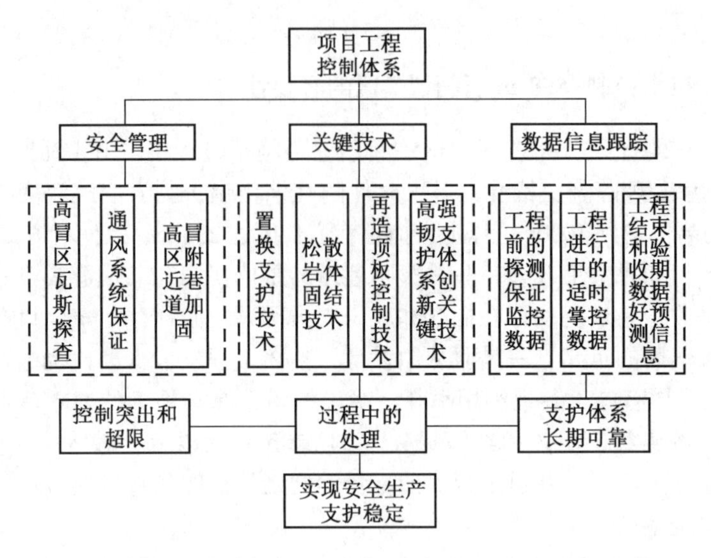

图 3-1-1　-850 m 主石门冒落区总体技术方案

二、技术手段

（1）多导孔置换高位瓦斯技术。在冒落区开大直径钻孔，以强力通风、喷水和喷浆液稀释置换瓦斯，保证把空洞内降低到安全状态下，使支护得以有序进展的关键技术手段。

（2）高强水泥固化实体围岩技术。在高冒区域周围采用高强水泥固化围岩体，浆液参数选择和注浆压力控制是保证高冒区周围围岩固化效果的关键，而高冒区域周围围岩固结稳定，是保证安全通过松散冒落的可靠保证，技术手段必须先进、实用和安全可靠。

（3）松散岩体内造顶技术。在松散岩体内通过二层次注浆锚杆，低压力注浆实施松散岩体内造顶技术。

（4）分布式注浆成巷技术。在固化松散体的基础上，以小断面、小块体掘进，每个小块体及时注浆自固，形成小断面板块到大断面的叠加成巷和分布式注浆技术和独特的工法、精细的工艺去严谨施工，达到巷道整体支护支撑力倍增的提升。

（5）大底板块支护结构。针对高地压、大冒落和非对称压力的特点（断层方向向巷道一帮传来的水平压力是另一帮十倍以上），采取特大不封闭浇筑板块，以阻止强大的水平应力对支护的破坏。不封闭使非对称应力和承压水的压力具有释放空间。

三、U 型钢段和锚网喷段巷道修复

（一）U 型钢段和锚网喷段巷道支护设计

该段巷道原设计断面为 4800 mm×3600 mm，目前变形量较大，最小处断面仅为 3400 mm×

2600 mm，已经无法满足运输、通风和安全施工的基本需要，必须抓紧进行修理，以保证冒落区域的安全施工和后期服务于安全生产的条件。

（1）冒落区域外巷道断面设计。净断面为 5600 mm×4300 mm，毛断面为 6200 mm×4600 mm。

（2）喷层厚度设计为 300 mm，即第一喷层厚 60 mm，第二喷层厚 100 mm，第三喷层厚 100 mm，第四喷层厚 40 mm。

（3）1~2 和 2~3 喷层之间加钢丝绳为筋骨；3~4 喷层之间加钢筋网为筋骨。

（4）打锚杆。高强锚杆规格为 GM22/2400 mm-490，托盘规格为 150 mm×150 mm×10 mm，间排距 0. 7 m×0. 7 m，树脂药卷规格为 Z2550-Z2580，每孔 3 支，煤巷全锚，孔径规格：直径为 38~42 mm。

（5）卸压槽规格。水沟一帮 1400 mm×800 mm，非水沟帮 1000 mm×600 mm。

（6）挂网、绳。网规格：ϕ0. 6 mm 钢筋焊接；网格规格：100 mm×100 mm；网片规格：900 mm×1500 mm；网片搭接 100 mm，握钩连接；绳规格：安全系数为 6~7 的两股为 1 根。长度横向从一帮底角到另一帮底角为 1 根周边长，纵向 6 m 为 1 根。每根接头压茬长 600 mm，压在网外锚杆托盘下拉紧、压实，网格距 350 mm×350 mm。

（7）注浆锚杆。注浆锚杆规格：ϕ22 mm×2000 mm；间排距：1500 mm×1500 mm；浆液水和水泥比为 0. 7∶1。

（8）冒落段和密闭墙外巷道破坏段围岩含水较大，紧贴密闭墙段淋水高达 8~10 m^3/h，必须采用高密封注浆锚杆，孔口密封强度 6~8 MPa。

（9）密闭墙外巷道和安全条件准备完毕开始施工密闭墙内工程。

（二）冒落区域施工方案设计、措施和工艺

由于探得冒落高度为 7~15 m，所以采用人造顶板法进行施工。

1. 人造顶板法施工工序

（1）以探测置换巷道顶板冒落空洞和充填空洞为第一工序，实际探测冒落高度超过 7~15 m 的范围，所以采用人工造顶技术过冒落区域。

（2）由于冒落区域空洞内存在瓦斯，采取分步置换法进行谨慎施工。采取钻孔输送新鲜气体置换高浓度瓦斯，瓦斯浓度稀释后通过钻孔喷射高压水，冲洗煤尘，进一步降低空洞瓦斯浓度和温度，通过钻孔喷水泥浆固结冒落岩石，最后喷射混凝土充满部分冒落空间和固结顶板。

（3）固化冒落岩体形成人工顶板，为第三工序，即对冒落区域冒落下的岩石进行注浆固化，让冒落下的松散岩石固结成岩体，使巷道施工在固结岩体中进行。

（4）超前向冒落区域围岩内进行预注浆，固结巷道周边软弱围岩工作，为第四步工序。

2. 冒落区顶部空洞探测和立体置换

（1）确保冒落区域通风风量，区域内瓦斯浓度低于《煤矿安全规程》规定以下施工。

（2）在距离冒落区域 30 m 处，开始垂直顶板打探孔，探清冒落区域对巷道围岩影响状况，每前进 3 m 一排，每排 3 个孔，沿正顶向两帮各 1. 5 m，探孔深度 4~6 m。如无空洞，根据巷道变形和围岩裂隙状况进行注浆加固。

(3) 在距离冒落区域 20 m 处，在每 2 m 打 3 个垂直顶板打探孔外，增加打倾角 45°超前探孔探清冒落区域影响状况，同样，每排 3 个孔，沿正顶向两帮各 1.5 m，探孔深度 4~6 m。如无空洞，根据巷道变形和围岩裂隙状况进行注浆加固。

(4) 在距离冒落区 10 m，开始采用钻机打探孔，探清空洞位置和瓦斯状况，进行向空洞内立体置换。立体置换的方法是：

①每 2 m 一排，由巷道顶板向空洞打 2 个 ϕ42 mm 的钻孔输送压风，打 ϕ90 mm 的钻孔 5 个，作为排放空洞中有害气体；具体是在 2 个 ϕ42 mm 孔内插入 6 分的压风软管，向空洞处循序渐进的输送压风，要认真测排气孔的瓦斯浓度，确保在瓦斯不超限的情况下，加大压风供给量。

②排气孔瓦斯浓度低于 1% 时，采用喷浆机和喷浆软管通过 ϕ90 mm 排气孔向空洞内喷水 10 min，主要作用是降低空洞内温度和粉尘。

③同样采用喷浆机和喷浆软管通过 ϕ90 mm 排气孔向空洞内喷水泥浆，每个孔喷 0.5 m^3，主要是为了封闭空洞内岩壁，控制瓦斯继续涌出。

④通过 5 个排气孔向空洞内喷射混凝土，以喷满为原则，及时封闭中顶以外的所有孔，进行注浆。

⑤注浆浆液从中顶孔外溢后，停止注浆，封闭中顶孔，注浆 1~1.5 m^3，即可停止注浆。

⑥每 2 m 一排循序渐进施工。

冒落区排气（瓦斯等有害气体）、充填和注浆管孔布置主视图、剖面图如图 3-1-2、图 3-1-3 所示。

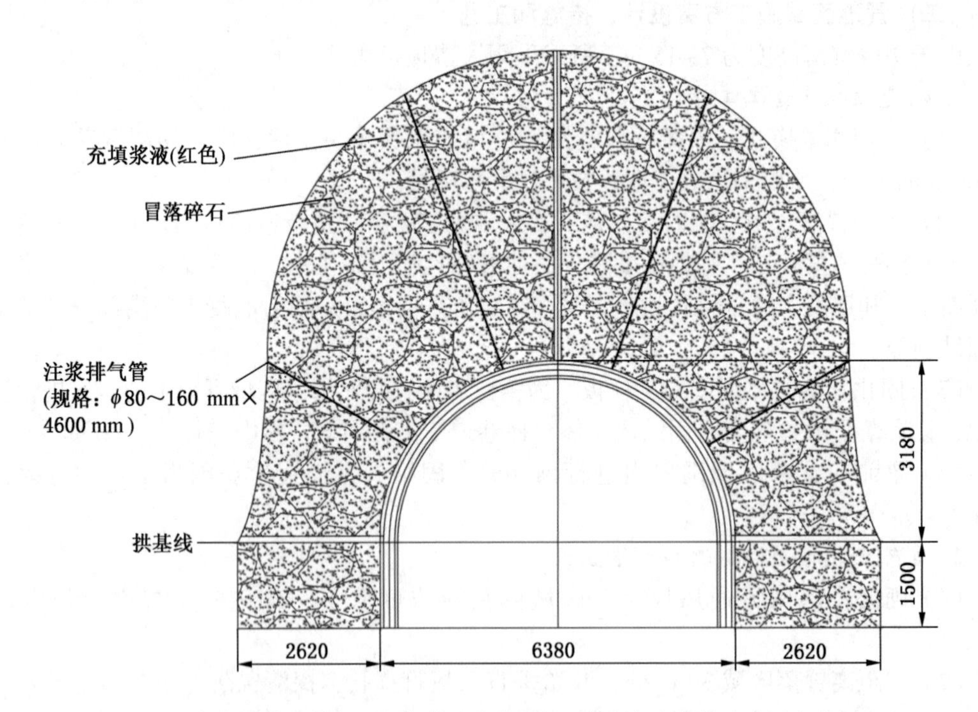

图 3-1-2 冒落区排气（瓦斯等有害气体）、充填和注浆管孔布置主视图

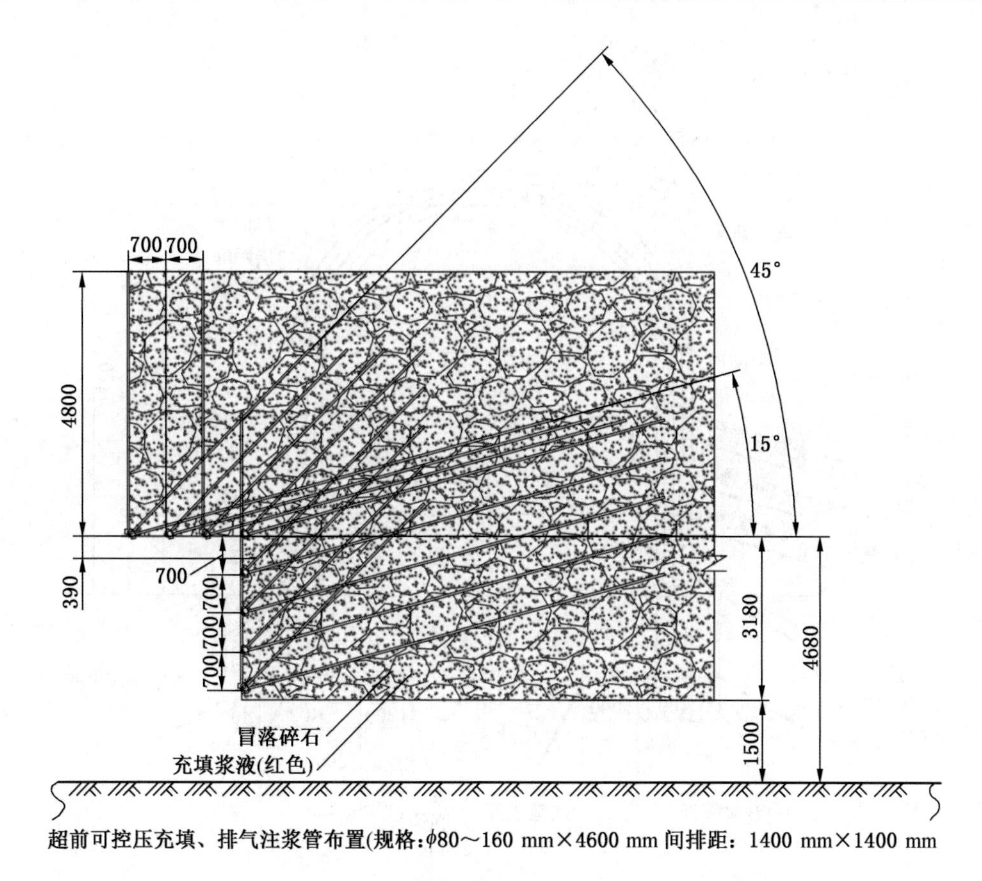

图 3-1-3　冒落区排气（瓦斯等有害气体）、充填和注浆管孔布置剖面图

(三) 密闭墙外底鼓两帮来压段巷道支护设计

密闭墙外底鼓两侧来压段巷道支护设计断面如图 3-1-4 所示。

考虑到冒落下来体积较大，所以预计巷道以上空洞较大来考虑的设计，具体内容见表 3-1-3。

表 3-1-3　冒落区断面钻孔设计规格及作用

序号	名称	规格	作用	材料	说明
1	压气孔	ϕ80 mm×L4000 mm	压入气体	空气	使用矿井压风
2	排气孔	ϕ80 mm×L4000 mm	排出气体		
3	喷浆孔	ϕ80 mm×L3000 mm	喷水泥浆液	稀水泥浆液	
4	喷混凝土孔	ϕ80 mm×L3000 mm	喷混凝土	混凝土	
5	注浆孔	ϕ22 mm×L2400 mm	注浆使用	高浓度水泥浆液	

设计：冒落区每 200 mm 循环，断面设计 5 个排气孔，规格 ϕ80～160 mm×3000～5000 mm；作用：①排出冒落空顶区瓦斯；②充填冒落区；③注浆固化冒落区。

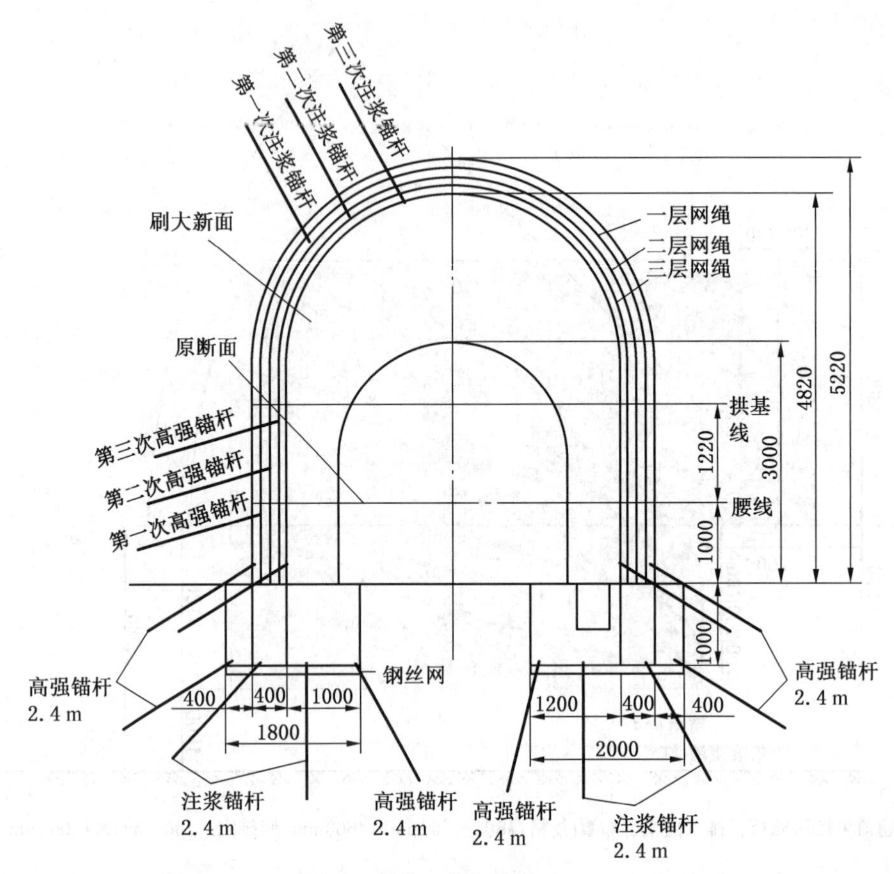

图 3-1-4 密闭墙外底鼓两帮来压段巷道支护设计断面图

(四) 高冒区域人造顶板法技术的具体技术措施和施工工艺

距冒落区域 20 m，围岩受煤层突出和高冒落影响，已经破碎和离层，在探测和置换的前提下，同样要进一步加强支护结构强度和支护施工安全的防范（图 3-1-5）。

1. 固化松散岩体的超前锚杆设计

（1）超前注浆锚杆间排距 300 mm×300 mm，其中∠6°和∠45°间隔布置（实际上∠6°和∠45°超前注浆锚杆间排距各为 600 mm），超前锚杆长度为 2200 mm，采用 ϕ24 mm 厚壁钢管，保证注浆效果和超前护顶的双重目的。

（2）超前预注锚杆在刷大前进行；可控预注锚杆两帮做到腰线以上，腰线以下不做。

（3）以压力控制注浆，以注浆量控制每个孔，每个孔不超过 1m^3（20 袋水泥），顶板漏浆即停止注浆。

（4）预注浆水泥浆浓度，液配比高于正常围岩注浆，水比水泥为 0.5~0.6∶1，以搅拌机搅拌能力确定其最高浓度。

（5）超前预注注浆压力控制在 1.5 MPa 以下。

（6）视围岩松动情况，可以再次预注，确保围岩固化。

2. 多层次喷层设计

松散岩体下人工造顶，初期主要以喷层确定控制和支护顶板，喷层强度和施工质量至关重要。

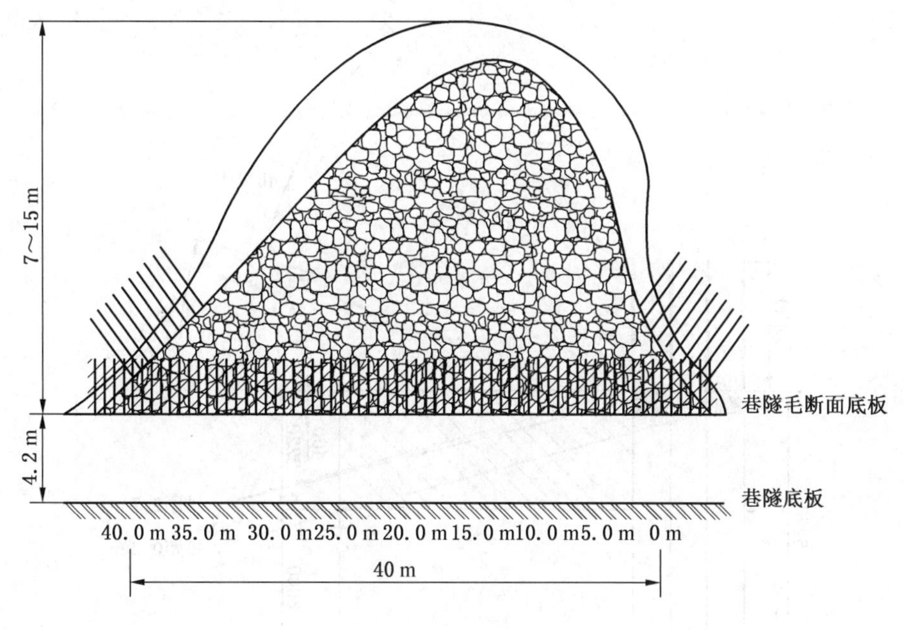

图 3-1-5　人工造顶板法示意图

混凝土喷层设计：在极其松散围岩中，采取喷射混凝土支护是最有效的方法，高速喷出的混凝土被挤压入裂隙缝隙中，起到胶结围岩表面裂隙缝隙、提供围岩强度的作用。同时高速喷到岩面上的混凝土，有效和围岩结合成为共同抵御深部应力的共同承载体。

（1）基于以上基础，设计喷层考虑承载 10 m 以上的围岩松散体，喷层厚度设计为30×10×1. 1＝330 mm，喷层总厚度定为 340 mm。

（2）设计喷层结构为四层次喷层，一层次喷厚为 80 mm，二层次喷厚为 100 mm，三层次喷厚为 100 mm，四层次喷厚为 60 mm。

（3）设计喷层中置入二层次钢丝绳和一层次钢筋网，确保喷层总体的支护强度、整体结构饱含强大的韧度。

3. 冒落区域支护中的锚杆设计

（1）锚杆采用目前钱家营使用的高强锚杆。

（2）锚杆长度为 2400 mm，具体规格同等于目前矿上使用的高强锚杆。

（3）锚杆分三个层次置入混凝土喷层中，第一层次锚杆置入一喷层后，第二层锚杆次置入二喷层后，第三层次锚杆置入三喷层后。

（4）每层次锚杆间排距为 700 mm×700 mm。

（5）四层次喷层完成后对人工造顶的围岩（超前预注过的冒落岩体）进行注浆，注浆要注重设置测点和顶板测试仪，在以数据为准则的基础上进行控制注浆压力，注浆压力设计在 1. 5 MPa 以内。

（6）超前注浆锚杆间排距为 600 mm×600 mm，其中倾角 25°和 65°间隔布置（实际上倾角 25°和 65°超前注浆锚杆间排距各为 1200 mm）。

超前可控压预注浆锚杆布置剖面图如图 3-1-6 所示。

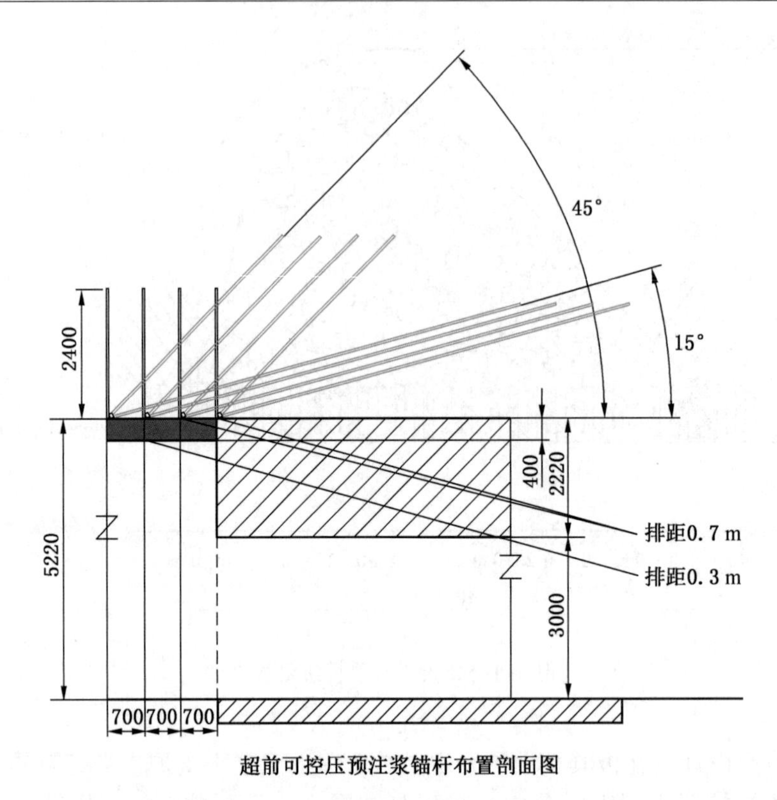

图 3-1-6　超前可控压预注浆锚杆布置剖面图

4. 冒落区域支护步距设计

（1）冒落区域在固化岩体下，以先拱后墙法施工，在4个循环拱顶后进行墙的施工。

（2）上部拱顶每个循环不超过700 mm，每个循环进行二层次喷层，6个循环和墙壁部分同时完成三层次喷层支护。

（3）四喷层支护在3喷层支护完成15~20 m后进行。

（4）卸压槽开挖和注浆在冒落区域施工完成后进行施工。

（五）冒落区域实际支护技术方案设计

-850 m主石门巷道支护设计和主要参数：过煤层冒落区段采用半圆拱形、预控注浆、四喷层、三次锚网绳、强底脚卸压槽、可控压注浆支护（煤层段21 m采用超前管棚预控注浆固化、强化围岩，预防施工时冒落。注浆管间排距0.3 m×0.7 m，倾角45°与15°交叉进行，注浆锚杆管长2.4 m，防止冒落）。修前净断面3.4 m×3.0 m（宽×高）= 10.2 m^2，现设计刷大毛断面6.6 m×5.2 m（宽×高）= 34.32 m^2，修后净断面5.6 m×4.7 m（宽×高）= 26.32 m^2。

1. 强韧（混凝土钢丝绳）喷层设计

（1）设计喷层考虑承载10 m以上的围岩松散体，喷层厚度设计为：30×10×1.1 = 330 mm，喷层总厚度设计为360 mm。

（2）设计喷层结构为四层次喷层，一层次喷厚为100 mm，二层次喷厚为100 mm，三层次喷厚为100 mm，四层次喷厚为60 mm。

（3）设计喷层中置入二层次钢丝绳和一层次钢筋网，确保喷层总体的支护强度、整体结构饱含强大的韧度。

2. 支护体系中的锚杆设计

（1）锚杆采用目前钱家营矿使用的高强锚杆。

（2）锚杆长度为2400 mm，具体规格同等于目前矿上使用的高强锚杆。

（3）锚杆分三个层次置入混凝土喷层中；第一层次锚杆置入一喷层后；第二层锚杆次置入二喷层后；三层次锚杆置入三喷层后。

（4）每层次锚杆间距为700 mm×700 mm。

3. 支护体系中卸压槽和板块底的设计

考虑高冒区的强大松散围岩载荷和深部围岩水平应力，设计采用自主研发的大板块底的支护结构。其主要的板底结构如下：

（1）卸压槽位置设计在巷道两帮底角；水沟侧1600 mm×1000 mm（宽×深），无水沟侧1200 mm×800 mm（宽×深）。

（2）板块底的断面尺寸。水沟侧1600 mm×1000 mm（宽×深），无水沟侧帮1200 mm×800 mm（宽×深），板块底为混凝土浇筑。

（3）板块底开挖后，软岩3~5天浇筑，较硬岩5~10天浇筑。

4. 高冒落岩体和大面积软弱围岩支护圈体设计

冒落区域成巷、巷道注浆锚杆断面结构如图3-1-7所示。

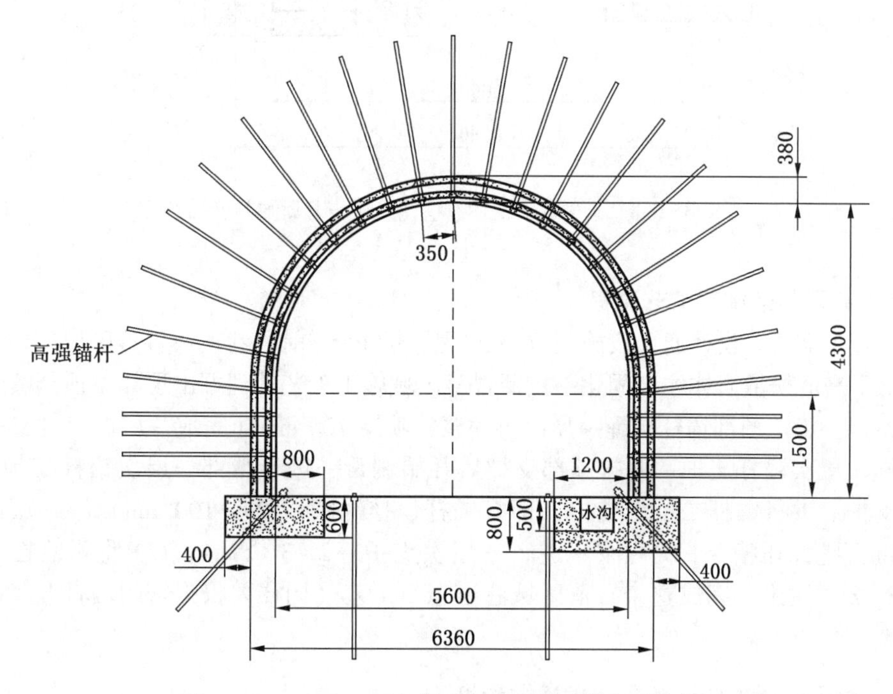

图3-1-7　-850 m石门冒落区域巷道支护断面结构图

5. 注浆锚杆设计

（1）注浆锚杆在巷道的第三层次喷浆后实施。

（2）注浆锚杆规格：采用 ϕ24 mm 厚壁钢管，长度 2000 mm。

（3）注浆锚杆间排距，两个层次均为 1400 mm×1400 mm（图 3-1-8）。

（4）注浆时间：第一层次注浆时间为 20~30 天；第二层次注浆时间，一般控制在 6 个月左右，但必须以监测监控数据为第一，如果围岩有变化应立即进行二层次注浆。

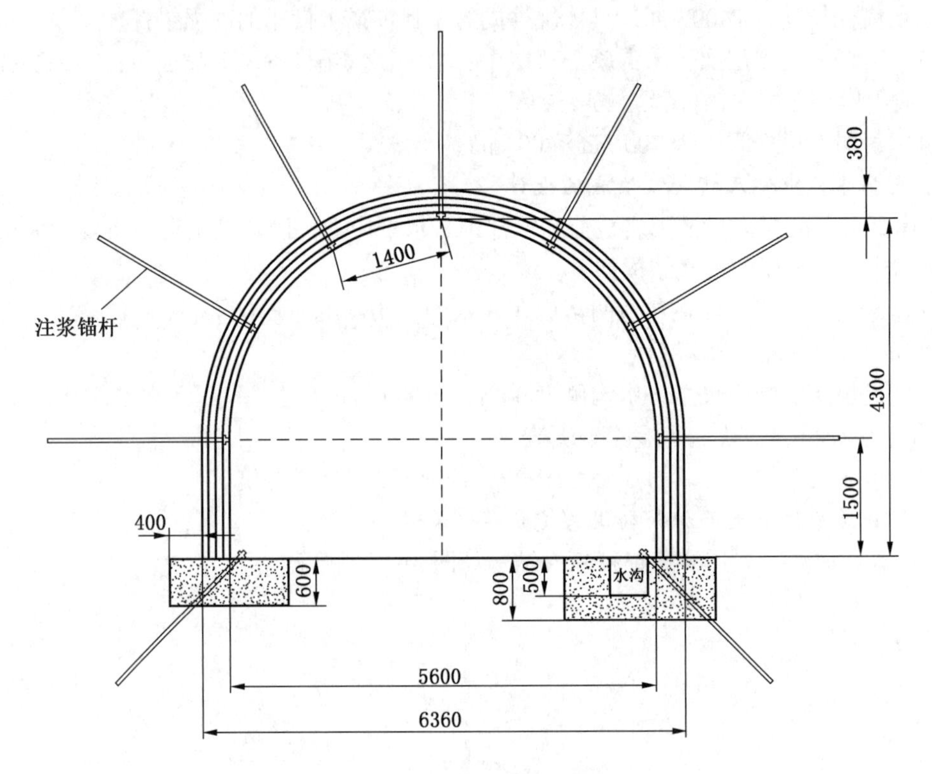

图 3-1-8　冒落区域成巷、巷道注浆锚杆断面结构图

（六）高冒落区施工工艺流程

做好开工准备→设计通风设施到位→加固冒落和变形前段巷道→冒落区域围岩注浆加固→冒落下来的松散岩体注浆固化→按照冒落区域施工工艺处理掘出顶部→顶部喷浆（喷厚 80 mm）→施工顶部锚杆挂绳→顶部再喷浆，喷厚 100 mm（完成一层次锚杆支护）→进行 2 排一层次锚杆支护→两排顶部支护后开始刷帮→进行帮部一层次锚杆支护→4 排一层次支护后进行锚杆二层次支护（即打锚杆、挂绳喷浆喷厚 100 mm）→二层次支护 10~20 m 开挖卸压槽→1 次注浆→进行三层次支护→2~3 个月后（在监测监控的基础上）进行 2 次注浆→完成整个冒落区域巷道施工工艺（同样要根据密闭墙打开状况进行适当调整）。

四、-850 m 主石门冒落区巷道施工效果

（一）-850 m 主石门冒落区巷道施工后巷道位移检测结果

-850 m 主石门封闭墙内 4 号底板变形观测位移随时间变化情况如图 3-1-9、图 3-1-10 所示。

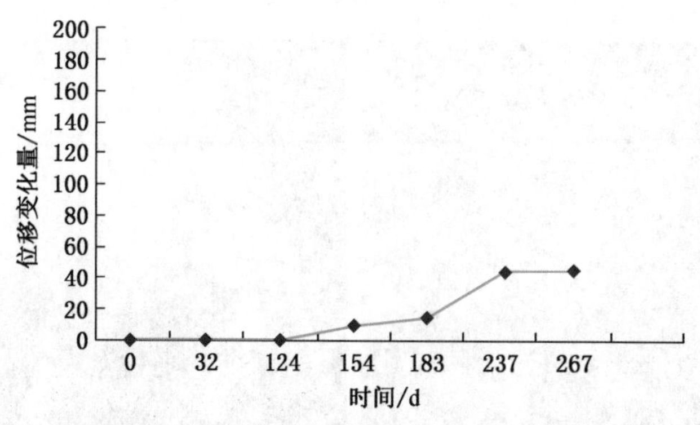

图 3-1-9　钱家营矿-850 m 主石门封闭墙内 4 号两帮变形观测位移随时间变化图

（注：起点观测时间 2014 年 9 月 28 日）

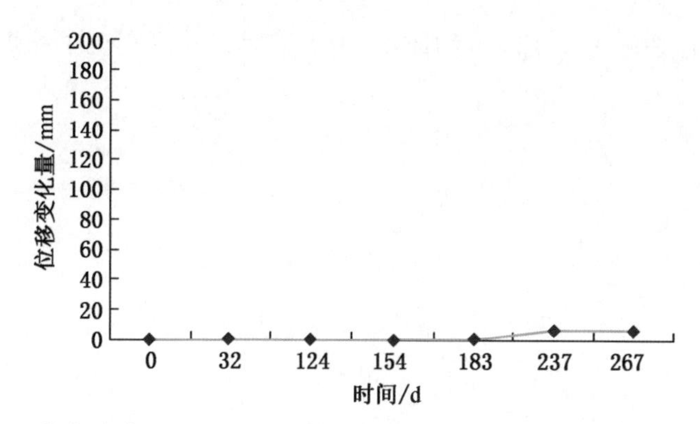

图 3-1-10　钱家营矿-850 m 主石门封闭墙内 4 号底板变形观测位移随时间变化图

（注：起点观测时间 2014 年 9 月 28 日）

（二）-850 m 主石门冒落区巷道施工前后效果图

开滦集团钱家营矿业分公司冒落区域修复前后照片如图 3-1-11、图 3-1-12 所示。钱家营矿-850 m 主石门施工后的 20 个月中，通过 12 组监测点数据分析，两帮移进量中最大的一组仅为 42 mm，小于 1%；底板移进量最大的一组为 83 mm，不超过 100 mm，小于 2.5%。位移变化远远小于要求的规定值，且变化已趋于稳定。

图 3-1-11　开滦集团钱家营矿业分公司冒落区域修复前照片

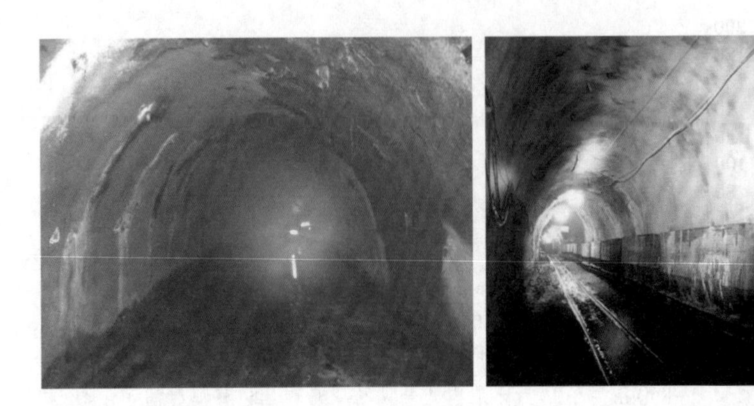

图 3-1-12 开滦集团钱家营矿业分公司冒落区域修复后照片

采用新的支护体系施工，实际节约成本 2161 万元，并且实现了缩短工期，保证矿井采取接替的目的。

第二章 开滦林南仓矿-650 m 水平轨道巷斜井交叉巷修复工程

第一节 工 程 概 况

一、地质构造及水文地质

根据地质部门提供的地质资料看，再向前施工 504 m 后见 F15 断层，落差 17 m。受断层影响，围岩破碎，施工过程中应根据顶板岩层稳定状况，及时更改支护方式，确保施工安全。

区域内及其附近有地质勘探钻孔 7 个，分别为仓 9、仓 36、仓 38、仓补 17、仓补 19、仓补 20 和仓补 36，勘探程度较低，对井田边界和大中型构造控制不够。为此，在 2008 年 6 月对该区实施了瞬变电磁勘探，以提高地质勘探程度。通过瞬变电磁勘探，从煤 12 底板物探水文异常分区与突水灾害预测分析图看，主要有 6 个相对低阻富水异常区。较强富水区主要分布在区域内主构造向斜轴的两翼，尤其是向斜南翼的异常区范围大、幅度强；向斜北翼的异常区范围较大，异常强度也较强。其余异常区范围较小。

二水平轨道平石门工程施工主要受煤 5 及煤 12 砂岩裂隙含水层影响，该含水层在本区域含水性较强，尤其煤 5~煤 7 段含水性最强，涌水形式表现以煤层底板涌水为主，顶板淋水次之，巷道总体涌水量较大，预计最大涌水量 4.6 m^3/min，正常涌水量为 2.0 m^3/min。

二、项目工程概况

林南仓矿井年产 1.35×10^6 t，共有 3 个生产水平，目前生产很大程度上依靠井田北翼二水平以上老区挖潜，老生产采区主要有一水平西一采区、东一采区和二水平东二小采区等 3 个老区域。其中，一水平西一采区内煤 12、煤 11 已基本采完；东一采区剩余可排储量只有 6.11×10^5 t；二水平东二小采区采区上山以东煤 12 和煤 11 已基本采完，主要可采煤层还剩一个煤 9。

随着开采年限的不断增加，浅部煤层煤炭资源越来越少，开采重点向深部转移，为保证未来几年生产衔接，开采三水平深部煤层已是必谋之路，但深部围岩结构复杂，巷道压力显现，支架变形严重，本项目通过研究三水平的初始地应力分布规律摸清开掘巷道围岩变形破坏规律，优化巷道支护方式及技术参数，满足高应力区巷道围岩控制的安全、经济、技术要求，实现矿井的可持续发展。

随着林南仓矿采掘主战场向井田南翼采区挺进，加快-650 m 石门回风巷和轨道石门工程是关系到矿井正常接替的重要工程，然而工程过程中遇到一些难以想象的困难因素。特别是-650 m 石门过破碎带及 F23 大断层二至三水平开拓延伸工程，是挺进井田南翼采区的瓶颈，断层带岩石异常破碎，裂隙极其发育。回风巷道涌水量逐步增大至

0.6 m^3/min，迎头10 m巷道变形严重，上顶下沉800 mm，右帮内移1000 mm。迎头流出碎矸石量约为500车，破碎岩体受内部不断冒落岩体挤压，逐步外移并堆积满迎头25 m范围，预计总矸石量在600 m^3左右。

轨道巷同样因为水量大、迎头围岩极其破碎岩石冒落，前期停止施工转向回风巷施工。-650 m石门工程实际过程告诉我们，常规施工技术和通常支护结构是难以使工程继续进展的。此困难不能尽快和顺利克服必将给矿井生产带来极其被动的局面。

三、巷道原支护形式

巷道原采用的支护是架设金属U形棚支护。由于巷道围岩是极易膨胀的多层复杂的复合顶板，加之上阶段采煤工作面采动的超前动压的影响，造成巷压大，巷道支护变形严重，交叉点抬棚被压垮下来，来往行人几乎都是爬行，明显影响运输和行人的安全。主运转带式输送机运输巷道U形棚极大变形已严重威胁着安全生产。

第二节　林南仓矿-650 m水平轨道巷斜井交叉巷的支护设计

一、支护原则

（1）为确保巷道加固后能保持稳定，并使巷道变形量能限于在设计允许的范围内（尤其在所施工的-650 m水平轨道斜井叉点），拟选用锚注联合支护，提高围岩、煤体自身的承载能力，以实现主动支护，保证支护结构的稳定。

（2）充分考虑受动压影响下的巷道特点，采用全断面支护，重点注重对煤帮、底角和底板的治理。

（3）加强对水的治理，以改善围岩及岩、煤体的物理力学性能，提高支护结构的承载力。

（4）为保证在巷道加固后，断面能满足使用要求，力争将移变量控制在5%~10%。

（5）支护方案要满足技术要求，在确保安全生产的前提下、要尽量加快施工速度，并能降低成本和劳动强度，提高经济效益。

二、支护技术措施

采用强韧封层密贴封闭围岩，稳压注浆胶结解理发育的松散复合围岩体，充分调动并不断提升围岩岩体自身强度、改变围岩应力状态，稳定围岩，实现能主动有效控制巷道变形的锚注支护体系。也就是在大跨度巷道中，按先喷射混凝土，后打锚杆、挂绳、再喷射混凝土、注浆、锚杆钢丝绳敷设、复喷、复注的程序，于顶部增加锚索的软岩大断面巷道支护施工方法。

三、支护断面设计

针对林南仓矿-650 m回风、轨道石门过高承压水断层破碎带泥化流变围岩状态下巷道支护机理研究与应用，设计为多喷层强韧体、大卸压槽、不封闭板块结构和动态注浆的支护体系技术设计。根据以上理念设计-650 m回风、轨道石门过高承压水断层破碎带泥化流变围岩状态下巷道支护断面图（图3-2-1~图3-2-4）。

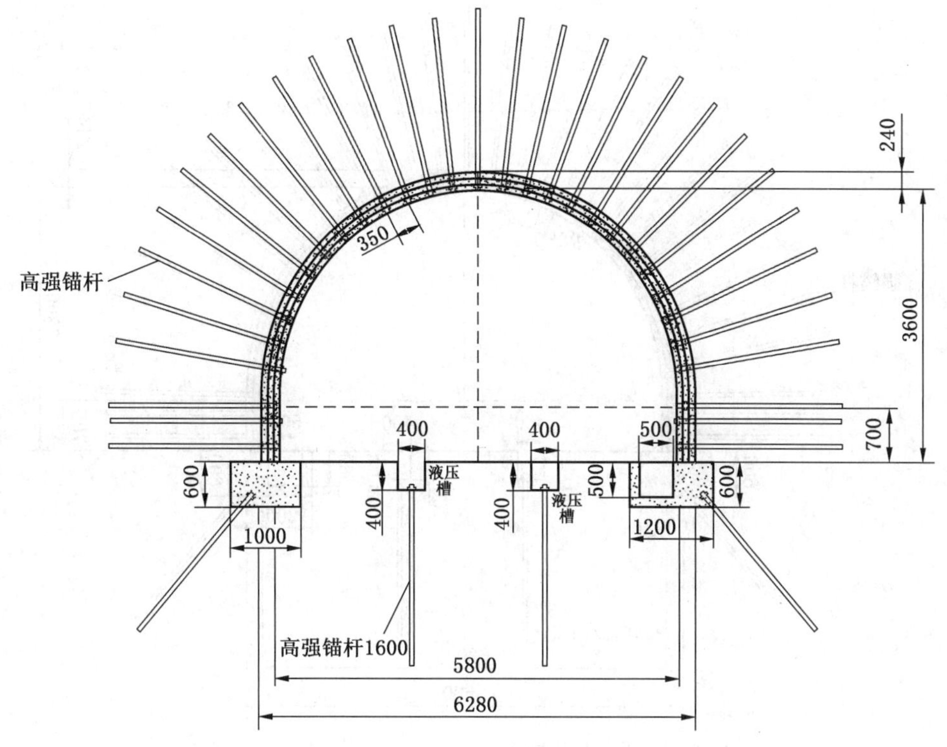

图 3-2-1　围岩较稳定巷道断面及支护层次设计一（小断面）

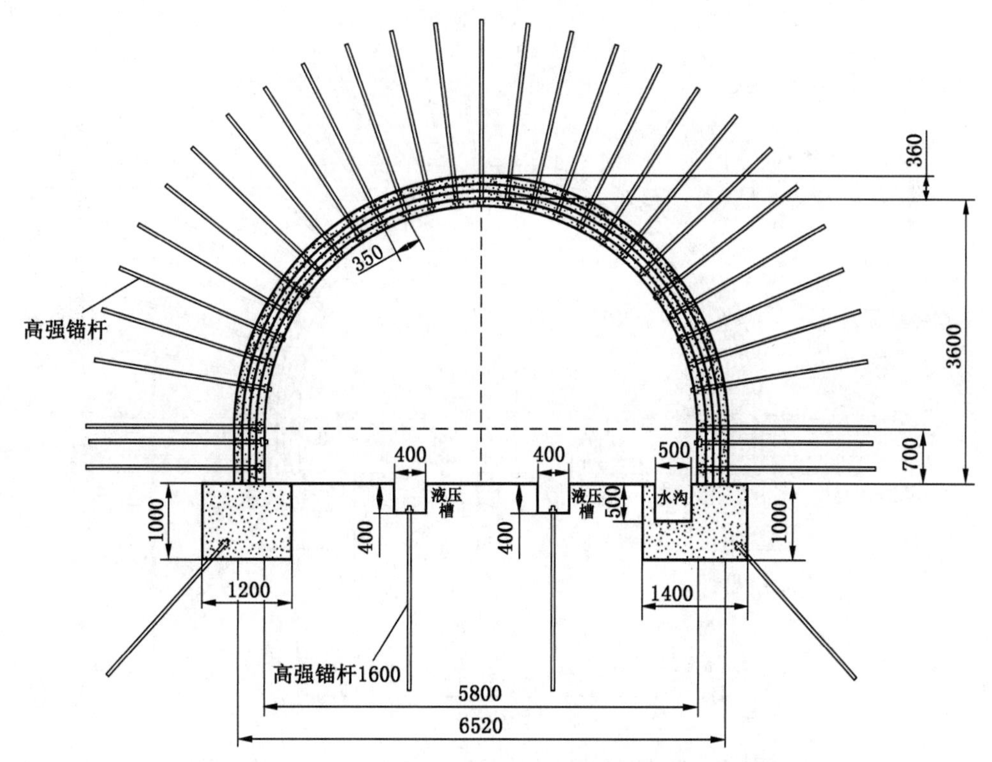

图 3-2-2　围岩不稳定巷道地面及支护层次设计二（小断面）

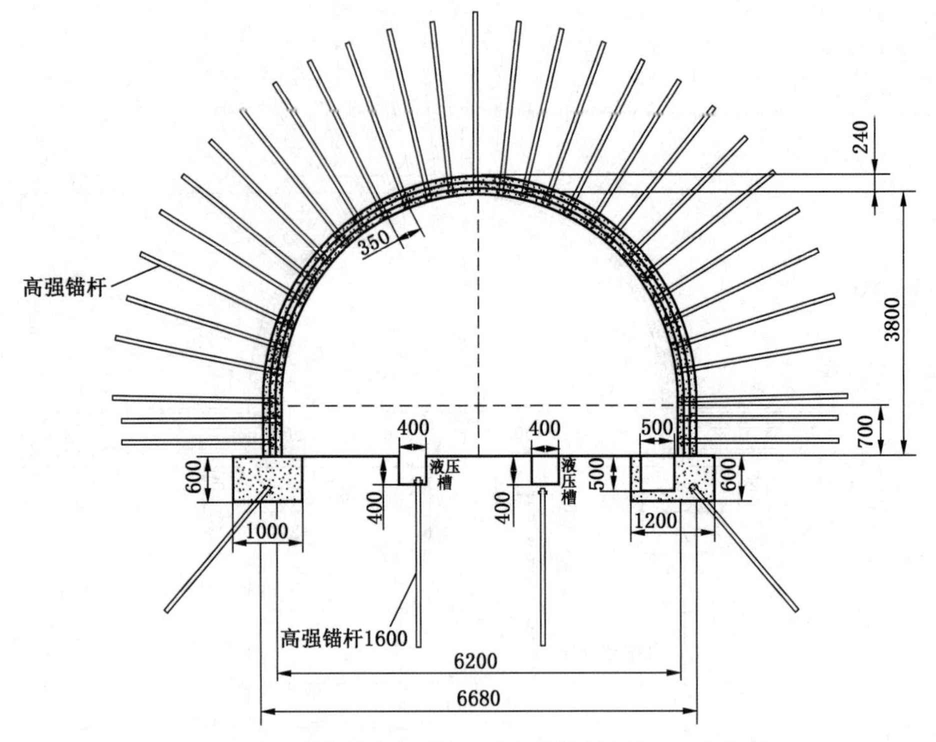

图 3-2-3　围岩较稳定巷道地面及支护层次设计一（大断面）

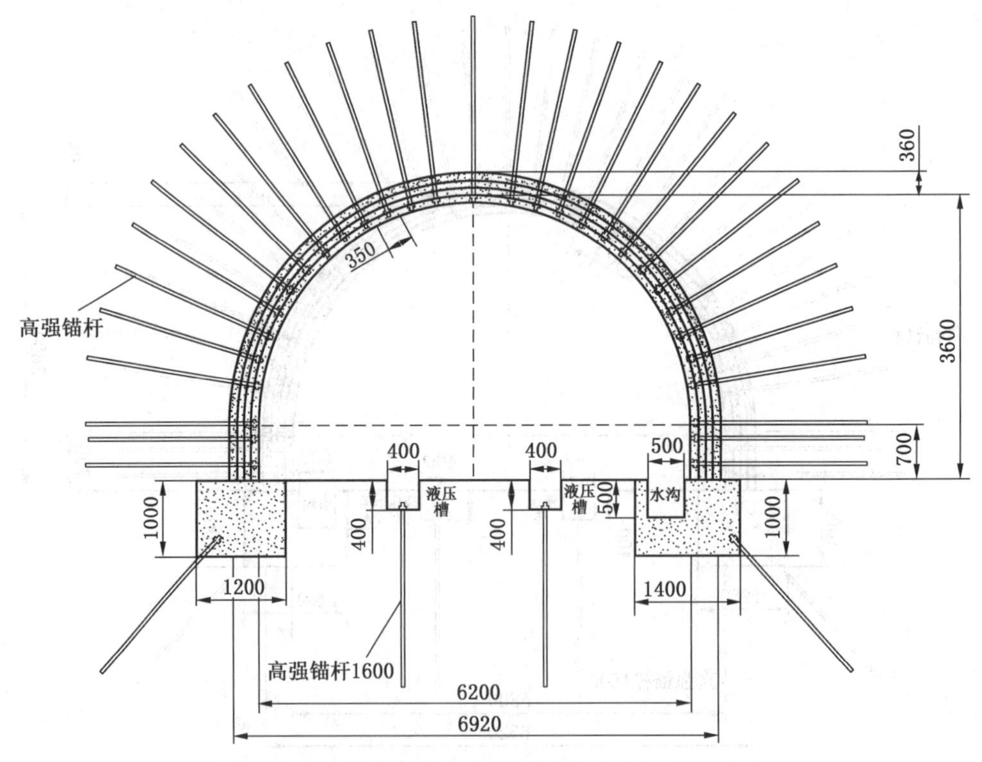

图 3-2-4　围岩不稳定巷道地面及支护层次设计二（大断面）

四、支护主要技术参数

1. 断面设计参数

林南仓矿-650 m 回风、轨道石门的支护采用半圆拱形断面，巷道断面分别如下：

（1）稳定围岩巷道小断面设计：净宽 5800 mm，高 3600 mm，净断面 22.2 m^2（毛断面宽 6280 mm，高 3840 mm，毛断面 22.9 m^2）。

（2）不稳定围岩巷道小断面设计：净宽 5800 mm，高 3600 mm，净断面 23.2 m^2（毛断面宽 6520 mm，高 3960 mm，毛断面 23.6 m^2）。

（3）稳定围岩巷道大断面设计：净宽 6200 mm，高 4000 mm，净断面 24.2 m^2（毛断面宽 6520 mm，高 4240 mm，毛断面 24.9 m^2）。

（4）不稳定围岩巷道大断面设计：净宽 6200 mm，高 4000 mm，净断面 24.2 m^2（毛断面宽 6680 mm，高 4360 mm，毛断面 25.2 m^2）。

2. 强韧封层参数

林南仓矿-650 m 回风、轨道石门支护的强韧封层采用多层次喷层支护结构：

（1）不稳定围岩支护设计设计为四喷层，喷层总厚度 360 mm。

①一喷层为初喷层，厚度为 100 mm，为锚杆和钢丝绳组合。锚杆间排距为 700 mm×700 mm，钢丝绳间距 700 mm×700 mm。

②二喷层，厚度为 100 mm，为锚杆、钢丝绳组合。锚杆间排距为 700 mm×700 mm，钢丝绳间距 700 mm×700 mm（构建成喷层内含 350 mm×350 mm 网格式、极具强韧性的钢丝绳内筋）。

③三喷层厚度为 100 mm，为锚杆、钢丝绳组合。锚杆间排距为 700 mm×700 mm，钢丝绳间距 700 mm×700 mm（喷层内含小于 350mm×350mm 钢丝绳网状内筋）。

④四喷层厚度为 60 mm。

（2）稳定围岩支护设计为三喷层，喷层总厚度 260 mm。

①一喷层为初喷层，厚度 100 mm，为锚杆和钢丝绳组合。锚杆间排距为 700 mm×700 mm，钢丝绳间距 700 mm×700 mm。

②二喷层，厚度为 100 mm，为锚杆、钢丝绳组合。锚杆间排距为 700 mm×700 mm，钢丝绳间距 700 mm×700 mm（喷层内含小于 350 mm×350 mm 钢丝绳网状内筋）。

③三喷喷层厚度 60 mm，为锚杆、钢丝绳组合。锚杆间排距为 700 mm×700 mm，钢丝绳间距 700 mm×700 mm（喷层内含小于 350 mm×350 mm 钢丝绳网状内筋）。

3. 卸压槽

（1）卸压槽开挖时间：针对林南仓矿-650 m 回风、轨道石门的支护必须在强韧封层的第三个层次支护完成后开挖。

（2）卸压槽断面尺寸在巷道两帮墙角为（宽×深）1200 mm×1000 mm。

（3）卸压槽开挖后，卸压时间 5~12 天，主要是根据围岩破碎、泥化状况确定。

（4）卸压槽的回填采用喷浆回弹料即可，特殊地段可浇灌混凝土。

4. 钢丝绳

（1）采用废旧钢丝绳（5″~7″×2 股），将其分解 2 股为一根，要求纵向应在 10 m 以上；横向为巷道除底板外的巷道周边边长的长度。将分解截取成所需的钢丝绳径坚实压在锚杆盖板下。

（2）钢丝绳搭接长度不小于400 mm。

5. 锚杆

规格为ϕ20×2500 mm的高强度全螺纹快速安装螺帽树脂锚杆，间排距为700 mm×700 mm，误差±100 mm。锚杆的外露长度应在作业规程中作出规定，一般不得大于30~50 mm。

6. 注浆锚杆

（1）注浆锚杆采用淮北平远公司的自固自封内自闭新型注浆锚杆，以确保注浆安全和质量。

（2）注浆锚杆的间排距，第一层设计为1400 mm×1400 mm；第二次注浆锚杆间距为1800 mm×1800 mm。

（3）注浆锚杆长度为1800 mm；顶部孔深2500~3500 mm，根据锚杆打眼机打孔状况尽可能打至4000 mm；底板以上帮眼孔深1800~2400 mm；深度超过注浆锚杆的部分为裸孔部分。

7. 混凝土

喷浆用P. O 42. 5R水泥；黄沙用中粒；小石子用瓜子片；水泥：黄沙： 石子为1：2：2；速凝剂的掺入量为水泥用量的5%（混凝土强度要求大于C20）。

8. 水泥

注浆水泥用P. O 52. 5R水泥，水用清水，水灰比为0. 7：1~1：1，注浆压力为1. 5~2. 5 MPa，底角注浆压力不大于3 MPa，每孔用水泥约3~5袋（变形量过大地段注浆量应适当加大，一般在8~16袋）。

五、施工工艺

1. 巷道预留断面

为确保巷道有效使用断面，巷道的掘进毛、净断面应大于设计断面，顶与帮留有200~300 mm的围岩移变空间。

2. 注浆浆液和浆液的配比

注浆材料的选取主要考虑下列原则：浆液的结石体最终强度高；浆液结石率高，与煤岩具有良好的黏附性；浆液流动性好，配比易调；浆液具有足够的稳定性，浆液成本低廉无毒无味。实践证明，高强度水泥是性能好、来源广泛且价格合理的浆液主材料。

（1）按高标号水泥（525号）设计：除有淋水外一般不加速速凝剂，以确保浆液凝固后的长期强度；

（2）浆液水灰比，第一次注浆浆液配比取1：0. 6~0. 8；第二次注浆浆液配，应略小于一次注浆浆液浓度；取1：0. 8~1. 0；

（3）浆液应采用机械搅拌，以保证浆液搅拌力度；人工搅拌力度以测定浆液浓度和黏度来保证；

（4）浆和浆液要滤尽残渣，以确保注浆效果。

3. 注浆量

由于林南仓矿-650 m 回风、轨道石门的围岩裂隙发育并且富含水的特性，松动范围的不均匀性和围岩岩性的差异，围岩吸浆量差别较大，所以应本着既有效地加固围岩达到一定的扩散半径，又节省注浆材料和注浆时间的原则。

(1) 第一次注浆量可控制在 6~8 袋水泥（根据现场实际巷道位移状态及打眼遇到特殊情况，以不跑浆为限制可适当提高注浆量）；

(2) 第二次注浆量一般可控制在 4~6 袋水泥，但压力达不到注浆终压要求应以满足注浆压力要求为止。

4. 注浆压力

(1) 第一次注浆终压可控制在 2.0~2.5 MPa。

(2) 底角的注浆压力要高于顶板和帮部，注浆锚杆的压力一般控制在 2.0~3.0 MPa。

(3) 第二次注浆压力应高于第一次注浆压力，注浆终压可控制在 2.5~3.0 MPa。

5. 注浆锚杆角度

(1) 上半圆要垂直顶板和岩石层理，并按巷道拱圆及注浆锚杆间距要求均匀排列。

(2) 底角锚杆应低于底板 50~100 mm 布眼，向下倾角在 35°~50°以上。

(3) 当巷道淋水较大时，应采取先打导水孔导水，再采用有水玻璃混合浆液，以达到封堵水流通道进一步注浆加固的效果。

6. 注浆时间

注浆时间一般取决于进浆量和注浆终压的要求，时间过长和进浆量过大的，一要查明原因，是否有跑浆、漏浆的情况；原因不能找到的，也可停注一段时间后在对此段巷道复注。

为了防止注浆在弱面浆液扩散较远，造成跑漏现象，在控制注浆压力和注浆量的同时，必须控制注浆时间，使之不宜过长，也不能太快，以尽可能地实现稳压注浆。根据实际情况在作业规程中规定，可按 15~30 min 注一个孔进行要求。

7. 注浆工序实施时间安排

(1) 注浆时间安排首先根据巷道移变量确定。新掘巷道移变量达到 80~120 mm，就应注浆（考虑巷道围岩的可注性）；修复巷道移变量达到 30~50 mm，就可以注浆。

(2) 新掘巷道时间控制上，可定为 20~40 天，这样可保证巷道施工的平行作业空间，也留有对围岩移变观测的时间；修复巷道控制在 15~20 天就可以安排注浆。

(3) 注浆工序实施时间的安排，一定要在监测监控移巷围岩变量的基础上，掌握到一定的巷道围岩移变规律，并且要在确保安全可靠的情况下进行锚注支护施工。

(4) 复注时间。新掘巷道移变量达到 80~120 mm，就应再次复注浆；修复巷道移变量达到 30~50 mm 就可以注浆；巷道比较稳定的可以时间而定，实施复注工作在巷道工程结束前（6~12 个月）统一复注浆。

8. 导水孔和导水洞的施工

(1) 施工开始向仍然有出水范围 M2 布置 4~6 个 2″钢管作为控制和导水孔。要求导水孔把水导引至帮的下部为最佳，以利于施工和喷浆质量。导水孔外端均要设置控制闸阀，以利于控制水流和封堵水。

(2) 出水较大区域，可采用导水洞导水，导水洞长度可根据围岩泥化状况设计一般在

2~3 m左右。

（3）完成三个支护层次以后，可对部分水量较小的导水孔进行注浆封堵，但主要（即水量较大的）导水孔和导水洞暂不封堵。

（4）整个-650 m回风、轨道石门断层带施工完毕后，除对几个集中出水点暂时保留外，对其他分散出水点要进行封堵。

集中出水点的封堵效果取决于支护效果和强度，报矿方决定是否封堵及其有关封堵方案的实施。

9. 超前注浆

（1）超前注浆孔。由于此次方案为新掘巷道过断层，必须遵守先探后掘的原则，即在巷道掘进前在巷道断面上、中、下部打3~5个3 m深的超前探孔，进行探水，封水确认安全可靠后，方可进行掘进工作；探水孔必须用内自闭注浆锚杆注浆封堵（考虑不影响掘进，可采用1.6 m的短内自闭注浆锚杆半裸孔注浆）。

（2）超前内自闭注浆锚杆采取对角式的施工方式，每次两个眼对角同时注浆。施工时必须在使用带帽点柱（内注式单体支柱）作超前临时支护的前提下进行，以确保施工安全。

（3）超前注浆必须采用高承压内自闭注浆锚杆，以保证施工过程中巷道周围来水和加固围岩防止冒顶作用；超前探孔同样采用高承压内自闭注浆锚杆是防止掘进工作面前方出水和控制掘进断面上部片落的安全措施。

六、巷施工效果

林南仓矿-650 m水平轨道巷斜井交叉巷自2008年4月开始施工，2008年12月通过验收，通过近20个月的监控监测，两帮移进量、顶底板移近量远远小于合同规定的位移量，且目前变化已趋于稳定。施工前后效果如图3-2-5、图3-2-6所示。

图3-2-5 林南仓矿-650 m水平轨道巷斜井交叉巷施工前图片

采用新的支护体系施工，构建强韧封层、深挖卸压槽缓释并转移水平应力传递，利用自固内自闭控压注浆锚杆实施稳压注浆使浆液保持一定的压力，在监测监控条件下实施二次或多次注浆以提高围岩支护阻力等多个关键技术手段，实现了巷道的支护稳定。项目实际节约成本140余万元，并且大大缩短了工期，验证了主动技术体系的可靠性和经济性。

图3-2-6　林南仓矿-650 m水平轨道巷斜井交叉巷施工后图片

第三章 吕家坨矿巷道修复工程

第一节 工 程 概 况

一、项目工程概况

吕家坨矿-950 m 二采上部皮带上山、石门及联络巷，-800 m 八采下部集中皮带上山，五采区 7 煤层中的回采巷道，处于矿井孤岛区域范围内。由于处于褶曲、断层和采区孤岛煤柱范围内，形成软弱煤层、构造应力和孤岛应力叠加状态，使支护巷道稳定遭到破坏的问题一直没有较好地解决，巷道断面仅仅在 3 个月内变形缩小 1/3 左右，50% 巷道需要重修一次；局部 6 个月修复卧底高达到 3~5 次。

吕家坨矿特殊的高应力和松软破碎煤层，使巷道掘进工程无法正常开展。掘进机开掘时煤体容易垮塌冒落；进行锚杆支护，锚杆眼孔很快就塌孔，使锚杆很难进行安装；煤体松散破碎垮帮、漏顶现象极其严重，2600mm 长的锚杆很难生根，巷道垮塌难以控制，阻碍巷道掘进进度，困扰巷道支护顺畅进行（图 3-3-1）。

图 3-3-1 吕家坨矿因其特殊的高应力造成巷道变形

二、巷道原支护方式

吕家坨矿-950 m 二采上部皮带上山、石门及联络巷，-800 m 八采下部集中皮带上山，五采区 7 煤层中的回采巷道原先采用密集重型 U 型钢支护，变形速度达 50mm/d 以上，仅仅一个月支护便严重变形和破坏，使巷道断面缩小到不能继续正常掘进的局面。此外，巷道的底板岩层泥化现象严重，出现明显的底鼓，使得巷道的断面收缩率较大，无法满足巷道的使用要求；而对重型 U 型钢支架支护来说，主要以支架的扭曲变形、内挤、局部失稳和下插底板、形成尖顶和底板底鼓速度快为主，支架周围布置的各种背板和金属网遭到破碎，像这样严重破坏的巷道在这区域内高达数百米，严重影响矿井正常的安全生产。

第二节　吕家坨矿严重变形巷道的支护设计

一、吕家坨矿深部高应力煤层巷道破坏机理分析

根据对安徽淮北矿区桃园煤矿、山东枣庄田陈矿、河南义马等矿深部厚煤层已掘巷道的破坏情况的深入调查，并对已掌握的地质及技术资料进行分析，认为开滦集团公司吕家坨矿的巷道破坏因素是多方面的，下面就几个主要因素做以下分析。

（1）-950 m 带式输送机运输巷和轨道巷埋深大，上覆岩层压力大，从而作用在支护结构上的荷载亦较大，当支护结构承受不了该荷载作用时，必然产生变形，逐渐造成巷道支护结构的破坏。

（2）-950 m 带式输送机运输巷和轨道巷处于矿井开采的孤岛区域内，巷道受到开采压力的反复作用，呈现高应力叠加状态。

（3）巷道不得已布置在软弱煤层中，巷道围岩呈显著的软岩特征，-950 m 带式输送机运输巷和轨道巷直接顶和底板均为泥岩，巷道围岩强度低，变形量大、变形速度快。因底板松软，开挖后出现底鼓，而使两帮软弱煤体及顶板位移量加剧，松动范围扩大，因此矿压显现更为严重。

（4）支护方式与围岩条件不相适应。从破坏的巷道看，巷道曾采用锚杆和密集重型 U 型钢支护方式。锚杆支护，由于它需要锚固在较稳定岩层中，它的受力状态始终是以拉伸为主，其次还受到水平方向应力引起的岩层错动产生的剪切作用，-950 m 带式输送机运输巷的围岩，基本为受高应力作用的软弱煤层，锚杆伴随及其所锚固的软弱煤层一起变形，导致锚杆支护性能的丧失。金属支架支护是刚性的被动支护，但在地应力大，巷道围岩条件差，大变形的极不稳定巷道，由于允许压缩变形量小，工作阻力随着变形量增大而减小，直至破坏而失去工作阻力，其支护强度也很有限，而在此区域，目前大量采用重型金属支架，巷道支架在围岩压力作用下，产生失稳性变形和背板压碎断裂，使巷道重型金属支护不能满足使用要求。

（5）碎胀压力大。-950 m 带式输送机运输巷和轨道巷两帮煤体中有一层夹矸为固化程度很低的泥岩，该层夹矸遇水变软，在上覆岩层压力作用下，煤层夹矸被挤压突出，造成支护结构的严重失稳。

（6）水的影响。巷道开掘后，由于应力的重新分布，在巷道周围形成松动圈，顶板裂隙砂岩水，就沿着节理裂隙面渗下来，使岩煤体强度降低，影响了巷道的稳定。

（7）巷道底板稳定性差。-950 m 带式输送机运输巷和轨道巷来看，巷道的底角和底板一直没有采取有效的支护措施，因此当巷道的顶帮压力较大时，造成巷道底板中的应力出现集中现象，从而使巷道的底板产生塑性变形、出现底鼓，进而直接影响巷道顶帮的稳定，产生顶板下沉、两帮内挤，造成巷道支护结构的全面破坏。

通过以上分析，我们看到吕家坨矿深部高应力煤层巷道破裂范围大，变形量大，虽然锚杆支护具有改善围岩力学性质和降低成本的作用，但还是不适应这类巷道的变形特征，而导致支护失败。采用密集重型 U 型钢金属支架，支架也难以抵抗如此大的地应力，而被压坏。所以在深部高应力煤层巷道发挥锚杆支护的优势要从提高围岩的强度和弹性模量，改变围岩的变形规律入手，而我们对吕家坨矿深部高应力软弱破碎煤层巷道采用锚注立体固化联合支护体系正是基于这一思路提出来的。

二、巷道支护设计原则

（1）保证巷道得以安全稳妥施工，掌控好预注浆：注浆锚杆的双层次角度、眼孔深度、浆液浓度和浆液配比等各参数选择，保证预期有效固化煤体达到安全施工的原则。

（2）要充分考虑到受动压影响巷道的特点，采用全断面支护，重点在于煤帮、底角和底板的治理；卸压槽向帮里深度保证大于 500 mm；保证充分、快速和可靠卸压拓展致密煤体注浆路径的原则。

（3）加强软弱、分化和流变的治理，及早改善煤体物理力学性能，提高支护结构的承载能力；即预注、封闭煤体和卸压槽封闭，都要以早封闭、快固化和提高初期支护强度为目的，保证各支护单元后续的有效跟进。

（4）要保证巷道加固后的断面能满足使用要求、巷道成巷断面大于设计要求 10%～12%；巷道成巷后，移变量力争控制在 8%～10%（24～36 个月）。

（5）采用先进的支护一体化技术，以强韧封层，稳压胶结，激隙卸压，缓释叠加应力（喷、锚、绳、复喷、注、喷、复注的联合）等技术为核心的全新的支护体系，实现了新型支护单元之间优势互补，达到不断提高软弱岩煤体自身强度和支护体能自我修复的最佳效果，保证了巷道稳定，使用寿命增长，进一步保证矿井的安全生产。

三、支护技术措施

（1）采用∠10°～∠50°两层次角度的预注浆，保证超前顶板控制有利于正常掘进和第一层次支护工作。

（2）在第一支护单元，一层次锚杆、钢丝绳网和二层次喷浆后，采用快速初注浆，可以利用浆液封堵围岩，及早地提高围岩的自身强度。

（3）注浆后使得喷层壁后充填密实，保证荷载能均匀地作用在喷层和支护体上，避免出现应力集中点而首先破坏。

（4）利用注浆锚杆注浆充填围岩裂隙，配合锚喷支护，可以形成一个多层有效组合拱，即喷绳组合拱，锚杆压缩区组合拱及浆液胶结围岩形成的强大加固拱，从而扩大了支护结构的有效承载范围，提高了支护结构的整体性和承载能力。

（5）注浆后使得作用在顶板上的压力能有效地传递到两煤帮，通过对巷道煤帮的加固，又能把荷载传递到底板；同时由于组合拱厚度的加大，这样又能减小作用在底板上的荷载集中度，从而减小底板岩石中的应力，减弱底板的塑性变形，减轻底鼓；且底板的稳定，有助于巷道煤帮的稳定，在底板及巷道煤帮稳定的情况下，又能有效的保证顶板的稳定。

（6）注浆加固后能使普通端锚锚杆实现全长锚固，从而提高了锚杆的锚固力和可靠性，保证了支护结构的稳定，且注浆锚杆的本身亦为全长锚固锚杆，它们共同将多层组合拱连成一体，共同承载，提高了支护结构的整体性。

（7）注浆使支护结构的断面尺寸加大，这样使围岩作用在支护结构上的荷载所产生的弯矩较小，降低了支护结构中产生的拉应力和压应力，因此能承受更大的荷载，从而提高了支护结构的承载能力，扩大了支护结构的适应性。

四、技术方案

从目前各类巷道的支护形式及支护效果上来看，巷道的支护形式可以分为 3 个层次，第一个层次为各种金属型钢支架、砌碹等被动支护形式；第二个层次是以锚杆支护为主的改善巷道岩体力学性能的主动支护形式；第三个层次，即最高层次，是以从根本上改变岩体结构及力学性能的以锚杆注浆加固为主的主动加固形式。支护层次越高，支护效果越好。

由于吕家坨矿-950 m 带式输送机运输巷地压大，煤层硬度小，顶底板岩层松软易破碎，呈现典型的软岩特征且淋水大，对这类深部高应力煤层巷道必须采用最高层次的支护形式，即锚注支护，才能加固围岩，封堵围岩裂隙，避免巷道淋水，保证巷道的稳定，因此选择的支护方案为树脂锚杆、金属网、钢丝绳以主绳（锚杆压双股钢丝绳为主绳）、副绳（单股钢丝绳穿中主绳中间）、喷射混凝土及外锚内注式注浆锚杆组成的锚、网、绳、带、喷、注联合支护方案，以下简称锚注支护方案。

锚注支护方案就是巷道掘出后，布置树脂锚杆，挂设多层次钢丝绳，在纵向挂设钢丝绳，横向挂设钢筋带，并用托盘压紧，喷射一层混凝土，顶帮及底角布置注浆锚杆注浆加固。其支护设计断面如图 3-3-2 所示。

五、主要支护技术参数

（1）断面采用半圆拱形，净宽不小于 5200 mm，净高不小于 4000 mm；毛宽不小于 6000 mm，毛高不小于 4500 mm。巷道围岩早期要求围岩移变 100 mm 以上，疏通注浆通道有利于注浆，因此施工断面要求大于设计断面 5%；

（2）采用卸压槽卸压，深挖底角，对底部特别是底角的软弱岩用喷射的混凝土予以置换，加强底角卸压槽的开挖解除矢量受力方向，卸压槽喷浆浇筑后又是强力支撑和抵抗后期、阻断后期矢量的强大支撑带，同时能阻断高位势能不断传递水平应力，消除水平应力造成的挤压两帮和底板。煤体中卸压槽断面尺寸宽×深×长为 1000 mm×600 mm×12000 mm（水沟帮）；800 mm×600 mm×12000 mm（无水沟帮）。卸压槽向煤帮内伸展宽度不得小于 500 mm。

（3）树脂锚杆。顶板、上帮及下帮布置的树脂锚杆规格分别为 ϕ20 mm×2400 mm、

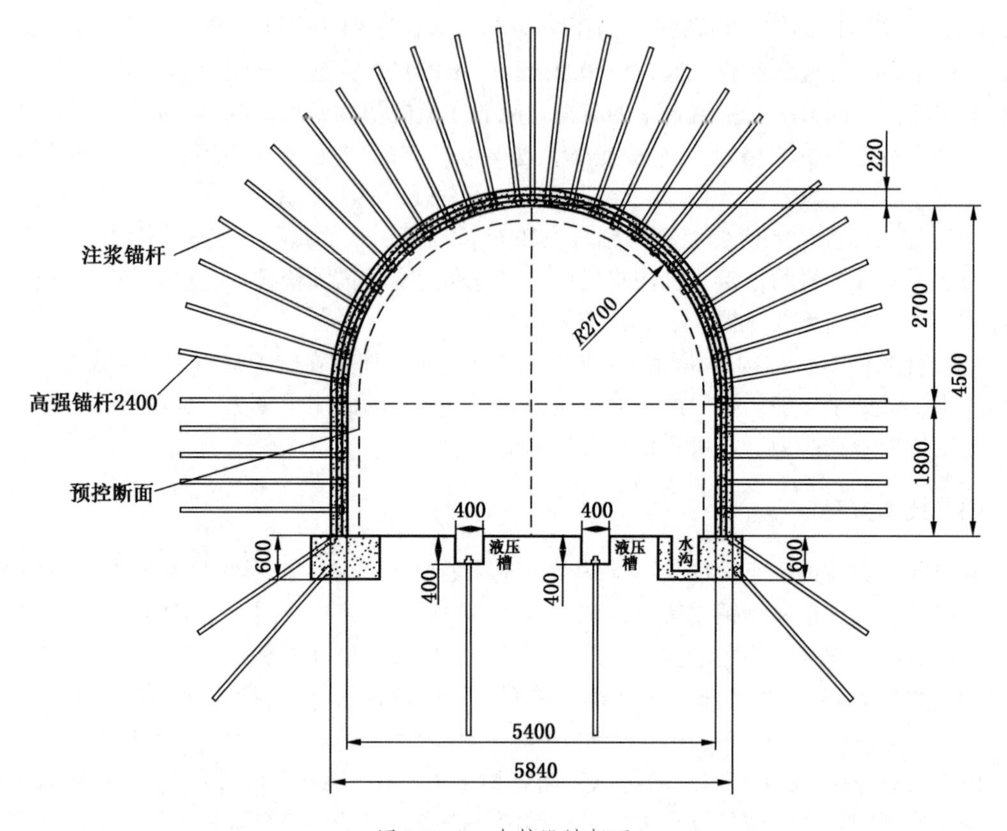

图 3-3-2 支护设计断面

ϕ20 mm×2600 mm 的左旋无纵筋螺纹钢等强锚杆，破断力大于 140 kN，锚固力顶板锚杆 8.0 t，两帮 6.0 t；树脂锚杆全断面布置，每个层次的锚杆间排距均为 700 mm×700 mm。

（4）注浆锚杆。采用自封自固内自闭控压锚杆，顶板及两帮注浆锚杆规格 ϕ22×1800 mm。注浆锚杆全断面布置，顶板注浆锚杆间排距 1100×1100 mm，上帮注浆锚杆间排距为 1300×1100 mm，下帮注浆锚杆间排距为 1100×1100 mm，底角注浆锚杆下扎 30°~45°，排距 1100 mm。

（5）喷射混凝土。喷层厚 180~240 mm，第一喷层厚度 60~80 mm，第二喷层厚度 80~100 mm，第三喷层厚度 40~60 mm，强度等级大于 C20，配合比 1∶2∶2。

（6）钢丝绳采用废旧钢丝绳（5″~7″）。

六、注浆参数

1. 注浆材料

注浆材料的选取主要考虑下列原则：浆液的结石体最终强度高；浆液结石率高，与煤具有良好的黏附性；浆液流动性好，配比易调；浆液具有足够的稳定性；浆液成本低廉无毒无味。注浆材料采用普通硅酸盐水泥加水玻璃浆液，水泥采用 425 号（原 600 号）普通硅酸盐水泥。浆液水灰比为 0.9∶1.2~1∶1。

2. 注浆量

对于巷道岩煤体的注浆，其注浆效果的好坏，关键取决于注浆参数的选择。巷道围岩注浆效果的控制程度取决于施工队的经验及技术熟练程度。他们必须根据测得的注浆压力和浆液流速来选择注浆的顺序，以及是否变更或终止注浆过程。从成本最低的观点来看，在注浆过程中，进行有效的监测是十分必要的。当前，在注浆实践中进行监测的内容包括：

（1）注浆压力随时间的变化。监测压力可以帮助施工操作人员保证不超出最大的允许压力。

（2）注浆速度及注浆量的大小。对它们的监测可以及时避免因不必要的浆液溢出而造成的浪费。

（3）注浆压力：注浆压力根据以往经验，顶板及两帮最大注浆压力为 2.0 MPa，底角最大注浆压力 3.0 MPa。

七、施工工艺

吕家坨-950 m 带式输送机运输巷锚注联合支护施工工艺为：打预注浆锚杆和进行预注浆→综掘机掘进（部分极其软弱段采用风镐掘进）→喷一层次混凝土喷层（喷厚 60~80 mm）→打锚杆孔→安装锚杆→挂钢丝绳→喷 100 mm 厚混凝土→打整个巷道二层次锚杆→进行三层次喷浆（80 mm）→开挖卸压槽（-950 m 带式输送机运输巷为软弱煤层卸压时间 2~3 天即可）→打注浆锚杆孔→安装注浆锚杆→封底注底角注浆锚杆→注帮注浆锚杆→注顶板注浆锚杆→根据监测监控数据打第二层次注浆锚杆→第四层次喷浆（60 mm）→第二次注浆。

注浆时采用自下而上、左右顺序作业的方式，每断面内注浆锚杆自下而上先注底角，再注两帮，最后注拱顶锚杆。注浆完毕后，根据观测结果确定是否复注及复注位置，主要针对初次注浆效果较差的个别孔或是水泥凝结硬化时产生的收缩变形部位，通过复注可起到补注和加固的作用，从而易于保证施工质量。

八、吕家坨矿巷道修复工程施工效果

（一）吕家坨矿-950 m 带式输送机运输巷道施工后巷道位移检测结果

吕家坨矿-950 m 带式输送机运输巷道测点移变数据见表 3-3-1、表 3-3-2，如图 3-3-3、图 3-3-4 所示。

表 3-3-1　开滦集团吕家坨矿-950 m 带式输送机运输巷道测点移变数据（一）

监测时间	施工数据高（顶底板）/mm	监测数据巷高（顶底板）/mm	移变量/mm	施工数据宽（两帮）/mm	监测数据巷宽（两帮）/mm	移变量/mm
8 月 15 日	4200	4200	0	5150	5150	0
8 月 30 日	4200	4190	10	5150	5145	5
9 月 15 日	4200	4180	20	5150	5140	10
9 月 30 日	4200	4175	25	5150	5135	15
10 月 15 日	4200	4170	30	5150	5130	20

表 3-3-1（续）

监测时间	施工数据高（顶底板）/mm	监测数据巷高（顶底板）/mm	移变量/mm	施工数据宽（两帮）/mm	监测数据巷宽（两帮）/mm	移变量/mm
10 月 30 日	4200	4165	35	5150	5125	25
11 月 15 日	4200	4160	40	5150	5120	30
11 月 30 日	4200	4155	45	5150	5115	35
12 月 15 日	4200	4150	50	5150	5110	40
12 月 30 日	4200	4150	50	5150	5110	40
测终	4200	4150	50	5150	5110	40

表 3-3-2 开滦集团吕家坨矿-950 m 带式输送机运输巷道测点移变数据（二）

监测时间	施工数据高（顶底板）/mm	监测数据巷高（顶底板）/mm	移变量/mm	施工数据宽（两帮）/mm	监测数据巷宽（两帮）/mm	移变量/mm
8 月 15 日	4300	4300	0	4720	4720	0
8 月 30 日	4300	4290	10	4720	4715	5
9 月 15 日	4300	4280	20	4720	4710	10
9 月 30 日	4300	4270	30	4720	4710	10
10 月 15 日	4300	4270	30	4720	4705	15
10 月 30 日	4300	4270	30	4720	4700	20
11 月 15 日	4300	4270	30	4720	4695	25
11 月 30 日	4300	4260	40	4720	4690	30
12 月 15 日	4300	4260	40	4720	4690	30
12 月 30 日	4300	4260	40	4720	4685	35
测终	4300	4260	40	4720	4685	35

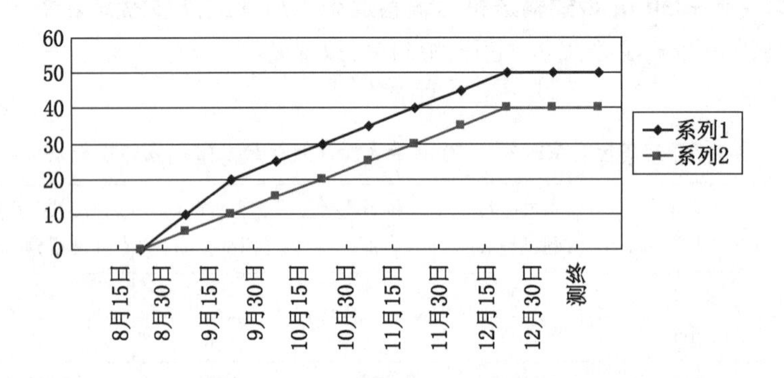

系列 1：高度移变量系列；系列 2：宽度移变量

图 3-3-3 开滦集团吕家坨矿-950 m 带式输送机运输巷测点移变数据图（一）
（该点距交叉点冒落区 7 m 处，断面较大）

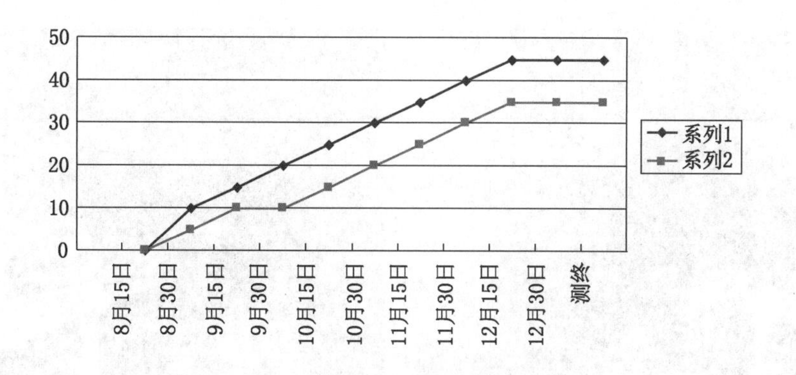

系列1：高度移变量系列；系列2：宽度移变量

图3-3-4　开滦集团吕家坨矿-950 m带式输送机运输巷测点移变数据图（二）

（二）吕家坨矿-950 m带式输送机运输巷道施工前后效果图（图3-3-5、图3-3-6）

吕家坨矿-950 m二采上部带式输送机上山、石门及联络巷，-800 m八采区下部集中带式输送机上山，五采区7煤层中的回采巷道处于矿井孤岛区域范围内，其构造复杂，褶曲、断层等造成原岩应力明显，由此而造成的巷道开裂、片帮、帮部位移和强烈底鼓，严重影响煤矿的安全生产。

图3-3-5　吕家坨矿-950 m带式输送机巷修复前图片

图 3-3-6　吕家坨矿-950 m 带式输送机巷修复后图片

2013 年 12 月—2015 年 6 月采用主动动态支护技术对巷道进行修复工作，共修复巷道 300 m，累计节约成本 240 万元。根据监测监控的数据，前 180 天巷道移变量为 0.8%～1%，总体巷道移变量远远小于合同规定（合同规定巷道移变量控制在 5%～8%），目前趋于稳定。

第四章　东欢坨矿-480 m水平带式输送机运输巷过F2′断层修复工程

第一节　工　程　概　况

一、巷道地质构造及水文地质

东欢坨矿井田为第四系沉积覆盖的含煤盆地，煤系地层为石岩系和二叠系地层，包括唐山组、开平组、赵各庄组、大苗庄组和唐家庄组等地层，煤系地层基底为中奥陶统的马家沟组巨厚石灰岩，上覆第四系冲积层，该区域冲积层厚度为158.8 m。

F2′断层带较复杂，与其所处的围岩地层岩性有直接关系，其成分以灰白色断层角砾、断层泥为主，断层泥有黑色煤泥，断层角砾被断层泥胶结在一起，其原始状态为干燥致密的压实体，但若被工程扰动或断层两侧的裂隙水参与之后，断层带物质立即变成流体状态，泥石流状从钻孔喷出，或从巷道中溃出，使工程无法正常施工。

根据精查地质报告、三维地震的资料，位于北一、北二之间的F2′断层导通煤5顶板、煤12~煤14、煤14~K3三个强含水层，局部与奥灰导通。2002年4月，布置在煤12-1中的-230 m水平回风巷距F2′断层80 m时，开始打地质钻孔进行探测（图3-4-1、图3-4-2），钻孔内时有断层泥水涌出，表明F2′断层带极为破碎，并含大量断层泥，水压较大。

岩石名称	柱状	层厚	累计	岩性描述
粉砂岩与细砂岩互层		9.2	9.2	泥质胶结，水平层理，含凝灰岩
煤12-1		1.4	10.6	
黑色黏土岩		0.8	11.4	岩石较脆，12-1伪底
粉砂岩		4.5	15.9	岩石致密，均一性脆
白色粉砂岩细砂岩		6.5	22.4	泥质胶结，富含根部化石，结构均匀

图3-4-1　岩性柱状图

二、项目工程概况

该工程施工地点的标高-480 m，巷道被一与轴线近于65°的构造带切割。构造带内原充填物分别为破碎岩石、煤泥、岩体碎屑，构造带及波及带宽度17.5 m，两侧外母岩完

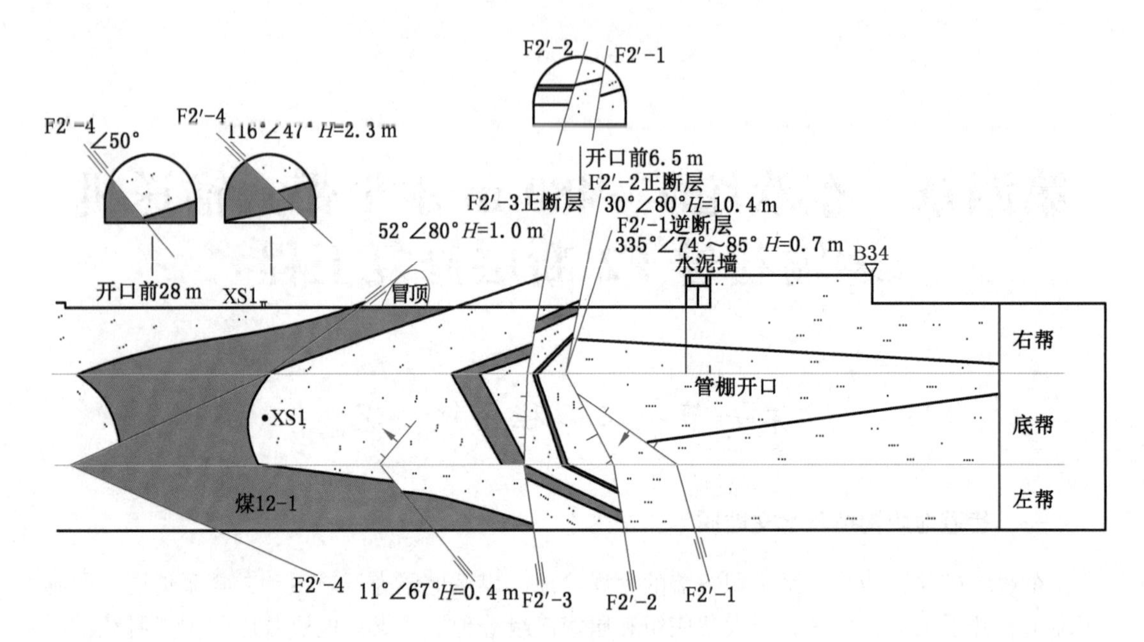

煤 12-1：层状结构，煤质较松散，呈粉状，底部 0.5 mm 含灰质成分较高。底板深灰色粉砂岩，岩性完整，含植物化石。F2′-1 断层南为深灰色细砂岩，岩性完整；F2′-1、F2′-2 断层之间岩性为深灰色粉砂岩，岩性较完整；F2′-2 断层以北 0~8.5 m 岩性极破碎，失去正常层理和结构，∠26°~72°，8.5 m 以后岩性完整

图 3-4-2 各断层参数图

整，比较稳定。断层区域只有少数裂隙水，未与含水层导通。断层可钻性较差，见煤有水就出现喷孔现象，-230 m 水平通过处理后巷道通过时断层破碎带内煤泥岩块涌出，-500 m 水平通过处理后巷道通过时在断层两侧仍出现涌水。尽管断层情况已经基本摸清，但-480 m 带式输送机巷在揭露断层前的 5 m 范围内，仍需进一步钻探，以掌握断层的性质。

矿井建设前期精查报告及采区三维地震补勘工作，对位于北一采区的 F2′断层均系有效控制即控制，程度可靠，F2′断层穿过的层位有煤 5、煤 8、煤 14-1、O2，在煤 14-1 中延展最长，为 690 m。该断层下部断至奥灰，由于奥灰属于高压强含水层，因此严重威胁着矿井采掘工程的安全；同时，断层上部断至煤 5，导通煤 5 顶板水，影响着采区的布置；为保证井巷工程安全施工，设计中对该断层留设断层防水煤柱，并作为两个采区的界限。

由-230 m 水平、-500 m 水平钻探，巷道实际揭露表明，F2′断层由正断层组组成。

第二节 -480 m 水平带式输送机运输巷过 F2′断层的支护设计

一、方案的初步选取

经调查，巷道工程处在岩石松软破碎、地压较大、围岩极其不稳定的地带。造成地压较大的根本原因是矿井水压，在水压作用下，巷道一旦开挖，岩体由三向受力状态变为两向受力状态，破碎软岩极易变形、松散坍塌，含水破碎围岩易激活整个断层，使之处于不

稳定的状态，因而，不能采用普通的方案来处理工程的掘进和支护。为确保安全施工，必须采取特殊施工方案进行施工，可采用的方案有以下三种：

（1）方案 A，冻结法。

（2）方案 B，地面或井下注浆充填加固与掘进工作面管棚超前注浆加固。

（3）方案 C，井下探查孔和检查孔超前注浆充填加固，然后以蜂窝高强密集超前注浆或强韧封层支护技术施工。

二、方案比较

1. 方案 A

使用该方案有成熟经验，但无论在地面冻结，还是在井下水平冻结，均需有大量的大型设备并需建厂房，因而不利于工程施工，同时也不能达到加固岩体的作用。对这点，矿方和煤业公司原来的市场调研结果也作了证明，因此决定不采用此方案。

2. 方案 B

B 方案的优点在于，注浆时不需用大型机具、设备，对施工场地和供电等方面要求简单；同时，注浆可达到改善岩体、持久加固围岩的作用。原来实践已证明，断层破碎带的可注性较好，因此应该肯定，该方案是较能满足工程各方面要求的积极方案。

执行注浆法有两个方案：第一个是以地面布孔为主，在构造带两侧各构筑一道帷幕墙，以屏蔽上下两个方向水的渗透，并将帷幕间现有渗水通道封堵。这一方案的优点是可以保证施工安全；缺点是钻注工期长，占用场地大，材料消耗量大，费用高。第二方案是利用井下巷道内的有效空间布置注浆钻孔，沿巷道轮廓构筑钢管棚灰土体混合帷幕，维护开挖巷道的稳定。该方案的优点是全部施工均在巷道内进行，工期较短，费用低。

施工具体操作是，巷道开挖前，在断层外四周构筑钢管棚混凝土岩体混合帷幕。考虑-480 m 水平地压大、断层破碎且极易被激发的特点，可设计为两层钢管棚。外层为注浆加固层，施工注浆钻孔跟管钻进，尽量减少喷孔事故，为内层管棚施工创造条件。内层管棚注浆孔施工，原则上设计为钻孔跟管钻进，但按现场实际情况要尽量减少跟管钻进的孔数，必要时可以间隔跟管以减弱跟进钢管对注浆的影响，同时可以增加单孔注浆次数，提高帷幕体的强度。为增加帷幕体的刚度，可将内外管棚层的间距适当加大，比如，由过去的 300 mm 增加至 600 mm。巷道开挖后，为增加管棚可靠性，以封堵裂隙出水，每一掘进循环前，要在巷道周围施以小导管超前注浆，然后进入掘进施工。掘进施工采用人力破岩，要以柔性密贴封闭围岩，以稳压注浆胶结解理发育的松散复合围岩体，以充分调动围岩自身强度来不断提升围岩岩体强度，改变围岩应力状态。同时，以加强底板支护强度为原则，适时增加二次支护强度，实现有效控制巷道变形的支护体系。

该方案需先造一个管棚为工作室，根据岩柱保护厚度计算值，从工作室至断层拟预留岩石段为 5 m，同时，考虑到断层带附近岩石裂隙比较发育的情况，为避免施工过程中水或浆液从裂隙中涌出，需在 5 m 岩体预留段的基础上再做 1 m 厚 C18 混凝土墙，以封闭迎头，要求距进入四周稳定岩石段的距离不少于 400 mm。工作面四周浇筑 200 mm 厚的 C18 混凝土。工作室保护带总厚度 6 m。

为使管棚施工有充分的工作空间，必须在现有巷道断面向周边扩挖，形成管棚工作室。沿巷道周边（含巷道底部）向外扩挖净宽 1 m，工作室净宽度 9 m，最大净高度为

8.2 m，沿巷道走向方向管棚工作室净长度为8 m，硐室临时支护为锚网喷支护，喷射混凝土厚度70~100 mm，混凝土强度不小于C13，内层采用钢筋混凝土支护，厚度500 mm，混凝土强度不小于C18。图3-4-3所示为管棚硐室立剖面图。

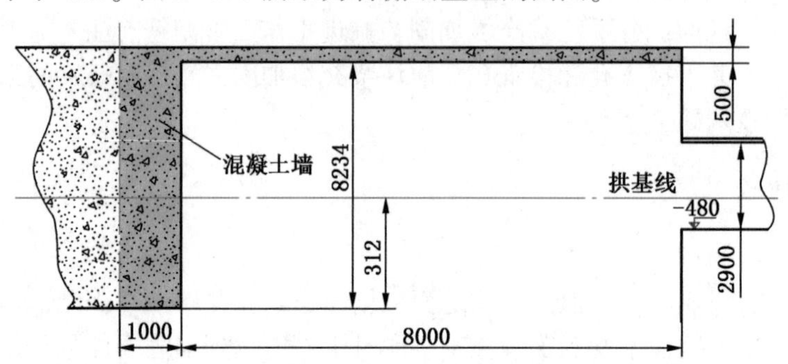

图3-4-3　管棚硐室立剖面图

该方案中钻孔共分两种类型，管棚注浆孔和管棚外注浆孔。

管棚钻孔布置：-480 m带式输送机运输巷过断层段施工断面为4.2 m×3.1 m，永久支护断面为3.8 m×2.9 m拱形，管棚钻孔沿巷道周边布置，距巷道掘进净断面0.5 m，钻孔间距0.6 m，共布置钻孔33个，钻孔深度超过断层另一界面5 m。管棚钢管采用ϕ108 mm热轧无缝钢管，壁厚6 mm，管壁为梅花状透浆孔。

管棚外注浆钻孔布置：注浆钻孔距管棚0.6 m，孔间距0.6 m，钻孔深度要超过管棚钻孔2 m以上，共布置40个。管壁为梅花状透浆孔。图3-4-4所示为管棚工作室断面及钻孔布置图，钻孔参数见表3-4-1。

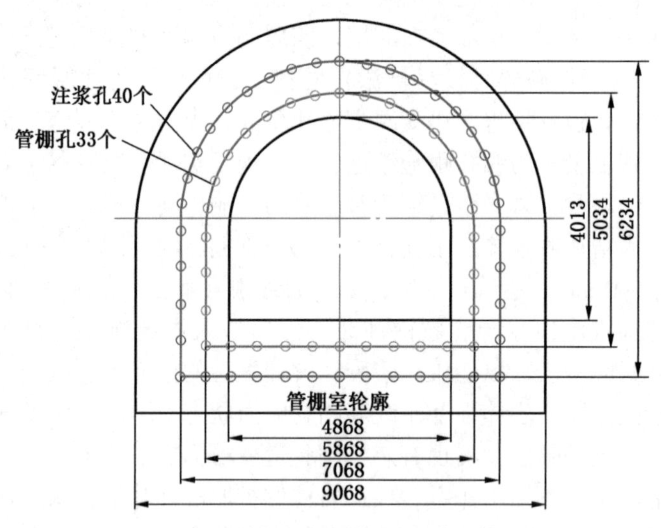

图3-4-4　管棚工作室断面及钻孔布置图

表3-4-1　钻　孔　参　数

	孔径	孔长	方位	孔口管
管棚注浆孔	ϕ146	约19 m	侧、底水平，拱上仰角1°~3°	ϕ159　δ=4 mm　长5 m
管棚外注浆孔	ϕ146	约21 m	水平	ϕ159　δ=4 mm　长5 m

通过在-230 m 水平与-500 m 水平两次巷道穿过 F2′断层的施工经验，我们认为采用管棚注浆技术治理含水又极其松软破碎的岩层和断层破碎带是可行的，但由于受高地压的影响，跟管钻进注浆帷幕的强度受到限制，封堵裂隙水有一定的难度。由于断层带两侧波及带含有高压水，受钻探工具的扰动，容易激发断层充填带而发生喷孔事故，并且处理不好还可诱发整个断层带都失去稳定性，为此，原管棚超前支护设计了两层，外层为注浆孔，内层为管棚孔兼作注浆孔的补强，增加注浆层的厚度、强度、刚度。实践证明，这是一个比较稳妥的措施。然而，由于地层的不均匀性和注浆工程的隐蔽性，整个人工构筑的超前管棚层仍会有薄弱面，这在该工程原来两次掘进过程发生的险情上得到了证明。

3. 方案 C

C 方案先采用井下探查孔（预注孔）和检查孔（复注孔）探明 F2′断层情况，并以超前注浆来充填加固断层带裂隙：一方面封堵住断层水，防止含水层水通过断层带涌入巷道，另一方面将破碎围岩固结成一个有机的承压整体，为巷道施工创造有利条件。然后再采用蜂窝高强密集超前注浆或强韧封层支护技术进一步对巷道施工。

为使打钻、注浆施工有充分的工作空间，必须先在皮带巷断面基础上向周边扩挖，形成工作室，工作室迎头距断层面 10m。工作室断面及支护形式如图 3-4-5 所示。

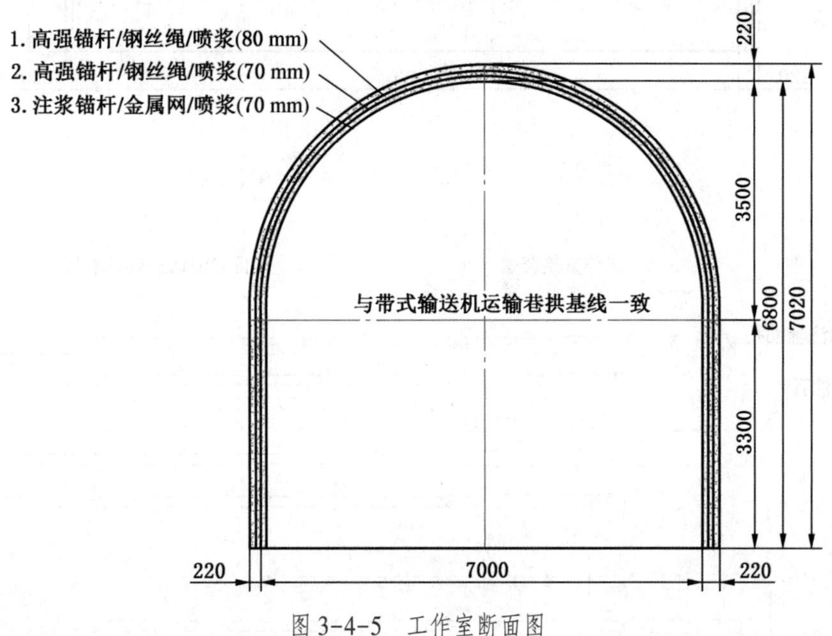

图 3-4-5　工作室断面图

在工作室竣工后才开始打钻和注浆。先施工探查孔（预注孔），探明 F2′断层情况，注浆封堵断层裂隙和水，加固围岩；再施工检查孔（复注孔），实施二次补注，兼作注浆效果检验。预注浆时按照先底部、再两帮、后拱部的顺序进行，检查孔复注浆按照先上后下的顺序进行。探查孔（预注孔）及检查孔（复注孔）布置如图 3-4-6~图 3-4-9 所示。

最后采取蜂窝高强密集超前注浆和强韧封层支护技术施工皮带巷，穿过断层带。

C 方案的优点是，全部施工均在掘进工作面内进行，施工工艺较简单，工期短，费用低，安全可靠。

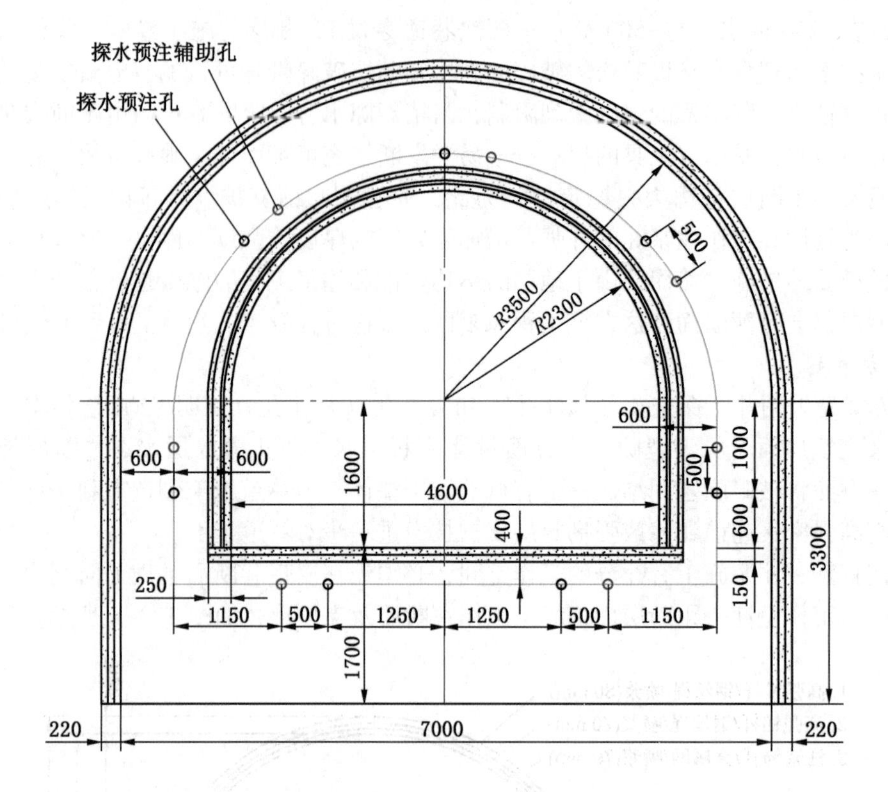

图 3-4-6　探查（预注）孔布置断面图

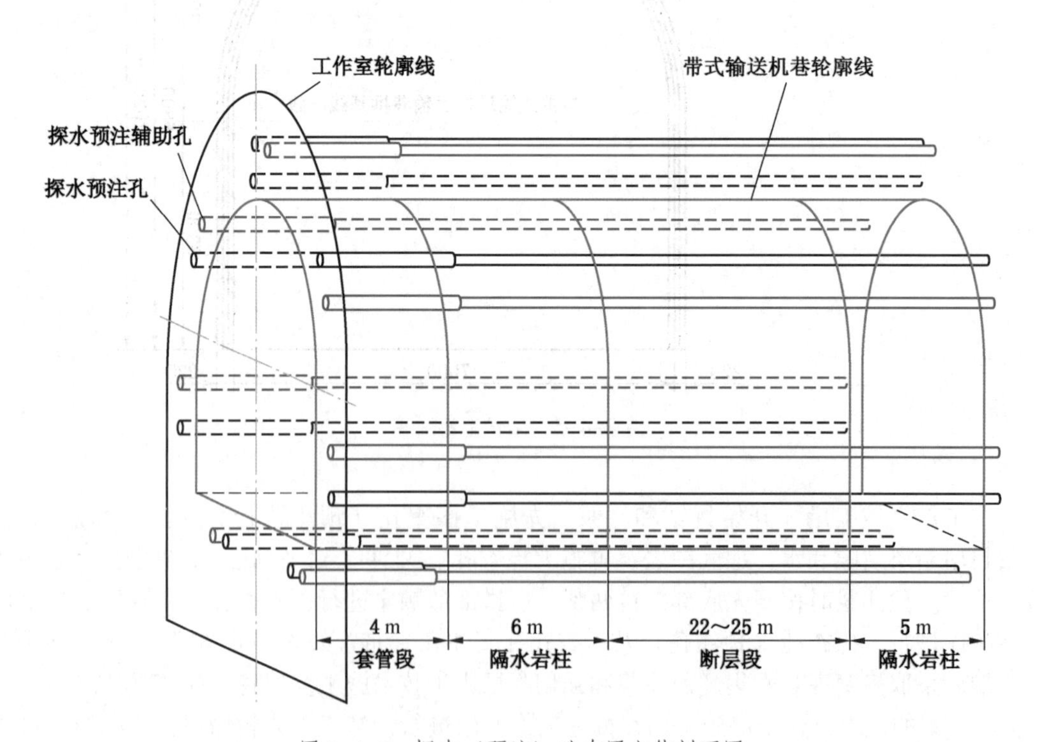

图 3-4-7　探查（预注）孔布置立体剖面图

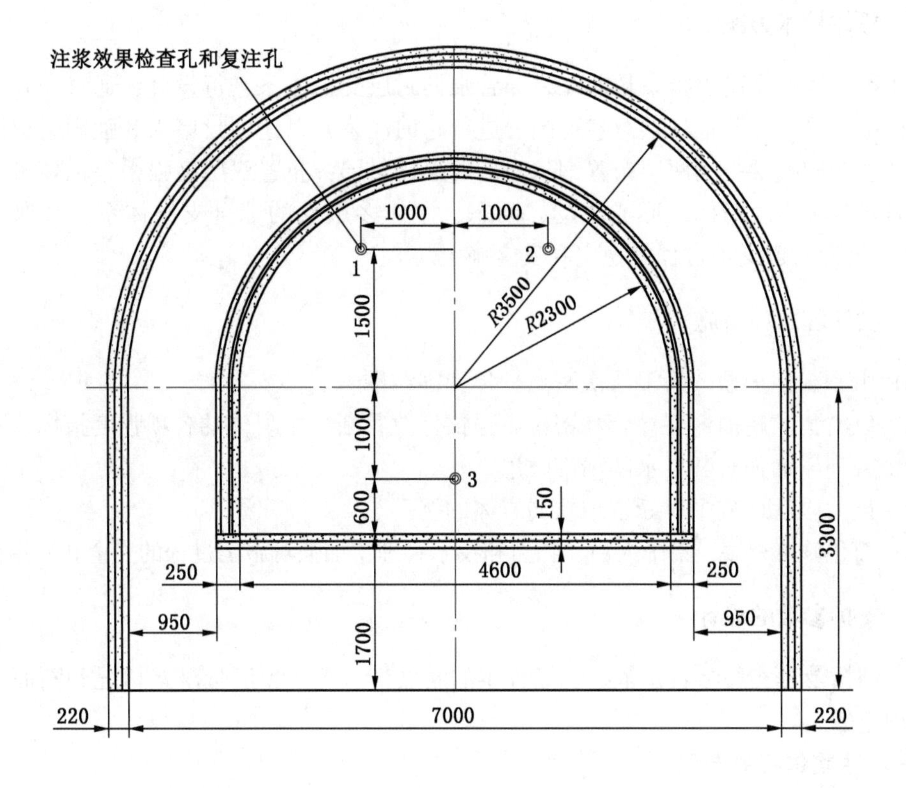

图 3-4-8　检查（复注）孔布置断面图

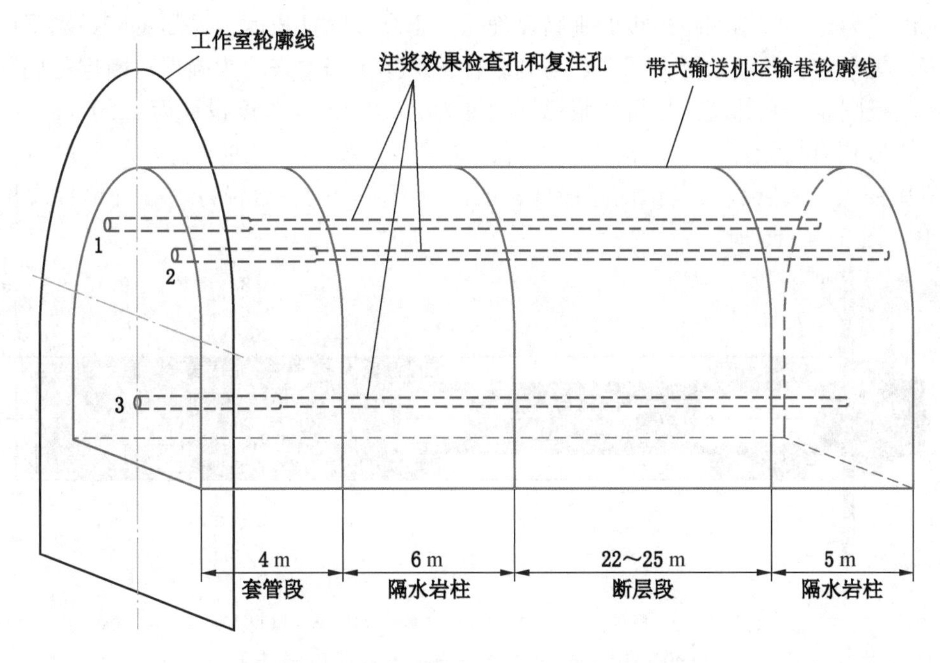

图 3-4-9　检查（复注）孔布置立体剖面图

三、总体技术方案

本工程采用蜂窝高强密集超前注浆导管强韧封层支护体系进行设计，通过布置双层不同角度的小导管式注浆锚杆，对巷道围岩进行超前注浆，以达到封堵水和强固巷道围岩的目的；通过在四喷层中间两层布置钢丝绳形成强韧封层；布置双层高强密集锚杆进一步提高围岩自身各项强度指标，形成主动、动态、立体多层次的综合支护体系，来保证在过F2′复杂断层带巷道支护过程的稳定和安全施工。

四、设计理念和措施

（1）由一次性护顶改为多层次密集护顶和固结围岩。

（2）以密集的超前注浆导管和密集高强锚杆改善断层中岩体的各项强度指标。

（3）有利于加强对断层水的精细防患。

（4）最大限度地减少对断层中软弱岩体的扰动。

（5）简化施工程序，集中人力、物力和技术管理，加强对施工过程的安全和质量控制。

五、支护参数的设计

支护结构及其相关参数是依据现场提供的断层带岩性、断层带淋水情况和断面要求等因素来确定的。

（一）注浆锚杆的选型

为保证在打透水后能安全封闭注浆锚杆眼和进行强有力的注浆。施工中注浆锚杆选用具有2 t以上初锚力的端锚内注浆锚杆，它是由固定套管和自固式注浆锚杆组成，拱部和帮部超前注浆锚杆角度为45°和15°，长度设计为2600~2800 mm。同时，为保证高强锚杆有可靠的着力点，胶结圈距顶板的垂高要确保大于高强锚杆长度，并尽可能最大限度地胶结围岩，集中整合和调动更多围岩参与到综合支护体系当中来。为确保对断层的底部封水和强固底板围岩，底部超前导管注浆锚杆角度为25°和15°，长度设计为2200 mm。

端锚形式有树脂药卷、倒楔式、楔管缝式等。一般说来，迎头淋水较普遍时，锚固宜用机械锚头、楔管缝式全长锚固锚杆，或预应力多功能复合锚杆。各种锚杆规格如图3-4-10~图3-4-16所示。

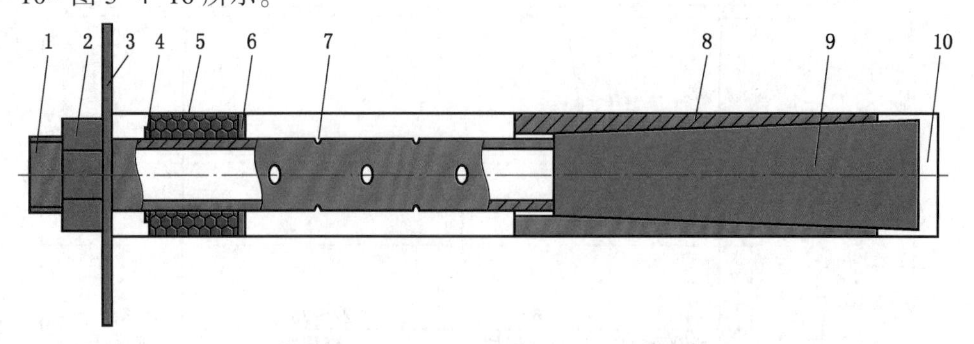

1—注浆锚杆杆体；2—螺母；3—托盘；4—止浆塞定位环；5—橡胶止浆塞；6—挡圈；7—溢浆孔；8—锚头下楔；9—锚头倒锥；10—锚杆孔

（a）双楔片倒锥式注浆锚杆

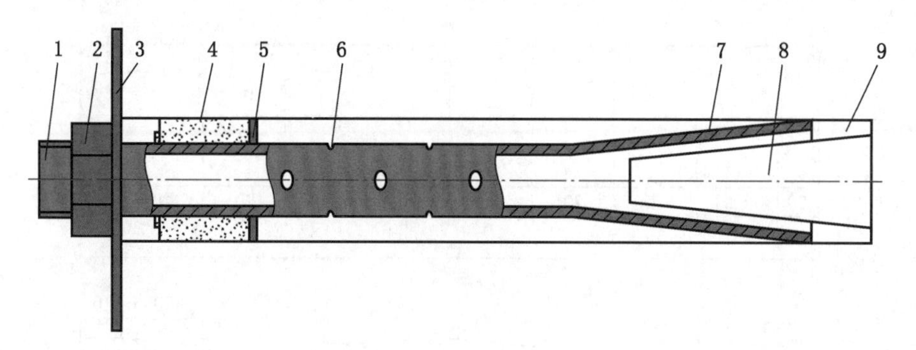

1—注浆锚杆杆体；2—螺母；3—托盘；4—空心凝水泥药；5—挡圈；6—溢浆孔；7—锚杆楔缝尾；
8—锚杆尾数；9—锚杆孔

（b）楔管缝式注浆锚杆

图 3-4-10　机械式端锚快速止浆注浆锚杆结构图

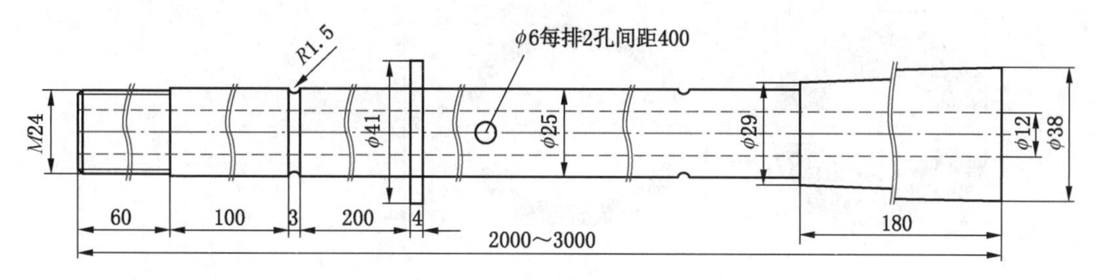

注：1. 用于井下加固围岩，并具有初锚力，本锚杆初锚力应大于 2 t；

2. 锚杆长度、间排距、倾向、倾角由支护结构设计确定；

3. 止浆塞：常用水泥、水玻璃胶泥、快凝水泥、空心快凝水泥药卷、橡胶卷（自胀式、压胀式）、木塞、专用止浆塞，设计推荐用空心水泥药卷或橡胶塞，这两者除橡胶塞需设定位环外，其余一样；

4. 本锚杆在破碎带中应用 ϕ42 mm 十字形、球形、柱齿形钻头打眼

图 3-4-11　双楔片倒锥式内注浆锚杆结构图

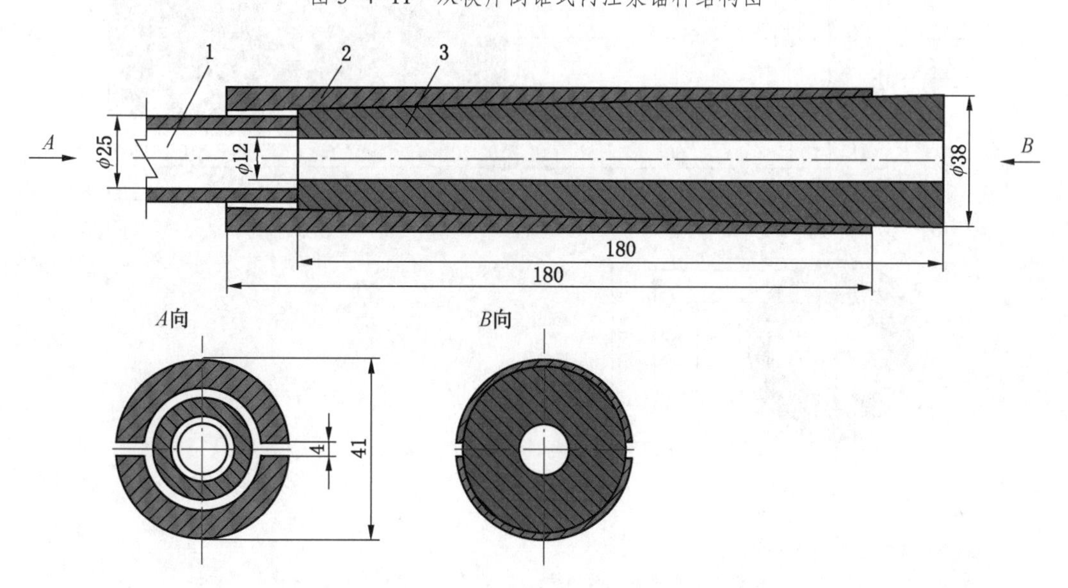

1—注浆锚杆杆体，ϕ25×4 钢管；2—鱼鳞状锥片，钢板或钢带模压成型；3—内注浆锚杆锚头，HT150 灰铸铁浇注成型

图 3-4-12　双锥片式注浆锚杆锚头结构图

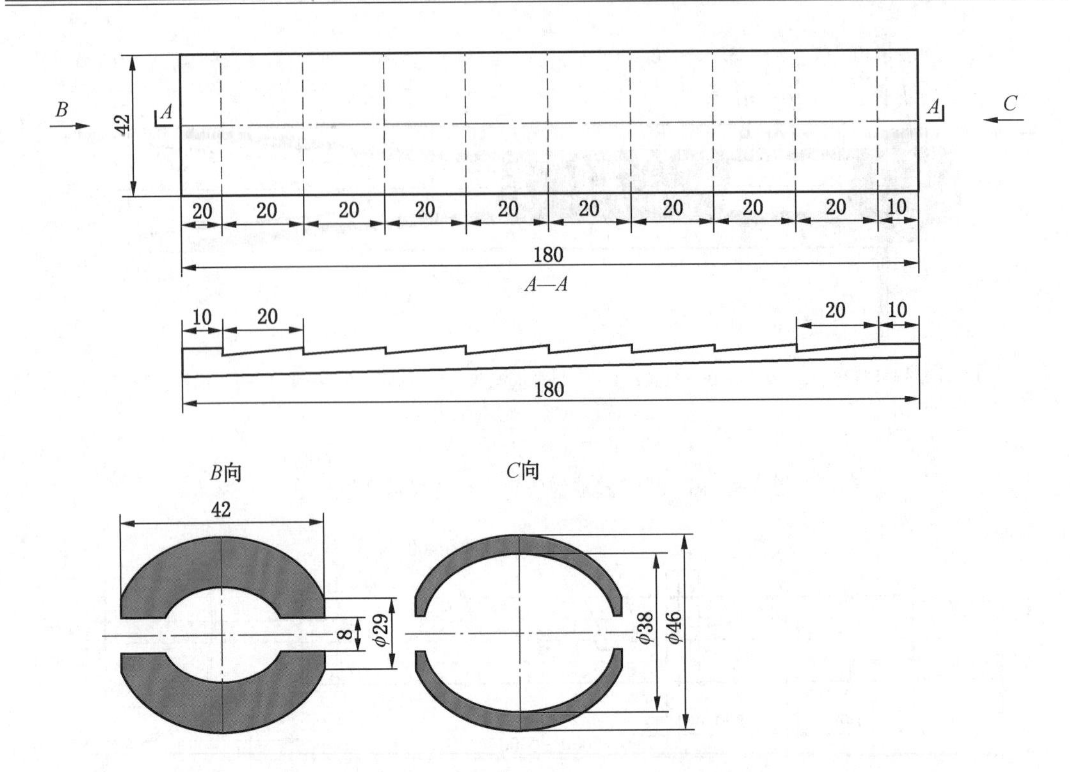

1. 材料：钢带或钢板；2. 加工：模压成型；3. 数量：与内注浆锚杆配套

图 3-4-13　双楔片倒锥式内注浆锚杆楔片结构图

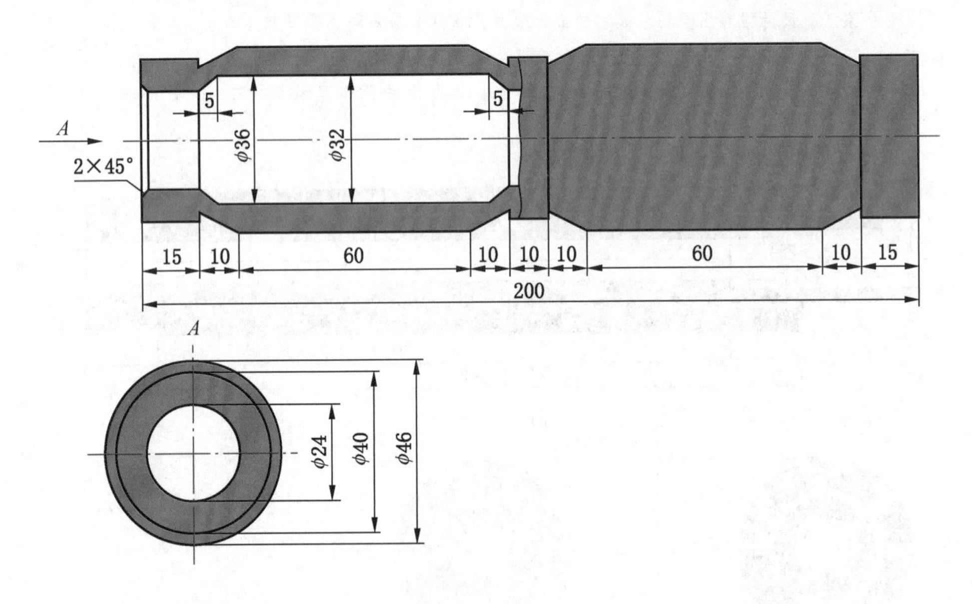

材料：密封圈用橡胶；

数量：与内注浆锚杆配套；

安装方法：预先在井上装在内注浆锚杆上并固定，在井下用风锤推入或木槌打入锚杆孔内，装入前必须做好丝头保护

图 3-4-14　橡胶止浆塞

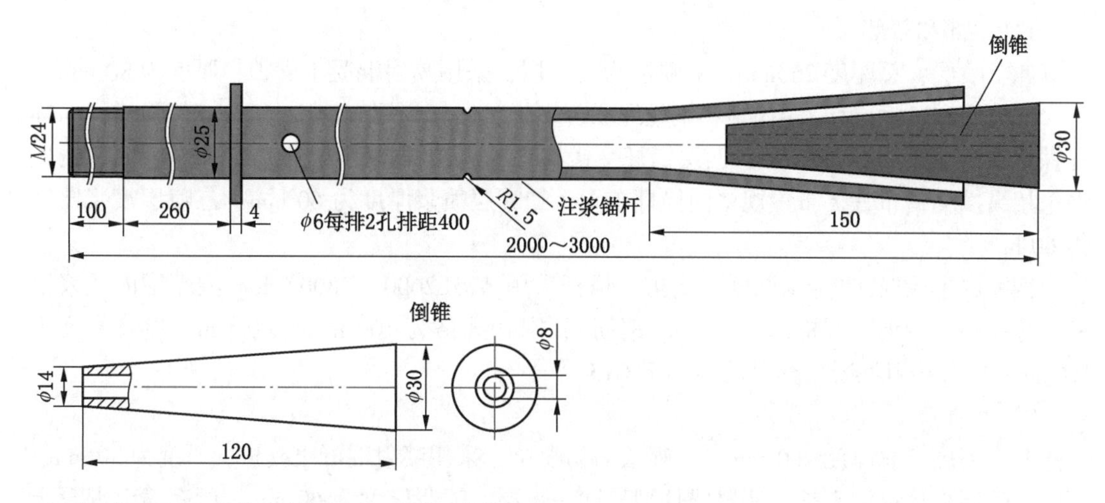

1. 锚杆体：φ25×4 钢管，杆尾对称开 4 条缝，缝宽 2 mm；
2. 倒锥料：HT150 铸造；
3. 本设计止浆为空心快凝水泥药卷，如用橡胶塞止浆，需在锚杆上增设止浆塞定位环；
4. 钻头用 φ32 mm 十字形、环形、柱齿形钻头打眼

图 3-4-15　倒锥式管缝式注浆锚杆结构图

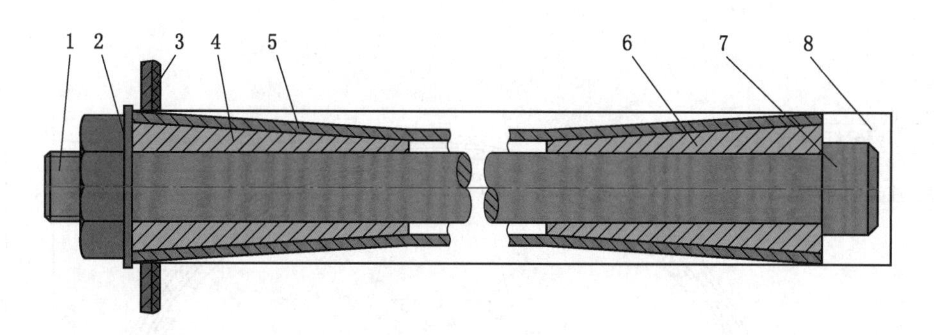

1—杆式锚杆；2—螺母、垫圈；3—托盘、胶垫；4—前胀塞；5—管式锚杆；6—后胀塞；7—锚头；8—锚杆孔

注：1. 本图为预应力强锚固多功能复合锚杆系列基本结构总装图，结构尺寸按现场需要设计。

2. 本系列锚杆按巷道稳定程度，结合断面大小，可设计成以下各型锚杆：
①普通断锚复合锚杆；②可回收复合锚杆；③多点锚固复合锚杆；④全长锚固复合锚杆；⑤超长高强复合锚杆；⑥管式锚索复合锚杆；⑦内、外注浆复合锚杆。根据需要只需改变端锚锚杆某些结构即可获上述系列中任何锚杆。

3. 本系列复合锚杆各构件技术经济合理，可选用铸铁、圆钢、表面民型钢、钢管、弹簧钢板、高强度工程塑料、钢绞索、高强尼龙绳、再生胶等材料制作

图 3-4-16　预应力强锚固多功能复合锚杆

（二）巷道断面规格及强韧封层支护设计

过断层段带式输送机巷采用马蹄形（上半部为半圆拱形，底部为三心拱形）断面，断面规格净宽×净高为 5400 mm×4465 mm；掘进荒断面可定为净宽×净高是 5900 mm×4915 mm（掘进荒断面实际施工时可定为：净宽×净高=6000 mm×5000 mm）。采用强韧封层支护，具体支护结构如下：

1）顶部和帮部

四个喷层，总厚度 250mm。一喷层为初喷层，采用喷射混凝土支护，厚度为 80 mm。

二喷层和三喷层均采用锚喷+钢丝绳联合支护，锚杆采用 M24L2400 mm 等强锚杆，锚杆株排距为 700 mm×700 mm，两层锚杆交错布置，总体株排距为 350 mm×350 mm，钢丝绳采用纵横交错布置，布置规格同锚杆布置，二喷层喷浆厚度为 60 mm，三喷层喷浆厚度为 60 m。

四喷层采用锚注+金属网联合支护，锚杆采用 ϕ25L2600（2800）mm 型端锚内注浆锚杆，金属网采用钢筋方格网（ϕ6 mm 钢筋），网孔规格为 100 mm×100 mm，喷浆厚度为 50 mm。所有喷射混凝土标号均不小于 C15。

2）底部

三个喷层，总厚度 200 mm。一喷层为初喷层，采用喷射混凝土支护，厚度为 80 mm。

二喷层采用锚注支护，注浆锚杆型号同一喷层，喷浆厚度为 60 mm。所有喷射混凝土标号均不小于 C15。

三喷层采用锚注+金属网联合支护，锚杆采用 ϕ25L2200 mm 型端锚内注浆锚杆，金属网采用钢筋方格网（ϕ6 mm 钢筋），网孔规格为 100 mm×100 mm，喷浆厚度为 50 mm。

巷道断面图及锚杆布置图如图 3-4-17～图 3-4-19 所示。

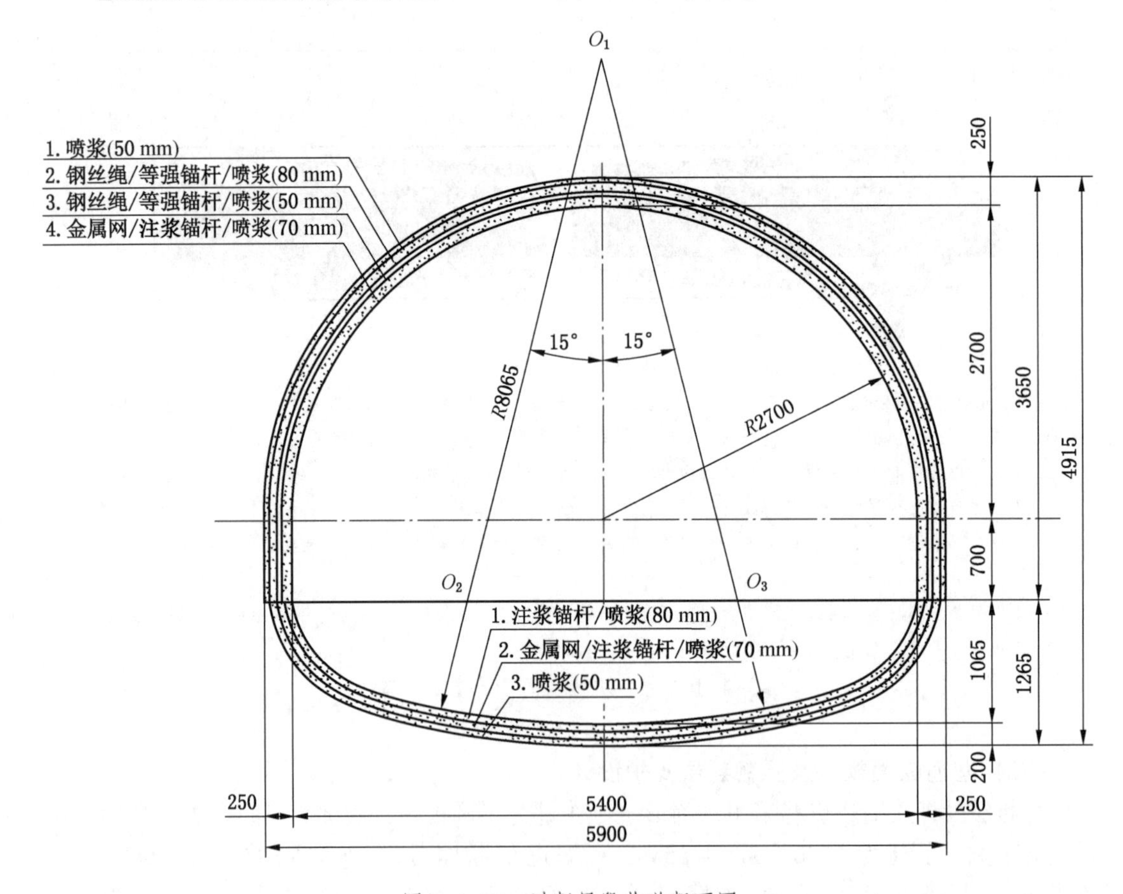

图 3-4-17　过断层段巷道断面图

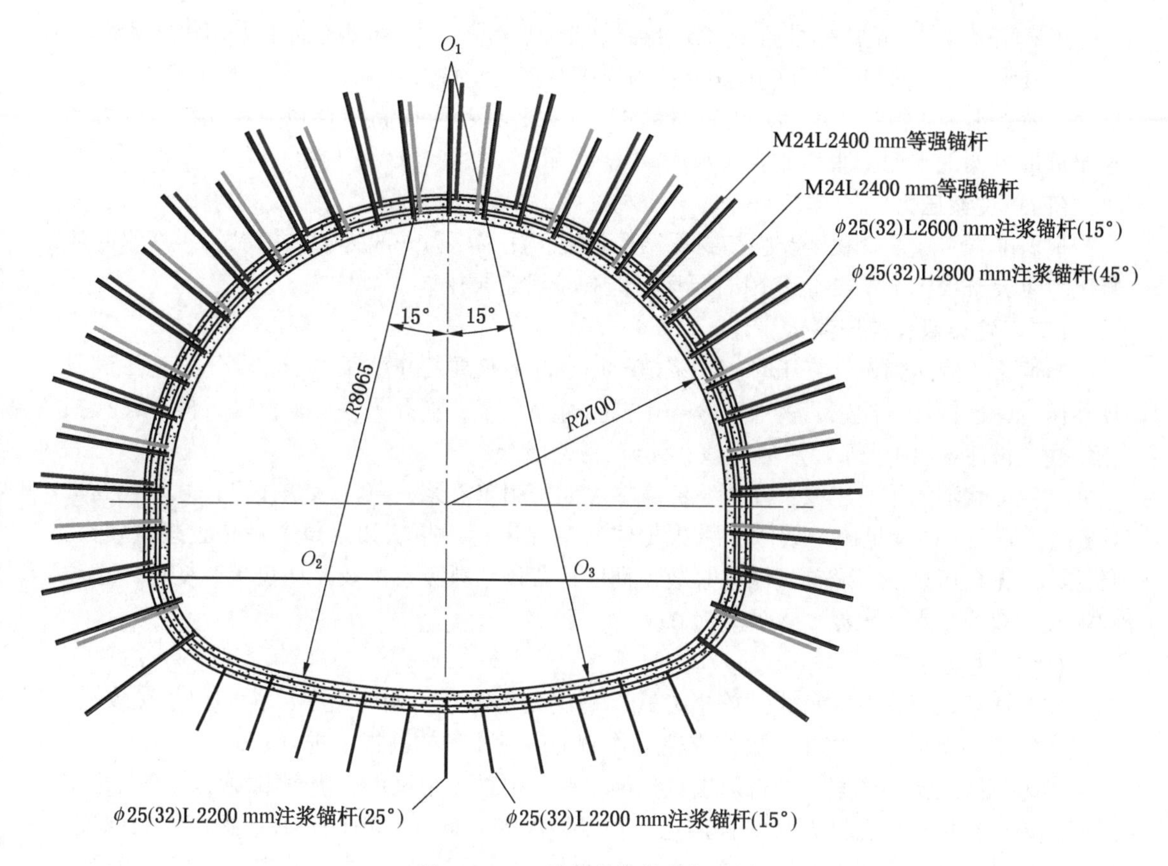

图 3-4-18　过断层段巷道断面图

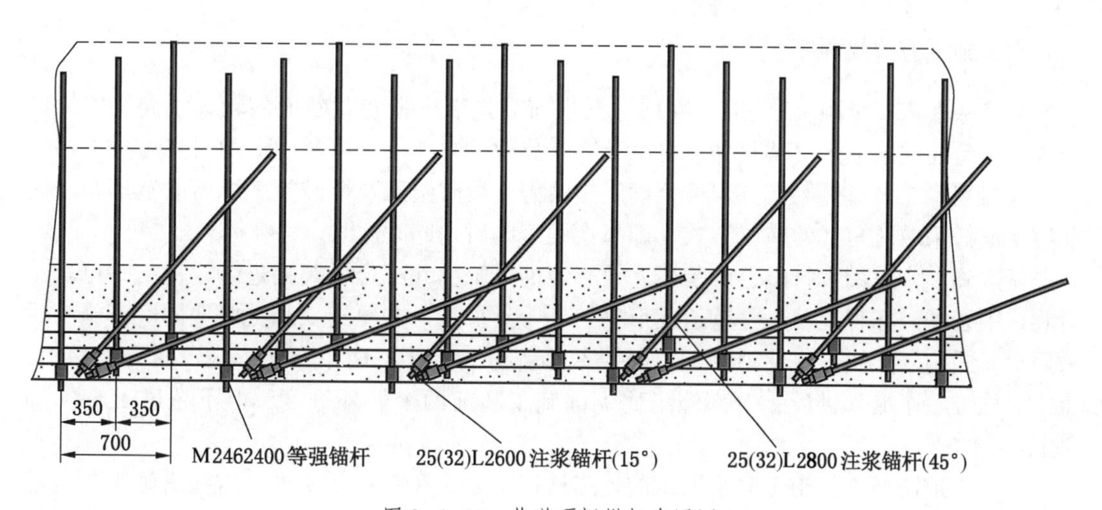

图 3-4-19　巷道顶板锚杆布置图

(三) 注浆液选取

注浆液采用单一水泥浆，为提高浆液流动性，并使之早强、高强，可适当添加复合早强高效减水剂，必要时还可用双液注浆或化学浆。

单液注浆材料一般用标号高于525号高强硅酸盐矿渣水泥，淋水较大时采用化学浆液。

单液水泥，一般W/C为0.4~0.5；为提高浆液流动性及早强，一般添加UNF-4复合早强高效减水剂，掺量一般为水泥重量的1.5%~2.5%；为提高结合强度和黏结力，可掺水泥重量10%的水泥膨胀剂或膨胀水泥。

（四）注浆压力

根据围岩裂隙发育程度及强韧封层结构强度，注浆压力一般为1.5~2 MPa；堵水时注浆压力应大于水压1.5~2倍。瞬时泵压可能高于设定泵压。

（五）注浆量、控压注浆

当注浆压力达到设计终压时，注浆10~15 min后就要停止注浆；当注浆压力达不到设计终压时，进行常量注浆，一般注8~10袋后暂停注浆，换孔另注，2小时后再对该孔扫孔复注，再注5~10袋水泥后停止该孔注浆，换孔注浆。

为保证浆液的扩散半径，注浆浆液应尽可能采用单液浆，浆液水灰比可按0.6~0.8：1配比，如果不能满足施工要求，可根据注浆情况进行调整。如果单个钻孔吸浆量较大，且注浆泵无泵压显现，应首先调整浆液黏稠度；若该钻孔吸浆量及泵压仍无改变可考虑注双液浆，双液浆水：水泥：水玻璃为0.7：1：0.02。

（六）注浆方式

超前注浆锚杆采取对角式的施工方式，每次两个眼对角同时注浆。为确保施工安全，必须在使用带帽点柱（内注式单体支柱）作超前临时支护的前提下进行。

通过不同层次的注浆，配合双层钢丝绳、等强锚杆、金属网、喷射混凝土，使巷道围岩形成一个有机整体，扩大其组合拱范围，以加大支护韧性和刚性，有效提高承载强度。最重要的是通过不同层次的注浆，把围岩强度的各项指标不断提高，从本质上把巷道围岩由受载体转变为支护体系结构的重要组成部分，从而实现主动支护。

六、施工方法及顺序

为确保巷道安全顺利穿过F2′断层，掘进前需先沿皮带巷荒断面的轮廓线向掘进方向布置一排超前注浆锚杆（锚杆角度分为45°和15°两种），一来可对巷道围岩实施再次注浆封水和强固，二来可探明前方岩性，确定是否需要爆破施工及爆破施工所需的装药量。超前注浆锚杆采取对角式的施工方式，即每次两个眼对角同时注浆。

掘进施工中采用多打眼、少装药、放小炮的措施，并配合风镐掘进。这样，一可减小对巷道围岩的破坏程度，二是巷道成形好，利于支护。为方便施工和更好地固底，施工时采用台阶式施工方法，将巷道断面以基拱线为界分为上、下两个台阶，施工时先上后下，每次只施工一个循环进度，上部施工比下部施工超前两个循环进度，但不超过1.5~2 m（图3-4-20）。

由于巷道断面大，施工时采取了防范措施以防止正迎头片帮伤人。这些措施主要是指喷浆封岩和挂防片帮网。采用喷浆加固掘进工作面上部，喷浆厚度以30 mm为宜，不要超过50 mm。防片帮网布置如图3-4-21所示。

采用短掘短支的方法进行掘进，掘进一个循环就支护一个循环，做到一次成巷。为保证巷道成型，过煤段炮掘必须沿巷道轮廓线留有不小于500 mm厚的预留层，待支护时再用风镐刷够设计尺寸。具体施工步骤如下：

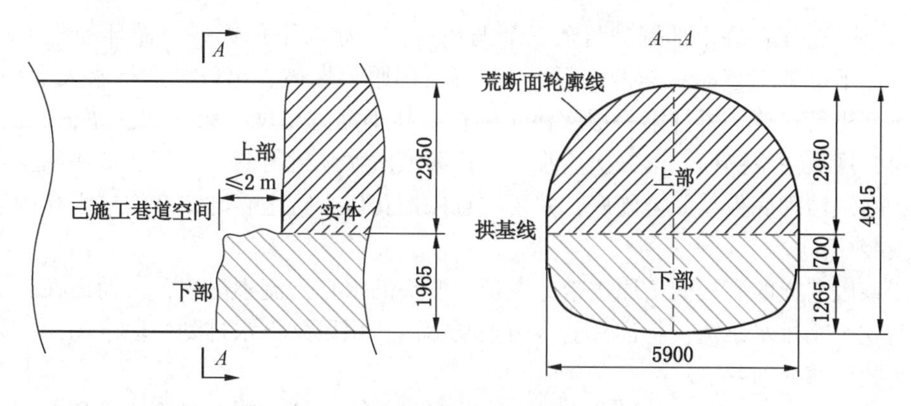

图 3-4-20　台阶式施工示意图

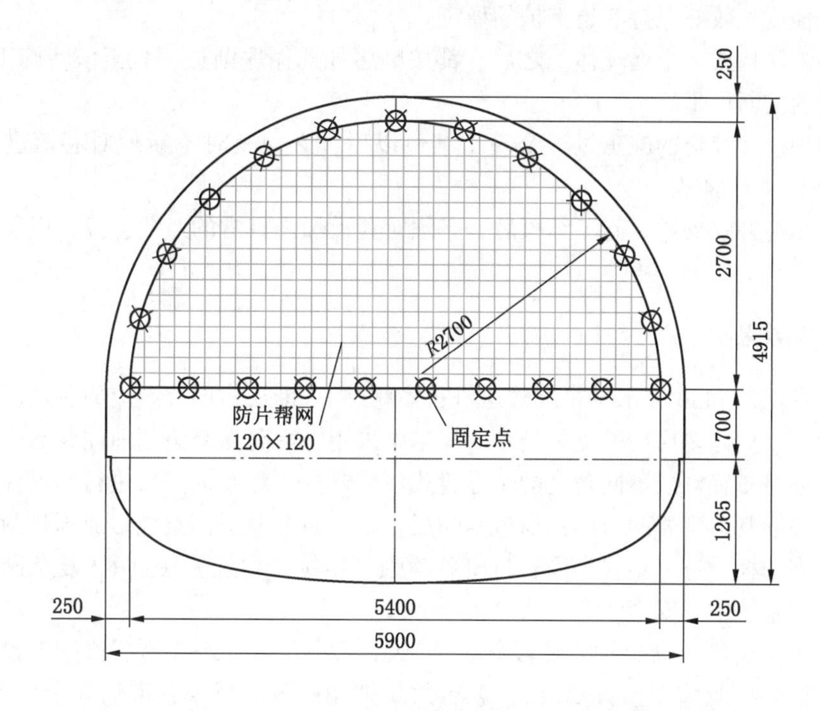

图 3-4-21　防片帮网布置图

（1）根据中腰线画好巷道荒断面轮廓线、打爆破眼；进行炮掘或风镐掘进时，上部台阶和下部台阶循环进尺均必须严格控制为 700~750 mm。

（2）进行临时支护，先初喷（喷层厚度 80 mm），再对裸露的工作面上部岩石进行喷浆封闭或挂防片帮网，然后出矸。初喷后，第一次打锚杆眼必须在戴帽点柱下进行，戴帽点柱使用内注式单体支柱，高强锚杆基本上是全长锚固（即单孔一般要达到 6~8 个以上的树脂药卷）。

（3）进行永久支护作业。首先按设计要求敷设好第一层次锚杆（第一循环进尺打两排锚杆），挂好钢丝绳（钢丝绳必须绷紧做到紧贴层面），进行二次喷浆；然后敷设第二层次锚杆，挂钢丝绳，进行第三次喷射混凝土；打注浆锚杆孔，敷设注浆锚杆，加挂钢筋方格网，注浆，进行第四次喷浆。

(4) 按上述工序在上部掘进两至三个循环后，开始对下部第一个循环的施工（上部施工始终比下部施工超前一至两个循环）。打下部眼、爆破、出矸，进行永久支护作业。首先对下部进行初喷，再打第一层次注浆锚杆，挂钢筋方格网，第一次注浆，二次喷浆；最后打第二层次注浆锚杆，第二次注浆，进行第三次喷浆封闭巷道。打底部注浆锚杆孔及炮眼时，必须清理底板浮矸至硬底，并要注意保护孔口，防止碎矸或杂物进入孔内影响锚杆安装或装药。

由于该段巷道的底板低于原皮带巷底板，迎头的水自己流不出去，因而需在迎头适当位置临时挖1个排水泵窝，将迎头的水引至泵窝内，用风泵将水排到外段水沟内，泵窝始终随迎头的前移而前移。

(5) 在上、下部断面支护完全结束后，就形成了一个全封闭的综合支护体系，大大提高巷道支护强度，较好保持巷道支护的稳定。

上述各工序构成一个循环体。之后，都按顺序如此循序渐进，直至该巷施工穿过F2′带式输送机巷的断层带。

巷道养护。在巷道的施工过程及施工结束以后，必须及时不断地对巷道进行洒水养护，养护期不少于14天。

巷道监测与补强支护。施工结束后，必须对巷道加强日常的监测监控，以适时进行补强支护。

七、施工效果

针对东欢坨矿-480 m水平带式输送机运输巷过F2′断层带的复杂应力及地质环境，采用主动、动态、立体多层次的支护技术，施工中采用蜂窝高强密集超前注浆导管强韧封层支护技术，通过布置双层不同角度的小导管式注浆锚杆，对巷道围岩进行超前注浆，以达到封堵水和强固巷道围岩的目的；通过四喷层、中间布置两层钢丝绳形成强韧封层；布置双层高强密集锚杆，进一步提高围岩自身各项强度指标，保证了在过F2′复杂断层带的巷道支护稳定和施工中的安全。

实际施工中断层上盘保护岩柱段施工26天，F2′-3至F2′-2断层段施工预计60天，断层下盘保护岩柱段施工预计20天，总有效工期106天。至今巷道仍处于稳定的状态，工期较传统的过断层所需一年零四个月减少用时近一年，其直接及潜在经济效益是不言而喻的。东欢坨矿-480 m水平带式输送机运输巷过F2′断层施工后的效果如图3-4-22所示。

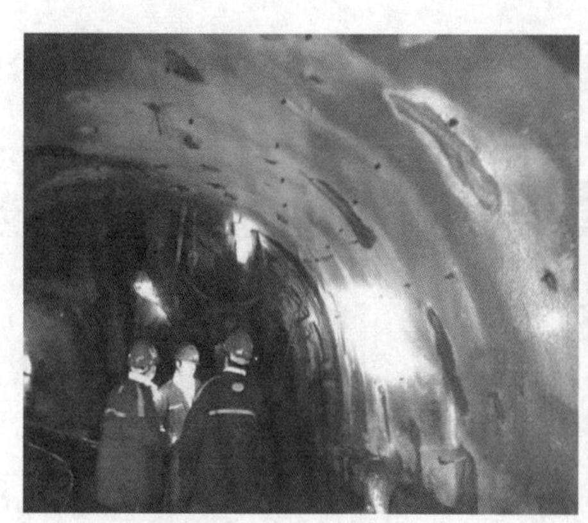
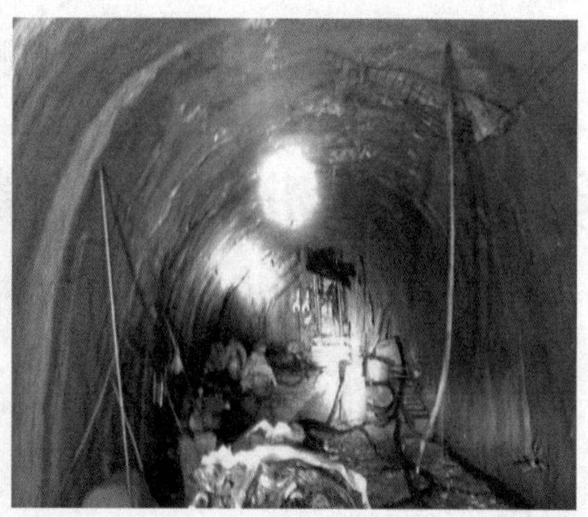

图 3-4-22　东欢坨矿-480 m 水平带式输送机运输巷过 F2′断层施工中的图片

第五章 淮北矿业青东矿巷道修复工程

第一节 工 程 概 况

一、项目工程概况

随着矿井开采深度日益加深，巷道围岩呈现叠加压力，具有压力更加强烈，压力作用方向多角度和非对称，压力来得快并且持续时间长，对巷道支护的稳定，矿井建设、安全生产带来极大危害，支护费用大幅度提高。以淮北矿业集团公司新矿区的青东矿为例，矿井投产前破坏的巷道长达4000 m以上，部分巷道还存在反复破坏现象，直接影响矿井的按期投产和生产安全。

近年来，淮北矿业集团围绕部分矿井受大埋深、构造应力、采动压力给巷道支护带来的困难问题开展了系统研究。首先以高地压、变形量大煤层巷道围岩综合控制难题为突破口，针对一些具有广泛代表性的困难巷道，采用高强拉力锚杆支护技术、围岩注浆加固、全封闭U型钢支护等围岩控制手段，结合巷道优化布置、围岩控制卸压等技术，初步解决了该类典型煤层巷道支护难题，形成了一套针对性强的围岩治理方法。

困难巷道的支护稳定工作仍需要进一步研究和攻关，一方面，大规模的新建矿井开拓工程量大，很多新掘巷道赋存条件复杂，需要慎重探索其支护规律；另一方面，生产矿井的开拓延伸工程都处在更深的水平，地压明显加大，过去成熟的技术不能保证支护效果。因此，动态的生产布局和持续变化的采掘环境客观上导致新的巷道维护条件和支护难题，支护问题仍然是制约所在矿井安全生产的突出技术问题，这些技术难题主要表现为巷道矿压显现更强烈、支护难度更大，需要进一步研究。

为解决深部矿井叠加压力对矿井带来的危害，为了防止巷道围岩发生显著变形、碎胀和垮塌，就要对围岩进行科学支护。通过支护对围岩的变异施加阻力，阻止围岩滑移、冒落。支护过程中支护体某些支护单元遭受叠加压力破坏，支护阻力部分损失，必须给围岩持续加固，恢复支护单元的支护阻力，保持巷道的长期稳定。

二、青东矿围岩特征

（1）此段巷道围岩极其松软、破碎流变性强。

（2）巷道通过断层组，受到较强烈的构造应力的影响。

（3）巷道第一层次支护强度设计、支护技术理念偏差，以高强的大弧板、重型U型钢对围岩进行支护是失败的。

（4）当第一层次高强支护单元已经完全破坏后，再支护上第二单元高强支护，实际上仍然是一个高强支护单元面对软弱流变围岩，支护依旧注定是要失败的。

（5）多次的被动修复不断扰动围岩，造成围岩松动圈不断扩大，带来的支护压力也就越来越大。

（6）多次扰动造成围岩应力释放和卸出，使这一区域围岩压力越来越集中，造成巷道支护更加困难。

第二节　青东矿巷道的支护设计

一、技术方案

针对青东矿复杂应力下深部软岩巷道的特点，以主动支护理念为指导，以根本调动和提高围岩自身强度为核心，以改变围岩的力学状态为切入点，在全程监测监控下，采取系列手段，确定巷道支护设计方案科学性。其基本架构是：以单层或多层钢丝绳为筋骨的多喷浆层、高度密贴岩面的强韧封层为止浆垫和支护抗体；对部分软弱岩体，特别是关键部位的极软弱岩体进行置换，在稳压状态下向岩体内预注浆、注浆、复注浆，将高强度水泥浆液反复注进围岩体内，将松散软弱的岩煤体胶结成整体，并在巷道围岩体内预留带压浆液；以不断调整压力的注浆作为手段，在岩体内留置预应力、缓释叠加应力，达到封、让、固功能的统一，实现不断提高围岩自身强度，使巷道支护长时间保持稳定的目标。

通过监测监控，在疲劳阻力状态出现时实施注浆补强，围岩新产生的裂隙经再次胶结，支护体内受破坏和损伤的锚杆着力点和托锚点的强度得以提升，恢复工作阻力。

二、支护对策

（1）预控，加大松散围岩清理力度，合理扩大巷道毛断面。

（2）严把支护的第一道工序（强韧封层）设计和施工，确保后续各支护单元的支护功能充分达到容错集成的支护功效。

（3）强化卸压槽技术要求，合理选择好卸压槽位置和因地适宜的加大卸压槽断面规格。

（4）认真执行稳压注浆的各项要求，采用“自固、自封、内自闭”式注浆锚杆确保注浆胶结效果。同时，对动态注浆确实及时掌控。

（5）喷浆和注浆水泥都要尽量采用高标号的水泥，以确保支护层质量和胶结圈体的强度。

（6）确立一年期内的监测监控和适时动态注浆，来抵御缓慢释放压力的软弱松散和具有构造应力围岩。

三、支护参数

（一）石门部分

（1）石门部分采用半圆拱形断面，刷大断面，要求净断面20.2 m^2，即净宽5600 mm，净高4200 mm；（毛断面宽6400 mm，高4600 mm，毛断面为25.1 m^2）。巷道支护采用多层次强韧封层支护体系。

（2）石门强韧封层设计为：三喷层，喷层总厚度 240 mm。

①一喷层为初喷层，厚度为 100 mm；为锚杆和钢丝绳组合；锚杆间排距为 700 mm×700 mm，钢丝绳间距 350 mm×350 mm。

②二喷层，厚度为 80 mm；为锚杆、钢丝绳和钢筋网组合；锚杆间排距为 700 mm×700 mm，钢丝绳间距 350 mm×350 mm，钢筋网网格为 100 mm×100 mm；

③三喷层厚度为 60 mm。

④锚杆采用 ϕ20×L2400 mm 高强锚杆；每层次间排距 700 mm×700 mm，锚杆外露为 30~50 mm，每孔用 2 卷 Z2937 树脂锚固剂。锚固力不小于 80 kN，锚杆螺母扭矩不少于 120 N·m。

⑤注浆管采用 ϕ26×L2400 mm 的钢管。

通过预注浆、注浆，三喷层混凝土、双层次高强锚杆、钢丝绳、钢筋网使巷道围岩形成一个有机整体，扩大了组合拱范围，加大了支护韧性和刚性，有效提高了承载强度。

（3）底鼓严重需要做反底拱，部分底角锚杆和底板锚杆的锚头均低于底板 100 mm，由于断层带围岩软弱底板打眼极其困难，底板锚杆和注浆管长度选择 1600 mm 左右。

（4）挂绳。钢丝绳吊挂纵向长度不得少于 8 m，横向应以巷道轮廓长度为准。所用钢丝绳规格为 6″以上钢丝绳，其中两股揉搓成一根。钢丝绳搭接长度大于 400 mm，并且要求搭接（插交搭接）后揉搓成一根。两个层次的钢丝绳间距分别为 350 mm×350 mm。网片搭接根据锚杆间排距换算。

（5）注浆管。注浆管设计采用 6″钢管制作规格为 ϕ26×2400 mm（底板注浆管长度选择 1600 mm）自固内自闭式注浆管，注浆时既不漏浆又不致注浆管被高压冲出。采用风动注浆机时间排距 1200 mm×1200 mm，采用电动注浆机时间排距 2500 mm×2500 mm。丁戊组石门大巷“大弧板段”要求采取长注浆孔，裸孔长度 3000 mm 以上（加大注浆管孔的深度，注浆管长度不变），以拓展浆液扩散范围。长期实践证明，在注浆压力达到 1.5 MPa 的情况下，岩石裂隙宽度大于 0.1 mm，注浆扩散半径可达 2.5 m 以上，因而封闭圈可达到 3500~5000 mm。

（6）注浆和喷浆用料。注浆水泥用 425 号，水用清水，水灰比为 0.7~1，采用风动注浆机时注浆压力为 1.5~2.5 MPa，底角注浆压力可以加大到 3 MPa，每孔用水泥约 6~8 袋（裂隙过大地段注浆量要求适当加大，一般在 8~16 袋），采用电动注浆机时注浆压力为 1.5~4.0 MPa，底角注浆压力可以加大到 4.5 MPa，每孔用水泥约 10~16 袋（裂隙过大地段注浆量要求适当加大，一般在 16~24 袋）。

喷浆用 425 号水泥；喷浆材料比例水泥：河沙：米石为 1：2：2，速凝剂的掺入量为水泥用量的 3%~5%。

（7）卸压。采取人工卸压法，本巷道卸压槽的挖掘均为人工风镐开挖，不采用爆破震动的施工方法，底脚为硬岩石部分不挖卸压槽。卸压槽尺寸为净宽×净高 = 600 mm×400 mm。

卸压程序及时间安排：卸压槽开挖应按照初喷、打锚杆、挂绳；喷浆、打锚杆、喷浆的顺序进行；第一个支护层次支护完成至少三日并且第一遍锚杆距和第二遍锚杆间距为 15 m 后方可进行。

（8）底鼓严重部分反底拱并底板注浆，反底拱净拱高 600 mm，毛高 900 mm，首先初喷 100 mm 混凝土，再打锚杆挂绳、铺网，再喷 200 mm 混凝土。底板注浆和整个断面注浆同时进行。

（9）补强支护设计。本着“动态设计、动态支护、动态管理”的原则，适时对巷道进行补强支护，当巷道移变量达到 50~100 mm 时，就应该及时进行二次补注。

（二）交岔点部分

交岔点交岔口净断面 36.8 m^2（毛断面宽 12800 mm，高 6000 mm）；巷道支护采用多层次强韧封层支护体系。

交岔点强韧封层设计为四喷层，喷层总厚度 320 mm。

（1）一喷层为初喷层，厚度为 100 mm，为锚杆和钢丝绳组合，锚杆间排距为 700 mm×700 mm，钢丝绳间距 350 mm×350 mm。

（2）二喷层厚度为 80 mm，为锚杆、钢丝绳组合，锚杆间排距为 700 mm×700 mm，钢丝绳间距 350 mm×350 mm。

（3）三喷层厚度为 80 mm。为锚杆、钢丝绳，锚杆间排距为 700 mm×700 mm，钢丝绳间距 350 mm×350 mm。

（4）四喷层厚度为 60 mm。为锚杆、钢丝绳，锚杆间排距为 700 mm×700 mm，钢丝绳间距 350 mm×350 mm。

（5）全部的锚杆为 ϕ20×2400 mm 高强锚杆，每层次间排距 700 mm×700 mm，锚杆外露为 30~50 mm，每孔用 2 卷 Z2937 树脂锚固剂。锚固力不小于 80 kN，锚杆螺母扭矩不少于 120 N·m。

四、青东矿巷道施工效果

青东矿围岩表面位移测试数据见表 3-5-1，大弧板段围岩表面位移测试数据见表 3-5-2，深部围岩表面位移测试数据见表 3-5-3。

表 3-5-1　青东矿围岩表面位移测试数据

测点距施工起点距离/m	测试日期	左帮位移量/mm		右帮位移量/mm		顶板下沉量/mm		底鼓量/mm	
		测试值	累计位移	测试值	累计位移	测试值	累计位移	测试值	累计位移
15	2011-07-15 成巷	5980	0	3600	0	6670	0	1450	0
	2011-07-31	5970	10	3590	12	6667	3	1440	8
	2011-08-15	5965	15	3585	13	6665	5	1438	12
	2011-08-31	5965	15	3583	17	6665	5	1438	12
	2011-09-15	5964	16	3581	19	6664	6	1437	13
	2011-09-30	5964	16	3581	19	6663	7	1437	13
	2011-10-15	5963	17	3581	19	6663	7	1437	13
	2011-10-31	5963	17	3580	20	6663	7	1437	13
	2011-11-15	5963	17	3580	20	6663	7	1436	14
	2011-11-30	5963	17	3580	20	6663	7	1436	14
	2011-12-15	5963	17	3580	20	6662	8	1436	14

表 3-5-1（续）

测点距施工起点距离/m	测试日期	左帮位移量/mm		右帮位移量/mm		顶板下沉量/mm		底鼓量/mm	
		测试值	累计位移	测试值	累计位移	测试值	累计位移	测试值	累计位移
15	2011-12-31	5963	17	3580	20	6662	8	1436	14
	2012-01-15	5963	17	3580	20	6662	8	1436	14
	2012-01-31	5960	20	3580	20	6660	10	1433	17
	2012-02-15	5958	22	3579	21	6659	11	1431	19
	2012-02-29	5957	23	3579	21	6658	12	1430	20
	2012-03-15	5957	23	3579	21	6657	13	1430	20
	2012-03-31	5957	23	3579	21	6657	13	1430	20
	2012-04-15	5957	23	3579	21	6657	13	1430	20
	2012-04-30	5957	23	3579	21	6657	13	1430	20
	2012-05-15	5957	23	3579	21	6657	13	1430	20
	2012-05-31	5957	23	3579	21	6657	13	1430	20
	2012-06-15	5957	23	3579	21	6657	13	1430	20
	2012-06-30	5957	23	3579	21	6657	13	1430	20
	2012-07-15	5957	23	3579	21	6657	13	1430	20
	2012-07-31	5957	23	3579	21	6657	13	1430	20
	2012-07-31	5957	23	3579	21	6657	13	1430	20
	2012-08-15	5957	23	3579	21	6657	13	1430	20
	2012-08-31	5957	23	3579	21	6657	13	1430	20
	2012-09-15	5957	23	3579	21	6657	13	1430	20
	2012-09-30	5957	23	3579	21	6657	13	1430	20
	2012-10-15	5957	23	3579	21	6657	13	1430	20
	2012-10-31	5957	23	3579	21	6657	13	1430	20

表 3-5-2 青东矿大弧板段围岩表面位移测试数据

测点距施工起点距离/m	测试日期	左帮位移量/mm		右帮位移量/mm		顶板下沉量/mm		底鼓量/mm	
		测试值	累计位移	测试值	累计位移	测试值	累计位移	测试值	累计位移
50	2011-11-15	2810	0	3260	0	3030	0	1390	0
	2011-11-30	2803	7	3245	15	3021	9	1384	6
	2011-12-15	2798	12	3241	19	3013	17	1381	9
	2011-12-31	2793	17	3236	24	3010	20	1376	14
	2012-01-15	2791	19	3234	26	3010	20	1376	14
	2012-01-31	2790	20	3231	29	3010	20	1373	17
	2012-02-15	2785	25	3229	31	3009	21	1373	17
	2012-02-29	2782	28	3224	36	3003	27	1370	20
	2012-03-15	2770	40	3223	37	3001	29	1368	22

表 3-5-2（续）

测点距施工起点距离/m	测试日期	左帮位移量/mm		右帮位移量/mm		顶板下沉量/mm		底鼓量/mm	
		测试值	累计位移	测试值	累计位移	测试值	累计位移	测试值	累计位移
50	2012-03-31	2765	45	3219	41	2999	31	1368	22
	2012-04-15	2762	48	3217	43	2996	34	1365	25
	2012-04-30	2761	49	3216	44	2995	35	1364	26
	2012-05-15	2760	50	3215	45	2995	35	1363	27
	2012-05-31	2760	50	3215	45	2995	35	1363	27
	2012-06-15	2760	50	3215	45	2995	35	1363	27
	2012-06-30	2760	50	3215	45	2995	35	1363	27
	2012-07-15	2760	50	3215	45	2995	35	1363	27
	2012-07-31	2760	50	3215	45	2995	35	1363	27
	2012-08-15	2760	50	3215	45	2995	35	1363	27
	2012-08-31	2760	50	3215	45	2995	35	1363	27
	2012-09-15	2760	50	3215	45	2995	35	1363	27
	2012-09-30	2760	50	3215	45	2995	35	1363	27
	2012-10-15	2760	50	3215	45	2995	35	1363	27
	2012-10-31	2760	50	3215	45	2995	35	1363	27

从表 3-5-2 可以看出，该测点附近巷道成巷后第一个月位移量最大，位移速率较大，由于未及时注浆补强，巷道在成巷后第二月、第三月位移量逐步增大，到第四个月出现一次明显变形，位移速率达到峰值，第五个月开始反复注入带压浆液进行补强，巷道位移速率开始递减，第六个月后巷道趋于稳定，不再变形。由此，不难看出适时注浆补强可以有效控制巷道变形，更利于巷道的整体稳定。

表 3-5-3　青东矿深部围岩表面位移测试数据

测点距施工起点距离/m	测试日期	左帮位移量/mm		右帮位移量/mm		顶板下沉量/mm		底鼓量/mm	
		测试值	累计位移	测试值	累计位移	测试值	累计位移	测试值	累计位移
80	2012-02-15 成巷	2802	0	3150	0	3520	0	1290	0
	2012-02-29	2800	2	3147	3	3517	3	1284	6
	2012-03-15	2788	4	3146	4	3514	6	1283	7
	2012-03-31	2784	8	3143	7	3513	7	1283	7
	2012-04-15	2783	9	3141	9	3512	8	1281	9
	2012-04-30	2782	10	3141	9	3510	10	1281	9
	2012-05-15	2782	10	3141	9	3510	10	1281	9
	2012-05-31	2782	10	3141	9	3510	10	1281	9
	2012-06-15	2782	10	3141	9	3510	10	1281	9
	2012-06-30	2782	10	3141	9	3510	10	1281	9

表 3-5-3（续）

测点距施工起点距离/m	测试日期	左帮位移量/mm		右帮位移量/mm		顶板下沉量/mm		底鼓量/mm	
		测试值	累计位移	测试值	累计位移	测试值	累计位移	测试值	累计位移
80	2012-07-15	2782	10	3141	9	3510	10	1281	9
	2012-07-31	2782	10	3141	9	3510	10	1281	9
	2012-08-15	2782	10	3141	9	3510	10	1281	9
	2012-08-31	2782	10	3141	9	3510	10	1281	9
	2012-09-15	2782	10	3141	9	3510	10	1281	9
	2012-09-30	2782	10	3141	9	3510	10	1281	9
	2012-10-15	2782	10	3141	9	3510	10	1281	9
	2012-10-31	2782	10	3141	9	3510	10	1281	9

从表3-5-3可以看出，该测点附近巷道成巷后第一个月、第二个月位移量最大，位移速率较大，由于及时注浆补强，巷道在成巷后第三个月位移速率开始递减，第四个月后巷道趋于稳定，不再变形。由此，不难看出适时注浆补强可以有效控制巷道变形，更利于巷道较早地趋于稳定。

表 3-5-4 青东矿围岩表面位移测试数据

测点距施工起点距离/m	测试日期	左帮位移量/mm		右帮位移量/mm		顶板下沉量/mm		底鼓量/mm	
		测试值	累计位移	测试值	累计位移	测试值	累计位移	测试值	累计位移
80	2012-04-15 成巷	3000	0	3000	0	2800	0	1400	0
	2012-04-30	2992	8	2991	9	2785	15	1394	6
	2012-05-15	2985	15	2986	14	2780	20	1388	12
	2012-05-31	2983	17	2984	16	2770	30	1384	16
	2012-06-15	2982	18	2983	17	2765	35	1379	21
	2012-06-30	2981	19	2982	18	2764	36	1373	27
	2012-07-15	2980	20	2981	19	2762	38	1372	28
	2012-07-31	2980	20	2980	20	2761	39	1371	29
	2012-08-15	2782	20	2980	20	2760	40	1370	30
	2012-08-31	2980	20	2980	20	2760	40	1370	30
	2012-09-15	2979	21	2980	20	2760	40	1370	30
	2012-09-30	2979	21	2980	20	2760	40	1370	30
	2012-10-15	2979	21	2980	20	2760	40	1370	30
	2012-10-31	2979	21	2980	20	2760	40	1370	30

从表3-5-4可以看出，该测点附近巷道成巷后第一个月、第二个月位移量最大，位移速率较大，由于及时注浆补强，巷道在成巷后第三个月位移速率开始递减，第四个月后巷道趋于稳定，基本不再变形。由此，不难看出适时注浆补强可以有效控制巷道位移，更利

于巷道较早趋于稳定。

在巷道支护（锚杆、钢丝绳）下，深部巷道围岩内部没有发生大的变形，围岩得到基本控制，一帮的总位移量控制在了 50 mm 以内。注浆时采用自下而上、左右顺序作业的方式，每断面内注浆锚杆自下而上先注底角，再注两帮，最后注拱顶锚杆。

通过对本项目的实践与总结，形成了一套以钢丝绳为筋骨、锚注为支护主体的创新支护体系。这一体系可使锚杆和注浆在各自的适用范围都得到扩展，真正提高了巷道的支护效果，有效地控制了高应力极软岩巷道围岩的损伤和变形。

实施本技术后，巷道的稳定率大大提高，安全得到有效保障。与传统的支护形式相比围岩变形量降低了 80% 左右，通过对巷道围岩的监测监控，掌控对巷道围岩恢复工作阻力的时间，通过复注，围岩强度进一步提高，受力状态进一步改善。

第六章　淮北矿业朱仙庄矿Ⅱ水平带式输送机大巷修复工程

第一节　工　程　概　况

一、项目工程概况

淮北矿业集团朱仙庄矿Ⅱ水平第二部带式输送机大巷位于矿井南部二水平Ⅱ3采区下部，设计全长1025 m，标高-676.2～-683.6 m，区域内构造复杂断层较发育。断层面有淋水现象，且极其严重；一灰二灰含水丰富，属于泥岩、砂质泥岩。朱仙庄矿二水平带式输送机运输大巷担负矿井未来主要运煤、排水等任务，目前二水平运输巷亟待安装、出煤。

交岔点是直接影响整个Ⅱ水平第二部带式输送机安装使用的关键地段，由于该交岔点处于断层破碎带位置（F19、F19-1断层带），前期交岔点及附近巷道顶部淋水严重，导致严重变形（图3-6-1），存在着支护崩解和出水的安全威胁。现已对发生变形段巷道进行施工卸压钻孔排放水，并打设木垛对顶板进行支护，防止顶帮部进一步垮落。

图3-6-1　朱仙庄矿Ⅱ水平带式输送机大巷破坏变形图片

断层把巷道底板下40~60 m的灰岩高承压水导通，致使断层破碎带岩体形成高富水的泥化流体。流变的状态下泥流体→阻断水流的流畅→形成水压上升→泥流体不断喷出和流变，造成巷道围岩长期失稳，是巷道支护极其困难的典型。

此种特殊环境下巷道虽历经反复多次支护，仍然不能保持巷道稳定，严重制约着二水平投产。若重新开掘巷道870 m，至少需直接增加费用2300万元，巷道建设施工工期需用15个月，朱仙庄矿二水平投产至少延期一年半左右。

二、地质概况

（1）Ⅱ水平第二部带式输送机大巷位于矿井南部二水平Ⅱ3采区下部，该巷设计全长1025 m，标高-676.2~-683.6 m，区域内构造复杂断层较发育，其理论承压6.8 MPa。

（2）断层面有淋水、煤系地层在断层带区域以泥岩、砂质泥岩为主。

（3）Ⅱ水平第二部带式输送机大巷设计为距离太原群含水组较近的掘进巷道，层间距约65m，一灰、二灰含水丰富。

（4）Ⅱ水平第二部带式输送机大巷位于与运输大巷相连接的联巷交岔点处，也是带式输送机安装使用的关键地段，由于该交岔点处于断层破碎带位置（F19、F19-1断层带），穿过大断层受到断层错动直接影响交岔点的巷道围岩，形成断层破碎带的泥化状态，在无开采卸压状态下，其泥化岩体和水的压力高达6.8 MPa。

三、高承压水断层破碎带巷道泥化失稳的机理

2009年5月巷道施工完成至今，先后共出现四次剧烈来压现象。2010年10月1日中班16：30—10月2日早班6：00短时间内巷道发生第四次严重变形，主要表现为严重底鼓，底梁卡缆断裂，喷层大量脱落；10月2日夜班4：30左右伴随底板出水，水量为2~3 m^3/h，至10月4日夜班底鼓基本稳定，最大底鼓量1.1 m，水量稳定在2~3 m^3/h。

深部高应力软岩具有大变形、长流变等特点，其巷道变形破坏是巷道围岩的塑性区和破碎区不断向围岩深部发展所造成的结果。高应力软岩巷道的变形和破坏不是瞬间产生的，而是围岩开挖后由三向应力状态变为二向应力状态后经过一段动态变形过程所产生结果。由于受采动影响，加之后来反复修复扰动，破碎区围岩的泥化程度日益加剧，特别是后来反复采用被动的传统修复举措，造成围岩冒落产生的泥流不断地涌出形成通道，为最终泥流喷出留下重大隐患（图3-6-2、图3-6-3）。

图3-6-2　带式输送机交岔点段突水喷出的现场情况

图 3-6-3　带式输送机交岔点段泥流水喷出的现场情况

因此，控制高应力软岩和高承压水流变岩体巷道的稳定应当遵循高应力软岩的规律，在围岩的变形和泥化过程中根据围岩变形特点，适时增加支护抗力和提高围岩的残余强度，以控制高应力软岩的塑性区和破碎区的发展，实现在高承压水断层破碎带巷道的支护稳定。

四、国内泥化失稳与流变的围岩巷道支护状况

我国煤矿井巷如在高承压水、断层破碎带巷道泥化失稳与流变的围岩巷道支护反复被强烈破坏的状态下的，基本采取以下技术措施。

（一）锚网喷和重型 U 联合支护

（1）采用超前梁，又叫撞楔进行超前护顶。开始从稳定处生根，然后采用圆木、钢管和轻型钢轨（长度 2000～3000 mm，向冒落区仰角 8°～12°），用人力或机械力撞进，以达到作业施工人员在有保护条件下作业，同时控制顶板的继续冒落。

（2）采用短段掘进。一般过冒落带时无论是架棚还是锚喷，循环距离都要控制在棚距和锚杆间排距的长度。

（3）采用先喷后锚法施工。采用锚网喷和重型 U 联合支护的支护方式，在掘出一排锚杆距离后，采取及时喷浆，厚度尽量超过 100 mm 以上。喷浆掺入速凝剂后 4 h 后就可以打锚杆挂网进行支护。

（4）完整第一层次支护锚网喷，即喷浆→打锚杆→挂网→再喷浆，形成可靠完整的第一层次支护，以确保后续的支护单元安全施工。

（5）过冒落区联合支护（第二层次支护）与第一层次支护距离控制在 5 m 以内，确保安全施工和支护承载的匹配。

（二）注化学浆液、锚网喷、重型 U 和浇灌混凝土联合支护技术

对高冒淋水区域和过含水断层的巷道，国内外大致采用注化学浆液、锚网喷、重型 U 和浇灌混凝土联合支护技术。

（1）对于含水的冒落带和通过含水的断层带，先采用化学注浆封水和固结含水围岩，以利于后续工作进展，也是提供通过冒落带和通过含水的断层带先决条件；一般注入的为马林散和洛克修，或采用其他化学浆液超前固化。

（2）仍然进行第一层次的锚网喷支护，进行架设重型 U 或浇灌混凝土联合支护。

（3）施工程序依然是短段掘进，及时支护，多层次联合支护。

（三）管棚法施工

治理和通过高冒淋水区域和过含水断层巷道的可靠方法是管棚法，下面我们简单介绍管棚施工。

管棚法施工巷道开挖前，在断层外四周构筑钢管棚混凝土岩体混合帷幕。一般设计为两层钢管棚。外层为注浆加固层，施工注浆钻孔跟管钻进，尽量减少喷孔事故，为内层管棚施工创造条件。

内层管棚注浆孔施工原则上设计为钻孔跟管钻进，按现场实际情况尽量减少跟管钻进的孔数，必要时可以间隔跟管，目的是减弱跟进钢管对注浆的影响，同时可以增加单孔注浆的次数，提高帷幕体的强度。为增加帷幕体的刚度，将内外管棚层的间距适当加大，由过去的 300 mm 增加大 600 mm。巷道开挖后，为增加管棚的可靠性，封堵裂隙出水，每一个掘进循环前，在巷道周围施工小导管超前注浆，然后进入掘进施工。掘进施工采用人力破岩，以柔性密贴封闭围岩，稳压注浆胶结解理发育的松散复合围岩体，充分调动围岩自身强度，不断提升围岩岩体强度、改变围岩应力状态，并适时增加二次支护强度，加强底板支护强度，达到有效控制巷道变形的支护体系，即巷道开挖后喷射混凝土封闭围岩，打注浆锚杆，挂绳、喷射混凝土、注浆、架设拱形支架，再喷射混凝土、安设底梁、稳立模板浇筑钢筋混凝土的软岩巷道支护特殊设计和施工方法。

实践证明采用管棚注浆技术治理含水且极其松软破碎的岩层和断层破碎带是可行的，但由于受高地压的影响，跟管钻进注浆帷幕的强度受到限制，封堵裂隙水有一定的困难。

由于断层带两侧波及带含有高压水，受钻探工具扰动容易激发断层充填带而发生喷孔事故，处理不好将诱发整个断层带失去稳定性，为此原管棚超前支护设计了两层，外层为注浆孔，内层为管棚孔兼作注浆孔的补强，增加注浆层的厚度、强度、刚度，这是一个比较稳妥的措施。

但由于地层的不均匀性和注浆工程的隐蔽性，整个人工构筑的超前管棚层仍会有薄弱面，这在原来的两次实际掘进过程均发生的险情中得到了证明。

五、解析上述支护失败的原因

朱仙庄煤矿二水平带式输送机交岔点巷道在 2010 年 10 月 1 日中班 16：30—10 月 2 日早班 6：00 短时间内，巷道发生第四次严重变形，主要表现为严重底鼓、底梁卡缆断裂、喷层大量脱落，10 月 2 日夜班 4：30 左右伴随底板出水，水量在 2~3 m^3/h，至 10 月 4 日夜班底鼓基本稳定，最大底鼓量 1.1 m，水量稳定在 2~3 m^3/h 。

交岔点巷道从 2009 年 5 月施工完成至今，不到 3 年时间，巷道先后共出现四次剧烈来压现象。同样也历经四次反复支护，以上三种支护方式已经是采用过的方案，其不能满足支护要求的原因如下：

（1）锚网喷和重型 U 联合支护，是第一、二次采用的支护方案，在高地压、高承压水、软岩和大断面的状态下，支护强度不能满足巷道稳定的要求。

（2）第三次采用注化学浆液、锚网喷、重型 U 和浇灌混凝土联合支护技术，同样没有能够保证交岔点巷道支护稳定。原因主要是：

①由于巷道有淋水，不能全封闭巷道围岩，导致化学浆液不能形成环形保护层次；②锚网喷、重型U和浇灌混凝土联合支护的强度仍然保证不了二水平带式输送机交岔点处高承压水、强泥化流变状态下的支护稳定。一是淋水和强泥化使喷层不密贴岩面，锚杆生根的着力点软弱，支护工作阻力无法形成。二是重型U钢在软弱泥流中，在垂直压力作用下，棚腿插入底板；水平应力将棚架直推入巷道中，并使其结构崩解。

（3）管棚法施工。主要是在前三次围岩遭到反复破坏下，泥化程度加大；冒落的围岩使巷道周围增加了进水通道。2002年6月，交岔点巷道围岩的涌水量已经升至12~21 t/h。

第二节 朱仙庄矿Ⅱ水平带式输送机大巷的支护设计

一、技术路线

现场调研带式输送机大巷区域内水的涌出分布及变化状况，泥流涌出分布及变化状况，根据泥流涌出现状结合流体力学理论确定泥喷初始方案，泥流中封闭置换，严谨施行块柱法支护技术→大底板块的支护结构技术实施→数值分析、论证及方案优化→分布式注浆参数优化及技术措施制定→进一步系统地完成现场施工措施、工艺（工业性试验）→总结分析实验结果→成果推广应用。

二、基本思路

针对朱仙庄煤矿二水平带式输送机交岔点，高承压水、断层破碎带巷道泥化失稳与流变的围岩状态下，以全面、谨慎、科学的态度和工作作风，确保安全第一、质量可靠为指导思想。即以下气力降水压为主导、可靠正确控制泥流突喷为保障、有效的置换技术、分布式注浆技术、强力板块支护结构体支护体系为着力点，创新、可靠、科学、严谨，精心设计精心施工的基本思路。

三、技术方案

（1）充分以安全保证施工的全面系统、安全可靠的预案，以保证整体设计和每条技术方案得到顺利实施。

（2）采取以区域钻机导水、工作面主导洞疏导承压水为主，针对性小钻孔疏导承压水为及时调整的多层次降水技术方案，确保承压水不干扰施工安全，不增添施工困难和不进一步巷道围岩的泥化作用。

（3）按照流体力学，泥流导孔内外压力同等的理念，着手扩大可导致突喷泥流的导洞措施方案。

（4）为保证施工段的安全可靠，采取强化开茬基点稳步向前的施工方案。在生根开茬前2~3 m时把这段反复加固形成真正的基点。

（5）先开挖泥化地段不会增大施工工作面更多失稳的范围，有利缩小巷道失稳范围和进一步降低突喷状况。

（6）采取强封闭揭露泥化茬面，点柱、块的由点到面的循序渐进的支护循环可靠、安全和切实保证施工质量的技术方案。

（7）整个交岔点设计考虑，强而不全封闭的大板底支护结构方案。

（8）注浆采用“2-1”预注和“分布式”加固的技术方案。

四、高承压水断层破碎带泥化流变围岩状态下巷道关键支护技术

（1）导解承压水技术。在出水范围集中而且较大的关键出水处，人工开挖导水小洞，小洞导水为主。分散出水处，采取凿岩机打小水孔，解决小班施工作业的辅助导水，充分释放承压水的压力，保证巷道支护在不具有承压水的情况下，去带压施工，使支护得以有序进展的关键技术。

（2）防强流变突喷技术。在高承压状态下的流变岩体，常因流通路径的阻力变化，造成流变体由流变转变成突喷，对施工安全带来极大威胁。本项目根据流体力学与高承压状态下流变类别，判别突喷的时间和喷量并掌控其规律，采取相应安全防范措施，达到保证安全施工的目的。

（3）封泥置换集成技术。采取大断面封闭，小断面置换，先克小弱，逐步克大弱；去泥畅水；换泥为混凝土墙体，由点到块、由块到面的支护集成技术。

（4）应用分布式注浆技术。在换泥的基础上、以小断面、小块体掘进，每个小块体及时注浆自固，形成小断面板块到大断面的叠加成巷和分布式注浆技术和独特的工法、精细的工艺去严谨施工，达到巷道整体支护支撑力倍增的提升。

（5）大底板块支护结构。针对高地压、高水压和非对称压力的特点（断层方向向巷道一帮传来的水平压力是另一帮的10倍以上），采取多层次强韧封层与特大不封闭浇筑的巷道大板块底板结构的新型巷道支护体结构技术。

五、现场施工

（一）导解承压水技术

在原区域钻孔放水的基础上，在前沿交岔点工作面进行以下工作进行导解承压水（实际上区域钻孔打了6个，仅仅一个半出水，且对交岔点工作面水压和水量缓解不明显）、化解承压水，疏干和减少顶板淋水。

由于周边钻孔导水的效果较差，所以交岔点工作区域导水关系到能不能施工和安全施工的第一重要任务（顶板淋水中，由于前四次施工中注进化学浆液，淋下的水烧伤工人皮肤，不治好淋水将无法进行施工）。所以我们制定了以下化解承压水的技术方案：

（1）在出水范围集中而且较大的关键出水处，开挖导水小洞导水（图3-6-4），充分释放承压水的压力，保证巷道支护在不具有承压水的情况下施工。

（2）在分散出水处打导水孔，充分释放承压水的压力，保证巷道支护在不具有承压水的情况下施工，去带压施工，使支护工作得以有序进展。

（3）采取重点小洞导水和多点管路导水卸压相结合，卓有成效地遏制了高承压水断层带软弱岩层内的破坏应力，保证高承压裂隙水不会形成破坏支护结构的势能。

（二）防强流变突喷技术

在高承压状态下的流变岩体，常因流通路径的阻力变化，造成流变体由流变转变成突喷，对施工安全带来极大威胁。为防止此类事故发生，通常采用以下技术：

图3-6-4　朱仙庄煤矿二水平带式输送机交叉点巷道小洞导水

（1）根据流体力学与高承压状态下流变类别，通过伯努利实用方程判别以降低流体的压强势能（压强水头）；控制流体的动能（速度水头）的关键是扩大泥流体的出口通道。

（2）现场精准掌控突喷的时间和喷量，采取在突喷后立即两处同时捣通和扩大泥流通道，造成各位置水头无势能差的围岩环境，达到保证安全施工的目的。

（3）打开泥流通道的同时，给后面的支护开挖工序提供了绝好的现场施工经验。

（三）封泥化岩体技术

采取大断面封闭，小断面置换，先克小弱，逐步克大弱；去泥畅水；换泥为混凝土墙体（图3-6-5）。

图3-6-5　大断面封闭，小断面置换技术现场施工图

（四）应用分布式注浆技术

在换泥的基础上，以小断面、小块体掘进，每个小块体及时注浆自固，形成小断面板块到大断面的叠加成巷，通过分布式注浆（图3-6-6）和独特的工法、精细的工艺去严谨施工，达到巷道整体支护支撑力倍增地提升。

图3-6-6　朱仙庄煤矿二水平带式输送机巷道分布式注浆现场图

（五）大底板块支护结构

针对高地压、高水压和非对称压力的特点（断层方向向巷道一帮传来的水平压力是另一帮的10倍以上），采取多层次强韧封层与特大不封闭浇筑的巷道大板块底板结构的新型巷道支护体结构技术，在支护结构上称大板块底板的支护（图3-6-7），以阻止强大的水平应力对支护的破坏。不封闭是针对长流变状态下，非对称应力和承压水的压力留有释放空间，减缓复杂叠加压力给支护的破坏作用。

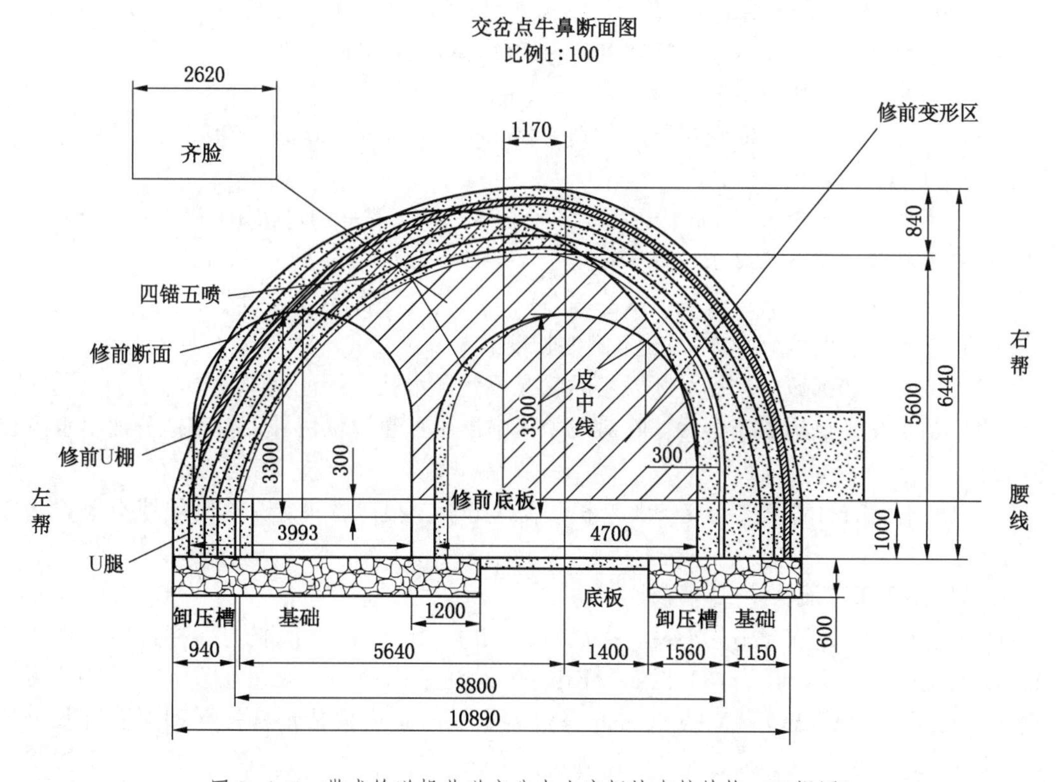

图3-6-7　带式输送机巷道交岔点大底板块支护结构（正视图）

（六）主要支护参数

1. 断面及参数

朱仙庄矿Ⅱ水平第二部带式输送机大巷支护采用半圆拱形断面，设计刷大断面。

（1）交岔点交岔口净断面 76.3 m^2，毛断面宽 13100 mm，高 6000 mm。

（2）主巷：净宽 6200 mm，高 4400 mm；净断面 22.2 m^2，毛断面宽 7000 mm，高 4800 mm，毛断面为 28.1 m^2。

（3）副巷道：净宽 5200 mm，高 4.100 mm，毛断面宽 5800 mm，高 4200 mm，毛断面为 22.6 m^2。

2. 强韧封层

朱仙庄矿Ⅱ水平第二部带式输送机大巷支护的强韧封层采用多层次强韧封层。设计为两次挂绳、一次挂网、四次喷层，喷层总厚度 270 mm。

（1）一喷层为初喷层，厚度为 80 mm。为锚杆和钢丝绳组合；锚杆间排距为 700 mm×700 mm，钢丝绳间距 350 mm×350 mm，高强锚杆（规格 GM22/2500 mm-490）。锚杆托盘规格为 200 mm×200 mm×10 mm。树脂药卷每孔 3 卷（型号 Z2535、Z2950）。砂浆中的水泥（规格 525 号）、黄砂、石子比例为 1∶2∶1.5。速凝剂与水泥比例为 3%~5%。

（2）二喷层，厚度为 80 mm。为锚杆、钢丝绳组合；锚杆间排距为 700 mm×700 mm，钢丝绳间距 350 mm×350 mm。采用废旧钢丝绳，要求纵向应在 8 m 以上；横向为巷道除底板外的巷道周边边长的长度。

（3）三喷层厚度为 80 mm。为锚杆、钢丝绳组合；锚杆间排距为 700 mm×700 mm，钢丝绳间距为 350 mm×350 mm。

（4）三次锚杆挂金属网，锚杆间排距为 700 mm×700 mm

（5）四喷层厚度为 30 mm。

（6）第一、二、三、四喷层厚度分别为 80 mm、80 mm、80 mm、30 mm，喷层总厚度在 270 mm 以上。

（7）锚杆外露为 30~50 mm，锚固力不小于 80 kN，锚杆螺母扭矩不少于 300 N·m。

3. 导水孔设计参数及要求

（1）施工开始向交岔点直墙出水范围布置 4~6 个 2″钢管作为导水孔。

（2）导水孔长度可分为 2~3 m 不同的长度。

（3）施工到水区域后，针对区段实际状况设置导水孔，保证喷浆效果为准。

（4）整个交岔点施工完毕后，除对几个集中出水点暂时保留外，对其他分散出水点要进行封堵。

集中出水点的封堵取决于支护效果和强度的分析，报矿方决定是否封堵或有关封堵方案的实施。

（七）施工工艺流程

掘出荒断面（修护为刷大清理剥离危石）→初喷 100 mm 厚混凝土→打普通顶帮锚杆挂绳及上托盘→复喷 100 mm 打注浆锚杆孔→安装注浆锚杆→注底角注浆锚杆→注两帮注浆锚杆→注拱部注浆锚杆→复喷 80 mm 厚混凝土→打普通顶帮锚杆挂绳和网混合及上托盘→喷 60 mm，按照以上施工循环向前施工；复注（控制在 4~5 m 距离）；第三次注浆定于全交岔点施工完毕后进行。

六、施工效果

朱仙庄矿Ⅱ水平带式输送机大巷施工前后效果如图 3-6-8~图 3-6-11 所示。

图 3-6-8　朱仙庄矿Ⅱ水平带式输送机大巷施工前照片

图 3-6-9　朱仙庄矿Ⅰ水平带式输送机大巷交岔点修复后斜墙帮图片

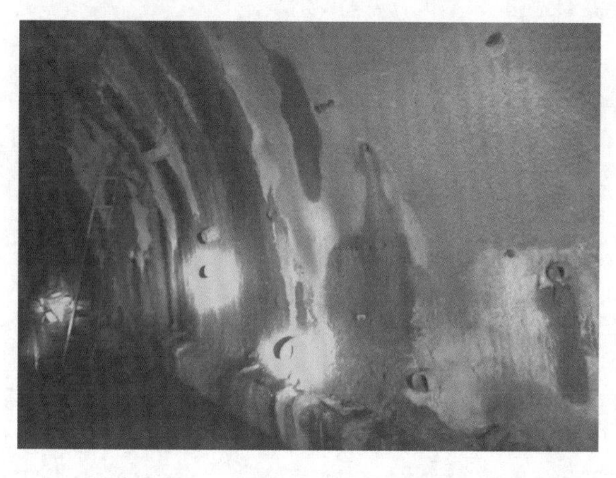

图 3-6-10　朱仙庄矿Ⅱ水平带式输送机大巷交岔点修复后直墙帮图片

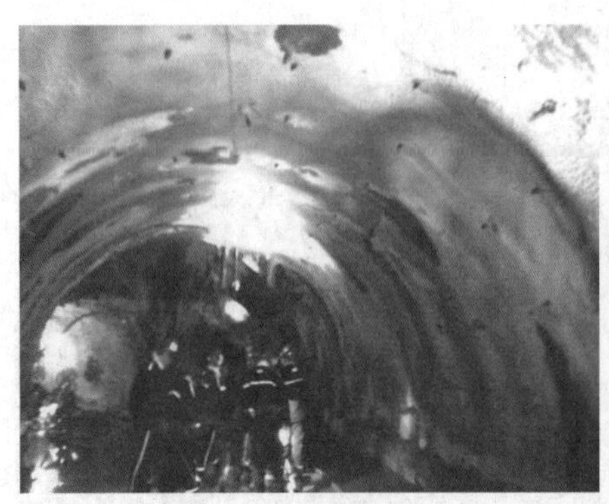

图3-6-11 朱仙庄矿Ⅱ水平带式输送机大巷交岔点修复后图片

朱仙庄矿高承压水断层破碎带泥化流变状态下交岔点巷道的成功修复，既解决了困扰朱仙庄矿Ⅱ水平工程的正常建设，又节省了大量成本，缩短一年工期，同时积累了相当丰富的极其困难巷道治理技术、施工经验，也为我国很多深部复杂矿区治理困难区域的特殊巷道施工，带来了相当丰富的施工技术和支护理念。朱仙庄矿高承压水断层破碎带泥化流变状态下交岔点巷道的成功修复，是在没有国内外相关技术可借鉴的基础上，创立的特殊困难巷道成套技术，是极其珍贵的范例，在国内外具有广泛的应用前景。

第七章　淮北矿业祁南矿大巷修复工程

祁南井田位于宿南向斜西南部转折带，地层走向急剧变化，由南北转至东西，井田内地层倾角7°~30°，已查出大中型断层20条，次级褶曲2个，褶曲附近岩层破碎极为严重。

祁南井田的褶曲构造主要有王楼背斜和张学屋向斜。王楼背斜轴向北西—南东向，波幅10~80 m；张学屋向斜轴向与王楼背斜近似平行，波幅和两翼产状基本与王楼背斜相同。

祁南井田所处的宿南向斜位于宿淮弧形构造带的前缘，前锋西寺波逆掩断层纵向切割宿南向斜，并使向斜东翼部分叠覆在向斜的西翼之上，由于祁南井田特殊的构造形态，使得祁南煤矿岩层产状变化大，小断层发育，岩层破碎。

另外，祁南井田构造发育持续时间长，基本形态形成于燕山运动早、中期，但喜马拉雅山运动在本井田影响大，王楼背斜轴部的F8断层切割新地层第三系，落差72 m，从而造成祁南井田特殊的大构造应力环境。

祁南煤矿位于宿州市祁县镇境内，矿井设计生产能力1.8 Mt/a，可采储量334.592 Mt。矿井地面标高17.20~23.80 m，一般22 m左右，一水平标高-550 m，井田开拓方式为立井、集中运输大巷、分区运输石门开拓，巷道埋深为560~580 m，矿井开拓布置平面图如图4-7-1所示。井巷具有埋藏深度大、构造应力大、软岩分布范围广，支护条件复杂等特点。1992年12月主井开始破土动工，到1996年底之前，施工的11870 m巷道的80%不维修不能使用，10%严重失修威胁安全，破坏巷道的支护形式包括锚网、砌碹、29U型钢可缩性支架、现浇混凝土等。

第一节　祁南煤矿巷道破坏调查

祁南煤矿巷道破坏面广，破坏的形式多样，根据祁南煤矿1996年11月巷道调查资料，破坏比较严重的巷道介绍如下。

一、中央风井北翼总回风巷

该巷道位于2~3煤组之间泥岩及粉砂岩段，设计净宽4000 mm，净高3500 mm，净断面积12.28 m^2，原支护形式为锚网支护。该巷道1995年7月开始施工，施工后巷道顶板下沉、底鼓、两帮开裂、内挤，有的两帮已劈开，顶部悬矸危岩较多，局部有掉顶现象，顶板最大下沉量为800 mm，底鼓最大量为850 mm，两帮移近量最大为1200 mm，其破坏形态如图3-7-1所示。

二、81回风石门

该巷道位于6~7煤组之间泥岩及粉砂岩段，设计净宽4300 mm，净高3600 mm，净断

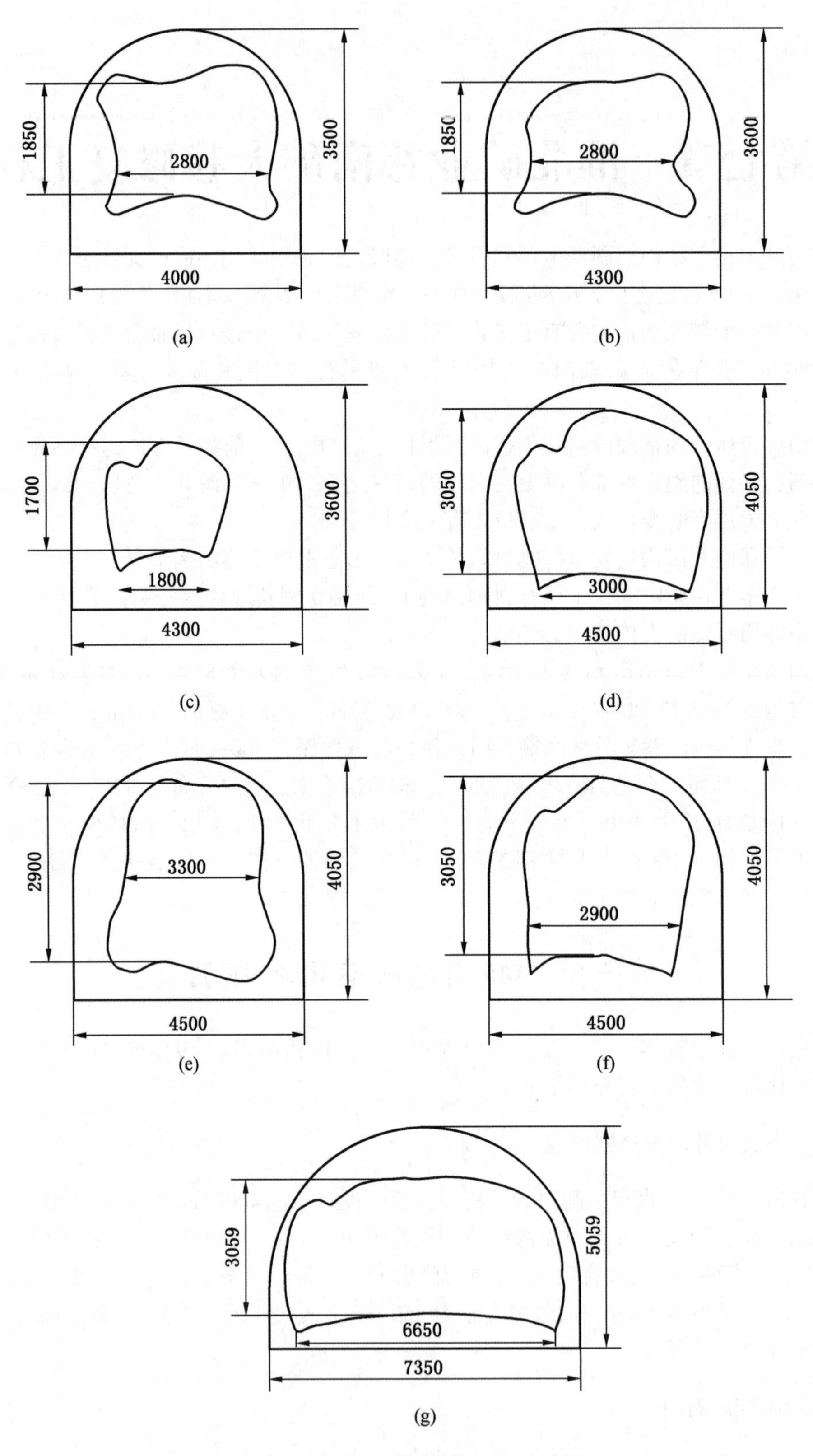

图 3-7-1　巷道破坏形态图

面积 13.5 m^2，巷道设计支护形式为锚网支护。该巷道 1996 年 6 月开始施工，是采用锚网支护，施工后顶板下沉、底鼓、两帮内挤、炸皮开裂，顶部悬矸较多，局部有掉顶现象，顶板最大下沉量为 850 mm，底鼓最大量为 900 mm，两帮最大移近量为 1500 mm，其破坏形态如图 3-7-1b 所示。由于巷道变形破坏严重，因此支护形式改为 29U 型钢可缩性支架支护，至 1996 年 11 月，由于构造应力大，巷道依然底鼓、变形破坏严重，顶板最大下沉量为 900 mm，底鼓最大量为 1000 mm，两帮最大移近量为 2500 mm，其破坏形态如图 3-7-1c 所示。

三、-550 m 主运输石门

该巷道所处岩层大部分为泥岩或砂质泥岩，该岩层节理、裂隙发育，松软破碎，巷道开掘后，来压快，初期变形大。巷道设计净宽 4500 mm，净高 4050 mm，净断面积 18.18 m^2，巷道设计支护形式为锚网支护。该巷道 1995 年 4 月开始施工，施工后巷道炸皮、开裂，变形破坏严重，锚网段破坏后，部分整修后采用 29U 型钢全封闭支架二次加固，巷道修复后，仍变形破坏严重，顶板最大下沉量为 400 mm，底鼓最大量为 600 mm，两帮最大移近量为 1500 mm，其破坏形态如图 3-7-1d 所示。

四、北翼运输大巷

北翼运输大巷位于 32 煤层底板的泥岩及粉砂岩段，设计净宽 4500 mm，净高 4050 mm，净断面积 18.18 m^2。锚网支护段巷道破坏形式表现为顶板下沉、底鼓、两帮内移、炸皮开裂，局部有掉顶现象，顶板最大下沉量为 650 mm，底鼓最大量为 700 mm，两帮内移最大量为 1200 mm，其破坏形态如图 3-7-1e 所示。29U 型钢可缩性支架支护段巷道破坏形式表现为顶板下沉、底鼓、两帮棚腿内移，顶板最大下沉量为 400 mm，底鼓最大量为 600 mm，两帮内移最大量为 1600 mm，其破坏形态如图 3-7-1f 所示。

五、西风井 1 号交岔点

西风井 1 号交岔点施工层位为 10 煤底板叶片状砂泥岩互层，地质构造复杂，该交岔点至井筒已连续出现两条逆断层斜切 1 号交岔点。该交岔点为 102 采区回风巷与井底车场绕道的交岔点，设计长度为 15.5 m，最大净断面净宽 7350 mm，净高 5059 mm，最小净断面净宽 4000 mm，净高 3851 mm。原设计支护形式为二次支护，一次支护为锚网支护，二次支护为 18 槽钢加工的半圆拱形支架加反底拱并外喷一层混凝土，牛鼻子采用立模浇灌混凝土的支护方式。1994 年 3 月完成施工。该交岔点破坏形式表现为炸皮、开裂，局部有掉顶现象，钢支架压弯、扭曲，最大断面顶板下沉量为 1200 mm，底鼓量为 800 mm，两帮移近量为 700 mm，其破坏形态如图 3-7-1g 所示。

六、中央风井车场绕道砌碹段

中央风井车场绕道砌碹段位于 2-3 煤组之间，泥岩及粉砂岩段，设计净宽 4000 mm，净高 3500 mm。巷道破坏形式表现为局部料石压碎，料石之间开裂，两帮内移 100 mm。

第二节 巷道破坏机理分析

只有正确地了解和分析巷道破坏的机理，才能合理地采取相应的支护对策，合理地选取支护参数，以最小的投入，有效地控制和维护巷道，以取得最佳的技术经济效益。根据祁南煤矿已掘巷道的破坏形态及维护情况的深入调查，并对已掌握的地质及技术资料进行分析，认为祁南煤矿的巷道破坏因素是多方面的，下面就主要的几个因素做一分析。

一、地质构造复杂、构造应力大

原始地应力包括上覆岩层产生的重力场应力及地质构造应力两大部分，对于重力场产生的地应力仅与上覆岩层及其采深有关。各矿并无太大的差异，而构造应力则是由长期的地质构造运动产生的，矿区的地质构造越复杂、越活跃则构造应力越大。构造应力对巷道稳定性影响极大，构造应力方向通常受构造方向的影响，在多数情况下，构造应力要比重力大 1~1.5 倍。与重力场比，构造应力很不稳定，它的参数在时间和空间上有很大差异，它的存在直接决定着巷道的稳定性。

从宏观分析，祁南井田正好位于宿南向斜西南部转折带，整个井田走向由南北转至东西，向西南凸出，且发育有次一级的褶曲，井田位于褶曲应力构造区。次一级的褶曲有王楼背斜和张学屋向斜，波幅在 10~80 m，所取的岩心较为破碎，地质条件复杂，由宿南向斜及发育的次一级褶曲产生的扭曲力，造成祁南井田水平构造应力大，使巷道承受比较大的侧压力，因此祁南煤矿巷道破坏明显的表现为两帮内移，喷层开裂，底板鼓起。

二、围岩呈现显著的软岩特征

祁南煤矿以泥、粉砂岩类为主，其中泥岩类岩石层理发育，强度较低，普氏系数 f= 2~4 甚至更低，泥、粉砂岩类岩石占地层总厚度的 60% 左右，一般单层砂岩厚度不大，常以砂泥岩互层出现。以运输大巷，总回风巷所处层位为例，其围岩岩石物理力学性质见表 3-7-1。有些岩层虽有一定的岩块强度，但由于宿南向斜及发育的次一级褶曲的影响，岩体结构极差，节理大于 4 条/m^2，岩体的总体强度很低。

据岩性观察分析，揭露的泥岩类岩石中含钠蒙脱石较少，这种岩石遇水膨胀性不大，但脆性大、裂隙发育，遇水易泥化、崩解。由于底板的松软，巷道开挖后围岩应力重新分布，而出现底鼓，并使两帮及顶板位移量加剧，松动范围更大，因此矿压显现更为严重。另外，构造造成的围岩破碎，其碎胀压力也容易使围岩产生碎胀变形。

三、支护方式与围岩条件不相适应

对于如此大的构造应力和松散围岩，采用被动的或单一的支护方式是难以奏效的。从破坏的巷道看，巷道曾采用锚喷网、U 型钢可缩性支架复喷支护方式。因为软岩巷道围岩变形量大，变形持续时间长，锚喷网支护提供的支护强度小，不能及时有效地控制巷道围岩变形，往往导致支护失效破坏，难以使围岩处于受压状态而形成组合拱结构。U 型钢可

表 3-7-1　岩石物理、力学性质试验成果统计表

采样层位		岩性名称	物理性试验				力学性试验															
			比重/(g·cm⁻²)	重力密度/(g·cm⁻³)	含水量/%	孔隙率/%	抗压强度/(kg·cm⁻²) 自然状态		普氏硬度系	单向抗拉强度/(kg·cm⁻²)		抗剪强度/(kg·cm⁻²)									
												30°				45°				内摩擦角/(°)	凝聚力系数
												正应力		剪应力		正应力		剪应力			
							平均	变异范围		平均	变异范围	平均	变异范围	平均	变异范围	平均	变异范围	平均	变异范围		
运输大巷	上煤组	泥岩	2.56		2.16	5.3	266	73~-609	3	12.4	4.7~30.5	29	14~43	50	23~74	96	30~219	96	30~219	21	38
		粉砂岩	2.70	2.60	1.18	4.6	498	269~812	5	25.0	18.4~48.2	39	19~58	67	33~100	96	54~156	96	54~156	19	57
		砂岩	2.71	2.59	1.24	5.6	712	198~1434	7	35.3	22.2~49.1	66	52~93	114	90~161	194	114~313	194	114~313	23	98
	中煤组	泥岩	2.69	2.54	2.18	7.6	188	135~275	2												
		砂岩	2.74	2.65	3.50	10.4	557	172~830	6	32.5	24~46	48	20~110	82	35~191	171	111~298	171	111~298	35	49
		砂泥岩互层	2.77	2.65	1.11	5.1	225	217~233	2	10.6	5.3~16.5	30	29~30	51	50~52	111	83~139	111	83~139	36	29
总回风巷		泥岩	2.61	2.57	1.95	3.5	389	175~757	2	11.5	6~23	24	16~43	40	21~74	62	40~97	62	40~97	30	28
		粉砂岩	2.66	2.56	1.48	4.8	441	81~707	3~4	15.0	8~22	26	17~35	43	29~60	78	45~142	78	45~142	34	26
		砂岩	2.69	2.63	1.37	3.7	479	249~837	5	26.7	10~43	55	30~150	95	51~260	206	78~490	206	78~490	34	57
		砂泥岩互层	2.73	2.59	1.37	6.5	334	124~815	3	22.2	10~40	46	18~85	79	30~146	123	42~214	123	42~214	30	53

缩性支架是有一定变形能力的被动支护方式，当巷道断面不大时，U 型钢可缩性支架具有一定的支护强度，但当断面较大，像祁南煤矿一般巷道跨度 4~5 m，掘进新面 15~20 m^2 左右，巷道变形量大，虽然采用 29U 型钢可缩性支架支护，但往往导致可缩性能失效，其支护强度也很有限。因此在井下，大量采用 U 型钢可缩性支架的巷道在围岩压力作用下，产生失稳性变形、扭曲、弯曲和背板压碎断裂，使得巷道不能满足使用要求。

四、施工质量的影响

造成巷道失稳破坏的原因，与施工质量达不到要求有关，尤其是对锚喷巷道，如果实现不了光爆，爆破时强烈地扰动围岩，破坏了围岩的完整性。锚杆布置不均匀、安装锚杆不符合要求、使围岩内部不能形成完整的支护结构、喷射混凝土厚度不均，都可能使围岩局部松动，从而影响整体，最后失去稳定而破坏。架设U型钢可缩性支架时，卡缆螺帽拧紧扭矩不符合要求，U型钢支架加工质量问题，都可能降低支撑围岩压力的效果，支架背板不密实也是支护容易破坏的重要因素。此外，施工期间和施工完毕，巷道的水不能及时排出疏干，使底板长期浸泡在水中，使其本来强度就极低的岩石发生软化、塑化、失去支承能力而失稳，出现底鼓现象，同时影响了两帮和顶板的稳定性。

五、巷道底板稳定性差

在祁南煤矿施工的各类软岩巷道中，巷道的底角和底板一直没有采取有效的支护措施，因此当巷道的顶帮压力较大时，造成巷道底板中的应力出现集中现象，从而使巷道的底板产生塑性变形、出现底鼓，进而直接影响巷道顶帮的稳定，产生顶板下沉、两帮内挤，造成巷道支护结构的全面破坏。

通过以上分析，我们看到祁南煤矿大构造应力下软岩巷道破裂范围大，巷道变形量大，虽然锚杆支护具有改善围岩力学性质和降低成本的作用，但还是不适应软岩巷道的变形特征，而导致支护失败。采用29U型钢可缩性支架，虽然在一定时间、一定程度上保持了巷道稳定，但一定时间后，支架也难以抵抗如此大的构造应力而被压坏。所以在大构造应力软岩巷道发挥锚杆支护的优势要从提高围岩的强度和弹性模量，改变围岩的变形规律入手，而我们对祁南煤矿大构造应力下软岩巷道锚注联合支护体系正是基于这一思路提出来的。

第八章　平煤股份十一矿巷道修复工程

第一节　工　程　概　况

一、矿井地质及水文情况

平煤股份十一矿是一座设计能力为60万吨的矿井，改扩建后，年产量已超过1.2 Mt。1979年建成投产，目前正朝着3 Mt井型迈进。

矿井水文地质情况：十一矿井田处于平顶山煤田李口向斜西南翼，井田南端褶皱带密集，浅部地层倾角高达67°，局部直立，甚至倒转，深部倾角5°~8°，井田内有四条中型断层，走向多为北西—南东向。丁组、戊组煤层微型断层发育。二水平丁二采区带式输送机下山和-593 m石门揭露的张庄逆断层走向NW42°~26°，倾角24°~32°，落差12~54 m，延展长度1900 m，对开采影响较大。

煤系地层属二叠系和石炭系，可采和局部可采煤层为8层，煤层基本顶和基本底为灰白色厚层状致密坚硬细—粗砂岩，平均厚4.22~10.72 m，直接底和直接顶板为薄层灰色泥岩、砂质泥岩，局部地段丁组煤层存在伪顶，厚度为0.1~0.4 m。

砂岩基本顶、基本底水平向抗压强度一般为916~1445 kg/cm^2，垂直向抗压强度为778~957 kg/cm^2，直接顶的泥岩、砂质泥岩垂直向抗压强度为64~588 kg/cm^2，基本顶、基本底稳定或稳定性较好，直接顶、直接底中等稳定或稳定性较差。

矿井共有8层含水层，太原群灰岩水对矿井影响最大，含水层之间一般有隔水层隔离。在1999年投产开始涌水量逐年增加，随着开采深度的进一步增加，随后原始水位下降，矿井涌水量逐年减少，但受大气降水影响很大。

二、地质构造

（一）区域构造

平顶山煤田位于华北平原南缘，处于豫西断隆，华北断拗和北秦岭褶皱带的衔接部位，先后受到中岳、怀远、加里东、印支、燕山和喜山等六期构造运动的影响，中岳构造运动的挤压，形成了本区构造的主要框架，怀远和加里东运动，使本区两次抬升，导致区内缺失奥陶系至中石炭系地层，燕山运动使古老地层发生隆起和拗陷，喜山运动使拗陷加剧，形成了以郏县正断层、襄郏正断层、叶鲁正断层为界的叶鲁拗陷带、宝郏拗陷带和襄郏拗陷带，断层走向多为北西向，落差在千米以上。区内主体构造为一宽缓复式向斜（李口向斜），轴向北西50°，北西向倾伏，向斜两翼倾角5°~15°，由轴部向两翼由浅至深倾角逐渐变小。次一级褶皱有位于李口向斜轴以南的郝堂向斜，诸葛庙背斜、牛庄向斜和郭庄背斜。

（二）井田构造

十一矿井田处于李口向斜西南翼，主体为北东倾向的单斜构造，浅陡深缓。由于受北东向应力挤压的影响，在井田南端形成紧密褶皱带，浅部地层倾角高达 67°，局部直立甚至倒转，深部倾角 5°～8°；井田内也有局部的拗陷与隆起。而本次要实施勘探的区域处于李口向斜西南翼最西端，倾向北东，倾角 5°～45°，浅陡深缓。

由于受井田外界附近断层的影响，井田内及其边界处存在六条中型断层，走向多为北西—南东向，在矿井生产揭露中，丁组和戊组煤层微型断层发育，已组次之。

（三）巷道原支护形式破坏分析

（1）巷道埋深较大是巷道受到较大应力的主要原因。丁二轨道上山和己二回风上山埋深都在 700m 左右，属深井范围。埋深造成的自重应力及水平应力显著，使巷道围岩处于较大的应力状态。

（2）巷道处于采区上下山煤柱中，受采动应力影响，属于应力升高区，这也是巷道破坏的原因之一。

（3）不合理的支护结构与参数是巷道变形的直接原因。对锚喷支护来说，围岩松动后，易造成整根锚杆失效。且围岩变形超过锚杆允许变形幅度时，支护结构就会发生破坏。不改善围岩岩性，单靠锚杆不能完全控制巷道变形。

（4）围岩岩性是巷道变形的重要原因。巷道顶、底板为砂质泥岩，岩体强度低、易风化开裂，加大了支护结构上的变形压力，显著降低支护结构的相对承载能力，造成巷道严重变形。

十一矿丁二采区-593 m 石门内的巷道群，大部分由于受埋深较大的压力、构造应力（二水平丁二采区带式输送机下山和-593 m 石门揭露的张庄逆断层走向 NW42°～26°，倾角 24°～32°，落差 12～54 m，延展长度 1900 m，对开采影响较大）和软弱岩体的自身膨胀等叠加应力，使支护遭到严重破坏，极大地影响着目前改扩建施工的顺利进行。实践证明，巷道所采用的锚喷支护、高强、等强加长锚杆配合锚索支护，U 型钢可缩支架加喷射混凝土等支护方式，均不能使巷道长久保持稳定。

根据以上分析，要维护巷道的稳定，关键是提高围岩的自身承载能力。丁二轨道上山刚进行过全面翻修，现有支护是锚网加锚杆支护，局部地段是 U 型钢支护，修复方案以锚注为主，提高围岩力学性能，改善锚杆锚固基础。已二回风上山需要重新挑顶扩帮翻修，修复方案主要从三个方面进行，一是加大锚杆支护强度；二是喷浆封闭围岩；三是注浆提高岩力学性能，改善锚杆锚固基础。

（四）十一矿巷道破坏机理分析

基于对诸多理论的学习探讨和对现有资料的初步分析，十一矿井下巷道破坏的主要原因有以下几点。

（1）深井大埋深。-593 m 石门巷道实际埋深已达 700 m 以上，属于我国关于大埋深矿井的规范范围。

（2）构造残余应力的影响，张庄逆断层斜穿整个-593 m 石门大部，锅底山正断层的延展也波及-593 m 石门。

（3）石门所处的煤层顶底板是层厚大而坚硬的砂岩和砂质互层，具有典型的关键层特征。关键层上下应力不均匀，在巷道做出来后，受应力剧烈释放的影响。

（4）-593 m 石门大部分围岩属复合顶板，在复合顶板的作用下，巷道围岩支护承受的应力必然是多变和复杂的。

（5）-593 m 石门巷道过于集中布置，具有复杂性的孤岛应力特征。

（6）巷道支护仍以传统的支护方式设计，显然是不合理而有所欠缺的。

（7）巷道施工工艺、工法的不合理，也是导致巷道支护不稳定的原因之一。

第二节　十一矿-593 m 石门巷道群的支护设计

一、项目实施地点

十一矿丁二采区-593 m 石门内的巷道群，丁二轨道上山、皮带上山和已二回风上山，大部分受构造应力和埋深应力等叠加应力影响（二水平丁二采区皮带下山和-593 m 石门揭露的张庄逆断层，走向 NW42°~26°，倾角 24°~32°，落差 12~54 m，延展长度 1900 m，对开采影响较大），变形、失修严重。

二、设计思路

无论是新井建设和老井改扩建，井巷工程都居其首位。虽然立井工程施工成套机械化技术水平的全面更新，施工速度正在飞速提高，但平巷施工，特别是深井、软岩下的巷道施工，新井和老井的改扩建建设速度、效益和安全都要受到很大制约，因此研究和实施软岩巷道支护的稳定、施工速度、效益和安全是当前亟待解决的重要课题。

实践表明，大埋深的地层深部应力、构造应力、采动应力给软弱岩煤体造成的压力，存在着大小、传递速度、传递方向、传递时间等差异，对软弱岩、煤体造成的组合压力，是由多个不等时、不均匀的叠加压力组合而成。在这种不均匀的叠加压力作用下，巷道支护必然会遭到反复的、不均衡的破坏。要达到巷道稳定和确保巷道支护的预期效果，既保障安全生产、节约成本，又能快速掘进，为大埋深、构造应力、采动等不均匀的叠加应力作用下的巷道支护开拓一条新路，就要推进与实施不断提高和改善“软弱岩、煤体”自身强度的主动动态支护技术的研究与应用，使十一矿-593 m 石门内的示范工程得以按预定计划顺利完成。

三、设计方案

本项目的主旨是解决在高地应力围岩状态下的巷道支护问题，因此一开始，就要着眼于如何能提高和不断提高巷道支护强度这个中心，寻找和确定可直接方便的对围岩进行再次、甚至多次注浆的设计方案。

（1）方案要求可不断提高和改善围岩自身强度。

（2）要不断提高围岩自身强度，还要实行带压注浆，以使围岩内聚集力提升，从而起到缓释叠加应力的作用。

（3）要方便施工，安全可靠。

（4）要确保按合同规定，达到巷道支护移变量小于设计所规定的要求。

四、支护技术要求

（1）设计双层加固围岩圈的带压注浆圈，从而形成缓释内聚集力环。

（2）设计的两层喷浆层厚度一般为100~120 mm，要确保密贴和抗压，以使注浆压力达到设计要求。

（3）设计的喷浆层中只能用钢丝绳，形成强韧性抗体筋骨，保障支护层允许有移变量，从而实施“不断提高和改善软弱煤、岩体自身强度”的支护体系。

（4）设计不仅要求初次支护安全可靠，在施工不断推进时支护也能确保安全可靠。

（5）设计要求二次注浆锚杆的长度要大于一次注浆锚杆长度600~800 mm，以保障有缓释叠加应力的内聚集力环。

（6）二次注浆锚杆封口深度要大于600 mm，长度要大于200 mm，以保障二次注浆的压力达到设计要求。

五、支护参数

（一）丁二轨道上山

丁二轨道上山全长700 m，巷道整体变形严重，多次拉底、扩帮，是深井大变形煤层巷道的典型。

在此段巷道虽进行了锚、网、喷修复支护，但巷道煤层自身的强度、承载能力未有提高。用钢筋网做锚喷筋骨，不能使浆体密贴煤层，从而使喷浆强度大大降低。此种支护不能有效提高巷道自身强度，对深井大埋深、大变形的软弱煤层巷道来讲，锚杆是根部无着力点，外端无托锚点的锚空锚杆失效状态。这样的锚、网、喷支护，实践证明支护效果较差。

1. 此段巷道锚注支护设计原则

（1）以注浆方法来很好地达到提高煤层的自身强度。

（2）以深封锚注孔来达到控制注浆半径、实现锚注支护效果。

（3）以环形快硬水泥卷，来达到较好的封孔效果。

（4）以优化设计及现场调控，来选择锚注的各种参数。

（5）以增加搅拌时间，加大搅拌力度，边注边搅拌，确保浆液黏度。

2. 此段巷道锚注支护设计参数

1）注浆锚杆布置

顶板注浆锚杆规格ϕ22 mm×1800 mm，两帮注浆锚杆规格ϕ22 mm×2000 mm。注浆锚杆全断面布置，注浆锚杆间排距为1300 mm×1300 mm，底角注浆锚杆下扎30°~45°。

2）注浆参数

（1）注浆材料：525号高强水泥。

（2）注浆浓度：水泥浆比例，水与水泥的配比为0.9∶1~1∶1。

（3）注浆压力：10~15 kg/cm^2；顶板及底角最大注浆压力为2.0 MPa，两帮最大注浆压力为1.5 MPa。

3）注浆技术要求

（1）深封锚注孔的锚杆设计。深封锚杆封浆挡圈比普通锚注锚杆封长增加一倍以上，

锚杆后部出浆孔直径由 6 mm 扩大到 8 mm，以不阻碍浆液流畅。

（2）通过加深封口，既保证了注浆锚杆外固的锚固力，又以深封锚注孔来达到控制浆液扩散半径。使浆液扩散到巷道煤层面的半径，大于所需胶结煤层内注浆的半径，以达到注浆胶结强化煤层的要求。

（3）深封锚注孔采用快硬环形水泥卷，其封口均匀，封孔效果好，锚固力强，并且可便于有效控制封锚长度。

4）浆液浓度及浆液制作

（1）浆液浓度要适当调低，经现场实验，科学类比，反复优化，浆液的水泥比水控制在 0.9∶1；根据现场煤体注浆的长期实际情况，显示出良好的效果。

（2）浆液制作必须比例准确、搅拌时间长、浆液中不得有碎块和杂物。

（3）准备好封堵胶泥，一般小的漏浆，可采用胶泥直接封堵。

（二）己二回风上山

己二回风上山布置在己 16 煤层中，沿己 16 煤层顶板掘进。己 16 煤厚 6 m 左右，顶板为砂质泥岩（厚 2 m 左右），有煤线。1997 年开始施工，1998 年 3 月完工。己二回风上山宽 3.8 m，高 3.2 m，拱形断面，U 型钢支护。设计断面 10 m^2，现收缩为 7 m^2 左右。

1. 此段巷道锚注支护设计原则

（1）保证巷道支护后，能够保持稳定，不需进行返修，特殊情况可考虑局部加固。

（2）从支护方案及支护机理上，要着眼于锚注联合支护，充分利用围岩自身承载能力，实现主动支护，保证支护结构的稳定。

（3）要充分考虑到极不稳定煤巷的特点，采用全断面支护，重点在于底角和底板的治理。

（4）支护方案在满足技术要求的前提下，确保安全生产，力争尽量降低成本，加快施工速度，降低劳动强度，提高经济效益。

2. 此段巷道锚注支护设计参数

1）锚杆锚索布置

顶板锚杆为 ϕ20 mm×2400 mm 高强螺纹钢锚杆；两帮锚杆为 ϕ20 mm×2200 mm 高强螺纹钢锚杆；每根锚杆使用两个树脂药卷锚固；顶板及两帮锚杆间排距 700 mm×700 mm。沿巷道中心线布置一根锚索，间距为 4 m。

2）注浆锚杆布置

顶板注浆锚杆规格 ϕ22 mm×1800 mm，两帮注浆锚杆规格 ϕ22 mm×2000 mm。注浆锚杆采用 1/2″黑铁管制作，壁厚 4 mm，杆体上钻有直径为 6 mm 的注浆孔，封孔采用快硬水泥药卷。注浆锚杆全断面布置，注浆锚杆间排距 1300 mm×1300 mm，底角注浆锚杆下扎 30°~45°。

3）喷射混凝土

喷层厚 70~80 mm×2，强度等级 C20，配合比 1∶1.5∶1.5。喷射混凝土两次，即挖出荒断面后，立即初喷封顶一次；当打好锚杆，挂好绳再进行复喷两次混凝土。

4）钢丝绳

采用废旧钢丝绳。

5）注浆支护参数

（1）注浆材料：525 号高强水泥。

（2）注浆浓度：水泥浆比例为水比水泥，为 0.9∶1～1∶1。

（3）注浆压力：10～15 kg/cm²；顶板及底角最大注浆压力 2.0 MPa，两帮最大注浆压力为 1.5 MPa。

（4）扩散半径：1.3～1.5 m。

六、十一矿-593 m 石门内巷道支护效果

十一矿-593 m 石门内巷道顶底板及两帮变形图如图 3-8-1～图 3-8-6 所示。修复前后状况如图 3-8-7～图 3-8-9 所示。

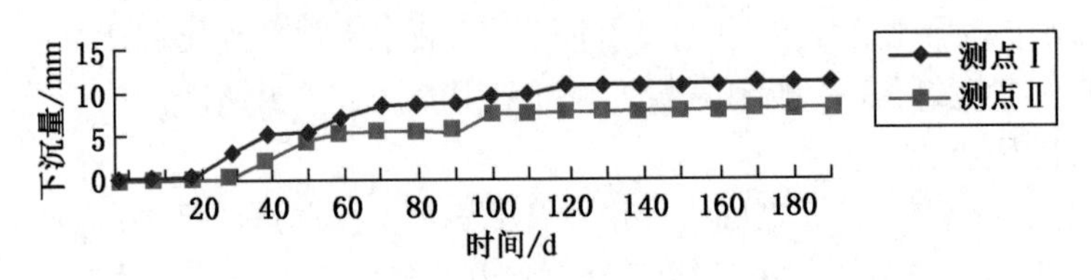

图 3-8-1 丁二轨道上山顶板下沉变形图

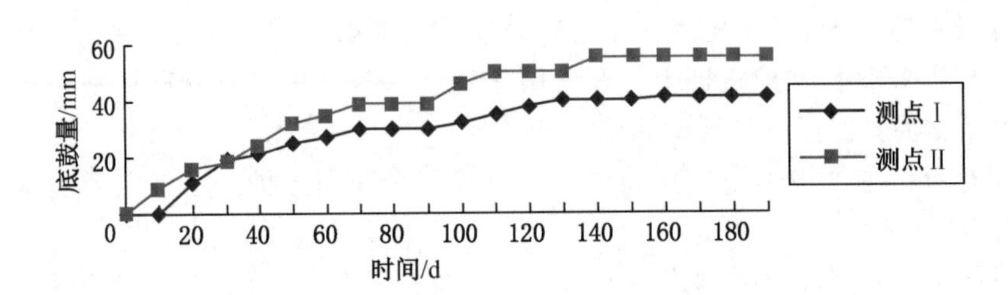

图 3-8-2 丁二轨道上山底鼓变形图

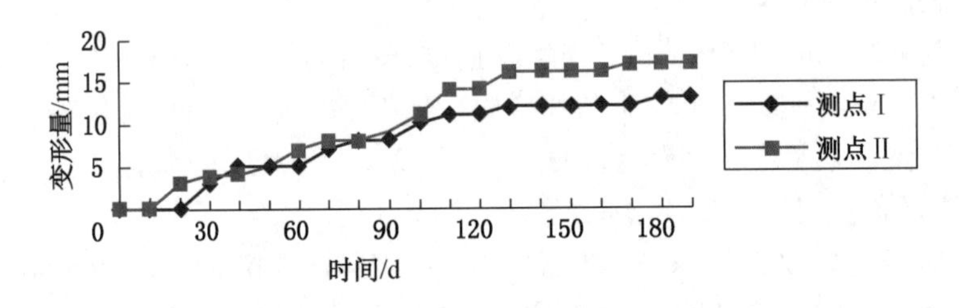

图 3-8-3 丁二轨道上山两帮变形图

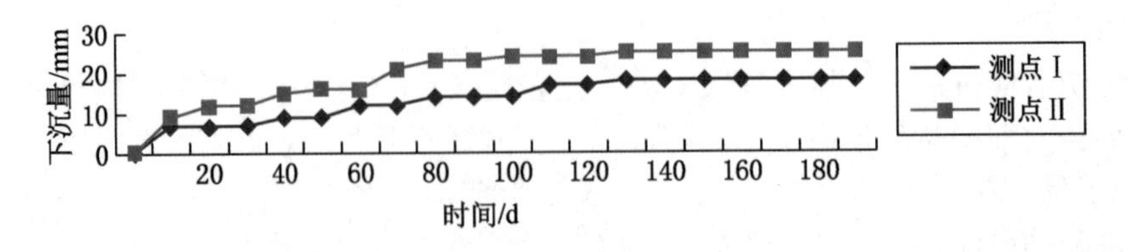

图 3-8-4 已二回风上山顶板下沉变形图

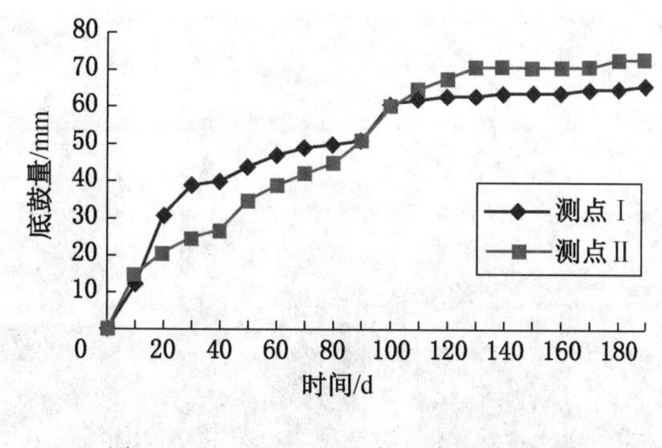

图 3-8-5　己二回风上山底鼓变形图

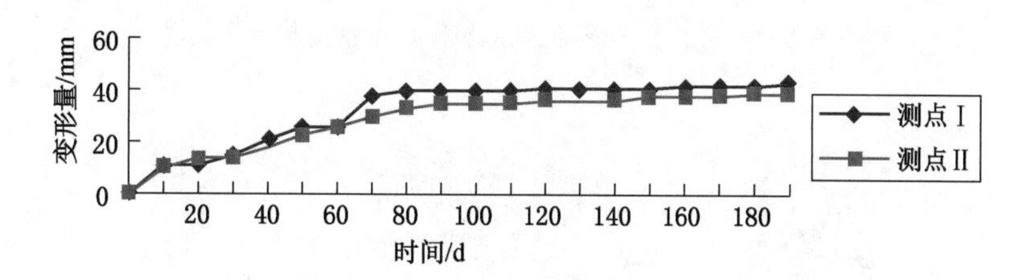

图 3-8-6　己二回风上山两帮变形图

图 3-8-7　十一矿己二回风下山原破坏状况

根据半年的巷道围岩变形监测数据，丁二轨道实验巷道断面最大收缩率为 3%，取得了较好的锚注效果。实验巷道的移变也日趋平稳，实验巷道的各点的移变量也比较均匀，无明显差异。实验巷道表明锚注支护可修复提高巷道的安全性，可靠性，并具有易于施工的优越性。

根据半年的巷道围岩变形监测数据，巷道断面收缩率为 4%，并且已趋于稳定，取得了较好的锚注效果，实验巷道证明锚注直接修复软弱岩煤体巷道是可行的、是成功的。

图3-8-8 平煤十一矿双层次重型U型钢支护破坏状况

图3-8-9 十一矿已二回风下山修复后的状况

平煤股份十一矿-593 m石门内巷道整体变形严重，多次拉底、扩帮，是深井大变形煤层巷道的典型。自2004年开始利用主动支护技术进行修复，通过近半年的努力，成功修复困难巷道610 m，取得了巨大的经济效益和社会效益。实验巷道的检测数据表明，深井大变形煤巷直接锚喷支护，巷道还是略有一定的移变，所以如保证巷道长时间历经不断的采动和其他矿压的不断扰动，及时的复注是保证巷道长期稳定的关键。

深井大变形煤巷支护，是可采用锚注为主体的不断提升“软弱岩、煤体”的自身强度的支护体系中的一个典型。不断提升“软弱岩、煤体”的自身强度的支护体系，可适应各类深井大变形及更复杂煤巷、岩巷。

第九章　平煤股份四矿巷道修复工程

第一节　工　程　概　况

一、丁戊组石门大巷“大弧板段”状况

平煤股份四矿丁戊组石门大巷“大弧板段”，是四矿一水平关键运输通风巷道中的一段，由于此段巷道受软弱岩层和断层组高应力的作用，围岩极其破碎，并且流变性强，造成巷道两帮移近量大，底鼓极其严重；曾经采用过大弧板、重型U型钢和水泥灌注钢管棚支架等高强支护，都没能解决巷道支护稳定的问题，尤其是对于强度极高的“大弧板”支护，人们更是寄予高度厚望，然而它也没能解决此段巷道的稳定，却让人们把此段历经各种高强支护坎坷的巷道称之为“大弧板”段巷道（图3-9-1）。

图3-9-1　受软弱岩层和断层组高应力大弧板破坏状况

二、丁戊组平石门大巷“大弧板段”特征

（1）此段巷道围岩极其松软、破碎，流变性强。

（2）巷道通过断层组，受到较强烈的构造应力的影响。

（3）巷道第一层次支护强度设计支护技术理念偏差，以高强的大弧板、重型U型钢支护对缓慢释放压力的软弱松散和具有构造应力的围岩时，是失败的。

（4）当第一层次高强支护单元已经完全破坏后，再进行第二单元高强支护，实际上仍然是一个高强支护单元面对软弱流变围岩，支护依旧难以成功。

（5）多次被动修复，不断扰动围岩，造成围岩松动圈不断扩大，带来的支护压力也就越来越大。

（6）多次扰动同时造成围岩应力释放和泄出的通道路径，使这一区域围岩压力越来越集中，相应地造成巷道支护的难度加大。

第二节　丁戊组平石门大巷“大弧板段”的支护设计

一、设计总体思路

立足于解决丁戊组平石门大巷“大弧板段”巷道支护难题，从研究巷道支护机理与保持巷道稳定入手，以提高围岩自身强度和改变围岩的力学状态为切入点，以自主原创为起点、现场反复实践为基点、提升关键技术为奋发点，紧紧围绕改善围岩结构及其物理力学性质、适时随机加固围岩这一根本，着力实施“预控置换、强韧封层、激隙卸压、稳压胶结、构建均质同性围岩体”等关键技术。

根据围岩地质特点和巷道所处叠加应力状态，优化出一定的预留空间；根据围岩性质确定置换的部位及其范围；根据巷道服务内容确定相关参数。

通过技术手段，激活围岩体内的裂隙与解理面使其拓展，主动诱导围岩体内应力泄出，为稳定注浆胶结围岩造就出匀密、顺畅的通道，成功施行动态注浆，从而实现多层次立体支护体系。通过多层次锚杆、注浆锚杆和注浆胶结后的围岩，实现以围岩为支护依托和参与体，重造组合体，以提高围岩自身强度和承载能力，恢复巷道支护工作阻力，保持巷道长期稳定，为矿井安全生产提供可靠保障。

二、“大弧板”段巷道修复的原则

（1）坚持技术理念的原则。坚定地树立主动、动态支护的理念；具体技术方案为：强韧封层、合理置换（加强底角卸压槽和反底拱的施工管理）、稳压胶结、构建均质同性的支护体系，以确保施工过程中的安全和巷道服务期限内的质量保证。

（2）坚持技术把关，优先防范的原则。巷道破坏是从某一个或几个部位开始变形、损伤、破坏进而导致支护失稳，尤其在断层带中的巷道围岩裂隙丰富，岩层软弱，极易流变和冒落，所以要严格遵守“循环进度的轻扰动、短步距、及时封闭、强韧支护”的原则。其主要技术是：同时采用多层次的喷射混凝土、等强锚杆、钢丝绳和钢筋网组成的联合支护体系，达到安全有效地控制顶板和保证巷道支护长期稳定的目的。

（3）坚持施工全过程中监测监控的原则。在巷道施工过程中，以及在施工结束后，都必须做好严格的矿压监测监控工作。通过对巷道进行测点和对巷道支护层的检测监控，可以掌握巷道变形和各支护单元的工作状态，从而验证支护设计的可靠性，同时也可以为动态支护提供及时恢复工作阻力的依据，确保巷道支护的长期安全稳定。

三、技术路线

从一些矿井治理深部矿井复杂应力状态下的围岩治理的实际效果看，传统的支护状况使我们认识到，单一的、刚性的、被动的治理理念必须全面、系统地进行变革和创新，支护形式必须改变，支护设计必须优化，支护管理必须科学，支护效果必须经济有效。也就是支护形式从刚性高强到强韧动态的支护结构改变，从单一到多单元的组合支护体系的优化。

本项目支护技术是一个多层次、多结构和多单元的综合支护体系，其主要原理是软岩岩石力学及锚注支护和注浆加固机理，它针对复杂应力下软岩巷道的特点，以调动和提高围岩自身强度为核心，以改变围岩的力学状态为切入点，采取系列手段，确定巷道支护的科学设计方案，实现施工进程和效果的最佳。其基本架构如下：

（1）对部分软弱岩体，特别是关键部位的极软弱岩体进行合理置换和保证施工断面大于设计断面，保证动态支护有一定的空间。

（2）以多层次钢丝绳为筋骨的多喷浆层、高度密贴岩面的强韧封层结构为止浆垫和第一支护单元的强有力的抗体。

（3）在巷道关键部位（巷道底角）开挖卸压槽，达到释放围岩内应力和拓展岩体内裂隙，为围岩的松脱和注浆浆液疏通路径起到相得益彰的成效。

（4）掌控稳压状态下向岩体内预注浆、注浆、复注浆，将高强度水泥浆液反复注进围岩体内，将松散软弱的岩煤体胶结成整体。

（5）在主动支护理念指导和全程监测监控下，以不断调整压力的恰当注浆技术，在岩体内留置预应力、缓释叠加应力。

（6）通过多层次锚杆、注浆锚杆和注浆胶结后的围岩，实现以围岩为支护依托和参与体，达到重造组合体的动态支护体系，以提高围岩自身强度和承载能力，巷道支护长时间保持稳定的目标，为矿井安全生产提供可靠的保障。

四、支护对策

（1）预控。加大松散围岩清理力度，合理扩大巷道毛断面。

（2）严把支护工序中强韧封层的设计和施工，确保后续各支护单元的支护功能充分达到容错集成的支护功效。

（3）强化卸压槽技术要求，合理选择好卸压槽位置和卸压槽断面规格。

（4）认真执行稳压注浆的各项要求，一定采用“自固、自封、内自闭”式注浆锚杆确保注浆胶结效果，同时对动态注浆要确实及时掌控。

（5）喷浆和注浆水泥都要尽量采用高标号的水泥，以确保支护层质量和胶结圈体的强度。

（6）确立一年期内的监测监控和适时动态注浆至关重要的复注工作，来抵御缓慢释放压力的软弱松散和具有构造应力围岩。

五、技术方案

1. 石门部分

(1) 设计采用三层次喷浆层和两个层次的钢丝绳组合成为强韧封层。

(2) 采用二层次高强锚杆作为支护加固围岩的主体部分的第二单元。

(3) 在完成前两项的基础上，开挖卸压槽，进行第一次注浆，保证锚杆支护作用得以充分体现并作为围岩强度的第三支护单元。

(4) 在监测监控的指导下适时进行二次注浆（时间 6~12 个月），恢复支护工作阻力。

2. 交岔点部分

设计采用四层次喷浆层和三个层次的钢丝绳、锚杆组合成为双层次强韧封层。

(1) 设计采用三层次喷浆层和两个层次的钢丝绳组合成为强韧封层。

(2) 采用二层次高强锚杆作为支护加固围岩主体部分的第二支护单元。

(3) 在完成前两项的基础上，开挖卸压槽，进行第一次注浆，保证锚杆支护作用得以充分发挥并作为围岩强度的第三支护单元。

(4) 在完成以上三个层次，即交岔点整个区域做出来后进行第三个层次的锚杆和四次的喷浆，作为第四支护单元。

(5) 在监测监控的指导下适时进行二次注浆（时间 6~12 个月）作为第五支护单元。

六、丁戊组平石门“大弧板段”石门和交岔点的支护参数

1. 石门的支护参数

(1) 石门采用半圆拱形断面，刷大断面，现要求净断面面积为 20.2 m^2，即净宽 5600 mm，高 4200 mm（毛断面宽 6400 mm；高 4600 mm；毛断面面积：25.1 m^2）。巷道支护采用多层次强韧封层支护体系。

(2) 石门强韧封层设计为：三喷层，喷层总厚度为 240 mm。

①一喷层为初喷层，厚度为 100 mm；为锚杆和钢丝绳组合；锚杆间排距为 700 mm×700 mm，钢丝绳间距为 350 mm×350 mm。

②二喷层，厚度为 80 mm；为锚杆、钢丝绳和钢筋网组合；锚杆间排距为 700 mm×700 mm，钢丝绳间距为 350 mm×350 mm，钢筋网网格为 100 mm×100 mm。

③三喷层厚度为 60 mm。

④锚杆采用 ϕ22 mm×2400 mm 等强锚杆；每层次间排距为 700 mm×700 mm，锚杆外露为 30~50 mm，每孔用 2 卷 Z2937 树脂锚固剂。锚固力不小于 80 kN，锚杆螺母扭矩不少于 100 N · m。

⑤注浆管采用 ϕ26 mm×2400 mm 的钢管。

⑥金属网采用钢筋方格网（ϕ6 mm 钢筋），网孔规格为 100 mm×100 mm。

⑦通过预注浆、注浆，三喷层混凝土、双层次等强锚杆、钢丝绳和金属网，使巷道围岩形成一个有机整体，扩大了组合拱范围，加大了支护韧性和刚性，有效提高了承载强度。

(3) 底角锚杆和底板锚杆的锚头均低于底板 100 mm，由于断层带围岩软弱底板打眼极其困难，可以考虑底板锚杆和注浆管长度选择 1600 mm 左右，有利于正常施工。

（4）挂绳。钢丝绳吊挂纵向长度不得少于 8 m，横向应以巷道轮廓长度为准；钢丝绳规格为 6″以上两股绳。钢丝绳搭接长度大于 400 mm，并且要求插交搭接。两个层次的钢丝绳间距分别为 350 mm×350 mm。

（5）注浆管。注浆管设计采用 6″钢管制作，规格为 ϕ26 mm×2400 mm（底板注浆管长度选择 1600 mm）的注浆管，间排距为 1200 mm×1200 mm。注浆管外露 50 mm，每根注浆管用 3 卷水泥药卷，封堵严实注浆管孔口内，注浆时既不漏浆又不致注浆管被高压冲出。

可根据断层中岩石裂隙状况，视其具体情况适当加长注浆孔的裸孔长度（加大注浆管孔的深度，注浆管长度不变）以拓展浆液扩散范围。长期实践证明，在注浆压力达到 1.5 MPa 的情况下，岩石裂隙宽度大于 0.1 mm，注浆扩散半径可达 2.5 m 以上，因而，封闭圈可达到 3500～5000 mm。

（6）注浆和喷浆用料。注浆水泥用 P. O 52.5R，水用清水，水灰比＝0.7～1，注浆压力为 1.5～2.5 MPa，底角注浆压力可以加大到 3 MPa，每孔用水泥约 6～8 袋（裂隙过大地段注浆量要求适当加大，一般在 8～16 袋。如果注浆压力上不去，继续进浆，并且无跑、漏浆现象，应继续注浆，直至升到措施要求的注浆压力为止；如单孔超过 60 袋水泥，可换孔注浆后再对该孔继续复注）。

喷浆用 P. O 42.5R 水泥、陶粒土；水泥：陶粒土＝1：3.8（喷浆材料最好采用水泥：河沙：瓜子片＝1：2：1.8），速凝剂的掺入量为水泥用量的 5%。

（7）卸压。采取人工卸压法，本巷道卸压槽的挖掘，以综掘机为主，人工为辅。卸压槽尺寸（净宽×净高）为 600 mm×400 mm。

卸压程序及时间安排：卸压槽开挖应在初喷、锚杆、挂绳等一层次支护完成三日后方可进行。

（8）反底拱。净拱高 600 mm；毛高 900 mm；首先初喷 100 mm 混凝土；再打锚杆挂绳、铺网，再喷 200 mm 混凝土。

底板注浆和整个断面注浆同时进行。

（9）巷道围岩表面位移监测。巷道围岩表面位移测试测点布置：每 3 m 一组（排），每组 6 个点，初期每天观测一次，一周后每周观测 2 次，3 个月后每月观测 1 次。主要测试两帮位移量、顶板下沉量、底鼓量。施工单位对所设测点应进行编号，并注明设置日期。测点安设应先打孔再用 ϕ6 mm 钢筋置入，用快硬水泥药卷或水泥固定，采用钢卷尺或测枪测试，要求精确到 1 mm。

（10）补强支护设计。本着“动态设计、动态支护、动态管理”的原则，适时对巷道进行补强支护，当巷道移变量达到 50～100 mm 时，就应该及时进行二次补注。

考虑巷道处于断层带，要求提前按照每 2 m 一排，每排布置 7 个复注孔，以保证做到随时注浆补强。“大弧板段”石门断面图如图 3-9-2 所示。

2. 交岔点的支护参数

（1）石门采用半圆拱形断面，刷大断面，交岔点起点断面要求巷道净断面面积为 20.2 m^2，即净宽 5600 mm，高 4200 mm（毛断面宽 6400 mm，高 4600 mm；毛断面面积为 25.1 m^2）；交岔点交岔口净断面面积为 36.8 m^2（毛断面宽 12800 mm，高6000 mm；毛断面面积为 40 m^2）；巷道支护采用多层次强韧封层支护体系。

（2）石门强韧封层设计为四喷层，喷层总厚度为 320 mm。

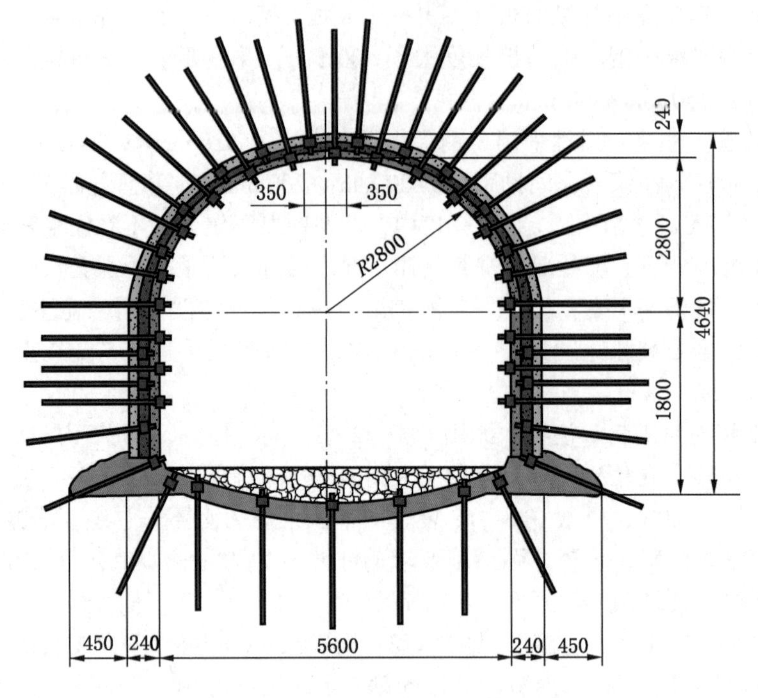

图 3-9-2 “大弧板段”石门断面图

①一喷层为初喷层，厚度为 100 mm；为锚杆和钢丝绳组合；锚杆间排距为 700 mm×700 mm，钢丝绳间距为 350 mm×350 mm。

②二喷层厚度为 80 mm；为锚杆、钢丝绳组合；锚杆间排距为 700 mm×700 mm，钢丝绳间距为 350 mm×350 mm。

③三喷层厚度为 80mm；为锚杆、钢丝绳组合；锚杆间排距为 700 mm×700 mm，钢丝绳间距为 350 mm×350 mm。

④四喷层厚度为 60 mm；为锚杆、钢丝绳组合；锚杆间排距为 700 mm×700 mm，钢丝绳间距为 350 mm×350 mm。

⑤全部的锚杆为 ϕ22 mm×2400 mm 等强锚杆；每层次间排距为 700 mm×700 mm，锚杆外露为 30~50 mm，每孔用 2 卷 Z2937 树脂锚固剂。锚固力不小于 80 kN，锚杆螺母扭矩不少于 100 N · m。

（3）其他同石门参数。

七、丁戊组平石门“大弧板段”石门和交岔点的工艺流程

1. 石门施工工艺流程

在巷道掘出合格的断面后，实施第一次喷射混凝土→布置高强锚杆→挂设钢丝绳→进行第二次喷浆→布置第二次高强锚杆→挂设钢丝绳→进行第三次喷浆→开挖卸压槽→打注浆锚杆注浆→注浆→打第二次注浆锚杆→以监测监控为依据进行二次注浆。

2. 交岔点施工工艺流程

在巷道掘出合格的断面后，实施第一次喷射混凝土→布置高强锚杆→挂设钢丝绳→进

行第二次喷浆→布置第二次高强锚杆→挂设钢丝绳→进行第三次喷浆→开挖卸压槽→打注浆锚杆注浆→注浆（4~5 次）→整个交叉点做出来后进行第三次锚杆→第四次喷浆→打第二次注浆锚杆→以监测监控为依据进行二次注浆。

八、施工效果

平煤股份四矿丁戊组平石门大巷（大弧板段）是四矿二水平关键运输通风巷道，原先巷道采用高强的大弧板、重型 U 型钢支护，由于受软弱岩层和断层组高应力的作用，而大弧板、重型 U 型钢属于被动支护，造成巷道两帮移近量大，底鼓极其严重。2011 年 6 月，采用以锚注支护为基础的主动动态支护对“大弧板段”巷道进行修复，通过近 1 年的努力，支护取得良好的效果。巷道修复前后对比如图 3-9-3 ~ 图 3-9-6 所示。该工程被平煤股份评为样板工程。由此进一步证明主动动态支护对通过断层组，受到较强烈的构造应力影响，以及围岩极其松软、破碎流变性强的巷道的支护具有稳定强、施工方便、大幅降低成本等优点。

图 3-9-3 “大弧板段”石门原巷道破坏图片

图 3-9-4 “大弧板段”石门巷道修复后图片

图 3-9-5 “大弧板段”交叉点原巷道破坏图片

图 3-9-6 “大弧板段”交叉点巷道修复后图片

第十章　平煤股份八矿巷道修复工程

第一节　工　程　概　况

一、工程背景

平煤股份八矿二水平丁二采区轨道下山上部绞车房硐室，位于矿井第二水平，硐室埋深570 m。硐室位于丁5-6煤层底板泥岩、煤线和砂质泥岩层中，距煤层底板15 m左右。由于硐室围岩为破碎和软弱岩煤体，且围岩应力场复杂，因此绞车房硐室发生底鼓和两帮内移，主要表现为顶板下沉、底板鼓起和两帮出现开裂现象。原始支护采用锚喷支护的绞车房硐室长期变形之后，顶板下沉量和两帮移近量达到1.0~2.0 m。由于硐室围岩变形以后松动破碎，锚杆托盘与围岩表面难以密贴，锚杆支护失效，锚固力为零，锚喷支护的硐室处于无支护状态。硐室变形破坏以后，断面利用率低，已经影响到绞车房的正常使用。部分区段出现顶板浆皮开裂、网兜、片帮、帮部内移、底鼓等矿压显现，巷道变形影响了矿井的安全生产。

二、原支护破坏状况

平煤股份八矿丁戊组轨道上山、轨道车场、巷道绞车房和变电所硐室支护处于破碎和软弱的岩煤体中，在复杂应力及扰动作用下，造成巷道底鼓严重、两帮内移量较大，并且高应力极其明显地显现，致使巷道多年来反复修复。针对八矿丁戊组轨道上山、轨道车场、巷道绞车房和变电所硐室的支护稳定问题，许多支护形式也都采用过，诸如高密度锚杆、锚索支护和高强钢材支护形式也都采用过，效果不明显。轨道上山、轨道车场、巷道绞车房和变电所等大断面巷道和硐室遭到复杂应力造成强烈底鼓，巷道和硐室反复破坏反复修理已经严重影响安全生产，并制约原煤生产。

第二节　八矿丁戊组硐室的支护设计

一、技术路线

（1）项目立足现场工程实践，从研究巷道支护机理与保持巷道稳定入手，以提高围岩自身强度和改变围岩的力学状态为切入点；紧紧围绕改善围岩结构及其物理力学性质、适时随机加固围岩这一根本，并在监测监控条件下在围岩中实施多次锚注，以提升围岩工作阻力；着力实施“强韧封层、底角卸压、稳压胶结、构建均质同性围岩体、构建均质同性围岩体”等关键技术，从时间和空间上对支护进行动态掌控。

（2）实验与现场监测信息反馈：高度重视现场矿压监测数据对技术优化的重要反馈作用和指导价值，配备位移监测、应力监测、钻孔窥视、离层监测、锚杆受力等矿压测试器具，确保支护技术的及时调整和稳步提升。

二、基本思路

针对八矿丁戊组轨道上山、轨道车场、巷道绞车房和变电所硐室高应力显现及反复遭受破坏的实际状况，以全面、谨慎、科学的态度和工作作风，确保安全第一、质量可靠为指导思想。从提高围岩自身强度和改变围岩状态的力学性能入手，以提高围岩自身强度和改变围岩的力学状态为切入点；紧紧围绕改善围岩结构及其物理力学性质、适时随机加固围岩这一根本，着力实施“缓释、阻断深部矿井复杂应力”技术的创新、可靠、科学、严谨，精心设计精心施工的基本思路。

采用扫描电镜、X射线衍射仪、岩石力学性质测定仪器综合开展岩石成分、物态、物理参数实验，以钻孔窥视、多点位移计、表面收敛仪等开展巷道围岩变形和裂隙、注浆效果等的现场监测，以UDEC离散元模拟软件和巷硐开挖弹塑性理论分析巷道开挖的应力调整机制和裂隙拓展过程，查明卸压槽在裂隙拓展、应力转移和注浆固化中的关键作用，实施缓释、阻断深部矿井复杂应力支护技术，达到实现深井、复杂地质条件下深井硐室巷道支护稳定的目的。

三、支护理念

（1）改变强对抗、强支护的理念。平煤股份八矿丁戊组轨道上山、轨道车场、巷道绞车房和变电所硐室埋深570 m，围岩为破碎和软弱岩煤体，且围岩应力场复杂。传统的支护理念，如原来的锚喷支护方式已经不能适应，必须在对深井大断面硐室围岩复杂应力造成的巷道剧烈变形充分认识的基础上，以缓释、阻断围岩的水平应力、控制围岩变形为目的，研究开发新的支护方式、支护结构和支护工艺。从巷道初始支护开始，即采用具有柔韧、动态和多支护单元容错特点的支护体系，不仅易于巷道的长期动态维护，而且减少人力、物力和材料浪费。

（2）建立长期支护、动态支护的理念。深井大断面硐室围岩的支护绝不是一蹴而就的，持续多变的高应力不断作用于支护体，支护体的稳定性只能是相对的。必须对支护体长期监测监控，及时采取恢复工作阻力的掌控措施。

四、开挖卸压槽对硐室围岩变形控制作用原理

依据平煤八矿第二水平丁5-6下山采区绞车房硐室围岩地质条件，建立了开挖底板卸压槽和不同卸压槽参数条件下，硐室围岩变形数值计算力学模型。在硐室围岩划分单元体，利用UDEC离散元数值计算软件进行了大量的数值计算。在模型顶底板和两帮模型中布设观测线，设置观测点，以测点最近单元体的应力和应变数值，作为测点应力和应变值，研究卸压槽参数的改变，对硐室围岩应力和位移的影响特征。

（1）底板开挖卸压槽以后，硐室围岩发生变形，硐室两帮和顶底板中，高应力向深部围岩转移，硐室浅部围岩应力降低，能够明显改善硐室围岩应力场。有利于充分发挥深部围岩的承载能力，减少浅部围压的支护阻力，降低硐室的支护难度。数值计算结果表明，

底板开挖卸压槽以后，硐室两帮位移量和底板底鼓量较明显，而顶板下沉量非常小，顶板基本保持不动；底板开挖卸压槽后，硐室两帮和底板围岩支承压力和水平应力具有较明显的卸压作用，而硐室顶板围岩的应力基本保持不变。

（2）硐室底板有无卸压槽，对硐室围岩变形量和围岩应力影响较大。当卸压槽深度一定（H 为 1500 mm）时，随着卸压槽宽度的增加，硐室围岩应力发生变化，其中两帮和底板支承压力向深部围岩移动，而顶板支承压力的大小和位置基本保持不变；顶板和两帮水平应力的大小和位置基本不变，而底板水平应力向底板深部岩层转移。随着卸压槽宽度增加时，对硐室顶板底鼓量影响较大，而对硐室顶板和两帮的下沉量和水平位移量影响较小甚至没有影响。由此可见卸压槽宽度存在一个合理值（800 mm），超过该值时对硐室围岩顶板和两帮围岩变形量和围岩应力值影响较小。因此从满足硐室围岩卸压且有利于卸压槽施工的角度出发，认为目前条件下，卸压槽的宽度选择 800 mm 较合理。

（3）硐室底板有没有卸压槽，对硐室围岩应力特别是底板和两帮围岩应力影响明显。当卸压槽宽度（800 mm）一定时，随着卸压槽深度的增加，硐室两帮和底板围岩水平应力和支承压力向深部围岩转移且移动较明显，且两帮下沉量和底板的底鼓量缓慢增加；而硐室顶板围岩的水平和垂直应力以及顶板下沉量基本保持不变，即卸压槽深度的增加对硐室顶板围岩应力和围岩变形影响不大。因此从满足硐室围岩卸压且有利于卸压槽施工的角度出发，认为目前条件下，卸压槽的深度选择 1500 mm 较合理。

五、技术方案

支护方案从提高围岩自身强度和改变围岩状态的力学性能入手，以提高围岩自身强度和改变围岩的力学状态为切入点；紧紧围绕改善围岩结构及其物理力学性质、适时随机加固围岩这一根本，着力实施"强韧封层、底角卸压、稳压胶结、构建均质同性围岩体"等关键技术，从时间和空间上对支护进行动态掌控。由此达到缓释、阻断深部矿井复杂应力的目的。

新技术采用以钢丝绳为筋骨的强韧喷层结构，研发了人工激隙卸压技术，既达到人工缓释和阻断围岩应力的效果，又拓展了围岩裂隙，保证在围岩体内充分注浆的目的，并在监测监控条件下，掌控在变化的围岩中实施适时动态稳压注浆，稳定留有一定浆液压力，达到了改变岩体的组织结构、应力传递速度、应力留存状态和围岩自身物理力学各种形态得以相互补强。

六、设计参数

（1）巷道净断面规格，八矿丁戊组轨道上山、轨道车场、巷道绞车房和变电所硐室修复设计为半圆拱形，净宽 4200 mm，净高 3600 mm。

（2）采用三喷层（第一喷层为找平及临时支护保护层，平均厚度约 80 mm，突出部分厚度不小于 60 mm，坑洼处以找平为准；第二喷层厚度为 100 mm；第三喷层厚度为 60 mm）；二层次钢丝绳为筋骨（钢丝绳网格第一层次间距为 350 mm×350 mm；第二层次间距为 350 mm×350 mm）；二层次锚杆（间排距均为 700 mm×700 mm）。

（3）第二层次锚杆完成后开挖卸压槽（卸压槽若为水沟帮，则宽 1200 mm×深 600 mm；若无水沟帮，则宽 800 mm×深 600 mm）。

（4）第一次注浆施工，是在第二层次锚杆和第三层次喷浆后进行，开挖卸压槽后，打第一次注浆锚杆注浆加固围岩。

（5）第三次喷浆和第一次注浆施工后，根据围岩位移观察记录，在巷道两帮或顶板移近量达 50~100 mm 时，实施二次动态注浆，及时恢复围岩工作阻力。

轨道上山与轨道车场项目技术设计断面图如图 3-10-1、图 3-10-2 所示，轨道上山绞车房项目技术高强锚杆和注浆锚杆布置设计断面图如图 3-10-3、图 3-10-4 所示。

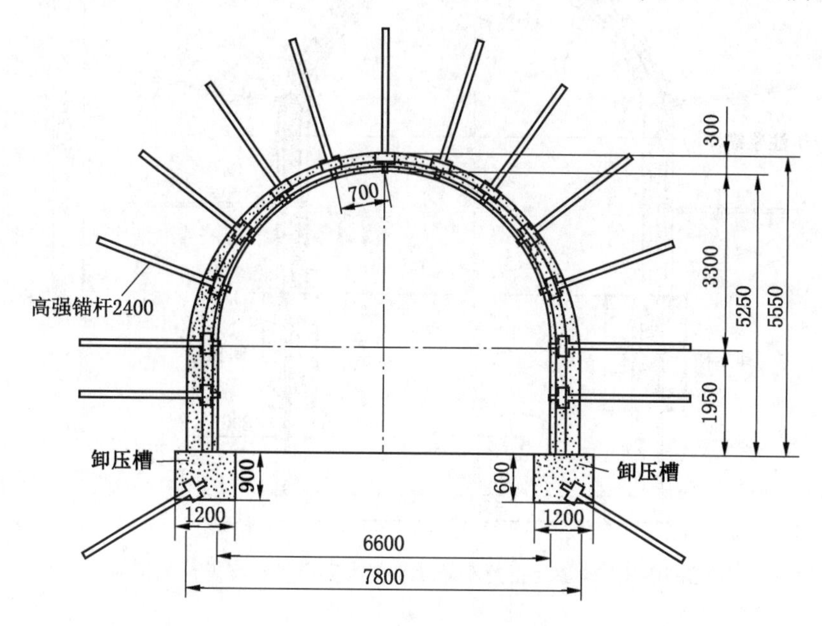

图 3-10-1　轨道上山与轨道车场项目技术设计断面图
（三层次巷道断面设计图）

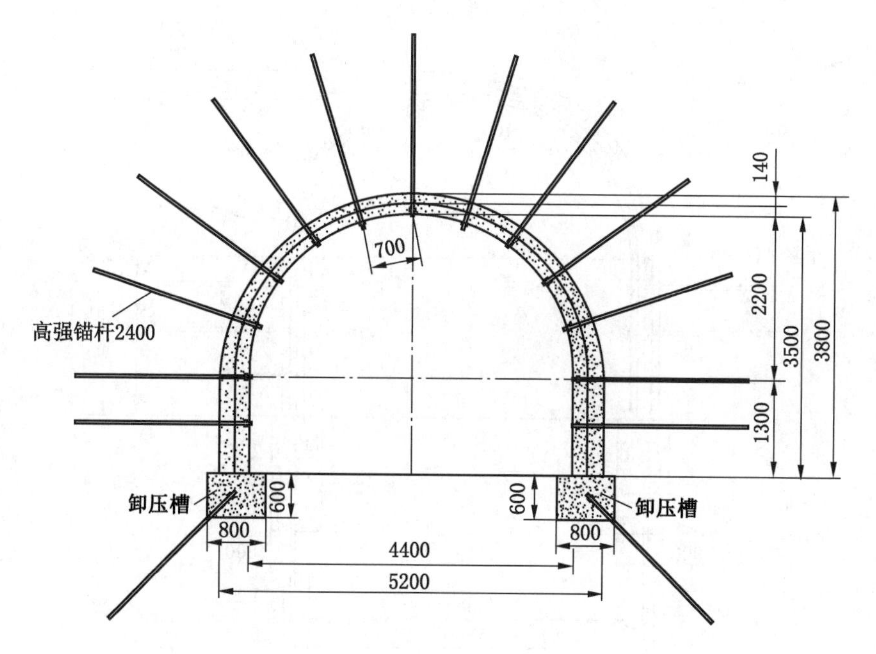

图 3-10-2　轨道上山与轨道车场项目技术设计断面图
（二层次巷道断面设计图）

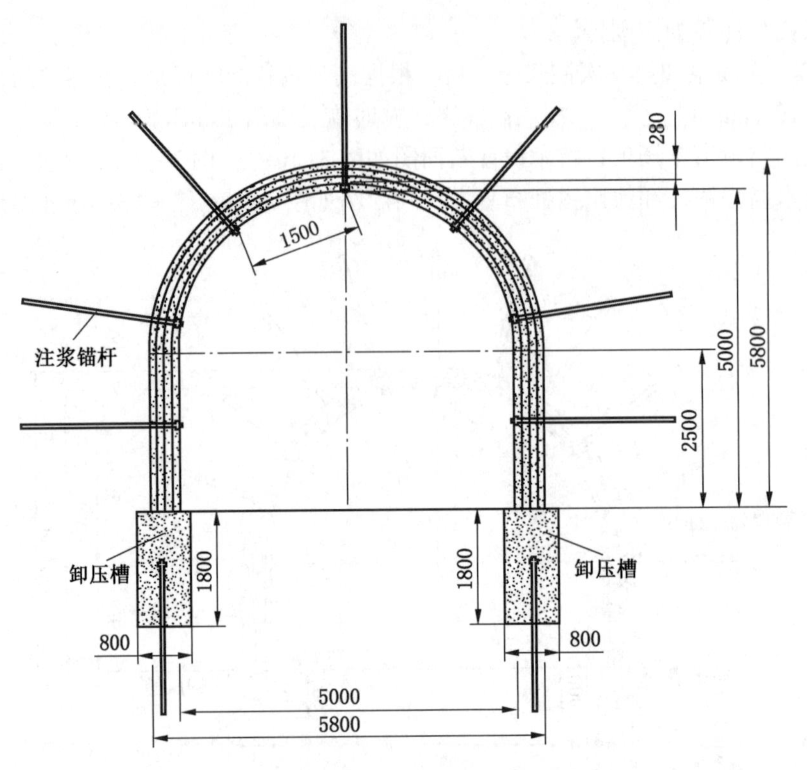

图 3-10-3 轨道上山绞车房项目技术高强锚杆布置设计断面

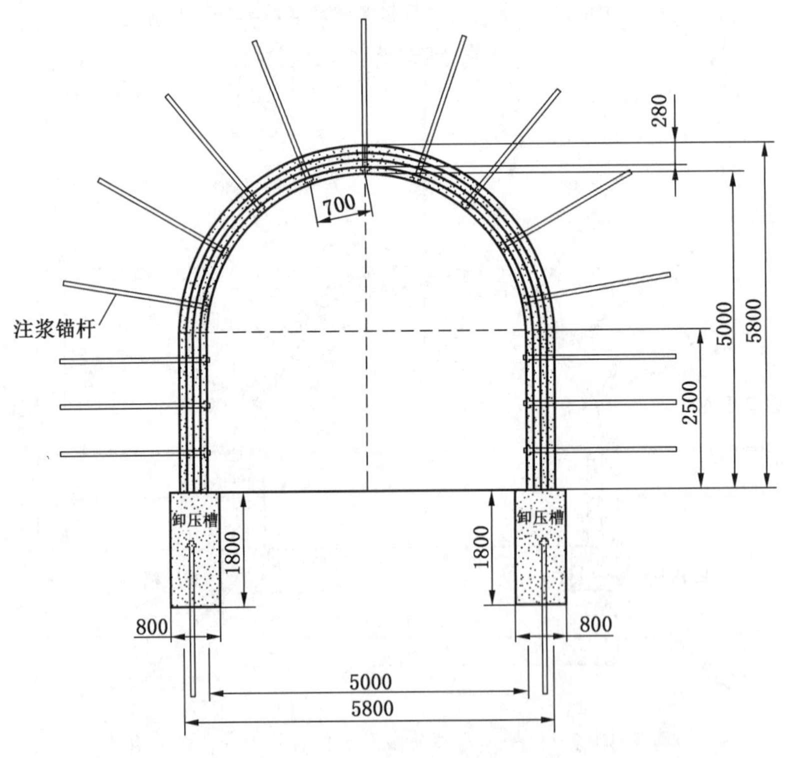

图 3-10-4 轨道上山绞车房项目技术注浆锚杆布置设计断面图

七、实施效果

项目自 2015 年 1 月起在平煤八矿实施以来，累计应用巷道 329 m，均取得良好治理效果，延长巷道服务年限一倍以上，确保了生产系统的畅通，在一定程度上缓解了部分矿井生产紧张的局面。

经实测可知，巷道移变量远小于预期，完全满足巷道功能需要，采用项目技术巷道施工后 180 天巷道移变量仅仅为 0.8%～1%，整体趋于稳定（表 3-10-1、表 3-10-2）。

表 3-10-1　八矿丁戊组绞车房硐室巷道测点 12

监测时间	施工数据高（顶底板）/mm	监测数据巷高（顶底板）/mm	移变量/mm	施工数据宽（两帮）/mm	监测数据巷宽（两帮）/mm	移变量/mm
8 月 15 日	4200	4200	0	5150	5150	0
8 月 30 日	4200	4200	0	5150	5150	0
9 月 15 日	4200	4200	0	5150	5150	0
9 月 30 日	4200	4200	0	5150	5140	10
10 月 15 日	4200	4200	0	5150	5140	10
10 月 30 日	4200	4180	20	5150	5135	15
11 月 15 日	4200	4170	30	5150	5135	15
11 月 30 日	4200	4170	30	5150	5130	20
12 月 15 日	4200	4160	40	5150	5125	25
12 月 30 日	4200	41500	50	5150	5125	25
测终	4200	41500	50	5150	5125	25

表 3-10-2　八矿丁戊组绞车房硐室巷道测点 5

监测时间	施工数据高（顶底板）/mm	监测数据巷高（顶底板）/mm	移变量/mm	施工数据宽（两帮）/mm	监测数据巷宽（两帮）/mm	移变量/mm
8 月 15 日	4300	4300	0	4720	4720	0
8 月 30 日	4300	4290	10	4720	4715	5
9 月 15 日	4300	4280	20	4720	4710	10
9 月 30 日	4300	4270	30	4720	4710	10
10 月 15 日	4300	4270	30	4720	4705	15
10 月 30 日	4300	4270	30	4720	4700	20
11 月 15 日	4300	4270	30	4720	4695	25
11 月 30 日	4300	4260	40	4720	4690	30
12 月 15 日	4300	4260	40	4720	4690	30
12 月 30 日	4300	4260	40	4720	4685	35
测终	4300	4260	40	4720	4685	35

针对平煤股份八矿丁戊组轨道上山、轨道车场、巷道绞车房和变电所硐室，高应力显现及反复遭受破坏的实际状况，从研究巷道支护机理与保持巷道稳定入手，以提高围岩自身强度和改变围岩的力学状态为切入点；紧紧围绕改善围岩结构及其物理力学性质、适时随机加固围岩这一根本，实施缓释、阻断矿井复杂应力的动态支护技术，实施各支护单元容错技术，实现巷道支护长期稳定（图 3-10-5）。

图 3-10-5　轨道上部车场大断面交岔点及轨道下山修复后图

通过缓释、阻断深部矿井复杂应力支护技术的成功实施，根据近一年来的监测监控，巷道的变形完全在合同的规定范围之内，目前已经趋于稳定。通过该项目的成功实施，印证了该项目技术的可靠性和经济性。

第十一章　义马煤业常村矿巷道修复工程

第一节　工　程　概　况

一、矿井基本概况

义马煤业集团股份有限公司常村煤矿于1958年建矿，历经3次技术改造；矿井设计生产能力为1.8×10^6 t/a，2010年生产原煤2.17×10^6 t，是义马煤业集团公司的骨干矿井之一。

（一）地质构造及构造类型

井田位于渑池向斜东部，构造形态为轴向东偏北，倾向南偏东之不对称向斜。

井田构造有南强北弱和东强西弱之特点。12线西基本构造形态为平缓之单斜，伴生较大的断裂5条，构造属中等，12线东基本构造形态为一向斜，伴生较大的断裂有7条，构造复杂，但因12线以西为井田重心，就全井田而言其构造复杂程度仅为中等。

（二）开采技术条件

根据开采煤层（2-1、2-3煤）缓倾斜、厚度大的特点，井下一般采用多水平，倾斜分层，走向长壁式采煤方法。落煤工艺：2-1煤以炮采为主，2-3煤以综采为主，炮采为辅，2-1煤和2-3煤直接顶为泥岩，随采随落，垮落充分，周期来压不明显，属一级顶板。

2-1煤底板岩性分别为泥岩、砂岩及砂质泥岩，生产中未发生底鼓问题，2-3煤底板为砂岩、砾岩时，岩性多较坚硬，生产中未发生底鼓问题，2-3煤底板为泥岩、煤矸互叠层时，岩性遇水易膨胀，生产中底鼓问题较严重。

矿井从未发生过瓦斯突出和爆炸事故，属低沼气矿井。

二、支护状况

常村煤矿2-1煤和2-3煤平均煤厚达11 m，自燃性等级均属一级，极易自燃。煤层底板自下而上依次为底砾岩、砂岩、泥岩、炭质泥岩，人工假顶为细砂岩、直接顶多为泥岩、基本顶为泥岩。其中泥岩、炭质泥岩强度较弱，抗风化、抗水能力差，遇水后易膨胀、流变，很难抵御冲击地压对巷道支护的破坏，致使造成巷道变形加快。虽然巷道先后采用了锚网（索）喷、架25U（29U、36U）型钢拱形支架以及锚网喷架联合支护等多种支护方式，都难以控制巷道变形，严重影响了矿井的安全生产，且巷道采用锚网（索）喷、支架U型钢拱形支架，施工掘进和修护工期较长，材料费用投入较高，工人劳动强度大，断面利用率较低，维修任务繁重而艰巨。

近年来，受开采深度的影响，矿压大，煤炮次数多，且强度大，瓦斯涌出量呈上升趋势，冲击地压逐渐增大，巷道支护破坏严重，生产条件恶劣。加之生产集中，开采强度大，同一盘区内跳动布置工作面，形成诸多孤岛区。由于整个21盘区内动压呈现剧烈，对这一区内的开拓、准备和回采巷道造成很大破坏，支护更为困难。目前，21盘区失修巷道达2900多米，变形速度达1.5 mm/d。掘进工作面，巷道变形损坏严重，综放工作面两巷维护工作量大，盘区的多条下山不同程度地损坏失修。自2005年以来，该矿下大力气对21盘区失修巷扩修和回采巷道加强支护，通过提高支护强度，加大支护断面来改善支护效果。但从采面两巷，准备工作面两巷支护看，效果却不尽如人意。受采深影响，冲击地压活动也十分频繁，致使巷道维护困难。尤其是准备工作面勉强贯通后就要投入大量的人力、物力进行安装前的整修，两巷变形严重段扩修近600 m，巷道维护周期不足3个月，需反复多次维修，作业环境依然较差，安全形势异常严峻。采用新的技术，解决困难巷道的支护稳定势在必行。

第二节　义马常村矿的支护设计

一、巷道原支护破坏分析

复合顶板的巷道围岩是差异性很大的非均质层状赋存，在高应力作用下，表现为顶板极易离层、垮落，难以形成承载结构；强烈的两帮移近、片帮及整体下沉，会导致复合顶板下沉而离层破坏。

常村煤矿2-3煤顶、底板为泥岩、煤矸互叠层两帮变形相互作用，形成恶性循环。对该类巷道采用传统支护方式如工字钢支架、U型钢可缩支架支护时，不仅会使掘进期间围岩变形剧烈，而且在以后的较长时间内难以趋于稳定，变形量大，支护数遭破坏，导致在服务期间要多次返修，巷道维护极为困难。常村煤矿二水平以上巷道及硐室处于复合顶板在采动影响下，底板为泥岩、煤矸相互叠层，因而岩性遇水易膨胀，生产中底鼓问题较严重，是底部巷道支护发生剧烈破坏的典型。虽然采用了29~36U重型特种钢材密集型支护，巷道急剧变形和上压底鼓出现被动情形的状况仍未能避免，因此，亟待寻求一种新的有效的支护方法。

常村煤矿二水平以上巷道及硐室围岩的离层状况明显，松动圈半径高达3~4 m，这种典型复杂复合顶生成状态和工作面频繁回采，使近距离煤层群开采产生急剧的、反复的采空区基本顶垮落和大面积来压释放，在这种巨大的压力冲击下，给围岩带来难以承受的压力，造成复合顶多层复杂的层理、节理、裂隙进一步发育和强烈发展，使围岩的力学参数和受力状态大大低于原岩体。在这种情况下，围岩中既无可作为锚杆悬吊基础的坚硬顶板，也难以形成组合梁或各种组合拱平衡力的优化条件。因此上述传统支护方式已不能适应当前的支护要求，必须以新的支护理论与实践取而代之。

二、基本思路

立足于解决常村矿厚煤易燃和冲击地压巷道支护难题，从研究巷道支护机理与保持巷道稳定入手，以提高围岩自身强度和改变围岩的力学状态为切入点，以丰富的技术内涵和现场反复实践经验为基点，紧紧围绕改善围岩结构及其物理力学性质、适时随机加固围岩这一根本，着力实施“强韧封层、稳压胶结、缓释叠加应力、构建均质同性”等关键技术。应用科学的监测监控手段，适时补压补强，实现以围岩为支护依托和参与体，重造组合体的动态支护体系，以提高围岩自身强度和承载能力，保持巷道长期稳定，为矿井安全生产提供可靠保障。

三、支护原则

通过观察一些矿井治理厚煤易燃和冲击地压的支护实际效果，我们认识到被动的治理理念、观点必须转变；单一的、刚性的支护形式必须全面、系统地变革和创新；支护设计对厚煤易燃和防冲击地压必须优化；支护管理、施工工艺必须严格科学；支护效果必须保证巷道稳定而又经济有效。也就是说支护形式要从刚性高强向强韧动态的支护结构改变，从单一支护体向多单元的组合支护体系优化。因此，在应用本项目的过程中，要坚持辩证地解决好围岩应力和围岩强度关系的原则，充分利用和发挥围岩自承能力的原则和新的支护技术可靠性、科学性、经济性、适用性、易操作性的原则。

四、技术方案

在主动支护理念指导和全程监测监控下，以单层或多层钢丝绳为筋骨的多喷浆层、高度密贴岩面的强韧封层结构为止浆垫和支护抗体；对部分软弱岩体，特别是关键部位的极软弱岩体进行合理置换，针对厚煤层自身密度大、透气性差的特点在巷道关键部位开挖卸压槽，达到释放围岩内应力和拓展岩体内裂隙，为围岩的松脱和注浆浆液疏通路径起到相得益彰的成效；掌控稳压状态下向岩体内预注浆、注浆、复注浆，将高强度水泥浆液反复注进围岩体内，将松散软弱的岩煤体胶结成整体，并在巷道围岩体内预留带压浆液；以不断调整压力的恰当注浆手段，在岩体内留置预应力、缓释叠加应力，达到封、让、固功能的统一，实现不断提高围岩自身强度，巷道支护长时间保持稳定的目标。

五、支护参数

（一）支护断面

巷道采用二次锚绳（索）、三次喷浆、注浆支护，巷道锚喷规格为：下宽 5.6 m，拱基线宽 5.0 m，墙高 1.6 m，净高 4.1 m，净断面 18.3 m^2。

（二）强韧封层

巷道掘后进行初喷 80 mm 厚，帮打 ϕ22 mm×2600 mm 全螺纹锚杆，间排距均为 600 mm×600 mm，配 3550 药卷一套；顶打 ϕ22 mm×2600 mm 钢筋锚杆，间排距为 600 mm×600 mm，每根锚杆配 2390 药卷一套；然后挂钢丝绳；复喷 50 mm 后进行二次打锚杆、挂钢丝绳，顶、帮锚杆及间排距同上，三次喷浆厚度为 50 mm，总厚度为 180 mm。

（三）锚索

锚索随第二次锚网同时打设，顶锚索规格为 ϕ17.8 mm×8000 mm，间排距 2 m×2 m，每根锚索均配 CK2340 药卷一节、Z2350 药卷两节（比较施工部分巷道使用）。

（四）卸压槽

第二次锚绳支护后，自巷道底板向上 200 mm 位置以 45°向下在两帮开挖卸压槽，卸压槽深 500 mm，并喷浆充填底角。

(五) 注浆管

第三次喷浆后打设注浆管，注浆管规格为 ϕ20 mm×2000 mm，间排距为 1500 mm×1500 mm。

六、施工工序

整理及交接班→安全检查→割上部煤、出煤、运料同时进行→对上半部顶板进行初喷→挂绳、打顶锚杆→掘进下半部煤→出煤→对下半部帮进行初喷→挂绳、打帮锚杆→全断面第二次喷浆→第二次挂绳、打锚杆、挖卸压槽→第三次喷浆→打注浆管→注浆。

七、实施效果

项目自 2009 年 10 月在义马常村矿实施，2010 年 12 月竣工，累计应用巷道 1933 m，通过对锚注试验巷道（岩巷和煤巷）观测点进行监测分析：锚注巷道在 130 天左右基本达到最大变形量。其中岩巷两帮最大收敛值为 51 mm，最大变形速率为 1 mm/d；顶底板最大下沉量为 9 mm；最大变形速率为 0. 18 mm/d。煤巷两帮最大收敛值为 73 mm，最大变形速率为 2 mm/d；顶底板最大下沉量为 27 mm；最大变形速率为 1. 3 mm/d。顶板离层在 65 天达到稳定，最大变形量为 4. 5 mm。义马常村矿巷道修复前后照片如图 3-11-1、图 3-11-2 所示。

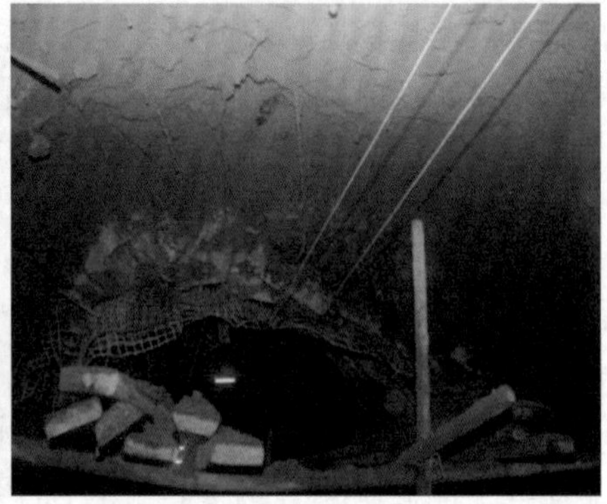

图 3-11-1　义马常村矿巷道修复前图片

图 3-11-2　义马常村矿巷道采用主动支护技术修复后图片

通过对义马常村矿多条破损巷道的成功支护，验证了主动支护技术在深部矿井受冲击地压影响、复合顶板以及离层状况明显、松动圈半径较高的巷道围岩支护均有较好的支护效果，具有施工周期短、稳定性高、大幅降低支护成本等优点，为全国同类巷道的支护开辟了一条新路。

第十二章　兖矿集团东滩矿北轨大巷巷道修复工程

第一节　工　程　概　况

一、项目工程概况

东滩矿北翼轨道石门位于3下煤层底板中，与3下煤底板的垂直距离约为50 m，为矿井北翼的主要运输巷道，承担着矿井北翼辅助运输及通风任务。该石门为穿层巷道，4号联络巷以南200 m至十四采区轨道上山通道区段的顶板岩层主要为泥岩，自上而下依次为5煤（厚0.4~0.6 m）、铝质泥岩（厚1.8~2.1 m）、泥岩（厚7.6~9.1 m）、6煤（厚0.6~0.8 m）、细砂岩（厚约6 m）。自2000年9月以来，多次受到十四采区工作面跨采的动压影响，部分区段出现顶板浆皮开裂、网兜、片帮、帮部内移、底鼓等矿压显现，下帮巷道有380 m巷道变形量超过50%（原巷道宽×高为5000 mm×4000 mm；现在巷道宽×高为2800 mm×3000 mm），已无行人安全距离，致使巷道多年来反复修复，高密度锚杆、锚索支护和高强钢材支护形式也都采用过，效果不明显，巷道变形严重影响了矿井的安全生产(图3-12-1)。

图3-12-1　东滩矿北翼轨道石门巷道受动压影响破坏状况

二、巷道原支护破坏分析

东滩矿北翼轨道石门，围岩为泥质软岩，且具有较高的原岩应力，并且多次受到十四采区工作面跨采的动压影响。由于巷道围岩及其破碎、泥化、流变，原来的高密度锚杆、锚索支护很难找到坚固的锚固点，锚杆、锚索的作用难以充分发挥，而高强度U型钢支护又是强强对抗的被动支护，一旦支护破坏，支护承载力便大幅降低，很难起到支护稳定的效果，因此，面对东滩矿北翼轨道石门的复杂地质和应力状况，采用新的支护方式势在必行。

第二节 东滩矿北翼轨道石门巷道的支护设计

一、技术方案

针对兖矿集团东滩矿北轨大巷（14314~14301区段双巷道）围岩为泥质软岩，并且高应力显现极其明显，致使巷道多年来反复修复的支护稳定问题，必须从提高围岩自身强度和改变围岩状态的力学性能入手，以缓释、阻断叠加应力增强围岩自身强度为根本，着力实施“预控置换、强韧封层、激隙卸压、稳压胶结、构建均质同性围岩体、恢复围岩工作阻力、离散注浆”等关键技术，突破只高强抵御、微弱让压，而不能提高围岩自身强度和改变围岩力学状态的被动支护局限。

二、支护原则

（1）保证巷道加固后保持稳定，并使巷道的变形量确保在设计允许范围内，从支护方案及支护机理上，要着眼于锚注联合支护，以提高围岩自身承载能力，实现强韧性封层、稳压注浆胶结主动支护，保证支护结构的稳定。

（2）充分考虑到受动压影响巷道的特点，采用全断面支护，重点在于煤帮、底角和底板的治理；底角卸压槽的深度保证大于600 mm；底角锚杆和底角注浆锚杆都要低于底板100 mm。

（3）采用创新的先进支护技术，以强韧封层、稳压胶结、缓释叠加应力（喷、锚、绳、复喷、注、喷、复注的联合）等关键技术，实现新型支护之间优势互补，达到不断提高软弱岩煤体自身强度和支护体能自我修复的最佳效果，为不断恢复支护结构的工作阻力提供可靠保障，保证巷道稳定、使用寿命增长，进一步保证矿井的安全生产。

三、巷道支护具体参数

（1）巷道净断面规格：新北轨石门修复设计为半圆拱形，净宽4200 mm，净高3600 mm。

（2）采用三喷层（第一喷层为找平及临时支护保护层，平均厚度约80 mm，突出部分厚度不小于60 mm，坑洼处以找平为准；第二喷层厚度100 mm；第三喷层厚度60 mm）；二层次钢丝绳为筋骨（钢丝绳网格第一层次间距为350 mm×350 mm；第二层次间距为350 mm×350 mm）；二层次锚杆（间排距均为700 mm×700 mm）。

（3）第二层次锚杆完成后开挖卸压槽（卸压槽若有水沟帮，则宽×深为1200 mm×600 mm；若无水沟帮，则宽×深为800 mm×600 mm）。

（4）第一次注浆施工，是在第二层次锚杆和第三层次喷浆后进行，开挖卸压槽后，打第一次注浆锚杆注浆加固围岩。

（5）第三次喷浆和第一次注浆施工后，根据围岩位移观察记录，在巷道两帮或顶板移近量达 50~100 mm 时，实施二次动态注浆，及时恢复围岩工作阻力。

兖矿集团东滩矿北轨大巷巷道断面图如图 3-12-2 所示。

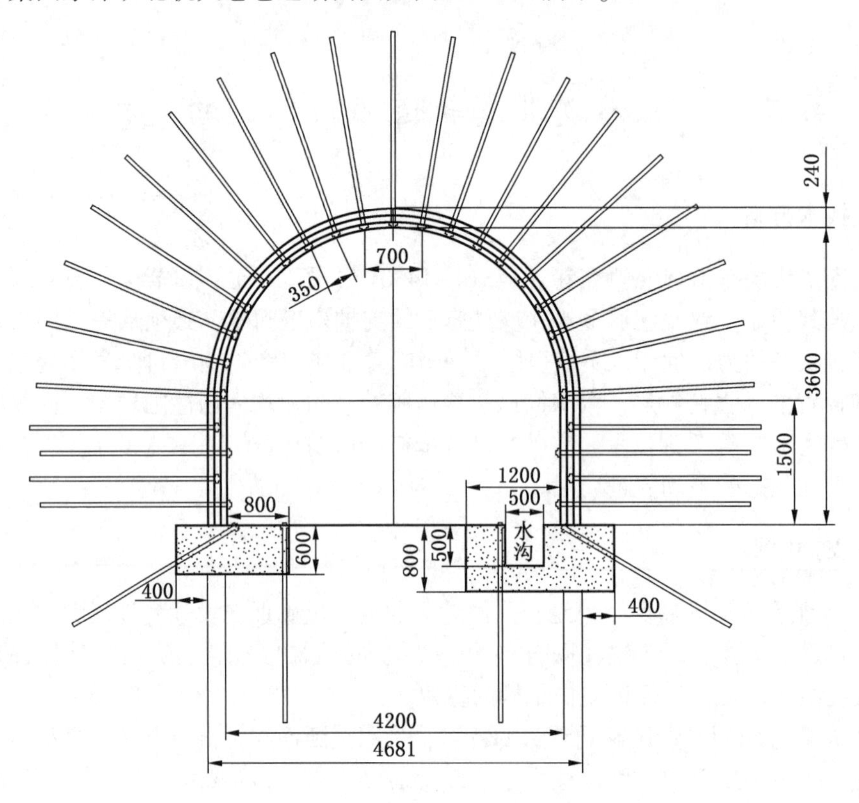

图 3-12-2　兖矿集团东滩矿北轨大巷巷道断面图

四、工艺流程（特殊困难巷道采用四喷层支护）

刷出毛断面→实施第一层次喷浆（80 mm）→打第一层次锚杆→第一层次挂钢丝绳→第二层次喷浆（100 mm）→打第二层次锚杆→第二层次挂钢丝绳→第三层次喷浆（80 mm）→打第一层次注浆锚杆→按腰线挖底与开挖卸压槽→第一层次注浆→根据监测监控数据打第二层次注浆锚杆→第四层次喷浆（60 mm）→第二次注浆。

五、施工工艺

（1）新的设计方案，采用半圆拱形，净宽不小于 4200 mm，净高不小于 3600 mm；毛宽不小于 4800 mm，净高不小于 3900 mm。巷道围岩早期要求围岩移变 100 mm 以上，疏通注浆通道有利于注浆，因此施工断面要求大于设计断面的 5%。

（2）采用卸压槽卸压，深挖底角，对底部特别是底角的软弱岩用喷射的混凝土予以置换，加强底角卸压槽的开挖，解除矢量受力方向，卸压槽喷浆浇筑后又是强力支撑和抵抗后期、阻断后期矢量的强大支撑带，同时能阻断高位势能不断传递水平应力，消除水平应力造成的挤压两帮和底板。

（3）钢丝绳搭接长度不小于锚杆间距，即不小于700 mm，以搭接相邻的两个锚杆为准；中间加密的绳径为单股绳；钢丝绳间距第一层次为主绳间排距700 mm×700 mm，中间穿1股单股钢丝绳，使第一层次支护的钢丝绳间排距为350 mm×350 mm；第二层次为700 mm×700 mm，中间穿2股单股钢丝绳，使第二层次支护的钢丝绳间排距为230 mm×230 mm；钢丝绳要贴紧喷层面，锚杆托盘要压紧压实，严禁托盘悬空。

（4）锚杆锚固力不小于80 kN，预紧力不得小于150 N · m；外露螺帽长度30~50 mm。

（5）喷浆要确保混凝土均匀，无裸露的矸石，无露网、露筋现象。顶、帮有大凹坑，未能初喷找平时，需在凹窝处增补锚杆，确保钢丝绳紧贴壁面。

（6）卧底按照巷道标定的腰线进行，卧底后，底板要平整，前后坡度要一致，轨道必须垫实，不得悬空。

（7）各区段施工完毕后，必须将巷道内的烂杂物及时清理干净，做到工完料净现场清，达到验收标准。

六、实施效果

兖矿集团东滩矿北轨大巷巷道移变数据见表3-12-1、表3-12-2，现场实施效果如图3-12-3所示。

表3-12-1　兖矿北轨大巷测点1

监测时间	施工数据高（顶底板）/mm	监测数据巷高（顶底板）/mm	移变量/mm	施工数据宽（两帮）/mm	监测数据巷宽（两帮）/mm	移变量/mm
8月15日	4200	4200	0	5150	5150	0
8月30日	4200	4200	0	5150	5150	0
9月15日	4200	4200	0	5150	5150	0
9月30日	4200	4200	0	5150	5140	10
10月15日	4200	4200	0	5150	5140	10
10月30日	4200	4180	20	5150	5135	15
11月15日	4200	4170	30	5150	5135	15
11月30日	4200	4170	30	5150	5130	20
12月15日	4200	4160	40	5150	5125	25
12月30日	4200	41500	50	5150	5125	25
测终	4200	41500	50	5150	5125	25

表 3-12-2　测点 1 距交叉点冒落区 7m 处巷道移变数据

监测时间	施工数据高（顶底板）/mm	监测数据巷高（顶底板）/mm	移变量/mm	施工数据宽（两帮）/mm	监测数据巷宽（两帮）/mm	移变量/mm
8 月 15 日	4300	4300	0	4720	4720	0
8 月 30 日	4300	4290	10	4720	4715	5
9 月 15 日	4300	4280	20	4720	4710	10
9 月 30 日	4300	4270	30	4720	4710	10
10 月 15 日	4300	4270	30	4720	4705	15
10 月 30 日	4300	4270	30	4720	4700	20
11 月 15 日	4300	4270	30	4720	4695	25
11 月 30 日	4300	4260	40	4720	4690	30
12 月 15 日	4300	4260	40	4720	4690	30
12 月 30 日	4300	4260	40	4720	4685	35
测终	4300	4260	40	4720	4685	35

图 3-12-3　东滩矿北轨大巷实施效果图片

兖矿集团东滩矿北轨大巷 2014 年 3 月开始施工，2014 年 12 月竣工，根据监测监控的数据显示，180 天巷道移变量为 0. 2% ~0. 5%，总体趋于稳定。总体巷道移变量远远小于合同规定和满足于巷道服务需要，合同规定巷道移变量控制在 5% ~8%。

针对东滩矿北翼轨道石门，围岩为泥质软岩，且具有较高的原岩应力，并且多次受到十四采区工作面跨采的动压影响，巷道出现开裂、围兜、片帮、帮部位移和强烈底鼓。项目采用深部矿井复杂应力缓释、阻断和增强围岩自身强度的主动支护技术，取得了良好的支护效果，成功解决了兖矿集团东滩矿北轨大巷围岩稳定的技术难题。通过该项目的成功实施，印证了该项目技术的可靠性和经济性。

第十三章 枣庄田陈煤矿巷道修复工程

第一节 工 程 概 况

一、田陈煤矿北七采区概况

枣庄矿业集团公司田陈煤矿北七采区位于井田北部，距工业广场6~7 km，其范围为：南起3下煤层无煤区，北至程楼断层及金庄勘探区，西起刘仙庄断层，东至3下煤层-800 m底板等高线。南北长0.7~2.4 km，东西宽5.5 km，面积约7 km^2。相邻的北五采区与其相距约3.5 km，中间全为3下煤层冲刷无煤区。

区内煤系地层为二叠系山西组，主要可采煤层为3下煤层，煤层厚度为1.33~4.81 m，平均3.17 m；煤层赋存平缓，煤层倾角为20°~160°，一般在120°以下；地面标高+50 m左右，开采上限标高-400 m，开采下限标高-800 m，大部分为-600 m以下；本区3下煤层总地质储量约2.6×10^7 t，储量级别均为C级。

二、施工地点概况

（一）田陈煤矿北区七一东翼轨道下山

从-680 m水平至-788 m水平，全岩巷道，斜巷按160下山掘进，右侧靠近落差100 m的邢寨断层，设计巷道净宽3.6 m，净高3.2 m，为北七东翼生产服务。

（二）-680 m车场

标高-680 m，全岩巷道，落差110 m的F7-28断层和落差30~100 m邢寨断层，设计净宽4.6 m，净高3.8 m，为北七采区服务。

（三）3下7105运输巷

埋藏深度740~920 m，煤层厚度2.0~7.2 m，局部含1~2层夹矸，直接顶为砂质泥岩，厚度0~5 m，粉砂泥质结构，水平层理松软易冒落，$f=3\sim4$，基本顶为中细砂岩，厚度30 m以上，$f=8\sim10$；直接底为粉砂质泥岩，厚度3~4 m，$f=3\sim5$。

该区域巷道地质条件复杂，煤质松软、支护困难、断层较多、同时受到采动影响造成巷道变形严重，巷道维护困难。

三、原回采巷道支护形式

（一）7105工作面支护形式

巷道采用锚网梯（带）索作为永久支护，即顶部布置5根规格为ϕ20 mm×2400 mm高强预应力锚杆，间排距为900 mm×900 mm，顶板铺ϕ6.5 mm焊接钢筋网，钢筋网规格为4000 mm×1070 mm，每隔一排锚杆在距巷中各900 mm的顶板上打设两根锚索，锚索规

格为 ϕ15.24 mm 的钢绞线，其长度以锚入硬岩，配规格为 4000 mm×275 mm×2.75 mm W 钢带；两帮部各布置 4 根 ϕ18 mm×2000 mm 树脂螺纹钢锚杆，挂铁丝网配钢筋梯，两帮钢筋梯规格为 3600 mm×70 mm，帮部铁丝网规格为 6000 mm×1800 mm，间排距为 850 mm×900 mm（或 1000 mm×900 mm）。每隔 50 m 安设一处顶板离层监测仪，每隔 60 m 设立一处帮部位移观测点，并定期观测。

（二）东翼轨道下山、-680 m 车场的支护形式

巷道为全岩巷道，采用锚网索喷支护，拱部使用 ϕ20 mm×2400 mm 高强预应力锚杆、帮部使用 ϕ18 mm×2000 mm 树脂锚杆并打锚索、挂网、喷浆支护。锚杆间排距为 900 mm×900 mm，全断面铺挂 ϕ6.5 mm 的钢筋网，每隔 2 排打设一根或三根锚索，锚索长度以锚入硬岩深度 1.5 m 为准，喷浆厚度为 100 mm。

四、原回采巷道支护存在的问题

（1）7105 工作面由于埋深大，掘进过程中经常有煤炮，增加了控制巷道基本成型的难度；顶板下沉量及两帮移近量都比较大；为满足巷道的使用要求，掘进期间需预留出变形空间，增加了巷道的施工断面，也同时加大了施工的难度。

（2）7105 工作面掘进过程中经常遇断层，尤其是在遇断层组时，顶板煤层极为松散破碎，增加了顶板控制工作的难度。

（3）7105 工作面由于煤质松软，支护后煤层的强度难以有较大幅度的提高，造成支护困难。

（4）7105 运输巷在巷道后路由于顶板受压，造成锚杆末端的煤体压酥，煤体自然下

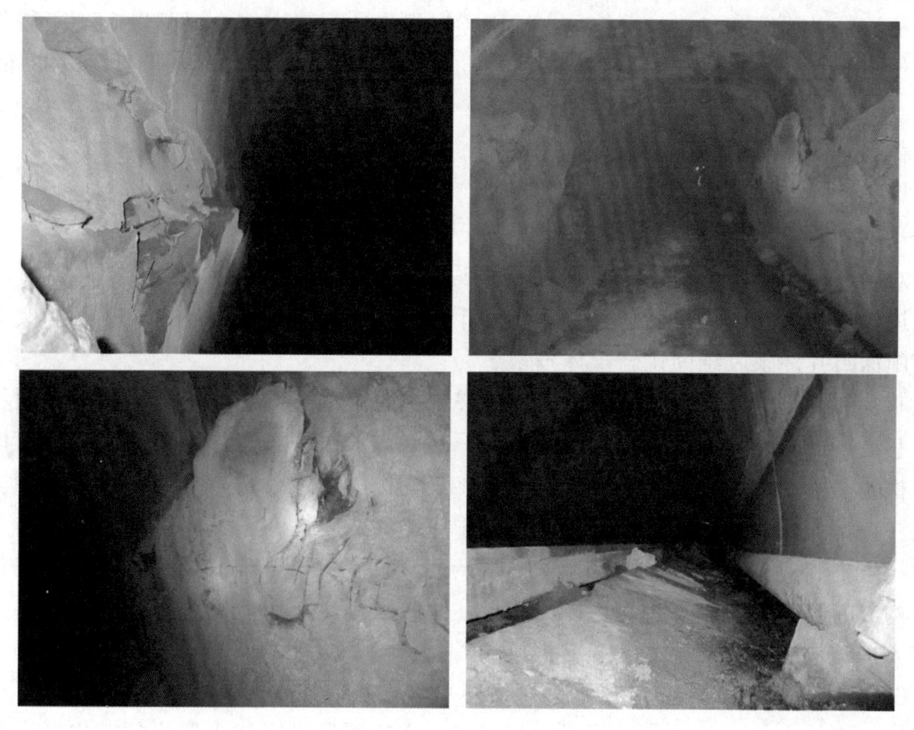

图 3-13-1　原回采巷道支护破坏图片

坠，失去锚固力，主动支护的作用得不到充分体现。

北七采区东翼轨道下山和-680 m 车场由于受 7106 工作面采动以及 F7-28 断层和邢寨断层影响已出现了不同程度的变形破坏，最大底鼓量接近 1 m，两帮最大移近量接近 1.1 m（图 3-13-1）。

第二节 田陈煤矿北七采区巷道的支护设计

一、基本思路

针对枣庄田陈矿北七采区东翼轨道下山、7105 工作面复杂应力、软岩和水平应力极其显现，巷道支护遭到强烈破坏的巷道支护难题，以提高围岩自身强度和改变围岩的力学状态为指导思想，着力实施煤巷裸注、深封孔、激隙卸压、稳压注浆等技术；根据深部矿井厚煤极其软弱和破碎特点，辩证地解决好围岩应力和围岩强度的关系，充分利用和发挥厚煤的自承能力，重点解决非对称水平应力对巷道支护的破坏及在构造复杂地区大断面软煤的加固，注重对厚煤的帮和底脚的深封和稳压胶结技术，达到安全有效地控制帮和底，保证巷道支护的长期稳定目的。

二、支护理念

从一些矿井治理深部矿井厚煤层、长工作面的实际效果看，传统的支护方式已不能满足支护要求，单一的架棚和锚杆支护形式必须改变，支护设计必须优化，支护管理必须科学，支护效果必须经济有效。也就是支护必须向提高软弱岩煤体自身强度和不断恢复提升锚杆工作阻力的支护结构改变；从单一被动向可恢复工作阻力、相互协同支护体系的转变。

三、关键技术

（一）煤巷裸注加固

针对枣庄矿业集团公司田陈煤矿 7105 带式输送机巷为托顶煤、大断面、煤质松软的煤层巷道，且在煤巷中不进行喷射混凝土封闭巷道表面，巷道表面的岩煤完全裸露的状态，实施深封孔注浆胶结固化岩煤体技术。

煤巷裸注则是针对煤巷服务时段需求，在采用煤巷锚杆支护的巷道对巷道表面不喷浆封闭，巷道表面的裂隙处于完全暴露的状态下，对岩煤体中施行注浆技术固结岩煤体，避免围岩松脱滑落，使其强度提升后能够成为参与支护的载体。

裸注技术在煤巷、末梢巷道、边缘巷道中应用的优越性在于：满足不影响煤质灰分需求、弥补末梢巷道、边缘巷道因其运输等生产环节限制，导致难以及时对巷道喷浆封闭初次支护构成的安全威胁，及时对岩体内施行注浆胶结固化，提升围岩自身强度，将围岩体造就成支护结构的组成部分，实现支护目的。

（二）激隙卸压

激活围岩体内的裂隙与解理面，使其拓展，主动诱导围岩体内应力的卸出，为稳压注浆胶结围岩造就出相对匀密、顺畅的通道，成功施行动态注浆，从而实现多层次立体支护体系。其关键是：

（1）在巷道中确定激隙的最佳位置和范围。

（2）确定激隙方法（人工挖掘或炮震）。

（3）确定激隙强度参数。

（4）确定激隙时空控制。

（三）深封孔

巷道围岩在完全裸露的状态下实施注浆加固首先要解决岩煤体表面裂隙的密闭技术难题，深封孔就是解决这一问题的最佳途径。深封孔的具体做法是：

（1）改变注浆锚杆安设时在锚杆眼空口固定，把封孔位置放置在眼孔向内至少 300 mm 处。注浆发现浆液由岩煤体表面裂隙外溢时，暂停注浆而后继续注浆，这时发现浆液再次由岩煤体表面裂隙外溢，表明岩煤体内注浆锚杆所涉及范围的裂隙已经注满。

（2）极软岩、煤质松软区域安设注浆锚杆难以固定。在孔口部位固定，因此处岩煤处于松软状态，锚固剂附着力差，很难将注浆锚杆固定住。把安设注浆锚杆的固定点向眼孔内移之后，眼孔内的岩煤体因其相互挤压作用相对孔口处较为稳定，提高了锚固剂的附着力，使注浆锚杆的安装质量得到了保障。

（四）自固内自闭深封孔注浆锚杆

在研发、完善和提升新支护体系的过程中，我们不仅要从支护理念、支护理论、支护技术上探究新路，还要从装备技术入手，实现支护体系的立体全方位创新。在研发出“自固、内自闭控压注浆器”的基础上，经过深度改良，研发出具备安装自行固定、自动密闭、注浆自动留压和封孔位置按需选定的深封孔注浆器（封孔深度达 300 mm 以上）。简化了普通注浆锚杆繁杂的施工工序，节约了锚固剂和闭合闸阀，降低了支护成本，解决了普通注浆锚杆难以留压稳压以及深封孔注浆胶结固化岩煤体的关键技术难题。

四、煤巷维护具体要求及措施

（一）注浆锚杆布置

顶板注浆锚杆规格 ϕ22 mm×1800 mm，两帮注浆锚杆规格 ϕ22 mm×2000 mm。注浆锚杆全断面布置，注浆锚杆间排距 1300 mm×1300 mm，底角注浆锚杆角度为 30°~45°。

（二）注浆参数

（1）注浆材料：P. O 52. 5R 高强水泥（选用制作井筒井壁用的新型 P. O 600R 标号高强水泥更佳）。

（2）注浆浓度：水泥浆比例为水：水泥=0. 9：1~1：1。

（3）注浆压力：1. 5 MPa；顶板及底角最大注浆压力为 2. 0 MPa，两帮最大注浆压力为 1. 5 MPa。

（三）注浆技术要求

一是选用自固内自闭式深封孔注浆器。该注浆器具有以下优点：

（1）注浆器确保在眼孔突然出水的情况下，能够及时可靠地自己固定。

（2）注浆器在自动固定的同时能封闭管外的水流。

（3）注浆器内自闭功能在非注浆状态下管孔内逆止阀自动封闭，已注入的浆液不会经由注浆锚杆回流或外溢。

（4）这种注浆锚杆的内自闭功能在控制注浆浆液回流的同时阻止注浆时给定的压力外泄，达到稳压留压的目的；保证浆液在岩体裂隙中充盈饱满，不致浆液凝固后凝结萎缩。

二是通过加深封口，既保证了注浆锚杆外固的锚固力，又能通过深封锚注孔，来控制浆液扩散半径，并使浆液扩散开后，扩散到巷道煤层面的半径大于所需胶结煤层内注浆的半径，以此达到注浆胶结强化煤层的要求。

五、田陈煤矿北七采区各巷道的锚注支护

（一）东翼轨道下山

东翼轨道下山锚注法施工情况：为加快七一东翼采区的贯通和降低巷道支护成本，设计部门把东翼轨道下山设计在断层带附近。此段巷道压力较大，岩性松软破碎，顶板为粉砂岩，底板以砂质泥岩为主。这种围岩条件和煤层赋存条件，可以加快巷道掘进速度和降低巷道支护成本。然而采用传统支护方式，巷道掘进后仅仅 3 个月后，巷道压力显现十分明显，有时被迫停产处理；施工完毕后一年，巷道断面缩小 50%。所以改变支护方式势在必行。实施煤巷锚注就可以达到很好的支护效果。

（二）27105 轨道巷锚注法修复

在东翼轨道下山通过锚注法施工获得成功的基础上，研究人员又大胆提出对-788 m 水仓、泵房实行软岩锚注。该段巷道位于七一采区东翼底部车场，顶板为泥岩，厚约 6 m，底板为泥岩，厚 2~3 m，原支护设计为锚网喷及 U 型钢复合支护，断面为 14. 2 m^2。巷道掘出后 2 个月，巷道变形严重，许多工字钢架棚被压弯、垮棚，矿上考虑到该段压力太大，改用 U25 型钢支护，4 个月后，巷道依然变形严重，断面缩小 50% 以上，无法满足生产要求。

鉴于东翼轨道下山通过锚注法施工获得成功，研究人员决定采用锚注法对该段巷道进行修复，即采用喷浆、锚杆、挂绳、复喷、注浆的锚注支护，共施工巷道 180 m，修复后巷道较稳定，基本没再被破坏，巷道断面完全满足了排水系统的需求。

六、支护工艺流程

打眼爆破→打顶板锚杆孔→安装顶板锚杆→挂金属网、钢丝绳、钢带及上托盘→喷 50 mm 厚混凝土→打两帮锚杆孔→安装两帮锚杆→挂两帮金属网、钢带并上托盘→喷 50 mm 厚混凝土→打注浆锚杆孔→安装注浆锚杆→注底角注浆锚杆→注帮注浆锚杆→注顶板注浆锚杆。

注浆时采用自下而上、左右顺序作业的方式，每断面内注浆锚杆自下而上先注底角，再注两帮，最后注拱顶锚杆。注浆完毕后，根据观测结果确定是否复注及复注位置，主要是对初次注浆时，注浆效果较差的个别孔或是水泥凝结硬化时产生的收缩变形部位，通过复注可起到补注和加固作用，从而易于保证施工质量。

七、岩巷维护具体要求及措施

（一）支护技术参数

（1）用风镐挖刷巷道到顶、帮，达到原设计断面，根据该巷道围岩情况，挑顶刷帮一般尽量不爆破，以减小强力震动给围岩造成的扰动。

（2）支护锚杆间排距为900 mm×900 mm，间排距（误差不大于100 mm）锚杆规格为GM20/2400 mm的高强锚杆，锚杆托盘规格为150 mm×150 mm×10 mm。安装锚杆，每孔用3卷Z2550树脂锚固剂，锚杆安装角度不小于75°，锚杆外露为10~40 mm。锚杆的锚固力不小于80 kN，锚杆扭矩不少于300 N·m。

（3）挂钢丝绳：规格5″~7″（不带油，废旧钢丝绳即可）。拆开钢丝绳两股为一根，每根纵向长8~10 m，横向长为巷道周边长度另加0.4 m余绳。挂钢丝绳主绳纵、横交点必须拉紧压在高强锚杆托盘下，拧紧螺母扭矩达300 N·m。加副绳间隔0.23 m呈方框形，每个交点必须用12号铁丝扎紧，两帮到基础底（添加的绳径可用单股钢丝绳）。

（4）喷浆：挖、刷达到设计毛断面后先初喷80 mm，打锚杆挂绳后二次喷浆厚60 mm，注浆后打二次锚杆挂绳后三次喷浆厚60 mm，注浆成巷。喷浆总厚度不少于200 mm（二次三次喷浆时先冲刷巷道）。

（5）喷浆用P.042.5R水泥。水泥：黄沙：石子=1：2：2；选用速凝剂规格标准为（JC477-92），掺入量为水泥用量的5%，喷浆后巷道成形帮直拱圆，洒水养护时间不少于28天。

（二）注浆导管打设、安装要求

（1）注浆导管，规格ϕ20 mm×2400 mm，选用自固内自闭式注浆导管，采用用自固内自闭式深封孔注浆锚杆能解决封孔、留压、安设固定等许多关键技术问题。

（2）注浆锚杆的间排距为1200 mm×1200 mm，误差±100 mm。复注浆锚杆的间排距为1200 mm×1200 mm，误差±100 mm。

（3）在分两层次注浆时，第二层次的注浆锚杆长度应比第一层次注浆锚杆长200 mm以上，第一层次注浆锚杆长度设计为2000 mm；第二层次注浆锚杆长度为2000~2200 mm。

（4）最下面一根注浆锚杆眼口应处于墙根底角处并下扎75°，其次按间排距打设（补注导管不受间排距限制）。

（5）注浆导管安装，使用专用套筒扳手拧紧膨胀胶圈使其自固以防注浆时冲出或漏浆。安装时导管外漏不大于50 mm。

（6）在岩石松散破碎、有水等复杂地段进行注浆作业，注浆锚杆应深封孔，封孔深度应不小于300 mm，封孔长度不小于200 mm。保证封孔牢固可靠。实施深封孔时，要用普通的混凝土充填自固装置至孔口外端，自固装置至孔口外端不得留有空隙。

（三）注浆参数

（1）注浆材料：P.O 52.5R高强水泥（选用制作井筒井壁用的新型P.O 600R标号高强水泥更佳）。

（2）注浆浓度：水泥浆成分为水比水泥，应根据岩体内裂隙适度调整制作浆液的水灰比，一般为0.7：1~0.8：1。

（3）注浆压力：2~2.5 MPa；顶板及底角最大注浆压力为3.0 MPa。

（4）注浆压力为每孔以注不进浆液为注浆结束。裂隙过大时，则以定时、定量的方式来控制，一般单孔注浆时间不得超过30 min，注浆量控制在15袋水泥制作的浆液以内。

（5）实施控压注浆过程中，当泵压达到终孔压力标准时，要继续稳定注浆10~15 min后，关闭注浆泵停止注浆。

八、支护效果

(一) 实施裸注技术所获得的效果

1. 胶结固化岩煤体

岩体内部应力的不断运动、巷道的开掘以及人为采取的不同激隙手段都会不断使围岩产生大小不等的松动圈，进而在岩煤体中产生许多张开的裂隙，因而注浆浆液得以有了流动通道；因此，通常多以松动圈范围做参考来确定注浆参数，并对注浆范围进行控制。实践和实验与所取的岩芯都证明，浆液完全能注入各细微裂隙之中，经浆液胶结加固，使岩石内的裂纹、裂隙缺陷被浆液充填，浆液凝结体同裂纹边缘完全胶结黏合。

由于围岩应力渐趋平衡，带压浆液在裂隙中凝固胶结时把被结构面切割出来的小块岩石网络包裹起来，再次注浆，破碎岩块就被胶结成具有一定内应力的整体，岩煤体的内聚力因而大大提高，岩煤体结构面的内摩擦角状态也得以改变。注浆后，喷层壁后充填密实，荷载均匀地作用在喷层和支护上，形成浆液扩散加固拱。同时，与锚喷支护配合，又可形成有效的多层组合拱（即喷绳或带组合拱、锚杆压缩区组合拱及浆液扩散加固拱），从而增大支护结构的有效承载范围，加强和提高支护结构的整体性和承载能力。

在注浆后，由于支护结构的断面加大，围岩作用在支护结构上的荷载所产生的弯矩就会较小，支护结构中产生的拉应力和压应力就会降低，支承载能力和适应性就会因此而得以提高和扩大。所以，以注浆加固围岩并与其他巷道支护形式结合，往往不仅能改善围岩的岩性和应力分布，还可大大缩小围岩变形，减轻支架承受的外载压力，改善支架的受力情况。通过注浆，用浆液封堵围岩裂隙，隔绝空气，防止围岩风化，既能防止围岩被水浸湿而降低自身强度，还因注浆浆液是由阻燃材料制作，而具备高度防止瓦斯灾害和火灾的功效。

2. 实现锚杆支护的全锚

注浆加固后，普通的端锚锚杆即可实现全长锚固。但在一般的锚杆支护施工中，将端锚改为全长锚固却有一定困难（即若眼孔装满锚固剂，锚杆很难送达眼底，造成锚杆安装的困难）；而通过注浆，使浆液完全充填锚杆眼孔空间，这样能克服安装树脂药卷的眼孔存在空段及树脂药卷的包装塑料皮残留在树脂锚固剂中减低药卷的锚固力的弊端。把锚杆杆体与巷道围岩胶结成为整体，真正实现了全长锚固，提高锚杆的锚固力和可靠性，增强支护结构的稳定性；而当注浆锚杆与锚固锚杆进一步将多层组合拱连成一体，并共同承载来自各方的压应力时，支护结构的整体支护功能就可大大提高。

3. 固化锚杆、锚索托锚点的强度，优化、恢复、增强锚杆、锚索的功能

无论是采用高强、超长锚杆、全长锚固锚杆、锚杆桁架、锚索、加长全长锚固锚索和锚固着力点的深度等，都必须有稳定可靠的着力点，以此根本作为锚杆、锚索的托锚点，如无稳定可靠的托锚点，即使锚杆、锚索的材质再强和具有再深的着力点，那也是形同虚设。而在位于极软岩、煤质松软区域敷设锚杆通常是很难寻找到较为稳定的岩煤体区域作为锚杆、锚索的着力点。

对岩煤体施行注浆胶结后，围岩（煤）体自身强度增高，使锚杆有可靠的着力点和托锚点，极大地提高围岩体的抗拉、抗剪强度，在监测监控条件下适时对岩煤体采取注浆补强措施，足量而合适的浆液注入各种细微的裂隙中，裂纹、裂隙被浆液充填，将裂纹、裂

隙缺陷胶结加固，浆液凝结体同裂纹边缘完全胶结黏合，岩体结构强度增强，改变岩体在外力作用下可能破坏的机制，从而不断提高软弱岩、煤体自身强度，形成全过程、全方位、立体互补的动态支护体系。

4. 构建注浆胶结支护圈体

注浆加固过程中，在泵压及微小裂隙的毛吸作用下，被挤压或渗透到软弱岩煤体大大小小的裂隙中去的浆液固结后，在软弱岩煤体内形成了新的网络状的骨架结构；软弱岩煤体内的裂隙由加固材料凝结形成浆脉。平缓稳压控压注浆，能很好地起到充填密实作用。在泵压作用下，注浆浆液不但能将互相连通的岩煤体裂隙充满，同时还可将充填不到的封闭裂隙和孔隙压缩，对整个岩煤体起压密作用，从而提高其弹性模量和自身强度。实质是，用注浆锚杆注浆将松碎的围岩胶结成整体，从而改善其结构及物理学性质，既提高了承载力，又加固了自身，使岩体的内聚力、内摩擦角及弹性模量都大大提高，并在强度增大的过程中，成为支护结构的组成部分，并与围岩融为一体。

由于围岩应力渐趋平衡，带压浆液在裂隙中凝固胶结时把被结构面切割出来的小块岩石网络包裹起来，再次注浆，破碎岩块就被胶结成具有一定内应力的整体，岩煤体的内聚力因而大大提高，岩煤体结构面的内摩擦角状态也得以改变。注浆后，喷层壁后充填密实，荷载均匀地作用在喷层和支护上，形成浆液扩散加固拱。同时，与锚喷支护配合，又可形成有效的多层组合拱（即喷绳或带组合拱、锚杆压缩区组合拱及浆液扩散加固拱），从而增大支护结构的有效承载范围，加强和提高支护结构的整体性和承载能力。

5. 利于不断提升和恢复工作阻力

巷道支护主要功能是对围岩施加阻力，以达到控制、阻止围岩变形，保持巷道稳定的作用。根据围岩的特性设计的阻止围岩变形、保持巷道稳定的支护体和支护体系的支撑力，即工作阻力。

为了防止巷道围岩发生显著变形和垮塌，就要对围岩进行支护。支护的主要作用是阻止围岩的滑移、冒落，巷道支护主要功能是对围岩的变异施加阻力，支护体必须给围岩提供足够的支护阻力，才能保持巷道的稳定。

支护阻力对提高围岩自承能力及控制围岩变形具有重要作用，支护阻力的效果与巷道围岩性质和结构有密切关系，巷道所处的地质开采条件，尤其是围岩性质不同，保持巷道围岩稳定所需的支护阻力也不同。在围岩条件稳定的巷道中，较小的支护阻力就足以确保巷道围岩稳定。在软岩和高应力巷道中，为了有效地控制巷道围岩强烈变形，必须不断地提高支护阻力，才能确保巷道支护的稳定。

保持巷道支护长期稳定，最为关键的就是使支护体能始终保持稳定的工作阻力。当支护结构的工作阻力长期受到应力作用后处于下降或接近疲劳状态时，工作阻力能得到及时补充、恢复并使其得以不断提升，只有这样才能实现保持巷道支护长期稳定的目的。

通过对岩煤体施行注浆胶结、复注浆加固、反复注浆不断提升等技术手段，动态、适时地对围岩这个支护主体进行补强，使其始终保持较强的工作阻力并使其工作阻力不断得以螺旋提升，以此保证巷道支护长期稳定，是恢复支护体工作阻力最关键的环节。螺注技术在煤巷和极软岩巷道中成功施行，在国内属首创，极具实用价值，支护效果十分明显，是新型主动动态综合支护体系中不可或缺的关键技术。

（二）松软煤巷及软岩巷道支护效果

1. 锚网索支护效果

根据巷道矿压统计数据，绘出掘进期间巷道表面顶底板、帮部位移曲线图，如图3-13-2所示。

采用锚网索支护方案，掘进期间顶底板移近量达到340 mm，两帮移近量达到580 mm，巷道表面位移速率较快，顶底板平均位移速率达到8.5 mm/d，两帮平均位移速率达到14.5 mm/d，矿压观测表明，由于掘进期间，锚网索支护不能满足支护要求，达不到理想效果。

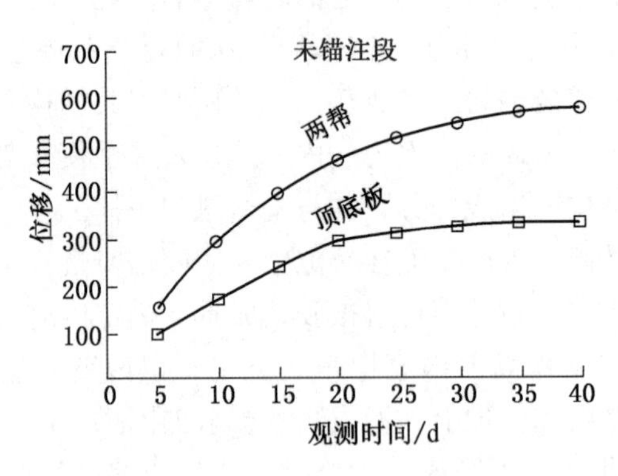

图3-13-2　巷道表面位移曲线图

2. 注浆加固巷道支护效果

（1）采用注浆锚杆注浆，可以利用浆液封堵围岩裂隙，隔绝空气，防止围岩风化，且能防止淋水，避免围岩被水浸湿而降低围岩的本身强度。

（2）注浆后浆液将松散破碎的围岩胶结成整体，提高了岩体强度，实现利用围岩本身作为支护结构的一部分；且与原岩形成一个整体，使巷道保持稳定而不易产生破坏。

（3）利用注浆锚杆注浆充填围岩裂隙，配合锚网索支护，可以形成一个多层有效组合支护，即锚杆、锚索、锚网压缩区和浆液扩散加固区，从而扩大了支护结构的有效承载范围，提高了支护结构的整体性和承载能力。

（4）注浆后使得作用在顶板上的压力能有效地传递到两帮，通过对帮的加固，又能把荷载传递到底板；同时由于组合拱厚度的加大，这样又能减小作用在底板上的荷载集中度，从而减小底板岩石中的应力，减弱底板的塑性变形，减轻底鼓；且底板的稳定，有助于两帮的稳定，在底板及两帮稳定的情况下，又能保持顶板的稳定。

（5）注浆加固后能使普通端锚锚杆实现全长锚固，从而提高了锚杆的锚固力和可靠性，保证了支护结构的稳定，且注浆锚杆的本身亦为全长锚固锚杆，它们共同将多层组合拱连成一体，共同承载，提高了支护结构的整体性。

（6）注浆使支护结构的断面尺寸加大（支护体和注浆胶结围岩体共同承载），这样围岩作用在支护结构上的荷载所产生的弯矩较小，这降低了支护结构中产生的拉应力和压应力，因此能承受更大的荷载，从而提高了支护结构的承载能力，扩大了支护结构的适应性。

矿压观测结果如图3-13-3所示。巷道两帮最大位移量为100 mm，顶底板最大位移量为 75 mm，顶底板平均位移速率达到 1.87 mm/d，两帮平均位移速率达到 2.5 mm/d；采用注浆加固方案巷道表面位移量显著减少，平均移近量速率降低，表明巷道围岩变形得到了明显有效控制。巷道没有明显变化与破坏，满足回采使用的要求，保证矿井的安全生产。实施裸注技术修复后的巷道如图 3-13-4 所示。

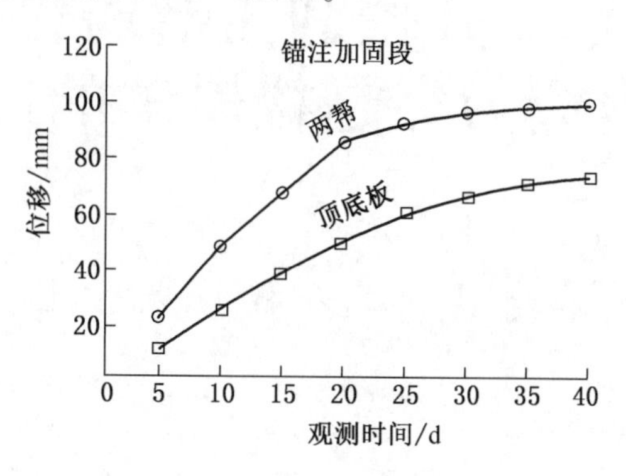

图 3-13-3　巷道表面位移曲线图

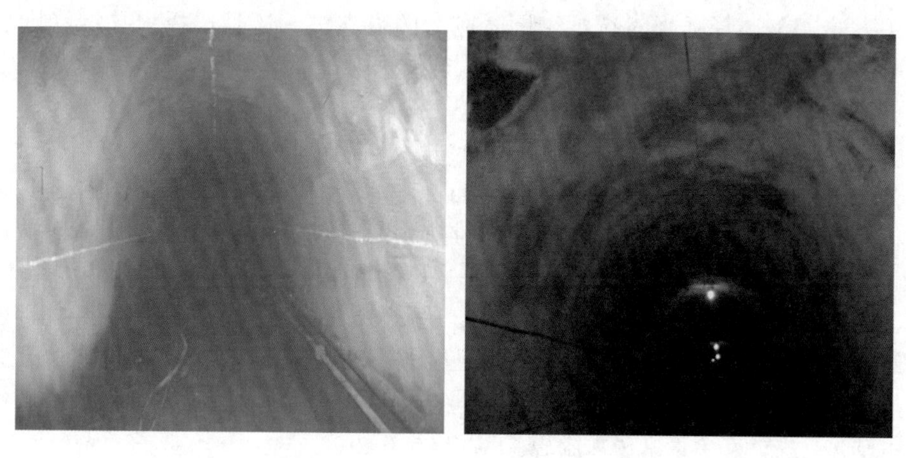

图 3-13-4　实施裸注技术修复后的巷道图片

通过对枣庄东田陈矿东翼轨道下山、-680 m 车场，7105 工作面巷道的成功修复，得到以下结论：

（1）通过对田陈 7105 工作面裸注的实践，巷道基本稳定达到了预期技术要求，说明裸注技术在矿井边缘的末梢巷道支护中起到了积极作用。

（2）关键技术要有与之相应的配套装备才能有效进行，深封孔内自闭注浆锚杆在这里起到了重要作用。

（3）裸注技术把锚注支护技术推向更加广泛应用的领域。

（4）在煤巷中实施裸注技术，要强调对高强锚杆的封孔，以利于提高裸注效果。

第十四章　开挖卸压槽弱化、转移围岩应力在赵楼煤矿的应用

第一节　工　程　概　况

一、概述

随着矿井深度的增加，伴随而来的高地压、软弱破碎围岩、采动压力等复杂应力因素带来的巷道支护稳定性问题越来越突出。面对深部矿井复杂的高应力，选择什么样的支护方式，是选择强强对抗抵御围岩应力的强支护，还是选择引导缓释围岩应力并施以相关技术将围岩变成承载体的支护技术，在深部高应力软岩巷道支护中尤为关键。

赵楼矿七采区辅运巷是赵楼煤矿为开拓七采区准备的辅助运输巷道，同时为七采区提供运输、通风、行人等需求。七采区辅运巷自 2016 年 4 月采用岩石掘进机施工以来，共施工岩巷约 500 m，并与 5302 工作面相向推进。随着二者间距的逐步减小（最短距离 277 m)，已掘七采区辅运巷上段巷道将经受一次工作面的采动影响。矿压观测结果表明：已掘巷道变形以两帮移近、片落和底鼓为主，受 5302 工作面采动影响右帮煤体碎胀和移近变形速率要大于左帮，巷道底板受到采动超前水平应力挤压底鼓变形速率要大于顶板下沉。两帮最大移近量为 1000 mm，最大底鼓量为 800 mm。同时巷道变形及破坏时的非对称现象明显，给生产安全带来极大隐患。

二、工程地质情况

七采区辅运巷上段位于三采区和五采区的中间，东距七采区带式输送机巷上段约 46 m，西距已回采完毕的 5301 工作面约 70 m，距正在回采的 5302 工作面水平距离约 277 m。巷道施工主要揭露 3 煤底板粉砂岩（薄层状，岩石硬度系数 5~7)、细砂岩（薄层状，水平层理，夹带粉砂质，岩石硬度系数 6~7)、泥岩，是典型的软岩巷道，且受到采动影响，巷道极易发生破碎、变形。

三、巷道失稳分析

随着赵楼煤矿开采深度和范围的不断扩大，深井高应力条件的沿空掘巷数量在不断地增加，现采用的锚网索支护形式在深井高应力条件下维护巷道稳定越加困难；为此，矿方也曾采用单体支柱或钢棚支护补强加固，但仍然无法有效控制沿空掘巷巷道的稳定性，围岩破碎，巷道松动圈不断扩大，最终将导致巷道失稳破坏。

破坏后的巷道围岩将更加破碎，再生裂隙更加发育，矿方不得不反复扩修，致使巷道陷入补强支护—巷道破坏—复修加固的恶性循环。通过对赵楼矿七采区辅运巷的地质情况及采用的支护形式进行分析，发现其巷道失稳主要由以下几方面的原因造成：

（1）赵楼矿七采区辅运巷开采深度超过千米，巷道围岩具有典型的软岩特征，且巷道断面大，宽度超过 5 m，巷道支护本身就具有难以稳定的特点。

（2）现有的支护理念强调的是强强对抗抵御围岩应力的强支护，没有引导缓释、转移围岩应力，使其向深部转移，单靠支护材料的强度难以抵御深部矿井的复杂应力。

（3）现采用的锚网索支护形式不能适应深井大断面、反复采动影响煤体碎胀和移近变形速率快帮移变量大要大，巷道底板受到采动超前水平应力挤压底鼓变形严重，在这种强烈采动造成破碎的岩煤体和水平应力作用下围岩离层膨胀，锚杆和锚索锚固作用损失，难以构建新的组合拱，锚杆和锚索的主动支护功能得不到充分发挥。

（4）由于沿空掘巷增加，巷道受采动影响严重，采动应力可以造成巷道两帮移近量和底鼓量急剧增加。

第二节 赵楼煤矿的支护设计

一、支护设计

巷道断面设计，采用三喷层，二层次高强锚杆和二层次钢丝绳构建成的第一支护单元的强韧封层，有利于支护强度的提高和为后支护单元安全施工提供保障和支护技术的发挥奠定基础。

在巷道两帮底角开挖卸压槽，可阻断、转移，弱化和缓释采动超前应力向围岩的作用力，有效衰减水平应力对巷道底板造成快速底鼓的强烈破坏。

卸压槽在底角的开挖，起到疏通注浆通道有利于注浆；考虑到巷道遭到的是反复采动影响，所以采取动态注浆；巷道掘出或修复后（三喷层和二层次钢丝绳施工结束后），围岩移变 100 mm 以上进行第一次注浆；此段巷道掘进和修复完成后，巷道围岩移变量 120 mm 左右进行二次注浆。

为应对反复采动压力，保证两次注浆后的巷道使用断面，因此施工断面要求大于设计断面 5%。

1. 支护断面

赵楼煤矿七采区辅运巷锚杆布置及支护断面图如图 3-14-1 所示，注浆锚杆布置及支护断面如图 3-14-2 所示。

2. 底板卸压槽

采用人工开挖卸压槽，带式输送机侧左帮：宽×深＝600 mm×600 mm；右帮（水沟帮）：宽×深＝800 mm×600 mm；卸压槽深入帮部不小于 200 mm。

3. 强韧封层

第一喷层为支护保护层，平均厚度约 80 mm，突出部分厚度不小于 60 mm，超过应该找平再喷浆，坑洼处以找平为准；第二喷层厚度 60 mm；第三喷层厚度 60 mm；喷浆水泥标号 425。

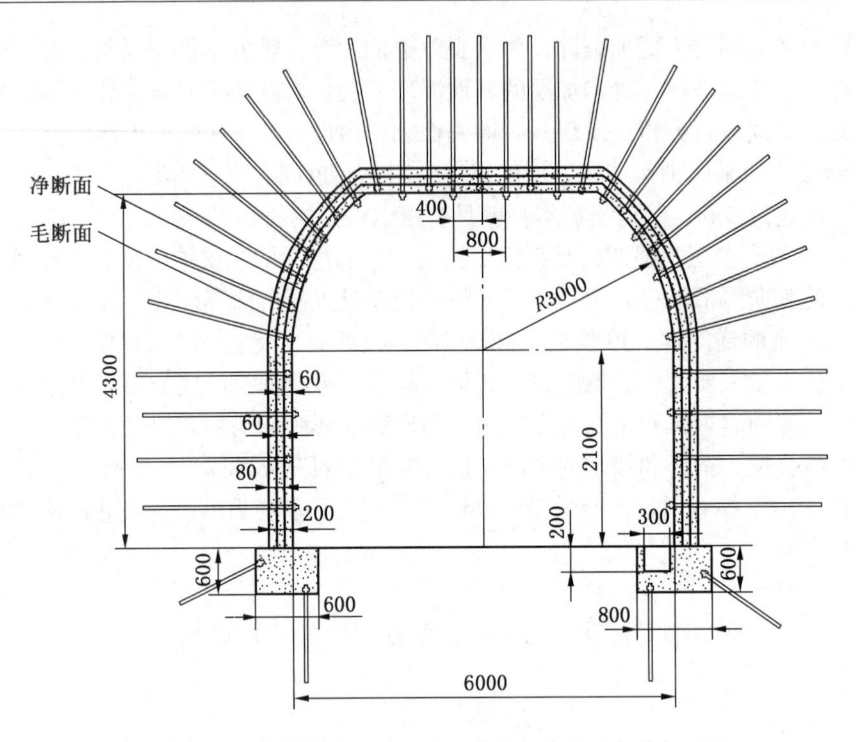

图 3-14-1 赵楼煤矿七采区辅运巷锚杆布置及支护断面图

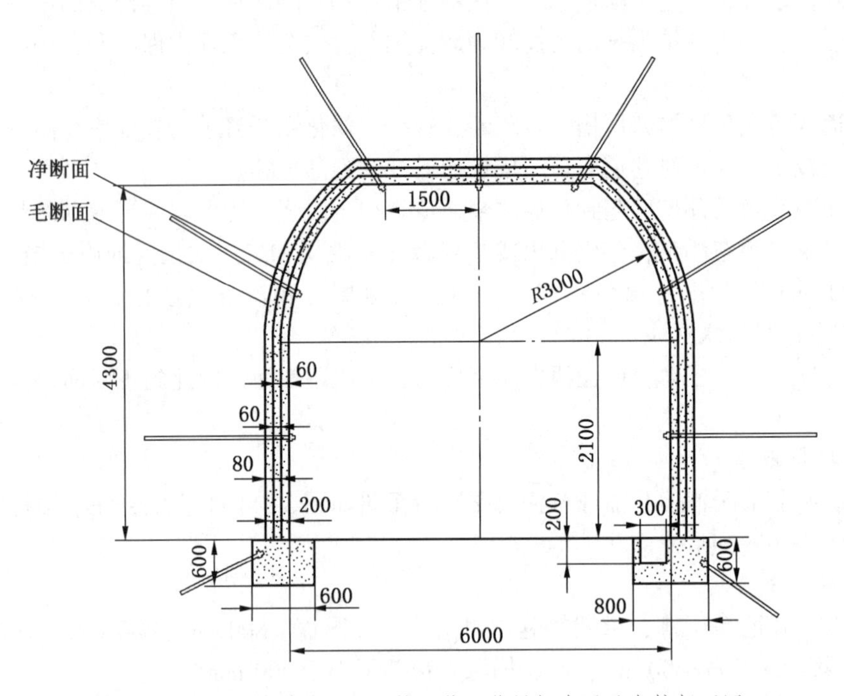

图 3-14-2 赵楼煤矿七采区辅运巷注浆锚杆布置及支护断面图

采用二层次高强锚杆，每层次锚杆的间排距均为 800 mm×800 mm，下层次锚杆与上一层次锚杆呈“五花”布置，锚杆间排距实际上为 800 mm×400 mm。

采用二层次钢丝绳为筋骨（钢丝绳网格第一层次为 400 mm×400 mm；第二层次为 260 mm×260 mm）；钢丝绳采用矿上 5″~7″废旧钢丝绳（图 3-14-3）。

图 3-14-3　赵楼煤矿七采区辅运巷巷道现场钢丝绳挂设图

4. 稳压、留压注浆

采用自封、自固、内自闭中空注浆锚杆，注浆锚杆每排 9 根，间距为 1500 mm×1500 mm；卸压后，打第一次注浆锚杆注浆，注浆应根据围岩以上位移观察记录进行，即两帮移变量平均 100 mm 时进行注浆；在一次注浆基础上继续监测监控，平均一帮移变量超过 120 mm 时进行二次注浆。

二、施工技术要求

（1）巷道修复由外向内逐段进行，先进行拆除管路，全断面刷扩，找平、找直巷道，使巷道实际断面大于使用断面加喷层厚度的 5%，保证喷浆层均匀，使挂绳紧贴喷层和防止注浆时漏浆。一次刷扩长度不大于 1.5 m，破碎顶板不大于 1 m，扩刷后必须进行锚杆支护。

（2）钢丝绳搭接长度不小于 400 mm，中间穿绳为单股绳；钢丝绳间距第一层次为 350 mm×350 mm，第二层次为 230 mm×230 mm；钢丝绳要贴近壁面，锚杆托盘要压紧压实，严禁托盘悬空。

（3）锚杆锚固力不小于 200 kN，预紧力不得小于 200 N · m；外露螺帽长度 10~50 mm。

（4）喷浆要确保混凝土均匀，无裸露的矸石，无露网、露筋现象。顶、帮有大凹坑，未能初喷找平时，需在凹窝处增补锚杆，确保钢丝绳紧贴壁面。

（5）注浆水泥用 525 号，底角的注浆压力要高于顶板和帮部，注浆锚杆的压力一般控制在 2.0~3.0 MPa，第二次注浆压力应高于第一次注浆压力，注浆终压可控制在 2.5~3.0 MPa；顶板预注每 2 m 打两根（迈步交错布置）。

三、技术经济效益分析

（1）赵楼矿七采区辅运巷道的支护设计，贯穿了引导围岩应力释放、转移并主动改变围岩力学性能的思想，而不是强强对抗抵御围岩的强大水平应力。通过开挖卸压槽缓释、转移围岩应力，并施以锚注支护将围岩变为承载体，有效地解决了赵楼矿七采区辅运巷道的支护稳定问题。

（2）该技术减少了大量的人力、物力，节约了大量钢材，经济效益明显。同时利用矿上废旧钢丝绳，解决了废物利用的问题。该技术成功治理七采区辅运大变形巷道 400 m，直接节约资金近 300 万元，同时大大延长了巷道的维修周期。

第十五章　枣庄新矿 3406 煤柱区域巷道支护和保护小三角煤柱强固设计

第一节　工　程　概　况

一、工程项目施工设计的必要性

3406 里面运输巷弯曲煤柱扩刷施工平面图如图 3-15-1 所示。为了保证 3406 里面运输巷弯曲段巷道和煤柱能够在回采过程中，避免回采超前周期来压出现强烈破坏状况，弯曲段巷道和煤柱遭到突发垮冒现象，比较稳妥地顺畅生产，对拐弯区域巷道支护采取注浆保护和小三角煤柱采取高强注浆固化的设计如下：

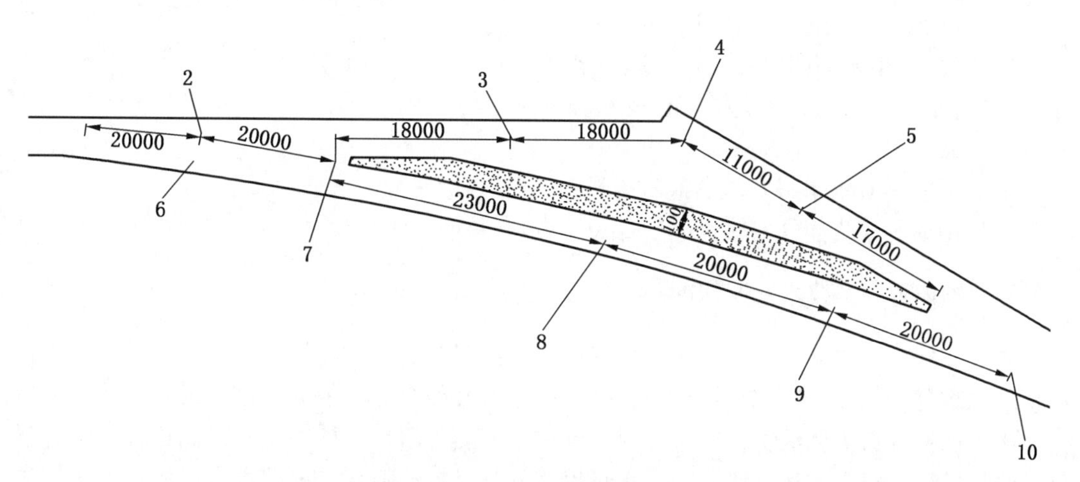

图 3-15-1　3406 里面运输巷弯曲煤柱扩刷施工平面图（比例 1∶500）

（1）巷道高度：3.2 m，顶煤 4.9 m（0.6 m 时离合 200 mm，1.4 m 时离合 300 mm，2.4 m 时离合 200 mm，2.7 m 时离合 300 mm）泥岩 4.8 m，9.7 m 见白砂岩。

（2）巷道高度：2.9 m，顶煤 4.9 m（未见离合），泥岩 0.8 m，5.7 m 见白砂岩。

（3）巷道高度：3.2 m，顶煤 5.5 m（1.4 m 处离合 500 mm，2.5 m 处离合 300 mm），泥岩 1.9 m，7.4 m 见白砂岩。

（4）巷道高度：3.25 m，顶煤 7 m（0.5 m 处离合 100~200 mm），泥岩 2.5 m，9.5 m 见红砂岩。

（5）巷道高度：3.34 m，顶煤 6.6 m（未见离合），泥岩 1.8 m，8.4 m 见白砂岩。

（6）巷道高度：2.9 m，顶煤 5.2 m（0.4 m 时离合 300 mm，1.4 m 时离合 200 mm，2.4 m 时离合 500 mm，3.1 m 时离合 800 mm，4.2 m 时离合 500 mm），泥岩 0.8 m，6.0 m 见白砂岩。

（7）巷道高度：3.1 m，顶煤 3.6 m（0.9 m 时离合 100 mm，1.5 m 时离合 100 mm，2.3 m 时离合 100 mm，2.7 m 时离合 100 mm），泥岩 2 m，5.6 m 见白砂岩。

（8）巷道高度：3.4 m，顶煤 4.5 m（0.6 m 时离合 100~200 mm），泥岩 4 m，8.5 m 见白砂岩。

（9）巷道高度：3.45 m，顶煤 4.3 m（1.2 m、1.7 m 时分别离合 100~200 mm），泥岩 3.7 m，8 m 见红砂岩。

（10）巷道高度：2.8 m，顶煤 6.8 m（1.6 m 时离合 100~200 mm），未见红砂岩。

二、工程设计依据

1. 依据国家、行业部门相关规范

（1）《煤矿安全工程》。

（2）《煤炭工业矿井设计规范》（GB 50215—2005）。

（3）《井巷断面和交叉点设计》。

2. 企业规范

（1）《山能枣矿集团瓦斯管理规定》。

（2）《山能枣矿集团锚杆支护管理规定》。

（3）《淮北市平远软岩支护工程技术公司锚注支护规范》。

3. 现场资料

（1）山能枣矿集团新安矿的地质资料。

（2）山能枣矿集团新安矿大巷的原设计资料。

三、国内外同类技术发展状况

矿井极软岩、高应力区域开采带来巷道支护稳定性的困难，是当今世界巷道支护中普遍存在的难题。从 20 世纪 70 年代开始，美国、澳大利亚等国依据悬吊、组合、挤压拱理论推出了以锚杆为主体的支护体系，提升到采用高强、超长锚杆、全长锚固锚杆、组合锚杆、锚杆桁架、锚索、注浆锚索来进一步提高支护材料的强度和锚固着力点的深度来解决支护稳定问题。20 世纪 90 年代初，美国、澳大利亚等国大力发展高于应力高强锚杆支护技术，在深部（600 m 以上）巷道支护中取得了良好的效果。

英国、法国、德国等以“新奥法”的理论为基础，注重采用不同强度、不同断面形状的刚性或钢材支架的结构的可移变，设计可缩性大规格重型号高强度金属支架，并在支架和围岩间隙中充填可缩性材料，实现一定程度的让压，来处理巷道支护困难的问题。目前，西欧大多数国家各类型的锚杆支护、锚索支护以及联合支护约占软岩巷道支护的 90%。

俄罗斯、波兰、土耳其等一些产煤大国采用不同类型的重型金属支架来处理巷道的支护问题。但直到今天，上述国家（矿井极软岩、高应力区域开采矿井范围远远少于我们国家）所采取的办法仍然没有很好地解决支护稳定问题。特别是深部矿井中极软岩、发育极不成熟软岩巷道的支护稳定问题。

我国对大埋深、构造应力、采动压力和极“软弱岩、煤体”自身膨胀给巷道支护带来的困难问题，在汲取国外支护技术基础上，采用大型号U型钢全封闭支架和架后再喷浆的复合支护技术；或采用高强锚杆+锚索+锚网喷等复合支护技术。

对于深部矿井支护特别困难地段，也曾尝试过大板块和网壳支护技术。近年来又推出锚网喷加钢桁架支护和高密度锚索、锚索组、锚索束与重型钢联合支护。

上述所有这些支护方式，仍属被动地支护，其支护破坏情况如图3-15-2~图3-15-4所示。由图可知，这种被动支护方式一是不能解决困难巷道支护的长期稳定；二是施工复杂、巷道支护成本高，巷道支护破坏后再修复就更为困难，并直接威胁生产安全，因此，探索和实行新的巷道支护技术成为非常紧迫的任务。

图3-15-2　锚网喷双桁架支护破坏发展状况（摄于2006年2月龙口柳海矿）

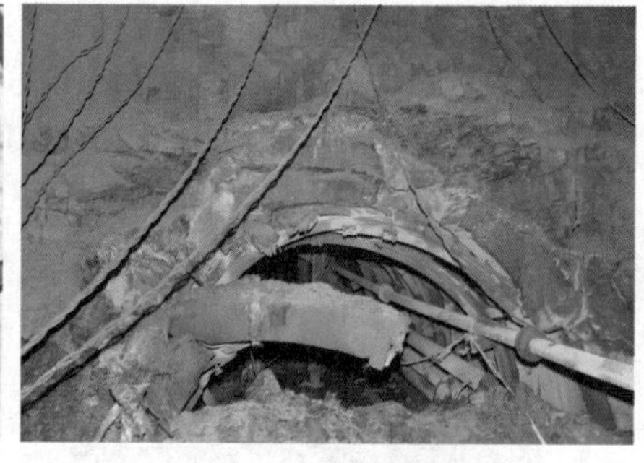

图3-15-3　高强混凝土预制大弧板巷道支护在平顶山四矿破坏状况（摄于2010年2月平顶山四矿）

图3-15-4　软弱岩煤层锚索组井下实用照片（摄于2015年2月大同塔山矿）

四、传统支护技术在新安矿支护效果的技术分析

1. 密集锚杆与锚索联合支护不能控制徐州局新安煤矿围岩状况技术分析

（1）“极不成熟、软弱结构和高应力”围岩状态下，锚杆和锚索难以构建新的组合拱，锚杆和锚索的基本支护技术功能无法实现（图 3-15-5）。

（2）锚杆和锚索没有密贴的喷层与围岩结成一个整体；没有形成有效的防止水、气体分化并具有一定抗压强度的喷层（保护层）（图 3-15-6）。

图 3-15-5　锚杆和锚索没有组合配合的破坏状况

图 3-15-6　没有密贴的喷层与围岩结成为一个整体

（3）没有针对“极不成熟、软弱结构”进行立体固化，使密集的锚杆锚索没有着力点；没有形成多层次联合支护，锚杆锚索支护关键技术作用没有得到发挥（图 3-15-7）。

（4）密集锚杆、锚索单一支护单元，没有相关支护单元配合互补，使其所具有的支护作用难以发挥，形成不了控制围岩稳定的作用（图 3-15-8）。

图 3-15-7　锚杆锚索没有着力点，随着围岩位移而位移状况

图 3-15-8　锚杆、锚索单一支护单元破坏状况

2. 高强的钢筋混凝土浇筑支护破坏状况的技术分析

（1）高强的钢筋混凝土浇筑支护，是一种极强（刚性）支护，对“极不成熟、软弱结构和高应力”围岩没有一定的“让”压能力，是高应力、极软弱围岩巷道支护较少采用的支护技术。

（2）高强的钢筋混凝土浇筑支护，没有恢复工作阻力的余地，破坏后修复工程量大。

（3）高强的钢筋混凝土浇筑（或喷浆机喷射）：①不能密贴围岩，造成支护整体处于受力不均匀的状态；②混凝土搅拌不好、自身凝固强度达不到设计要求；③初期承载强度较弱。

（4）高强的钢筋混凝土浇筑支护（图 3-15-9），支护成本极高、工作程序烦琐，劳动量大用人多、没有平行作业空间，施工速度慢。

图 3-15-9　高强的钢筋混凝土浇筑支护

3. 混凝土管棚和锚网喷联合支护

（1）混凝土管棚支护是一种期待强度高，让压空间小的支护，对“极不成熟、软弱结构和高应力”围岩没有较大让力，是这种支护的弊病（图 3-15-10）。

图 3-15-10　混凝土管棚支护图

（2）混凝土管棚支护和锚杆锚索联合支护相互间的不容错性，造成支护单元支护能力不是1+1=2。

（3）混凝土管棚支护和锚杆锚索联合支护相互间的依赖性，使各支护单元的支护工作阻力达不到应有的支护能力。

（4）混凝土管棚支护，在向钢管内浇灌水泥或混凝土浆液时产生很多不密实的情况，施工难以达到理论设计效果，造成很多的弱点和不均匀受力状态。

第二节 3406预留煤柱区域巷道支护设计

一、设计思路

确保工作面回采过程中的安全；即工作面回采超前周期来压时，拐弯区域不会产生强烈的突发大面积垮落造成的安全危害。

（1）首先采取拐弯区域原巷道支护各支护单元的支护可靠性和支护强度的再恢复；对拐弯区域190 m巷道采取注浆加固。

（2）进一步强化煤柱体的高强度固结：采用高强度护壁，双层次和高强度注浆加固刷留下墙体的总体思路。

二、设计技术支撑

（1）通过注浆，使破坏松散的围岩体再次固结，离层的岩层黏结闭合，锚杆、锚索损失的着力点得以巩固、锚杆和锚索达到再次全长锚固。

（2）通过注浆围岩的自身强度得以再次提升。

（3）通过注浆的改性，围岩内部应力传递方式得以改变，浅部围岩内应力得以提升，从而降低了深浅部围岩应力差，有效缓解应力传递速度和力度。

三、设计措施和步骤

（1）首先对目前原有巷道喷浆封闭。

（2）在喷浆的基础上，对现有里外巷道打注浆锚杆注浆加固，注浆锚杆间排距800 mm×800 mm。

（3）按照设计要求，按照每循环700~1400 mm的进度（即2×700 mm两排高强锚杆锚杆），刷齐3000 mm宽的煤柱。

（4）封闭煤柱的两侧后，进行两侧同时注浆加固。

四、设计工艺参数

（一）对于运输巷弯曲段巷道里段巷道支护保护加固措施

原3406里面运输巷里段巷道支护形式为扩刷后巷道采用锚网梯索支护，顶板采用ϕ20 mm×2400 mm的高强锚杆。间排距为800 mm×800 mm。锚索间排距为2200 mm×2400 mm。顶板使用菱形网支护，菱形网规格为0.9 m×5 m。两片网之间用14号铁丝连接，间距为100 mm。

（二）煤柱三角两个斜边巷道和外部巷道注浆锚杆参数

（1）巷道顶部采用：间排距为 1200 mm×1200 mm 注浆锚杆加固；注浆锚杆长度 1800 mm，注浆孔深度 5000 mm。

（2）巷道帮部采用：间排距为 1200 mm×1200 mm 注浆锚杆加固；注浆锚杆长度 1800 mm，注浆孔深度 3000 mm。

（3）注浆混凝土标号：725 号。

（4）注浆压力：2~3 MPa。

（5）巷道喷浆厚度 30 mm，注浆量控制在：1.5 t/m。

（6）钢丝绳：敷设钢丝绳径可选用煤矿企业及其他行业机械上退役的废旧钢丝绳，所用的钢丝绳应经过除锈、除油污处理，绳径应在 5′~7′绳为宜。将其破解搓揉成两股一根，取其中 2 单股搓揉成一根（构造成喷浆层内含 350 mm×350 mm 网格状钢丝绳内径）；套在锚杆上并紧压在锚杆盖板下。

（三）刷三角煤柱为 3 m 宽煤柱

（1）保护小于 3000 mm 宽煤柱；500~3000 mm 宽煤柱喷浆，采取打注浆锚杆和钢丝绳网，喷厚 100~300 mm；应根据现场确定注浆锚杆角度，钢丝绳间排距 200 mm×200 mm。

（2）从 3000 mm 开始刷齐时，循环进度 700~1400 mm 以内，刷齐时高强锚杆间排距 700 mm×700 mm。

（3）刷齐完成后，打间排距 800 mm×800 mm 注浆锚杆进行注浆。

（四）留下的煤柱墙体

（1）煤柱墙体两面的注浆间排距：800 mm×800 mm 注浆锚杆加固；注浆锚杆长度 1800 mm，注浆孔深度 1800 mm。

（2）注浆混凝土标号：725 号。

（3）注浆压力：1.5~2 MPa。

（4）巷道喷浆厚度 100 mm。

（五）以稳压注浆固结软弱煤体，不断提升软弱煤体自身强度

采用本公司研发生产的自固、自封、内自闭、控压注浆锚杆（图 3-15-11），实现软弱煤体软弱破碎岩煤体的目的。

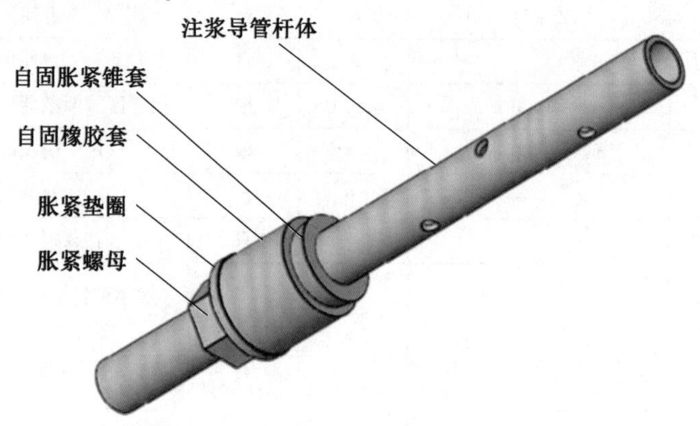

图 3-15-11　自固、自封、内自闭、控压注浆锚杆

(1)“自固、自封、内自闭控压注浆锚杆”，能够将注浆锚杆体及时、牢固地固结在软弱煤体上，保证及时注浆。

(2)“自固、自封、内自闭控压注浆锚杆”，能有效地封闭注浆眼孔，保证封堵注浆的高压力浆液的外溢。

(3)“自固、自封、内自闭控压注浆锚杆”，当浆液注满注浆眼孔，能够自动闭合注浆锚杆杆体内注浆通道，起到快速自闭、稳压和留压作用。

注浆锚杆布置断面图如图 3-15-12 所示。

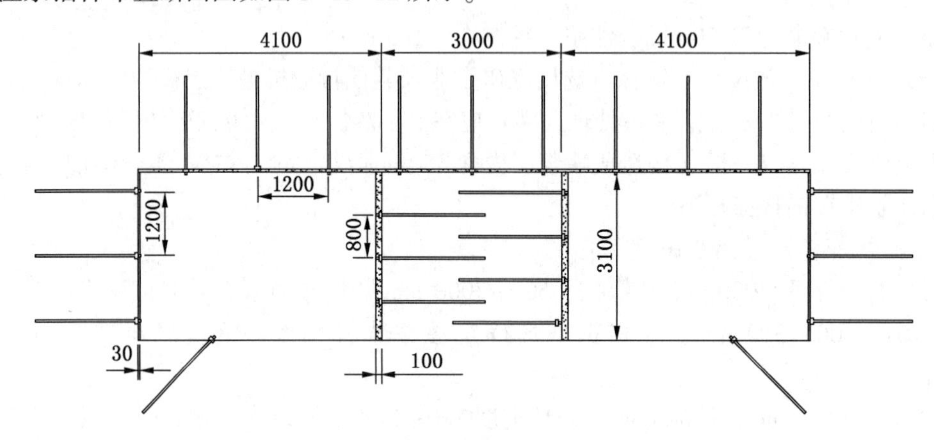

图 3-15-12 注浆锚杆布置断面图

五、设备和材料

主要设备材料见表 3-15-1。

表 3-15-1 主要设备材料表

名称	规格型号	数量	单位	备注
注浆泵	2ZBQ-11.5/3 气动注浆泵	2	台	1 台使用，1 台备用
喷浆机		2	台	1 台使用
锚杆打眼机		2	台	1 台使用，1 台备用
凿岩机	Zy-24	4	台	2 台使用，2 台备用
风动搅拌机（风动扳手）		2	台	1 台使用，1 台备用
注浆锚杆	ϕ20~1800 mm	1500	根	拐弯区域两条巷道和煤柱体的注浆加固
高强锚杆（套）	ϕ24~2400 mm	400	根	用于刷去的煤柱顶板支护
风镐		4	台	2 台使用，2 台备用
拌浆铁桶		3	只	拌浆桶 2 只，清水桶 1 只
其他正常掘进和支护设备小型消耗材料，机、工具按计划				实体消耗材料：水泥（p 725″）180 t 黄沙（中砂）：80 t 速凝剂（jc477/92） 旧钢丝绳：3 t

参 考 文 献

[1] 李明远，王连国，易恭猷，等．软岩巷道锚注支护理论与实践［M］．北京：煤炭工业出版社，2001.
[2] 陈光炎，陆士良，等．中国煤矿巷道围岩控制［M］．徐州：中国矿业大学出版社，1994.
[3] 陈光炎，钱鸣高，等．中国煤矿采场围岩控制［M］．徐州：中国矿业大学出版社，1994.
[4] 易恭猷，王连国，李明远．软岩巷道支护现状分析及对策［J］．煤炭科学技术，2000，28.
[5] 王连国，李明远．大断面软岩巷道交岔点锚注修复加固技术［J］．煤炭科学技术，2000（7）.
[6] 王连国，易恭猷，尤春安，等．祁南煤矿巷道支护改革［J］．建井技术，1999，20（6）.
[7] 李书民，李明远，姬财柱，等．常村煤矿易燃冲击厚煤层巷道支护技术［J］．煤炭科技，2012（3）：57-58.
[8] 陈贵，黄超，成容发，等．高承压水致采动软岩巷道失稳机理及控制技术［J］．煤炭科技，2014（3）：63-67.
[9] 黄超，朱本盛，李明远，等．恢复工作阻力支护技术研究与实践［J］．煤炭科技，2014（4）：6-9.
[10] 张凯瑞，李明远，等．开挖卸压槽弱化、转移围岩应力在赵楼矿的应用［J］．煤炭科技，2018（2）：1008-3731.
[11] 宾海雄，王保齐，李明远．构建均质同性支护圈体在深井大断面巷道支护中的应用［J］．煤炭科技，2018（2）：1008-3731.
[12] 刘树弟，杨忠东，李明远．卸压槽在钱家营-850石门支护工程中的应用煤炭与化工［J］．2019，42（1）.
[13] 王连国，李明远，毕善军．高应力构造复杂区煤巷锚注支护试验研究［J］．矿山压力与顶板管理，2004（1）.
[14] 王连国，李明远，等．深部高应力极软岩巷道锚注支护技术研究［J］．岩石力学与工程学报，2005（8）.
[15] 魏振全，魏尊义，白景峰，等．裸注技术在田陈煤矿煤巷中的应用［J］．煤炭科技，2012（3）：50-52.
[16] 莫连红，李明远，等．各支护单元容错技术在高应力软岩巷道支护中的应用［J］．煤炭科技，2018（4）.
[17] 莫连红，胡长岭，等．三软实体煤巷快速封闭技术在贵州大方煤业小屯矿的应用［J］．煤炭科技，2019（1）.
[18] 史节涛，李明远，等．小屯煤矿3406工作面拐弯巷道和小三角煤柱强固技术的应用［J］．煤炭科技，2019，40（3）.
[19] 吴军，马进生，李明远，等．预控技术在大柳煤矿软岩巷道支护中的应用［J］．煤炭科技，2019，40（4）.
[20] 许强，张兆巍，张勇，等．“复杂地层高应力、碎胀泥化”围岩下的组合圈体梁支护技术［J］．煤炭科技，2019，40（4）.
[21] 何满潮，谢和平．深部开采岩体力学研究［D］．北京：中国矿业大学（北京），2015.
[22] 何满潮，郭志飚．恒阻力大变形锚杆力学特性及其工程应用［J］．岩石力学与工程学报，2014，33（7）：1297-1308.
[23] 何满潮，孙晓明．中国煤矿软岩巷道工程支护设计与施工指南［M］．北京：科学出版社，2004.
[24] 张昱．预应力锚索的分类与应用［J］．贵州大学学报，2006，23（3）.
[25] 李勇，李延和．预应力注浆锚索技术在大巷加固中的应用［J］．山东煤炭科技，2006年增刊.
[26] 薛顺勋，聂光国，等．软岩巷道支护技术指南［M］．北京：煤炭工业出版社，2002.
[27] 邓志方．高应力软岩巷道联合支护理论与实践［J］．企业家天地月刊，2009：141-142.

[28] 关建闯．动压影响下锚网索联合支护技术实践［J］．能源技术与管理，2013，38（2）．
[29] 卢昌龙，付菊根．全封闭U型钢棚架与锚网注喷注联合支护技术研究［J］．煤炭工程，2013（9）．
[30] 邱世武，朱国文．高强弧板支架的设计与应用［J］．建井技术，1996．
[31] 孙玉福．水平应力对巷道围岩稳定性的影响［J］．煤炭学报，2010（6）．
[32] 鲍先凯，郑文祥．隧道围岩稳定性分析及其控制［J］．露天采矿技术，2015（5）．
[33] 许家林，钱鸣高．岩层控制关键层理论的应用研究与实践［J］．中国矿业，2001（6）．
[34] 董方庭，等．巷道围岩松动圈支护理论［J］．煤炭学报，1994（1）．
[35] 王鑫．隧道锚喷支护原理及其应用［J］．北方交通，2014（7）：116-122.
[36] 文竞舟，张永兴．隧道围岩-喷射混凝土界面应力解析［J］．土木建筑与环境工程，2012，34（6）：67-74.
[37] 史玲．地下工程中喷层支护机理研究进展［J］．地下空间与工程学报，2011，7（4）：759-763.
[38] 关宝树．隧道及地下工程喷混凝土支护技术［J］．北京：人民交通出版社，2009（4）．
[39] 沈季良，陈俊芳．矿业英语注释读物井巷工程［M］．煤炭工业出版社，1981.
[40] 谢生荣，李世俊，等．深部沿空留巷围岩主应力差演化规律与控制［J］．煤炭学报，2015（10）．
[41] 韩瑞庚．地下工程新奥法［M］．北京：科学出版社，1987（5）．
[42] 侯朝炯，等．巷道围岩控制［M］．徐州：中国矿业大学出版社，2013.
[43] 王卫军，侯朝炯，冯涛．动压巷道底鼓［M］．北京：煤炭工业出版社，2003.
[44] J. A. Hudson J. p. harrison．工程岩石力学［M］．冯夏庭，李小春，等，译．北京：科学出版社，2009.
[45] 贾喜荣．矿山岩层力学［M］．北京：煤炭工业出版社，1996.
[46] 杜计平，苏景春．煤矿深井开采的矿压显现及控制［M］．徐州：中国矿业大学出版社，2000.
[47] （波）吉尔．岩层力学理论［M］．张玉卓，译．北京：中国科学技术出版社，2001.
[48] 麻凤海．岩层移动及动力学过程的理论与分析［M］．北京：煤炭工业出版社，1997.
[49] 沈明荣．岩体力学［M］．上海：同济大学出版社，1999.
[50] 伊烈，姜庆乐，等．中国煤矿支护改革［M］．北京：煤炭工业出版社，1992.
[51] 杨惠莲．冲击地压的特征发生原因与影响因素［J］．煤矿安全与保护，1989.
[52] 陈寿根，邓稀肥，等．离散单元法隧洞施工全过程仿真技术研究［J］．人民长江，2008（13）．
[53] 李绍春，李仲辉，等．锚喷与锚注支护技术在采区煤仓施工的应用［J］．矿山压力与顶板管理，2003（2）．
[54] 钱鸣高，刘听成．矿山压力及其控制［M］．北京：煤炭工业出版社，1991.
[55] 康红普．软岩巷道底鼓的机理及防治［M］．北京：煤炭工业出版社，1993.
[56] 刘长武，褚秀生．软岩巷道锚注加固原理与应用［M］．徐州：中国矿业大学出版社，2000.
[57] 薛顺勋，聂光国，等．软岩巷道支护指南［M］．北京：煤炭工业出版社，2002.
[58] 陈学华．矿上岩体力学［M］．徐州：中国矿业大学出版社，2000.
[59] 钱鸣高，缪协兴，许家林．岩层控制的关键层理论［M］．徐州：中国矿业大学出版社，2000.
[60] 秦忠诚．复杂地质条件下的巷道围岩主动控制技术［D］．青岛：山东科技大学，2010.
[61] 董方庭．巷道围岩松动圈支护理论及应用技术［M］．北京：煤炭工业出版社，2001.
[62] 薛顺勋．煤矿锚杆支护施工指南［M］．北京：煤炭工业出版社，1999.
[63] 张农．巷道滞后注浆围岩控制理论与实践［M］．徐州：中国矿业大学出版社，2004.
[64] 袁和生．煤矿巷道锚杆支护技术［M］．北京：煤炭工业出版社，1997.
[65] 刘长武．煤矿软岩巷道的锚喷支护同新奥法的关系［J］．中国矿业，2000（1）．
[66] 康红普．我国煤矿巷道锚杆支护技术发展60年及展望［J］．中国矿业大学学报，2016（6）．

作　者　介　绍

李明远，出生于1947年农历十一月二十三日，安徽省明光市人，中共党员，高级工程师。

1954—1963年就读于安徽省明光市（原嘉山县）管店小学，管店初中。

1963—1968年在淮南煤校建井专业学习。

1968年9月分配到淮北矿务局沈庄矿建井工区，在井筒和掘进工作面进行实际操作。

1971年3月随单位调往淮北矿务局刘桥矿建井，在实习技术员期间，主要负责井筒井壁施工的原始记录，各种建井绞车基础、三盘和两台现场施工技术，以及井筒施工多种状况下的治水现场技术工作。

1973年5月随单位调往淮北矿务局芦岭煤矿，任淮北矿务局十大采区会战工程建设一工区技术员；1974年以工代干任副区长；1975年以工代干负责全面工作，开始实践和探讨锚杆支护和光面爆破技术与实践。

1981—1883年转为正科区长，在此期间组织领导了矿井各种交叉点、硐室、井筒破坏治理和矿井总回风巷，大出水的堵水的水闸墙设计和现场技术负责工作。

1981年编写了《光爆锚喷》一书，为芦岭矿积极推广光爆锚喷支护技术奠定了良好的基础 。

1982年主持淮北芦岭矿采用树脂锚杆新技术，更换主副井井筒罐道的技术和领导工作，积极主动学习探讨锚喷支护技术。

1983—1988年在芦岭矿担任掘进矿长；在此期间将芦岭矿的锚喷支护全面推开，并且成功地应用锚喷与砌碹支护联合支护，在控制矿井大地压的芦岭东大巷施工中，连续5个月达到了大断面复合支护的工程进度超过100m的芦岭矿掘进水平。

1986年代表矿区赴广东省茂名市参加第二次全国软岩支护技术大会。

1988年2月—1989年4月，调到淮北矿务局童亭矿，负责童亭矿新井建设的全面筹备工作。

1989—1996年，调到淮北矿务局临涣矿任第一副矿长、矿长。1991年开始在临涣矿与易恭猷教授和王连国、韩立军、林登阁教授的团队进行锚注支护的初期研究与现场实验，分别在临涣矿七采区下部车场进行了236 m的大巷、三个交岔点和东大巷220 m巷道长达2年多的实验，支护技术明显比使用U型钢支架修复快、控制围岩稳定的效果显著。

1996年8月，调到正在建设的蕲南矿。针对蕲南矿大褶曲高应力的围岩状况进行了研究和实践治理，成功地实现了高应力极软岩巷道围岩控制，使矿井提前投产，并保障了后期的安全运行。

2001年与王连国、易恭猷等编著了《软岩巷道锚注支护理论与实践》一书。

2002年“高应力极软岩工程锚注支护机理及技术研究与应用”项目，获得2002年度国家科技进步二等奖。

2002年获得国务院特殊津贴专家称号。

2004年获得“淮北市首届重大科技成就奖”。

2002年成立淮北市永平软岩支护研究所。

2005年成立淮北市平远软岩支护工程技术有限公司。

2009年公司加入中国力学工程学会软岩分会，成为常务理事单位，本人任副理事长。

2010年公司被安徽省科技厅评定为“安徽省软岩工程技术研究中心”，本人任研究中心主任。

2003年以来带领公司和软岩工程技术研究中心科技人员，在开滦、平顶山、枣庄、兖矿、新汶、淮北等矿业集团公司支持合作下，完成了以深井高应力下软岩巷道和硐室支护、过断层支护和瓦斯突出区域环境下的多个科技项目，获得省部级一等奖三项、二等奖七项、三等奖七项。

后　　记

从踏入煤校的那一刻起，我便与煤炭、与巷道支护结下了不解之缘。秉承老一辈煤矿技术员严谨、刻苦的业务钻研精神，几十年如一日，从井下一线到生产技术的领导，作为一线过来人，深知采用巷道支护来保持巷道畅通和围岩稳定对煤矿建设与生产具有重要意义。

面对现代化强国目标和落实“碳达峰、碳中和”要求，我们非常有必要科学认识煤炭在新时代的作用和地位，持续推进煤炭消费转型升级，实现煤炭工业的绿色低碳转型，推动能源安全新战略向纵深发展。

作为老一辈的煤炭人，我愿将毕生所学奉献给还在为煤炭及将要为煤炭付出的你们。这首词是 1997 年我调到蕲南矿成功对高应力极软岩巷道围岩控制时所作，谨献给兢兢业业的你们。

钗头凤·创业者抒怀

负重托，敢承诺。
蕲南新井去拼搏。
地压大，环境恶。
练我意志，考我人格。
搏、搏、搏。
咏人生，有几何。
创业就是苦中乐。
咬青山，任千磨。
笑迎雨打，何惧风多。
乐、乐、乐。

李明远
2022 年 8 月